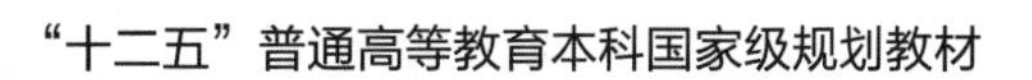

21世纪高等学校计算机类专业
核心课程系列教材

计算机系统结构教程

（第3版）

◎ 张晨曦 王志英 沈立 李江峰 王伟 编著

清華大學出版社
北京

内容简介

本书系统地论述了计算机系统结构的基本概念、基本结构、基本方法等，强调从开发并行性的角度、用量化分析(性能评价)的方法来研究和分析计算机系统，并且采用微课的形式，配备了教学动画和视频。

全书共分 14 章。第 1 章论述计算机系统的基本概念、并行性的发展和定量分析基础。第 2 章论述计算机指令系统的设计和 MIPS 指令系统。第 3 章论述流水线技术，包括性能分析、调度、相关与冲突以及流水线的实现。第 4 章论述向量处理机的结构、常用技术和性能评价。第 5 章和第 6 章分别论述如何用硬件和软件的方法来开发指令级并行性，包括 Tomasulo 算法、基于硬件的前瞻执行、多指令流出技术、循环展开、VLIW、EPIC 等。第 7 章论述存储系统，重点论述 Cache 的基本知识及提高 Cache 性能的各种方法。第 8 章论述总线、通道处理机和 RAID。第 9 章论述互连网络的特性参数、静/动态互连网络以及消息传递机制等。第 10 章论述 SMP、DSM、MPP 等并行计算机系统结构，论述多 Cache 一致性、同步、同时多线程。第 11 章论述多核架构以及基于多核的并行程序设计。最后 3 章分别论述机群系统、阵列处理机、数据流计算机。

本书内容丰富、实例具体、语言简练、可读性好，既可作为高等院校计算机及相关专业的本科生和研究生的教材，也可作为相关科技人员的参考书。

图书在版编目(CIP)数据

计算机系统结构教程/张晨曦等编著. —3 版. —北京：清华大学出版社，2021.8（2023.1重印）
21 世纪高等学校计算机类专业核心课程系列教材
ISBN 978-7-302-56758-5

Ⅰ.①计…　Ⅱ.①张…　Ⅲ.①计算机体系结构－高等学校－教材　Ⅳ.①TP303

中国版本图书馆 CIP 数据核字(2020)第 211827 号

策划编辑：魏江江
责任编辑：王冰飞　薛　阳
封面设计：刘　键
责任校对：焦丽丽
责任印制：宋　林

出版发行：清华大学出版社
网　　址：http://www.tup.com.cn，http://www.wqbook.com
地　　址：北京清华大学学研大厦 A 座　　**邮　　编**：100084
社 总 机：010-83470000　　**邮　　购**：010-62786544
投稿与读者服务：010-62776969，c-service@tup.tsinghua.edu.cn
质量反馈：010-62772015，zhiliang@tup.tsinghua.edu.cn
课件下载：http://www.tup.com.cn，010-83470236
印 装 者：北京同文印刷有限责任公司
经　　销：全国新华书店
开　　本：185mm×260mm　　**印　　张**：26.75　　**字　　数**：650 千字
版　　次：2009 年 5 月第 1 版　2021 年 8 月第 3 版　　**印　　次**：2023 年 1 月第 5 次印刷
印　　数：53001～56000
定　　价：59.80 元

产品编号：090191-01

第一作者简介

张晨曦，男，1960年9月生，汉族，福建龙岩人。现任同济大学软件学院教授，博士生导师。**国家级“中青年有突出贡献专家”，国家杰出青年基金获得者，上海市高校教学名师和上海市模范教师。**先后主持了一个国家973计划课题和五项国家自然科学基金项目。1988年获博士学位，后一直在国防科技大学计算机学院工作，2005年9月调入同济大学。

作为课程负责人，张晨曦建设的“计算机系统结构”课程和“计算机组成原理”课程分别于2007年和2011年被评为上海市精品课程；“计算机系统结构”课程于2008年被评为**国家级精品课程**，2013年被评为**国家精品资源共享课**。他主讲“计算机系统结构”课程和从事系统结构的研究三十余年，进行了一系列的教学改革和课程建设，取得了突出的成绩。1992年开发出了国内第一套系统结构CAI课件(含30个动画)，在清华大学、北京大学等全国十多所高校获得应用。2003年完成教育部的新世纪网络课程建设工程项目“计算机体系结构网络”课程。2008年开发出了国内第一套二百多个用于本课程的动画课件，2009年开发出了国内第一套系统结构实验模拟器。

张晨曦负责编写出版的“计算机系统结构”系列教材是“十一五”和“十二五”普通高等教育本科国家级规划教材，2002年获全国普通高等学校优秀教材二等奖，2011年被评为国家级精品课程教材。全国至少有100所大学采用了该教材。他一共编写出版了14部教材(均为第1作者)，其中5部“十一五”普通高等教育本科国家级规划教材、3部“十二五”普通高等教育本科国家级规划教材。撰写了专著两部(第2作者)，其中，*New Generation Computing* 由荷兰North-Holland出版社出版，另一部于1992年获“国家教委优秀专著特等奖”，1993年获“全国优秀科技图书一等奖”。发表学术研究论文一百多篇，其中在《中国科学》《计算机学报》等一级刊物上发表十多篇，在国外期刊和会议上发表四十多篇。有18篇被国际著名八大检索工具收录。

张晨曦获部委级科技进步一等奖两项(排名第2)，二等奖一项(排名第1)；获部委级教学成果一、二、三等奖各一项。

2007年获宝钢优秀教师奖和上海市育才奖，2008年获上海高校教学名师奖，2009年被评为上海市模范教师。1991年被国家教委授予“做出突出贡献的中国博士”光荣称号，被评为湖南省科技青年“十佳”之一；1993年被评为“全军优秀教师”；1993年和1995年两次获“霍英东青年教师奖”；1995年获第4届“中国青年科技奖”。

从15岁起当中学教师，对教学方法和现代教育技术有深入的研究，提出了面向远程教育和CAI的动画解析教学法。

业余爱好：摄影

通信地址：上海市曹安公路4800号济事楼同济大学软件学院

邮编：201804

微信号：tour666777

前　言

FOREWORD

本书是《计算机系统结构教程》(第 2 版)(清华大学出版社，2014 年)的修订版，是“十二五”普通高等教育本科国家级规划教材。本书的第 1 版于 2011 年被评为国家级精品课程教材。为了适应现代教学的需要，反映计算机技术的新发展，我们对该教材进行了修订和补充，并且采用了微课的形式，为本书配备了教学动画和视频。

本书适用于重点高等院校的计算机、软件工程等相关专业本科生和研究生。在内容的选取上，本书不仅强调采用目前国际上流行的量化分析方法，注意介绍新技术和新方法，而且注重对经典的结构和思想等的论述和分析。

本书的主要特点是：

(1) 取材先进，体系完整，覆盖面广，深度与广度相结合。

(2) 采用微课形式，配有 850 分钟的教学视频。这些教学视频中采用了大量的动画课件，使用它们进行教学或者自学，能达到非常好的教学效果。

(3) 配有基于模拟器的实验(见《计算机系统结构实践教程》(第 2 版)，张晨曦等，清华大学出版社)，对于深入理解和掌握本课程内容有很大的帮助。模拟器是编者团队自己开发的，拥有自主版权。

(4) 配有教学(或自学)指导教材《计算机系统结构学习指导与题解》(第 2 版)(张晨曦等，清华大学出版社)。

(5) 提供教学动画课件和教学 PPT 课件。

(6) 提供在线题库，包括填空题、单选题、多选题、名词解释、简答题、综合题。

(7) 重点突出，可读性好，语言简练，通俗易懂。

资源下载提示

课件等资源：扫描封底的“课件下载”二维码，在公众号“书圈”下载。

素材(源码)等资源：扫描目录上方的二维码下载。

在线作业：扫描封底作业系统二维码，登录网站在线做题及查看答案。

视频等资源：扫描封底刮刮卡中的二维码，再扫描书中相应章节中的二维码，可以在线学习。

全书共有 14 章，各章内容如下。

第 1 章论述计算机系统结构的概念以及系统结构和并行性的发展，并介绍定量分析基础。

第2章为指令系统的设计,论述计算机指令系统设计的各个方面,包括指令系统的分类、寻址技术、功能设计、格式设计以及指令系统的发展和改进,并且介绍一种RISC计算机——MIPS的指令系统。

第3章为流水线技术,论述流水线的基本概念、分类和性能分析、非线性流水线的调度,介绍流水线中的相关与冲突问题及其解决方法,并以MIPS为例讨论流水线的实现。

第4章为向量处理机,论述向量处理机的结构和特点、提高向量处理机性能的方法以及向量处理机的性能评价,并介绍了三个向量处理机实例。

第5章和第6章分别论述如何用硬件和软件的方法开发指令级并行。第5章的具体内容包括指令级并行的概念、记分牌和Tomasulo动态调度算法、基于硬件的前瞻执行以及多指令流出技术等。第6章的内容包括循环展开和基本指令调度、跨越基本块的静态指令调度、VLIW技术、显式指令并行执行EPIC等,并介绍一个实例——Intel Itanium处理器。

第7章为存储系统,论述Cache的基本知识、降低Cache不命中率的方法、减少Cache不命中开销的方法以及减少命中时间的方法,并对并行主存和虚拟存储器做简要讨论。最后介绍一个存储层次实例——AMD Opteron的存储器层次结构。

第8章为输入输出系统,论述总线及其与CPU/存储器的连接、通道处理机及其流量分析,并详细论述廉价磁盘冗余阵列RAID。

第9章为互连网络,论述互连函数、互连网络的特性参数、静态互连网络、动态互连网络以及消息传递机制等。

第10章为多处理机,论述对称式共享存储器系统结构、分布式共享存储器系统结构、多Cache一致性、同步、同时多线程以及MPP,并介绍多处理机实例。

第11章为多核架构与编程,论述对多核架构的需求、几种多核架构以及基于多核的并行程序设计。

第12章为机群系统,论述机群的结构、软件模型以及机群的分类,并介绍5个典型的机群系统,包括我国自主研制的天河2号。

第13章为阵列处理机,论述阵列处理机的操作模型、结构和特点以及并行算法,并介绍两个阵列处理机实例。

第14章为数据流计算机,论述数据流计算机模型、数据流程序图和数据流语言、静态数据流计算机结构以及动态数据流计算机结构。

本书的大部分内容由张晨曦教授编写,包括第1~3章、第7~9章、第13章和第14章,王志英教授编写了第10章,沈立教授编写了第6章和第12章,李江峰副教授编写了第4章和第5章,并与王伟副教授一起编写了第11章。

本书直接或间接地引用了许多专家和学者的文献或著作,在此向他们表示衷心的感谢。

由于编者水平有限,书中难免有疏漏和不妥之处,敬请读者批评指正。

编　者

2021年4月于上海

目　录

CONTENTS

第 1 章 计算机系统结构的基础知识

内容提要

(1) 计算机系统结构的基本概念；

(2) 计算机系统的设计；

(3) 计算机系统的性能评测；

(4) 计算机系统结构的发展；

(5) 计算机系统结构中并行性的发展。

1.1 计算机系统结构的基本概念

视频讲解

自第一台通用电子计算机诞生以来的七十多年中，计算机技术一直在以惊人的速度发展，对于许多应用来说，现在的高性能微处理器的性能已经超过了十几年前的超级计算机。这种飞速的发展一方面是得益于计算机制造技术的发展，另一方面则是因为计算机系统结构的创新。

在计算机开始发展的25年中，上述两种因素都起着主要的作用，它们使计算机的性能每年提高约25%。从20世纪70年代末到80年代初，大规模集成电路和微处理器的出现使得计算机性能的年增长率提高到了约35%。这种提高主要归功于以集成电路为代表的制造技术的发展。

到了20世纪80年代初，一种称为RISC(Reduced Instruction Set Computer)结构的出现，使计算机系统结构发生了一次重大变革。这种结构简化了指令系统，把更多的芯片硅面积用于实现流水和Cache，更有效地提高了性能。从20世纪80年代中期开始，计算机的性能增长更是达到了每年50%以上。

但是，从2003年以来，计算机性能的年增长率下降到了约20%，其主要原因是：

(1) 大功耗问题。

(2) 可以进一步有效开发的指令级并行性已经很少。

(3) 存储器访问速度的提高缓慢。

这使得单个处理机性能的提高受到了严峻的挑战。于是，Intel公司于2004年宣布放弃其高性能单处理器项目，转向多核(multi-core)的研究和开发。这是通过在单个芯片上实现多个处理器核来提高性能的。IBM、Sun、AMD等公司也纷纷朝这个方向转变，这标志着系统结构的一个重大转折：从单纯依靠指令级并行转向开发线程级并行和数据级并行。

视频讲解

1.1.1 计算机系统的层次结构

计算机系统是由密切相关的硬件和软件组成的。从使用语言的角度出发，可把计算机系统按功能划分成如图1.1所示的多级层次结构，每一层以一种不同的语言为特征。按照计算机语言从低级到高级的次序，这些层次依次为微程序机器级、传统机器语言机器级、操作系统机器级、汇编语言机器级、高级语言机器级、应用语言机器级(如SQL)等。对于每一层的使用者来说，都可以把该机器级看成一台独立的计算机，可以用其相应的语言进行编程，并在该级运行所编写的程序。

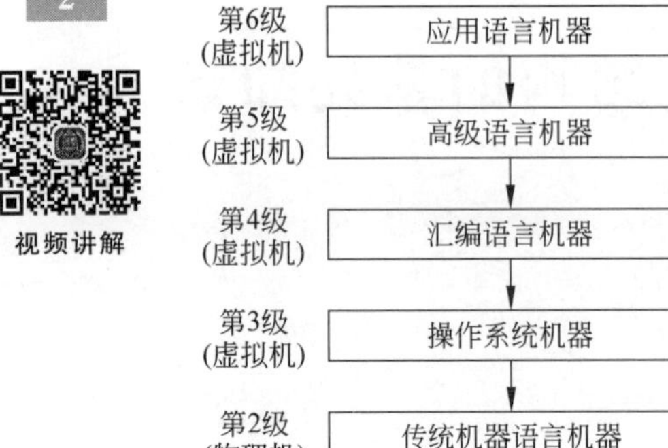

图1.1 计算机系统的多级层次结构

第1级是微程序机器级。这一级的机器语言是微指令系统，其使用者是计算机硬件的设计人员，他们用微指令编写的微程序直接由硬件来解释实现。

第2级是传统机器语言机器级。这一级的机器语言就是传统的机器指令系统。程序员用该指令系统编写的程序由第1级上的微程序解释执行。

由微程序解释指令系统又称作仿真(Emulation)。实际上，在第1级上可以有多个能够在它上面运行的解释程序，每一个解释程序定义了一种指令系统。因此，可以通过仿真在一台计算机上实现多种指令系统。

有的计算机中没有采用微程序技术，因此没有微程序机器级。这时，第2级的指令系统是由硬连逻辑直接解释执行的。硬连逻辑的优点是速度快，RISC处理器经常采用这种实现方法(因为其指令系统比较简单)。

第3级是操作系统机器级。这一级的机器语言由两部分构成：一部分是传统机器级指令；另一部分是操作系统级指令。后者用于实现对操作系统功能的调用，例如打开/关闭文件、读写文件等。用这一级语言编写的程序是由第3级和第2级共同执行的，其中只有操作系统级指令是由操作系统解释执行的。

第4级是汇编语言机器级。这一级的机器语言是汇编语言。用汇编语言编写的程序首先翻译成第3级和第2级语言，然后再由相应的机器执行。完成这个翻译的程序称为汇编程序。

第5级是高级语言机器级。这级的机器语言就是各种高级语言(如C、Pascal等)。用高级语言编写的程序一般由编译器翻译到第4级或第3级机器上的语言。个别的高级语言也用解释的方法实现，如绝大多数BASIC语言。

第6级是应用语言机器级。这一级是为使计算机满足某种用途而专门设计的，因此这一级的语言就是各种面向具体应用问题的应用语言。用应用语言编写的程序一般由应用程序包翻译成第5级机器上的语言。

各机器级的实现主要靠翻译或解释，或两者的结合。翻译(Translation)是先用转换程序把高一级机器上的程序转换为低一级机器上等效的程序，然后再在该低一级机器上运行，实现程序的功能。解释(Interpretation)则是对于高一级机器上的程序中的每一条语句或指令，都转去执行低一级机器上的一段等效程序。执行完后，再去高一级机器取下一条语句或指令，再进行解释执行，如此反复，直到解释执行完整个程序。这两种技术都被广泛使用。一般来说，解释执行比编译后再执行所花的时间多，但占用的存储空间较少。

在上述6级层次中，下面3级一般是用解释实现的，而上面3级则经常是用翻译的方法实现的。另外，最下面的两级机器是用硬件/固件实现的，称为物理机(Physical Machine)。上面4层一般是由软件实现的，用软件实现的机器称为虚拟机(Virtual Machine)。

虚拟机不一定完全由软件实现，有些操作可以由硬件或固件实现。固件(Firmware)是指具有软件功能的硬件。例如，把软件固化在只读存储器中就是一种固件。通过修改固件中的软件代码，就可以改变其功能。与硬连逻辑相比，固件的特点是灵活性大，但速度较慢。

1.1.2 计算机系统结构的定义

计算机系统结构(Computer Architecture)的经典定义是1964年Amdahl在介绍IBM360系统时提出的：计算机系统结构是指传统机器程序员所看到的计算机属性，即概念性结构与功能特性。按照计算机系统的多级层次结构，不同级程序员所看到的计算机具有不同的属性。例如，传统机器级程序员所看到的主要属性是该机器指令系统的功能特性，而高级语言虚拟机程序员所看到的主要属性则是该机器所配置的高级语言所具有的功能特性。

显然，不同的计算机系统，从传统机器级或汇编语言程序员的角度来看，具有不同的属性。但是从高级语言(如C语言)程序员的角度来看，它们几乎没有什么差别，具有相同的属性。也就是说，这些传统机器级所存在的差别对于高级语言程序员来讲是“看不见”的。在计算机技术中，把这种本来存在的事物或属性，但从某种角度看又好像不存在的概念称为透明性(Transparency)。通常，在一个计算机系统中，低层机器的属性对高层机器的程序员来说往往是透明的。

可以看出，在计算机层次结构的各个级上都有它自己的系统结构。而Amdahl所指的则是传统机器级上的系统结构。计算机系统结构的实质是确定计算机系统中软硬件的交界面，界面之上是软件实现的功能，界面之下是硬件和固件实现的功能。

在J.L. Hennessy和D. A. Patterson编写的*Computer Architecture*：*A Quantitative Approach*一书中，把系统结构定义为囊括计算机设计的三个方面：指令系统结构、组成、硬件。我们不妨将其理解为广义的系统结构定义。

1.1.3 计算机组成和计算机实现

计算机组成(Computer Organization)指的是计算机系统结构的逻辑实现，包含物理机器级中的数据流和控制流的组成以及逻辑设计等。它着眼于物理机器级内各事件的排序方式与控制方式、各部件的功能以及各部件之间的联系。

计算机实现(Computer Implementation)指的是计算机组成的物理实现，包括处理机、主存等部件的物理结构，器件的集成度和速度，模块、插件、底板的划分与连接，信号传输，电源、冷却及整机装配技术等。它着眼于器件技术和微组装技术，其中器件技术在实现技术中起主导作用。

下面举例说明上述三个概念的区别。

(1) 确定指令系统中是否有乘法指令属于计算机系统结构的内容，但乘法指令是用专门的乘法器实现,还是用加法器经多步操作来实现,属于计算机组成。乘法器、加法器的物理实现,如器件的选定及所用的微组装技术等,属于计算机实现。

(2) 主存容量与编址方式(按位、按字节或按字访问等)的确定属于计算机系统结构。为了达到给定的性能价格比,主存速度应多快、逻辑结构是否采用多体交叉等属于计算机组成。而主存系统的物理实现,如器件的选定、逻辑电路的设计、微组装技术的使用等均属于计算机实现。

可以看出,具有相同系统结构的计算机因为速度、价格等方面要求的不同,可以采用不同的计算机组成。而同一种计算机组成又可以采用多种不同的计算机实现。系列机的出现充分反映了这一点。系列机(Family Machine)是指由同一厂家生产的具有相同系统结构、但具有不同组成和实现的一系列不同型号的计算机。例如IBM公司的IBM370系列、Intel公司的x86系列等。1.4.2节将对系列机做进一步介绍。

视频讲解

1.1.4 计算机系统结构的分类

常见的计算机系统结构分类法有三种:Flynn分类法、冯氏分类法和Handler分类法。

1. Flynn分类法

Flynn分类法是按照指令流和数据流的多倍性进行分类的,它是M.J.Flynn于1966年提出的。Flynn分类法中的定义如下。

指令流(Instruction Stream):计算机执行的指令序列。

数据流(Data Stream):由指令流调用的数据序列。

多倍性(Multiplicity):在系统最受限的部件上,同时处于同一执行阶段的指令或数据的最大数目。

Flynn分类法把计算机系统的结构分为以下4类。

(1) 单指令流单数据流(Single Instruction stream Single Data stream,SISD);

(2) 单指令流多数据流(Single Instruction stream Multiple Data stream,SIMD);

(3) 多指令流单数据流(Multiple Instruction stream Single Data stream,MISD);

(4) 多指令流多数据流(Multiple Instruction stream Multiple Data stream,MIMD)。

这4类计算机的基本结构如图1.2所示。图中IS(Instruction Stream)表示指令流,DS(Data Stream)表示数据流,CS(Control Stream)表示控制流,CU(Control Unit)表示控制部件,PU(Processing Unit)表示处理部件,MM和SM表示存储器。

SISD是传统的顺序处理计算机。SIMD以阵列处理机为代表。在SIMD计算机中,在同一控制部件(CU)的控制下,多个处理部件(PU)同时执行同一条指令所规定的操作,分别对各自的数据进行处理。这些数据来自不同的地方,分别构成各自的数据流。MISD只是一种人为的划分,目前没有实际的机器。多处理机属于MIMD结构。

对于流水线处理机应该划归到哪一类,有不同的看法。不少人认为:把标量流水线处理机划入SISD,把向量流水线处理机划入SIMD比较合适。

2. 冯氏分类法

冯氏分类法是用系统的最大并行度对计算机进行分类的。它是由冯泽云先生于1972年提出的。最大并行度P_m定义为:计算机系统在单位时间内能够处理的最大二进制位数。图1.3给出了用最大并行度对计算机系统结构进行分类的情况。用平面直角坐标系中的一个点代表一个计算机系统，其横坐标代表字宽（n位），即在一个字中同时处理的二进位的位数。纵坐标代表位片宽度（m位），即在一个位片中能同时处理的字数。这样，$m \times n$就表示其最大并行度。在图1.3中，就是用通过该点的水平线和垂直线与两坐标轴围成的矩形面积来表示的。

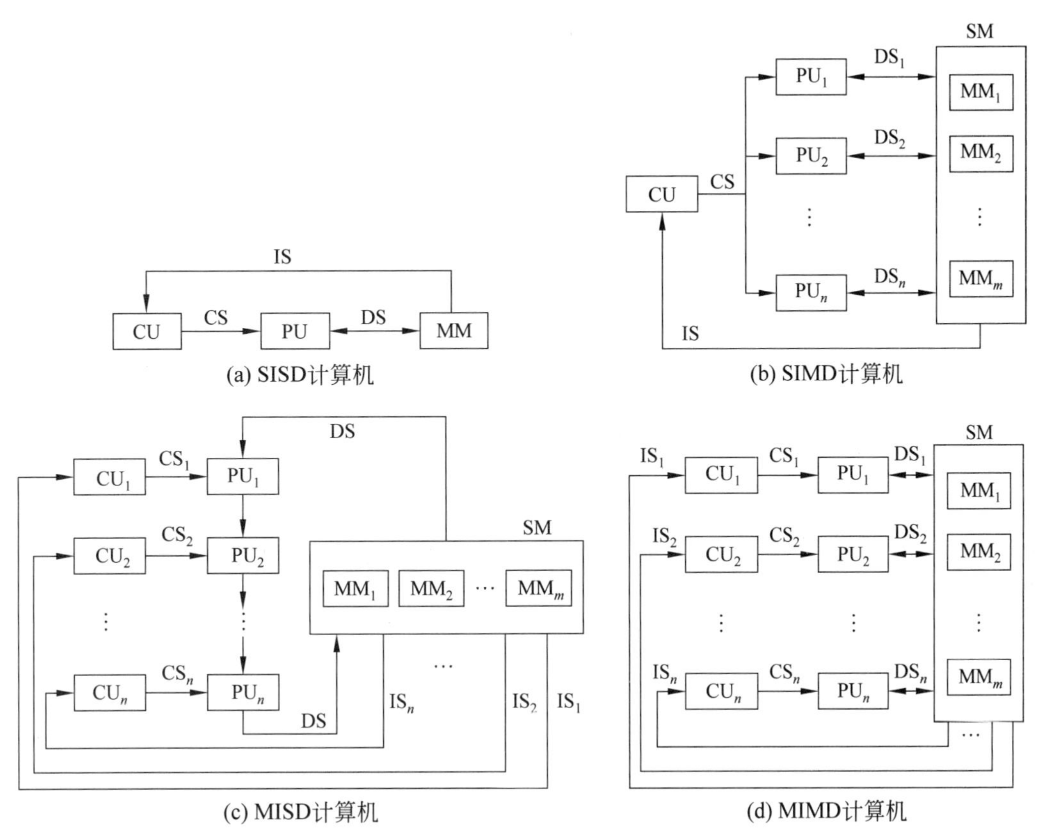

图1.2　4类计算机的基本结构

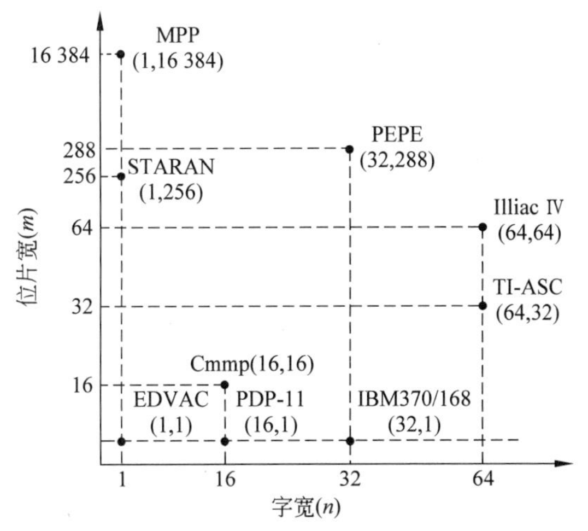

图1.3　按最大并行度分类的冯氏分类法

由图1.3可得出4类不同最大并行度的计算机系统结构。

(1) 字串位串。$n=1,m=1$。这是第一代计算机发展初期的纯串行计算机。

(2) 字串位并。$n>1,m=1$。这是传统的单处理机,同时处理单个字的多个位,如16位、32位等,IBM370机就属于这种结构。

(3) 字并位串。$n=1,m>1$。同时处理多个字的同一位(位片)。STARAN、MPP、DAP属于这种结构。

(4) 字并位并。$n>1,m>1$。同时处理多个字的多个位。PEPE、Illiac Ⅳ、Cmmp属于这种结构。

与最大并行度密切相关的一个指标是平均并行度。假设每个时钟周期内能同时处理的二进制位数为P_i,则T个时钟周期内的平均并行度为$P_a=\frac{\sum_{i=1}^{T}P_i}{T}$。平均并行度不同于最大并行度,它取决于系统的运用程度,与应用程序有关。系统在T个时钟周期内的平均利用率定义为$\mu=\frac{P_a}{P_m}=\frac{\sum_{i=1}^{T}P_i}{TP_m}$。

3. Handler分类法

Wolfgan Handler在1977年根据并行度和流水线提出了另一种分类法。这种分类方法把计算机的硬件结构分成三个层次,并考虑它们的可并行-流水处理程度。这三个层次是:

(1) 程序控制部件(PCU)的个数k。

(2) 算术逻辑部件(ALU)或处理部件(PE)的个数d。

(3) 每个算术逻辑部件包含基本逻辑线路(ELC)的套数w。

这样就可以把一个计算机系统的结构用以下公式表示:

$$t(\text{系统型号})=(k,d,w)$$

为了进一步反映流水线的特性,可以将该公式改进为

$$t(\text{系统型号})=(k\times k',d\times d',w\times w')$$

其中,k'表示宏流水线中程序控制部件的个数,d'表示指令流水线中算术逻辑部件的个数,w'表示操作流水线中基本逻辑线路的套数。

例如,Cray-1有一个CPU,12个相当于ALU或PE的处理部件,可以最多实现8级流水线。字长为64位,可以实现1~14位流水线处理。所以Cray-1系统结构可表示为

$$t(\text{Cray-1})=[1,12\times 8,64\times(1\sim 14)]$$

下面是采用这种分类法的几个例子。

$$t(\text{PDP-11})=(1,1,16)$$
$$t(\text{Illiac Ⅳ})=(1,64,64)$$
$$t(\text{STARAN})=(1,8192,1)$$
$$t(\text{Cmmp})=(16,1,16)$$
$$t(\text{PEPE})=(1\times 3,288,32)$$
$$t(\text{TI-ASC})=(1,4,64\times 8)$$

1.2 计算机系统的设计

1.2.1 计算机系统设计的定量原理

视频讲解

本节介绍计算机系统设计中经常用到的4个定量原理。

1. 以经常性事件为重点

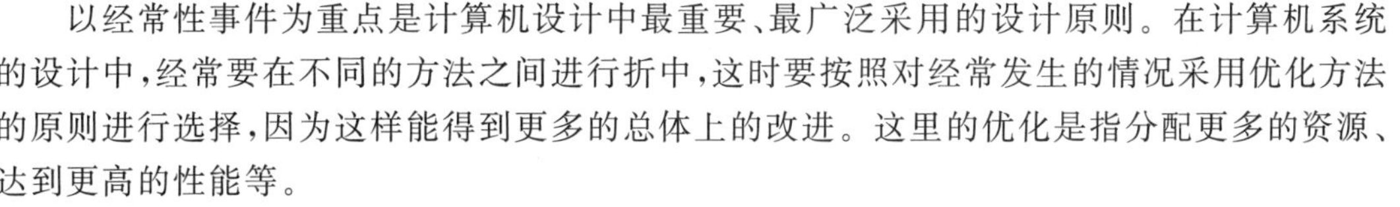

以经常性事件为重点是计算机设计中最重要、最广泛采用的设计原则。在计算机系统的设计中，经常要在不同的方法之间进行折中，这时要按照对经常发生的情况采用优化方法的原则进行选择，因为这样能得到更多的总体上的改进。这里的优化是指分配更多的资源、达到更高的性能等。

加快经常性事件的处理速度能显著地提高整个计算机系统的性能。例如，在CPU中两个数进行相加运算时，相加的结果有可能会出现溢出现象，但一般情况是不会发生溢出的，也就是说不发生溢出是经常性事件。因此应该按照不发生溢出的情况来进行性能优化设计。即使会使溢出情况下的处理速度变慢也没关系。

一般来说，经常性事件的处理比较简单，因此也就更容易进行优化实现。

本书会经常使用这个原则。那么，对经常性事件的优化实现能在多大程度上改进整个系统的性能呢？下面介绍的Amdahl定律可以给出定量的说明。

2. Amdahl定律

Amdahl定律告诉我们：当对一个系统中的某个部件进行改进后，所能获得的整个系统性能的提高，受限于该部件的执行时间占总执行时间的百分比。它可以用来具体地计算：当对计算机系统中的某个部分进行改进后，所能获得的加速比的大小。

加速比说明了改进后的计算机比改进前快了多少倍。假设对某台计算机进行了某种改进，那么所获得的加速比为

$$\text{加速比}=\frac{\text{系统性能}_{\text{改进后}}}{\text{系统性能}_{\text{改进前}}}=\frac{\text{总执行时间}_{\text{改进前}}}{\text{总执行时间}_{\text{改进后}}}$$

这个加速比的大小与两个因素有关。一个是在改进前的系统中，可改进部分的执行时间在总的执行时间中所占的比例，简称可改进比例，记为Fe。Fe总是小于1。另一个是可改进部件改进以后性能提高的倍数。它是改进前所需的执行时间与改进后执行时间的比，简称部件加速比，记为Se。Se总是大于1。

例如，一个需运行60s的程序中有20s的运算可以加速，那么其Fe就是20/60。若该系统改进后，可改进部分的执行时间减少为5s，则其Se为20/5。

部件改进后，程序中可改进部分的执行时间被缩短为原来的1/Se，但不可改进的那部分的执行时间没有变化，所以改进后程序的总执行时间为

$$T_n=T_0\left(1-\mathrm{Fe}+\frac{\mathrm{Fe}}{\mathrm{Se}}\right)$$

其中T_0为改进前整个程序的执行时间，1−Fe为不可改进比例。

改进后，整个系统的加速比为

$$S_n=\frac{T_0}{T_n}=\frac{1}{(1-\mathrm{Fe})+\dfrac{\mathrm{Fe}}{\mathrm{Se}}}$$

例1.1 将计算机系统中某一功能的处理速度加快15倍,但该功能的处理时间仅占整个系统运行时间的40%,则采用此改进方法后,能使整个系统的性能提高多少?

解 由题可知 Fe=40%=0.4,Se=15。

根据Amdahl定律可知

$$S_n=\frac{1}{(1-\mathrm{Fe})+\frac{\mathrm{Fe}}{\mathrm{Se}}}=\frac{1}{(1-0.4)+\frac{0.4}{15}}\approx 1.6$$

采用此改进方法后,能使整个系统的性能提高到原来的1.6倍。

例1.2 某计算机系统采用浮点运算部件后,使浮点运算速度提高到原来的25倍,而系统运行某一程序的整体性能提高到原来的4倍,试计算该程序中浮点操作所占的比例。

解 由题可知 Se=25,$S_n=4$。

根据Amdahl定律可知

$$4=\frac{1}{(1-\mathrm{Fe})+\frac{\mathrm{Fe}}{25}}$$

由此可得Fe≈78.1%。即程序中浮点操作所占的比例为78.1%。

Amdahl定律还表达了一种性能改进的递减规则:如果仅对计算任务中的一部分做性能改进,则改进得越多,所得到的总体性能的提升就越有限。

当Se→∞时,$S_n=1/(1-\mathrm{Fe})$。即如果只针对整个任务的一部分进行改进和优化,那么所获得的加速比不超过1/(1−Fe)。

在用Amdahl定律计算系统的加速比时,需要知道可改进比例是多少,但通常很难直接计算出这个比例。下面介绍的CPU公式从另一个角度来计算和比较性能。

3. CPU性能公式

执行一个程序所需的CPU时间可以这样来计算:

$$\text{CPU时间}=\text{执行程序所需的时钟周期数}\times\text{时钟周期时间}$$

其中时钟周期时间是时钟频率的倒数。

引入新的参数CPI(Cycles Per Instruction),即每条指令的平均时钟周期数,有时简称为指令的平均时钟周期数。

$$\text{CPI}=\text{执行程序所需的时钟周期数}/\text{所执行的指令条数}$$

则有以下的CPU性能公式。

$$\text{CPU时间}=\text{IC}\times\text{CPI}\times\text{时钟周期时间}$$

其中IC为所执行的指令条数。

根据这个公式可知,CPU的性能取决于以下三个参数。

(1) 时钟周期时间。取决于硬件实现技术和计算机组成。

(2) CPI。取决于计算机组成和指令系统的结构。

(3) IC。取决于指令系统的结构和编译技术。

改进任何一个参数,都能提高CPU的性能。不过,这些参数是相互关联的,很难做到能单独地改进某一个参数指标而不影响其他两个指标(变坏)。幸运的是,有可能设法使这种影响不会太大,或者至少是可以预测的。

CPU 设计中还经常用到下面计算 CPU 时钟周期总数的方法。

$$\text{CPU 时钟周期数} = \sum_{i=1}^{n} (\text{CPI}_i \times \text{IC}_i)$$

其中 IC_i 为程序执行的过程中第 i 种指令出现的次数,CPI_i 为执行第 i 种指令所需的平均时钟周期数,n 为指令的种数。

这时的 CPU 性能公式为

$$\begin{aligned}\text{CPU 时间} &= \text{CPU 时钟周期数} \times \text{时钟周期时间} \\ &= \sum_{i=1}^{n} (\text{CPI}_i \times \text{IC}_i) \times \text{时钟周期时间}\end{aligned}$$

CPI 可以表示为

$$\text{CPI} = \frac{\text{时钟周期数}}{\text{IC}} = \frac{\sum_{i=1}^{n} (\text{CPI}_i \times \text{IC}_i)}{\text{IC}} = \sum_{i=1}^{n} \left(\text{CPI}_i \times \frac{\text{IC}_i}{\text{IC}}\right)$$

其中(IC_i/IC)反映了第 i 种指令在程序执行过程中所占的比例。

下面通过一个例子来说明上述 CPU 性能公式的应用。

例 1.3 假设 FP 指令的比例为 25%,其中,FPSQR 占全部指令的比例为 2%,FP 操作的 CPI 为 4,FPSQR 操作的 CPI 为 20 ,其他指令的平均 CPI 为 1.33。现有两种改进方案:第一种是把 FPSQR 操作的 CPI 减至 2;第二种是把所有的 FP 操作的 CPI 减至 2,试比较两种方案对系统性能的提高程度。

解 没有改进之前,每条指令的平均时钟周期(CPI)为

$$\text{CPI} = \sum_{i=1}^{n} \left(\text{CPI}_i \times \frac{\text{IC}_i}{\text{IC}}\right) = (4 \times 25\%) + (1.33 \times 75\%) \approx 2$$

(1) 采用第一种方案:FPSQR 操作的 CPI 由 $\text{CPI}_{\text{FPSQR}} = 20$ 减至 $\text{CPI}'_{\text{FPSQR}} = 2$,则整个系统的指令平均时钟周期数为

$$\text{CPI}_1 = \text{CPI} - (\text{CPI}_{\text{FPSQR}} - \text{CPI}'_{\text{FPSQR}}) \times 2\% = 2 - (20 - 2) \times 2\% = 1.64$$

(2) 采用第二种方案:所有 FP 操作的 CPI 由 $\text{CPI}_{\text{FP}} = 4$ 减至 $\text{CPI}'_{\text{FP}} = 2$,则整个系统的指令平均时钟周期数为

$$\text{CPI}_2 = \text{CPI} - (\text{CPI}_{\text{FP}} - \text{CPI}'_{\text{FP}}) \times 25\% = 2 - (4 - 2) \times 25\% = 1.5$$

从降低整个系统的指令平均时钟周期数的程度来看,第二种方案优于第一种方案。

例 1.4 考虑条件分支指令两种的不同设计方法。

(1) CPU_1。通过比较指令设置条件码,然后测试条件码进行分支。

(2) CPU_2。在分支指令中包括比较过程。

假设在这两种 CPU 中,条件分支指令都占用两个时钟周期而所有其他指令占用一个时钟周期,对于 CPU_1,执行的指令中分支指令占 30%;由于每条分支指令之前都需要有比较指令,因此比较指令也占 30%。由于 CPU_1 在分支时不需要比较,因此假设它的时钟频率是 CPU_2 的 1.35 倍。哪一个 CPU 更快?如果 CPU_1 的时钟频率仅仅是 CPU_2 的 1.15 倍,哪一个 CPU 更快呢?

解 (1) 占用两个时钟周期的分支指令占总指令的 30%,剩下的指令占用一个时钟周

期,所以

$$CPI_1 = 0.3 \times 2 + 0.70 \times 1 = 1.3$$

则 CPU_1 性能为

$$总CPU时间_1 = IC_1 \times 1.3 \times 时钟周期时间_1$$

根据假设,有

$$时钟周期时间_2 = 1.35 \times 时钟周期时间_1$$

在 CPU_2 中没有独立的比较指令,所以 CPU_2 的程序量为 CPU_1 的70%,分支指令的比例为30%/70% = 42.8%。这些分支指令占用两个时钟周期,而剩下的57.2%的指令占用一个时钟周期,因此

$$CPI_2 = 0.428 \times 2 + 0.572 \times 1 = 1.428$$

因为 CPU_2 不执行比较,故

$$IC_2 = 0.7 \times IC_1$$

因此 CPU_2 性能为

$$\begin{aligned}总CPU时间_2 &= IC_2 \times CPI_2 \times 时钟周期时间_2 \\ &= 0.7 \times IC_1 \times 1.428 \times (1.35 \times 时钟周期时间_1) \\ &= 1.349 \times IC_1 \times 时钟周期时间_1\end{aligned}$$

在这些假设之下,尽管 CPU_2 执行指令条数较少,CPU_1 因为有着更短的时钟周期,所以比 CPU_2 运行更快。

(2) 如果 CPU_1 的时钟频率仅是 CPU_2 的1.15倍,则

$$时钟周期时间_2 = 1.15 \times 时钟周期时间_1$$

CPU_2 的性能为

$$\begin{aligned}总CPU时间_2 &= IC_2 \times CPI_2 \times 时钟周期时间_2 \\ &= 0.7 \times IC_1 \times 1.428 \times (1.15 \times 时钟周期时间_1) \\ &= 1.15 \times IC_1 \times 时钟周期时间_1\end{aligned}$$

因此 CPU_2 由于执行更少指令条数,比 CPU_1 运行更快。

4. 程序的局部性原理

程序的局部性原理(Principle of Locality)是人们经常加以利用的程序属性。它是指:程序执行时所访问的存储器地址不是随机分布的,而是相对地簇聚。现在常用的一个经验规则是:程序执行时间的90%都是在执行程序中10%的代码。数据访问也具有局部性,不过其局部性弱于代码访问的局部性。

局部性包括时间局部性和空间局部性。时间局部性是指:程序即将用到的信息很可能就是目前正在使用的信息。空间局部性是指:程序即将用到的信息很可能与目前正在使用的信息在空间上相邻或者邻近。

利用程序的局部性原理,可以根据程序最近的访问情况来比较准确地预测将要访问的指令和数据。凡是涉及数据重用的地方都可能会用到它。它是第7章论述的存储层次的基础。

视频讲解

1.2.2 计算机系统设计者的主要任务

计算机系统设计者的任务包括指令系统的设计、数据表示的设计、功能的组织、逻辑设计及其物理实现等。设计一个计算机系统大致要完成以下三个方面的工作。

1. 确定用户对计算机系统的功能、价格和性能的要求

总的来说,计算机系统设计者的目标是设计出能满足用户的功能需求、有较长的生命周期且又具有很高的性能价格比的系统。功能需求是根据市场的需要以及所设计的系统的应用领域来确定的。将要在所设计的计算机上运行的应用软件常常对功能的确定起支配作用。如果这些应用软件是基于某一种指令系统的,那么设计者就必须在所设计的系统上实现这个指令系统。如果在所面向的应用领域中,有一类专门的应用有很大的市场或有很好的前景,那么设计者就必须考虑使新的系统能适应这种应用。

具体来说,要考虑以下具体的功能需求。

1) 应用领域

首先要考虑的是:是专用还是通用?是面向科学计算还是面向商用处理?如果是专用的,就需要对应用领域进行深入的研究,以确定什么样的计算任务是关键的,具有什么计算特点等,然后对其进行优化设计。专用机一般要求对于所面向的应用领域有非常高的计算能力。通用机对各种应用都适合,对这些应用都有比较高的性能,但对哪一种应用都不是优化的。科学计算应用领域对浮点运算能力要求很高,而商用系统则要求支持 Java 语言、数据库和事务处理。

2) 软件兼容

软件兼容是指一台计算机上的程序不加修改就可以搬到另一台计算机上正常运行。兼容性方面的考虑对于设计新的计算机系统有很大的影响。如果只在高级程序设计语言层兼容,则给了设计者最大的灵活性。只要设计相应的编译器就可以解决。如果要求在目标代码级兼容,则对设计者的限制就很大了,必须在新的系统中也支持原来的指令系统。一种常用的方法是提供兼容运行模式,通过仿真的方法来实现兼容。

3) 操作系统需求

操作系统需求方面的考虑包括地址空间大小、存储管理、保护等。从系统结构上对操作系统的需求提供支持,是很重要的一点。地址空间大小会限制应用范围,存储管理要确定是采用页式还是段式管理等,在保护上,不同的操作系统和应用程序要求页保护或段保护。

4) 标准

确定系统中哪些方面要采用标准以及采用什么标准。如浮点数标准,已存在的有 IEEE、DEC、IBM 等格式;I/O 总线标准有 PCI、VME、SCSI 等;网络标准有 Ethernet、ATM 等;程序设计语言标准有 ANSI C 等。

2. 软硬件功能分配

确定了所设计的计算机的功能要求后,接下来就是要考虑如何优化这一设计。衡量是否优化的最通用的标准包括价格和性能。所以,人们经常会说是否有很高的性能价格比。

优化设计必须考虑软硬件功能的合理分配。由于软件和硬件在实现功能上是等价的,所以一个系统只要具备了最基本的硬件,就可以用软件的方法实现所有其他的功能。对于任何一种功能来说,用软件实现的优点是设计容易、修改简单,而且可以减少硬件成本。但其缺点是所实现的功能的速度较慢。用硬件实现的优点是速度快、性能高,但它修改困难,灵活性差。所以优化设计时要在软硬件之间进行折中和取舍。

根据“以经常性事件为重点”的原则,一般来说,如果某种功能或操作发生的频度很高,一般就用硬件的方法来实现。例如,在用于科学计算的计算机中肯定要设置专门实现浮点运算的硬件部件,而一台商用计算机要进行大量的十进制数和字符串的操作,因此一般都会设置直接实现这些操作的指令。而在一般的通用计算机中,则可以用软件来实现这些操作。

3. 设计出生命周期长的系统结构

一种成功的系统结构应该有较长的生命周期,它应该能经得住软硬件技术的发展和应用的变化。因此,设计者要特别注意计算机应用和计算机技术的发展趋势,设计出具有一定前瞻性的系统结构,以使得它具有较长的生命周期。

1.2.3 计算机系统设计的主要方法

从多级层次结构出发,计算机系统可以有"由上往下""由下往上"和"从中间开始"三种不同的设计方法。

1. "由上往下"(top-down)设计

"由上往下"设计是从层次结构中的最上面一级开始的,逐层往下设计各层机器。首先确定面对使用者的那级机器的基本特征、数据类型和格式、基本命令等。然后再逐级往下设计,每级都考虑如何优化上一级的实现,如图1.4所示。

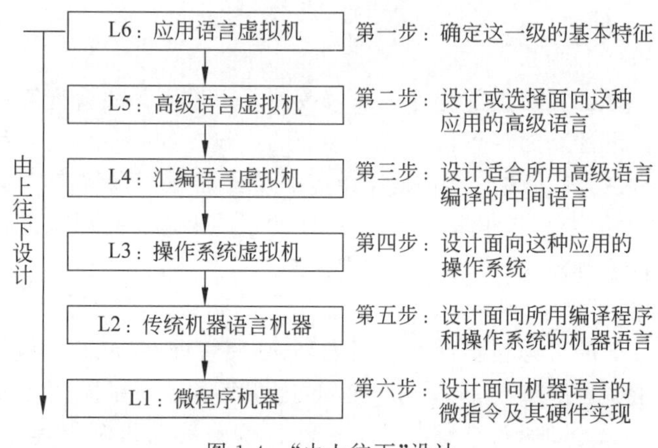

图1.4 "由上往下"设计

这样设计的计算机系统完全是面向特定的应用优化设计的,所以这种方法很适合专用机的设计,而不适合通用机的设计。当应用对象或范围改变时,软硬件都会变得很不适应,从而使系统的性能和效率急剧下降。

2. "由下往上"(bottom-up)设计

"由下往上"设计是从层次结构的最下面一级开始,逐层往上设计各层的机器。它根据当前的硬件技术条件,特别是器件水平,参照或吸收已有的各种机器的功能和特点,先把微程序机器级和传统机器级设计出来,然后再为不同的应用装配不同的操作系统和编译器等。这种设计方法在计算机发展的早期被采用得比较多,因为那时的硬件技术水平较低,而且硬件非常昂贵。采用这种方法时,软件技术完全处于被动状态,这会造成软件和硬件的脱节,使整个系统的效率降低。在硬件技术飞速发展而软件技术发展相对缓慢的今天,这种设计方法已经难以适应计算机系统的设计要求,所以很少被采用了。

3. "从中间开始"(middle-out)设计

软硬件设计分离和脱节是上述"由上往下"和"由下往上"设计方法的主要缺点。要解决这个问题,就必须综合考虑软硬件的分工,从中间开始设计。这里的"中间"是指层次结构中的软硬件的交界面，目前一般是在传统机器语言机器级与操作系统机器级之间，如图 1.5 所示。采用这种方法时，首先要进行软硬件功能分配，确定好这个界面。然后从这个界面开始，软件设计者开始往上设计操作系统、汇编、编译系统等，硬件设计者开始往下设计传统机器级、微程序机器级等。软件和硬件并行设计可以缩短设计周期，设计过程中可以交流协调，是一种交互式的、很好的设计方法。

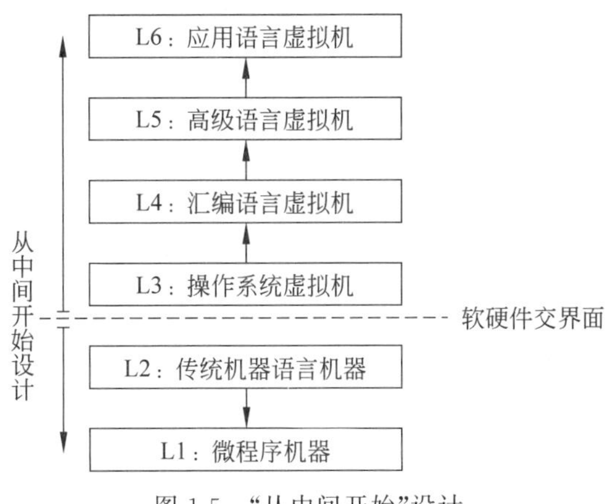

图 1.5 “从中间开始”设计

进行软硬件功能分配时，既要考虑所要采用的硬件和器件，又要考虑应用软件所需要的算法和数据结构，然后对这个界面进行详尽的功能描述，确定哪些功能由硬件实现，哪些功能由软件实现。同时还要考虑好硬件该对操作系统、编译系统提供什么样的支持。

1.3 计算机系统的性能评测

为了更好地设计和使用计算机，经常需要对计算机系统的性能进行评测。那么怎样才能客观、公正地评价计算机系统的性能呢？有哪些评测方法呢？这就是本节所要讨论的问题。

1. 执行时间和吞吐率

如何评测一台计算机的性能，与测试者看问题的角度有关。对于桌面台式计算机来说，用户说计算机很快，是指它执行单个程序所花的时间很少；而对于数据处理中心的管理员来说，计算机很快则是指它在单位时间里能够完成的任务很多。前者关心的是单个程序的执行时间(Execution Time)，而后者关心的则是吞吐率(throughput)。

在比较不同的设计方案时，经常需要对两台计算机的性能进行比较。假设这两台计算机为 X 和 Y，“X 比 Y 快”的意思是：对于给定的任务，X 的执行时间比 Y 的执行时间少。通常“X 的性能是 Y 的 n 倍”是指

$$\frac{\text{Y 的执行时间}}{\text{X 的执行时间}}=n$$

由于执行时间与性能成反比，所以上式就变成

$$n=\frac{\text{Y 的执行时间}}{\text{X 的执行时间}}=\frac{\dfrac{1}{\text{性能}_\text{Y}}}{\dfrac{1}{\text{性能}_\text{X}}}=\frac{\text{性能}_\text{X}}{\text{性能}_\text{Y}}$$

如果说“X的吞吐率是Y的1.5倍”,就是指单位时间内X完成的任务数是Y完成的任务数的1.5倍。

目前广泛采用的一致和可靠的性能评价方法,是以真实程序的执行时间来衡量的。实际上,如果不以执行时间为衡量标准或没有使用真实程序,则可能导致错误的性能评价结论。

执行时间可以有多种定义。最直观的定义是计算机完成某一任务所花费的全部时间,包括磁盘访问、存储器访问、输入输出、操作系统开销等。在多任务系统中,当一个程序在等待I/O时,CPU可以转去执行另一个程序,从而提高系统的运行效率。但这有可能延长单个程序从开始执行到结束的时间。如果把这一点考虑进去,就应该用“CPU时间”这个指标。它是指CPU执行给定的程序所花费的时间,不包含I/O等待时间以及运行其他程序的时间。很明显,用户看到的执行时间是程序完成任务所花费的全部时间,而不仅仅是CPU时间。

CPU时间还可细分为用户CPU时间及系统CPU时间,前者表示用户程序所耗费的CPU时间,后者表示用户程序运行期间操作系统所耗费的CPU时间。

2. 基准测试程序

用于测试和比较性能的基准测试程序(benchmark)的最佳选择是真实的应用程序(如编译器)。以前有些测试方法不是采用真实的应用程序,而是采用简化了的程序,例如:

核心测试程序——从真实程序中选出的关键代码段构成的小程序。

小测试程序——简单的只有几十行的小程序,如皇后问题、快速排序等。也可以是测试者自己编写的针对某种特定指标的小测试程序。

合成的测试程序——人工合成出来的程序。为了使这种程序的行为和表现比较像应用程序,一般是先对大量的应用程序中的操作进行统计,得到各种操作的比例,然后再按这个比例编写出测试程序。Whetstone与Dhrystone是最流行的合成测试程序。

从测试性能的角度来看,上述这三种测试程序现在已经不可信了。一个原因是这些程序比较小,具有片面性;另一个原因是系统结构设计者和编译器的设计者可以“合谋”把他们的计算机面向这些测试程序进行优化设计,使得该计算机显得性能更高。而对于真实程序来说,就很难这样做“手脚”了。

性能测试的结果除了和采用什么测试程序有关以外,还和在什么条件下进行测试有关。为了使得其计算机测出更高的性能,制造商测试者可能会在编译时设置一些与测试程序相关的标志,而这些标志的设置对于许多其他程序来说是非法的,或者会使其他程序的性能下降。为了避免出现这样的情况,也为了使测试结果更有说服力,基准测试程序设计者经常这样要求制造商:

(1) 采用同一种编译器。

(2) 对同一种语言的程序都采用相同的一组编译标志。

此外,还有一个问题,就是是否允许修改测试程序的源程序,有以下三种不同的处理方法。

(1) 不允许修改。

(2) 允许修改,但因测试程序很复杂或者很大,几乎是无法修改。例如,数据库测试程序是建立在数据库系统之上的。显然数据库软件公司一般不会针对具体某一种计算机进行优化设计。

(3) 允许修改,只要保证最后输出的结果相同。

为了能比较全面地反映计算机在各个方面的处理性能,通常采用一整套测试程序。这组程序称为基准测试程序套件(Benchmark Suites),它是由各种不同的真实应用程序构成的。采用测试套件的一个主要优点是不同的测试程序之间可以互相弥补,一个测试程序的弱点通常会因其他测试程序的存在而变得不那么明显。基准测试程序套件的目标是尽可能全面地反映两台计算机的相对性能。

目前最成功和最常见的测试程序套件是 SPEC 系列,它是由美国的标准性能测试公司(Standard Performance Evaluation Corporation,SPEC)创建的。它起源于 20 世纪 80 年代末,当时的目的是为工作站提供更好的基准测试程序。此后,随着计算机技术及其应用的发展,就陆续设计出了适合于各种类型应用的基准测试程序套件。关于所有这些套件及相关文件,见 www.spec.org。SPEC 是基于 UNIX 操作系统的,虽然后面我们主要关心 SPEC,但实际上还有许多用于运行 Windows 操作系统的个人计算机的基准测试程序。

桌面计算机的基准测试程序套件可以分为两大类:处理器性能测试程序和图形性能测试程序。SPEC 最早创建的 SPEC89 是用于测试处理器性能的。SPEC89 后来演化出了 4 个版本:SPEC92、SPEC95、SPEC2000 和 SPEC CPU2006。SPEC89 只有 10 个程序(4 个整数程序、6 个浮点程序),SPEC CPU2006 有 29 个程序,其中整数程序 12 个(CINT2006),浮点程序 17 个(CFP2006)。

其实,在 SPEC 测试程序套件中,除了含有测试 CPU 的测试程序外,还包括其他一系列测试程序组件,说明如下。

SPECSFS:用于 NFS(网络文件系统)文件服务器的测试程序。它不仅测试处理器的性能,而且测试 I/O 系统的性能。它重点测试吞吐率。

SPECWeb:Web 服务器测试程序。它模拟多个客户请求访问服务器中的动态和静态页面以及向服务器上传数据的情况。

SPECviewperf:用于测试图形系统支持 OpenGL 库的性能。

SPECapc:用于测试图形密集型应用的性能。

3. 性能比较

表 1.1 左上部区域列出了两个程序在三台计算机 A、B、C 上的执行时间。

表 1.1　两个程序在 3 台计算机上的执行时间

	机器 A	机器 B	机器 C	$W(1)$	$W(2)$	$W(3)$
程序 1	1.00	10.00	20.00	0.50	0.909	0.999
程序 2	1000.00	10.00	20.00	0.50	0.091	0.001
加权算术平均值 $A_m(1)$	500.50	10.00	20.00			
加权算术平均值 $A_m(2)$	91.91	10.00	20.00			
加权算术平均值 $A_m(3)$	2.00	10.00	20.00			

注:$W(1)$、$W(2)$、$W(3)$为三种加权方案。

如何比较这三台计算机的性能?

从表 1.1 可以得出:

A机执行程序1的速度是B机的10倍;

B机执行程序2的速度是A机的100倍;

A机执行程序1的速度是C机的20倍;

C机执行程序2的速度是A机的50倍;

B机执行程序1的速度是C机的2倍;

B机执行程序2的速度是C机的2倍。

虽然上面这些说法都是正确的,但并不能综合地反映这三台计算机之间的性能比较。

为了能更好地比较计算机的性能,可以采用以下三种方法。

1) 总执行时间

可以直接用计算机执行所有测试程序的总时间来进行比较。对于表1.1中的例子,可以得出:

B机执行程序1和程序2的速度是A机的50.05倍;

C机执行程序1和程序2的速度是A机的25.025倍;

B机执行程序1和程序2的速度是C机的2倍。

人们还经常采用平均执行时间来代替总执行时间。平均执行时间是各测试程序执行时间的算术平均值,即

$$\dot{S}_m = \frac{1}{n}\sum_{i=1}^{n} T_i$$

其中,T_i 是第 i 个测试程序的执行时间;n 是测试程序组中程序的个数。

进一步,如果各程序在测试程序组中所占的比重不同,就可以用加权执行时间来比较。加权执行时间是各测试程序执行时间的加权平均值,即

$$A_m = \sum_{i=1}^{n} W_i T_i \tag{1.1}$$

其中,W_i 是第 i 个测试程序在测试程序组中所占的比重,$\sum_{i=1}^{n} W_i = 1$; T_i 是该程序的执行时间。

对于表1.1中的例子,表的右上部区域列出了在每一组的测试中两个测试程序的权值,根据这些权值,利用式(1.1)可计算出三台计算机所对应的加权执行时间,如表1.1的左下部区域所示。

2) 调和平均值法

如果性能是用速度(如MFLOPS)表示的,则可以采用调和平均值法进行比较。调和平均值法的公式为

$$H_m = \frac{n}{\sum_{i=1}^{n} \frac{1}{R_i}} = \frac{n}{\sum_{i=1}^{n} T_i} \tag{1.2}$$

其中,R_i 表示由 n 个程序组成的工作负荷中执行第 i 个程序的速度,$R_i = 1/T_i$;T_i 为第 i 个程序的执行时间。

如果考虑工作负荷中各程序不会以相等的比例出现,则可以使用加权调和平均值公式。

$$H_m = \left(\sum_{i=1}^{n} \frac{W_i}{R_i}\right)^{-1} = \left(\sum_{i=1}^{n} W_i T_i\right)^{-1} \tag{1.3}$$

3) 几何平均值法

几何平均值法的基本思想来源于性能规格化的方法,即以某台计算机的性能作为参考标准,其他计算机性能则除以该参考标准而获得一个比值。如果比值相同,则可认为这些计算机具有相同的性能。

几何平均值的公式为

$$G_m = n\sqrt{\prod_{i=1}^{n} R_i} = n\sqrt{\prod_{i=1}^{n} \frac{1}{T_i}} \tag{1.4}$$

式中,R_i 表示由 n 个程序组成的工作负荷中执行第 i 个程序的速度,$R_i=1/T_i$;$\prod$ 表示连乘。

如果考虑工作负荷中各程序不会以相等的比例出现,则可以使用加权几何平均值公式。

$$G_m = \prod_{i=1}^{n} (R_i)^{W_i} = (R_1)^{W_1} \times (R_2)^{W_2} \times \cdots \times (R_n)^{W_n} \tag{1.5}$$

G_m 表示法有一个很好的特性,即

$$\frac{G_m\ (x_i)}{G_m\ (y_i)} = G_m\left(\frac{x_i}{y_i}\right) \tag{1.6}$$

即几何平均值的比等于比的几何平均值,因此不论选哪一台计算机作参考机,G_m 均能保持比较结果的一致性。而 A_m 和 H_m 则没有这样的特性,因而在做比较时不如 G_m 方便。

1.4 计算机系统结构的发展

1.4.1 冯·诺依曼结构及其改进

最早的存储程序式计算机是美籍数学家冯·诺依曼(von Neumann)等人于 1946 年总结并提出来的,它由运算器、控制器、存储器、输入设备和输出设备 5 部分构成,通常称为冯·诺依曼结构计算机,如图 1.6 所示。

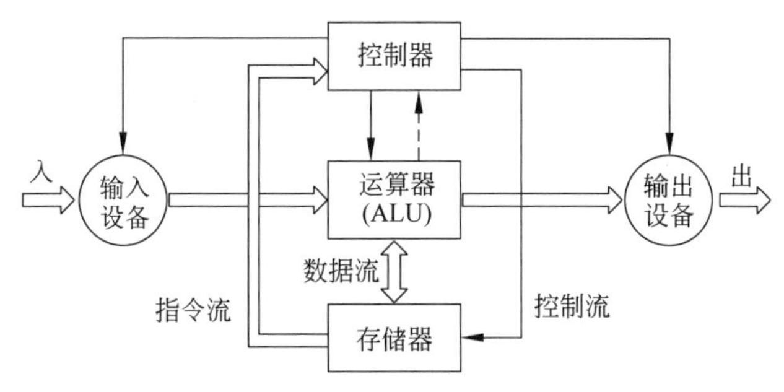

图 1.6 存储程序计算机的结构

存储程序原理的基本点是指令驱动。程序预先存放在计算机存储器中,计算机一旦启动,就能按照程序指定的逻辑顺序执行这些程序,自动完成由程序所描述的处理工作。

虽然与冯·诺依曼结构相比,现代的计算机系统结构已经发生了很大的变化,但就其结构原理来说,占主流地位的仍是改进了的冯·诺依曼结构计算机。

冯·诺依曼结构的主要特点如下。

(1) 计算机以运算器为中心。输入输出设备与存储器之间的数据传送都经过运算器、存储器、输入输出设备的操作,并且它们之间的联系都由控制器集中控制。

(2) 在存储器中,指令和数据同等对待。指令和数据一样可以进行运算,即由指令组成的程序是可以修改的。

(3) 存储器是按地址访问、按顺序线性编址的一维结构,每个单元的位数是固定的。

(4) 指令的执行是顺序的,即一般是按照指令在存储器中存放的顺序执行的。程序的分支由转移指令实现。由程序计数器(PC)指明当前正在执行的指令在存储器中的地址。

(5) 指令由操作码和地址码组成。操作码指明本指令的操作类型,地址码指明操作数地址和存放运算结果的地址。操作数的类型由操作码决定,操作数本身不能判定是何种数据类型。

(6) 指令和数据均以二进制编码表示,采用二进制运算。

后来的计算机针对冯·诺依曼结构的不足之处进行了不断的改进,在系统结构方面有了很大的进展,主要包括以下几个方面。

1) 对输入输出方式的改进

冯·诺依曼结构以运算器为中心,所有部件的操作都由控制器集中控制。这使得输入输出操作与运算操作只能串行进行,运算器成为整个系统的瓶颈。为了克服这一缺陷,人们先后提出了多种输入输出方式,如图 1.7 所示。

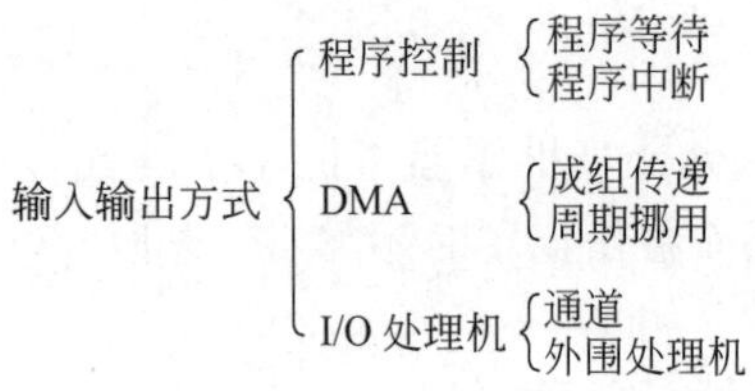

- 输入输出方式
  - 程序控制
    - 程序等待
    - 程序中断
  - DMA
    - 成组传递
    - 周期挪用
  - I/O 处理机
    - 通道
    - 外围处理机

图 1.7　各种输入输出方式

图 1.7 中从上到下,是把越来越多的输入输出管理工作从 CPU 中分离出来,“下放”给新设置的硬件去完成。在程序等待方式中,CPU 要不断查询外部设备(简称外设)是否已完成操作,并等待它完成后才能进行后续的处理。后来,采用了程序中断的方式,在这种情况下,CPU 执行到一条输入输出操作指令后,不必等待外部设备回答,可以继续执行后续的指令。等到外部设备完成操作后,再向 CPU 发中断请求,CPU 响应该中断请求,并进行进一步的输入输出操作。这样就可以使 CPU 与外部设备在一定程度上并行工作,并且可以实现多种外部设备同时工作。不过,程序中断方式并没有改变以运算器为中心的缺陷。

后来,出现了直接存储器访问(Direct Memory Access,DMA)方式。这是在外设与存储器之间建立数据通路,使它们可以直接传送数据,而不必经过运算器的方式。为了实现这种方式,需要在主存和外设之间增加 DMA 控制器。当要进行输入输出操作时,CPU 将 DMA 控制器中的寄存器设置好初始参数后,仍可继续执行其后续指令,而外设与主存的信息交换则由 DMA 控制进行。当 DMA 完成所指定的一批数据的传送后,才向 CPU 发结束信号,使 CPU 进行一些后续处理工作。

采用 DMA 方式,每传送完一批数据就要中断 CPU 一次。如果进一步,使该部件能自己控制完成输入输出的大部分工作,从而使 CPU 进一步摆脱用于管理、控制 I/O 系统的沉重负担,这就出现了 I/O 处理机方式。I/O 处理机几乎把控制输入输出操作和传送信息的所有功能都从 CPU 中剥离出来。I/O 处理机方式有通道方式和外围处理机方式两种。

2）采用并行处理技术

如何挖掘传统计算机中的并行性，一直是计算机设计者努力的方向。可以在不同的级别采用并行技术，例如微操作级、指令级、线程级、进程级、任务级等。先后出现了向量计算机、阵列处理机、多处理机、大规模并行处理机等各种并行处理计算机。

3）存储器组织结构的发展

按地址访问的存储器具有结构简单、价格便宜、存取速度快等优点。但是在数据处理时，往往需要按内容查找。虽然在按地址访问的存储器中可以通过软件来完成查找，但由于访问存储器的次数较多而影响了计算机系统的性能。按内容访问的相联存储器(Content Addressed Memory，CAM)把查找、比较的操作交由存储器硬件完成。如果让相联存储器除了完成信息检索任务外，还能进行一些算术逻辑运算，就构成了以相联存储器为核心的相联处理机。

另外，为了减少程序运行过程中访问存储器的次数和提高访问存储器的速度，人们在CPU中设置了通用寄存器组，并在CPU和主存之间设置了高速缓冲存储器(Cache)。

4）指令系统的发展

指令系统(Instruction Set，IS)是传统机器程序员所看到的计算机的主要属性。与以前一样，现代计算机的指令仍是由操作码和地址码两部分组成的，但在指令系统的功能和复杂度上、在寻址方式、指令格式等方面都有了很大的发展。这种发展有两个方向。一方面，随着硬件技术的发展，越来越多的功能交由硬件实现。在20世纪70年代到80年代的计算机系统中，指令的条数可达300～500条，甚至更多，寻址方式和指令格式的种类也很多。我们称这种计算机为复杂指令集计算机(Complex Instruction Set Computer，CISC)。另一个方向是朝精简指令集的方向发展，1979年D.A. Patterson等人提出了精简指令集计算机(Reduced Instruction Set Computer，RISC)的思想，把指令系统设计成只包含那些使用频率高的少量指令，而且指令格式和寻址方式也很简单。按照这个原则设计的计算机称为精简指令集计算机(RISC)。RISC的思想和技术已经成为当代计算机设计的重要技术之一。

1.4.2 软件对系统结构的影响

视频讲解

软件对系统结构有多方面的影响。下面只讨论系统结构设计要注意解决软件的可移植性问题。第2章将讨论如何面向高级语言和操作系统进行优化设计的问题。

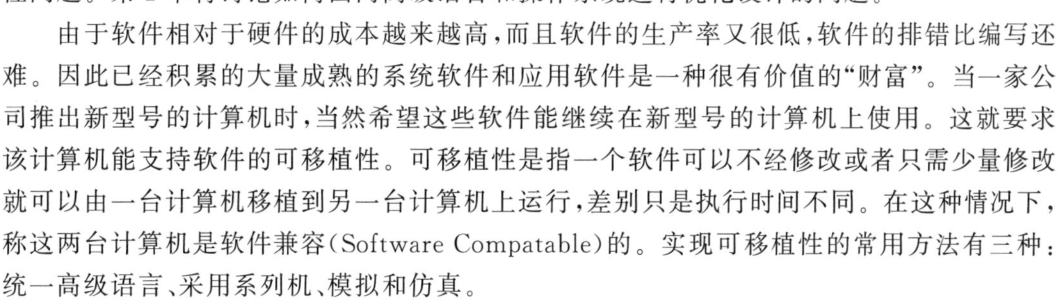

由于软件相对于硬件的成本越来越高，而且软件的生产率又很低，软件的排错比编写还难。因此已经积累的大量成熟的系统软件和应用软件是一种很有价值的“财富”。当一家公司推出新型号的计算机时，当然希望这些软件能继续在新型号的计算机上使用。这就要求该计算机能支持软件的可移植性。可移植性是指一个软件可以不经修改或者只需少量修改就可以由一台计算机移植到另一台计算机上运行，差别只是执行时间不同。在这种情况下，称这两台计算机是软件兼容(Software Compatable)的。实现可移植性的常用方法有三种：统一高级语言、采用系列机、模拟和仿真。

1. 统一高级语言

由于高级语言是面向问题和算法的，与计算机的具体结构关系不大，如果各计算机能采用同一种高级语言，那么用这种语言编写的应用软件和系统软件(或部分系统软件)的可移植问题就解决了。因此，采用统一的高级语言来实现软件移植是一种理想的方法。这种统一的高级语言可以是新设计的完全通用的高级语言,也可以是已有的高级语言中的一种。这种方法可以解决所有计算机之间的软件移植,而不管其系统结构有多大的区别。

Java语言是一个成功的范例,但其他高级语言就难以统一了,不同计算机上的同一种语言也不是完全相同的,经常有部分“方言”存在。另外,也不是所有软件都能拿到源程序的。所以,这种方法实际上还是有较大难度的。

2. 采用系列机

如前所述,系列机是指由同一厂家生产的具有相同的系统结构,但具有不同组成和实现的一系列不同型号的计算机。例如,IBM370系列有115、125、135、145、158、168等一系列从低速到高速的各型号计算机。这些计算机具有相同的指令系统,但在低档计算机上,指令的分析和指令的执行是顺序进行的,而在高档计算机上则采用重叠、流水等并行的处理方式。从计算机语言程序员来看,各档计算机都具有32位字长,但从低档计算机到高档计算机,其数据通道的宽度分别为8位、16位、32位。

系列机的关键是要先对软/硬件分工进行充分的考虑,先设计好一种系统结构,之后软件设计者按此设计软件,硬件设计者则根据速度、性能、价格等不同的要求,选择不同的器件,采用不同的硬件技术和组成、实现技术,研制并提供不同档次的计算机。系列机能较好地解决软件开发要求系统结构相对稳定与器件、硬件技术迅速发展的矛盾。

由于从机器语言程序员的角度来看,同一系列的各档计算机的属性都是相同的,因此按这个属性编制或编译生成的二进制代码都能不加修改地通用于各档计算机。

系列机的软件兼容有4种:向上兼容、向下兼容、向前兼容、向后兼容,如图1.8所示。向上(下)兼容指的是按某档计算机编制的程序,不加修改就能运行于比它高(低)档的计算机。向后(前)兼容是指按某个时期投入市场的某种型号计算机编制的程序,不加修改就能运行于在它之后(前)投入市场的计算机。为了使计算机系统结构能够很好地适应应用需求的发展,并不一定要求系列机能实现所有的4种兼容,只要保证向上兼容和向后兼容就可以了。有时向上兼容也可以不实现(如在低档计算机上增加了面向事务处理的指令),而仅实现向后兼容。向后兼容是肯定要做到的,它是系列机的根本特征。

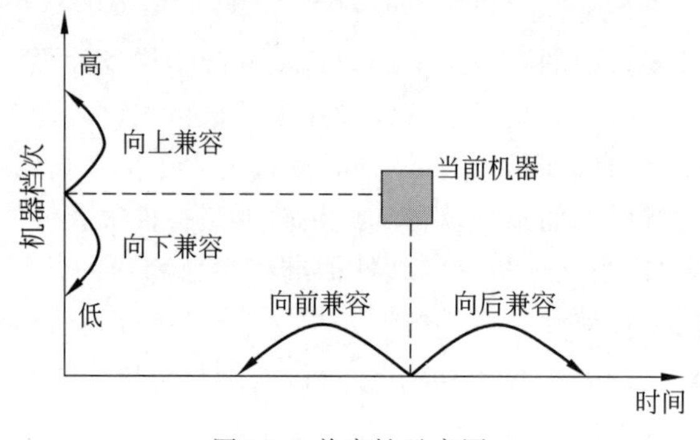

图1.8　兼容性示意图

还有一个概念经常会遇到,即兼容机(Compatible Machine)。它是指由不同公司厂家生产的具有相同系统结构的计算机。它的思想与系列机的思想是一致的。

3. 模拟和仿真

采用系列机方法只能解决同一系列的计算机之间的软件移植。为了使软件(二进制代码)能在具有不同系统结构的计算机之间互相移植,可以通过在一种系统结构上实现另一种系统结构来实现。从指令系统的角度来看,就是要在一种计算机上实现另一种计算机的指令系统。这可以通过模拟和仿真两种方法来实现。

模拟(Simulation)是指用软件的方法在一台现有的计算机(称为宿主机 Host)上实现另一台计算机(称为虚拟机)的指令系统,如图 1.9 所示。通常用解释的方法来实现,即虚拟机的每一条指令都用宿主机的一段程序进行解释执行。为了使虚拟机的应用程序能在宿主机上运行,除了模拟虚拟机的指令系统外,还要模拟其存储系统、I/O 系统、操作系统等。由于模拟是采用纯软件解释执行的方法,因此运行速度较慢,性能较差。

仿真是指用一台现有计算机(称为宿主机)上的微程序去解释实现另一台计算机(称为目标机)的指令系统,如图 1.10 所示。这个微程序是专门为实现目标机指令系统而设计的,称为仿真微程序。同样,除了仿真目标机的指令系统以外,还需要仿真其存储系统、I/O 系统、控制台操作等。

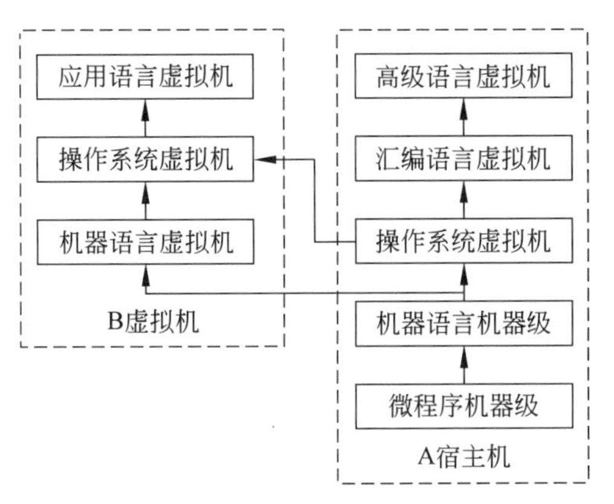

图 1.9　用模拟方法实现应用软件的移植

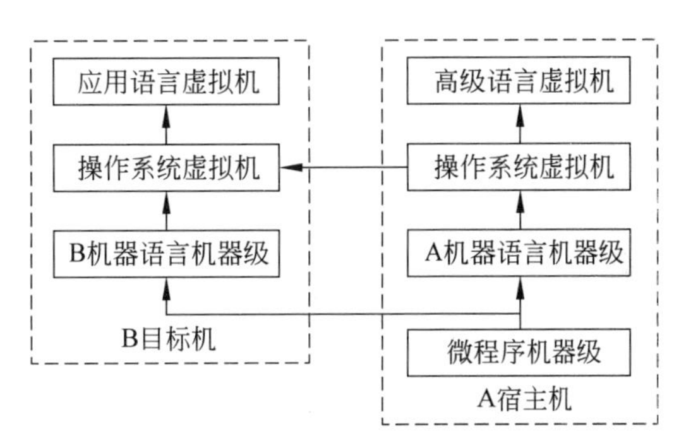

图 1.10　用仿真方法实现应用软件的移植

可以看出,仿真和模拟的主要区别在于解释执行所用的语言。仿真是用微程序解释执行的,其解释程序存放在控制存储器中;而模拟是用机器语言程序解释执行的(虽然模拟程序可以用高级语言来编写,但最后执行时是机器代码),模拟程序存放在主存中。因此仿真的运行速度比模拟方法的快,但仿真只能在系统结构差距不大的计算机之间使用,当两种计算机结构差别比较大时,就很难仿真。特别是 I/O 系统差别较大时更是如此。为了取长补短,可以将这两种方法混合使用。对于使用频度较高的指令,尽可能采用仿真方法以提高执行速度,而对于使用频度低和难以用仿真实现的指令,则用模拟方法来实现。

1.4.3　器件发展对系统结构的影响

器件是推动计算机系统结构不断发展的最活跃的因素,这是因为器件是组成计算机系统最基本的单元。从根本上讲,系统结构和组成技术的新发展和新思想能否用得上,其基础还在于器件的发展能够提供这种可能。如果不是器件可靠性有了数量级的提高,就无法采用流水技术;如果没有高速、廉价的半导体存储芯片,Cache 和虚拟存储器是无法真正实现的。没有 PROM(EPROM)芯片的出现,微程序技术就无法真正得到广泛使用。

最近二十多年中,器件技术,特别是 VLSI 技术的发展速度很快。不管是在集成度的提高还是在器件速度上的提高,都是如此。摩尔定律指出:集成电路芯片上所集成的晶体管数目每隔18个月就翻一番。2003年以前CPU在速度上的提高也是如此,即CPU的主频是每隔18个月就翻一番。这使得越来越多的功能可以在一块芯片上实现,而且芯片的性能/价格比也越来越高。以前,由于芯片价格昂贵和集成度的限制,许多高性能系统结构无法实现,而现在则不仅能够在高性能计算机中实现,甚至都应用到了个人计算机中,即高性能系统结构从大型计算机向服务器甚至个人计算机下移。例如,Cache原先只有在大型计算机上才有,20世纪80年代初,中小型计算机都有了,而且容量也增加了。到20世纪90年代,Cache已出现在PC内。而现在,已经将Cache做到了微处理器芯片内。

高性能、低价格CPU芯片的出现使得大规模并行处理系统的实现成为可能。

计算机的分代主要以器件作为划分标准。表1.2列出了5代计算机的典型特征。它们在器件、系统结构和软件技术等方面都有各自的特征。表中MP为多处理机,SMP为对称式共享存储器多处理机,MPP为大规模并行处理机。

表1.2 5代计算机的典型特征

分代	器件特征	结构特征	软件特征	典型实例
第一代(1945—1954)	电子管和继电器	存储程序计算机、程序控制I/O	机器语言、汇编语言	普林斯顿ISA、ENIAC、IBM701
第二代(1955—1964)	晶体管、磁心、印刷电路	浮点数据表示、寻址技术、中断、I/O处理机	高级语言和编译、批处理监控系统	Univac LAPC、CDC 1604、IBM7030
第三代(1965—1974)	SSI和MSI、多层印刷电路、微程序	流水线、Cache、先行处理、系列机	多道程序、分时操作系统	IBM360/370、CDC 6600/7600、DEC PDP-8
第四代(1975—1990)	LSI和VLSI、半导体存储器	向量处理、分布式存储器	并行与分布处理	Cray-1、IBM3090、DEC VAX 9000、Convax-1
第五代(1991年至今)	高性能微处理器、高密度电路	超标量、超流水、SMP、MP、MPP、机群	大规模、可扩展、并行与分布处理	SGI Cray T3E、IBM SP2、DEC、AlphaServer 8400

1.4.4 应用对系统结构的影响

应用对系统结构的发展有着重要的影响。不同的应用对计算机系统结构的设计提出了不同的要求,特别是有些领域中的应用问题要求计算机有非常高的计算速度。如果已有的计算机不能满足这些要求,就需要设计和采用新的系统结构。因此,应用需求是促使计算机系统结构发展最根本的动力。

对计算机应用来说,系统的效率高低是一个关键问题。如果能构造一台处理所有问题都很高效的通用计算机,那是再好不过了。随着计算机性能的不断提高,以前做不到的,现在可能做到;现在做不到的,将来可以做到。所以,通用计算机一直是计算机产业的主流。它们能满足大部分应用的需要。

但是,对于一些特殊领域,目前已有的通用计算机可能满足不了其应用要求。这就需要专门为这些领域设计高性能的系统结构。这些重要的领域包括：

（1）高结构化的数值计算。气象模型、流体动力学、有限元分析。

（2）非结构化的数值计算。蒙特卡洛模拟、稀疏矩阵。

（3）实时多因素问题。语音识别、图像处理、计算机视觉。

（4）大存储容量和输入输出密集的问题。数据库系统、事务处理系统。

（5）图形学和设计问题。计算机辅助设计。

（6）人工智能。面向知识的系统、推理系统等。

显然，数值计算领域要求系统结构中有高精度的浮点处理器，计算要求较高的应用场合还可能需要成千上万个这种处理器。图形系统需要大量的定点计算，以便对窗口和透视图提供支持。人工智能系统一般不需要很强的运算能力，但通常需要很大的存储器容量。

最早的计算机原本是为计算弹道、解偏微分方程而设计的，后来其应用扩大到商业和事务处理，扩大到了工业生产过程的实时控制等领域。用户总是希望计算机的应用范围越宽越好，能同时支持科学计算、事务处理和实时控制。由于器件的发展，硬件价格大幅下降，现在实现高性能通用计算机已经不像以前那么难了，这些计算机已经能满足相当多领域的应用需求了。

虽然计算机的性能在不断地提高，但应用领域对计算机性能和空间的要求也越来越高。在采用相同硬件和软件实现技术的前提下，与通用计算机相比，针对特定的一种应用领域设计的专用计算机（例如科学计算）的性能往往会高很多，系统的效率也高很多。为了满足有些领域的超高速计算性能的要求，往往需要探索和采用新的系统结构。例如，很多巨型、大型计算机就是为极大地提高科学计算性能而研制的，人们往往不惜一切代价来达到其超高性能的目标。过去在这些计算机中所采用的系统结构新技术，如 Cache、虚拟存储器、I/O 处理机、浮点运算协处理器以及各种并行处理技术等，后来都逐渐下移到了小型和微型通用计算机中。

1.5 计算机系统结构中并行性的发展

视频讲解

1.5.1 并行性的概念

并行性（parallelism）是指计算机系统在同一时刻或者同一时间间隔内进行多种运算或操作。只要在时间上相互重叠，就存在并行性。它包括同时性与并发性两种含义。

同时性（simultaneity）——两个或两个以上的事件在同一时刻发生。

并发性（concurrency）——两个或两个以上的事件在同一时间间隔内发生。

计算机系统中的并行性有不同的等级。从处理数据的角度来看，并行性等级从低到高可分为以下几种。

（1）字串位串。每次只对一个字的一位进行处理。这是最基本的串行处理方式，不存在并行性。

（2）字串位并。同时对一个字的全部位进行处理，不同字之间是串行的。具备初步的并行性。这种并行性也称为位级并行。大约在 1970 年到 1986 年之间，处理器芯片上的位级并行占主导地位。在此期间，4 位微处理器芯片不断被 8 位和 16 位微处理器芯片所替代。到20世纪80年代中期,32位的微处理器芯片已经出现,但此后趋势变慢,10年之后才出现采用64位操作的微处理器芯片。

(3) 字并位串。同时对许多字的同一位(称为位片)进行处理。这种方式具有较高的并行性。属于这种结构的计算机有STARAN、MPP、DAP等。

(4) 全并行。同时对许多字的全部位或部分位进行处理。这是最高一级的并行。属于这种结构的计算机有PEPE、Illiac Ⅳ、Cmmp等。

从执行程序的角度来看,并行性等级从低到高可分为以下5种。

1) 指令内部并行

指令内部并行是指单条指令中各微操作之间的并行。

2) 指令级并行

指令级并行(Instruction Level Parallelism,ILP)是指并行或并发地执行两条或两条以上的指令。

流水线技术使得多条指令能重叠地执行,提高了CPU执行程序的吞吐率。加上RISC方法,计算机达到了每个时钟周期完成一条指令的性能。超标量(Superscalar)的方法则更进一步,使得计算机能每个时钟周期启动多条指令,并能由多条流水线在单周期内产生多个运算结果。超标量主要是用来开发指令级并行的。

从20世纪80年代中期以来的三十多年中,开发指令级并行一直是推动微处理器性能不断创新高的主要动力之一。但后来,由于可以进一步有效开发的指令级并行性已经不多,Intel等微处理器制造商在2004年前后纷纷转向多核和线程级并行的研究和开发。

3) 线程级并行

线程级并行(Thread Level Parallelism,TLP)是指并行执行两个或两个以上的线程。

线程是进程内的一个相对独立、可独立调度和指派的执行单元,它比进程要"轻巧"得多。线程中包含调度所需的信息,但它自己基本上不拥有系统资源,只拥有在运行过程中必不可少的一点儿资源,如程序计数器、一组寄存器、堆栈等。所以线程切换时,只需保存和设置少量寄存器的内容,开销很小。多线程既能提高程序的并发和并行程度,又能减少操作系统的开销。它与多核技术相结合,能达到很好地开发并行性的效果。2000年以来,开发线程级并行的计算机越来越多。

4) 任务级或过程级并行

任务级或过程级并行是指并行执行两个或两个以上的过程或任务(程序段),以子程序或进程为调度单元。

5) 作业或程序级并行

作业或程序级并行是指并行执行两个或两个以上的作业或程序。

在单处理机系统中,这种并行性升到某一级别后(如线程级或任务级),需要通过软件(如操作系统中的进程管理、作业管理)来实现。而在多处理机系统中,由于已具有完成各个线程、进程或任务的处理机,其并行性是由硬件实现的。

在一个计算机系统中,可以采取多种提高并行性的措施。既可以有数据处理方面的并行性,又可以有执行程序方面的并行性。当并行性提高到一定级别时,则称为进入并行处理(Parallel Processing)领域。例如,处理数据的并行性达到字并位串级,或者执行程序的并行性达到线程级、任务级或过程级,即可认为是进入了并行处理领域。

并行处理着重挖掘计算过程中的并行事件，使并行性达到较高的级别。因此，并行处理是系统结构、硬件、软件、算法、语言等多方面综合研究的领域。

1.5.2 提高并行性的技术途径

计算机系统中提高并行性的措施有很多，就其基本思想而言，可归纳成以下三条途径。

(1) 时间重叠(Time Interleaving)。在并行性概念中引入时间因素，让多个处理过程在时间上相互错开，轮流重叠地使用同一套硬件设备的各个部分，以加快硬件周转而赢得速度。这种途径原则上不要求重复设置硬件设备。流水线技术是时间重叠的典型实例。

(2) 资源重复(Resource Replication)。在并行性概念中引入空间因素，以数量取胜。通过重复设置硬件资源，大幅度地提高计算机系统的性能。随着硬件价格的降低，这种途径得到了越来越广泛的应用。可以在单处理机中重复设置多个运算部件或处理部件，也可以重复设置多台处理机，构成多处理机系统。

在现在的计算机系统中，经常是同时运用时间重叠和资源重复。

(3) 资源共享(Resource Sharing)。这是一种软件方法，它使多个任务按一定的时间顺序轮流使用同一套硬件设备。多道程序、分时系统就是遵循这一途径而产生的。资源共享既降低了成本，又提高了计算机设备的利用率。

1.5.3 单机系统中并行性的发展

在发展高性能单处理机的过程中，起主导作用的是时间重叠原理。实现时间重叠的基础是"部件功能专用化"，即把一件工作按功能分割为若干相互联系的部分，把每一部分指定给专门的部件完成，然后按时间重叠原理把各部分的执行过程在时间上重叠起来，使所有部件依次分工完成一组同样的工作。例如，把一条指令的解释过程分为 4 个子过程：取指令、指令译码、指令执行、写回结果，为每个子过程分配一个专用部件，并将它们的工作按某种时间关系重叠起来，就构成了指令流水线。

在单处理机中，资源重复原理的运用也已经十分普遍。例如，多体存储器和多操作部件都是成功应用的结构形式。在多操作部件处理机中，通用部件被分解成若干个专用部件，如加法部件、乘法部件、除法部件、逻辑运算部件等，而且同一种部件也可以重复设置多个。只要指令所需的操作部件空闲，就可以开始执行这条指令(如果操作数已准备就绪)，这就实现了指令级并行。如果更进一步，设置许多相同的处理单元，让它们在同一个控制器的指挥下，按照同一条指令的要求，对向量或数组的各元素同时进行同一操作，就形成了阵列处理机(有的书称为并行处理机)。

在单处理机中，资源共享的概念实质上是用单处理机模拟多处理机的功能，形成所谓虚拟机的概念。例如分时系统，在多终端的情况下，每个终端上的用户感觉好像自己拥有一台处理机一样。

1.5.4 多机系统中并行性的发展

多机系统也遵循时间重叠、资源重复、资源共享原理，向着三种不同的多处理机方向发展。这三种不同的多处理机是同构型多处理机、异构型多处理机和分布式系统。不过，所采取的技术措施与单处理机系统有些差别。

可以用耦合度来反映多机系统中各计算机之间物理连接的紧密程度和交互作用能力的强弱。多机系统的耦合度分为紧密耦合和松散耦合两大类。

紧密耦合系统(Tightly Coupled System)又称直接耦合系统(Directly Coupled System)。在这种系统中,计算机之间的物理连接的带宽较高,一般是通过总线或高速开关互连的,可以共享主存。由于具有较高的信息传输率,因而可以快速地并行处理多个作业或任务。

松散耦合系统(Loosely Coupled System)又称间接耦合系统(Indirectly Coupled System),一般是通过通道或通信线路实现计算机之间的互连的,可以共享外存设备(磁盘、磁带等)。计算机之间的相互作用是在文件或数据集一级上进行的。松散耦合系统表现为两种形式。一种是多台计算机和共享的外存设备连接,不同计算机之间实现功能上的分工(功能专用化),计算机处理的结果以文件或数据集的形式送到共享外存设备,供其他计算机继续处理;另一种是计算机网,通过通信线路连接,实现更大范围的资源共享。

多处理机中为了实现时间重叠,将处理功能分散给各专用处理机去完成,即功能专用化。各处理机之间则按时间重叠原理工作。例如,输入输出功能的分离,导致由通道向专用外围处理机发展。许多主要功能,如数组运算、高级语言翻译、数据库管理等,也逐渐分离出来,交由专用处理机完成,机间的耦合程度逐渐加强,从而发展为异构型多处理机系统(Heterogeneous Multiprocessor System)。异构型多处理机系统由多个不同类型、至少担负不同功能的处理机组成,它们按照作业要求的顺序,利用时间重叠原理,依次对它们的多个任务进行加工,各自完成规定的功能动作。

最早的多机系统并不是为了提高速度,而是为了在关键性的工作中保证系统的可靠性。通过设置多台相同类型的计算机而构成的容错系统,可使系统工作的可靠性在处理机一级得到提高。各种不同容错多处理机系统方案对计算机间互连网络的要求是不同的,但正确性、可靠性是首要要求。如果提高对互连网络的要求,使其具有一定的灵活性、可靠性和可重构性,则可将其发展成一种可重构系统(Reconfigurable System)。在这种系统中,平时几台计算机都正常工作,像通常的多处理机系统一样。但一旦某处理机发生故障,系统就会重新组织,降低档次继续运行,直到排除故障为止。

随着硬件价格的降低,现在人们更多的追求目标是通过多处理机的并行处理来提高整个系统的速度。为此,对计算机之间互连网络的性能提出了更高的要求。高带宽、低延迟、低开销的机间互连网络是高效实现程序或任务一级并行处理的前提条件。为了使并行处理的任务能在处理机之间方便地进行调度,就必须使各处理机具有同等的功能,从而成为同构型多处理机系统。同构型多处理机系统(Homogeneous Multiprocessor System)由多个同类型或至少担负同等功能的处理机组成,它们同时处理同一作业中能并行执行的多个任务。

1.5.5 并行机的发展变化

并行机的发展可分为以下几个阶段。

1. 并行机的萌芽阶段(1964—1975)

20世纪60年代初期,著名的CDC6600提供了非对称的共享存储结构,中央处理机采用了双CPU,并连接了多个外部处理器。20世纪60年代后期,一个重要的突破是在处理器中使用流水线和重复设置功能单元,所获得的性能提高是明显的,并比单纯地提高时钟频率来提高性能更有效。尽管1967年Amdahl定律对通过增加处理器数量来提高性能的效果提出质疑，但在1972年，Illinois大学和Burroughs公司却开始联合研制由64个处理单元构成的Illiac Ⅳ SIMD计算机。并在1975年完成了世界上著名的由16个处理单元构成的Illiac Ⅳ系统。

2. 向量机的发展和鼎盛阶段(1976—1990)

1976年，Cray公司推出了第一台向量计算机Cray-1，它采用了向量指令和向量寄存器组，CPU和快速主存紧密耦合，其性能比当时的标量系统高出一个数量级。在随后的10年中，人们不断地推出新的向量计算机，包括CDC的Cyber205、Fujitsu的VP1000/VP2000、NEC的SX1/SX2以及我国的YH-1等。向量计算机的高性能使得它几乎成了超级计算机的代名词。它的发展呈两大趋势：一是提高单处理器的速度；二是研制多处理器系统(如Cray X-MP)。到了20世纪80年代后期，Cray-2和Cray-3相继推出，随着标准UNIX操作系统和向量编译器的出现，越来越多的软件商将他们的应用程序移植到Cray系统中，使得Cray系列的向量机在很多应用领域获得了成功。但到了20世纪90年代初，向量机终因受物理器件速度的限制而发展缓慢，Cray-3一直难产，直至Cray公司被SGI公司兼并，从此向量计算机就不再是主流并行机了。

3. MPP的出现和蓬勃发展阶段(1990—1995)

20世纪90年代开始，MPP(Massively Parallel Processing)系统逐渐地显示出代替和超越向量计算多处理机系统的趋势。早期的MPP有TC2000(1989年)、Touchstone Delta、Intel Paragon(1992年)、KSR1、Cray T3D(1993年)、IBM SP2(1994年)和我国的曙光-1000(1995年)等，它们都是分布存储的MIMD计算机。MPP的高端机器是1996年Intel公司的ASCI Red和1997年SGI Cray公司的T3E900，它们都是万亿次高性能并行计算机。20世纪90年代的中期，在中低档市场上，SMP(对称式共享存储器多处理机)以其更优的性能/价格比代替了MPP，而机群系统概念的提出也是从这一点出发的。

4. 各种体系结构并存阶段(1995—2000)

1995年以后，PVP(并行向量处理机)、MPP、SMP、DSM(分布式共享存储多处理机)、COW(工作站机群，机群的一种)等各种体系结构进入并存发展的阶段。MPP系统在全世界前500强最快的计算机中的占有量继续稳固上升，其性能也得到了进一步的提高，如ASCI Red的理论峰值速度已达到了1Tflop/s。而向量计算机厂商推出的SX4和VPP700等的理论峰值速度也都达到了1Tflop/s。

从1994年开始，SMP受到了工业界用户的普遍欢迎，如SGI Power Challenge和我国的曙光1号。这是因为其体系结构的发展相对成熟，而且具有卓越的性价比。1998年以后，出现了SMP系统和MPP系统相结合的趋势，将SMP系统作为单个构件块彼此连接起来，形成新的机群系统，例如SGI公司的Origin 2000。不过有人将Origin 2000看成DSM系统，而另外有些人则认为Stanford大学的DASH才是世界上第一个真正含义下的DSM系统。由此可见，在这段期间，有些并行计算机系统是多种体系结构互相结合的产物。

5. 机群蓬勃发展阶段(2000年以后)

随着工作站和服务器性能的迅速提高和价格的日益下降以及高速网络产品的陆续问世，一种新型的并行机体系结构应运而生。这种系统将一群工作站或高档微机用某种结构的互连网络连接起来，充分利用其中各计算机的资源，统一调度、协调处理，以达到很高的峰值性能，并实现高效的并行计算。这就是近期甚为流行的机群系统。

尽管1997年6月才有第一台机群结构的计算机进入Top500排名，但进入该排名的机群计算机系统的数量逐年稳步增加。2003年11月，这一数字已达到208台，机群首次成为Top500排名中比例最高的结构，而MPP机的数量却在迅速地减少。截至2008年6月，机群已经连续10期位居榜首，其数量已经达到400台，占80%；而MPP只有98台，占19.60%。机群已成为当今构建高性能并行计算机系统最常用的结构。

习 题 1

1.1 解释下列名词。

多级层次结构	虚拟机	计算机系统结构	透明性
翻译	解释	摩尔定律	系列机
Amdahl定律	程序的局部性原理	软件兼容	并行性
时间重叠	资源重复	资源共享	耦合度
紧密耦合	松散耦合	异构型多处理机	同构型多处理机

1.2 举例说明计算机系统结构、计算机组成与计算机实现之间的相互关系。

1.3 常见的计算机系统结构分类法有哪三种？它们各是按什么来分类的？分为哪几类？

1.4 计算机系统“从中间开始”设计方法中的“中间”指的是什么地方？这样设计的好处是什么？

1.5 实现软件可移植性的常用方法有哪几种？并简述其含义。

1.6 分别从执行程序的角度和处理数据的角度来看，计算机系统中并行性等级从低到高可分为哪几级？

1.7 某台主频为400MHz的计算机执行标准测试程序，程序中指令类型、执行数量和平均时钟周期数如表1.3所示。

表1.3 某计算机标准测试程序

指令类型	指令执行数量/条	平均时钟周期数	指令类型	指令执行数量/条	平均时钟周期数
整数	45 000	1	浮点	8000	4
数据传送	75 000	2	分支	1500	2

求该计算机的有效CPI、MIPS和程序执行时间。

1.8 已知四个程序在三台计算机上的执行时间如表1.4所示。

表1.4 四个程序在三台计算机上的执行时间

程　　序	计算机A执行时间/s	计算机B执行时间/s	计算机C执行时间/s
程序1	1	10	20
程序2	1000	100	20
程序3	500	1000	50
程序4	100	800	100

假设四个程序都执行100 000 000条指令，计算这三台计算机中每台机器上每个程序的MIPS速率。分别计算它们的算术平均值、几何平均值和调和平均值。

1.9 将计算机系统中某一功能的处理速度加快20倍,但该功能的处理时间仅占整个系统运行时间的40%,则采用该改进方法后,能使整个系统的性能提高多少?

1.10 计算机系统有三个部件可以改进,这三个部件的加速比如下:

部件加速比 $S_1=30$; 部件加速比 $S_2=20$; 部件加速比 $S_3=10$

(1) 如果部件1和部件2的可改进比例都为30%,那么当部件3的可改进比例为多少时,系统的加速比才可以达到10?

(2) 如果三个部件的可改进比例分别为30%、30%和20%,三个部件同时改进,那么系统中不可改进部分的执行时间在总执行时间中占的比例是多少?

1.11 假设浮点数指令(FP指令)的比例为30%,其中浮点数平方根(FPSQR)占全部指令的比例为4%,FP操作的CPI为5,FPSQR操作的CPI为20,其他指令的平均CPI为1.25。现有两种改进方案,第一种是把FPSQR操作的CPI减至3,第二种是把所有的FP操作的CPI减至3,试比较两种方案对系统性能的提高程度。

第 2 章 指令系统的设计

内容提要

(1) 指令系统结构的分类;
(2) 寻址方式;
(3) 指令系统的设计和优化;
(4) 指令系统的发展和改进;
(5) 操作数的类型和大小;
(6) MIPS 指令系统结构。

指令系统是计算机系统结构的主要内容,是软硬件交界面的主要部分。本章重点讲述指令系统的功能设计和格式设计,并介绍一个经典 RISC 处理器 MIPS 的指令系统。

视频讲解

2.1 指令系统结构的分类

首先需要说明一下,这里所说的"指令系统结构"是指指令系统的结构(Instruction Set Architecture)。

CPU 中用来存放操作数的存储单元主要有三种:堆栈、累加器、通用寄存器组。据此,可以把指令系统的结构分为堆栈型结构、累加器型结构以及通用寄存器型结构。在通用寄存器型结构中,根据操作数的来源不同,又可以进一步分为寄存器-存储器型结构(简称 RM 结构)和寄存器-寄存器型结构(简称 RR 结构)。RM 结构的操作数可以来自存储器,而 RR 结构的操作数则都是来自通用寄存器组。由于在 RR 结构中,只有 load 指令和 store 指令能够访问存储器,所以也称为 load-store 结构。

对于不同类型的结构,指令系统中操作数的位置、个数以及操作数的给出方式(显式或隐式)是不同的。显式给出是用指令字中的操作数字段给出,隐式给出则是使用事先约定好了的单元。在堆栈型结构中,操作数都是隐式的,即堆栈的栈顶和次栈顶中的数据,运算后的结果写入栈顶。在这种结构中,只能通过 push/pop 指令访问存储器。在累加器型结构中,其一个操作数是隐式的,即累加器,另一个操作数则是显式给出的,是一个存储器单元。运算结果送回累加器。在通用寄存器型结构中,所有操作数都是显式给出的,它们或者来自通用寄存器组,或者有一个操作数来自存储器。运算结果写入通用寄存器组。

表 2.1 是表达式 $Z=X+Y$ 在 4 种类型的指令系统结构上的代码,这里假设 X、Y、Z 均保存在存储器单元中,并且不能破坏 X 和 Y 的值。

表 2.1　$Z=X+Y$ 在 4 种类型的指令系统结构上的代码

堆栈型	累加器型	通用寄存器型	
		RM 型	RR 型
push X	load X	load R1,X	load R1,X
push Y	add Y	add R1,Y	load R2,Y
add	store Z	store R1,Z	add R3,R1,R2
pop Z			store R3,Z

堆栈型和累加器型计算机的优点是指令字比较短，程序占用的空间比较小。但是，它们都有着难以克服的缺点。在堆栈型机器中，不能随机地访问堆栈，难以生成有效的代码，而且对栈顶的访问是个瓶颈。而在累加器型的机器中，由于只有一个中间结果暂存器（累加器），所以需要频繁地访问存储器。

虽然早期的大多数计算机都是采用堆栈型结构或累加器型结构的指令系统，但是自1980年以后，大多数计算机都采用了通用寄存器型结构。通用寄存器型结构在灵活性和提高性能方面有明显的优势，主要体现在：

(1) 寄存器的访问速度比存储器快很多。

(2) 对编译器而言，能更加容易、有效地分配和使用寄存器。在表达式求值方面，通用寄存器型结构具有更大的灵活性和更高的效率。例如，在一台通用寄存器型结构的机器上求表达式$(A\times B)-(C\times D)-(E\times F)$的值时，其中的乘法运算可以按任意的次序进行，操作数的存放也更加灵活，对流水处理也更合适，因而更高效。但是在堆栈型机器上，该表达式的求值必须按从左到右的顺序进行。对操作数的存放也有较多的限制。

(3) 寄存器可以用来存放变量。这能带来许多好处：

① 由于寄存器比存储器快，所以将变量分配给寄存器能加快程序的执行速度；

② 能够减少对存储器的访问；

③ 可以用更少的地址位（相对于存储器地址来说）来对寄存器进行寻址，从而有效地减少程序的目标代码所占用的空间。

由于通用寄存器型结构是现代指令系统的主流，所以本书后面主要针对这种类型的结构进行讨论。

从编译器设计者的角度来看，总是希望 CPU 内部的所有寄存器都是平等、通用的。但许多以往的计算机都不是这样的，它们将这些寄存器中的相当一部分用作专用寄存器，导致通用寄存器数量的减少。如果通用寄存器的数量太少，即使将变量分配到寄存器中，也可能不会带来多少好处。因此，现代计算机中寄存器的个数已越来越多。

还可以根据 ALU 指令的操作数的两个特征来对通用寄存器结构进行进一步的细分。一个是 ALU 指令的操作数个数。对于有三个操作数的指令来说，它包含两个源操作数和一个目的操作数；而对于只有两个操作数的指令来说，其中一个操作数既作为源操作数，又作为目的操作数。另一个特征是 ALU 指令中存储器操作数的个数，它可以是 0～3 中的某一个值，为 0 表示没有存储器操作数。

基于上述 ALU 指令的两个特性及其组合，可以得到 5 种组合类型，如表 2.2 所示。

表 2.2　ALU 指令中操作数个数和存储器操作数个数的典型组合

ALU 指令中存储器操作数的个数	ALU 指令中操作数的最多个数	结构类型	机器实例
0	3	RR	MIPS,SPARC,Alpha,PowerPC,ARM
1	2	RM	IBM360/370,Intel 80x86,Motorola 68000
	3	RM	IBM360/370
2	2	MM	VAX
3	3	MM	VAX

表 2.2 将通用寄存器型结构进一步细分为三种类型：寄存器-寄存器型(RR 型)、寄存器-存储器型(RM 型)和存储器-存储器型(MM 型)。这三种通用寄存器型结构的优缺点如表 2.3 所示，表中(m,n)表示指令的 n 个操作数中有 m 个存储器操作数。当然，这里的优缺点是相对而言的，而且跟所采用的编译器以及实现策略有关。

表 2.3　常见的三种通用寄存器型指令系统结构的优缺点

指令系统结构类型	优　点	缺　点
寄存器-寄存器型(0,3)	指令字长固定，指令结构简洁，是一种简单的代码生成模型，各种指令的执行时钟周期数相近	与指令中含存储器操作数的指令系统结构相比，指令条数多，目标代码不够紧凑，因而程序占用的空间比较大
寄存器-存储器型(1,2)	可以在 ALU 指令中直接对存储器操作数进行引用，而不必先用 load 指令进行加载。容易对指令进行编码，目标代码比较紧凑	由于有一个操作数的内容将被破坏，所以指令中的两个操作数不对称。在一条指令中同时对寄存器操作数和存储器操作数进行编码，有可能限制指令所能够表示的寄存器个数。指令的执行时钟周期数因操作数的来源(寄存器或存储器)不同而差别比较大
存储器-存储器型(2,2)或(3,3)	目标代码最紧凑，不需要设置寄存器来保存变量	指令字长变化很大，特别是 3 操作数指令，而且每条指令完成的工作也差别很大。对存储器的频繁访问会使存储器成为瓶颈。这种类型的指令系统现在已不用了

一般来说，指令格式和指令字长越单一，编译器的工作就越简单，因为编译器所能做的选择变少了。如果指令系统的指令格式和指令字长具有多样性，则可以有效地减少目标代码所占的空间。但是这种多样性也可能会增加编译器和 CPU 实现的难度。另外，CPU 中寄存器的个数也会影响指令的字长。

从以上分析可以看到，通用寄存器型结构比堆栈型结构和累加器型结构更具有优势。在通用寄存器型结构中，存储器-存储器型在现代机器中已不采用，而寄存器-寄存器型因其简洁性和两个源操作数的对称性而备受青睐。特别是在第 3 章中将看到，寄存器-寄存器型结构对于实现流水处理也更方便。

视频讲解

2.2　寻址方式

寻址方式在计算机组成原理课程中已经学过了，这里只简单地做个概述。寻址方式(Addressing Mode)是指指令系统中如何形成所要访问的数据的地址。一般来说，寻址方式可以指明指令中的操作数是一个常数、一个寄存器操作数或者是一个存储器操作数。对于存储器操作数来说，由寻址方式确定的存储器地址称为有效地址(Effective Address)。

表 2.4 列出了一些操作数寻址方式。在该表以及本书后面的章节中采用类 C 语言作为描述硬件操作的标记。左箭头(←)表示赋值操作，Mem 表示存储器，Regs 表示寄存器组；方括号表示内容，如 Mem[ ]表示存储器的内容，Regs[ ]表示寄存器的内容。这样，Mem[Regs[R1]]指的就是由寄存器 R1 中的内容作为地址的存储器单元中的内容。

表 2.4　一些操作数寻址方式

寻址方式	指令实例	含　　义
寄存器寻址	ADD R1,R2	Regs[R1]←Regs[R1]+Regs[R2]
立即数寻址	ADD R3,#6	Regs[R3]←Regs[R3]+6
偏移寻址	ADD R3,120(R2)	Regs[R3]←Regs[R3]+Mem[120+Regs[R2]]
寄存器间接寻址	ADD R4,(R2)	Regs[R4]←Regs[R4]+Mem[Regs[R2]]
索引寻址	ADD R4,(R2 + R3)	Regs[R4]←Regs[R4]+Mem[Regs[R2]+Regs[R3]]
直接寻址或绝对寻址	ADD R4,(1010)	Regs[R4]←Regs[R4]+Mem[1010]
存储器间接寻址	ADD R2,@(R4)	Regs[R2]←Regs[R2]+Mem[Mem[Regs[R4]]]
自增寻址	ADD R1,(R2)+	Regs[R1]←Regs[R1]+Mem[Regs[R2]] Regs[R2]←Regs[R2]+d
自减寻址	ADD R1,−(R2)	Regs[R2]←Regs[R2]−d Regs[R1]←Regs[R1]+Mem[Regs[R2]]
缩放寻址	ADD R1,80(R2)[R3]	Regs[R1]←Regs[R1]+Mem[80+Regs[R2]+ Regs[R3] * d

注：d 为地址增量。

表 2.4 中没有包括 PC 相对寻址。PC 相对寻址是一种以程序计数器(PC)作为参考点的寻址方式，主要用于在转移指令中指定目标指令的地址。2.6.6 节将讨论这些指令。另外，在表 2.4 的自增/自减寻址方式和缩放寻址方式中，用变量 d 来指明被访问的数据项的大小(如 4 个字节或者 8 个字节等)。只有当所要访问的数据元素在存储器中是相邻存放时，这三种寻址方式才有意义。

采用多种寻址方式可以显著地减少程序的指令条数，但同时也可能增加计算机的实现复杂度以及指令的平均执行时钟周期数(Cycles Per Instruction，CPI)。所以，有必要对各种寻址方式的使用情况进行统计分析，以确定应采用什么样的寻址方式。

图 2.1 是在 VAX 机器上运行 gcc、Spice 和 Tex 基准程序，并对各种寻址方式的使用情况进行统计的结果。这里只给出了使用频度超过 1%的寻址方式。之所以选择在已过时了的 VAX 结构上进行测试，是因为它的寻址方式最多。

从图 2.1 可以看出，立即数寻址方式和偏移寻址方式的使用频度最高。立即数寻址方式主要用于 ALU 指令、比较指令和用于给寄存器装入常数等。对指令系统的结构设计而言，首先要确定是所有的指令还是只有部分指令具有立即数寻址方式。表 2.5 是在与图 2.1 相同的机器和程序的条件下统计的立即数寻址方式的使用频度。表中的数据表明，大约 1/4 的 load 指令和 ALU 指令采用了立即数寻址。

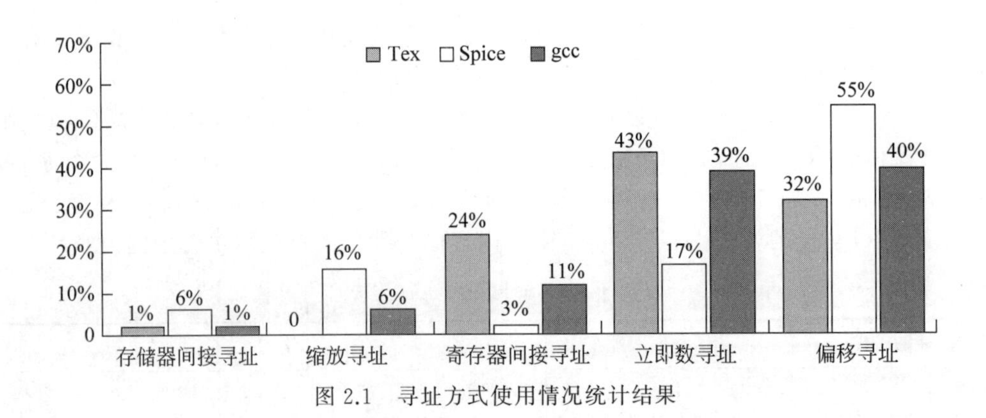

图 2.1 寻址方式使用情况统计结果

表 2.5 指令使用立即数寻址方式的频度

指令类型	使用频度	
	整型平均/%	浮点平均/%
load 指令	23	22
ALU 指令	25	19
所有指令	21	16

表示寻址方式的方法有两种：一种是隐含在指令的操作码中；另一种是在指令字中设置专门的寻址字段，用以直接指出寻址方式。这两种方法在不同的机器上都有采用。相比而言，设置寻址字段的方法更加灵活，操作码短，但需要设置专门的寻址方式字段，而且操作码和寻址方式字段合起来所需要的总位数可能会比隐含方法的总位数多。

寻址方式中，关于物理地址空间的信息存放是一个需要注意的问题。通常一台机器会同时存放宽度不同的信息。如何在存储器中存放这些不同宽度的信息呢？下面以 IBM370 为例进行讨论。IBM370 中的信息有字节、半字(双字节)、单字(4 字节)和双字(8 字节)等宽度。主存宽度为 8 字节。采用按字节编址，各类信息都是用该信息的首字节地址来寻址的。如果允许它们任意存储，就很可能会出现一个信息跨存储字边界而存储于两个存储单元中，如图 2.2(a)所示。在这种情况下，读出该信息需要花费两个存储周期，这显然是不可接受的。为了避免出现这个问题，可以要求信息宽度不超过主存宽度的信息必须存放在一个存储字内，不能跨边界。为了实现这一点，就必须做到：信息在主存中存放的起始地址必须是该信息宽度(字节数)的整数倍，即满足以下条件。

字节信息的起始地址为：×…××××。

半字信息的起始地址为：×…×××0。

单字信息的起始地址为：×…××00。

双字信息的起始地址为：×…×000。

视频讲解

这就是所谓的信息存储的整数边界概念。图 2.2(b)是图 2.2(a)中的信息按整数边界存储后的情况。从图 2.2 中可以看出，按整数边界存储，可能会导致存储空间的浪费，所以这是在速度和占用的空间之间进行权衡。为了保证访问速度，现在的计算机一般都是按整数边界存储信息的。

8字节
半字
字节 字节 双字
双字 字节 单字 单字
单字
(a)

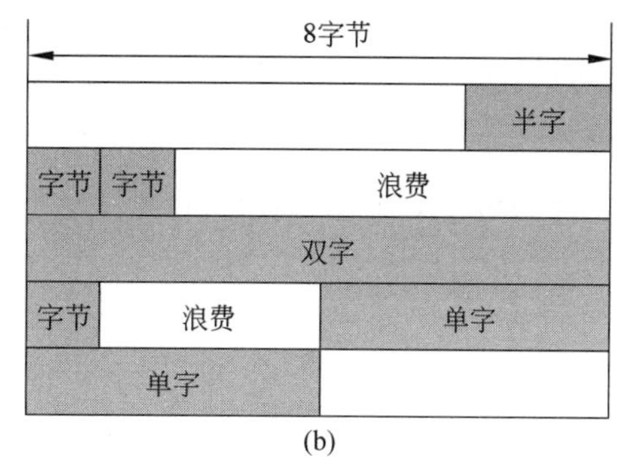

图 2.2　各种宽度的信息的存储

2.3　指令系统的设计和优化

视频讲解

2.3.1　指令系统设计的基本原则

指令系统是传统机器语言程序设计者所看到的计算机的主要属性，是软硬件的主要界面。它在很大程度上决定了计算机具有的基本功能。指令系统的设计包括指令的功能设计和指令的格式设计。在进行指令系统的设计时，首先要考虑应实现的基本功能(操作)，确定哪些基本功能应该由硬件实现，哪些功能由软件实现。

在确定哪些基本功能用硬件来实现时，主要考虑三个因素：速度、成本、灵活性。用硬件实现的特点是速度快、成本高、灵活性差，用软件来实现的特点是速度慢、价格便宜、灵活性好。按照第 1 章中介绍的“以经常性事件为重点”的原则，一般选择出现频度高的基本功能用硬件来实现。

对指令系统的基本要求是完整性、规整性、正交性、高效率和兼容性。

完整性是指在一个有限可用的存储空间内，对于任何可解的问题，编制计算程序时，指令系统所提供的指令足够使用。完整性要求指令系统功能齐全、使用方便。表 2.6 列出了一些常用的指令类型，其中前 4 类属于通用计算机系统的基本指令。所有的指令系统结构一般都会对前三种类型的操作提供相应的指令。在“系统”类指令方面，不同指令系统结构的支持程度会有较大的差异，但有一点是共同的，即必须对基本的系统功能调用提供一些指令。对于最后 4 种类型的操作而言，不同指令系统结构的支持大不相同，有的根本不提供任何指令支持，而有的则可能提供许多专用指令。例如，对于浮点操作类型来说，几乎所有面向浮点运算应用的计算机都提供了浮点指令。十进制和字符串指令在有的计算机中是以基本操作的形式出现的(例如在 VAX 和 IBM360 中)，有的则是在编译时由编译器变换成由更简单的指令构成的代码段来实现的。

规整性主要包括对称性和均匀性。对称性是指所有与指令系统有关的存储单元的使用、操作码的设置等都是对称的。例如，在存储单元的使用上，所有通用寄存器都要同等对待。在操作码的设置上，如果设置了 $A-B$ 的指令，就也应该设置 $B-A$ 的指令。均匀性是指对于各种不同的操作数类型、字长、操作种类和数据存储单元，指令的设置都要同等对待。例如，如果某机器有 5 种数据表示，4 种字长，2 种存储单元，则要设置 $5\times4\times2=40$ 种同一操作的指令(如加法指令)。不过，这样做太复杂，也不太现实。所以一般是实现有限的规整性。例如把上述加法指令的种类减少到10种以内。

表 2.6 指令系统结构中操作的分类

操作类型	实例
算术和逻辑运算	整数的算术运算和逻辑操作:加、减、乘、除、与、或等
数据传输	load、store
控制	分支、跳转、过程调用和返回、自陷等
系统	操作系统调用,虚拟存储器管理等
浮点	浮点操作:加、减、乘、除、比较等
十进制	十进制加、十进制乘、十进制到字符的转换等
字符串	字符串移动、字符串比较、字符串搜索等
图形	像素操作、压缩/解压操作等

正交性是指在指令中各个不同含义的字段,如操作类型、数据类型、寻址方式字段等,在编码时应互不相关、相互独立。

高效率是指指令的执行速度快、使用频度高。在RISC结构中,大多数指令都能在一个节拍内完成(流水),而且只设置使用频度高的指令。

兼容性主要是要实现向后兼容,指令系统可以增加新指令,但不能删除指令或更改指令的功能。

在设计系统时,有两种截然不同的设计策略,因而产生了两类不同的计算机系统:CISC和RISC。CISC即复杂指令集计算机,它是增强指令功能,把越来越多的功能交由硬件来实现,指令的数量也越来越多。RISC即精简指令集计算机,它是尽可能地把指令系统简化,不仅指令的条数少,而且指令的功能也比较简单。

2.3.2 控制指令

控制指令是用来改变控制流的。为便于论述,本书约定:当指令是无条件改变控制流时,称为跳转指令;而当控制指令是有条件改变控制流时,则称为分支指令。

能够改变控制流的指令有4种:分支(branch)、跳转(jump)、过程调用(call)和过程返回(return)。这4种指令的使用频度如表2.7所示,其中的百分比是指它们占控制指令总数的百分比。这些结果是在一台load-store型指令系统结构的计算机上执行基准程序SPEC CPU2000得出的。

表 2.7 控制指令的使用频度

指令类型	使用频度	
	整型平均/%	浮点平均/%
调用/返回	19	8
跳转	6	10
分支	75	82

从该表可以看出,改变控制流的大部分指令是分支指令(条件转移)。因此,如何表示分支条件就显得非常重要。现在常用的三种表示分支条件的方法及其优缺点见表 2.8。

表 2.8 表示分支条件的方法及其优缺点

名　称	检测分支条件的方法	优　　点	缺　　点
条件码(CC)	检测由 ALU 操作设置的一些特殊的位(即 CC)	可以自由设置分支条件	条件码是增设的状态,而且它限制了指令的执行顺序,因为它们要保证条件码能顺利地传送给分支指令
条件寄存器	比较指令把比较结果放入任何一个寄存器,检测时就检测该寄存器	简单	占用一个寄存器
比较与分支	比较操作是分支指令的一部分,通常这种比较是受到一定限制的	用一条指令(而不是两条)就能实现分支	当采用流水方式时,该指令的操作可能太多,在一拍内做不完

在控制指令中,必须给出转移的目标地址。在绝大多数情况下,指令中都会显式地给出目标地址。但过程返回指令是个例外,因为在编译的时候,还不知道其返回地址。指定转移目标地址最常用的方法是在指令中提供一个偏移量,由该偏移量和程序计数器(PC)的值相加而得出目标地址。这种寻址方式叫作 PC 相对寻址。采用 PC 相对寻址方式有许多优点,这是因为转移目标地址通常离当前指令很近,用相对于当前 PC 值的偏移量来确定目标地址,可以有效地减少表示该目标地址所需要的位数。而且,采用 PC 相对寻址,可以使代码被装载到主存的任意位置执行。这一特性叫作"位置无关"(Position Independence),它能够减少程序连接的工作量。而且,即使对于在执行过程中进行动态连接的程序来说,也是有用的。

当控制指令采用 PC 相对寻址方式来确定其转移目标地址时,需要知道偏移量大小的分布情况,以便确定偏移量字段的长度。有模拟结果表明,采用 4～8 位的偏移量字段(以指令字为单位)就能表示大多数控制指令的转移目标地址。

对于过程调用和返回而言,除了要改变控制流之外,可能还要保存机器状态,至少也得保存返回地址,一般是放在专用的链接寄存器或堆栈中的。过去有些指令系统结构提供了专门的保存机制来保存许多寄存器的内容,而现在较新的指令系统结构则要求由编译器生成 load 和 store 指令来保存或恢复寄存器的内容。

视频讲解

2.3.3 指令操作码的优化

指令一般由两部分组成:操作码和地址码。指令格式的设计就是确定指令字的编码方式,包括操作码字段和地址码字段的编码和表示方式。指令格式不仅对编译形成的代码的长度有影响,而且对处理器的实现也有影响,因为处理器要能快速地对它进行译码,以便知道是什么操作以及如何找到其操作数。

指令格式的优化是指如何用最短的位数来表示指令的操作信息和地址信息。

1. 赫夫曼编码

进行操作码编码时,可以采用赫夫曼(Huffman)编码。赫夫曼压缩概念的基本思想是:当各种事件发生的概率不均等时,可以对发生概率最高的事件用最短的位数(时间)来表示

(处理),而对于出现概率较低的事件,则可以用较长的位数(时间)来表示(处理),从而使总的平均位数(时间)缩短。

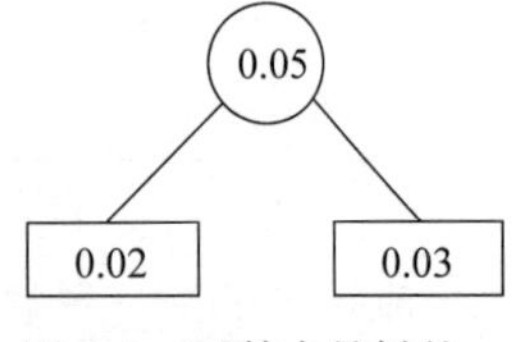

图 2.3 画赫夫曼树的一个基本步骤

赫夫曼编码可以通过构造赫夫曼树来求得。构造赫夫曼树的方法是：将各事件按其使用频度从小到大依次排列。每次从中选择两个频度值最小的结点,将其合并成一个新的结点,并把新结点画在所选结点的上面,然后用两条边把新结点分别与那两个结点相连,如图 2.3 所示。新结点的频度值是所选两个结点的频度值的和。把新结点与其他剩余未结合的结点一起,再以上面的步骤进行处理,反复进行,直到全部结点都结合完毕、形成根结点为止。

操作码优化的程度可以用信息熵 $H=-\sum_{i=1}^{n} p_i \log_2 p_i$ 来衡量。它表示用二进制编码表示 n 个码点时,理论上的最短平均编码长度。

例 2.1 假设某模型机有 7 条指令,这些指令的使用频度如表 2.9 所示。

表 2.9 操作码的赫夫曼编码及扩展操作码编码

指令	频度 p_i	操作码使用赫夫曼编码	操作码长度 l_i	利用赫夫曼概念的扩展操作码	操作码长度 l_i
I_1	0.40	0	1	0 0	2
I_2	0.30	1 0	2	0 1	2
I_3	0.15	1 1 0	3	1 0	2
I_4	0.05	1 1 1 0 0	5	1 1 0 0	4
I_5	0.04	1 1 1 0 1	5	1 1 0 1	4
I_6	0.03	1 1 1 1 0	5	1 1 1 0	4
I_7	0.03	1 1 1 1 1	5	1 1 1 1	4

(1) 计算这 7 条指令的操作码编码的最短平均码长；

(2) 画出赫夫曼树,写出这 7 条指令的赫夫曼编码,并计算该编码的平均码长和信息冗余量。

解 (1) $H=-\sum_{i=1}^{7} p_i \log_2 p_i=2.17$。

(2) 其赫夫曼树如图 2.4 所示,该树的每个叶结点分别对应一条指令。在该树中,对每个结点向下的两个分支,分别用二进制 1 和 0 来表示。

从该赫夫曼树可以很容易地写出赫夫曼编码。具体方法是：对于任意一条指令 I_i($i=1,2,\cdots,7$),从赫夫曼树根结点出发、沿一条路径连接到叶结点 I_i,把途中所经过的各分支的 0 和 1 按从左到右的顺序记录下来,便是该指令的赫夫曼编码。表 2.9 中列出了所有指令的赫夫曼编码。

该赫夫曼编码的平均码长是

$$L=\sum_{i=1}^{7} p_i l_i=2.20$$

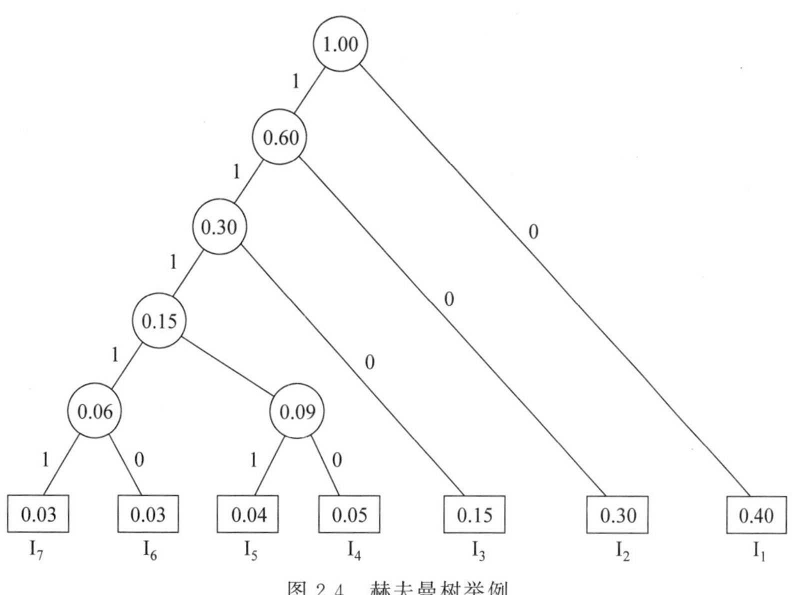

图 2.4　赫夫曼树举例

其信息冗余量为

$$\frac{2.20-2.17}{2.20}\approx 1.36\%$$

虽然可以利用赫夫曼编码来减少操作码的平均位数,但所获得的编码是变长度的,不规整,不利于硬件处理。因而一般是采用扩展操作码。这是位于定长二进制编码和赫夫曼编码之间的一种编码方案。这种编码方案采用有限几种固定长度的码长,仍然采用高概率用短码、低概率用长码的赫夫曼压缩思想,使操作码平均长度缩短。

对于表 2.9 中的指令,采用 2-4 的扩展操作码,可以得到如表 2.9 右边所示的编码方案。这里用两位的 00、01、10 分别表示使用频度高的 I_1、I_2、I_3,然后用 11 作为高位扩展出 4 个 4 位的二进制编码,表示剩下的 4 条指令。这种编码法的平均长度为

$$\sum_{i=1}^{7} p_i l_i = 2.3$$

虽然比赫夫曼编码的 2.2 大,但很接近于 2.2,而且比定长的 3 位编码小很多。

2. 等长扩展码

在早期的计算机上,为了便于分级译码,一般都采用等长扩展码,如 4-8-12 位等。4-8-12 的扩展方法有许多种,例如,15/15/15 法和 8/64/512 法。15/15/15 法是在 4 位的 16 个码点中,用 15 个码点表示最常用的 15 种指令,剩下的一个码点用于扩展到下一个 4 位,而第 2 个 4 位的 16 个码点也是按相同的方法分配的,即 15 个用于表示指令,一个用于扩展到第 3 个 4 位,如图 2.5(a)所示。

8/64/512 法是用头 4 位的 0××× 表示最常用的 8 种指令,接着,操作码扩展成两个 4 位,其中的 1×××0××× 的 64 个码点表示 64 种指令,然后再扩展成 3 个 4 位,用 1×××1×××0××× 的 512 个码点表示 512 种指令,如图 2.5(b)所示。

选用哪种编码法取决于指令使用频度 p_i 的分布。若在前 15 种指令中 p_i 的值都比较大,但在后 30 种指令中急剧减少,则应选择 15/15/15 法;若 p_i 的值在前 8 种指令中较大,

之后的64种指令的 p_i 值也不太低,则应选择8/64/512法。衡量标准是看哪种编码法能使平均码长最短。当然不是说就只有15/15/15和8/64/512两种扩展方法,按扩展标志不同,还可有其他许多种扩展方案。

不难看出,扩展操作码必须遵守短码不能是长码的前缀的规则,扩展操作码的编码不唯一,平均码长也不唯一。因此,需要对各扩展方案进行比较,以便找出一种平均码长尽可能短、码长种类个数不能过多的、便于优化实现的方案。

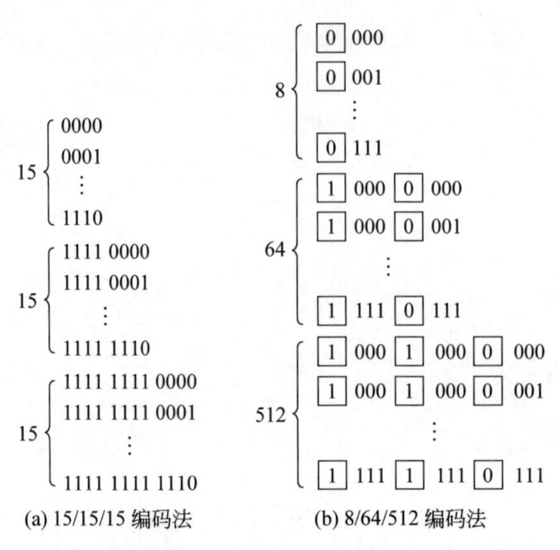

图2.5 15/15/15编码法和8/64/512编码法

3. 定长操作码

随着计算机存储器空间的日益加大,为了保证操作码的译码速度、减少译码的复杂度,现在许多计算机都采用了固定长度的操作码,所有指令的操作码都是同一长度的(如8位)。特别是RISC结构的计算机更是如此。这是以程序的存储空间为代价来换取硬件实现上的好处。

视频讲解

2.3.4 指令字格式的优化

如果指令字的宽度是固定的,而且指令中地址码的长度和个数是固定的,则操作码的缩短并不能带来好处,只是使指令字中出现空白浪费,如图2.6所示。

定长指令字长度L

操作码	空白浪费	地址码
操作码	空白浪费	地址码
操作码		地址码

图2.6 等长地址码

所以,为了能利用操作码缩短所带来的好处,可以采用地址个数可变和/或地址码长度可变的方案。图2.7是一个简单的例子。如果让最常用的操作码最短,其地址字段个数最多,就越能够使指令的功能增强,越能够从总体上减少所需的指令条数。

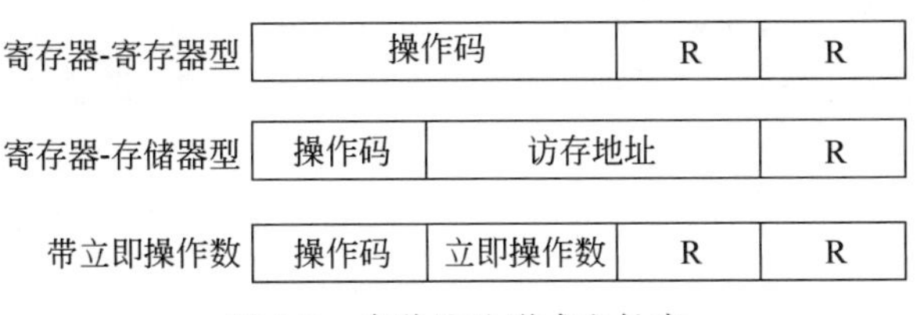

图 2.7　多种地址形式和长度

如前所述,寻址方式的表示方法有两种:与操作码一起编码或设置专门的地址描述符。如果处理机具有多种寻址方式,而且指令有多个操作数,那么就很难跟操作码一起编码,而是应该给每个操作数分配一个地址描述符,由描述符指出采用什么寻址方式。如果处理机采用 load-store 结构,寻址方式只有很少几种,那么就可以把寻址方式编码到操作码中。

由于在同一条指令中,寄存器字段和寻址方式字段可能反复出现多次,所以计算机中寄存器的个数和寻址方式的数目对机器的指令字长有很大的影响。如果指令字的平均长度增加了,程序的平均长度当然也就增加了。所以,在指令系统的设计中,要在指令字长与寄存器的个数以及寻址方式的个数之间进行折中。

在采用固定长度操作码的情况下,通过设置不同的地址字段,也可以形成不同特点的编码格式。图 2.8 给出了指令系统的三种编码格式。第一种是可变长度编码格式,当指令系统的寻址方式和操作种类很多时,这种编码格式是最好的。这种方法试图用最少的二进制位来表示目标代码。但是,这种编码格式有可能会使各条指令的字长和执行时间相差很大。VAX 和 80x86 采用了这种编码格式。

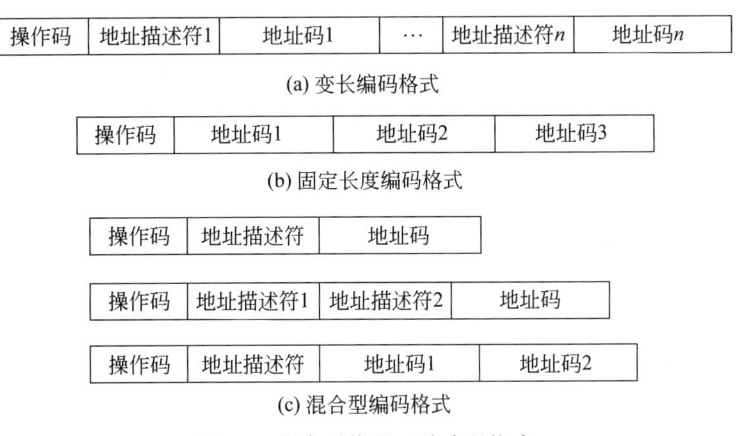

图 2.8　指令系统的三种编码格式

第二种是固定长度编码格式,它将操作类型和寻址方式一起编码到操作码中。采用这种编码格式时,经常是所有指令的长度都是固定统一的。当寻址方式和操作类型非常少时,这种编码格式非常好,它可以有效地降低译码的复杂度,提高译码的速度。大部分 RISC 的指令系统,如 Alpha、MIPS、Power PC 和 SPARC 等微处理器的指令系统均采用了这种编码格式。

在上述两种格式中进行选择,实际上就是在目标代码长度和译码的简单性之间进行折中。系统结构设计者如果更加关心的是程序目标代码的长度,那么就可以选择第一种;但如果更在乎性能,那么就可以选择第二种。

第三种为混合型编码格式,它是把上述两种方法结合起来,即提供若干种固定的指令字长,以期达到既能够减少目标代码长度又能降低译码复杂度的目标。IBM360/370的指令系统采用了这种编码格式。

2.4 指令系统的发展和改进

2.4.1 沿CISC方向发展和改进指令系统

指令数量多、功能多样是CISC指令系统的一大特点。除了包含基本指令外,往往还提供了很多功能很强的指令。指令条数往往多达二三百条,甚至更多。可以从三个方面对CISC指令系统进行改进:面向目标程序增强指令功能;面向高级语言的优化实现来改进指令系统;面向操作系统的优化实现改进指令系统。

1. 面向目标程序增强指令功能

面向目标程序增强指令功能是提高计算机系统性能最直接的办法。我们不仅希望减少程序的执行时间,而且也希望减少程序所占的空间。可以对大量的目标程序及其执行情况进行统计分析,找出那些使用频度高、执行时间长的指令或指令串。对于使用频度高的指令,用硬件加快其执行;对于使用频度高的指令串,用一条新的指令来替代。这不但能减少目标程序的执行时间,而且也能有效地缩短程序的长度。可以从以下几个方面来改进。

1) 增强运算型指令的功能

在科学计算中,经常要进行函数的计算,例如:$\sqrt{x}$、sin()、cos()、tan()、e^x等。为此,可以设置专门的函数运算指令来代替相应的函数计算子程序。在有些应用程序中,经常需要进行多项式计算,那么就可以考虑设置多项式计算指令。在事务处理应用中,经常有十进制运算,可以设置一套十进制运算指令。

2) 增强数据传送指令的功能

数据传送(存和取)指令在程序中占有比较高的比例。在IBM公司对IBM360运行典型程序的统计数据中,数据传送指令所占的比例约为37%。因此,设计好数据传送指令对于提高计算机系统的性能是至关重要的。

设置成组传送数据的指令是对向量和矩阵运算的有力支持。例如,在IBM370中,不仅设置了把一个数据块从通用寄存器组传送到主存储器(或者相反)的指令,而且还设置了把一个数据块(字节数不超过256)从主存储器的一个地方传送到另一个地方的指令。

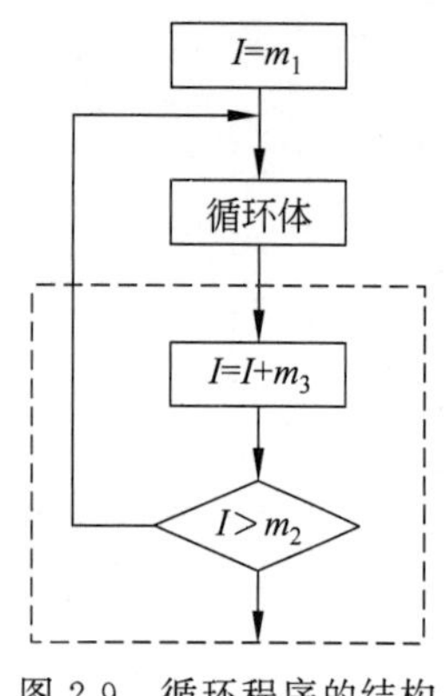

图2.9 循环程序的结构

3) 增强程序控制指令的功能

CISC计算机中一般都设置了多种程序控制指令,包括转移指令和子程序控制指令等。例如VAX-11/780机器有29种转移指令,包括"无条件转移"指令、"跳转"指令、15种条件转移型指令、6种按位转移型指令等。这些程序控制指令向编程人员提供了丰富的选择。

循环一般在程序中占有相当大的比例,所以应该在指令上对其提供专门的支持。一般循环程序的结构如图 2.9 所示。图中虚线框内的为循环控制部分,它通常要用三条指令来完成:一条加法指令、一条比较指令和一条分支指令。程序中许多循环的循环体往往很短,统计结果表明,循环体中只有一条语句的情况约占 40%,有 1~3 条语句的情况约占 70%。因此循环控制指令在整个循环程序中占据了相当大的比例。

为了支持循环程序的快速执行、减少循环程序目标代码的长度,可以设置循环控制指令。例如,在 IBM370 中,专门设置了一条"大于转移"指令,仅一条这种指令就可以完成图 2.9 中虚线框内的功能。

虽然从上述三个方面来改进目标程序可能获得较好的结果,但增加了硬件的成本和复杂度。只有对于频繁使用的子程序或指令串,用较强功能的指令取而代之才划得来。

2. 面向高级语言的优化实现来改进指令系统

大多数高级语言与一般的机器语言的语义差距非常大,这一方面导致编译器比较复杂,另一方面编译器所生成的目标代码也难以达到很好的优化。因此,改进指令系统,增加对高级语言和编译器的支持,缩小语义差距,就能提高计算机系统的性能。

针对高级语言中使用频度高、执行时间长的语句,应该增强有关指令的功能,加快这些指令的执行速度,或者增设专门的指令,可以达到提高执行速度和减少目标程序长度的目的。例如,有统计结果表明,一元赋值语句在高级语言程序中所占的比例最大,在 FORTRAN 程序中的使用频度是 31%。由于一元赋值语句是由数据传送指令来实现的,因此减少数据传送指令的执行时间是对高级语言的有力支持。

另外,统计结果还表明,条件转移(IF)和无条件转移(GOTO)语句所占的比例也比较高,达到了 20%以上,所以增强转移指令的功能,增加转移指令的种类是必要的。

再者,增强系统结构的规整性,减少系统结构中的各种例外情况,也是对高级语言和编译器的有力支持。

指令系统经过上述扩充后,对高级语言的优化实现提供了有力的支持,机器语言和高级语言的语义差距缩小了许多。这样的计算机称为面向高级语言的计算机。

虽然在 20 世纪 70 年代有些人研究了间接执行高级语言(把高级语言作为汇编语言)和直接执行高级语言的机器。但因为这是一种比较激进的方法,它对计算机产业的发展并没有产生多大的影响。后来人们认识到,采用"比较简单的系统结构+软件"的做法能够在较低成本和复杂度的前提下,提供更高的性能和灵活性。

3. 面向操作系统的优化实现改进指令系统

操作系统与系统结构是密切相关的。系统结构必须对操作系统的实现提供专门的指令。尽管这些指令的使用频度比较低,但如果没有它们的支持,操作系统将无法实现,所以有些指令是必不可少的。指令系统对操作系统的支持主要有:

(1) 处理机工作状态和访问方式的切换。

(2) 进程的管理和切换。

(3) 存储管理和信息保护。

(4) 进程的同步与互斥,信号灯的管理等。

支持操作系统的有些指令属于特权指令,一般用户程序不能使用。

2.4.2 沿RISC方向发展和改进指令系统

在20世纪70年代后期,人们已经感到日趋庞杂的指令系统不仅不易实现,而且还有可能降低系统的性能和效率。1979年开始,美国加州大学Berkeley分校以Patterson为首的研究小组对指令系统结构的合理性进行了深入研究,结果表明,CISC指令集结构存在以下问题。

(1) 各种指令的使用频度相差悬殊,许多指令很少用到。据统计,只有20%的指令使用频度比较高,占运行时间的80%,其余80%的指令只在20%的运行时间内才会用到,而且使用频度高的指令也是最简单的指令。

(2) 指令系统庞大,指令条数很多,许多指令的功能又很复杂。这使得控制器硬件变得非常复杂,所导致的问题是:

① 占用了大量的芯片面积(如占用CPU芯片总面积的一半以上),给VLSI设计造成了很大的困难;

② 不仅增加了研制时间和成本,而且还容易造成设计错误。

(3) 许多指令由于操作繁杂,其CPI值比较大(一般CISC机器指令的CPI都在4以上,有些在10以上),执行速度慢。采用这些复杂指令有可能使整个程序的执行时间反而增加。

(4) 由于指令功能复杂,规整性不好,不利于采用流水技术来提高性能。

表2.10是对在Intel 80x86上执行整型程序进行统计的结果。表中所列出的10种简单指令占据所有执行指令的95%。因此,人们不禁会问,花了那么多的硬件去实现那么多很少使用的复杂指令,值得吗?Patterson等人在进行了深入的研究后,提出了RISC指令集结构的设计思想。这是一种与CISC的设计策略完全不同的设计思想,它能克服上述CISC的缺点。RISC是近代计算机系统结构发展史中的一个里程碑。

表2.10 Intel 80x86最常用的10条指令

执行频度排序	80x86指令	指令执行频度(占执行指令总数的百分比)
1	load	22%
2	条件分支	20%
3	比较	16%
4	store	12%
5	加	8%
6	与	6%
7	减	5%
8	寄存器-寄存器间数据移动	4%
9	调用子程序	1%
10	返回	1%
合计		95%

设计 RISC 机器一般应当遵循以下原则。

(1) 指令条数少、指令功能简单。确定指令系统时,只选取使用频度很高的指令,在此基础上补充一些最有用的指令(如支持操作系统和高级语言实现的指令)。

(2) 采用简单而又统一的指令格式,并减少寻址方式,指令字长都为 32 位或 64 位。

(3) 指令的执行在单周期内完成(采用流水线技术后)。

(4) 采用 load-store 结构,即只有 load 和 store 指令才能访问存储器,其他指令的操作都是在寄存器之间进行的。

(5) 大多数指令都采用硬连逻辑来实现。

(6) 强调优化编译器的作用,为高级语言程序生成优化的代码。

(7) 充分利用流水技术来提高性能。

1981 年,Patterson 等人研制成功了 32 位的 RISC Ⅰ微处理器。RISC Ⅰ中只有 31 条指令,指令字长都是 32 位,共有 78 个通用寄存器,时钟频率为 8MHz。控制部分所占的芯片面积只有约 6%,而当时最先进的商品化微处理器 MC68000 和 Z8000 分别为 50%和 53%。RISC Ⅰ的性能比 MC68000 和 Z8000 快三四倍。1983 年,他们又研制出了 RISC Ⅱ,指令条数为 39,通用寄存器个数为 138,时钟频率为 12MHz。

除 RISC Ⅱ以外,早期的 RISC 机器还包括 IBM 的 801 和 Stanford 大学的 MIPS。IBM 的研究工作早在 1975 年就开始了,是最早开始的,但却是最晚才公开的。801 实际上只是个实验性的项目。Stanford 大学的 Hennessy 及其同事于 1981 年发表了他们的 MIPS 计算机。这三台 RISC 机器有许多共同点,例如它们都采用 load-store 结构和固定 32 位的指令字长,它们都强调采用高效的流水技术。

在上述研究工作的基础上,1986 年起,计算机工业界开始发布基于 RISC 技术的微处理器。California 大学 Berkeley 分校的 RISC Ⅱ后来发展成了 Sun 公司的 SPARC 系列微处理器,Stanford 大学的 MIPS 后来发展成了 MIPS Rxxx 系列微处理器,IBM 则是在其 801 的基础上设计了新的系统结构,推出了 IBM RT-PC 以及后来的 RS6000。

2.5 操作数的类型和大小

视频讲解

计算机系统所能处理的数据类型很多,如图、表、树、阵列、队列、链表、堆栈、向量、字符串、实数、整数、字符等。在设计计算机系统结构时,需要研究在这些数据类型中,哪些用硬件实现,哪些用软件实现,并对于要用硬件实现的数据类型,研究它们的实现方法。

数据表示(Data Representation)是指计算机硬件能够直接识别、指令系统可以直接调用的数据类型。它一般是所有数据类型中最常用、相对比较简单、用硬件实现比较容易的几种,如定点数(整数)、逻辑数(布尔数)、浮点数(实数)、字符、字符串等。当然,有些机器的数据表示复杂一些,除上面这些外,还设置有十进制、向量、堆栈等数据表示。

数据结构(Data Structure)则不同,它是指由软件进行处理和实现的各种数据类型。数据结构研究的是这些数据类型的逻辑结构与物理结构之间的关系,并给出相应的算法。一般来说,除了数据表示之外的所有数据类型都是数据结构要研究的内容。

如何确定数据表示是系统结构设计者要解决的难题之一。从原理上讲,计算机只要有了最简单的数据表示,如定点数,就可以通过软件的方法实现各种复杂的数据类型,但是这样会大大降低系统的性能和效率。但如果把复杂的数据类型都包含在数据表示之中,系统所花费的硬件成本会很高。如果这些复杂的数据表示很少用到,那么这样做就很不合理了。因此,确定数据表示实际上也是个软硬件取舍折中的问题。

表示操作数类型的方法有以下两种。

(1) 由指令中的操作码指定操作数的类型。

这是最常用的方法。绝大多数机器都采用了这种方法。由于是在操作码中指出的,所以即使是同一种运算,对于不同的操作数类型也要设置不同的指令。例如,整数加、浮点加、无符号数加等。

(2) 给数据加上标识(tag),由数据本身给出操作数类型。

这就是所谓的带标识符的数据表示。硬件通过识别这些标识符就能得知操作数的类型,并进行相应的操作。

带标识符的数据表示有很多优点,例如,能简化指令系统,可由硬件自动实现一致性检查和类型转换,缩小了机器语言与高级语言的语义差距,简化编译器等。但由于需要在程序执行过程中动态检测标识符,动态开销比较大,所以采用这种方案的机器很少见。

本书中,操作数的大小(size)是指操作数的位数或字节数。一般来说,主要的大小有字节(8位)、半字(16位)、字(32位)和双字(64位)。字符一般用ASCII码表示,为一个字节大小。整数则几乎都是用二进制补码表示的,其大小可以是字节、半字或单字。浮点操作数可以分为单精度浮点数(单字)和双精度浮点数(双字)。20世纪80年代以前,大多数计算机厂家都一直采用各自的浮点操作数表示方法,但后来几乎所有的计算机都采用了IEEE 754浮点标准。

面向商业应用,可以设置十进制数据表示。这种数据表示一般称为"压缩十进制"或"二进制编码十进制"(Binary Coded Decimal,BCD)码。它是用4位二进制编码表示数字0~9,并将两个十进制数字合并到一个字节中存储的。如果将十进制数直接用字符串来表示,就叫作"非压缩十进制"。在这种机器中,一般会提供在压缩十进制数和非压缩十进制数之间进行相互转换的操作。

在指令系统结构设计中,知道对各种类型操作数的访问频度是很重要的,这对于确定需要对哪些类型的操作数提供高效的支持很有帮助。表2.11中列出了对于SPEC基准程序来说,对字节、半字、单字和双字4种操作数的访问分布情况。从该表可以看出,基准程序对单字和双字的数据访问具有较高的频度,所以选择操作数的大小为32位比较合适。

表2.11 不同操作数大小的访问频度

操作数大小	访问频度		操作数大小	访问频度	
	整型平均/%	浮点平均/%		整型平均/%	浮点平均/%
字节	7	0	单字	74	31
半字	19	0	双字	0	69

从上面的分析可知,一台32位的计算机应该支持8位、16位、32位整型操作数以及32位和64位的IEEE 754标准的浮点操作数。

至此，已经对计算机指令系统结构设计的基本知识进行了比较全面的讨论，下面介绍一个指令系统结构实例。

2.6 MIPS指令系统结构

视频讲解

为了进一步加深对指令系统结构设计的理解，下面讨论MIPS指令系统结构。之所以选择MIPS，是因为它不仅是一种典型的RISC结构，而且还比较简单，易于理解和学习。本书后面各章中使用的例子几乎都是基于该指令系统结构的。

1981年，Stanford大学的Hennessy及其同事发表了他们的MIPS计算机，后来，在此基础上形成了MIPS系列微处理器。到目前为止，已经出现了许多版本的MIPS。下面介绍MIPS64的一个子集，并将它简称为MIPS。

2.6.1 MIPS的寄存器

MIPS64有32个64位通用寄存器：R0，R1，…，R31。它们被简称为GPRs(General-Purpose Registers)，有时也被称为整数寄存器。R0的值永远是0。此外，还有32个64位浮点数寄存器：F0，F1，…，F31。它们被简称为FPRs(Floating-Point Registers)。它们既可以用来存放32个单精度浮点数(32位)，也可以用来存放32个双精度浮点数(64位)。存储单精度浮点数(32位)时，只用到FPR的一半，其另一半没用。MIPS提供了单精度和双精度(32位和64位)操作的指令，而且还提供了在FPRs和GPRs之间传送数据的指令。

另外，还有一些特殊寄存器，例如浮点状态寄存器。它们可以与通用寄存器交换数据。浮点状态寄存器用来保存有关浮点操作结果的信息。

2.6.2 MIPS的数据表示

MIPS的数据表示有以下两种。

(1) 整数：字节(8位)、半字(16位)、字(32位)、双字(64位)。

(2) 浮点数：单精度浮点数(32位)、双精度浮点数(64位)。

之所以设置半字操作数类型，是因为在类似于C的高级语言中有这种数据类型，而且在操作系统等程序中也很常用，这些程序很重视数据所占的空间大小。设置单精度浮点操作数也是基于类似的原因。

MIPS64的操作是针对64位整数以及32位或64位浮点数进行的。字节、半字或者字在装入64位寄存器时，用零扩展或者用符号位扩展来填充该寄存器的剩余部分。装入以后，对它们将按照64位整数的方式进行运算。

2.6.3 MIPS的数据寻址方式

MIPS的数据寻址方式只有立即数寻址和偏移量寻址两种，立即数字段和偏移量字段都是16位的。寄存器间接寻址是通过把0作为偏移量来实现的，16位绝对寻址是通过把R0(其值永远为0)作为基址寄存器来完成的。这样实际上就有了4种寻址方式。

MIPS的寻址方式是编码到操作码中的。

MIPS的存储器是按字节寻址的，地址为64位。由于MIPS是load-store结构，GPRs

和FPRs与存储器之间的数据传送都是通过load和store指令来完成的。与GPRs有关的存储器访问可以是字节、半字、字或双字。与FPRs有关的存储器访问可以是单精度浮点数或双精度浮点数。所有存储器访问都必须是边界对齐的。

2.6.4 MIPS的指令格式

为了使处理器更容易进行流水实现和译码,所有的指令都是32位的,其格式见图2.10。这些指令格式很简单,其中操作码占6位。MIPS按不同类型的指令设置不同的格式,共有三种格式,它们分别对应于I类指令、R类指令、J类指令。在这三种格式中,同名字段的位置固定不变。

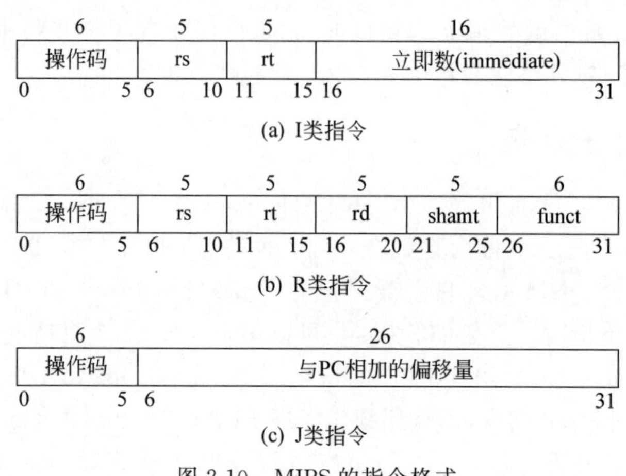

图2.10 MIPS的指令格式

1. I类指令

I类指令包括所有的load和store指令,立即数指令,分支指令,寄存器跳转指令,寄存器链接跳转指令。其格式如图2.10(a)所示,其中的立即数字段为16位,用于提供立即数或偏移量。

1) load指令

访存有效地址为Regs[rs]+immediate,从存储器取来的数据放入寄存器rt。

2) store指令

访存有效地址为Regs[rs]+immediate,要存入存储器的数据放在寄存器rt中。

3) 立即数指令

$$\text{Regs}[\text{rt}] \leftarrow \text{Regs}[\text{rs}]\ \text{op immediate}$$

4) 分支指令

转移目标地址为PC+immediate,Regs[rs]为用于比较的值。

5) 寄存器跳转、寄存器跳转并链接

转移目标地址为Regs[rs]。

2. R类指令

R类指令包括ALU指令、专用寄存器读写指令、move指令等。

ALU指令为

$$\text{Regs}[\text{rd}] \leftarrow \text{Regs}[\text{rs}]\ \text{funct}\ \text{Regs}[\text{rt}]$$

funct为具体的运算操作编码。

3. J 类指令

J 类指令包括跳转指令、跳转并链接指令、自陷指令、异常返回指令。在这类指令中,指令字的低 26 位是偏移量,它与 PC 值相加形成跳转的地址。

2.6.5 MIPS 的操作

MIPS 指令可以分为 4 大类:load 和 store,ALU 操作,分支与跳转,浮点操作。

除了 R0 外,所有通用寄存器与浮点寄存器都可以进行 load 或 store。表 2.12 给出了 load 和 store 指令的一些具体例子。单精度浮点数占用浮点寄存器的一半,单精度与双精度之间的转换必须显式地进行。浮点数的格式是 IEEE 754。

表 2.12 MIPS 的 load 和 store 指令的例子

指令举例	指令名称	含义
LD R2,20(R3)	装入双字	$Regs[R2] \leftarrow_{64} Mem[20+Regs[R3]]$
LW R2,40(R3)	装入字	$Regs[R2] \leftarrow_{64} (Mem[40+Regs[R3]]_0)^{32}$ ## $Mem[40+Regs[R3]]$
LB R2,30(R3)	装入字节	$Regs[R2] \leftarrow_{64} (Mem[30+Regs[R3]]_0)^{56}$ ## $Mem[30+Regs[R3]]$
LBU R2,40(R3)	装入无符号字节	$Regs[R2] \leftarrow_{64} 0^{56}$ ## $Mem[40+Regs[R3]]$
LH R2,30(R3)	装入半字	$Regs[R2] \leftarrow_{64} (Mem[30+Regs[R3]]_0)^{48}$ ## $Mem[30+Regs[R3]]$ ## $Mem[31+Regs[R3]]$
L.S F2,60(R4)	装入单精度浮点数	$Regs[F2] \leftarrow_{64} Mem[60+Regs[R4]]$ ## 0^{32}
L.D F2,40(R3)	装入双精度浮点数	$Regs[F2] \leftarrow_{64} Mem[40+Regs[R3]]$
SD R4,300(R5)	保存双字	$Mem[300+Regs[R5]] \leftarrow_{64} Regs[R4]$
SW R4,300(R5)	保存字	$Mem[300+Regs[R5]] \leftarrow_{32} Regs[R4]$
S.S F2,40(R2)	保存单精度浮点数	$Mem[40+Regs[R2]] \leftarrow_{32} Regs[F2]_{0..31}$
SH R5,502(R4)	保存半字	$Mem[502+Regs[R4]] \leftarrow_{16} Regs[R5]_{48..63}$

说明:要求内存的值必须是边界对齐。

在下面解释指令的操作时,采用了类似 C 语言的描述语言。在 2.2 节中已经给出了几个符号的含义,其他符号的意义如下。

- “$x \leftarrow_n y$”表示从 y 传送 n 位到 x。“$x, y \leftarrow z$”表示把 z 传送到 x 和 y。
- 用下标表示字段中具体的位。对于指令和数据,按从最高位到最低位(即从左到右)的顺序依次进行编号,最高位为第零位,次高位为第一位,以此类推。下标可以是一个数字,也可以是一个范围。例如,$Regs[R4]_0$ 表示寄存器 R4 的符号位,$Regs[R4]_{56..63}$ 表示 R4 的最低字节。
- Mem 表示主存,按字节寻址。
- 上标用于表示对字段进行复制的次数。例如 0^{32} 表示一个 32 位长的全零字段。
- 符号 ## 用于两个字段的拼接,并且可以出现在数据传送的任何一边。

下面举个例子。假设 R8 和 R6 是 64 位的寄存器,则

$$Regs[R8]_{32..63} \leftarrow_{32} (Mem[Regs[R6]]_0)^{24} \ \#\# \ Mem[Regs[R6]]$$

表示的意义是:以 R6 的内容作为地址访问主存,得到的字节按符号位扩展为 32 位后存入

R8 的低 32 位,R8 的高 32 位(即 Regs[R8]$_{0..31}$)不变。

MIPS 中所有的 ALU 指令都是寄存器-寄存器型(RR 型)或立即数型的。运算操作包括算术和逻辑操作(加、减、与、或、异或和移位等),表 2.13 中给出了一些例子。所有这些指令都支持立即数寻址模式,参与运算的立即数是由指令中的 immediate 字段(低 16 位)经符号位扩展后生成的。

表 2.13　MIPS 中 ALU 指令的例子

指令举例	指令名称	含　义
DADDU R1,R2,R3	无符号加	Regs[R1]← Regs[R2]+ Regs[R3]
DADDIU R4,R5,#6	加无符号立即数	Regs[R4]← Regs[R5]+6
LUI R1,#4	把立即数装入一个字的高 16 位	Regs[R1]← 0^{32} ## 4 ## 0^{16}
DSLL R1,R2,#5	逻辑左移	Regs[R1]← Regs[R2]<<5
DSLT R1,R2,R3	置小于	IF(Regs[R2]< Regs[R3]) Regs[R1]← 1 else Regs[R1]←0

R0 的值永远是 0,它可以用来合成一些常用的操作,例如,

```
DADDIU R1,R0,#100            //给寄存器 R1 装入常数 100
```

又如,

```
DADD R1,R0,R2                //把寄存器 R2 中的数据传送到寄存器 R1
```

2.6.6　MIPS 的控制指令

表 2.14 给出了 MIPS 的几种典型的跳转和分支指令。跳转是无条件转移的,而分支则都是条件转移的。根据跳转指令确定目标地址的方式不同以及跳转时是否链接,可以把跳转指令分成 4 种。在 MIPS 中,确定转移目标地址的一种方法是把指令中的 26 位偏移量左移 2 位(因为指令字长都是 4 字节)后,替换程序计数器的低 28 位;另一种方法是由指令中指定的一个寄存器来给出转移目标地址,即间接跳转。简单跳转很简单,就是把目标地址送入程序计数器。而跳转并链接则要比简单跳转多一个操作:把返回地址(即顺序下一条指令的地址)放入寄存器 R31。跳转并链接用于实现过程调用。

表 2.14　典型的 MIPS 控制指令

指令举例	指令名称	含　义
J name	跳转	$PC_{36..63}$← name
JAL name	跳转并链接	Regs[R31]←PC+4;$PC_{36..63}$← name; $((PC+4)-2^{27})\leq name<((PC+4)+2^{27})$
JALR R3	寄存器跳转并链接	Regs[R31]←PC+4;PC← Regs[R3]
JR R5	寄存器跳转	PC← Regs[R5]
BEQZ R4, name	等于零时分支	if(Regs[R4]==0) PC← name; $((PC+4)-2^{17})\leq name<((PC+4)+2^{17})$

续表

指令举例	指令名称	含义
BNE R3, R4,name	不相等时分支	if(Regs[R3]!= Regs[R4]) PC← name; ((PC+4)−2^{17})≤name<((PC+4)+2^{17})
MOVZ R1,R2,R3	等于零时移动	if(Regs[R3]==0) Regs[R1]← Regs[R2]

说明：除了以寄存器中的内容作为目标地址进行跳转以外，所有其他的控制指令的跳转地址都是相对于PC的。

所有的分支指令都是条件转移的。分支条件由指令确定，例如，可能是测试某个寄存器的值是否为零。该寄存器可以是一个数据，也可以是前面一条比较指令的结果。MIPS提供了一组比较指令，用于比较两个寄存器的值。例如，“置小于”指令，如果第一个寄存器中的值小于第二个寄存器的，则该比较指令在目的寄存器中放置一个1(代表真)；否则将放置一个0(代表假)。类似的指令还有“置等于”“置不等于”等。这些比较指令还有一套与立即数进行比较的形式。

有的分支指令可以直接判断寄存器的内容是否为负，或者比较两个寄存器是否相等。

分支的目标地址由16位带符号偏移量左移两位后和PC相加的结果来决定。另外，还有一条浮点条件分支指令，该指令通过测试浮点状态寄存器来决定是否进行分支。

2.6.7 MIPS的浮点操作

浮点指令对浮点寄存器中的数据进行操作，并由操作码指出操作数是单精度(SP)还是双精度(DP)的。在指令助记符中，用后缀S和D分别表示操作数是单精度还是双精度浮点数。例如，MOV.S和MOV.D分别表示把一个单精度浮点寄存器或一个双精度浮点寄存器中的值复制到另一个同类型的寄存器中。MFC1和MTC1是在一个单精度浮点寄存器和一个整数寄存器之间传送数据。另外，MIPS还设置了在整数与浮点之间进行相互转换的指令。

浮点操作包括加、减、乘、除，分别有单精度和双精度指令。例如，加法指令ADD.D(双精度)和ADD.S(单精度)，减法指令SUB.D和SUB.S等。浮点数比较指令会根据比较结果设置浮点状态寄存器中的某一位，以便于后面的分支指令BC1T(若真则分支)或BC1F(若假则分支)测试该位，以决定是否进行分支。

习 题 2

2.1 解释下列名词。

堆栈型机器　　累加器型机器　　通用寄存器型机器　　CISC

RISC　　寻址方式　　数据表示

2.2 区别不同指令系统结构的主要因素是什么？根据这个主要因素可将指令系统结构分为哪三类？

2.3 常见的三种通用寄存器型机器的优缺点各有哪些？

2.4 指令系统应满足哪几个基本要求？

2.5 指令系统结构设计所涉及的内容有哪些？

2.6 简述CISC指令集结构功能设计的主要目标。从当前的计算机技术观点来看，CISC指令集结构的计算机有什么缺点?

2.7 简述RISC指令集结构的设计原则。

2.8 指令中表示操作数类型的方法有哪几种?

2.9 表示寻址方式的主要方法有哪些?简述这些方法的优缺点。

2.10 通常有哪几种指令格式?简述其适用范围。

2.11 某台处理机的各条指令使用频度如表2.15所示。

表2.15 某台处理机的各条指令使用频度

指 令	使用频度	指 令	使用频度	指 令	使用频度
ADD	43%	JOM	6%	CIL	2%
SUB	13%	STO	5%	CLA	22%
JMP	7%	SHR	1%	STP	1%

请分别设计这9条指令操作码的赫夫曼编码、3/3/3扩展编码和2/7扩展编码,并计算这三种编码的平均码长。

2.12 某机器的指令字长为16位,设有单地址指令和双地址指令两类指令。若每个地址字段均为6位,且双地址指令有A条,问单地址指令最多可以有多少条?

2.13 某处理机的指令系统要求有三地址指令4条、单地址指令255条、零地址指令16条。设指令字长为12位,每个地址码长度为3位。问能否用扩展编码为其操作码编码?如果要求单地址指令为254条,能否对其操作码扩展编码?说明理由。

第 3 章 流水线技术

内容提要

(1) 流水线的基本概念;
(2) 流水线的性能指标;
(3) 非线性流水线的调度;
(4) 流水线的相关与冲突;
(5) 流水线的实现(以 MIPS 为例)。

3.1 流水线的基本概念

视频讲解

3.1.1 什么是流水线

工业上的流水线大家一定都很熟悉了,例如汽车装配生产流水线等。在这样的流水线中,整个装配过程被分为多道工序,每道工序由一个人(或多人)完成,各道工序所花的时间也差不多。整条流水线流动起来后,每隔一定的时间间隔(差不多就是一道工序的时间)就有一辆汽车下线。如果我们跟踪一辆汽车的装配全过程,就会发现其总的装配时间并没有缩短,但由于多辆车的装配在时间上错开后,重叠进行,因此最终能达到总体装配速度(吞吐率)的提高。

在计算机中也可以采用类似的方法,把一个重复的过程分解为若干个子过程(相当于上面的工序),每个子过程由专门的功能部件来实现。把多个处理过程在时间上错开,依次通过各功能段,这样,每个子过程就可以与其他的子过程并行进行。这就是流水线技术(Pipelining)。流水线中的每个子过程及其功能部件称为流水线的级或段(Stage),段与段相互连接形成流水线。流水线的段数称为流水线的深度(Pipeline Depth)。

把流水线技术应用于指令的解释执行过程,就形成了指令流水线。把流水线技术应用于运算的执行过程,就形成了运算操作流水线,也称为部件级流水线。图 3.1 是一条浮点加法流水线,它把执行过程分解为求阶差、对阶、尾数相加、规格化 4 个子过程,每一个子过程在各自独立的部件上完成。如果各段的时间相等,都是 Δt,那么,虽然完成一次浮点加法所需要的总时间(从“入”到“出”)还是 $4\Delta t$,但若在输入端连续送入加法任务,则从加法器的输出端来看,却是每隔一个 Δt 就能出一个浮点加法结果。因此,该流水线能把浮点加法运算的速度提高 3 倍。

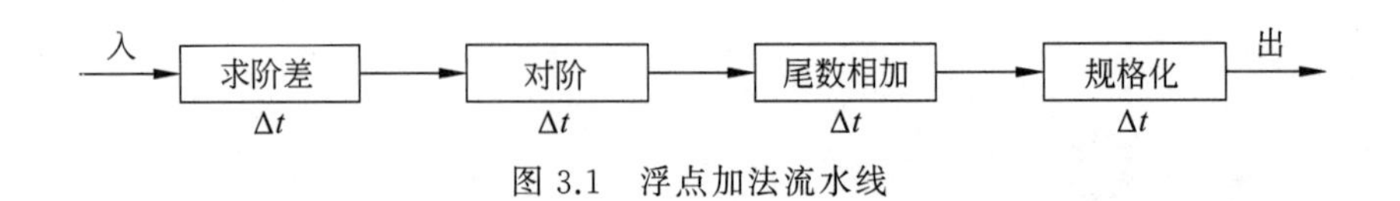

图 3.1 浮点加法流水线

一般采用时空图来描述流水线的工作过程。图 3.2 是上述 4 段流水线的时空图。图中横坐标表示时间,纵坐标表示空间,即流水线中的流水段。格子中的数字 1 代表第 1 个运算,2 代表第 2 个运算……。第 1 个运算在时刻 0 进入流水线;第 2 个运算在时刻 1 进入流水线,同时第 1 个运算离开“求阶差”段而进入“对阶”段;第 3 个运算在时刻 2 进入流水线,同时第 1 个运算离开“对阶”段而进入“尾数相加”段,第 2 个运算离开“求阶差”段而进入“对阶”段;第 4 个运算在时刻 3 进入流水线,同时第 1 个运算离开“尾数相加”段而进入“规格化”段,第 2 个运算离开“对阶”段而进入“尾数相加”段,第 3 个运算离开“求阶差”段而进入“对阶”段;以此类推。

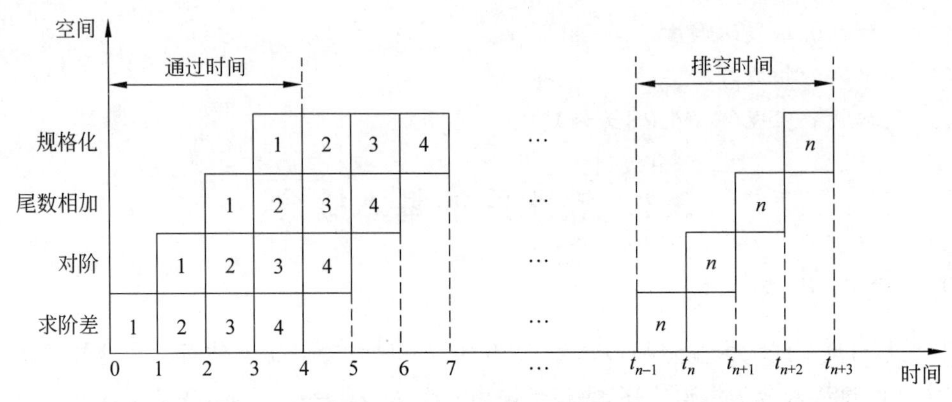

图 3.2 浮点加法流水线的时空图

从上面的分析可以看出,流水线技术有以下特点。

(1) 流水线把一个处理过程分解为若干个子过程,每个子过程由一个专门的功能部件来实现。因此,流水线实际上是把一个大的处理功能部件分解为多个独立的功能部件,并依靠它们的并行工作来提高处理速度(吞吐率)。

(2) 流水线中各段的时间应尽可能相等,否则将引起流水线堵塞和断流,因为时间最长的段将成为流水线的瓶颈(Bottleneck of a Pipeline),此时流水线中的其他功能部件就不能充分发挥作用了。因此瓶颈问题是流水线设计中必须解决的。

(3) 流水线每一个段的后面都要有一个缓冲寄存器(锁存器),称为流水寄存器。其作用是在相邻的两段之间传送数据,以提供后面流水段要用到的信息。其另一个作用是隔离各段的处理工作,避免相邻流水段电路的相互打扰。

(4) 流水线技术适合于大量重复的时序过程,只有在输入端不断地提供任务,才能充分发挥流水线的效率。

(5) 流水线需要有通过时间和排空时间。它们分别是指第一个任务和最后一个任务从进入流水线到流出结果的那个时间段,如图 3.2 所示。在这两个时间段中,流水线都不是满负荷的。经过“通过时间”后,流水线进入满载工作状态,整条流水线的效率才能得到充分发挥。

3.1.2 流水线的分类

流水线可以从不同的角度和观点来分类，下面是几种常见的分类。

1. 部件级流水线、处理机级流水线及系统级流水线

按照流水线技术用于计算机系统的等级不同，可以把流水线分为3种：部件级流水线、处理机级流水线和系统级流水线。

部件级流水线是把处理机中的部件进行分段，再把这些分段相互连接而成的。它使得运算操作能够按流水方式进行。图3.1中的浮点加法流水线就是一个典型的例子。这种流水线也称为运算操作流水线(Arithmetic Pipeline)。

处理机级流水线又称指令流水线(Instruction Pipeline)。它是把指令的执行过程按照流水方式进行处理，即把一条指令的执行过程分解为若干个子过程，每个子过程在独立的功能部件中执行。3.4.1节中论述的5段指令流水线就是一个例子，它能同时重叠执行5条指令。

系统级流水线是把多个处理机串行连接起来，对同一数据流进行处理，每个处理机完成整个任务中的一部分。前一台处理机的输出结果存入存储器中，作为后一台处理机的输入。这种流水线又称宏流水线(Macro Pipeline)。

2. 单功能流水线与多功能流水线

这是按照流水线所完成的功能来分类的。

1) 单功能流水线

单功能流水线(Unifunction Pipeline)是指流水线各段之间的连接固定不变、只能完成一种固定功能的流水线。如前面介绍的浮点加法流水线就是单功能流水线。若要完成多种功能，可采用多条单功能流水线。例如，Cray-1巨型计算机有12条单功能流水线。

2) 多功能流水线

多功能流水线(Multifunction Pipeline)是指各段可以进行不同的连接，以实现不同功能的流水线。美国TI公司ASC处理机中采用的运算流水线就是多功能流水线，它有8个功能段，按不同的连接可以实现浮点加减法运算和定点乘法运算，如图3.3所示。

3. 静态流水线与动态流水线

多功能流水线可以进一步分为静态流水线和动态流水线两种。

1) 静态流水线

静态流水线(Static Pipeline)是指在同一时间内，多功能流水线中的各段只能按同一种功能的连接方式工作的流水线。当流水线要切换到另一种功能时，必须等前面的任务都流出流水线之后，才能改变连接。例如，上述ASC的8段只能或者按浮点加减运算连接方式工作，或者按定点乘运算连接方式工作。在图3.4中，当要在n个浮点加法后面进行定点乘法时，必须等最后一个浮点加法做完、流水线排空后，才能改变连接，开始新的运算。

2) 动态流水线

动态流水线(Dynamic Pipeline)是指在同一时间内，多功能流水线中的各段可以按照不同的方式连接，同时执行多种功能的流水线。它允许在某些段正在实现某种运算时，另一些段却在实现另一种运算。当然，多功能流水线中的任何一个功能段只能参加到一种连接中。动态流水线的优点是：更加灵活，能提高各段的使用率，能提高处理速度，但其控制复杂度增加了。

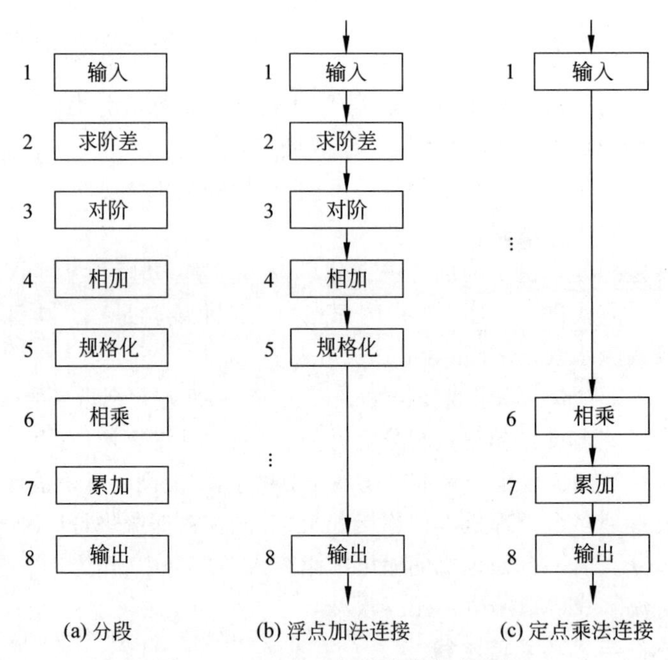

图 3.3 ASC处理机的多功能流水线

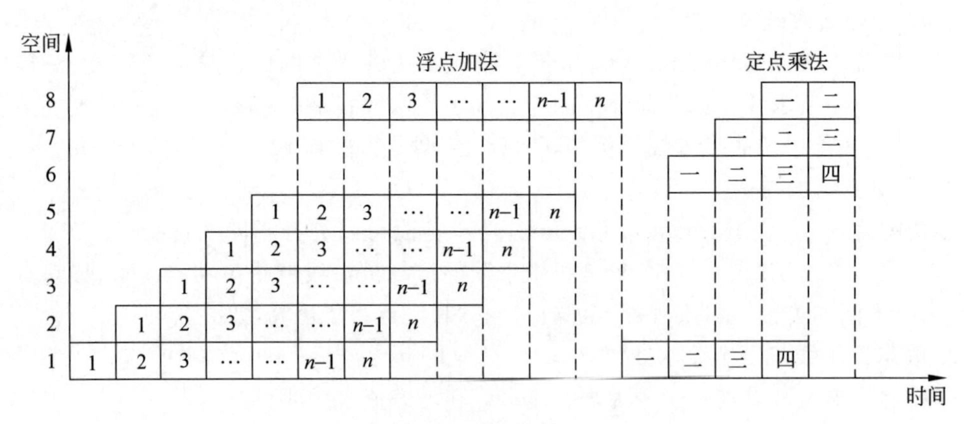

图 3.4 静态流水线的时空图

对于图3.3的情况,动态流水线的工作过程如图3.5所示。这里,定点乘法提前开始了(相对于静态流水线而言)。可以提前多少取决于任务的流动情况,要保证不能在公用段发生冲突。

对于静态流水线来说,只有当输入的是一串相同的运算任务时,流水的效率才能得到充分的发挥。如果交替输入不同的运算任务,则流水线的效率会降低到和顺序处理方式的一样。而动态流水线则不同,它允许多种运算在同一条流水线中同时进行。因此,在一般情况下,动态流水线的效率比静态流水线的高。但是,动态流水线的控制要复杂得多。所以目前大多数的流水线是静态流水线。

4. 线性流水线与非线性流水线

按照流水线中是否存在反馈回路,可以把流水线分为以下两种。

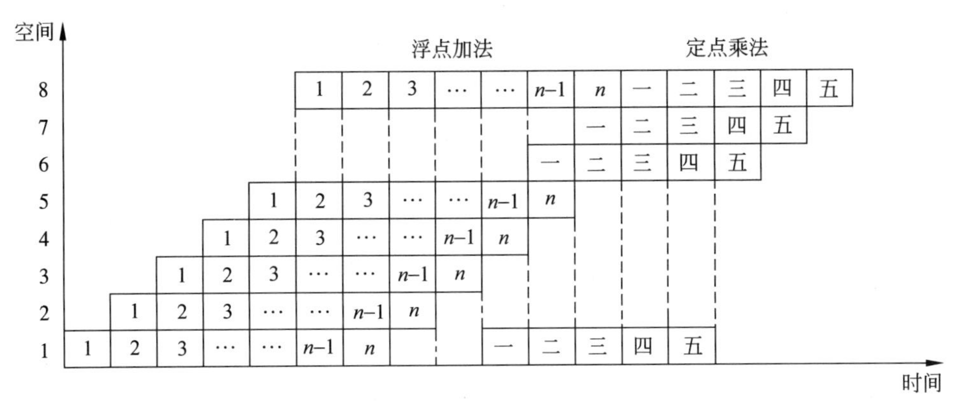

图 3.5　动态流水线的时空图

1）线性流水线

线性流水线（Linear Pipeline）是指各段串行连接、没有反馈回路的流水线。数据通过流水线中的各段时，每一个段最多只流过一次。

2）非线性流水线

非线性流水线（Nonlinear Pipeline）是指各段除了有串行的连接外，还有反馈回路的流水线。图 3.6 是一个非线性流水线的示意图。它由 4 段组成，经反馈回路和多路开关使某些段要多次通过。S_3 的输出可以反馈到 S_2，而 S_4 的输出可以反馈到 S_1。

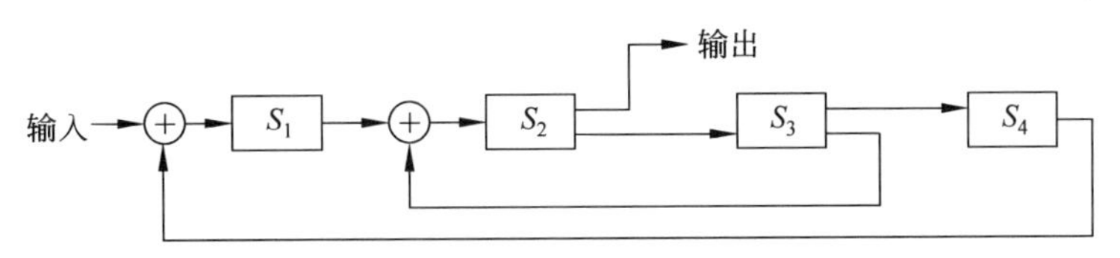

图 3.6　非线性流水线示意图

非线性流水线常用于递归或组成多功能流水线。在非线性流水线中，一个重要的问题是确定什么时候向流水线引进新的任务，才能使该任务不会与先前进入流水线的任务发生争用流水段的冲突。这就是所谓的非线性流水线的调度问题，3.3 节将详细讨论这个问题。

5. 顺序流水线与乱序流水线

根据流水线中任务流入和流出的顺序是否相同，可以把流水线分为以下两种。

1）顺序流水线

在顺序流水线（In-order Pipeline）中，流水线输出端任务流出的顺序与输入端任务流入的顺序完全相同。每一个任务在流水线的各段中是一个跟着一个顺序流动的。

2）乱序流水线

在乱序流水线（Out-of-order Pipeline）中，流水线输出端任务流出的顺序与输入端任务流入的顺序可以不同，允许后进入流水线的任务先完成。这种流水线又称为无序流水线、错序流水线、异步流水线。

通常把指令执行部件中采用了流水线的处理机称为流水线处理机。如果处理机具有向量数据表示和向量指令，则称为向量流水处理机，简称向量机；否则就称为标量流水处理机。

3.2 流水线的性能指标

衡量流水线性能的主要指标有吞吐率、加速比和效率。

视频讲解

3.2.1 流水线的吞吐率

流水线的吞吐率TP(Through Put)是指在单位时间内流水线所完成的任务数量或输出结果的数量。

$$TP=\frac{n}{T_k} \tag{3.1}$$

其中,n为任务数;T_k是处理完n个任务所用的时间。该式是计算流水线吞吐率最基本的公式。

1. 各段时间均相等的流水线

图3.7是各段时间均相等(都是Δt)的线性流水线的时空图。这里假设段数为k,连续输入n个任务。第一个任务输入后,经过$k\Delta t$的时间从输出端流出(完成)。此后的$n-1$个Δt中,每个Δt时间完成一个任务。在这种情况下,流水线完成n个连续任务所需要的总时间为

$$T_k=k\Delta t+(n-1)\Delta t=(k+n-1)\Delta t \tag{3.2}$$

将式(3.2)代入式(3.1),得流水线的实际吞吐率为

$$TP=\frac{n}{(k+n-1)\Delta t} \tag{3.3}$$

这种情况下的最大吞吐率为

$$TP_{max}=\lim_{n\to\infty}\frac{n}{(k+n-1)\Delta t}=\frac{1}{\Delta t} \tag{3.4}$$

最大吞吐率与实际吞吐率的关系是

$$TP=\frac{n}{k+n-1}TP_{max} \tag{3.5}$$

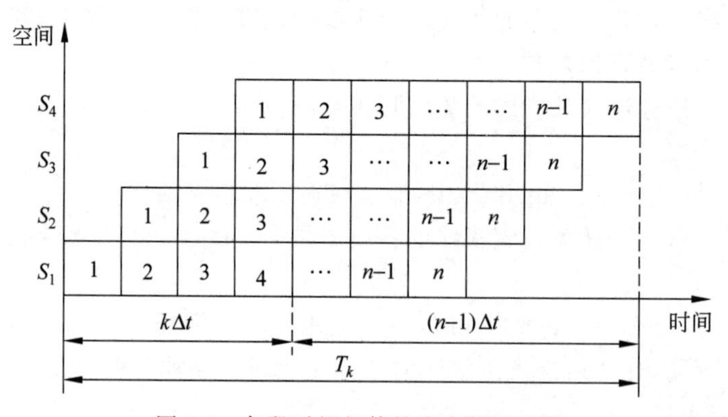

图3.7 各段时间相等的流水线时空图

从式(3.5)可以看出,流水线的实际吞吐率总是小于最大吞吐率,它除了与每个段的时间有关外,还与流水线的段数k和输入流水线中的任务数n有关。只有当$n\gg k$时,才有

$TP \approx TP_{max}$。

2. 各段时间不完全相等的流水线

在如图 3.8(a)所示的流水线中，各段时间不完全相等。其中 S_1，S_2，S_3，S_5 各段的时间都是 Δt，S_4 的时间是 $3\Delta t$，是其他各段时间的 3 倍。S_4 是该流水线的瓶颈段。除了第一个任务外，其余$(n-1)$个任务必须按瓶颈段的时间间隔 $\max(\Delta t_1, \Delta t_2, \cdots, \Delta t_k)$ 连续流入流水线。图 3.8(b)是该流水线的时空图，图中的灰色方格表示相应流水段在这一段时间内是空闲的。

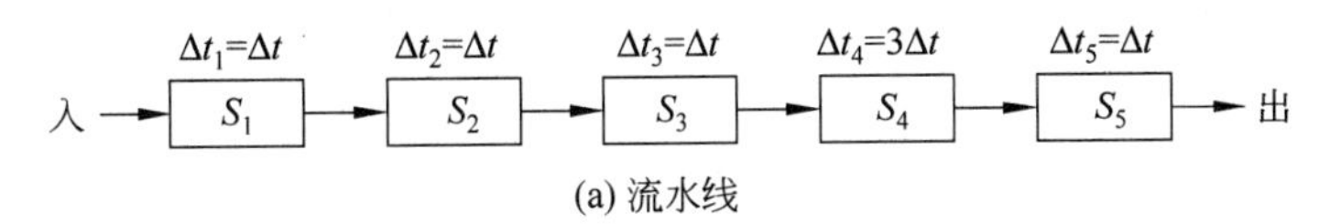

(a) 流水线

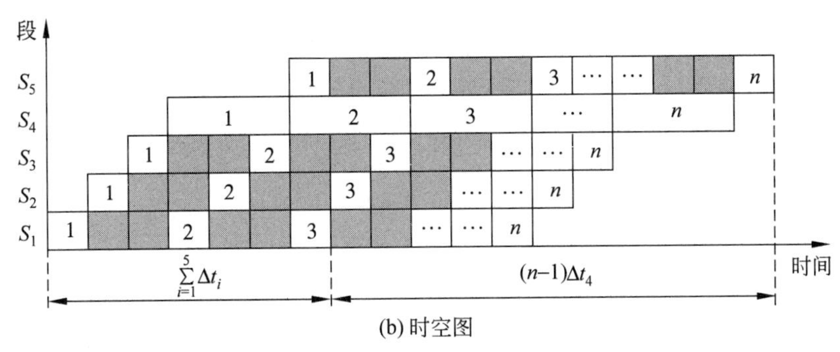

(b) 时空图

图 3.8　各段时间不等的流水线及其时空图

一般地，各段时间不等的流水线的实际吞吐率为

$$TP = \frac{n}{\sum_{i=1}^{k} \Delta t_i + (n-1)\max(\Delta t_1, \Delta t_2, \cdots, \Delta t_k)} \tag{3.6}$$

其中 Δt_i 为第 i 段的时间，共有 k 个段。分母中的第一部分是流水线完成第一个任务所用的时间；第二部分是完成其余 $n-1$ 个任务所用的时间。

流水线的最大吞吐率为

$$TP_{max} = \frac{1}{\max(\Delta t_1, \Delta t_2, \cdots, \Delta t_k)} \tag{3.7}$$

对于图 3.8 的例子，最大吞吐率为

$$TP_{max} = \frac{1}{3\Delta t} \tag{3.8}$$

从式(3.6)和式(3.7)可以看出，当流水线各段的时间不完全相等时，流水线的最大吞吐率和实际吞吐率由时间最长的那个段决定，这个段就成了整条流水线的瓶颈。这时，瓶颈段一直处于忙碌状态，而其余各段则在许多时间内都是空闲的，硬件使用效率低。

可以用下面的两种方法来消除瓶颈段。

1) 细分瓶颈段

该方法是把流水线中的瓶颈段切分为几个独立的功能段，从而使流水线各段的处理时间都相等。在图 3.9 中，把瓶颈段 S_4 细分为三个子流水段：$S_{4\text{-}1}$，$S_{4\text{-}2}$，$S_{4\text{-}3}$。这样，所产生的流水线的各段时间均为 Δt，每隔 Δt 流出一个结果。

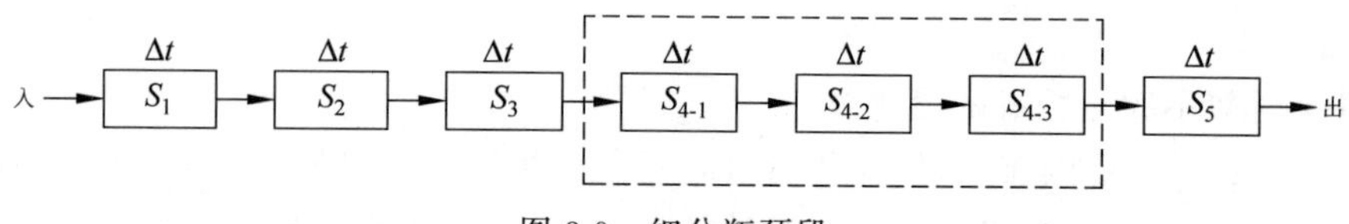

图 3.9　细分瓶颈段

2）重复设置瓶颈段

如果无法把瓶颈段再细分，就可以采用重复设置瓶颈段的方法来解决问题。重复设置的段并行工作，在时间上依次错开处理任务。这种方法的缺点是控制逻辑比较复杂，所需要的硬件也增加了。

图 3.10 给出了把 S_4 重复设置后的流水线及时空图。这里，从 S_3 到并列的 S_{4a}，S_{4b}，S_{4c}之间需要设置一个数据分配器，它把从 S_3 输出的第一个任务分配给 S_{4a}，第二个任务分配给 S_{4b}，第三个任务分配给 S_{4c}，之后按此重复。而在 S_{4a}，S_{4b}，S_{4c}到 S_5 之间需要设置一个数据收集器，依次分时将数据收集到 S_5 中。改进后的流水线能做到每隔 Δt 流出一个结果。

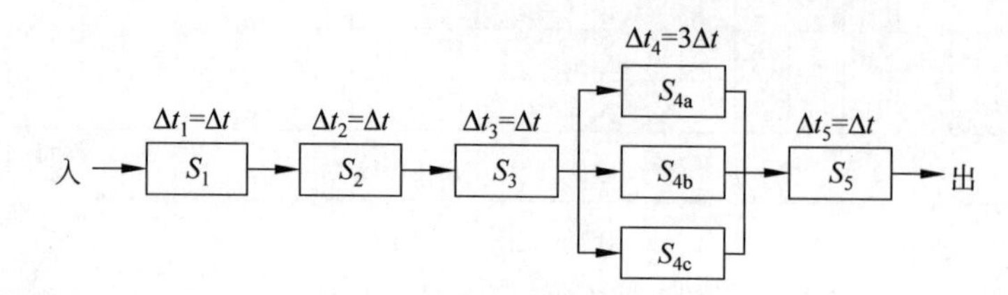

(a) 重复设置瓶颈段

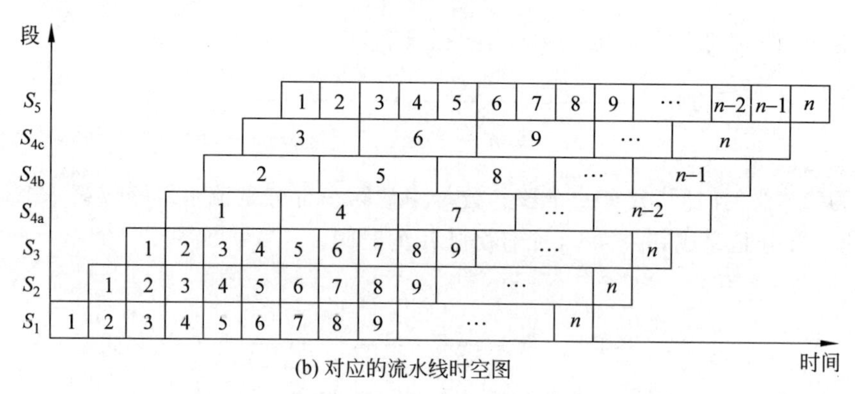

(b) 对应的流水线时空图

图 3.10　重复设置瓶颈段及对应的流水线时空图

对于图 3.8 的例子，这两种方法都能使改进后的流水线的最大吞吐率达到

$$\mathrm{TP}_{\max}=\frac{1}{\Delta t} \tag{3.9}$$

3.2.2　流水线的加速比

流水线的加速比(Speedup)是指使用顺序处理方式处理一批任务所用的时间与流水线使用流水处理方式处理同一批任务所用的时间之比。设顺序执行所用的时间为 T_s，按流水线方式处理所用的时间为 T_k，则流水线的加速比为

$$S=\frac{T_s}{T_k} \tag{3.10}$$

假设流水线各段时间都是 Δt，则一条 k 段流水线完成 n 个连续任务所需要的时间为 $T_k=(k+n-1)\Delta t$。这 n 个任务若是顺序执行，则所需要的时间为 $T_s=nk\Delta t$。代入式(3.10)，得流水线的实际加速比为

$$S=\frac{nk}{k+n-1} \tag{3.11}$$

这种情况下的最大加速比为

$$S_{\max}=\lim_{n\to\infty}\frac{nk}{k+n-1}=k \tag{3.12}$$

即当 $n\gg k$ 时，流水线的加速比等于流水线的段数。从这个意义上看，流水线的段数越多越好，但这会给流水线的设计带来许多问题，对此后面将做进一步讨论。

当流水线的各段时间不完全相等时，一条 k 段流水线完成 n 个连续任务的实际加速比为

$$S=\frac{n\sum_{i=1}^{k}\Delta t_i}{\sum_{i=1}^{k}\Delta t_i+(n-1)\max(\Delta t_1,\Delta t_2,\cdots,\Delta t_k)} \tag{3.13}$$

3.2.3 流水线的效率

流水线的效率(Efficiency)即流水线设备的利用率，它是指流水线中的设备实际使用时间与整个运行时间的比值。由于流水线有通过时间和排空时间，所以在连续完成 n 个任务的时间内，各段并不是满负荷工作的。

如果各段时间相等，如图 3.7 所示，则各段的效率 e_i 是相同的。

$$e_1=e_2=\cdots=e_k=\frac{n\Delta t}{T_k}=\frac{n}{k+n-1} \tag{3.14}$$

整条流水线的效率为

$$E=\frac{e_1+e_2+\cdots+e_k}{k}=\frac{ke_1}{k}=\frac{kn\Delta t}{kT_k} \tag{3.15}$$

还可以写成

$$E=\frac{n}{k+n-1} \tag{3.16}$$

最高效率为

$$E_{\max}=\lim_{n\to\infty}\frac{n}{k+n-1}=1 \tag{3.17}$$

显然，当 $n\gg k$ 时，流水线的效率接近最大值 1。这时流水线的各段均处于忙碌状态。

根据式(3.3)和式(3.16)，可得

$$E=\mathrm{TP}\cdot\Delta t \tag{3.18}$$

即当流水线各段时间相等时，流水线的效率与吞吐率成正比。

根据式(3.11)和式(3.16)，可得

$$E=\frac{S}{k} \tag{3.19}$$

即流水线的效率是流水线的实际加速比 S 与它的最大加速比 k 的比值。只有当 $E=1$ 时，

$S=k$,实际加速比达到最大。

式(3.15)中的分母 kT_k 实际上就是时空图中 k 个段和流水总时间 T_k 所围成的总面积,而分子 $kn\Delta t$ 则是时空图中 n 个任务实际占用的总面积。所以,从时空图上看,效率就是 n 个任务占用的时空面积和 k 个段总的时空面积之比。

虽然当流水线的各段时间不等时,各段的效率会不同,但同样也有上述的结论。因此,计算流水线效率的一般公式可以表示为

$$E=\frac{n\text{ 个任务实际占用的时空区的面积}}{k\text{ 个段总的时空区的面积}} \tag{3.20}$$

画出流水线的时空图,然后根据式(3.20)来计算效率,是一种比较直观通用的方法。对于线性流水线、非线性流水线、多功能流水线、任务不连续的情况等都适用。

在各段时间不等的情况下,k 段流水线连续处理 n 个任务的流水线效率为

$$E=\frac{n\cdot\sum_{i=1}^{k}\Delta t_i}{k\left[\sum_{i=1}^{k}\Delta t_i+(n-1)\cdot\max(\Delta t_1,\Delta t_2,\cdots,\Delta t_k)\right]} \tag{3.21}$$

视频讲解

3.2.4 流水线的性能分析举例

例 3.1 要在如图 3.3 所示的静态流水线上计算 $\prod_{i=1}^{4}(A_i+B_i)$,流水线的输出可以直接返回输入端或暂存于相应的流水寄存器中,试计算其吞吐率、加速比和效率。

解 首先,应选择适合流水线工作的算法。对于本题,应先计算 A_1+B_1、A_2+B_2、A_3+B_3 和 A_4+B_4;再计算 $(A_1+B_1)\times(A_2+B_2)$ 和 $(A_3+B_3)\times(A_4+B_4)$;然后求总的乘积结果。

其次,画出完成该计算的时空图,如图 3.11 所示,图中阴影部分表示相应的段在工作。

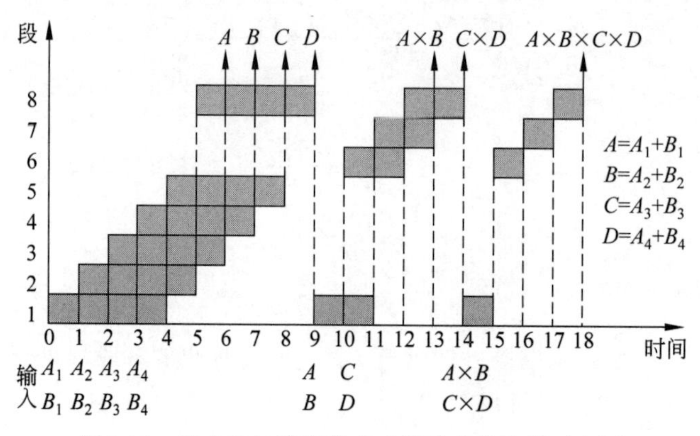

图 3.11 完成乘加运算的多功能静态流水线时空图

由图 3.11 可见,它在 18 个 Δt 的时间中,给出了 7 个结果,所以吞吐率为

$$\mathrm{TP}=\frac{7}{18\Delta t}$$

如果不用流水线,由于一次求和需 $6\Delta t$,一次求积需 $4\Delta t$,则产生上述 7 个结果共需

$(4\times6+3\times4)\Delta t=36\Delta t$。所以加速比为

$$S=\frac{36\Delta t}{18\Delta t}=2$$

该流水线的效率可由阴影区的面积和8个段总时空区的面积的比值求得

$$E=\frac{4\times6+3\times4}{8\times18}=0.25$$

该流水线的效率很低，其主要原因如下。

(1) 多功能流水线在做某一种运算时，总有一些段是空闲的。

(2) 静态流水线在进行功能切换时，要等前一种运算全部流出流水线后才能进行后面的运算。

(3) 运算之间存在关联，后面有些运算要用到前面运算的结果，这就是后面要讨论的相关问题。

(4) 流水线的工作过程有建立与排空部分。

例 3.2 有一条动态多功能流水线由5段组成(如图3.12所示)，加法用1、3、4、5段，乘法用1、2、5段，第4段的时间为 $2\Delta t$，其余各段时间均为 Δt，而且流水线的输出可以直接返回输入端或暂存于相应的流水寄存器中。若在该流水线上计算 $\sum_{i=1}^{4}(A_i\times B_i)$，试计算其吞吐率、加速比和效率。

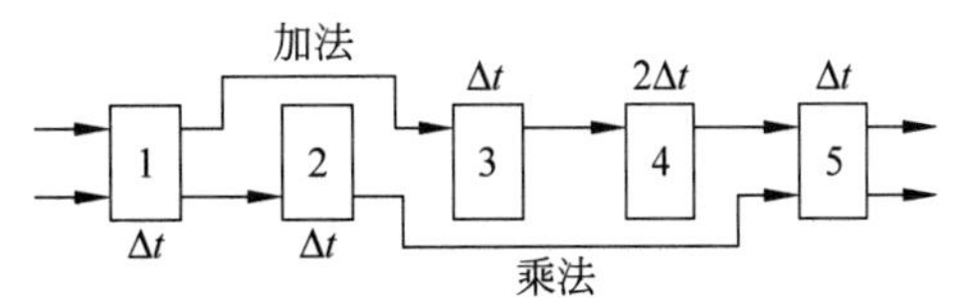

图 3.12 完成加、乘运算的多功能动态流水线

解 首先，应选择适合流水线工作的算法。对于本题，应先计算 $A_1\times B_1$、$A_2\times B_2$、$A_3\times B_3$ 和 $A_4\times B_4$；再计算 $(A_1\times B_1)+(A_2\times B_2)$ 和 $(A_3\times B_3)+(A_4\times B_4)$；然后求总的累加结果。

其次，画出完成该计算的时空图，如图3.13所示，图中阴影部分表示相应段在工作。

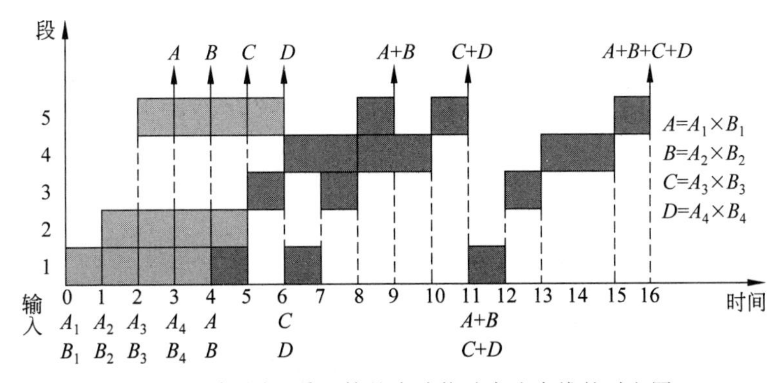

图 3.13 完成加、乘运算的多功能动态流水线的时空图

由图3.13可见，它在16个 Δt 的时间中给出了7个结果，所以吞吐率为

$$TP=\frac{7}{16\Delta t}$$

如果不用流水线，由于一次求积需 $3\Delta t$，一次求和需 $5\Delta t$，则产生上述7个结果共需 $(4\times3+3\times5)\Delta t=27\Delta t$，所以加速比为

$$S=\frac{27\Delta t}{16\Delta t}\approx 1.69$$

该流水线的效率可由阴影区的面积和5个段总时空区的面积的比值求得

$$E=\frac{4\times 3+3\times 5}{5\times 16}\approx 0.338$$

视频讲解

3.2.5 流水线设计中的若干问题

1. 瓶颈问题

当流水线的各段时间相等时,其中的任务是同步地每一个节拍往前流动一段。这个节拍往往就是机器的时钟周期。当流水线各段时间不相等时,时间最长的那个段就成了瓶颈。机器的时钟周期取决于这个瓶颈段的延迟时间。因此,在设计流水线时,要尽可能使各段时间相等。

2. 流水线的额外开销

流水线的额外开销由两部分构成:流水寄存器延迟和时钟偏移开销。在非流水方式中是没有这个开销的,它是采用流水线技术后额外产生的。前面讲过,流水线的段与段之间都要设置流水寄存器,而该寄存器需要有建立时间和传输延迟。时钟偏移开销则是指流水线中的时钟到达各流水寄存器的最大差值时间。时钟到达各流水寄存器的时间不是完全相同的。

采用流水技术后,虽然可以提高指令执行的吞吐率,从而提高程序的执行速度,但流水线并不能真正减少单条指令的执行时间。实际上,由于额外开销的存在,反而会使每条指令的执行时间有所增加。这限制了流水线深度的增加。前面曾指出,增加流水线的段数可以提高流水线的性能,但是流水线段数的增加是受到这些额外开销限制的,一旦时钟周期时间减少到和额外开销时间相接近的时候,流水线就没有任何意义了,因为这时在每个时钟周期内几乎没有时间来做有用的工作了。

由于这些额外开销对流水线的性能有较大的影响,特别是当流水深度比较大、时钟周期比较小时更是如此,所以设计者必须选择高性能的锁存器作为流水寄存器。

3. 冲突问题

在运算操作流水线中,如果后面的计算要用到前面的计算结果,流水线的性能和效率就会受到比较大的影响。对于指令流水线来说,也是如此。如果流水线中的指令之间存在关联,则它们可能要相互等待,引起流水线的停顿。如何处理好冲突问题,是流水线设计中要解决的重要问题之一。

3.3 非线性流水线的调度

在线性流水线中,由于每一个任务在流水线的各段只经过一次,所以可以每个时钟周期向流水线输入一个新任务(假设该流水线没有瓶颈)。这些任务不会争用同一个流水段,所以线性流水线的调度非常简单。然而,非线性流水线则不同,由于反馈回路的存在,当一个任务在流水线中流过时,可能要多次经过某些段。在这种情况下,就不能每个时钟周期向流水线送入一个新任务,否则就会发生多个任务争用同一段的冲突现象。那么,究竟应按什么样的时间间隔向流水线输入新任务，才能既不发生功能段使用冲突，又能使流水线有较高的吞吐率和效率呢？这就是流水线调度所要解决的问题。

下面先讨论单功能非线性流水线的最优调度方法，然后在此基础上，论述多功能非线性流水线的最优调度方法。

3.3.1 单功能非线性流水线的最优调度

向一条非线性流水线的输入端连续输入两个任务之间的时间间隔称为非线性流水线的启动距离(Initiation Interval)。而会引起非线性流水线功能段使用冲突的启动距离则称为禁用启动距离。启动距离和禁用启动距离一般都用时钟周期数来表示，是一个正整数。

为了对流水线的任务进行优化调度和控制，E. S. Davidson 等人提出使用预约表(Reservation Table)。这是一个二维表，其横向(向右)表示时间(一般用时钟周期表示)，纵向(向下)表示流水线的段。它表示当一个任务在该流水线中流过时，对各段的使用情况。如果在第 n 个时钟周期使用第 k 段，则在第 k 行和第 n 列的交叉处的格子里有一个√。反过来，如果在第 k 行和第 n 列的交叉处的格子里有一个√，则表示在第 n 个时钟周期要使用第 k 段。这个表可以采用类似画时空图的方法得到。图 3.14 是预约表的一个例子。

功能段 \ 时间	1	2	3	4	5	6	7	8	9
S_1	√								√
S_2		√	√					√	
S_3				√					
S_4					√	√			
S_5							√	√	

图 3.14 一个 5 功能段非线性流水线预约表

1. 根据预约表写出禁止表 F

禁止表(Forbidden List)F 是一个由禁用启动距离构成的集合。可以很容易地由预约表写出禁止表 F。具体方法是：对于预约表每一行的任何一对√，用它们所在的列号相减(大的减小的)，列出各种可能的差值，然后删除相同的，剩下的就是禁止表的元素。这是因为对于同一行中的任何一对√，其差值 d 表示在前一次使用该段后，间隔 d 个时钟周期，又会再次使用该段。这样，如果后一个任务正好跟前一个任务相隔 d 个时钟周期，那么就会在该段产生冲突。也就是说，d 是禁用启动距离。

在图 3.14 的例子中，第一行的差值只有一个：8；第二行的差值有三个：1，5，6；第三行只有一个√，没有差值；第四和第五行的差值都只有一个：1。所以其禁止表是：$F=\{1,5,6,8\}$。

2. 根据禁止表 F 写出初始冲突向量 C_0

冲突向量(Collison Vector)$\boldsymbol{C}$ 是一个 N 位的二进制位串。这一步实际上是进行从一个集合到一个二进制位串的变换，目的是便于进行后面的运算。

设 $\boldsymbol{C}_0=(c_N c_{N-1} \cdots c_i \cdots c_2 c_1)$，则

$$c_i=\begin{cases}1 & i\in F\\0 & i\notin F\end{cases}$$

显然,$c_i=0$ 表示允许间隔 i 个时钟周期后送入后续任务,$c_i=1$ 表示不允许间隔 i 个时钟周期后送入后续任务。

对于上面的例子,$F=\{1,5,6,8\}$,$\boldsymbol{C}_0=(10110001)$。

3. 根据初始冲突向量 $\boldsymbol{C}_0$ 画出状态转换图

当第一个任务流入流水线后,初始冲突向量 $\boldsymbol{C}_0$ 决定了下一个任务需间隔多少个时钟周期才可以流入。在第二个任务流入后,哪些时间间隔是允许的,哪些时间间隔又是禁止的呢?也就是说,新的冲突向量是怎样的呢?假设第二个任务是在与第一个任务间隔 j 个时钟周期流入的,这时,由于第一个任务已经在流水线中前进了 j 个时钟周期,其相应的禁止表中各元素的值都应该减去 j,并丢弃小于或等于0的值。对冲突向量来说,就是逻辑右移 j 位(左边补零)。这样,对后续任务流入的限制就是两个任务叠加起来的共同结果。反映在冲突向量上,就是对它们的冲突向量进行"或"运算,即

$$\mathrm{SHR}^{(j)}(\boldsymbol{C}_0)\vee\boldsymbol{C}_0$$

其中 $\mathrm{SHR}^{(j)}$ 表示逻辑右移 j 位。

推广到更一般的情况,假设当前的冲突向量是 $\boldsymbol{C}_k$,j 是允许的时间间隔,则新的冲突向量为

$$\mathrm{SHR}^{(j)}(\boldsymbol{C}_k)\vee\boldsymbol{C}_0 \tag{3.22}$$

对于所有允许的时间间隔都按上述步骤求出新的冲突向量,并把新的冲突向量作为当前冲突向量,反复使用上述步骤,直到不再产生新的冲突向量为止。

从初始冲突向量 $\boldsymbol{C}_0$ 出发,反复应用上述步骤,可以求得所有的冲突向量以及产生这些向量所对应的时间间隔。由此可以画出用冲突向量表示的流水线状态转移图。图中冲突向量之间用有向弧表示状态转移的方向。弧上的数字表示引入后续任务(从而产生新的冲突向量)所用的时间间隔(时钟周期数)。

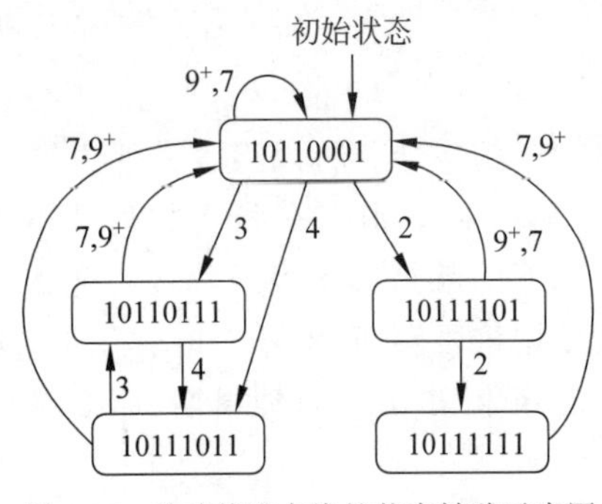

图3.15 单功能流水线的状态转移示意图

对于图3.14的例子,$\boldsymbol{C}_0=(10110001)$,引入后续任务可用的时间间隔为2、3、4、7个时钟周期。如果采用2,则新的冲突向量为$(00101100)\vee(10110001)=(10111101)$;如果采用3,则新的冲突向量为$(00010110)\vee(10110001)=(10110111)$;如果采用4,则新的冲突向量为$(00001011)\vee(10110001)=(10111011)$;如果采用7,则新的冲突向量为$(00000001)\vee(10110001)=(10110001)$,如图3.15所示。

对于新向量(10111101),其可用的时间间隔为2个和7个时钟周期。用类似上面的方法,可以求出其后续的冲突向量分别为(10111101)和(10110001)。对于其他新向量,也照此处理。

在此基础上,可以画出如图3.15所示的状态转移示意图。

4. 根据状态转换图写出最优调度方案

根据流水线状态图,由初始状态出发,任何一个闭合回路即为一种调度方案。例如

(2,7)表示反复循环使用启动距离 2 和 7。按这个回路所规定的时间间隔,给流水线送入任务,就不会发生功能段使用冲突。想要找到一种最佳的调度方案,使流水线的吞吐率最高,只要列出所有可能的调度方案,计算出每种方案的平均时间间隔,从中找出其最小者即可。

表 3.1 给出了图 3.15 的例子中,各种调度方案及其平均间隔时间。从表中可以看出,方案(3,4)的平均间隔时间为 3.5 个时钟周期,是最佳的,吞吐率最高。虽然方案(4,3)的平均间隔时间也是 3.5,但由于它是先采用 4 个时钟周期的间隔,后采用 3 个时钟周期的间隔,当任务数是奇数时,方案(4,3)中最后一个任务是间隔 4 个时钟周期,而方案(3,4)中最后一个任务是间隔 3 个时钟周期,所以,只有方案(3,4)是最优的。

表 3.1 各种调度策略及平均延迟拍数

调度策略	平均延迟拍数	调度策略	平均延迟拍数
(2,7)	4.5	(3,4,7)	4.67
(2,2,7)	3.67	(4,3,7)	4.67
(3,7)	5	(4,7)	5.5
(3,4)	3.5	(7)	7
(3,4,3,7)	4.25		

方案(3,4)是一种不等时间间隔的调度方案,与等间隔的调度方案相比,在控制上要复杂得多。为了简化控制,也可以采用等时间间隔的调度方案,但吞吐率和效率往往会下降不少。在上述例子中,等时间间隔的方案只有一个:(7),其吞吐率下降了一半。

3.3.2 多功能非线性流水线的调度

对于多功能流水线来说,由于不同功能的任务可以相互穿插在一起流入流水线,其调度复杂得多。下面仅以双功能(设为功能 A 和 B)非线性流水线为例,说明多功能非线性流水线的最优调度方法。

双功能非线性流水线的最优调度方法类似单功能非线性流水线的调度方法。只是其状态转移图中结点状态的表示不同,是由两个冲突向量构成的冲突矩阵,这两个冲突向量分别对应于下一个任务的功能是 A 类和 B 类的情况。而且,其初始结点有两个,分别对应于第一个任务是 A 类和 B 类的情况。假设当第一个任务是 A 类时,其冲突矩阵为 $\boldsymbol{M}_{\mathrm{A}}^{(0)}$;当第一个任务是 B 类时,其冲突矩阵为 $\boldsymbol{M}_{\mathrm{B}}^{(0)}$,则有

$$\boldsymbol{M}_{\mathrm{A}}^{(0)}=\begin{bmatrix}\boldsymbol{C}_{\mathrm{AA}}\\ \boldsymbol{C}_{\mathrm{AB}}\end{bmatrix},\quad \boldsymbol{M}_{\mathrm{B}}^{(0)}=\begin{bmatrix}\boldsymbol{C}_{\mathrm{BA}}\\ \boldsymbol{C}_{\mathrm{BB}}\end{bmatrix}$$

其中,$\boldsymbol{C}_{pq}(p,q\in\{\mathrm{A,B}\})$表示的是:在一个 p 类任务流入流水线后,对后续 q 类任务的冲突向量。它们可以由预约表求得。显然,$\boldsymbol{C}_{pq}$ 共有 $2^2=4$ 个。对于 N 功能流水线,这种冲突向量有 N^2 个。

后续状态的冲突矩阵由下式求得。

$$\mathrm{SHR}^{(i)}(\boldsymbol{M}_k)\vee \boldsymbol{M}_r^{(0)} \tag{3.23}$$

其中,$\boldsymbol{M}_k$ 为当前状态,r 表示下一个流入任务的类型(A 或 B),i 是当前状态允许流入的 r 型任务的时间间隔。$\mathrm{SHR}^{(i)}(\boldsymbol{M}_k)$表示把当前状态中的各冲突向量逻辑右移 i 位。例如

$SHR^{(3)}(\boldsymbol{M}_k)\lor\boldsymbol{M}_A^{(0)}$ 表示的是:把当前状态 $\boldsymbol{M}_k$ 中的各冲突向量逻辑右移 3 位,再与初始矩阵 $\boldsymbol{M}_A^{(0)}$ 进行“或”运算。

下面举例进一步说明双功能非线性流水线的最优调度。

例 3.3 有一条三段双功能非线性流水线,实现的功能是 A 和 B,其预约表分别如表 3.2 和表 3.3 所示。各段的通过时间都是一个时钟周期。请找出该流水线单独处理 A 类任务和单独处理 B 类任务以及混合处理两类任务的最优调度方案。

表 3.2 A 类对象预约表

段	时间				
	1	2	3	4	5
S_1	√			√	
S_2		√			
S_3			√		√

表 3.3 B 类对象预约表

段	时间				
	1	2	3	4	5
S_1		√			√
S_2				√	
S_3	√		√		

解 (1) 把两个预约表重叠起来,得到如表 3.4 所示的预约表。

表 3.4 A 和 B 两类对象预约表

段	时间				
	1	2	3	4	5
S_1	A	B		A	B
S_2		A		B	
S_3	B		AB		A

(2) 由预约表求初始冲突向量和初始冲突矩阵。

由于有两种任务,所以有两个初始矩阵。

$$\boldsymbol{M}_A^{(0)}=\begin{bmatrix}\boldsymbol{C}_{AA}\\\boldsymbol{C}_{AB}\end{bmatrix},\quad \boldsymbol{M}_B^{(0)}=\begin{bmatrix}\boldsymbol{C}_{BA}\\\boldsymbol{C}_{BB}\end{bmatrix}$$

其中 $\boldsymbol{C}_{AA}$ 表示一个 A 类任务流入流水线后,对下一个 A 类任务进入流水线的时间间隔的限制。根据表 3.2 可知,禁用时间间隔是 2 和 3,故禁止表为{2,3},所以 $\boldsymbol{C}_{AA}=(0110)$。

$\boldsymbol{C}_{BB}$ 表示一个 B 类任务流入流水线后,对下一个 B 类任务进入流水线的时间间隔的限制。根据表 3.3 可知,禁用时间间隔是 2 和 3,所以 $\boldsymbol{C}_{BB}=(0110)$。

$\boldsymbol{C}_{AB}$表示一个A类任务流入流水线后，对下一个B类任务进入流水线的时间间隔的限制。根据表3.4可知：

① 为了避免在S_1发生冲突，禁用时间间隔是4－2＝2；

② 在S_2不会发生冲突，这是因为根据表3.4，A类任务先于B类任务通过S_2，而现在的实际情况又是A类任务先于B类任务流入流水线；

③ 为了避免在S_3发生冲突，禁用时间间隔是3－1＝2，5－1＝4，5－3＝2，综合起来，有$\boldsymbol{C}_{AB}$＝(1010)。

$\boldsymbol{C}_{BA}$表示一个B类任务流入流水线后，对下一个A类任务进入流水线的时间间隔的限制。根据表3.4可知：

① 为了避免在S_1发生冲突，禁用时间间隔有2－1＝1，5－1＝4，5－4＝1；

② 为了避免在S_2发生冲突，禁用时间间隔是4－2＝2；

③ 在S_3，不会发生冲突，这是因为根据表3.4，B类任务先于A类任务通过S_3，或者同时通过S_3(第三个时钟周期)，而现在的实际情况又是B类任务先于A类任务流入流水线，综合起来，有$\boldsymbol{C}_{AB}$＝(1011)。

因此，初始矩阵为

$$\boldsymbol{M}_A^{(0)}=\begin{bmatrix}\boldsymbol{C}_{AA}\\ \boldsymbol{C}_{AB}\end{bmatrix}=\begin{bmatrix}0110\\ 1010\end{bmatrix},\quad \boldsymbol{M}_B^{(0)}=\begin{bmatrix}\boldsymbol{C}_{BA}\\ \boldsymbol{C}_{BB}\end{bmatrix}=\begin{bmatrix}1011\\ 0110\end{bmatrix}$$

(3) 由初始冲突矩阵画出状态图。

如果第一个流入的任务是A类，初始状态就是$\boldsymbol{M}_A^{(0)}$；如果第一个流入的任务是B类，则初始状态是$\boldsymbol{M}_B^{(0)}$。

所有后续状态的冲突矩阵可用式(3.23)求得。例如，在流入一个A类任务后，从$\boldsymbol{C}_{AA}$＝(0110)可知，可以隔一个或四个时钟周期再流入一个A类任务。假设是前者，则把初始状态$\boldsymbol{M}_A^{(0)}$中的各冲突向量同时右移一位(即进行$\mathrm{SHR}^{(1)}$操作)，再与$\boldsymbol{M}_A^{(0)}$进行或运算，可以得到新的冲突矩阵$\begin{bmatrix}0111\\ 1111\end{bmatrix}$。根据该矩阵的第一个冲突向量(0111)可知，只有隔四个时钟周期流入一个A类任务，才能不发生冲突。把冲突矩阵$\begin{bmatrix}0111\\ 1111\end{bmatrix}$中的各冲突向量同时右移4位(即进行$\mathrm{SHR}^{(4)}$操作)，再与$\boldsymbol{M}_A^{(0)}$进行按位或运算，可以得到新的冲突矩阵$\begin{bmatrix}0110\\ 1010\end{bmatrix}$。

再如，在流入一个A类任务后，从$\boldsymbol{C}_{AB}$＝(1010)可知，可以隔一个或三个时钟周期再流入一个B类任务。假设是前者，则把初始状态$\boldsymbol{M}_A^{(0)}$中的各冲突向量同时右移一位(即进行$\mathrm{SHR}^{(1)}$操作)，再与$\boldsymbol{M}_B^{(0)}$进行或运算，可以得到新的冲突矩阵$\begin{bmatrix}1011\\ 0111\end{bmatrix}$。据此可知，允许的流入为：或者是隔三个时钟周期流入一个A类任务，或者是隔四个时钟周期流入一个B类任务。按与上述类似的方法，又可以得到新的冲突矩阵。

求出所有可能的状态后，就可以画出状态图，如图3.16所示。图中弧线上的标记$r.i$表示隔i个时钟周期流入r类的任务。

(4) 由状态图得出最优调度方案。

从状态图可以找出各种情况下的最优调度方案。只流入A类任务的最优调度方案是

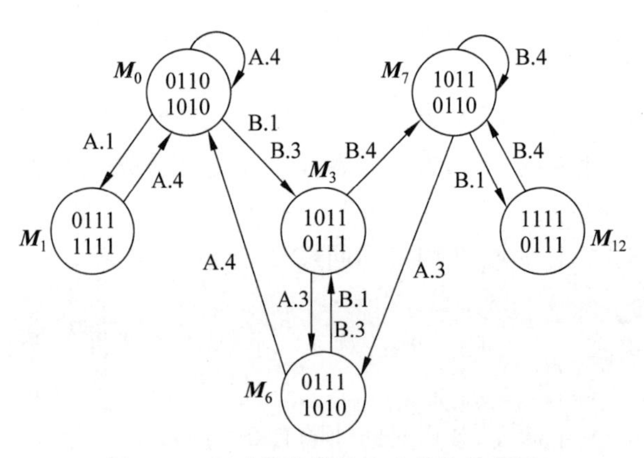

图 3.16 双功能非线性流水线的状态图

(A.1,A.4),只流入 B 类任务的最优调度方案是(B.1,B.4),混合流入 A、B 两类任务的最优调度方案是(B.1,A.3,A.4)。

视频讲解

3.4 流水线的相关与冲突

3.4.1 一条经典的 5 段流水线

在论述流水线的相关与冲突之前,先来介绍一条经典的 5 段 RISC 流水线。

先考虑在非流水情况下是如何实现的。把一条指令的执行过程分为以下 5 个时钟周期。

1. 取指令周期(IF)

以程序计数器(PC)中的内容作为地址,从存储器中取出指令并放入指令寄存器(IR);同时 PC 值加 4(假设每条指令占 4 字节),指向顺序的下一条指令。

2. 指令译码/读寄存器周期(ID)

对指令进行译码,并用 IR 中的寄存器地址去访问通用寄存器组,读出所需的操作数。

3. 执行/有效地址计算周期(EX)

在这个周期,ALU 对在上一个周期准备好的操作数进行运算或处理。不同指令所进行的操作不同。

(1) load 和 store 指令。ALU 把指令中所指定的寄存器的内容与偏移量相加,形成访存有效地址。

(2) 寄存器-寄存器 ALU 指令。ALU 按照操作码指定的操作对从通用寄存器组中读出的数据进行运算。

(3) 寄存器-立即数 ALU 指令。ALU 按照操作码指定的操作对从通用寄存器组中读出的操作数和指令中给出的立即数进行运算。

(4) 分支指令。ALU 把指令中给出的偏移量与 PC 值相加,形成转移目标的地址。同时,对在前一个周期读出的操作数进行判断,确定分支是否成功。

4. 存储器访问/分支完成周期(MEM)

1) load 指令和 store 指令

如果是 load 指令,就用上一个周期计算出的有效地址从存储器中读出相应的数据;如果是 store 指令，就把指定的数据写入这个有效地址所指出的存储器单元。

2）分支指令

如果分支“成功”，就把在前一个周期中计算好的转移目标地址送入 PC。分支指令执行完成；否则，就不进行任何操作。

其他类型的指令在此周期不做任何操作。

5. 写回周期（WB）

把结果写入通用寄存器组。对于 ALU 运算指令来说，这个结果来自 ALU，而对于 load 指令来说，这个结果来自存储器。

在上述 5 个周期的实现方案中，分支指令和 store 指令需要 4 个周期，其他指令需要 5 个周期才能完成。在追求更高性能的方案中，可以把分支指令的执行提前到 ID 周期完成，这样分支指令只需要两个周期。不过，为了实现这一点，需要增设一个专门用于计算转移目标地址的加法器。

把上述实现方案改造为流水线实现是比较简单的，只要把上面的每一个周期作为一个流水段，并在各段之间加上锁存器，就构成了如图 3.17 所示的 5 段流水线。这些锁存器称为流水寄存器。如果在每个时钟周期启动一条指令，则采用流水方式后的性能将是非流水方式的 5 倍。当然，事情也没这么简单，还要解决好流水处理带来的一些问题。

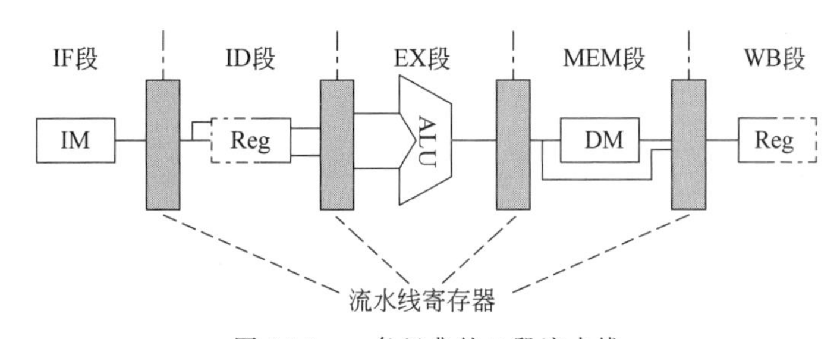

图 3.17　一条经典的 5 段流水线

首先，在流水线方式下，要保证不会在同一时钟周期要求同一个功能段做两件不同的工作。例如，不能要求 ALU 既做有效地址计算，又同时做算术运算。RISC 指令集比较简洁，所以该要求不难实现。

其次，为了避免 IF 段的访存（取指令）与 MEM 段的访存（读写数据）发生冲突，必须采用分离的指令存储器和数据存储器，或者仍采用一个公用的存储器，但要采用分离的指令 Cache 和数据 Cache。一般采用后者。

第三，ID 段要对通用寄存器组进行读操作，而 WB 段要对通用寄存器组进行写操作，为了解决对同一通用寄存器的访问冲突，把写操作安排在时钟周期的前半拍完成，把读操作安排在后半拍完成。在图 3.17 以及后面的图中，用部件 Reg 的边框为实线来表示进行读或写操作，而虚线则表示不进行操作。

第四，图 3.17 中没有考虑 PC 的问题。为了做到每一个时钟周期启动一条指令，必须在每个时钟周期都进行 PC 值加 4 的操作。这要在 IF 段完成，为此需要设置一个专门的加法器。另外，分支指令也要修改 PC 的值，它是到 MEM 段才会进行修改的。3.4.2 节将详细讨论分支的处理问题。

需要说明的是,这里给出的方案并不是性能最好或者成本最低的,它只是用来帮助我们更好地理解指令流水线的原理和实现。

3.1.1节中介绍了流水线的时空图。为便于后面的讨论,下面介绍另外一种时空图,如图3.18所示。它是如图3.17所示的流水线的时空图。其横向与图3.2中的横坐标类似,表示的是时间。这里用的是时钟周期。但纵向和时空区中的内容与图3.2的不同。图3.2的纵坐标(向上)是各流水段,时空区中填的是所处理的任务,而图3.18中的纵向(向下)却是所执行的指令(相当于图3.2中的任务)按顺序列出,时空分区中填的是各流水段的名称。这种时空图更直观地展现了指令的重叠执行情况。图3.19是这种时空图的又一种画法,它以数据通路的快照形式更直观地展现了部件重叠工作的情况。后面的论述将经常采用这两种时空图。

指 令	时钟周期							
	1	2	3	4	5	6	7	8
指令k	IF	ID	EX	MEM	WB			
指令k+1		IF	ID	EX	MEM	WB		
指令k+2			IF	ID	EX	MEM	WB	
指令k+3				IF	ID	EX	MEM	WB

图3.18　5段流水线的另一种时空图

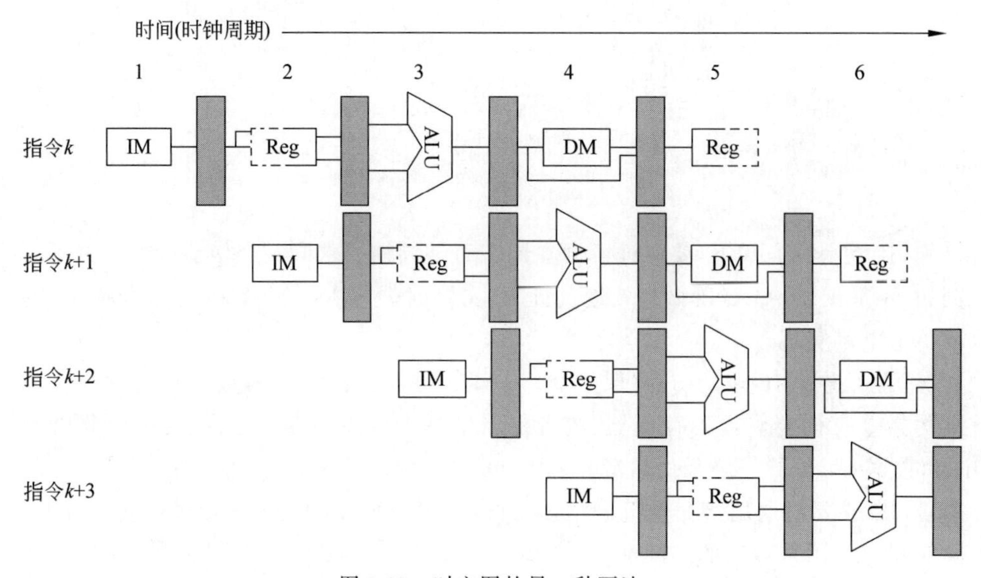

图3.19　时空图的另一种画法

3.4.2　相关与流水线冲突

1. 相关

相关(Dependence)是指两条指令之间存在某种依赖关系。如果指令之间没有任何关系，那么当流水线有足够的硬件资源时，它们就能在流水线中顺利地重叠执行，不会引起任何停顿。但如果两条指令相关，它们也许就不能在流水线中重叠执行或者只能部分重叠。研究程序中指令之间存在什么样的相关，对于充分发挥流水线的效率有重要的意义。

相关有三种类型：数据相关（也称真数据相关）、名相关、控制相关。

1）数据相关（Data Dependence）

考虑两条指令 i 和 j，i 在 j 的前面（下同），如果下述条件之一成立，则称指令 j 与指令 i 数据相关。

（1）指令 j 使用指令 i 产生的结果；

（2）指令 j 与指令 k 数据相关，而指令 k 又与指令 i 数据相关。

其中第（2）个条件表明，数据相关具有传递性。两条指令之间如果存在第一个条件所指出的相关的链，则它们是数据相关的。数据相关反映了数据的流动关系，即如何从其产生者流动到其消费者。

例如，下面这一段代码存在数据相关。

```
Loop: L.D       F0,0(R2)          //F0为数组元素
                  ↘
      ADD.D     F4,F0,F2          //加上F2中的值
                ↓
      S.D       F4,0(R2)          //保存结果
      DADDIU    R2,R2,-8          //数组指针递减8个字节
                ↓
      BNE       R2,R1,Loop        //如果R2≠R1,则分支
```

其中箭头表示必须保证的执行顺序。它由产生数据的指令指向使用该数据的指令。

当数据的流动是经过寄存器时，相关的检测比较直观和容易，因为寄存器是统一命名的，同一寄存器在所有指令中的名称都是唯一的。而当数据的流动是经过存储器时，检测就比较复杂了，因为形式上相同的地址其有效地址未必相同，如某条指令中的10(R5)与另一条指令中的10(R5)可能是不同的（R5的内容可能发生了变化）；而形式不同的地址其有效地址却可能相同。

2）名相关（Name Dependence）

这里的名是指指令所访问的寄存器或存储器单元的名称。如果两条指令使用了相同的名，但是它们之间并没有数据流动，则称这两条指令存在名相关。指令 j 与指令 i 之间的名相关有以下两种。

（1）反相关（Anti-Dependence）。如果指令 j 所写的名与指令 i 所读的名相同，则称指令 i 和 j 发生了反相关。反相关指令之间的执行顺序是必须严格遵守的，以保证 i 读的值是正确的。

（2）输出相关（Output Dependence）。如果指令 j 和指令 i 所写的名相同，则称指令 i 和 j 发生了输出相关。输出相关指令的执行顺序是不能颠倒的，以保证最后的结果是指令 j 写进去的。

与真数据相关不同，名相关的两条指令之间并没有数据的传送，只是使用了相同的名而已。如果把其中一条指令所使用的名换成别的，并不影响另外一条指令的正确执行。因此可以通过改变指令中操作数的名来消除名相关，这就是换名（Renaming）技术。对于寄存器操作数进行换名称为寄存器换名（Register Renaming）。寄存器换名既可以用编译器静态

实现,也可以用硬件动态完成。

例如,考虑下述代码。

```
DIV.D    F2,F8,F4
ADD.D    F8,F0,F12
SUB.D    F10,F8,F14
```

DIV.D和ADD.D存在反相关。进行寄存器换名,即把后面的两个F8换成S后,变成

```
DIV.D    F2,F8,F4
ADD.D    S,F0,F12
SUB.D    F10,S,F14
```

这就消除了原代码中的反相关。

3) 控制相关(Control Dependence)

控制相关是指由分支指令引起的相关。它需要根据分支指令的执行结果来确定后面该执行哪个分支上的指令。一般来说,为了保证程序应有的执行顺序,必须严格按照控制相关确定的顺序执行。

控制相关的一个最简单的例子是if语句中的then部分,例如:

```
if p1 {
        S1;
    };
S;
if p2 {
        S2;
    };
```

这里的if p1和if p2编译成目标代码以后都是分支指令。语句S1与p1控制相关,S2与p2控制相关,S与p1和p2均无关。

控制相关带来了以下两个限制。

(1) 与一条分支指令控制相关的指令不能被移到该分支之前;否则这些指令就不受该分支控制了。对于上述例子,then部分中的指令不能移到if语句之前。

(2) 如果一条指令与某分支指令不存在控制相关,就不能把该指令移到该分支之后。对于上述例子,不能把S移到if语句的then部分中。

视频讲解

2. 流水线冲突

流水线冲突(Pipeline Hazard)是指对于具体的流水线来说,由于相关的存在,使得指令流中的下一条指令不能在指定的时钟周期开始执行。

视频讲解

流水线冲突有以下三种类型。

(1) 结构冲突(Structural Hazard)。因硬件资源满足不了指令重叠执行的要求而发生的冲突。

(2) 数据冲突(Data Hazard)。当指令在流水线中重叠执行时,因需要用到前面指令的执行结果而发生的冲突。

(3) 控制冲突(Control Hazard)。流水线遇到分支指令或其他会改变PC值的指令所

引起的冲突。

在设计流水线时，需要很好地解决冲突问题；否则，就可能影响流水线的性能甚至导致错误的执行结果。当发生冲突时，往往需要使某些指令推后执行，从而使流水线出现停顿。这会降低流水线的效率和实际的加速比。

在后面的讨论中，我们约定：当一条指令被暂停时，在该暂停指令之后流入的所有指令都要被暂停，而在该暂停指令之前流入的指令则继续进行。显然，在整个暂停期间，流水线不会启动新的指令。

1）结构冲突

在流水线处理机中，如果某种指令组合因为资源冲突而不能正常执行，则称该处理机有结构冲突。为了能够使各种组合的指令都能顺利地重叠执行，就需要对功能部件进行全流水处理或重复设置足够多的资源。

下面以访存冲突为例来说明结构冲突及其解决办法。有些流水线处理机只有一个存储器，数据和指令都存放在这个存储器中。在这种情况下，当执行 load 指令需要存取数时，若又要同时完成其后某条指令的"取指令"，那么就会发生访存冲突，如图 3.20 中带阴影的 M 所示。为了消除这个结构冲突，可以在前一条指令访问存储器时，将流水线停顿一个时钟周期，推迟后面取指令的操作，如图 3.21 所示。该停顿周期往往被称为"流水线气泡"，简称"气泡"。

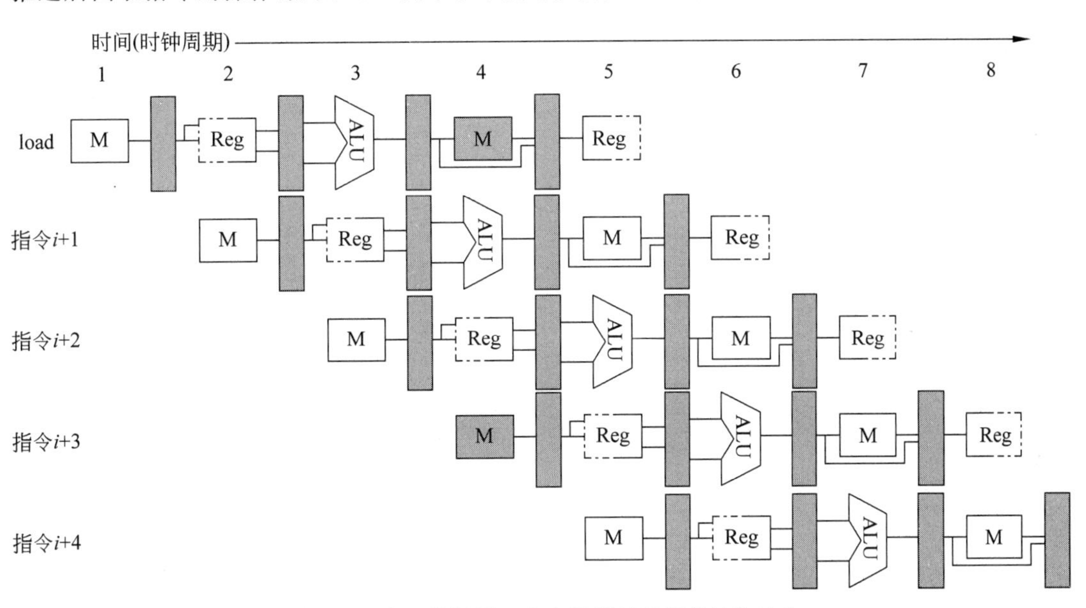

图 3.20　由于访问同一个存储器而引起的结构冲突

也可以用如图 3.22 所示的时空图来表示上述停顿情况。在图 3.22 中，将停顿周期标记为 stall，并将指令 $i+3$ 的所有操作右移一个时钟周期。在这种情况下，在第 4 个时钟周期没有启动新指令。指令 $i+3$ 要推迟到第 9 个时钟周期才完成。在第 8 个时钟周期，流水线中没有指令完成。

可以看出，为消除结构冲突而引入的停顿将影响流水线的性能。由于这种冲突出现的频度不低，因此一般是采用分别设置独立的指令存储器和数据存储器方法，或者仍只设置一个存储器，但采用两个分离的 Cache：指令 Cache、数据 Cache。

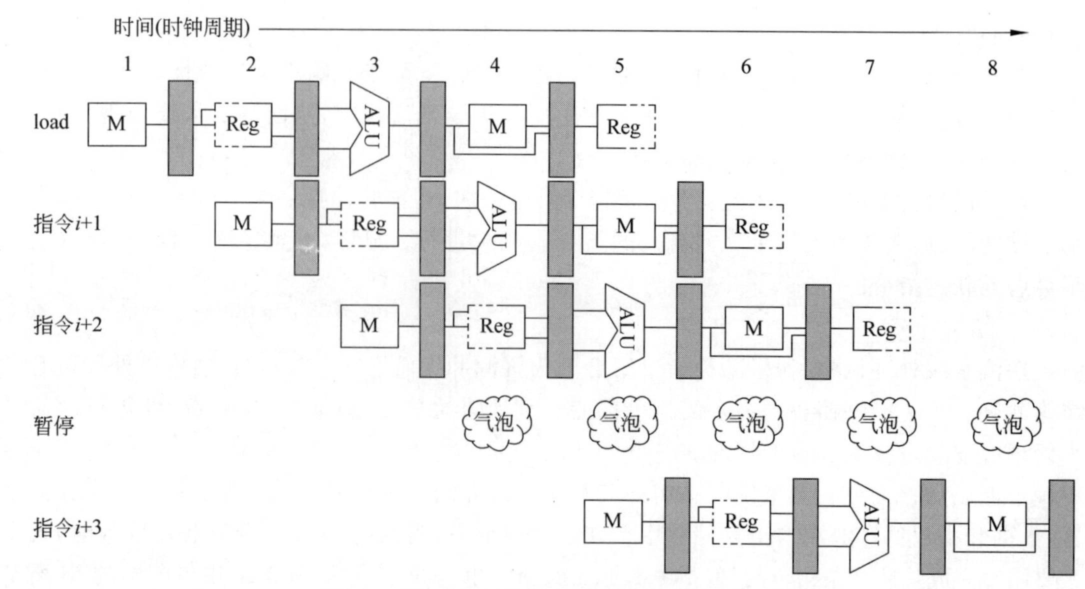

图 3.21　为消除结构冲突而插入的流水线气泡

<table>
<tr><td rowspan="2">指令编号</td><td colspan="10">时 钟 周 期</td></tr>
<tr><td>1</td><td>2</td><td>3</td><td>4</td><td>5</td><td>6</td><td>7</td><td>8</td><td>9</td><td>10</td></tr>
<tr><td>指令i</td><td>IF</td><td>ID</td><td>EX</td><td>MEM</td><td>WB</td><td></td><td></td><td></td><td></td><td></td></tr>
<tr><td>指令i+1</td><td></td><td>IF</td><td>ID</td><td>EX</td><td>MEM</td><td>WB</td><td></td><td></td><td></td><td></td></tr>
<tr><td>指令i+2</td><td></td><td></td><td>IF</td><td>ID</td><td>EX</td><td>MEM</td><td>WB</td><td></td><td></td><td></td></tr>
<tr><td>指令i+3</td><td></td><td></td><td></td><td>stall</td><td>IF</td><td>ID</td><td>EX</td><td>MEM</td><td>WB</td><td></td></tr>
<tr><td>指令i+4</td><td></td><td></td><td></td><td></td><td></td><td>IF</td><td>ID</td><td>EX</td><td>MEM</td><td>WB</td></tr>
</table>

图 3.22　图 3.21 的另一种画法

既然结构冲突会导致处理机的性能下降,那为什么有些计算机却允许结构冲突的存在呢?其主要原因是为了减少硬件成本。如果把流水线中的所有功能单元完全流水化,或者重复设置足够份数,那么所花费的成本将相当高。假如结构冲突并不是经常发生,那么为之大量增加硬件就可能不值得了。

2）数据冲突

(1）数据冲突简介。

当相关的指令彼此靠得足够近时,它们在流水线中的重叠执行或者重新排序会改变指令读写操作数的顺序,使之不同于它们串行执行时的顺序。这就是发生了数据冲突。考虑以下指令在流水线中的执行情况。

```
DADD  R1,  R2,  R3
DSUB  R4,  R1,  R5
XOR   R6,  R1,  R7
AND   R8,  R1,  R9
```

DADD 指令后的所有指令都要用到 DADD 指令的计算结果,如图 3.23 所示。DADD 指令在其 WB 段(第 5 个时钟周期)才将计算结果写入寄存器 R1,但是 DSUB 指令在其 ID

段(第3个时钟周期)就要从寄存器R1读取该结果,这就是一个数据冲突。若不采取措施防止这一情况发生,则DSUB指令读到的值就是错误的。XOR指令也受到这种冲突的影响,它在第4个时钟周期从R1读出的值也是错误的。而AND指令则可以正常执行,这是因为它是在第5个时钟周期的后半拍才从寄存器读数据的,而DADD指令在第5个时钟周期的前半拍已将结果写入寄存器。

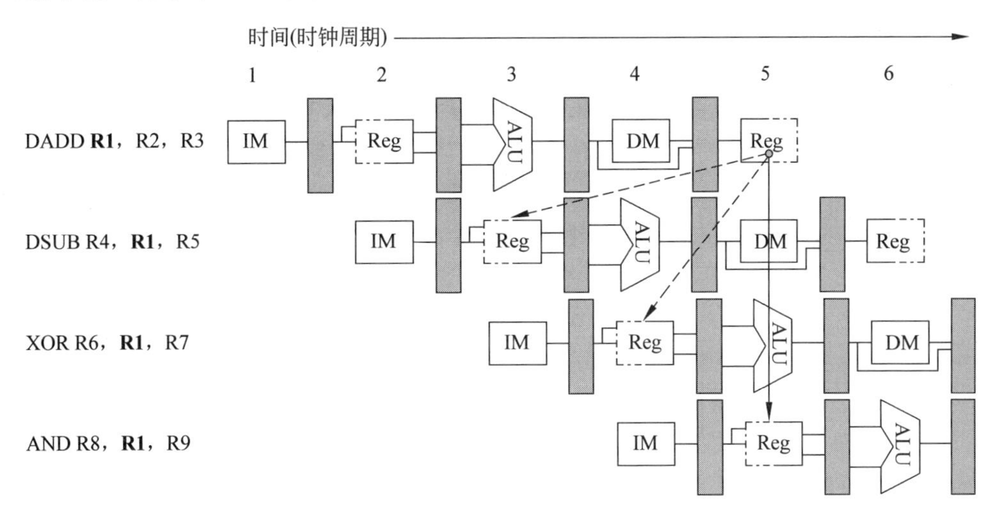

图3.23 流水线的数据冲突举例

按照指令读访问和写访问的先后顺序,可以将数据冲突分为三种类型。习惯上,这些冲突是按照流水线必须保持的访问顺序来命名的。考虑两条指令 i 和 j,且 i 在 j 之前进入流水线,可能发生的数据冲突有以下几种。

① 写后读冲突(Read After Write,RAW):指令 j 用到指令 i 的计算结果,而且在 i 将结果写入寄存器之前就去读该寄存器,因而得到的是旧值。这是最常见的一种数据冲突,它对应于真数据相关。图3.23中的数据冲突都是写后读冲突。

② 写后写冲突(Write After Write,WAW):指令 j 和指令 i 的结果寄存器相同,而且 j 在 i 写入之前就先对该寄存器进行了写入操作,从而导致写入顺序错误。最后在结果寄存器中留下的是 i 写入的值,而不是 j 写入的值。这种冲突对应于输出相关。

写后写冲突仅发生在这样的流水线中:流水线中不止一个段可以进行写操作;或者指令被重新排序了。前面介绍的5段流水线由于只在WB段写寄存器,所以不会发生写后写冲突。在第5章中介绍的流水线允许指令重新排序,就可能发生这种冲突。

③ 读后写冲突(Write After Read,WAR):指令 j 的目的寄存器和指令 i 的源操作数寄存器相同,而且 j 在 i 读取该寄存器之前就先对它进行了写操作,导致 i 读到的值是错误的。这种冲突是由反相关引起的。

读后写冲突在前述5段流水线中不会发生,因为这种流水线中的所有读操作(在ID段)都在写结果操作(在WB段)之前发生。读后写冲突仅发生在这样的情况下:有些指令的写结果操作提前了,而有些指令的读操作滞后了;或者指令被重新排序了。

(2) 使用定向技术减少数据冲突引起的停顿。

当出现如图3.23所示的写后读冲突时,为了保证指令序列的正确执行,一种简单的处理方法是暂停流水线中 DADD 之后的所有指令,直到 DADD 指令将计算结果写入寄存器 R1 之后,再让 DADD 之后的指令继续执行。但这种暂停会导致性能下降。

为了减少停顿时间,可以采用定向技术(forwarding,也称为旁路)来解决写后读冲突。定向技术的关键思想是:在发生写后读相关的情况下,在计算结果尚未出来之前,后面等待使用该结果的指令并不见得马上就要用该结果。如果能够将该计算结果从其产生的地方(ALU 的出口)直接送到其他指令需要它的地方(ALU 的入口),那么就可以避免停顿。对于图 3.23 的情况,可以把 DADD 指令产生的结果直接送给 DSUB 和 XOR 指令,这样就能避免停顿,如图 3.24 所示。图中从流水寄存器到功能部件入口的连线表示定向路径,箭头表示数据的流向。显然,这些指令都能顺利执行而不会导致停顿。

从图 3.23 还可以看出,流水线中的指令所需要的定向结果可能不仅仅是前一条指令的计算结果,而且还有可能是前面与其不相邻的指令的计算结果。

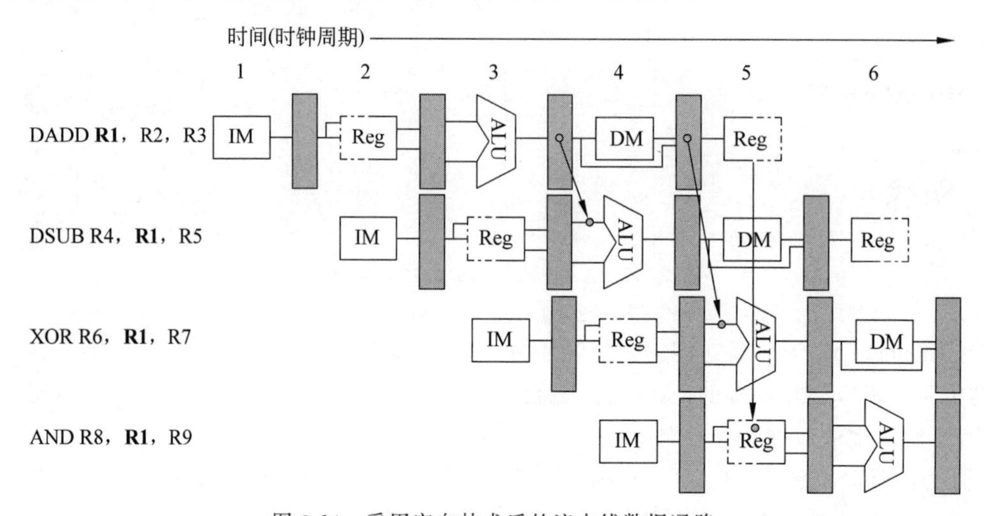

图 3.24 采用定向技术后的流水线数据通路

我们可以这样来实现定向:

① EX 段和 MEM 段之间的流水寄存器中保存的 ALU 运算结果总是回送到 ALU 的入口。

② 当定向硬件检测到前一个 ALU 运算结果写入的寄存器就是当前 ALU 操作的源寄存器时,那么控制逻辑就选择定向的数据作为 ALU 的输入,而不采用从通用寄存器组读出的数据。

上述定向技术可以推广到更一般的情况:将结果数据从其产生的地方直接传送到所有需要它的功能部件。也就是说,结果数据不仅可以从某一功能部件的输出定向到其自身的输入,而且还可以定向到其他功能部件的输入。

(3) 需要停顿的数据冲突。

并不是所有的数据冲突都可以用定向技术来解决。参照图 3.25,DADD 指令要使用 LD 指令的结果,如图 3.25 中的虚线所示。显然,这个定向是无法实现的。

为保证上述指令序列能在流水线中正确执行,需要设置一个称为"流水线互锁机制"(Pipeline Interlock)的功能部件。一般来说,流水线互锁机制的作用是检测发现数据冲突,并使流水线停顿,直至冲突消失。停顿是从等待相关数据的指令开始,到相应的指令产生所

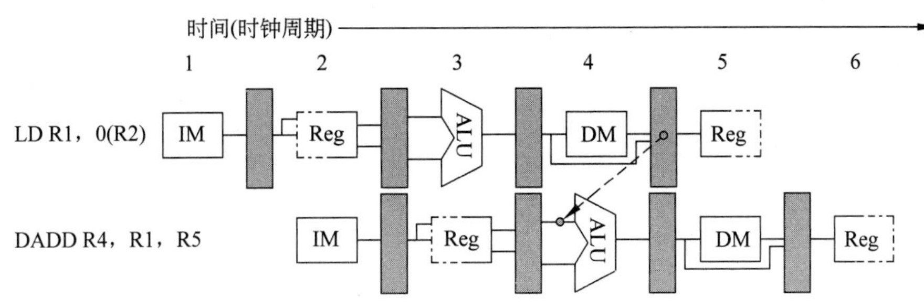

图 3.25 无法将 LD 指令的结果定向到 DADD 指令

需数据为止。停顿导致在流水线中插入气泡，使得被停顿指令的 CPI 增加了相应的时钟周期数。

(4) 依靠编译器解决数据冲突。

为了减少停顿，对于无法用定向技术解决的数据冲突，可以通过在编译时让编译器重新组织指令顺序来消除冲突，这种技术称为“指令调度”(Instruction Scheduling)或“流水线调度”(Pipeline Scheduling)。实际上，对于各种冲突，都有可能用指令调度来解决。

下面通过一个例子来进一步说明，考虑以下表达式。

$$A = B + C$$
$$D = E - F$$

表 3.5 左边是这两个表达式编译后所形成的代码。在这个代码序列中，DADD Ra,Rb,Rc 与 LD Rc,C 之间存在数据冲突，DSUB Rd,Re,Rf 与 LD Rf,F 之间也是如此。为了保证流水线能正确执行调度前的指令序列，必须在指令的执行过程中插入两个停顿周期(分别在 DADD 和 DSUB 执行前)。而在调度后的指令序列中，加大了 DADD 和 DSUB 指令与 LD 指令的距离。通过采用定向，可以消除数据冲突，因而不必在执行过程中插入任何停顿周期。

表 3.5 调度前后的指令序列

调度前的代码	调度后的代码
LD Rb,B	LD Rb,B
LD Rc,C	LD Rc,C
DADD Ra,Rb,Rc	LD Re,E
SD Ra,A	DADD Ra,Rb,Rc
LD Re,E	LD Rf,F
LD Rf,F	SD Ra,A
DSUB Rd,Re,Rf	DSUB Rd,Re,Rf
SD Rd,D	SD Rd,D

3) 控制冲突

在流水线中，控制冲突可能会比数据冲突造成更多的性能损失，所以同样需要得到很好的处理。执行分支指令的结果有两种：一种是分支“成功”，PC 值改变为分支转移的目标地址；另一种则是“不成功”或者“失败”，这时 PC 值保持正常递增，指向顺序的下一条指令。对分支指令“成功”的情况来说，是在条件判定和转移地址计算都完成后，才改变 PC 值的。

对于3.4.1节中的5段流水线来说,改变PC值是在MEM段进行的。

处理分支指令最简单的方法是“冻结”(freeze)或者“排空”(flush)流水线。即一旦在流水线的译码段ID检测到分支指令,就暂停其后的所有指令的执行,直到分支指令到达MEM段、确定是否成功并计算出新的PC值为止。然后,按照新的PC值取指令,如图3.26所示。在这种情况下,分支指令给流水线带来了三个时钟周期的延迟。这种方法的优点在于其简单性。

分支指令	IF	ID	EX	MEM	WB					
分支目标指令		**IF**	**stall**	**stall**	IF	ID	EX	MEM	WB	
分支目标指令+1						IF	ID	EX	MEM	WB
分支目标指令+2							IF	ID	EX	MEM

图3.26　简单处理分支指令:分支成功的情况

分支失败时的时空图与图3.26类似,只是分支指令之后执行的指令不是分支目标的指令,而是后继地址的指令。显然,这种让流水线空等的方法不是一种好的选择。后面将对其进行改进。

在后面的叙述中,把由分支指令引起的延迟称为分支延迟(Branch Delay)。

分支指令在目标代码中出现的频度是不低的,统计结果表明,每三四条指令就有一条是分支指令。当分支延迟比较大时,所带来的性能损失是相当大的。所以降低分支延迟对于充分发挥流水线的效率是十分重要的。

为减少分支延迟,可采取以下措施。

(1) 在流水线中尽早判断出(或者猜测)分支是否成功。

(2) 尽早计算出分支目标地址。

这两种措施要同时采用,缺一不可。因为只有判断出转移是否成功而且得到分支目标地址后才能进行转移。

可以把这两步工作提前到ID段完成,即分支指令是在ID段的末尾执行完成的,这样就可以把分支延迟减少到一个时钟周期。

进一步减少分支延迟的方法有许多种。下面只介绍三种通过软件(编译器)来处理的方法,更复杂的软硬件结合的方法将在第5章和第6章中讨论。这三种方法有一个共同的特点:它们对分支的处理方法在程序的执行过程中始终是不变的。它们要么总是预测分支成功,要么总是预测分支失败。

(1) 预测分支失败。

当ID段检测到分支指令时,让流水线空等是一种“不作为”的策略,是一种“懒惰”的处理方法,显然不可取。可以让流水线通过预测选择两条分支路径中的一条,继续处理后续指令。预测有两种选择:猜测分支成功,或者猜测分支失败。不管哪一种,都可以通过编译器来优化性能,让代码中最常执行的路径与所选的预测方向一致。

预测分支失败的方法是沿失败的分支继续处理指令,即允许分支指令后的指令继续在流水线中流动,就好像什么都没发生似的。当确定分支是失败时,就可以将分支指令看作一条普通指令,流水线正常流动,如图3.27(a)所示;当确定分支成功时,流水线就把在分支指令之后取出的指令转换为空操作,并按分支目标地址重新取指令执行,如图3.27(b)所示。

采用这种方法处理分支指令的后续指令时，要保证分支结果出来之前不会改变处理机的状态，以便一旦猜错时，处理机就能够回退到原先的状态。

分支失败	分支指令 i	IF	ID	EX	MEM	WB			
	指令 i+1		IF	ID	EX	MEM	WB		
	指令 i+2			IF	ID	EX	MEM	WB	
	指令 i+3				IF	ID	EX	MEM	WB

(a) 分支失败

分支成功	分支指令 i	IF	ID	EX	MEM	WB			
	指令 i+1		IF	**idle**	**idle**	**idle**	**idle**		
	分支目标指令			IF	ID	EX	MEM	WB	
	分支目标指令+1				IF	ID	EX	MEM	WB

(b) 分支成功

图 3.27　采用预测分支失败方法的流水线时空图

(2) 预测分支成功。

这种方法按分支成功的假设进行处理。当流水线 ID 段检测到分支指令后，一旦计算出了分支目标地址，就开始从该目标地址取指令执行。

在前述 5 段流水线中，由于判断分支是否成功与分支目标地址计算是在同一流水段完成的，所以这种方法对减少该流水线的分支延迟没有任何好处。但在其他的一些流水线处理机中，特别是那些具有隐含设置条件码或分支条件更复杂(因而更慢)的流水线处理机中，在确定分支是否成功之前，就能得到分支的目标地址。这时采用这种方法便可以减少分支延迟。

(3) 延迟分支(Delayed Branch)。

这种方法的主要思想是从逻辑上“延长”分支指令的执行时间。把延迟分支看成由原来的分支指令和若干个延迟槽构成。不管分支是否成功，都要按顺序执行延迟槽中的指令。在采用延迟分支的实际计算机中，绝大多数的延迟槽都是一个，即

分支指令
延迟槽
后继指令

后面只讨论这种情况。

在这种情况下，流水线的执行情况如图 3.28 所示。可以看出，只要分支延迟槽中的指令是有用的，流水线中就没有出现停顿，这时延迟分支的方法能很好地减少分支延迟。

放入延迟槽中的指令是由编译器来选择的。实际上，延迟分支能否带来好处完全取决于编译器能否把有用的指令调度到延迟槽中。这也是一种指令调度技术。常用的调度方法有三种：从前调度、从目标处调度、从失败处调度，如图 3.29 所示。图中，上面的代码是调度前的，下面的代码是调度后的。

图 3.29(a)表示的是从前调度，它把位于分支指令之前的一条独立的指令移到延迟槽。当无法采用从前调度时，就采用另外两种方法。图 3.29(b)表示的是从目标处调度，它把目标处的指令复制到延迟槽。同时，还要修改分支指令的目标地址，如图 3.29(b)中的箭头所

分支失败	分支指令 i	IF	ID	EX	MEM	WB			
	延迟槽指令 $i+1$		IF	ID	EX	MEM	WB		
	指令 $i+2$			IF	ID	EX	MEM	WB	
	指令 $i+3$				IF	ID	EX	MEM	WB

分支成功	分支指令 i	IF	ID	EX	MEM	WB			
	延迟槽指令 $i+1$		IF	ID	EX	MEM	WB		
	分支目标指令 j			IF	ID	EX	MEM	WB	
	分支目标指令 $j+1$				IF	ID	EX	MEM	WB

图 3.28　延迟分支的执行情况

示。之所以是复制到延迟槽,而不是把该指令移过去,是因为从别的路径可能也要执行到该指令。从目标处调度实际上是猜测了分支是成功的。所以当分支成功概率比较高时(例如循环转移),采用这种方法比较好;否则,采用从失败处调度比较好(见图 3.29(c))。需要注意的是,当猜测错误时,要保证图 3.29(b)和图 3.29(c)中调度到延迟槽中的指令的执行不会影响程序的正确性(当然,这时延迟槽中的指令是无用的)。在图 3.29(b)和图 3.29(c)的指令序列中,由于分支指令是使用 R1 来判断的,所以不能把产生 R1 的值的 DADD 指令调度到延迟槽。

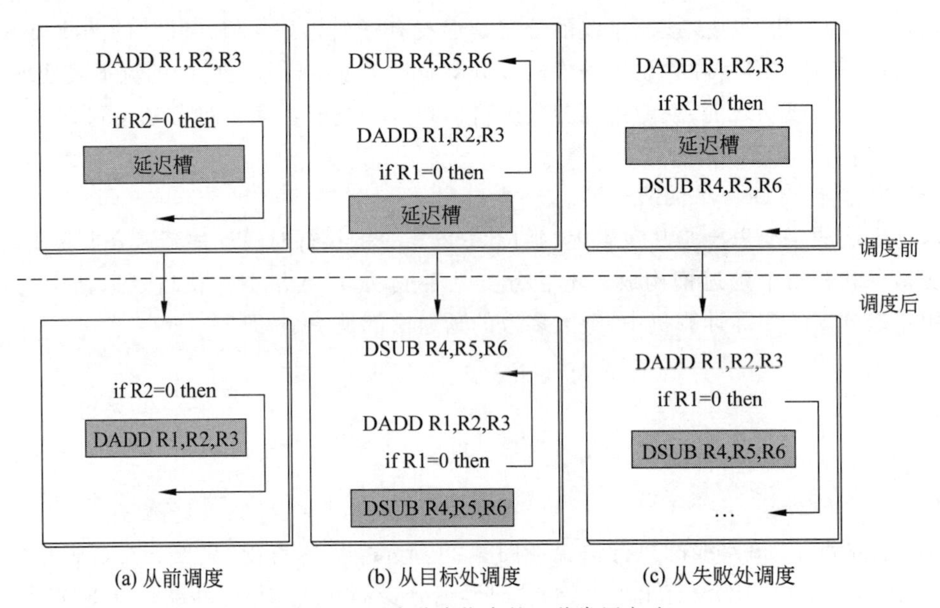

图 3.29　调度分支指令的三种常用方法

上述方法受到两个因素的限制:一个是可以被放入延迟槽中的指令要满足一定的条件;另一个是编译器预测分支转移方向的能力。为了提高编译器在延迟槽中放入有用指令的能力,许多处理机采用了分支取消(Canceling 或 Nullifying)机制。在这种机制中,分支指令隐含了预测的分支执行方向。当分支的实际执行方向和事先所预测的一样时,执行分支延迟槽中的指令;否则就将该指令转换成空操作。图 3.30 给出了预测分支成功的情况下,分支取消机制在分支成功和失败两种情况下的执行过程。

分支失败	分支指令i(失败)	IF	ID	EX	MEM	WB			
	延迟槽指令i+1		IF	**idle**	**idle**	**idle**	**idle**		
	指令i+2			IF	ID	EX	MEM	WB	
	指令i+3				IF	ID	EX	MEM	WB

分支成功	分支指令i(成功)	IF	ID	EX	MEM	WB			
	延迟槽指令i+1		IF	ID	EX	MEM	WB		
	分支目标			IF	ID	EX	MEM	WB	
	分支目标+1				IF	ID	EX	MEM	WB

图 3.30　预测分支成功的情况下,分支取消机制的执行情况

视频讲解

3.5　流水线的实现

视频讲解

3.4 节给出了一个经典的 5 段流水线的结构。本节将进一步展开,深入、细致地讨论它的具体实现。下面先给出非流水线方式下的实现,然后再论述流水方式下的实现。这里用 MIPS 指令子集作为例子。

3.5.1　MIPS 的一种简单实现

图 3.31 是实现 MIPS 指令子集的一种简单数据通路。该数据通路的操作分成 5 个时钟周期:取指令,指令译码/读寄存器,执行/有效地址计算,存储器访问/分支完成,写回。下面只讨论整数指令的实现,包括 load 和 store,等于 0 转移,整数 ALU 指令等。

图 3.31 中设置了一些临时寄存器,其作用如下。

PC——程序计数器,存放当前指令的地址。

NPC——下一条程序计数器,存放下一条指令的地址。

IR——指令寄存器,存放当前正在处理的指令。

A——第一操作数寄存器,存放从通用寄存器组读出来的操作数。

B——第二操作数寄存器,存放从通用寄存器组读出来的另一个操作数。

Imm——存放符号扩展后的立即数操作数。

cond——存放条件判定的结果。为“真”表示分支成功。

ALU_O——存放 ALU 的运算结果。

LMD——存放 load 指令从存储器读出的数据。

在这个数据通路上,最多花 5 个时钟周期就能实现一条 MIPS 指令。这 5 个时钟周期及相应的操作如下。

1. 取指令周期(IF)

```
IR←Mem[PC]
NPC←PC+4
```

以 PC 中的值作为地址从存储器中取出一条指令,放入指令寄存器(IR);同时 PC 值加

4,然后放入 NPC。这时 NPC 中的值为顺序的下一条指令的地址。

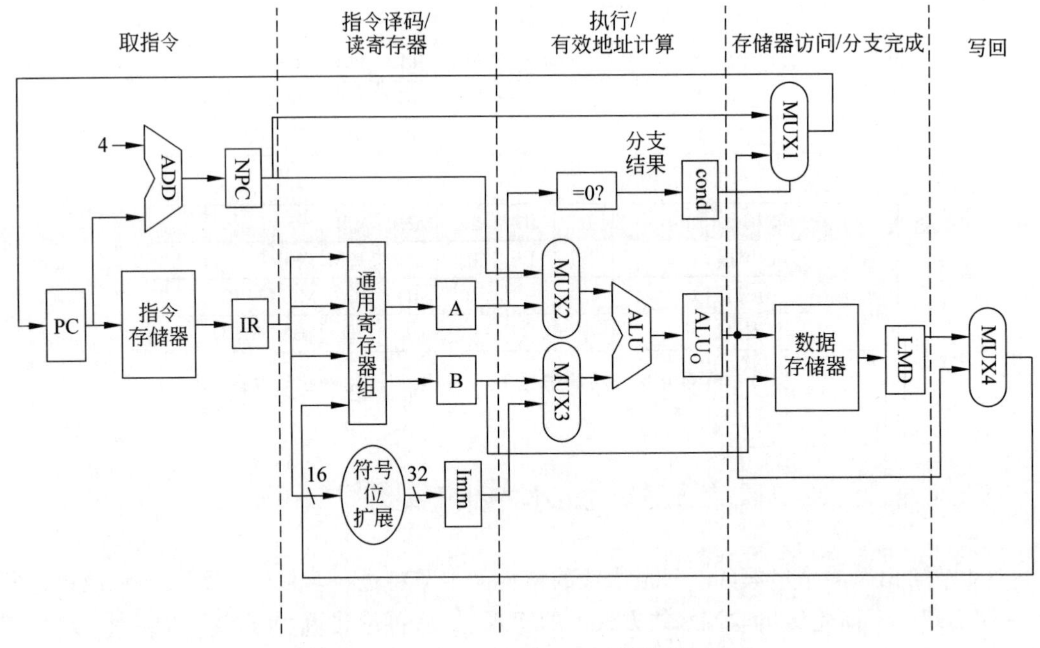

图 3.31　实现 MIPS 指令的一种简单数据通路

2. 指令译码/读寄存器周期(ID)

```
A←Regs[rs]
B←Regs[rt]
```

Imm←$((IR_{16})^{16}\#\#IR_{16..31})$

对指令进行译码,并以指令中的 rs 和 rt 字段(见图 2.10)作为地址访问通用寄存器组,把读出的操作数分别放入 A 和 B 中。同时 IR 的低 16 位进行符号位扩展,然后存入 Imm。

指令的译码操作和读寄存器操作是并行进行的。之所以可以这样,是因为在 MIPS 指令格式中,操作码字段以及 rs、rt 字段都在固定的位置。这种技术称为"固定字段译码"(Fixed-field Decoding)技术。另外,由于立即数在所有 MIPS 指令中的位置也是相同的,因此在这里统一对其进行符号扩展,以备在下一个周期使用。

这里准备的放在 A、B 和 Imm 中的数据在后面的周期中也许用不上,但也没关系,并不影响程序执行的正确性。而统一这样处理,可以减少硬件的复杂度。

3. 执行/有效地址计算周期(EX)

在这个周期,ALU 对在前一个周期准备好的操作数进行运算。不同指令所进行的操作不同。

1) load 指令和 store 指令

ALU_O←A+Imm

ALU 将操作数相加形成有效地址,并存入临时寄存器 ALU_O。

2) 寄存器-寄存器 ALU 指令

ALU_O←A funct B

ALU 根据 funct 字段(见图 2.10)指出的操作类型对 A 和 B 中的数据进行运算,并将结果存入 ALU_O。

3) 寄存器-立即数 ALU 指令

```
ALUo←A op Imm
```

ALU 根据操作码 op 指出的操作类型对 A 和 Imm 中的数据进行运算,并将结果存入 ALU_O。

4) 分支指令

```
ALUo←NPC+(Imm<<2);
cond←(A==0)
```

ALU 将临时寄存器 NPC 和 Imm 中的值(左移两位后)相加,得到转移目标的地址,存入 ALU_O。之所以 Imm 需要左移两位,是因为它给出的值是以字为单位的,而 PC 和 NPC 中的值却是以字节为单位的。

分支指令在这一个周期还要对 A 的值进行判断,决定分支是否成功,判断的结果存入寄存器 cond 中。进行何种判断操作,取决于分支指令的操作码。为简单起见,这里只考虑一种分支,即 BEQZ(Branch if EQual Zero),其操作为:A 为 0 则转移。

这里将有效地址计算周期和执行周期合并为一个时钟周期,这是因为 MIPS 指令集采用 load/store 结构,任何指令都不会同时进行数据有效地址的计算、转移目标地址的计算和对数据进行运算。

除了分支指令外,还有一些不同形式的跳转指令,它们与分支指令相似,这里不再赘述。

4. 存储器访问/分支完成周期(MEM)

所有指令都要在该周期对 PC 进行更新。除了分支指令,其他指令都是做:PC←NPC。

在该周期处理的指令只有 load、store 和分支三种指令。

1) load 和 store 指令

load 指令:

```
LMD←Mem[ALUo]
```

即从存储器中读出相应的数据,放入临时寄存器 LMD。

store 指令:

```
Mem[ALUo]←B
```

即将 B 中的数据写入存储器。

两种情况下均用 ALU_O 中的值作为访存地址,它在上一个周期就已经计算好了。

2) 分支指令

```
if (cond) PC←ALUo else PC←NPC
```

如果 cond 中的内容为"真",表明转移成功,把 ALU_O 中的转移目标地址放入 PC 中;否则就使 PC 指向顺序的下一条指令。

5. 写回周期(WB)

把在前面 4 个周期中得到的结果写入通用寄存器组。

(1) 寄存器-寄存器 ALU 指令:Regs[rd]←ALU_O。

(2) 寄存器-立即数 ALU 指令：Regs[rt]←ALU_O。

(3) load 指令：Regs[rt]←LMD。

这个结果可能是 ALU 的计算结果(ALU_O 中的内容)，也可能是从存储器读出的数据(LMD 中的内容)。写入的寄存器地址由指令中的 rd 或 rt 字段指出，具体是哪一个，由指令的操作码决定。

在图 3.31 中，不同的操作周期之间设置有存储单元，用于保存当前指令的执行结果或者在上一个周期产生且在后面周期要用到的结果。其中 PC、通用寄存器组、存储器单元是在指令之间保存结果，而临时寄存器 IR、NPC、A、B、Imm、cond、ALU_O、LMD 则是在单条指令的执行过程中保存中间结果。

3.5.2 基本的 MIPS 流水线

如果把上述实现方案中每一个时钟周期完成的工作看作流水线的一段，就可以很容易将其改造为流水实现。流水段中的所有操作在一个时钟周期内完成，每个时钟周期启动一条新的指令。改造后的数据通路如图 3.32 所示。

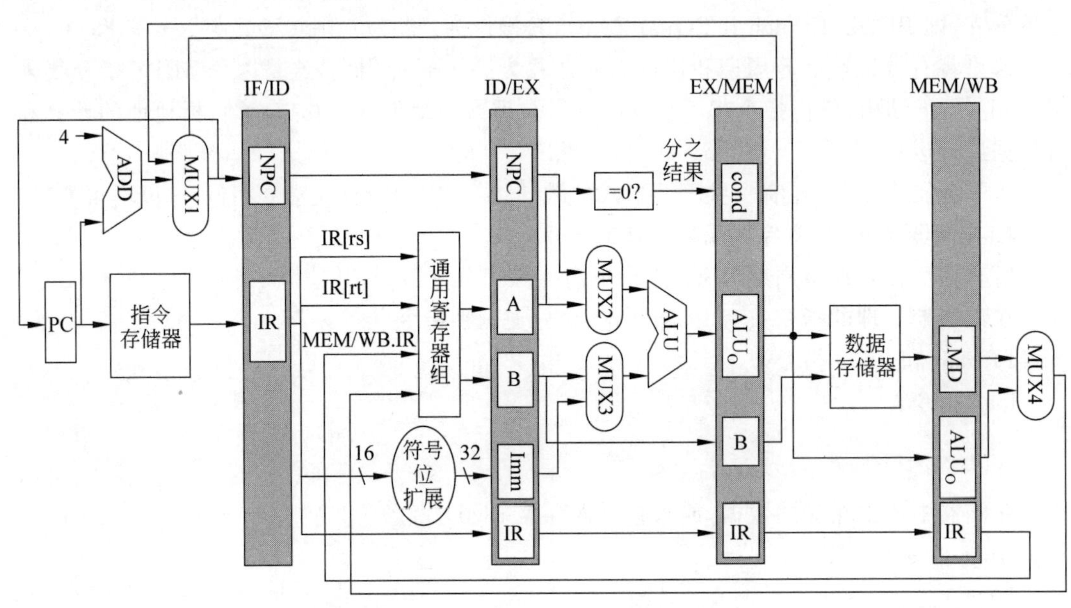

图 3.32 MIPS 流水线的数据通路

这里主要进行了以下改动。

(1) 设置了流水寄存器。

在段与段之间设置了流水寄存器。流水寄存器的名称用其相邻的两个段的名称拼合而成。例如，ID 段与 EX 段之间的流水寄存器用 ID/EX 表示，其余类似。每个流水寄存器是由若干个子寄存器构成的。用“x.y”来命名这些子寄存器，用“x.y[s]”来命名其所包含的字段。其中 x 为流水寄存器名称，y 为具体子寄存器的名称，s 为字段名称。例如，ID/EX.IR 表示流水寄存器 ID/EX 中的子寄存器 IR，ID/EX.IR[op]表示该子寄存器的 op 字段。

流水寄存器的作用如下。

① 将各段的工作隔开，使得它们不会互相干扰。流水寄存器是边沿触发写入的。

② 保存相应段的处理结果。例如，EX/MEM.ALU$_O$ 保存 EX 段 ALU 的运算结果，MEM/WB.LMD 保存 MEM 段从数据存储器读出的数据。

③ 向后传递后面将要用到的数据或者控制信息。例如，EX/MEM.B 传递 ID/EX.B 的内容，供在 MEM 段写入存储器时使用。MEM/WB.ALU$_O$ 传递 EX/MEM.ALU$_O$ 的内容，供在 WB 段写入寄存器时使用。随着指令在流水线中的流动，所有有用的数据和控制信息在每个时钟周期都会往后传递一步。当然，在传递过程中，只保存后面需要用到的数据和信息，丢弃不再需要的信息。

如果把 PC 也看成 IF 段的流水寄存器，那么每个段就都有一个流水寄存器，它位于该流水段的前面，提供指令在该段执行所需要的所有数据和控制信息。

(2) 增加了向后传递 IR 和从 MEM/WB.IR 回送到通用寄存器组的连接。

当一条指令从 ID 段流到 EX 段时，新的指令会进入 ID 段，冲掉 IF/ID 中的内容。所以指令中的有用信息必须跟着指令流动到 ID/EX.IR，以此类推。后面需要用到的指令信息要依次往后传递，直到 MEM/WB.IR。MEM/WB.IR 中的目的寄存器地址回送到通用寄存器组，用于实现将结果回写到目的寄存器。实际上，除了传递 IR 之外，还增加了其他一些数据的传递连接，详见图 3.32。

(3) 将对 PC 的修改提前到了 IF 段，以便 PC 能及时地加 4，为取下一条指令做好准备。

为了详细了解该流水线的工作情况，需要知道各种指令在每一个流水段进行什么样的操作，如表 3.6 所示。在 IF 段和 ID 段，所有指令的操作都一样。从 EX 段开始才区分不同的指令。表中 IR[rs]是指 IR 的第 6～10 位，即 IR$_{6..10}$；IR[rt]是指 IR$_{11..15}$；IR[rd]是指 IR$_{16..20}$。

表 3.6 MIPS 流水线的每个流水段的操作

流水段	所 有 指 令		
IF	IF/ID.IR←Mem[PC]; IF/ID.NPC, PC←(if((EX/MEM.IR[op]==branch) & EX/MEM.cond) {EX/MEM.ALU$_o$} else {PC+4});		
ID	ID/EX.A←Regs[IF/ID.IR[rs]]; ID/EX.B←Regs[IF/ID.IR[rt]]; ID/EX.NPC←IF/ID.NPC; ID/EX.IR←IF/ID.IR; ID/EX.Imm←(IF/ID.IR$_{16}$)^{16}##IF/ID.IR$_{16..31}$;		
	ALU 指令	load/store 指令	分 支 指 令
EX	EX/MEM.IR←ID/EX.IR; EX/MEM.ALU$_o$← ID/EX.A *funct* ID/EX.B 或 EX/MEM.ALU$_o$← ID/EX.A *op* ID/EX.Imm;	EX/MEM.IR←ID/EX.IR; EX/MEM.ALU$_o$← ID/EX.A+ID/EX.Imm; EX/MEM.B←ID/EX.B;	EX/MEM.IR←ID/EX.IR; EX/MEM.ALU$_o$← ID/EX.NPC+ID/EX.Imm<<2; EX/MEM.cond← (ID/EX.A==0);
MEM	MEM/WB.IR←EX/MEM.IR; MEM/WB.ALU$_o$← EX/MEM.ALU$_o$;	MEM/WB.IR←EX/MEM.IR; MEM/WB.LMD← Mem[EX/MEM.ALU$_o$]; 或 Mem[EX/MEM.ALU$_o$]← EX/MEM.B;	

续表

	ALU 指令	load/store 指令	分 支 指 令
WB	Regs[MEM/WB.IR[rd]]← MEM/WB.ALU$_o$; 或 Regs[MEM/WB.IR[rt]]← MEM/WB.ALU$_o$;	Regs[MEM/WB.IR[rt]]← MEM/WB.LMD;	

为了控制该流水线的工作，主要是确定如何控制图 3.32 中的 4 个多路器，具体如下。

① MUX2

```
if(ID/EX.IR[op]=="分支指令")
  { MUX2_output=ID/EX.NPC };                    //MUX2_output 表示 MUX2 的输出
else MUX2_output=ID/EX.A;
```

② MUX3

```
if(ID/EX.IR[op]=="寄存器-寄存器型 ALU 指令")
  { MUX3_output=ID/EX.B };                      //MUX3_output 表示 MUX3 的输出
else MUX3_output=ID/EX.Imm;
```

③ MUX1

```
if((ID/EX.IR[op]=="分支指令") & EX/MEM.cond)
  { MUX1_output=EX/MEM.ALUo};                    //MUX1_output 表示 MUX1 的输出
else MUX1_output=PC+4;
```

④ MUX4

```
if(ID/EX.IR[op]=="load")
  { MUX4_output=MEM/WB.LMD };                   //MUX4_output 表示 MUX4 的输出
else MUX4_output=MEM/WB.ALUo;
```

此外，还有一个多路器图中没有画出。就是从 MEM/WB 回传至通用寄存器组的写入地址应该是从 MEM/WB.IR[rd] 和 MEM/WB.IR[rt]中选一个。如果是寄存器-寄存器型 ALU 指令，则选择前者；否则就选择后者。

为了使该流水线正常工作，还要解决好数据冲突的问题。对于该流水线而言，所有的数据冲突均可以在 ID 段检测到。如果存在数据冲突，就在相应的指令流出 ID 段之前将之暂停。完成该工作的硬件称为流水线的互锁机制。类似地，若采用了定向技术，就可以在 ID 段确定需要什么样的定向，并设置相应的控制。按这样处理，就不必在流水过程中将已经改变了机器状态的指令挂起，可以降低流水线的硬件复杂度。另外一种处理方法是在使用操作数的那个时钟周期(上述流水线中的 EX 和 MEM 段)的开始检测冲突和确定必需的定向。

检测冲突是通过比较寄存器地址是否相等来实现的。例如，在 load 已经进入 EX 段时，若要在 ID 段检测当前指令是否由于使用那条 load 指令的结果而导致的 RAW 冲突，只要做以下比较就可以了。

第一种情况：ID段中的当前指令是寄存器-寄存器型ALU指令。

比较

```
ID/EX.IR[rt]=IF/ID.IR[rs]
```

或者

```
ID/EX.IR[rt]=IF/ID.IR[rt]
```

第二种情况：ID段中的当前指令是load、store、ALU立即数或分支指令。

比较

```
ID/EX.IR[rt]=IF/ID.IR[rs]
```

这种由于使用load的结果而引起的流水线互锁称为load互锁。

一旦硬件检测到上述RAW冲突，流水线互锁机制必须在流水线中插入停顿，并使当前正处于IF段和ID段的指令不再前进。为实现这一点，只要将ID/EX.IR中的操作码改为全零(全零表示空操作)，并将IF/ID寄存器的内容回送到自己的入口即可。

定向逻辑要考虑的情况更多，因此其实现比上述冲突检测机制更复杂。类似地，它也是通过比较流水寄存器中的寄存器地址来确定的。例如，如果检测到以下条件成立：

```
(ID/EX.IR.op=="寄存器-寄存器型 ALU 指令")&(EX/MEM.IR.op=="寄存器-寄存器型 ALU 指令")&(ID/EX.IR[rt]==EX/MEM.IR[rd])
```

即EX段和MEM段中的指令都是寄存器-寄存器型ALU指令，而且MEM段中指令的目的寄存器地址与EX段中指令的第二源操作数地址相同，则需要把EX/MEM.ALU_O定向到ALU的下面一个输入。

又如，如果检测到以下条件成立：

```
(ID/EX.IR[op]=="寄存器-寄存器型 ALU 指令")&(MEM/WB.IR[op]==load)& (ID/EX.IR[rt]==MEM/WB.IR[rt])
```

即EX段中的指令是寄存器-寄存器型ALU指令，WB段中的指令是load，而且该load指令的目的寄存器地址与EX段中指令的第二源操作数地址相同，则需要把MEM/WB.LMD定向到ALU的下面一个输入。

类似地，可以列出所有的情况，这里不再赘述。

在该流水线中，分支指令的条件测试和分支目标地址计算是在EX段完成的，对PC的修改是在MEM段完成的。它所带来的分支延迟是三个时钟周期。为了减少分支延迟，需尽早完成这些工作。如果只考虑BEQZ和BNEZ，就可以把这些工作提前到ID段进行。为此，需要在ID段增设一个加法器，用于计算分支目标地址，并把条件测试“=0?”的逻辑电路移到ID段。这些结果要直接回送到IF段的MUX1，如图3.33所示。这样，分支延迟就减少为一个时钟周期。改进后的流水线对分支指令的处理变成了表3.7的操作。其中斜体部分表示与表3.6不同的操作。改进后的分支延迟变成了一个时钟周期。

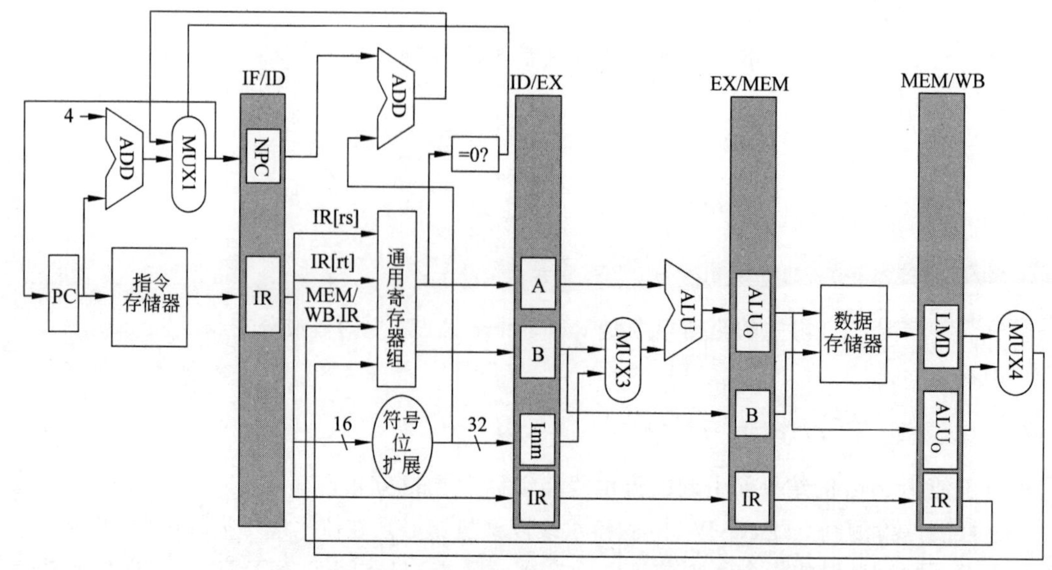

图 3.33　为减少分支延迟,对图 3.31 进行改进后的流水线数据通路

表 3.7　改进后流水线的分支操作

流水段	分支指令
IF	IF/ID.IR←Mem[PC]; *IF/ID.NPC,PC←(if ((IF/ID[op]==branch)&(Regs[IF/ID.IR[rs]]==0)) {IF/ID.NPC+(IF/ID.IR$_{16}$)^{16}##(IF/ID.IR$_{16..31}$<<2)} else {PC+4});*
ID	ID/EX.A←Regs[IF/ID.IR[rs]]; ID/EX.B←Regs[IF/ID.IR[rt]]; ID/EX.IR←IF/ID.IR; ID/EX.Imm←(IF/ID.IR$_{16}$)^{16}##IF/ID.IR$_{16..31}$;
EX	
MEM	
WB	

习　题　3

3.1　解释下列名词。

流水线技术	通过时间	排空时间	定向技术
部件级流水线	指令流水线	系统级流水线	单功能流水线
多功能流水线	静态流水线	动态流水线	线性流水线
非线性流水线	顺序流水线	乱序流水线	吞吐率
流水线加速比	流水线的效率	相关	数据相关
名相关	反相关	输出相关	换名技术
控制相关	流水线冲突	结构冲突	数据冲突
控制冲突	写后读冲突	写后写冲突	读后写冲突

3.2 简述流水线技术的特点。

3.3 简述通过软件(编译器)来减少分支延迟的三种方法。这些方法的共同特点是什么?

3.4 简述延迟分支方法中的三种调度策略的优缺点。

3.5 在一条单流水线多操作部件的处理机上执行下面的程序,取指令、指令译码各需1个时钟周期,MOVE、ADD和MUL操作各需要2个、3个和4个时钟周期。每个操作都在第一个时钟周期从通用寄存器中读操作数,在最后一个时钟周期把运算结果写到通用寄存器中。

```
k:    MOVE  R1,R0       ;R1←(R0)
k+1:  MUL   R0,R2,R1    ;R0←(R2) * (R1)
k+2:  ADD   R0,R3,R2    ;R0←(R2)+(R1)
```

画出指令执行的流水线时空图,并计算执行完三条指令共使用了多少个时钟周期。

3.6 有一指令流水线如图3.34所示。

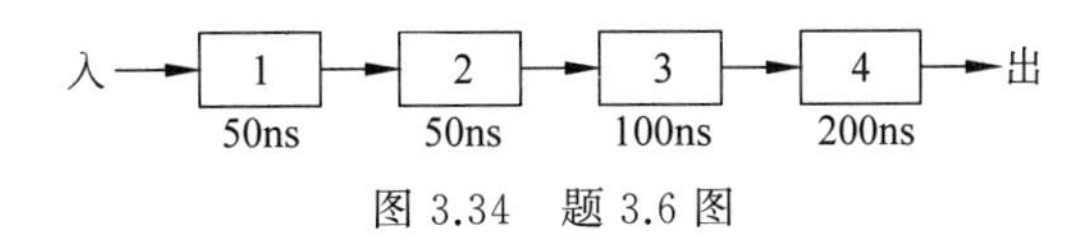

图3.34 题3.6图

(1) 求连续输入10条指令,该流水线的实际吞吐率和效率。

(2) 该流水线的“瓶颈”在哪一段?请采取两种不同的措施消除此“瓶颈”。对于给出的两种新的流水线,连续输入10条指令时,其实际吞吐率和效率各是多少?

3.7 有一个流水线由4段组成,其中每当流经第3段时,总要在该段循环一次,然后才能流到第4段。如果每段经过一次所需要的时间都是Δt,请问:

(1) 当在流水线的输入端连续地每Δt时间输入一个任务时,该流水线会发生什么情况?

(2) 此流水线的最大吞吐率为多少?如果每$2\Delta t$输入一个任务,连续处理10个任务时的实际吞吐率和效率是多少?

(3) 当每段时间不变时,如何提高该流水线的吞吐率?仍连续处理10个任务时,其吞吐率提高到多少?

3.8 有一条动态多功能流水线由5段组成(如图3.35所示),加法用1、3、4、5段,乘法用1、2、5段,第2段的时间为$2\Delta t$,其余各段的时间均为Δt,而且流水线的输出可以直接返回输入端或暂存于相应的流水寄存器中。若在该流水线上计算$\sum_{i=1}^{4}(A_i \times B_i)$,试计算其吞吐率、加速比和效率。

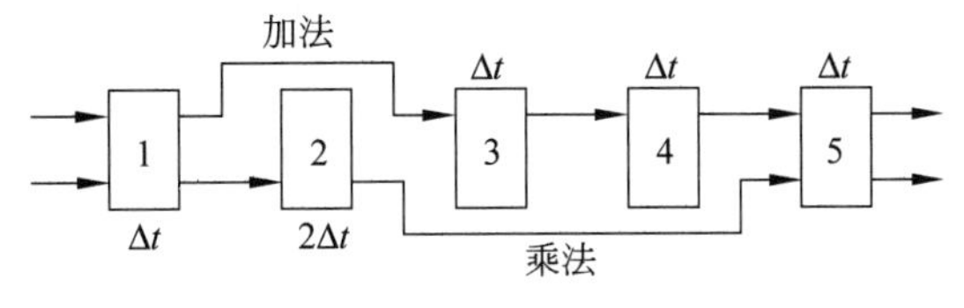

图3.35 题3.8图

3.9　在一个5段流水线处理机上,各段执行时间均为Δt,需经$9\Delta t$才能完成一个任务,其预约表如表3.8所示。

表3.8　题3.9表格

功能段	时间								
	1	2	3	4	5	6	7	8	9
S_1	√								√
S_2		√	√						
S_3				√			√	√	
S_4				√	√				
S_5						√	√		

(1) 画出流水线任务调度的状态转移图。

(2) 求流水线的最优调度策略和流水线的最大吞吐率。

(3) 按最优调度策略连续输入6个任务,流水线的实际吞吐率是多少?

3.10　有一个5段流水线,各段执行时间均为Δt,其预约表如表3.9所示。

表3.9　题3.10表格

功能段	时间						
	1	2	3	4	5	6	7
S_1	√						√
S_2		√			√		
S_3			√	√			
S_4				√			√
S_5					√	√	

(1) 画出流水线任务调度的状态转移图。

(2) 分别求出允许不等时间间隔调度和等时间间隔调度的两种最优调度策略,计算这两种调度策略的流水线最大吞吐率。

(3) 若连续输入10个任务,分别求采用这两种调度策略的流水线的实际吞吐率和加速比。

3.11　在MIPS流水线上运行以下代码序列。

```
LOOP: LW      R1,0(R2)
      DADDIU  R1,R1,#1
      SW      R1,0(R2)
      DADDIU  R2,R2,#4
      DSUB    R4,R3,R2
      BNEZ    R4,LOOP
```

其中,R3的初值是R2+396。假设:在整个代码序列的执行过程中,所有的存储器访问都是命中的,并且在一个时钟周期中对同一个寄存器的写操作和读操作可以通过分别把它们安排在前半个时钟周期和后半个时钟周期来实现。

(1) 在没有任何其他定向(或旁路)硬件的支持下,请画出该指令序列执行的流水线时空图。假设采用排空流水线的策略处理分支指令,且所有的存储器访问都命中 Cache,那么执行上述循环需要多少个时钟周期?

(2) 假设该流水线有正常的定向路径,请画出该指令序列执行的流水线时空图。假设采用预测分支失败的策略处理分支指令,且所有的存储器访问都命中 Cache,那么执行上述循环需要多少个时钟周期?

(3) 假设该流水线有正常的定向路径和一个单周期延迟分支,请对该循环中的指令进行调度,你可以重新组织指令的顺序,也可以修改指令的操作数,但是注意不能增加指令的条数。请画出该指令序列执行的流水线时空图,并计算执行上述循环所需要的时钟周期数。

3.12 假设各种分支指令数占所有指令数的百分比如表 3.10 所示。

表 3.10 各分支指令数占所有指令数的百分比

条件分支	20%(其中的 60%是分支成功的)
跳转和调用	5%

现有一条段数为 4 的流水线,无条件分支在第二个时钟周期结束时就被解析出来,而条件分支要到第三个时钟周期结束时才能够被解析出来。第一个流水段是完全独立于指令类型的,即所有类型的指令都必须经过第一个流水段的处理。请问在没有任何控制相关的情况下,该流水线相对于存在上述控制相关情况下的加速比是多少?

第 4 章 向量处理机

内容提要

(1) 向量的处理方式;

(2) 向量处理机的结构;

(3) 提高向量处理机性能的常用技术;

(4) 向量处理机的性能评价;

(5) 向量处理机实例。

向量是计算机系统中经常使用的一种数据类型,向量由一组有序、具有相同类型和位数的元素组成。它特别适合进行流水处理。为了充分发挥流水线处理机的效率,实现高性能计算,有的流水线处理机设置了向量数据表示和相应的向量指令。这种处理机称为向量处理机。而在第 3 章中讨论的流水线处理机则不具有向量数据表示和向量指令,这种处理机称为标量处理机。

流水线非常适合进行大批量重复且互相没有关联的计算,而科学计算领域内的许多问题正好符合这个特点,许多运算可以表示为向量的运算。所以向量处理机最早出现时,主要是用于科学计算。

早期典型的向量处理机是 1976 年出现的 Cray-1 超级计算机。其浮点运算速度达到了每秒 1 亿次。后来又陆续出现了许多高性能的向量处理机,如 CDC Cyber 205、Cray Y-MP、NEC SX-X/44、Fujitsu VP2600 等,其性能达到了每秒几十亿至几百亿次浮点运算。这些向量处理机的性价比往往很高,与价格相当的标量处理机相比,其吞吐率往往要高出 1~2 个数量级。它们在科学计算中得到了广泛的应用。但是,向量处理机也具有一定的专用性,其高性能是局限于求解那些可以转换为向量运算的问题的。

视频讲解

4.1 向量的处理方式

向量的处理方式有三种:横向处理方式、纵向处理方式、纵横处理方式。采用不同的处理方式,其向量处理机的结构也会相应不同。下面以计算表达式 $\boldsymbol{D}=\boldsymbol{A}\times(\boldsymbol{B}-\boldsymbol{C})$ 为例来说明向量的处理方式。其中 $\boldsymbol{A}$、$\boldsymbol{B}$、$\boldsymbol{C}$、$\boldsymbol{D}$ 都是长度为 N 的向量,设 $\boldsymbol{A}=(a_1,a_2,\cdots,a_N)$,$\boldsymbol{B}=(b_1,b_2,\cdots,b_N)$,$\boldsymbol{C}=(c_1,c_2,\cdots,c_N)$,$\boldsymbol{D}=(d_1,d_2,\cdots,d_N)$。

1. 横向处理方式

在横向处理方式中,是按行的方式从左到右横向地进行计算的。对于给定的例子 $\boldsymbol{D}=$

$\boldsymbol{A}\times(\boldsymbol{B}-\boldsymbol{C})$，就是逐个求 d_i。

$$\text{先计算 } a_1\times(b_1-c_1)\to d_1$$
$$\text{再计算 } a_2\times(b_2-c_2)\to d_2$$
$$\vdots$$
$$\text{最后计算 } a_N\times(b_N-c_N)\to d_N$$

一般的计算机就是采用这种方式组成循环程序进行处理的。每次循环完成以下计算（共循环 N 次）。

$$b_i-c_i\to q_i$$
$$a_i\times q_i\to d_i$$

进行流水处理时，在每次循环中都会发生一次数据相关。显然，这种处理方式只适合一般的处理机，不适合向量处理机的并行处理。

2. 纵向处理方式

在纵向处理方式中，向量计算是按列的方式从上到下纵向地进行的。也就是说，是将整个向量按相同的运算处理完之后，再去进行别的运算。对于上述例子，就是先完成

$$b_1-c_1\to q_1$$
$$\vdots$$
$$b_N-c_N\to q_N$$

再计算

$$a_1\times q_1\to d_1$$
$$\vdots$$
$$a_N\times q_N\to d_N$$

表示成向量指令，就是

$$\boldsymbol{B}-\boldsymbol{C}\to\boldsymbol{Q}$$
$$\boldsymbol{A}\times\boldsymbol{Q}\to\boldsymbol{D}$$

这里，在每条向量指令内都是单一相同的运算，相关只发生在向量之间，只有一次。这种处理方式适用于向量处理机。

3. 纵横处理方式

纵横处理方式又称为分组处理方式，是上述两种方法的一种结合。它是把向量分成若干组，组内按纵向方式处理，依次处理各组。

对于上述的例子，设

$$N=S\times n+r$$

其中 N 为向量长度；S 为组数；n 为每组的长度；r 为余数。若余下的 r 个数也作为一组处理，则共有 $S+1$ 组。

其运算过程如下。

先算第一组

$$\boldsymbol{B}_{1\sim n}-\boldsymbol{C}_{1\sim n}\to\boldsymbol{Q}_{1\sim n}$$
$$\boldsymbol{A}_{1\sim n}\times\boldsymbol{Q}_{1\sim n}\to\boldsymbol{D}_{1\sim n}$$

再算第二组

$$\boldsymbol{B}_{(n+1)\sim 2n}-\boldsymbol{C}_{(n+1)\sim 2n}\to\boldsymbol{Q}_{(n+1)\sim 2n}$$

$$A_{(n+1)\sim 2n} \times Q_{(n+1)\sim 2n} \rightarrow D_{(n+1)\sim 2n}$$

以此进行下去,直到计算完最后一组,即第 $S+1$ 组。

$$B_{(Sn+1)\sim N} - C_{(Sn+1)\sim N} \rightarrow Q_{(Sn+1)\sim N}$$

$$A_{(Sn+1)\sim N} \times Q_{(Sn+1)\sim N} \rightarrow D_{(Sn+1)\sim N}$$

可以看出,执行时每组只发生一次数据相关。这种处理方式也适用于向量处理机。

这种处理方式对向量长度 N 的大小亦不限制,但它是以每 n 个元素为一组进行分组处理的。n 的值是固定的。

视频讲解

4.2 向量处理机的结构

向量处理机的结构因具体机器的不同而不同。可以说,它是由所采用的向量处理方式决定的。有两种典型的结构:存储器-存储器型结构、寄存器-寄存器型结构。纵向处理方式宜采用前者,而分组处理方式则宜采用后者。

4.2.1 "存储器-存储器"结构

在纵向处理方式中,向量长度 N 的大小不受限制,无论 N 有多大,相同的运算都用一条向量指令完成。采用这种处理方式的向量处理机需要采用"存储器-存储器"结构,即向量指令的源向量和目的向量都是存放在存储器中的,运算的中间结果需要送回存储器(而不能通过设置向量寄存器来存放)。在这种向量处理机中,流水线运算部件的输入和输出端都直接(或经过缓冲器)与存储器相连,从而构成"存储器-存储器"型操作的运算流水线,如图 4.1 所示。早期的向量处理机如 Star 100、Cyber 205 等都是采用这种结构的。

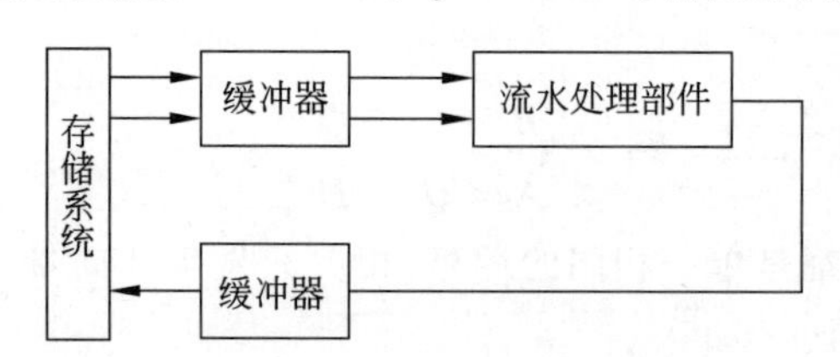

图 4.1 "存储器-存储器"型操作的运算流水线

要使这种结构的流水线充分发挥效率,存储器要不断地提供源操作数,并不断地从运算部件接收结果。具体来说,就是每拍从存储器读取两个数据,并向存储器写回一个结果。所以,这种结构对存储器的带宽以及存储器与处理部件的通信带宽提出了非常高的要求。一般是通过采用多体交叉并行存储器和缓冲器技术来解决的。例如,20 世纪 70 年代初问世的 Star 100 就是把存储器设计成 32 个体交叉,且每个体的数据宽度又是 8 个字(字长 64 位),其最大数据流量达到了每秒 2 亿字。

4.2.2 "寄存器-寄存器"结构

在向量的分组处理方式中,向量被分为每 n 个数据一组。以组为单位进行数据的存取和运算。虽然这种方式对向量长度 N 没有限制,但组的长度 n 却是固定不变的,所以可以设置能快速访问的向量寄存器,用于存放源向量、目的向量及中间结果。让运算部件的输入输出端都与向量寄存器相连,就构成了"寄存器-寄存器"型操作的运算流水线。美国的Cray-1和我国的YH-1巨型计算机是典型的"寄存器-寄存器"结构的向量处理机。

下面以Cray-1机为例,介绍"寄存器-寄存器"型向量处理机的结构和特点。

Cray-1是美国Cray公司于1976年推出的巨型计算机,它的时钟周期是12.5ns,其浮点运算速度达到了每秒1亿次以上。图4.2是Cray-1中央处理机中有关向量流水处理部分的简图。它由以下几个部分构成。

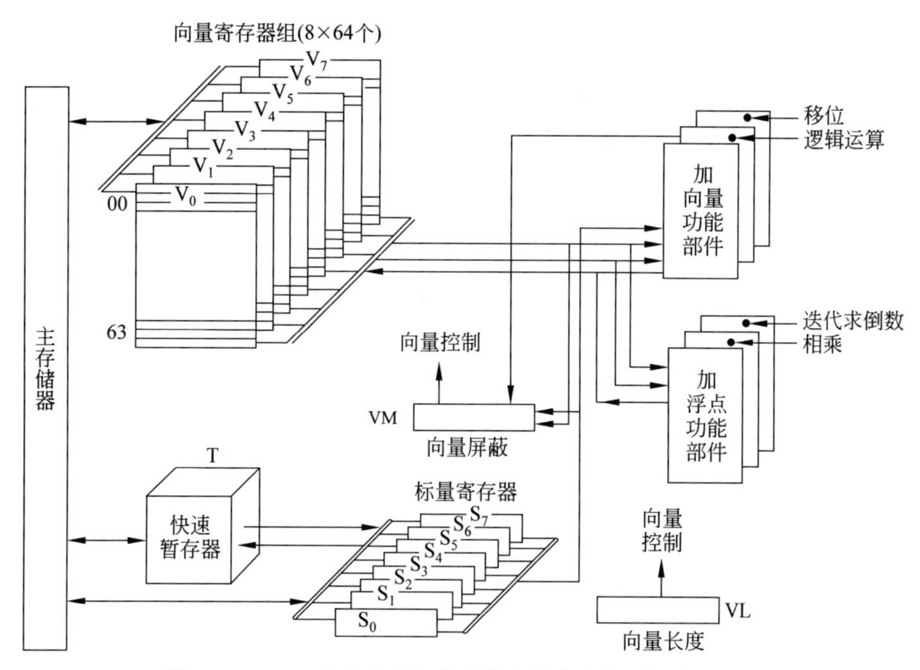

图4.2 Cray-1中央处理机中有关向量流水处理部分的简图

(1) 功能部件。

共有12条可并行工作的单功能流水线,可分别流水地进行地址、向量、标量的各种运算。它为向量运算提供了6个单功能流水部件:整数加(3拍)、浮点加(6拍)、浮点乘(7拍)、浮点迭代求倒数(14拍)、逻辑运算(2拍)、移位(4拍)。括号中的数字为其通过时间(拍数),每拍为一个时钟周期,即12.5ns。任何一条流水线只要满负荷工作,就可以每拍流出一个结果元素。

(2) 向量寄存组V。

由512个64位的寄存器组成,分成8组,编号为$V_0 \sim V_7$。每一个组称为一个向量寄存器,可存放一个长度不超过64的向量。对于长度超过64的长向量,需用向量循环进行分段处理,每段的长度为64个元素。当然,最后剩余的一段可能小于64。

每个向量寄存器可以每拍向功能部件提供一个数据元素,或者每拍接收一个从功能部件来的结果元素。

(3) 标量寄存器S和快速暂存器T。

标量寄存器有8个:$S_0 \sim S_7$,都是64位。

快速暂存器T用于在标量寄存器和存储器之间提供缓冲。

(4) 向量屏蔽寄存器 VM。

向量屏蔽寄存器 VM 为 64 位,每一位对应于向量寄存器的一个单元。它用于向量的归并、压缩、还原和测试操作等,也可用于实现对向量某些元素的单独运算。

为了能充分发挥向量寄存器和可并行工作的 6 个流水线功能部件的作用,加快对向量的处理,Cray-1 中的每个向量寄存器 V_i 都有连到 6 个向量功能部件的单独总线,而每个向量功能部件也都有把运算结果送回向量寄存器组的总线。这样,只要不出现 V_i 冲突和功能部件冲突,各 V_i 之间和各功能部件之间就能并行工作,大大加快了向量指令的处理,这是 Cray-1 向量处理的一个显著特点。

V_i 冲突是指并行工作的各向量指令的源向量或结果向量使用了相同的 V_i。所谓功能部件冲突是指并行工作的各向量指令要使用同一个功能部件。

Cray-1 的指令系统包括标量类和向量类指令共 128 条,其中四种向量指令如图 4.3 所示。这里的 n 是通过流水线功能部件的节拍数。第一种指令从向量寄存器 V_j、V_k 取得源向量,进行运算操作后结果送入向量寄存器 V_i。第二种指令与第一种的差别在于它的一个操作数取自标量寄存器 S_j。大多数向量指令都属于这两种。由于它们不是从主存而是从向量寄存器取得操作数,结果也是存入向量寄存器,所以流水速度很高,而且减少了对主存带宽的要求。第三、第四种指令用于实现主存与向量寄存器组之间的成组数据传送。访存流水线的通过时间为 6 拍。

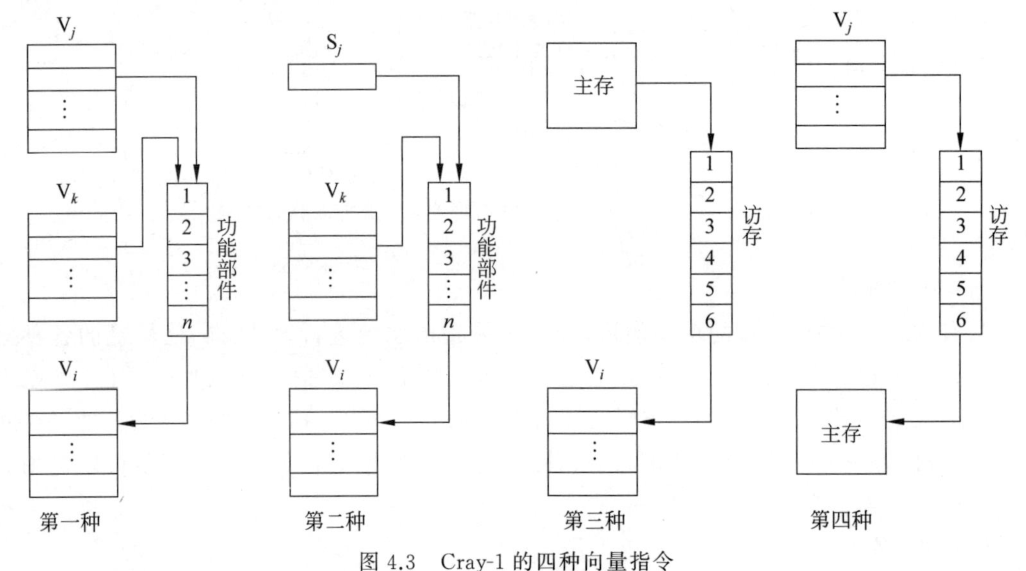

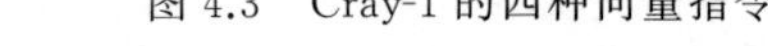
图 4.3　Cray-1 的四种向量指令

视频讲解

4.3　提高向量处理机性能的常用技术

为了提高向量处理机的性能,可采用多种方法。

(1) 设置多个功能部件,使它们并行工作。

(2) 采用链接技术,加快一串向量指令的执行。

(3) 采用循环开采技术,加快循环的处理。

(4) 采用多处理机系统，进一步提高性能。

4.3.1 设置多个功能部件

在向量处理机中，为了提高性能，通常都设置多个独立的功能部件。这些部件能按流水方式并行工作，从而形成了多条并行工作的运算操作流水线。例如前面介绍的 Cray-1 向量处理机中，有 4 组 12 个单功能流水部件。

(1) 向量部件：向量加、移位、逻辑运算。

(2) 浮点部件：浮点加、浮点乘、浮点求倒数。

(3) 标量部件：标量加、移位、逻辑运算、数"1"/计数。

(4) 地址运算部件：整数加、整数乘。

4.3.2 链接技术

当流出向量指令时，需要占用相关的功能流水线和向量寄存器，以完成相关的功能操作或运算。只有等该指令执行完毕，才可以释放功能流水线和向量寄存器。占用多少时间取决于向量的长度和流水线延迟。下面讨论两条向量指令占用功能流水线和向量寄存器的4种情况。

1. 指令不相关

例如：

$$V_0 \leftarrow V_1 + V_2$$

$$V_6 \leftarrow V_4 \times V_5$$

这两条指令分别使用各自所需的流水线和向量寄存器，可以并行执行。

2. 功能部件冲突

例如：

$$V_3 \leftarrow V_1 + V_2$$

$$V_6 \leftarrow V_4 + V_5$$

这两条指令都要使用加法流水线，发生了功能部件冲突(但向量寄存器不冲突)。当第一条指令流出时，占用加法流水线。第二条指令要等加法流水线变成空闲后，才能流出。

3. 源寄存器冲突

例如：

$$V_3 \leftarrow V_1 + V_2$$

$$V_6 \leftarrow V_1 \times V_4$$

这两条向量指令的源向量之一都取自 V_1。由于两者的首元素下标可能不同，向量长度也可能不同，所以难以由 V_1 同时提供两条指令所需要的源向量。这两条向量指令不能同时执行。只有等第一条向量指令执行完、释放 V_1 之后，第二条向量指令才能开始执行。

4. 结果寄存器冲突

两条向量指令使用了相同的结果向量寄存器。

例如：

$$V_4 \leftarrow V_1 + V_2$$

$$V_4 \leftarrow V_3 \times V_5$$

这两条指令都要访问目的寄存器 V_4。由于第一条指令在先,所以它先占用 V_4 直到运算完成,然后再流出后一条指令。

当前一条指令的结果寄存器是后一条指令的源寄存器且不存在任何其他冲突时,例如:

$$V_3 \leftarrow V_1 + V_2$$

$$V_6 \leftarrow V_3 \times V_4$$

就可以用链接技术来提高性能。向量流水线链接(Pipeline Chaining)是指具有先写后读相关的两条指令,在不出现功能部件冲突和其他 V_i 冲突的情况下,可以把功能部件链接起来进行流水处理,以达到加快执行的目的。链接特性是Cray-1向量处理的一个显著特点。

由于同步的要求,链接时,Cray-1中把向量数据元素送往向量功能部件以及把结果存入向量寄存器都需要一拍时间,从存储器中把数据送入访存功能部件也需要一拍时间。

链接技术实际上可以看成流水线的定向技术在向量处理机中的应用。当前一个向量功能部件产生第一个结果并送到结果向量寄存器的入口时,将该结果立即送往下一个功能部件的入口,开始后续的向量处理操作。此后依次得到的中间结果都按此处理。这样,前面功能部件的结果元素一产生,就可以立即被后面的功能部件所使用,而不用等结果向量全部产生后再来使用。

下面举例说明Cray-1中的流水线链接。

例4.1 考虑在Cray-1上利用链接技术执行以下4条指令。

```
V0←存储器          //访存取向量: 7拍
V2←V0+V1           //向量加: 3拍
V3←V2<A3           //按(A3)左移: 4拍
V5←V3∧V4           //与操作: 2拍
```

画出链接示意图,并求该链接流水线的通过时间。如果向量长度为64,则需要多少拍才能得到全部结果?

解 对这4条指令进行分析可知:它们既没有部件冲突,也没有寄存器冲突,相邻两条指令之间都存在先写后读相关,因而可以把访存流水线、向量加流水线、向量移位流水线以及向量逻辑运算流水线链接成一个较长的流水线,如图4.4所示。

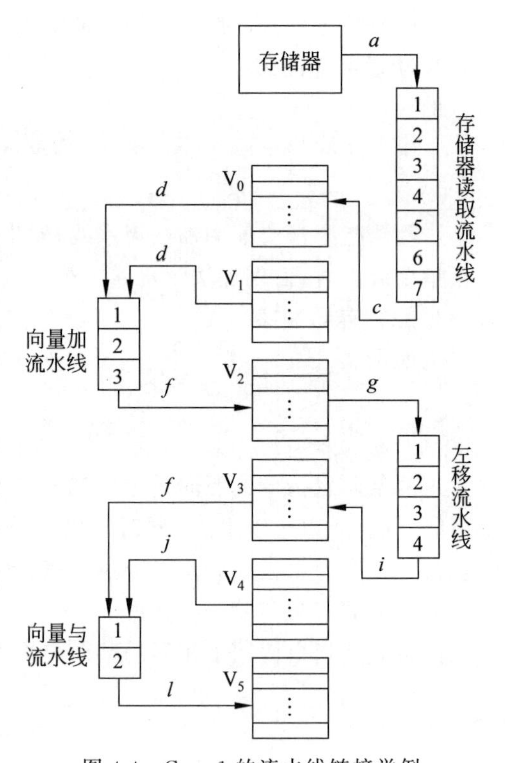

图4.4 Cray-1的流水线链接举例

这一链接操作的时间图如图4.5所示。存储器取数指令是在时刻 t_0 发出的。每条水平线表示向量寄存器 V_5 中一个结果分量的产生过程。该链接流水线的通过时间为

$$a+b+c+d+e+f+g+h+i+j+k$$
$$=1+7+1+1+3+1+1+4+1+1+2$$
$$=23$$

在向量长度为64的情况下,得到所有结果

共需要 23＋64＝87 拍。

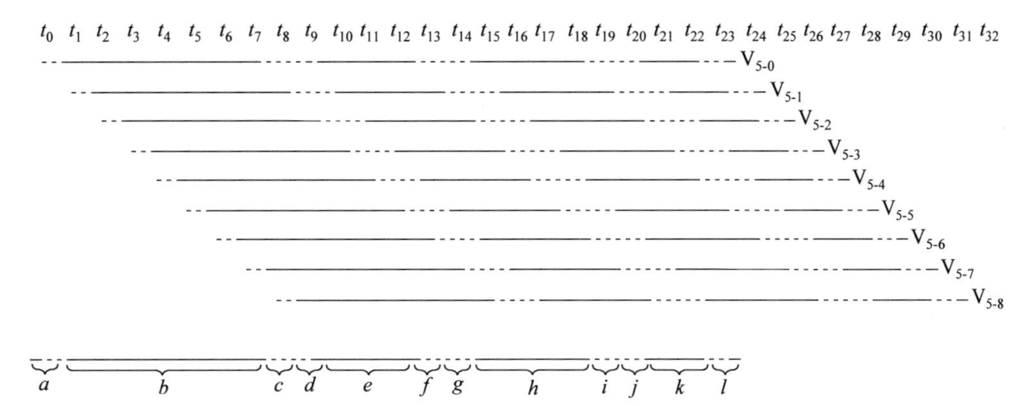

a：存储字到"读功能部件"的传送时间　　b：存储字经过"读功能部件"的通过时间

c：存储字从"读功能部件"到V_0分量的传送时间　　d：V_0和V_1中操作数到整数加功能部件的传送时间

e：整数加功能部件的通过时间　　f：从整数加功能部件到V_2分量的传送时间

g：V_2中的操作数分量到移位功能部件的传送时间　　h：移位功能部件的通过时间

i：结果从移位功能部件到V_3分量的传送时间　　j：V_3和V_4中的操作数分量到逻辑部件的传送时间

k：逻辑功能部件的通过时间　　l：最后结果到V_5分量的传送时间

图 4.5　例 4.1 的链接时间图

例 4.2　若要在 Cray-1 上进行向量运算：$\boldsymbol{D}=\boldsymbol{A}\times(\boldsymbol{B}+\boldsymbol{C})$，假设向量长度 $N\leqslant 64$，向量元素为浮点数，且向量 $\boldsymbol{B}$、$\boldsymbol{C}$ 已存放在 V_0 和 V_1 中。画出链接示意图，并分析非链接执行和链接执行两种情况下的执行时间。

解　用以下三条向量指令完成上述运算。

(1) $V_3 \leftarrow A$　　　　//访存取向量 A

(2) $V_2 \leftarrow V_0+V_1$　　　//向量 B 和向量 C 进行浮点加

(3) $V_4 \leftarrow V_2\times V_3$　　　//浮点乘，结果存入 V_4

第(1)、第(2)条向量指令既无 V_i 冲突，也无功能部件冲突，可以并行执行。第(3)条指令与第(1)、第(2)条指令之间均存在且只存在先写后读相关，而且不存在功能部件冲突，因而可以将第(3)条指令与第(1)、第(2)条指令链接执行，如图 4.6 所示。

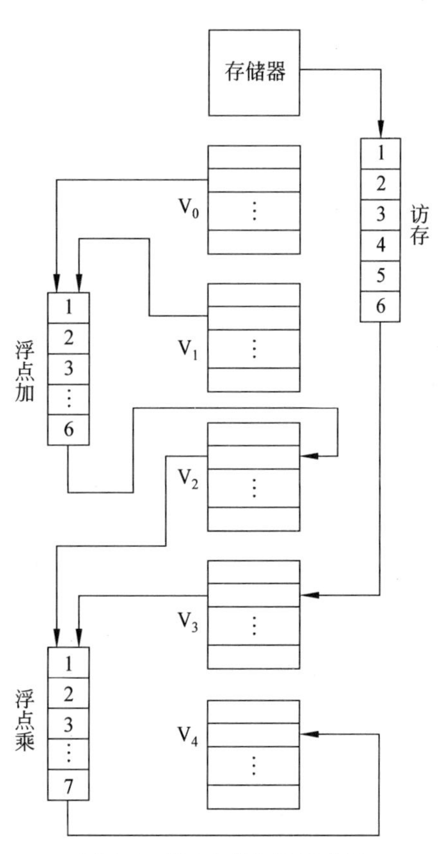

图 4.6　例 4.2 的链接示意图

如果这三条指令全部用串行方法执行，则执行时间为

$$[(1+6+1)+N-1]+[(1+6+1)+N-1]+[(1+7+1)+N-1]$$
$$=3N+22(\text{拍})$$

如果前两条指令并行执行，然后再串行执行

第(3)条指令,则执行时间为

$$[(1+6+1)+N-1]+[(1+7+1)+N-1]=2N+15(拍)$$

如果第(1)、第(2)条向量指令并行执行("访存"所需的拍数与"浮加"所需的拍数正好相同),并与第(3)条指令链接执行,则所需的时间最短,为

$$[(1+6+1)]+[(1+7+1)]+(N-1)=N+16(拍)$$

进行向量链接时,除了要求无 V_i 冲突和无功能部件使用冲突外,还有一些别的要求。

(1) 只有在前一条指令的第一个结果元素送入结果向量寄存器的那一个时钟周期才可以进行链接。如果错过这个时刻,就无法进行链接了,这时只好按串行方式执行这两条指令。

(2) 当一条向量指令的两个源操作数分别来自前面紧邻的两条指令的结果时,要求这两条指令产生运算结果的时间必须相等,即要求有关功能部件的通过时间相等。例如,上述例子中的访存和浮加功能部件的通过时间都是6拍。

(3) 要进行链接执行的向量指令的向量长度必须相等;否则无法进行链接。

4.3.3 分段开采技术

当向量的长度大于向量寄存器的长度时,必须把长向量分成长度固定的段,然后循环分段处理,每一次循环只处理一个向量段。这种技术称为分段开采技术。将长向量分段成循环处理是由系统自动完成的,对程序员是透明的。

例 4.3 设 A 为数组,***B*** 是长度为 N 的向量,考虑在 Cray-1 向量处理器上实现以下循环操作。

```
    DO 10 I=1,N
10  A(I)=5.0 * B(I)+C
```

当 $N \leqslant 64$ 时,可以用以下指令序列实现上述循环。

```
S₁←5.0          //第一条:将常数 5.0 装入标量寄存器
S₂←C            //第二条:将常数 C 装入标量寄存器
VL←N            //第三条:在 VL 寄存器中设置向量长度
V₀←B            //第四条:将向量 B 读入向量寄存器
V₁←S₁ * V₀      //第五条:计算 5.0 * B(x)
V₂←S₂+V₁        //第六条:5.0 * B(x)和 C 相加
A←V₂            //第七条:将结果向量存入 A 数组
```

第五、第六条指令存在先写后读相关,并且不存在功能部件冲突,所以可以链接执行。最后结果存入数组 A 中。

当 $N>64$ 时,就需要进行分段开采。在进入循环之前,将 N 除以64,所得到的商就是循环次数,而余数则是要单独处理的元素的个数。在进入循环前,先对余数个元素进行计算,然后用循环的方式计算数组 A 的其他部分,每次循环计算64个元素,而循环体则是由上述第四～七条向量指令组成。

4.3.4 采用多处理机系统

为了进一步提高系统的向量处理性能,许多新型向量处理机系统采用了多处理机系统

结构。例如，在Cray-1的基础上，Cray公司在20世纪80年代推出了Cray-2、Cray X-MP，在20世纪90年代推出了Cray Y-MP、C90。这些机器基本上保持了Cray-1的基本结构，但都已经发展成为多处理机系统。Cray-2包含4个向量处理机，浮点运算速度最高可达1800MFLOPS。Cray Y-MP、C90最多可包含16个向量处理机。

4.4 向量处理机的性能评价

衡量向量处理机性能的主要参数有向量指令的处理时间T_{vp}、向量长度为无穷大时的向量处理机的最大性能R_∞、半性能向量长度$n_{1/2}$、向量长度临界值n_v。

4.4.1 向量指令的处理时间T_{vp}

1. 一条向量指令的执行时间T_{vp}

在向量处理机上，执行一条向量长度为n的向量指令所需的时间T_{vp}可表示为

$$T_{vp}=T_s+T_e+(n-1)T_c \tag{4.1}$$

其中，T_s为向量处理部件流水线的建立时间，就是为了使处理部件流水线能开始工作(即开始流入数据)所需要的准备时间；T_e为向量流水线的通过时间，即第一对向量元素通过流水线并产生第一个结果所花的时间；T_c为流水线的时钟周期时间。

如果把式(4.1)中的参数都折算成时钟周期个数，则式(4.1)可以写为

$$T_{vp}=[s+e+(n-1)]T_c \tag{4.2}$$

其中，s为T_s所对应的时钟周期数；e是T_e所对应的时钟周期数。

如果不考虑T_s，并令$T_{start}=e-1$，则式(4.2)变为

$$T_{vp}=(T_{start}+n)T_c \tag{4.3}$$

其中，T_{start}为从一条向量指令开始执行到还差一个时钟周期就产生第一个结果所需的时钟周期数，可称为该向量指令的启动时间。此后，便是每个时钟周期流出一个结果，共有n个结果。

2. 一组向量指令的总执行时间

下面考虑一组向量指令的执行时间。这个执行时间主要取决于三个因素：向量的长度、向量操作之间是否存在流水功能部件的使用冲突以及数据的相关性。我们把能在同一个时钟周期内一起开始执行的几条向量指令称为一个编队。同一个编队中的向量指令之间一定不存在流水功能部件的冲突、V_i冲突或数据的相关性。如果存在这种冲突或相关，那么就必须将它们编入不同的编队。

编队后，这个向量指令序列总的执行时间为各编队的执行时间的和，即

$$T_{all}=\sum_{i=1}^{m}T_{vp}^{(i)} \tag{4.4}$$

其中$T_{vp}^{(i)}$表示第i个编队的执行时间，m为编队的个数。当一个编队只有一条指令时，其执行时间可以按式(4.3)直接求出。但当一个编队是由若干条指令组成时，其执行时间就应该由该编队中各指令的执行时间的最大值来确定。由于都是处理n个元素，所以主要的区别在于各条指令的T_{start}值。令$T_{start}^{(i)}$表示第i编队中各指令的启动时间的最大值，则

$$T_{all}=\sum_{i=1}^{m}T_{vp}^{(i)}=\sum_{i=1}^{m}[T_{start}^{(i)}+n]T_c=\left[\sum_{i=1}^{m}T_{start}^{(i)}+mn\right]T_c=[T_{start}+mn]T_c \quad (4.5)$$

其中，$T_{start}=\sum_{i=1}^{m}T_{start}^{(i)}$ 是该组指令总的启动时间(时钟周期个数)。

如果表示成时钟周期个数，则

$$T_{all}=T_{start}+mn(\text{拍}) \quad (4.6)$$

后面主要用这个公式来计算向量指令序列的执行时间。

例 4.4 假设每种向量功能部件只有一个，而且不考虑向量链接，那么下面的一组向量指令能分成几个编队？

```
LV        V1,Rx          //取向量 x
MULTSV    V2,R0,V1       //向量 x 和标量(R0)相乘
LV        V3,Ry          //取向量 y
ADDV      V4,V2,V3       //相加,结果保存到 V4 中
SV        V4,Ry          //存结果
```

解 第一条指令 LV 为第一个编队。MULTSV 指令因为与第一条 LV 指令相关，所以它们不能编在同一个编队中。但 MULTSV 指令和第二条 LV 指令之间既不存在功能部件冲突，也不存在数据相关，故可以把它们一起编到第二个编队中。ADDV 指令与第二条 LV 指令数据相关，SV 指令又与 ADDV 指令数据相关，所以把 ADDV 编为第三个编队，把 SV 指令编为第四个编队，即

```
(1) LV        V1,Rx
(2) MULTSV    V2,R0,V1  LV V3,Ry
(3) ADDV      V4,V2,V3
(4) SV        V4,Ry
```

3. 分段开采时一组向量指令的总执行时间

当向量长度 n 大于向量寄存器长度 MVL 时，需要分段开采。根据前面的论述可知，这需要引入一些额外的处理操作。假设这些操作所引入的额外时间为 T_{loop} 个时钟周期，并假设$\left\lfloor \frac{n}{\text{MVL}} \right\rfloor=p$，余数为 q。此外，仍旧假设共有 m 个编队。

对于最后一次循环来说，所需要的时间为

$$T_{last}=T_{start}+T_{loop}+m\times q$$

而其他每一次循环所要花费的时间为

$$T_{step}=T_{start}+T_{loop}+m\times \text{MVL}$$

因而总的执行时间为

$$\begin{aligned}T_{all}&=T_{step}\times p+T_{last}\\&=(T_{start}+T_{loop}+m\times \text{MVL})\times p+(T_{start}+T_{loop}+m\times q)\\&=(p+1)\times(T_{start}+T_{loop})+m(\text{MVL}\times p+q)\\&=\left\lceil \frac{n}{\text{MVL}} \right\rceil\times(T_{start}+T_{loop})+mn \quad (4.7)\end{aligned}$$

例 4.5 在某向量处理机上执行 DAXPY 的向量指令序列，即完成 $\boldsymbol{Y}=a\times\boldsymbol{X}+\boldsymbol{Y}$。其中

$\boldsymbol{X}$ 和 $\boldsymbol{Y}$ 是向量，最初保存在主存中，a 是一个标量，已存放在寄存器 F0 中。它们的向量指令如下。

```
LV          V1,Rx                   //取向量 X
MULTFV      V2,F0,V1                //向量 X 和标量(F0)相乘
LV          V3,Ry                   //取向量 Y
ADDV        V4,V2,V3                //完成 Y=a×X+Y
SV          V4,Ry                   //存结果
```

假设向量寄存器的长度 MVL＝64，$T_{\text{loop}}=15$，各功能部件的启动时间如下。

(1) 取数和存数部件为 12 个时钟周期。

(2) 乘法部件为 7 个时钟周期。

(3) 加法部件为 6 个时钟周期。

分别对于不采用向量链接技术和采用链接技术的两种情况，求完成上述向量操作的总执行时间。

解　当不采用向量链接技术时，可把上述 5 条向量指令分成以下 4 个编队。

```
(1) LV         V1,Rx
(2) MULTFV     V2,F0,V1   LV V3,Ry
(3) ADDV       V4,V2,V3
(4) SV         V4,Ry
```

$$T_{\text{start}}=12+12+6+12,\quad m=4$$

根据式(4.7)可知，对 n 个向量元素进行 DAXPY 表达式计算所需的时钟周期个数为

$$\begin{aligned}T_n&=\left\lceil\frac{n}{\text{MVL}}\right\rceil\times(T_{\text{loop}}+T_{\text{start}})+mn\\&=\left\lceil\frac{n}{64}\right\rceil\times(15+12+12+6+12)+4n\\&=\left\lceil\frac{n}{64}\right\rceil\times57+4n\end{aligned}$$

如果采用向量链接技术，那么上述 4 条向量指令的编队结果如下($m=3$)。

```
(1) LV V1,Rx     MULTFV V2,F0,V1
(2) LV V3,Ry     ADDV V4,V2,V3
(3) SV V4,Ry
```

其中前两个编队中各自的两条向量指令都可以链接执行。根据链接的含义可知，第一编队的启动时间为 12＋7＝19 个时钟周期；第二个编队的启动时间为 12＋6＝18 个时钟周期；第三个编队的启动时间为 12 个时钟周期。所以采用链接技术后，依据式(4.7)，对 n 个向量元素进行 DAXPY 表达式计算所需的时钟周期总数为

$$\begin{aligned}T_n&=\left\lceil\frac{n}{\text{MVL}}\right\rceil\times(T_{\text{loop}}+T_{\text{start}})+mn\\&=\left\lceil\frac{n}{64}\right\rceil\times(15+19+18+12)+3n\\&=\left\lceil\frac{n}{64}\right\rceil\times64+3n\end{aligned}$$

4.4.2 最大性能 R_∞ 和半性能向量长度 $n_{1/2}$

R_∞ 表示当向量长度为无穷大时,向量处理机的最大性能,也称为峰值性能,单位是MFLOPS。

$$R_\infty = \lim_{n\to\infty} \frac{\text{向量指令序列中浮点运算次数} \times \text{时钟频率}}{\text{向量指令序列执行所需的时钟周期数}} \tag{4.8}$$

对于上述例题4.5向量指令序列中的操作而言,只有MULTFV V2,F0,V1和ADDV V4,V2,V3两条浮点操作向量指令。假设该向量处理机的时钟频率为200MHz,那么其最大性能就为

$$\begin{aligned} R_\infty &= \lim_{n\to\infty} \frac{\text{向量指令序列中浮点运算次数} \times \text{时钟频率}}{\text{向量指令序列执行所需的时钟周期数}} \\ &= \lim_{n\to\infty} \frac{2 \times n \times 200}{\left\lceil \frac{n}{64} \right\rceil \times 64 + 3n} \\ &= \lim_{n\to\infty} \frac{2 \times n \times 200}{4n} \\ &= 100\text{MFLOPS} \end{aligned}$$

半性能向量长度 $n_{1/2}$ 是指向量处理机的性能为其最大性能 R_∞ 的一半时所需的向量长度。它是评价向量流水线的建立时间对性能影响的重要参数。若向量长度 $n=n_{1/2}$,则表明整个向量流水处理时间中只有一半是在做有效操作,而另一半则是浪费了。

通常都希望向量处理机有较小的 $n_{1/2}$。实际测试表明,Cray-1的 $n_{1/2}$ 为10~20,Cyber 205的 $n_{1/2}$ 为100。这表明Cray-1的流水线建立时间比Cyber 205的要小很多。

例4.6 对于例4.5,假设时钟频率为200MHz,求半性能向量长度 $n_{1/2}$。

对于上面的例子,由于该向量处理机的最大性能 $R_\infty=100$MFLOPS,所以根据半性能向量长度的定义有

$$\frac{2 \times n_{1/2} \times 200}{\left\lceil \frac{n_{1/2}}{64} \right\rceil \times 64 + 3n_{1/2}} = 50$$

假设 $n_{1/2} \leqslant 64$,则

$$64 + 3n_{1/2} = \frac{2 \times n_{1/2} \times 200}{50} = 8n_{1/2}$$

由此可得

$$5n_{1/2} = 64, \quad n_{1/2} = 12.8$$

取 $n_{1/2}=13$。

4.4.3 向量长度临界值 n_v

n_v 是指向量流水方式的处理速度优于标量串行方式的处理速度时所需的向量长度的最小值。该参数既衡量建立时间,也衡量标量、向量处理速度比对向量处理机性能的影响。

对于上述DAXPY的例子,假设 $n_v<64$,建立DAXPY循环的开销为10个时钟周期。那么在标量串行方式下,执行一次循环所需的时钟周期数为

$$T_s = (10 + 12 + 12 + 7 + 6 + 12) \times n_v = 59 n_v$$

其中的12,7,6,12分别为取数、乘、加、存数等流水线的开销。

根据式(4.7)可知,在向量方式下,计算DAXPY循环所需要的时钟周期数为

$$T_v = 64 + 3n_v$$

根据向量长度临界值的定义,有

$$T_v = T_s$$

$$64 + 3n_v = 59 n_v$$

所以 $n_v = \left\lceil \frac{64}{56} \right\rceil = 2$。

4.5 向量处理机实例

4.5.1 具有代表性的向量处理机

表4.1列出了美国和日本生产的一些向量处理机的简要信息。

表4.1 美国和日本生产的向量处理机

系统型号	推出时间	最大配置,时钟周期,操作系统/编译系统	特色和要点
Cray 1S	1976年	有10条流水线的单处理机,12.5ns,COS/CF7 2.1	第一台基于ECL的超级计算机
Cray 2S/4-256	1985年	256M字存储器的4台处理机,4.1ns,COS或UNIX/CF77 3.0	16K字的本地存储器,移植了UNIX V
Cray X-MP 416	1983年	16M字存储器的4台处理机,128M字SSD,8.5ns,COS/CF77 5.0	使用共享寄存器组用于IPC
Cray Y-MP 832	1988年	128M字存储器的8台处理机,6ns,CF77 5.0	X-MP的改进型
Cray Y-MP C-90	1991年	每台处理机2条向量流水线,16台处理机,4.2ns,UNICOS/CF77 5.0	最大的Cray机器
CDC Cyber 205	1982年	有4条流水线的单处理机,20ns,虚拟OS/FTN200	存储器-存储器系统结构
ETA 10E	1985年	单处理机,10.5ns,ETAV/FTN 200	Cyber 205的后继型号
NEC SX-X/44	1991年	每台处理机4组流水线,4台处理机,2.9ns,F77SX	
Fujitsu VP2600/10	1991年	5条流水线的单处理机和双标量处理机,3.2ns,MSP.EX/F77 EX/VP	使用可重构微向量寄存器和屏蔽
Hitachi 820/80	1988年	512M字存储器,18个流水线功能部件的单处理机,4ns,FORT 77/HAP V23-OC	64个I/O通道,最大传输率为288MB/s

4.5.2 Cray Y-MP和C-90

1. Cray Y-MP 816

Cray Y-MP 816是于1991年问世的,其系统结构如图4.7所示。系统可以配置1台、2台、4台或8台处理机。Y-MP的8个CPU共享中央存储器、I/O子系统、处理机通信子

系统和实时时钟。CPU的时钟周期为6ns。

中央存储器分成256个交叉访问的存储体。通过每个CPU对4个存储器端口的交叉访问可以实现对存储器的重叠存取。

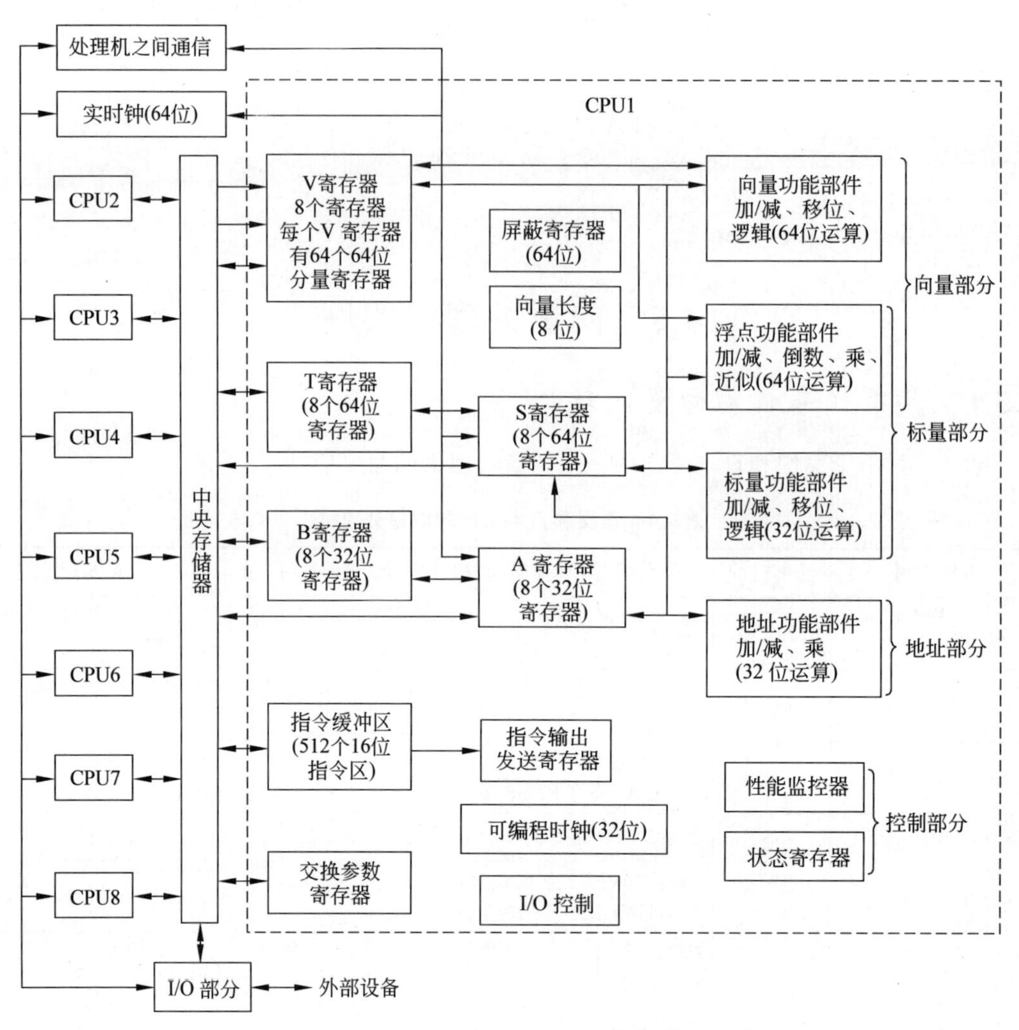

图4.7 Cray Y-MP 816系统结构

中央存储器的容量最大可达1GB。固态存储器的容量最大可达4GB。4个存储器访问端口允许每个CPU同时执行两个标量和向量取操作、一个存储操作和一个独立的I/O操作。这些并行的存储器访问也采用流水线方式,使得向量读和向量写可以同时进行。系统内部有分解冲突的硬件,能把存储器冲突引起的延迟减少到最小。

CPU的计算系统由14个功能部件组成,分为向量、标量、地址和控制4个子系统,如图4.7所示。向量和标量指令可以并行地执行。所有算术运算都是"寄存器-寄存器"类型。向量指令可以使用14个功能部件中的8个。

系统使用了大量的地址寄存器、标量寄存器、向量寄存器、中间寄存器和临时寄存器。通过对寄存器及多体存储器和算术/逻辑流水线的使用,可以实现功能流水线的灵活链接。浮点和整数算术运算都是64位。大型指令高速缓存可同时存放512条16位的指令。

主机中的处理机之间的通信系统包括用于快速同步目的的共享寄存器群,每个群由共享地址寄存器、共享标量寄存器和信号灯寄存器组成。CPU之间的向量数据通信是通过共享存储器实现的。

I/O子系统支持三类通道,传输速率分别为6MB/s、100MB/s和1GB/s。

2. C-90

C-90对Y-MP系列在技术上和规模上做了进一步改进。它由16个类似Y-MP的CPU组成。16台处理机共享主存储器的容量高达256M字(2GB)。SSD存储器的容量最多达16GB,可选作第二级主存储器。两条向量流水线和两个功能部件可以并行操作,每个时钟周期能产生4个向量计算结果。这意味着每台处理机有4路并行性,因此16台处理机每个时钟周期最多可以产生64个向量计算结果。

C-90运行UNICON操作系统,提供向量化的FORTRAN 77和C编译器。64路并行性和4.2ns时钟周期配合,可使系统的峰值性能达到16GFLOPS,系统最大I/O吞吐率为13.6MB/s。

4.5.3 NEC SX-X44

NEC在1991年推出NEC SX-X44时宣称,这种机器是当时最快的向量超级计算机,峰值速度可达到22GFLOPS。达到这一性能指标的主要措施之一是使用了基于VLSI和高密度封装技术的2.9ns的时钟。它的系统结构如图4.8所示。

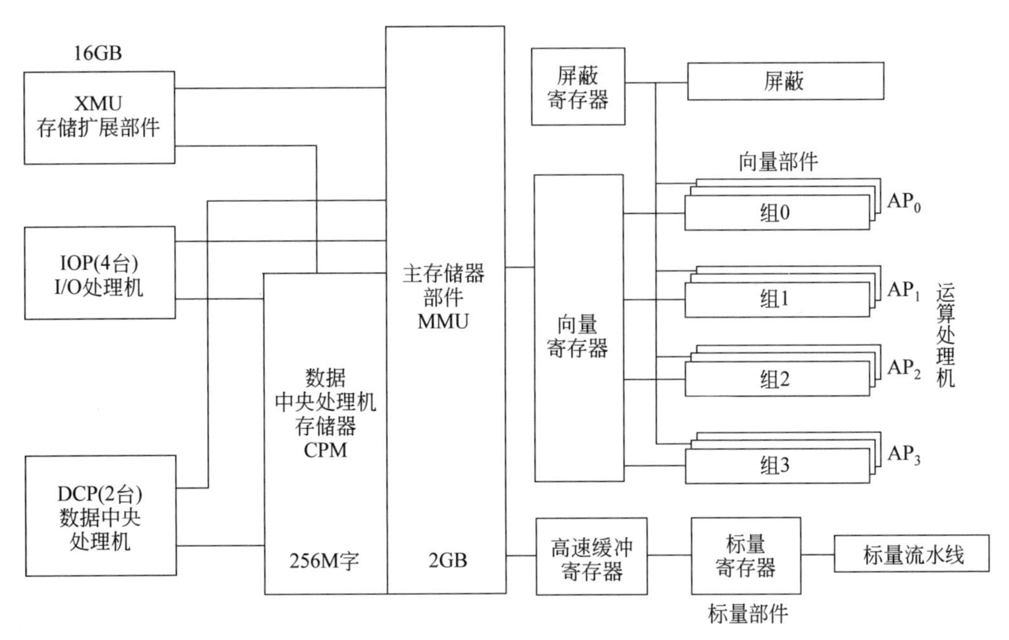

图4.8 NEC SX-X44向量处理机系统结构

4台运算处理机通过共享寄存器或通过2GB的共享存储器进行通信。每台处理机有4组向量流水线,每组包括2条加法/移位流水线和2条乘法/逻辑流水线。因此,类似C-90,4台处理机可达到64路并行。

除了向量部件外,还有高速标量部件,它采用了具有128个标量寄存器的RISC系统结构,通过把指令重新排序来开发较高的并行性。主存储器为1024路的交叉访问存储器。其扩展存储器的最大容量高达16GB,最大传输率为2.75GB/s。

该系统最多可以配置4台I/O处理机,每台I/O处理机的数据传输率为1GB/s。它最多可以提供256个通道,用于高速网络、图形和外围操作,支持100MB/s的通道传输。

习　题　4

4.1　解释下列名词。

横向处理方式　　纵向处理方式　　纵横处理方式　　向量流水线链接

V_i 冲突　　功能部件冲突　　分段开采技术　　半性能向量长度

向量长度临界值

4.2　简述三种向量处理方式。它们对向量处理机的结构的要求有何不同?

4.3　可采用哪些方法来提高向量处理机的性能?

4.4　采用链接技术时,向量指令能够链接执行必须满足哪些条件?

4.5　在Cray-1机器上,按照链接方式执行下述4条向量指令(括号中给出了相应功能部件的执行时间),如果向量寄存器和功能部件之间的数据传送需要一拍,试求此链接流水线的通过时间是多少拍?如果向量长度为64,则需多少拍才能得到全部结果?

$V_0 \leftarrow$ 存储器　　　　//从存储器中取数:7拍
$V_2 \leftarrow V_0 + V_1$　　　　//向量加:3拍
$V_3 \leftarrow V_2 < A_3$　　　　//按(A_3)左移:4拍
$V_5 \leftarrow V_3 \land V_4$　　　　//向量逻辑乘:2拍

4.6　在Cray-1上,按照链接方式执行下述5条向量指令(括号中给出了相应功能部件的时间),如果向量寄存器和功能部件之间数据传输需要一拍,试求此链接流水线的通过时间是多少拍?如果向量长度为64,则需要多少拍才能得到全部结果。

$V_0 \leftarrow$ 存储器　　　　//从存储器中取数:7拍
$V_2 \leftarrow V_0 + V_1$　　　　//向量加:3拍
$V_3 \leftarrow V_2 < A_3$　　　　//按(A3)左移:5拍
$V_5 \leftarrow V_3 \land V_4$　　　　//向量逻辑乘:2拍
存储器 $\leftarrow V_5$　　　　//向存储器中存数:7拍

4.7　某向量处理机有16个向量寄存器,其中 $V_0 \sim V_5$ 中分别放有向量 $\boldsymbol{A}$、$\boldsymbol{B}$、$\boldsymbol{C}$、$\boldsymbol{D}$、$\boldsymbol{E}$、$\boldsymbol{F}$,向量长度均为8,向量各元素均为浮点数;处理部件采用两条单功能流水线,加法功能部件时间为2拍,乘法功能部件时间为3拍。采用类似Cray-1的链接技术,先计算 $(\boldsymbol{A}+\boldsymbol{B})\times\boldsymbol{C}$,在流水线不停流的情况下,接着计算 $(\boldsymbol{D}+\boldsymbol{E})\times\boldsymbol{F}$。

(1) 求此链接流水线的通过时间(设寄存器入、出各需一拍)。

(2) 假如每拍时间为50ns,完成这些计算并把结果存入相应的寄存器,此处理部件的实际吞吐率为多少MFLOPS?

4.8　在一台向量处理机上实现 $\boldsymbol{A}=\boldsymbol{B}\times S$ 计算,其中 $\boldsymbol{A}$ 和 $\boldsymbol{B}$ 是长度为 $N=200$ 的向量,S 是一个标量。向量寄存器长度MVL=64,各功能部件的启动时间为:取数和存数部件为

12 个时钟周期、乘法部件为 7 个时钟周期，执行标量代码的开销 $T_{loop}=15$ 个时钟周期，对一个向量元素执行一次操作的时间 $T_g=$一个时钟周期。求计算 **A** 的总执行时间。

4.9 向量处理机 Cray Y-MP/8 的机器周期时间为 6ns，一个周期可以完成一次加和一次乘法运算。另外，8 台处理机在最好的情况下可以同时运算而互不干扰。计算 Cray Y-MP/8 的峰值性能。

4.10 **A**、**B** 两个向量存放于存储器中，其向量长度为 64。设流水加法器有 4 级，流水线时钟周期为 10ns，读出 **A**、**B** 向量第一对元素到流水线始端所需的时钟周期数为 2，求执行向量加法指令 ADDV 所需的时间。

第5章 指令级并行及其开发——硬件方法

内容提要

(1) 指令级并行的概念；

(2) 相关与指令级并行；

(3) 指令的动态调度；

(4) 动态分支预测技术；

(5) 多指令流出技术。

指令级并行(Instruction-Level Parallelism，ILP)是指指令之间存在的一种并行性，利用它，计算机可以并行执行两条或两条以上的指令。开发 ILP 的途径有两种：一种是资源重复，重复设置多个处理部件，让它们同时执行相邻或相近的多条指令；另一种是采用流水线技术，使指令重叠并行执行。开发指令级并行性是提高计算机性能的一种重要方法，在近十多年来推出的计算机中，几乎都采用了这种技术。

本章及第 6 章研究如何利用各种技术来开发更多的指令级并行。本章着重讨论硬件的方法，而第 6 章则介绍软件的方法。

5.1 指令级并行的概念

开发 ILP 的方法可以分为两大类：主要基于硬件的动态开发方法以及基于软件的静态开发方法。在实际应用中，这种区分不是绝对的，有些思想是两者都可以采用。特别是，为了能充分开发程序中潜在的指令级并行，应该把硬件技术与软件技术相结合，把动态方法与静态方法相结合。

流水线处理机的实际 CPI 等于理想流水线的 CPI 加上各类停顿的时钟周期数。

$$\text{CPI}_{\text{流水线}} = \text{CPI}_{\text{理想}} + \text{停顿}_{\text{结构冲突}} + \text{停顿}_{\text{数据冲突}} + \text{停顿}_{\text{控制冲突}}$$

其中，理想 CPI 是衡量流水线最高性能的一个指标。通过减少该式右边的各项，就能减少总的 CPI，从而提高 IPC。IPC 是 Instructions Per Cycle 的缩写，其含义是每个时钟周期完成的指令条数。它是 CPI 的倒数。

如果一串连续的代码除了入口和出口以外，没有其他的分支指令和转入点，则称之为一个基本程序块(Basic Block)。由于程序中往往每隔 4～7 条指令就会有一个分支，而且指令之间还可能存在相关，因此在基本程序块中能开发出的并行性是很有限的，很可能比基本块的平均大小要小得多。为了明显地提高性能，必须跨越多个基本块开发 ILP。

最简单和最常用的增加指令之间的并行性的方法，是开发循环的不同迭代之间存在的并行性。这种并行性称为循环级并行性（Loop-Level Parallelism）。例如，考虑下述语句：

```
for (i=1; i<=500; i=i+1)
    a[i]=a[i]+s;
```

这里，在每一次循环的内部，都没有任何的并行性可言，但每一次循环都可以与其他的循环重叠并行执行。第6章将讨论如何把这种循环级并行性转换为ILP。

另一种开发循环级并行性的重要方法是采用向量指令和向量数据表示。第4章已经对向量处理机做了比较详细的讨论。虽然向量处理思想的出现要早于许多后面将介绍的开发ILP的方法，但目前开发ILP的处理机在通用应用领域占统治地位，几乎是完全替代了向量处理机。当然，向量处理机在某些特定的应用领域还有广泛的应用，例如图形、数字信号处理、多媒体应用等。

5.2 相关与指令级并行

在第3章中讲过，确定程序中指令之间存在什么样的相关，对于确定程序中有多少并行性以及如何开发这些并行性有重要的意义。如果两条指令相关，它们就不能并行执行，或只能部分重叠执行。相关有三种类型：数据相关、名相关、控制相关。

流水线冲突（hazard）是指对于具体的流水线来说，由于相关的存在，使得指令流中的下一条指令不能在指定的时钟周期执行。流水线冲突有三种类型：结构冲突、数据冲突、控制冲突。结构冲突是因硬件资源冲突造成的，数据冲突是由数据相关和名相关造成的，控制冲突是由控制相关造成的。

相关是程序固有的一种属性，它反映了程序中指令之间的相互依赖关系。而具体的一次相关是否会导致实际冲突的发生以及该冲突会带来多长的停顿，则是流水线的属性。

数据相关限制了所能开发的ILP，本章论述的主要内容之一就是如何克服这些限制。可以从以下两个方面来解决相关问题。

（1）保持相关，但避免发生冲突。

（2）进行代码变换，消除相关。

指令调度就是一种用来避免冲突的主要方法，它并不改变相关。第3章已经介绍了一些依靠编译器静态地进行指令调度的方法，本章将论述动态调度代码的硬件方法。我们还将看到，有些类型的相关是可以消除的。

由于相关的存在，必须保持所谓的程序顺序。程序顺序（Program Order）是指：由原来程序确定的在完全串行方式下指令的执行顺序。但是，并不需要在所有存在相关的地方都保持程序顺序。后面要介绍的各种软硬件技术的目标是尽可能地开发并行性，只有在可能会导致错误的情况下，才保持程序顺序。

对于提高性能来说，控制相关本身并不是一个主要的限制。当存在控制相关时，如果不遵守控制相关的依赖关系、执行本来不该执行的指令对程序的正确性没有影响，那么就完全可以这么做（如果有好处的话），所以控制相关并不是一个必须严格保持的关键属性。为了保证程序执行的正确性，必须保持的最关键的两个属性是数据流和异常行为。

保持异常行为(Exception Behavoir)是指：无论怎么改变指令的执行顺序，都不能改变程序中异常的发生情况。即原来程序中是怎么发生的，改变执行顺序后应该还是那样发生。这个条件经常被弱化为：指令执行顺序的改变不能导致程序中发生新的异常。

数据流(Data Flow)是指数据值从其产生者指令到其消费者指令的实际流动。分支指令使得数据流具有动态性，因为一条指令有可能数据相关于多条先前的指令。分支指令的执行结果决定了哪条指令真正是所需数据的产生者。

有时，不遵守控制相关既不影响异常行为，也不改变数据流。这时就可以大胆地进行指令调度，把失败分支中的指令调度到分支指令前。例如，考虑下面这个例子：

```
            DADDU  R1,R2,R3
            BEQZ   R12,Skipnext
            DSUBU  R4,R5,R6
            DADDU  R5,R4,R9
Skipnext: OR       R7,R8,R9
```

假设我们知道R4在Skipnext之后不再被使用，而且DSUBU不会产生异常，那么就可以把DSUBU移到分支指令之前。这是因为这个移动不会改变数据流。如果分支成功，尽管按原程序DSUBU指令是不该执行的，但现在执行了也没关系，因为它不会影响程序的执行结果。

后面将讨论的前瞻执行不仅能解决异常问题，而且能够在保持数据流的情况下，减少控制相关对开发ILP的影响。

5.3 指令的动态调度

静态调度的流水线依靠编译器对代码进行静态调度，以减少相关和冲突。之所以称为静态调度(Static Scheduling)，是因为它不是在程序执行的过程中，而是在编译期间进行代码调度和优化的。静态调度通过把相关的指令拉开“距离”来减少可能产生的停顿。

第3章中论述的流水线属于静态调度的流水线。在这样的流水线中，当取出的指令与已经在流水线中执行的指令不存在数据相关，或者虽存在数据相关，但可以通过定向机制将相关隐藏时，就可以流出这条指令。如果数据相关不能被隐藏，冲突检测硬件就会从使用该数据的指令开始，使流水线停顿(Stall)，不再取指令和流出指令。

与静态调度不同，动态调度(Dynamic Scheduling)是在程序的执行过程中，依靠专门硬件对代码进行调度。这是一种很重要的技术，许多现代的处理器都采用了这种技术。动态调度能在保持数据流和异常行为的情况下，通过硬件对指令执行顺序进行重新安排，减少数据相关导致的停顿。动态调度有许多优点：①能够处理一些编译时情况不明的相关(比如涉及存储器访问的相关)，并简化了编译器；②能够使本来是面向某一流水线优化编译的代码在其他动态调度的流水线上也能高效地执行。当然，动态调度的这些优点是以硬件复杂性的显著增加为代价的。

视频讲解

5.3.1 动态调度的基本思想

第3章中讨论的5段流水线有一个很大的局限性，即其指令是按序流出(In-order Issue)和按序执行(In-order Execution)的。如果某条指令在流水线中被停顿了，其后面所有的指令也就都停止前进了。如果系统中有多个功能部件,那么这些部件就很可能因为没有指令可处理而处于空闲状态,系统效率低下。

考虑下述例子:

```
DIV.D  F4,F0,F2
ADD.D  F10,F4,F8
SUB.D  F12,F6,F14
```

ADD.D 指令与 DIV.D 指令关于 F4 相关,导致流水线停顿。SUB.D 指令也因此受阻,而实际上它与流水线中的任何指令都没有关系。这是按序流出和按序执行带来的局限性。如果可以不按程序顺序执行指令,就能够进一步提高性能。

在第 3 章的流水线中,结构冲突和数据冲突都是在译码(ID)段进行检测的。只有当既没有结构冲突也没有数据冲突时,指令才能够流出。为了使上述指令序列中的 SUB.D 指令能继续执行下去,必须把指令流出的工作拆分为以下两步。

(1) 检测结构冲突。

(2) 等待数据冲突消失。

只要检测到没有结构冲突,就可以让指令流出。并且流出后的指令一旦其操作数就绪就可以立即执行。这样上面的 SUB.D 指令就不会被阻塞了。修改后的流水线是乱序执行(Out-of-order Execution)的,即指令的执行顺序与程序顺序不相同。同样,指令的完成也是乱序完成(Out-of-order Completion)的,即指令的完成顺序与程序顺序不相同。

为了支持乱序执行,将前述 5 段流水线(图 3.17,下同)的译码(ID)段细分为两个段。

(1) 流出(issue):指令译码,并检查是否存在结构冲突。如果不存在结构冲突,就将指令流出。

(2) 读操作数:等待数据冲突消失(如果有的话),然后读操作数。

可以看出,指令的流出仍然是按序流出(In-order Issue)的。但是,它们在读操作数段可能停顿和互相跨越,因而进入执行段时就可能已经是乱序的了。

在前述 5 段流水线中,是不会发生 WAR 冲突和 WAW 冲突的。但现在的乱序执行就使得它们都可能发生了。例如,考虑下面的代码:

```
DIV.D  F10,F0,F2
ADD.D  F10,F4,F6
SUB.D  F6,F8,F14
```

SUB.D 指令与 ADD.D 指令存在反相关(关于 F6),如果流水线在 ADD.D 读出 F6 之前就完成 SUB.D 了,就会出现错误。类似地,ADD.D 与 DIV.D 存在输出相关(关于 F10),流水线必须能检测出该相关,并避免 WAW 冲突。在后面将看到,可以通过使用寄存器重命名来消除它们。

执行段紧跟在读操作数段之后,和前述 5 段流水线一样。在浮点流水线中,执行阶段可能需要多个时钟周期,因不同的运算而不同。

在后面的讨论中,将区分指令何时开始执行、何时结束执行。在开始执行与结束执行之间,指令是处于正在执行当中。采用动态调度的流水线支持多条指令同时处于执行当中,这是动态调度的一大优点。但这要求具有多个功能部件,或者功能部件流水化,或者两者兼而有之。这里假设具有多个功能部件。

指令乱序完成大大增加了异常处理的复杂度。动态调度的处理机是这样来保持正确的异常行为的：对于一条会产生异常的指令来说,只有当处理机确切地知道该指令将被执行时,才允许它产生异常。

即使保持了正确的异常行为,动态调度处理机仍可能发生不精确异常。所谓不精确异常(Imprecise Exception)是指：当执行指令 i 导致发生异常时,处理机的现场(状态)与严格按程序顺序执行时指令 i 的现场不同。反之,如果发生异常时,处理机的现场跟严格按程序顺序执行时指令 i 的现场相同,就称为精确异常(Precise Exception)。不精确异常使得在异常处理后难以接着继续执行程序。

之所以会发生不精确异常,是因为当发生异常(设为指令 i)时：①流水线可能已经执行完按程序顺序是位于指令 i 之后的指令；②流水线可能还没完成按程序顺序是指令 i 之前的指令。

记分牌算法和 Tomasulo 算法是两种比较典型的动态调度算法。下面先介绍记分牌算法,然后详细论述 Tomasulo 算法。Tomasulo 算法比记分牌算法改进了许多,是一种更强的算法。许多开发指令级并行的现代处理机都采用了 Tomasulo 算法或其变形。

5.3.2 记分牌动态调度方法

1. 基本思想

记分牌(Scoreboard)方法这一名称起源于最早采用此功能的 CDC 6600 计算机。该机器用一个称为记分牌的硬件实现了对指令的动态调度。该硬件中维护着三张表,分别用于记录指令的执行状态、功能部件状态、寄存器状态以及数据相关关系等。它把前述5段流水线中的译码段 ID 分解成了两个段：流出和读操作数,以避免当某条指令在 ID 段被停顿时挡住后面无关指令的流动。

记分牌的目标是在没有结构冲突时,尽可能早地执行没有数据冲突的指令,实现每个时钟周期执行一条指令。如果某条指令被暂停,而后面的指令与流水线中正在执行或被暂停的指令都不相关,那么这些指令就可以跨越它们,继续流出和执行下去。记分牌全面负责和管理这些指令的流出和执行,当然也包括检测所有的冲突。

由于允许指令相互跨越,所以尽管所有的指令在流出段都是按序流出的,但它们却可能是乱序执行和乱序完成的。这有利于提高处理器的性能,因为乱序执行和完成消除了许多等待。

要发挥指令乱序执行的好处,必须有多条指令同时处于执行阶段。CDC 6600 具有16个独立的功能部件：4个浮点部件,5个访存部件,7个整数操作部件。在类似 MIPS 结构的处理器中,记分牌主要用于浮点部件才有意义,这是因为其他部件的操作延迟都很小。假设所考虑的处理器有两个乘法器、一个加法器、一个除法部件和一个整数部件,整数部件用来处理所有的存储器访问、分支处理和整数操作。尽管这个例子比 CDC 6600 简单,但它足以阐明记分牌的基本工作原理。由于 MIPS 和 CDC 6600 都采用 load-store 结构,所以它们采用的技术非常类似。图5.1是采用了记分牌的 MIPS 处理器的基本结构。

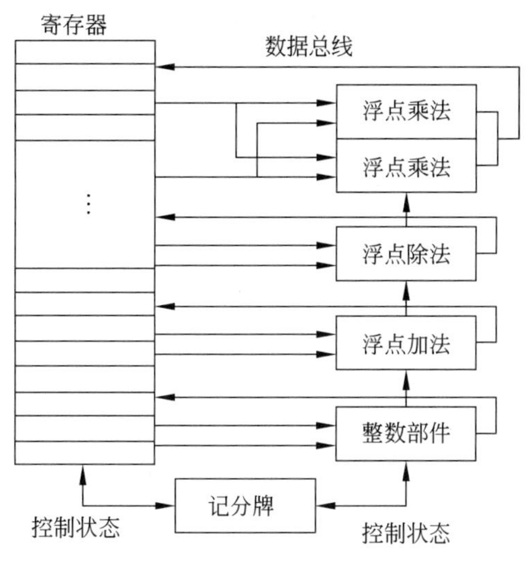

图 5.1　具有记分牌的 MIPS 处理器的基本结构

每条指令都要经过记分牌。记分牌负责相关检测并控制指令的流出和执行。指令流出时,记分牌在表中记录相关的信息,并决定什么时候该指令可以读出操作数和开始执行。如果确定该指令不能马上执行,记分牌就会监视硬件中信息的每一个变化,一旦所需的操作数就绪,就立即启动该指令的执行。

下面来看看指令在采用了记分牌的流水线中的处理步骤。每条指令的执行过程分为 4 段：流出、读操作数、执行和写结果。由于主要考虑浮点操作,运算在浮点寄存器上进行,因此不涉及存储器访问段。

1）流出

如果当前流出指令所需的功能部件空闲,并且所有其他正在执行的指令的目的寄存器与该指令的不同,记分牌就向功能部件流出该指令,并修改记分牌内部的记录表。

可以看出,在记分牌方法中,如果存在结构相关或 WAW 冲突,该指令就不流出。在这里就解决了 WAW 冲突。当然,该指令若不流出,也就阻止了后面指令的流出。

2）读操作数

记分牌监测源操作数的可用性,如果数据可用,它就通知功能部件从寄存器中读出源操作数并开始执行。这一步动态地解决了 RAW 冲突,并导致指令可能乱序开始执行。那么如何判断数据可用呢？对于给定的寄存器来说,如果所有前面已流出且还在执行的指令都不对该寄存器进行写操作,那么该寄存器中的数据就是可用的了。显然,如果有正在执行的指令要对其进行写入,就要等待,直到相应的功能部件完成对这个寄存器的写操作。

上述流出和读操作数段合起来就完成了前述 5 段流水线的译码段(ID)的功能。

3）执行

取到操作数后,功能部件开始执行。当产生出结果后,就通知记分牌它已经完成执行。这一步相当于前述 5 段流水线中的执行段(EX)。在浮点流水线中,这一段可能要占用多个时钟周期。

4）写结果

记分牌一旦知道执行部件完成了执行,就检测是否存在 WAR 冲突。如果不存在,或者原有的WAR冲突已消失,记分牌就通知功能部件把结果写入目的寄存器,并释放该指令使用的所有资源。这一步对应于前述5段流水线中的写回段(WB)。

如果检测到WAR冲突,就不允许该指令将结果写到目的寄存器,这发生在以下情况。

前面的某条指令(按顺序流出)还没有读取操作数,而且其某个源操作数寄存器与本指令的目的寄存器相同。

在这种情况下,记分牌必须等待,直到该冲突消失。

记分牌是通过与功能部件的通信来控制指令的逐步执行。由于功能部件与寄存器组之间只有很有限的几条总线连接,所以这里有可能会发生结构冲突。记分牌要保证在上述第2)和第4)步中,所允许同时执行的功能部件的个数不超过可用总线的条数。CDC 6600是这样来解决这个问题的:把它所拥有的功能部件分成4组,然后给每一组配备一套总线(两条"入",一条"出")。在每个时钟周期,每一组中只有一个设备可以进行读操作数或者写结果。

记分牌中记录的信息由三部分构成。

(1) 指令状态表:记录正在执行的各条指令已经进入到了哪一段。

(2) 功能部件状态表:记录各个功能部件的状态。每个功能部件有一项,每一项由以下9个字段组成。

Busy:忙标志,指出功能部件是否忙。初值为no。

Op:该功能部件正在执行或将要执行的操作。

F*i*:目的寄存器编号。

F*j*,F*k*:源寄存器编号。

Q*j*,Q*k*:指出向源寄存器F*j*、F*k*写数据的功能部件(即F*j*、F*k*中的数据将由它们产生)。

R*j*,R*k*:标志位,为yes表示F*j*,F*k*中的操作数就绪且还未被取走,否则就被置为no。

(3) 结果寄存器状态表Result:每个寄存器在该表中有一项,用于指出哪个功能部件(编号)将把结果写入该寄存器。如果当前正在运行的指令都不以它为目的寄存器,则其相应项置为no。Result各项的初值为no(全零)。

2. 举例

下面详细分析如图5.1所示的MIPS记分牌所要维护的数据结构。图5.2给出了下列代码运行过程中记分牌保存的信息。其中Integer表示整数部件,Mult1和Mult2表示乘法部件,Add表示加法部件,Divide表示除法部件。

```
L.D    F6,34(R2)
L.D    F2,45(R3)
MULT.D F0,F2,F4
SUB.D  F8,F6,F2
DIV.D  F10,F0,F6
ADD.D  F6,F8,F2
```

在图5.2的指令状态表中,第一条L.D指令已经完全执行完,其结果已经写入了F6;第二条L.D指令也已经执行完,但是结果还没有写入目的寄存器F2;由于第二条L.D指令与MULT.D和SUB.D指令之间存在关于寄存器F2的先写后读(RAW)相关,因此MULT.D和SUB.D在流出段等待,不能进入流水线的读操作数段。同样,MULT.D与DIV.D之间存在关于寄存器 F0 的 RAW 相关，因此 DIV.D 也只能在流出段等待。指令 ADD.D 与指令 SUB.D 之间存在关于加法器的结构相关，因此后面的 ADD.D 连流出都不能做，必须等到前面 SUB.D 指令全部执行完毕、释放加法器后才能够流出。

指令		指令状态表			
		流出	读操作数	执行	写结果
L.D	F6,34(R2)	√	√	√	√
L.D	F2, 45(R3)	√	√	√	
MULT.D	F0, F2, F4	√			
SUB.D	F8, F6, F2	√			
DIV.D	F10, F0, F6	√			
ADD.D	F6, F8, F2				

部件名称	功能部件状态表								
	Busy	Op	F*i*	F*j*	F*k*	Q*j*	Q*k*	R*j*	R*k*
Integer	yes	L.D	F2	R3				no	
Mult1	yes	MULT.D	F0	F2	F4	Integer		no	yes
Mult2	no								
Add	yes	SUB.D	F8	F6	F2		Integer	yes	no
Divide	yes	DIV.D	F10	F0	F6	Mult1		no	yes

	结果寄存器状态表							
	F0	F2	F4	F6	F8	F10	…	F30
部件名称	Mult1	Integer			Add	Divide		

图 5.2　MIPS 记分牌中的信息

关于图 5.2 中的功能部件状态表，先来看第一行的情况。整数(Integer)部件的 Busy 字段为 yes，表示部件正忙，从其 Op 字段可以知道它在执行 L.D 指令，目的寄存器字段 F*i* 中记录的是 F2。相应地，在结果寄存器状态表的 F2 字段中记录的是 Integer 部件。对于存储器访问类指令来说，第一源操作数寄存器字段 F*j* 中记录的应该是访存地址寄存器。在本例中就是 R3。它的 R*j* 字段为 no，表示 R3 的数据已经被读取过了。

接下来看看功能部件状态表中第二行的各字段。在乘法 1(Mult1)部件的 Busy 字段也是 yes，表示正忙。Op 字段记录的是 MULT.D 指令，其目的寄存器字段 F*i* 的内容为 F0。相应地，在结果寄存器状态表的 F0 字段中记录的是 Mult1，表示 F0 将存放 Mult1 部件的运算结果。在第一源操作数寄存器字段 F*j* 中记录的是 F2，它的 Q*j* 字段非空，为 Integer，表示 F2 的数据将来自 Integer 部件的操作结果，它的 R*j* 字段为 no，表示 F2 的数据还没有就绪，这个过程可以用来判断并解决数据的写后读相关；第二源操作数寄存器字段 F*k* 中记录的是 F4，Q*k* 字段为空，表示 F4 不依赖于当前工作的任何部件，R*k* 字段为 yes，表示 F4 的数据已经就绪。乘法 2(Mult2)部件的 Busy 字段是 no，表示该功能部件当前空闲。

其他部件的状态字段分析与上述描述类似，就不一一介绍了。

结果寄存器状态表中的字段与每个寄存器一一对应，它记录了当前机器状态下将把结果写入该寄存器的功能部件的名称。在图 5.2 中，当前写 F0 的为 Mult1 部件，写 F2 的为 Integer 部件，写 F8 的为 Add 部件，写 F10 的为 Divide 部件。字段为空表示空闲，即对应的寄存器没有被任何当前正在工作的功能部件作为目的寄存器使用。

下面来看一看图5.2中的指令序列如何往下执行。

例5.1 假设浮点流水线中各部件的延迟如下。

加法需2个时钟周期；

乘法需10个时钟周期；

除法需40个时钟周期。

代码段和记分牌信息的起始点状态如图5.2所示。分别给出MULT.D和DIV.D准备写结果之前的记分牌状态。

解 图5.2中的代码段存在以下相关性。

(1) 先写后读(RAW)相关：第二条L.D指令到MULT.D和SUB.D之间，MULT.D到DIV.D之间，SUB.D到ADD.D之间。

(2) 先读后写(WAR)相关：DIV.D和ADD.D之间，SUB.D和ADD.D之间。

(3) 结构相关：ADD.D和SUB.D指令关于浮点加法部件。

图5.3和图5.4分别给出了MULT.D指令和DIV.D指令将要写结果时记分牌的状态。

指令		指令状态表			
		流出	读操作数	执行	写结果
L.D	F6, 34(R2)	√	√	√	√
L.D	F2, 45(R3)	√	√	√	√
MULT.D	F0, F2, F4	√	√	√	
SUB.D	F8, F6, F2	√	√	√	√
DIV.D	F10, F0, F6	√			
ADD.D	F6, F8, F2	√	√	√	

部件名称	功能部件状态表								
	Busy	Op	F*i*	F*j*	F*k*	Q*j*	Q*k*	R*j*	R*k*
Integer	no								
Mult1	yes	MULT.D	F0	F2	F4			no	no
Mult2	no								
Add	yes	ADD.D	F6	F8	F2			no	no
Divide	yes	DIV.D	F10	F0	F6	Mult1		no	yes

	结果寄存器状态表							
	F0	F2	F4	F6	F8	F10	…	F30
部件名称	Mult1			Add		Divide		

图5.3 程序段执行到MULT.D将要写结果时记分牌的状态

从图5.3中可以知道，在MULT.D准备写结果之前，由于DIV.D指令与MULT.D指令之间存在关于寄存器F0的RAW相关，因此在MULT.D指令完成写结果之前，DIV.D指令被阻塞在流出段而无法进入读操作数段。同时由于ADD.D指令与DIV.D指令之间存在关于寄存器F6的WAR相关，因此在DIV.D指令从F6中读出操作数之前，ADD.D指令被阻塞在执行段，无法进入写结果段。

在图5.4中，DIV.D准备写结果之前，这条指令前面的指令已经全部执行完毕，由于DIV.D指令执行需要40个时钟周期，其后的ADD.D指令只需要两个时钟周期，而且DIV.D和ADD.D之间存在的WAR相关在DIV.D读走源操作数后就已经消失了，因此ADD.D

有足够的时间完成所有操作，所以就只剩下DIV.D指令没有完成写结果操作。

指令		指令状态表			
		流出	读操作数	执行	写结果
L.D	F6, 34(R2)	√	√	√	√
L.D	F2, 45(R3)	√	√	√	√
MULT.D	F0, F2, F4	√	√	√	√
SUB.D	F8, F6, F2	√	√	√	√
DIV.D	F10, F0, F6	√	√	√	
ADD.D	F6, F8, F2	√	√	√	√

部件名称	功能部件状态表								
	Busy	Op	F*i*	F*j*	F*k*	Q*j*	Q*k*	R*j*	R*k*
Integer	no								
Mult1	no								
Mult2	no								
Add	no								
Divide	yes	DIV.D	F10	F0	F6			no	no

	结果寄存器状态表							
	F0	F2	F4	F6	F8	F10	…	F30
部件名称						Divide		

图5.4　程序段执行到DIV.D将要写结果时记分牌的状态

3. 具体算法

现在来看一看记分牌是如何控制指令执行的。指令在流水线中前进是有条件的，而且在前进时记分牌必须记录有关的信息。下面给出每条指令在流水线中进入各段的条件以及所进行的记分牌内容的修改工作。为了区分寄存器的名字和寄存器的值，约定寄存器的内容表示为Regs[S]的形式，其中的S是寄存器的名字。所以，F*j*[FU]←S1表示将寄存器名S1(而不是寄存器S1中的内容)送入F*j*[FU]。

在下面的算法中，约定

FU：当前指令所要用的功能部件。

D：目的寄存器的名称。

S1、S2：源操作数寄存器的名称。

Op：要进行的操作。

F*j*[FU]：功能部件FU的F*j*字段(其他字段以此类推)。

Result[D]：结果寄存器状态表中与寄存器D相对应的内容。其中存放的是将结果写入寄存器D的功能部件的名称。

1）指令流出

(1) 进入条件。

```
not Busy[FU] & not Result[D];     //功能部件空闲且没有写后写(WAW)冲突
```

(2) 记分牌内容修改。

```
Busy[FU]←yes;                     //把当前指令的相关信息填入功能部件状态表
                                  //功能部件状态表中各字段的含义见前面
```

```
Op[FU]←Op;                      //记录操作码
Fi[FU]←D;                       //记录目的寄存器编号
Fj[FU]←S1;                      //记录第一个源寄存器编号
Fk[FU]←S2;                      //记录第二个源寄存器编号
Qj[FU]←Result[S1];              //记录将产生第一个源操作数的部件
Qk[FU]←Result[S2];              //记录将产生第二个源操作数的部件
Rj[FU]←not Qj[FU];              //置第一个源操作数是否可用的标志。如果 Qj[FU]为 no
                                //就表示没有操作部件要写 S1,数据可用
                                //置 Rj[FU]为 yes。否则置 Rj[FU]为 no
Rk[FU]←not Qk[FU];              //置第二个源操作数是否可用的标志
Result[D]←FU;                   //D 是当前指令的目的寄存器。功能部件 FU
                                //将把结果写入 D
```

2) 读操作数

(1) 进入条件。

```
Rj[FU] & Rk[FU];                //两个源操作数都已就绪
```

(2) 记分牌内容修改。

```
Rj[FU]←no;                      //已经读走了就绪的第一个源操作数
Rk[FU]←no;                      //已经读走了就绪的第二个源操作数
Qj[FU]←0;                       //不再等待其他 FU 的计算结果
Qk[FU]←0;
```

3) 执行

结束条件。

功能部件操作结束。

4) 写结果

(1) 进入条件。

```
∀f((Fj[f]≠Fi[FU] or Rj[f]=no)
&(Fk[f]≠Fi[FU] or Rk[f]=no));      //不存在 WAR 冲突
```

(2) 记分牌内容修改。

```
∀f(if Qj[f]=FU then Rj[f]←yes);   //如果有指令在等待该结果(作为第一源操作数)
                                   //则将其 Rj 置为 yes,表示数据可用
∀f(if Qk[f]=FU then Rk[f]←yes);   //如果有指令在等待该结果(作为第二源操作数)
                                   //则将其 Rk 置为 yes,表示数据可用
Result(Fi[FU])←0;                  //释放目的寄存器 Fi[FU]
Busy[FU]=no;                       //释放功能部件 FU
```

记分牌的性能受限于以下几个方面。

(1) 程序代码中可开发的并行性,即是否存在可以并行执行的不相关的指令。如果每条指令均与前面的指令相关,那么任何动态调度策略均无法解决流水线的停顿问题。另外,如果只是在基本块中开发指令级并行性,那所能开发的并行性就很有限了。

(2) 记分牌的容量。记分牌的容量决定了流水线能在多大范围内寻找不相关指令。流水线中可以同时容纳的指令数量称为指令窗口,目前假设记分牌指令窗口中仅容纳一个基

本块,这样就可以不考虑分支指令的问题。

(3) 功能部件的数目和种类。功能部件的总数决定了结构冲突的严重程度。采用动态调度后结构冲突会更加频繁。

(4) 反相关和输出相关。它们引起记分牌中的 WAR 和 WAW 冲突。

问题(2)和(3)可通过增加记分牌的容量和功能部件的数量来解决,但这会导致处理器成本增加,并可能影响系统时钟周期时间。在采用动态调度的处理器中,WAW 和 WAR 冲突会增多,因为乱序流出的指令在流水线中会引起更多的名相关。如果在动态调度中采用分支预测技术,就会出现循环的多个迭代同时执行,名相关将更加严重。

5.3.3 Tomasulo 算法

视频讲解

1. 基本思想

Tomasulo 算法是由 Robert Tomasulo 发明的,因而以他的名字命名。首先采用了这种方法的是 IBM360/91 机器中的浮点部件。尽管许多现代处理机采用了这种方法的各种变形,但其核心思想都是:①记录和检测指令相关,操作数一旦就绪就立即执行,把发生 RAW 冲突的可能性减小到最少;②通过寄存器换名来消除 WAR 冲突和 WAW 冲突。

IBM360/91 之所以会采用 Tomasulo 算法,是基于以下几个方面的考虑。

(1) IBM360/91 的设计目标是基于整个 360 系列的统一的指令系统和编译器来实现高性能,而不是设计和利用专用的编译器来提高性能。这样,就需要更多地依赖于硬件。

(2) IBM360 体系结构只有 4 个双精度浮点寄存器,限制了编译器调度的有效性。

(3) IBM360/91 的访存时间和浮点计算时间都很长。

寄存器换名可以消除 WAR 冲突和 WAW 冲突,请看以下代码。

```
DIV.D   F0,F2,F4
ADD.D   F6,F0,F8
S.D     F6,0(R1)
SUB.D   F8,F10,F14
MUL.D   F6, F10,F8
```

ADD.D 和 MUL.D 指令之间存在一个输出相关(F6),这可能导致一个 WAW 冲突;ADD.D 和 SUB.D 之间存在一个反相关(F8),这可能导致一个 WAR 冲突。引入两个临时寄存器 S 和 T,并把上面的两个 F6 换名为 S,把下面的两个 F8 换名为 T,则得到以下代码。

```
DIV.D   F0,F2,F4
ADD.D   S,F0,F8
S.D     S,0(R1)
SUB.D   T,F10,F14
MUL.D   F6,F10,T
```

这样就消除了上述名相关。

1) 基于 Tomasulo 算法的 MIPS 处理器浮点部件的基本结构

下面在 MIPS 指令集的情况下来介绍 Tomasulo 算法,我们重点关心的是浮点部件以及load/store部件。图5.5是基于Tomasulo算法的MIPS处理器浮点部件的基本结构,其中采用了多个功能部件。图中没有画出记录和控制指令执行所使用的各种表格。

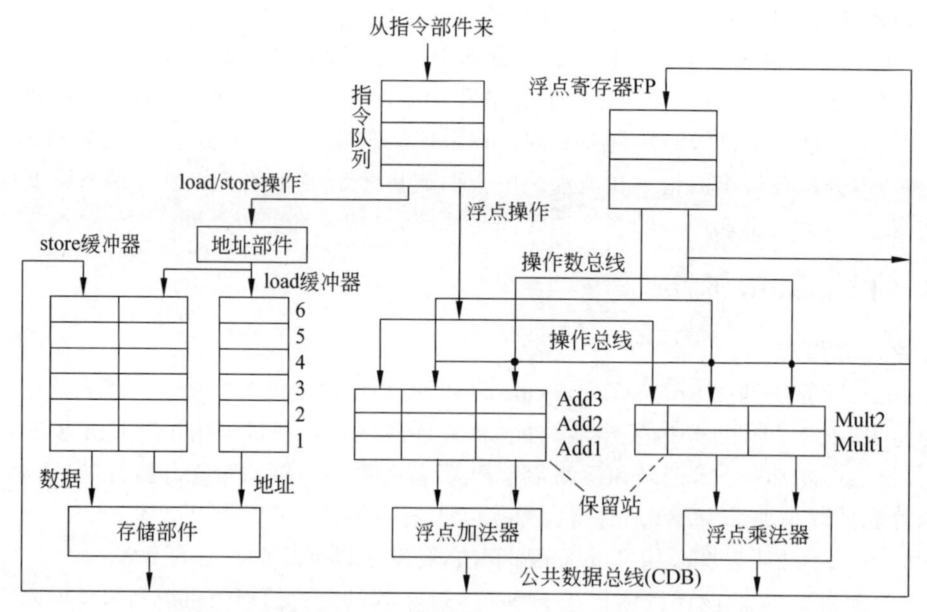

图5.5 采用Tomasulo算法的MIPS浮点部件的基本结构

先对图5.5中的各组成部分作一简要说明。

(1) 保留站。

保留站(Reservation Station)设置在运算部件的入口。浮点加法器的入口处共有三个加法保留站,分别命名为Add1,Add2,Add3;浮点乘法器的入口处有两个保留站,分别命名为Mult1,Mult2。每个保留站都有一个标识,唯一地标识了该保留站。每个保留站中保存一条已经流出并等待到本功能部件执行的指令,其内容包括操作码、操作数以及用于检测和解决冲突的信息。后面将详细介绍这些信息。在一条指令流出到保留站的时候,如果该指令的源操作数已经在寄存器中就绪,则将之取到该保留站中。如果操作数还没有就绪,则在该保留站中记录将产生这个操作数的保留站的标识。

(2) 公共数据总线。

公共数据总线(Common Data Bus,CDB)是该结构中的一条重要的数据通路,所有功能部件的计算结果都是送到CDB上,由它把这些结果直接播送到各个需要该结果的地方。从存储器读取的数据也是送到CDB上。CDB连接到除了load缓冲器以外的所有部件的入口。浮点寄存器通过一对总线连接到功能部件,并通过CDB连接到store缓冲器的入口。

(3) load缓冲器和store缓冲器。

load缓冲器和store缓冲器中存放的是读写存储器的数据或地址。它们的行为和保留站类似,所以在后面的讨论中也把它们当作保留站来看待。只有在必须区别它们时,才加以区分。

load缓冲器的作用有以下三个。

① 存放用于计算有效地址的分量;

② 记录正在进行的 load 访存,等待存储器的响应;

③ 保存已经完成了的 load 的结果(即从存储器取来的数据),等待 CDB 传输。

类似地,store 缓冲器的作用有以下三个。

① 存放用于计算有效地址的分量;

② 保存正在进行的 store 访存的目标地址,该 store 正在等待存储数据的到达;

③ 保存该 store 的地址和数据,直到存储部件接收。

(4) 浮点寄存器 FP。

共有 16 个浮点寄存器:F0,F2,F4,…,F30。它们通过一对总线连接到功能部件,并通过 CDB 连接到 store 缓冲器。

(5) 指令队列。

指令部件送来的指令放入指令队列。指令队列中的指令按先进先出的顺序流出。

(6) 运算部件。

浮点加法器完成加法和减法操作,浮点乘法器完成乘法和除法操作。

在 Tomasulo 算法中,寄存器换名是通过保留站和流出逻辑来共同完成的。当指令流出时,如果其操作数还没有就绪,则将该指令中相应的寄存器号换名为将产生这个操作数的保留站的标识。所以,指令流出到保留站后,其操作数寄存器号或者换成了数据本身(若已就绪),或者换成了保留站的标识,不再与寄存器有关。这样后面的指令对该寄存器的写入操作就不可能产生 WAR 冲突了。

下面通过一个简单的例子来说明 Tomasulo 算法的基本思想。把图 5.5 简化为图 5.6(a),并且增加了一个寄存器状态表 Qi。每个寄存器在 Qi 中有一项,用于指出哪个保留站将产生该寄存器的值。

(1) 参见图 5.6(b),当指令 MUL 流出到保留站 Mult1 时,由于其操作数 a 和 b 就绪(在 F2 和 F4 中),就将它们从寄存器取到保留站,这样该指令以后就跟 F2 和 F4 没有关系了,执行时直接从保留站中取数据。同时将目的寄存器 F0 对应的 Qi 标志置为 Mult1,表示该寄存器的内容将由保留站 Mult1 提供(如图 5.6(b)中的虚线所示)。

(2) 参见图 5.6(c),当指令 ADD 流出到保留站 Add1 时,也将操作数 c 取到保留站,但发现 F0 中的操作数还没有就绪,于是就把其提供者 Mult1 的标识取到保留站中。这样就有两个地方在等 Mult1 的结果。同时,它将目的寄存器 F2 对应的 Qi 标志置为 Add1,表示该寄存器的内容将由保留站 Add1 提供。

(3) 参见图 5.6(d),当 Mult1 的运算结果产生后(设为 e),就把数据放到总线上(广播),所有等待该数据的地方都会自动把数据取走。Add1 中的 ADD 指令得到该数据后,马上就可以开始执行。

Tomasulo 算法采用分布的保留站,因而具有以下两个特点。

(1) 冲突检测和指令执行控制是分布的。每个功能部件的保留站中的信息决定了什么时候指令可以在该功能部件开始执行。

(2) 计算结果通过 CDB 直接从产生它的保留站传送到所有需要它的功能部件,而不用经过寄存器。

2) 指令执行步骤

在详细介绍 Tomasulo 算法之前,先来看一下指令执行的步骤,这里只需要三步。

(1) 流出。

从指令队列的头部取一条指令。如果该指令的操作所要求的保留站有空闲的,就把该指令送到该保留站(设为 r)。并且,如果其操作数在寄存器中已经就绪,就将这些操作数送入保留站 r。如果其操作数还没有就绪,就把将产生该操作数的保留站的标识送入保留站 r。这样,一旦被记录的保留站完成计算,它就直接把数据送给保留站 r。这一步实际上是进行了寄存器换名(换成保留站的标识)和对操作数进行了缓冲,消除了 WAR 冲突。另外,还

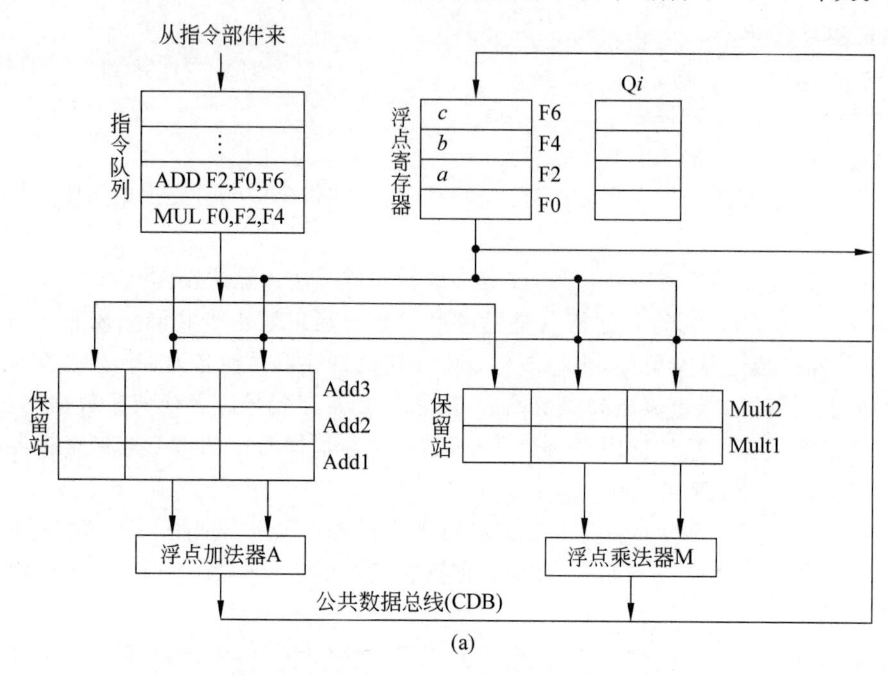

(a)

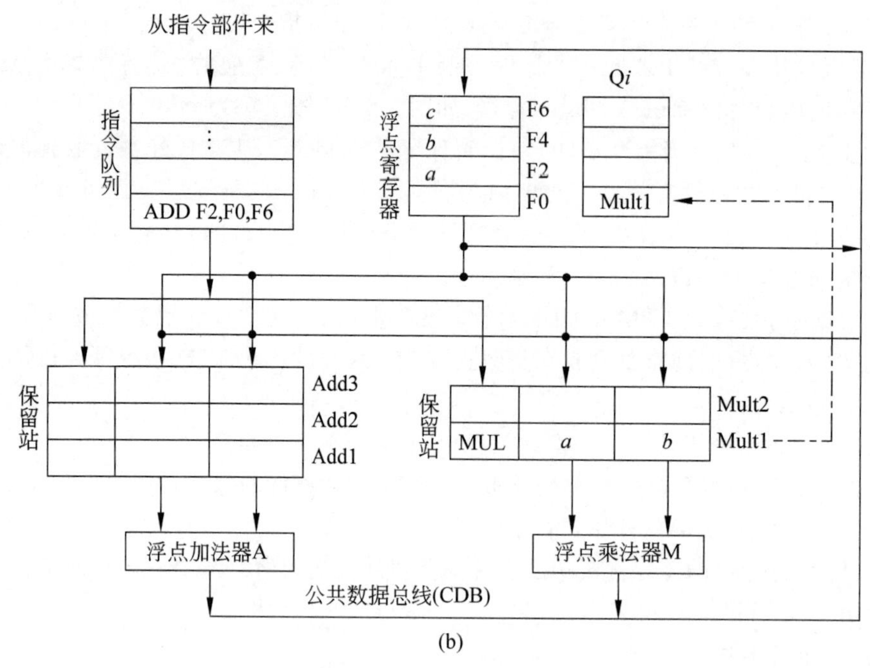

(b)

图 5.6 一个简单的例子

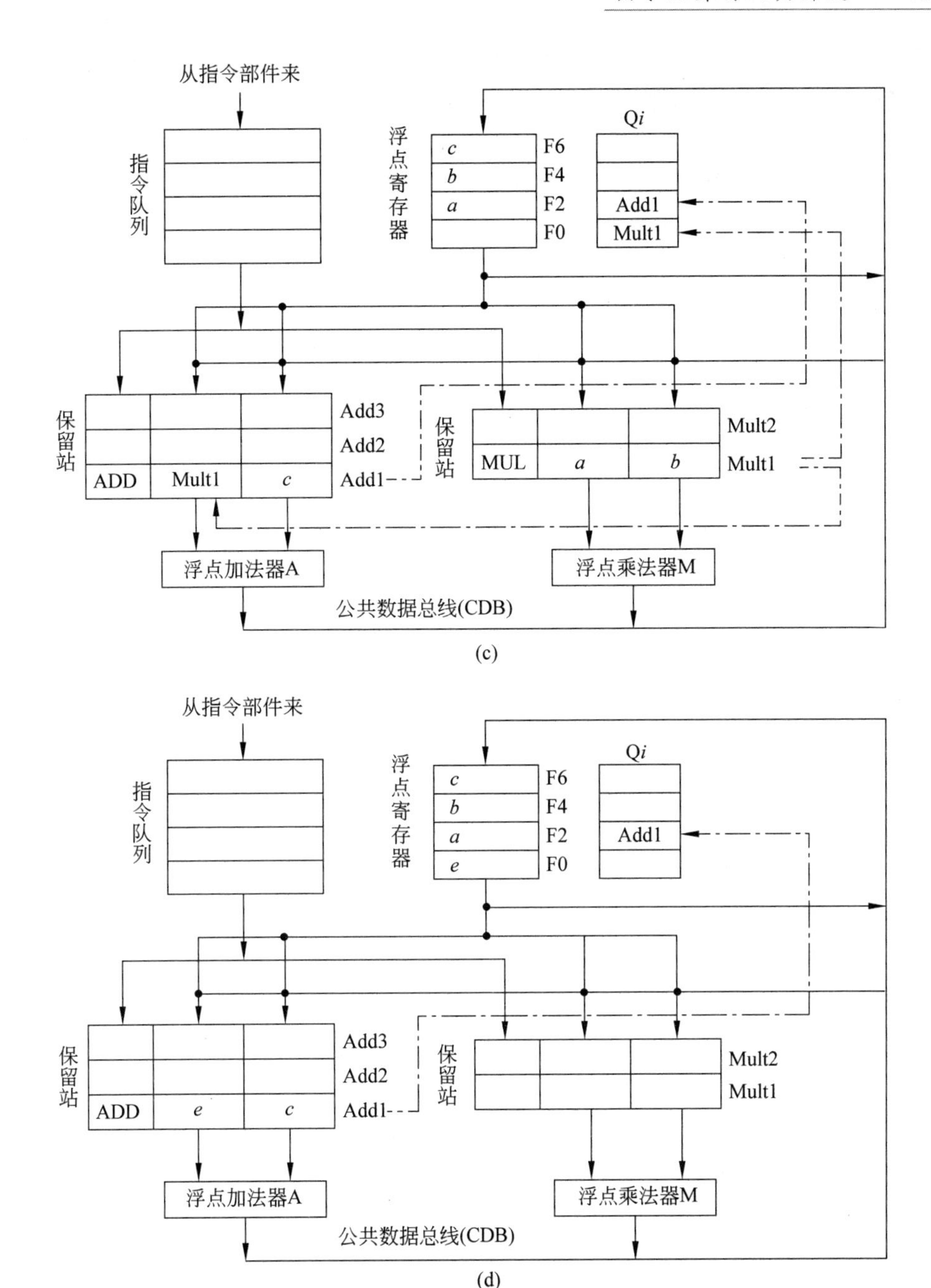

(c)

(d)

图 5.6(续)

要完成对目的寄存器的预约工作,将之设置为接收保留站 r 的结果。这实际上相当于提前完成了写操作(预约)。由于指令是按程序顺序流出的,当出现多条指令写同一个结果寄存器时,最后留下的预约结果肯定是最后一条指令的,就是说消除了 WAW 冲突。

当然,如果没有空闲的保留站,指令就不能流出。这是发生了结构冲突。

(2) 执行。

如果某个操作数还没有计算出来,本保留站将监视 CDB,等待所需的计算结果。一旦那个结果产生,它就被放到CDB上,本保留站将立即获得该数据。当两个操作数都就绪后,本保留站就用相应的功能部件开始执行指令规定的操作。这里是等到所有操作数都备齐后才开始执行指令,也就是说是靠推迟执行的方法解决RAW冲突的。由于结果数据是从其产生的部件(保留站)直接送到需要它的地方,所以这已经是最大限度地减少了RAW冲突的影响。

显然,保留站有可能会出现多条指令在同一时钟周期变成就绪的情况。不同的功能部件可以并行执行,但在一个功能部件内部,就绪的多条指令就得逐条地处理。可以采用随机的方法选择要执行的指令。

load和store指令的执行需要两个步骤:计算有效地址(要等到基地址寄存器就绪)和把有效地址放入load或store缓冲器。load缓冲器中的load指令的执行条件是存储器部件就绪。而store缓冲器中的store指令在执行前必须等到要存入存储器的数据到达。通过按顺序进行有效地址计算来保证程序顺序,这有助于避免访问存储器的冲突。

(3) 写结果。

功能部件计算完毕后,就将计算结果放到CDB上,所有等待该计算结果的寄存器和保留站(包括store缓冲器)都同时从CDB上获得所需要的数据。store指令在这一步完成对存储器的写入:当写入地址和数据都备齐时,将它们送给存储器部件,store指令完成。

保留站、寄存器组和load/store缓冲器都包含附加标志信息,用于检测和消除冲突。不同部件的附加信息略有不同。标识字段实际上就是用于换名的一组虚拟寄存器的名称(编号)。例如,在图5.5中,标识字段可以是一个4位的二进制数字,用于表示5个保留站和6个load缓冲单元中的某一个。这相当于有11个保留站可以被指定为产生结果的源(而IBM360体系结构中只有4个双精度浮点寄存器)。特殊编号0用于表示寄存器中的操作数就绪。

虽然在Tomasulo算法中是把保留站作为扩展的虚拟寄存器,在别的方法中,也可以采用其他的存储单元作为虚拟寄存器,例如采用额外的寄存器或者类似于后面将要介绍的再定序(Reorder)缓冲器结构等。

每个保留站有以下7个字段。

Op:要对源操作数进行的操作。

Q*j*,Q*k*:将产生源操作数的保留站号。等于0表示操作数已经就绪且在V*j*或V*k*中,或者不需要操作数。

V*j*,V*k*:源操作数的值。对于每一个操作数来说,V或Q字段只有一个有效。对于load来说,V*k*字段用于保存偏移量。

Busy:为yes表示本保留站或缓冲单元"忙"。

A:仅load和store缓冲器有该字段。开始是存放指令中的立即数字段,地址计算后存放有效地址。

Q*i*:寄存器状态表。每个寄存器在该表中有对应的一项,用于存放将把结果写入该寄存器的保留站的站号。为0表示当前没有正在执行的指令要写该寄存器,也即该寄存器中的内容就绪。

2. 举例

在讨论具体的算法之前,先举两个例子,来看看Tomasulo算法是如何工作的。

例 5.2 对于下述指令序列，给出当第一条指令完成并写入结果时，Tomasulo 算法所用的各信息表中的内容。假设 load 操作的延迟是 2 个时钟周期。

```
L.D    F6,34(R2)
L.D    F2,45(R3)
MUL.D  F0,F2,F4
SUB.D  F8,F2,F6
DIV.D  F10,F0,F6
ADD.D  F6,F8,F2
```

解 图 5.7 给出了当采用 Tomasulo 算法时，在上述给定的时刻，保留站、load 缓冲器以及寄存器状态表中的内容。标志 Add1 表示第一个加法功能部件，Mult1 表示第一个乘法功能部件，其余以此类推。图中列出的指令执行状态表仅仅是为了帮助理解，实际上并不是硬件的一部分，每条指令流出后的状态都是保存在保留站中的。

指令		指令执行状态		
		流出	执行	写结果
L.D	F6, 34(R2)	√	√	√
L.D	F2, 45(R3)	√	√	
MUL.D	F0, F2, F4	√		
SUB.D	F8, F2, F6	√		
DIV.D	F10, F0, F6			
ADD.D	F6, F8, F2			

名称	Busy	保留站内容					
		Op	V*j*	V*k*	Q*j*	Q*k*	A
Load1	no						
Load2	yes	L.D					45+Regs[R3]
Add1	yes	SUB.D		Mem[34+Regs[R2]]	Load2		
Add2	no						
Add3	no						
Mult1	yes	MUL.D		Regs[F4]	Load2		
Mult2	no						

	寄存器状态							
	F0	F2	F4	F6	F8	F10	…	F30
Q*i*	Mult1	Load2			Add1			

图 5.7 第一条 load 指令结束后保留站和寄存器状态表的内容

图中的前 4 条指令已流出，但只有第一条 load 指令执行完毕并将结果写到 CDB 上。第二条 load 指令已经完成有效地址计算，正在等待存储器的响应。我们用 Regs[]表示寄存器组，用 Mem[]表示存储器。

与其他更简单的动态调度方法(例如记分牌)相比，Tomasulo 算法具有以下两个主要的优点。

(1) 冲突检测逻辑是分布的(通过保留站和 CDB 实现)。

如果有多条指令已经获得了一个操作数，并同时在等待同一运算结果，那么这个结果一产生,就可以通过CDB同时播送给所有这些指令,使它们可以同时执行。如果用的是集中的寄存器组,各条指令就要等结果写入寄存器,然后再依次顺序从寄存器组读出。

(2) 消除了WAW冲突和WAR冲突导致的停顿。

这是通过使用保留站进行寄存器换名,并且在操作数一旦就绪就将之放入保留站来实现的。

例5.3 对于例5.2中的代码,假设各种操作的延迟如下。

load：1个时钟周期。

加法：2个时钟周期。

乘法：10个时钟周期。

除法：40个时钟周期。

给出MUL.D指令准备写结果时各状态表的内容。

解 MUL.D指令准备写结果时各状态表的内容如图5.8所示。

指令		指令执行状态		
		流出	执行	写结果
L.D	F6, 34(R2)	√	√	√
L.D	F2, 45(R3)	√	√	√
MUL.D	F0, F2, F4	√	√	
SUB.D	F8, F2, F6	√	√	√
DIV.D	F10, F0, F6	√		
ADD.D	F6, F8, F2	√	√	√

名称	保留站						
	Busy	Op	V*j*	V*k*	Q*j*	Q*k*	A
Load1	no						
Load2	no						
Add1	no						
Add2	no						
Add3	no						
Mult1	yes	MUL.D	Mem[45+Regs[R3]]	Regs[F4]			
Mult2	yes	DIV.D		Mem[34+Regs[R2]]	Mult1		

域	寄存器状态							
	F0	F2	F4	F6	F8	F10	…	F30
Q*i*	Mult1					Mult2		

图5.8 MUL.D指令准备写结果时各状态表的内容

视频讲解

这里,由于ADD.D指令与DIV.D指令的WAR冲突已经消除,ADD.D可以先于DIV.D完成并将结果写入F6,不会出现错误。

视频讲解

3. 具体算法

下面给出Tomasulo算法中指令进入各阶段的条件以及在各阶段进行的操作和状态表内容的修改,其中各符号的意义如下。

r：分配给当前指令的保留站或者缓冲器单元(编号)。

rd：目的寄存器编号。

rs、rt：操作数寄存器编号。

imm：符号扩展后的立即数。

RS：保留站。

result：浮点部件或 load 缓冲器返回的结果。

Qi：寄存器状态表。

Regs[]：寄存器组。

Op：当前指令的操作码。

对于 load 指令来说，rt 是保存所取数据的寄存器号，对于 store 指令来说，rt 是保存所要存储的数据的寄存器号。与 rs 对应的保留站字段是 Vj，Qj；与 rt 对应的保留站字段是 Vk，Qk。

请注意：Qi、Qj、Qk 的内容或者为 0，或者是一个大于 0 的整数。Qi 为 0 表示相应寄存器中的数据就绪，Qj、Qk 为 0 表示保留站或缓冲器单元中的 Vj 或 Vk 字段中的数据就绪。当它们为正整数时，表示相应的寄存器、保留站或缓冲器单元正在等待结果。这个正整数就是产生该结果的保留站或 load 缓冲器单元的编号。

1）指令流出

（1）浮点运算指令。

```
进入条件：有空闲保留站(设为 r)。
操作和状态表内容修改：
if (Qi[rs]≠0)                //检测第一操作数是否就绪
  {RS[r].Qj←Qi[rs]}          //第一操作数没有就绪，进行寄存器换名，即将产生该操作数的保
                             //留站的编号放入当前保留站的 Qj。该编号是一个大于 0 的整数
else {RS[r].Vj←Regs[rs];     //第一操作数就绪。把寄存器 rs 中的操作数取到当前保留站的 Vj
      RS[r].Qj←0};           //置 Qj 为 0，表示当前保留站的 Vj 中的操作数就绪
if (Qi[rt]≠0)                //检测第二操作数是否就绪
  {RS[r].Qk←Qi[rt]}          //第二操作数没有就绪，进行寄存器换名，即将产生该操作数的保
                             //留站的编号放入当前保留站的 Qk。该编号是一个大于 0 的整数
else {RS[r].Vk←Regs[rt];     //第二操作数就绪。把寄存器 rt 中的操作数取到当前保留站的 Vk
      RS[r].Qk←0};           //置 Qk 为 0，表示当前保留站的 Vk 中的操作数就绪
RS[r].Busy←yes;              //置当前保留站为"忙"
RS[r].Op←Op;                 //设置操作码
Qi[rd]←r;                    //把当前保留站的编号 r 放入 rd 所对应的寄存器状态表项
                             //以便 rd 将来接收结果
```

（2）load 和 store 指令。

```
进入条件：缓冲器有空闲单元(设为 r)。
操作和状态表内容修改：
if (Qi[rs]≠0)                //检测第一操作数是否就绪
  {RS[r].Qj←Qi[rs]           //第一操作数没有就绪，进行寄存器换名，即将产生该操作数的保
                             //留站的编号存入当前缓冲器单元的 Qj
else
```

```
  {RS[r].Vj←Regs[rs];       //第一操作数就绪,把寄存器 rs 中的操作数取到当前缓冲器单元的 Vj
   RS[r].Qj←0};             //置 Qj 为 0,表示当前缓冲器单元的 Vj 中的操作数就绪
RS[r].Busy←yes;             //置当前缓冲器单元为"忙"
RS[r].A←Imm;                //把按符号位扩展后的偏移量放入当前缓冲器单元的 A 中
```

对于 load 指令:

```
Qi[rt]←r;                   //把当前缓冲器单元的编号 r 放入 load 指令的目的寄存器 rt 所对应
                            //的寄存器状态表项,以便 rt 将来接收所取的数据
```

对于 store 指令:

```
if (Qi[rt]≠0)               //检测要存储的数据是否就绪
  {RS[r].Qk←Qi[rt]}         //该数据尚未就绪,进行寄存器换名,即将产生该数据的保留站的
                            //编号放入当前缓冲器单元的 Qk
else
  {RS[r].Vk←Regs[rt];       //该数据就绪,把它从寄存器 rt 取到 store 缓冲器单元的 Vk
   RS[r].Qk←0};             //置 Qk 为 0,表示当前缓冲器单元的 Vk 中的数据就绪
```

2) 执行

(1) 浮点操作指令。

进入条件: (RS[r].Qj=0)且(RS[r].Qk=0);　　　　//两个源操作数就绪
操作和状态表内容修改: 进行计算,产生结果。

(2) load/store 指令。

进入条件: (RS[r].Qj=0)且 r 成为 load/store 缓冲队列的头部。
操作和状态表内容修改:

```
RS[r].A←RS[r].Vj+RS[r].A;                   //计算有效地址
```

对于 load 指令,在完成有效地址计算后,还要进行:

```
从 Mem[RS[r].A]读取数据;                      //从存储器中读取数据
```

3) 写结果

(1) 浮点运算指令和 load 指令。

进入条件: 保留站 r 执行结束,且 CDB 就绪。
操作和状态表内容修改:

```
∀x (if(Qi[x]=r)              //对于任何一个正在等该结果的浮点寄存器 x
  {Regs[x]←result;           //向该寄存器写入结果
   Qi[x]←0};                 //把该寄存器的状态置为数据就绪
∀x (if(RS[x].Qj=r)           //对于任何一个正在等该结果作为第一操作数的保留站 x
  {RS[x].Vj←result;          //向该保留站的 Vj 写入结果
   RS[x].Qj←0});             //置 Qj 为 0,表示该保留站的 Vj 中的操作数就绪
∀x (if(RS[x].Qk=r)           //对于任何一个正在等该结果作为第二操作数的保留站 x
  {RS[x].Vk←result;          //向该保留站的 Vk 写入结果
   RS[x].Qk←0});             //置 Qk 为 0,表示该保留站的 Vk 中的操作数就绪
RS[r].Busy←no;               //释放当前保留站,将之置为空闲状态
```

(2) store 指令。

```
进入条件：保留站 r 执行结束，且 RS[r].Qk=0          //要存储的数据已经就绪
操作和状态表内容修改：
Mem[RS[r].A]←RS[r].Vk              //数据写入存储器，地址由 store 缓冲器单元的 A 字段给出
RS[r].Busy←no;                     //释放当前缓冲器单元，将之置为空闲状态
```

说明：

(1) 当浮点运算指令流出到一个保留站 r 时，把该指令的目的寄存器 rd 的状态表项置为 r，以便将来从 r 接收运算结果(相当于进行了预约或者定向)。如果该指令所需的操作数都已经就绪，就将之取到保留站 r 的 V 字段；否则，就表示需要等待由别的保留站(设为 s)为其产生操作数，这时就把保留站 r 的 Q 字段设置为指向保留站 s，指令将在保留站 r 中等待操作数，直到保留站 s 把结果送来(同时将该 Q 字段置为 0)。当指令执行完成且 CDB 就绪，就可以把结果写回，即把数据放到 CDB 上，所有 Qj、Qk 或 Qi 字段等于 s 的保留站、缓冲器单元以及寄存器都可以在同一个时钟周期内同时接收该结果，即把该结果在一个时钟周期内播送到所有需要它的地方。操作数因此而备齐的指令可以在下一个时钟周期开始执行。

(2) 在 Tomasulo 算法中，load 和 store 指令的处理与浮点运算指令有些不同。只要 load 缓冲器有空闲单元，load 指令就可以流出。load 指令在“执行”阶段分两步进行：计算有效地址和访存读取数据。执行完毕后，与其他功能部件一样，一旦获得 CDB 的使用权，就可以将结果放到 CDB 上。store 指令的写入操作在“写结果”阶段进行。如果要写入的数据已经就绪，就可以马上进行。否则就需要等待，等该数据产生后从 CDB 获得，然后写入存储器。最后要释放当前缓冲器单元，将之置为空闲状态。

(3) 该算法对于指令的执行有一个限制，就是如果流水线中还有分支指令没有执行，那么当前指令就不能进入“执行”阶段。这是因为在“流出”阶段后，程序顺序就不再被保证了。所以，为了保持正确的异常行为，就必须加上这个限制。在 5.4 节将介绍如何利用前瞻执行来消除这个限制。

如果能够准确地预测分支，采用 Tomasulo 算法将获得很高的性能。这种方法的主要缺点是其复杂性，实现它需要大量的硬件。此外，其性能还可能受单条 CDB 总线的限制。虽然可以增加更多的 CDB，但这会进一步增加所需的硬件。由于 Tomasulo 算法的实现成本是比较高的，所以在单流出的流水线中，与用编译器实现的指令调度的方法相比，采用 Tomasulo 算法所带来的好处与所花的代价相比不一定值得。但是，对于多流出的处理机来说，随着流出能力的提高以及设计者们更多地关心难以静态调度的代码的性能，寄存器换名以及动态调度技术就变得越来越重要了。特别是，Tomasulo 算法还是硬件前瞻执行的基础，因此该算法得到了广泛的应用。

随着处理机能够开发的 ILP 的增加，控制相关很快就成了一个必须很好地解决的问题，需要采用能有效地处理分支的方法。5.4 节介绍用硬件动态处理分支的方法。

5.4 动态分支预测技术

视频讲解

开发的 ILP 越多，控制相关的制约就越大，就要求分支预测有更高的准确度。在 n-流出(每个时钟周期流出 n 条指令)的处理机中，遇到分支指令的可能性增加了 n 倍。要给处理器连续提供指令，就需要能准确地预测分支。而且机器的 CPI 越小，控制停顿的相对

影响就越大。所以本节中介绍的动态分支预测技术对于多流出处理机来说是非常重要的。

第3章中介绍过几种静态处理分支指令的基本方法，如预测成功和延迟分支。在这些方法中，所进行的操作是预先定好的，与分支的实际执行情况无关。本节论述的方法则不同，它是用硬件动态地进行分支处理的。这些方法是在程序的运行过程中，根据分支指令过去的表现来预测其将来的行为。如果分支行为发生了变化，预测结果也就跟着改变。因此有更好的预测准确度和适应性。

分支预测的有效性不仅取决于其准确性，而且还与预测正确和不正确两种情况下的分支开销有密切关系。这些分支开销是由流水线的结构、预测的方法和预测错误时的恢复策略等诸因素决定的。

采用这些动态分支预测技术的目的有两个：①预测分支是否成功；②尽快找到分支目标地址(或指令)，从而避免控制相关造成流水线停顿。

在这些方法中，需要解决以下两个关键问题。

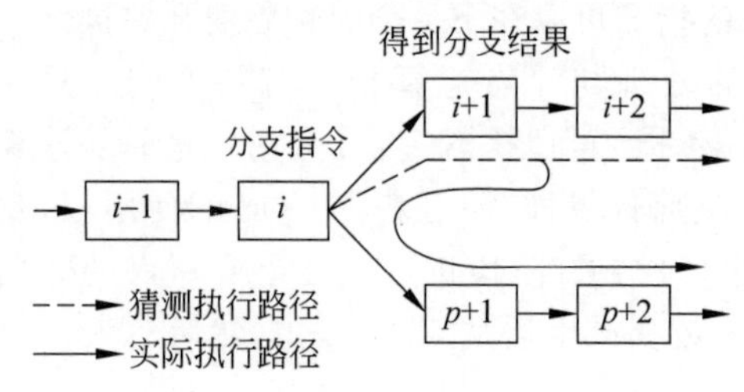

图5.9　分支预测不成功时的重新执行过程

(1) 如何记录分支的历史信息？要记录哪些信息？

(2) 如何根据这些信息来预测分支的去向，甚至提前取出分支目标处的指令？

此外，在预测错误时，要作废已经预取和分析的指令，恢复现场，并从另一条分支路径重新取指令，如图5.9所示。显然，为了能恢复现场，需要在执行预测的目标指令之前将现场保存起来。

5.4.1　采用分支历史表

分支历史表(Branch History Table，BHT)法是最简单的动态分支预测方法。它用BHT来记录相关分支指令的“历史”，并据此进行预测。这个“历史”是指最近一次或几次的执行情况是成功还是失败。如果只记录分支指令最近一次的历史，BHT中就只需要一位二进制位，是最简单的。为了提高预测的准确度，常采用两位二进制位来记录历史。有研究结果表明，两位分支预测的性能与多位(两位以上)分支预测的性能差不多，因而大多数处理机是采用两位分支预测的。下面介绍这种方案。

两位分支预测的状态转换如图5.10所示。其中，在00和01状态下，该方法预测分支不成功；在10和11状态下，该方法预测分支成功。连线边上写的是分支指令的实际执行情

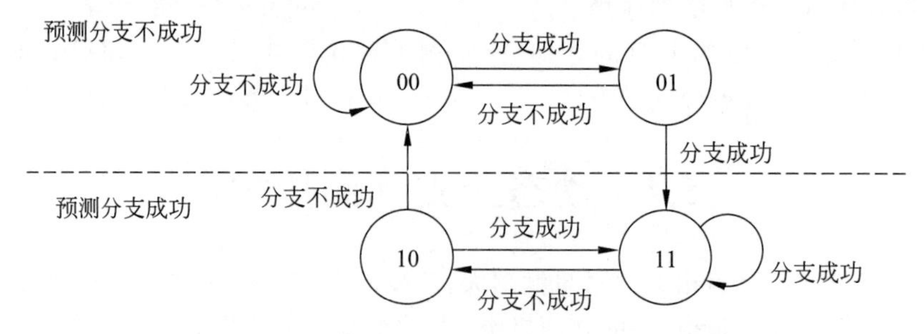

图5.10　采用两位分支预测位的BHT状态转换

况。例如，在11状态下是预测分支成功，如果分支指令的实际执行结果是不成功，那么状态就转换为10。从图中可以看出，只有连续两次预测错误，才会改变对分支去向的预测。例如，在11状态下如果连续两次预测错误，状态就变为00（预测分支不成功）。

两位分支预测中的操作有两步：①分支预测；②状态修改。当分支指令到达译码段（ID）时，根据从BHT读出的信息进行分支预测，这时有两种情况。

(1) 如果从BHT读出的状态为“00”或者“01”，就按“分支不成功”的预测进行处理。即继续读取和处理分支指令后面的指令。当分支指令的实际执行结果出来后，如果发现预测正确，就继续处理后续的指令，流水线没有断流。否则，就要作废已经预取和分析的指令，恢复现场，并从成功分支路径重新取指令执行。

对状态进行修改的操作为：在原状态为“00”的情况下，如果预测不正确，就把其状态改为“01”；否则，就是预测正确，状态不变；在原状态为“01”的情况下，如果预测不正确，就把其状态改为“11”；否则，就是预测正确，状态改为“00”。

(2) 如果从BHT读出的状态为“10”或者“11”，就按“分支成功”的预测进行处理，即从成功分支路径取指令进行处理。等分支指令的实际执行结果出来后，如果发现预测正确，就继续处理后续的指令，流水线没有断流。否则，就要作废已经预取和分析的指令，恢复现场，并从另一条分支路径——分支失败路径重新取指令。

对状态进行修改的操作为：在原状态为“11”的情况下，如果预测不正确，就把其状态改为“10”；否则，就是预测正确，状态不变；在原状态为“10”的情况下，如果预测不正确，就把其状态改为“00”；否则，就是预测正确，状态改为“11”。

在BHT方法中，只对分支是否成功进行预测，对分支目标地址没有提供支持。所以它只有在以下情况下才有用：判定分支是否成功所需的时间大于确定分支目标地址所需的时间。在前述5段流水线中，由于判定分支是否成功和计算分支目标地址都是在ID段完成的，所以BHT方法不会给该流水线带来好处。

研究结果表明，对于SPEC89测试程序来说，具有大小为4KB的BHT的预测准确率为82%～99%，并且与大小为无穷大的BHT的准确率相近。所以一般来说，采用4KB的BHT就足够了。如果要进一步提高预测准确率，就要采用更复杂的预测方法。

BHT可以跟分支指令一起存放在指令Cache中，也可以用一块专门的硬件来实现。如果是前者，在取指阶段，就把历史位一起读出来。如果是后者，就在取指令的同时，用指令地址的低位（例如低12位）去访问BHT，读出历史位。

5.4.2 采用分支目标缓冲器

在高性能流水线中，特别是在多流出的处理机中，只准确地预测分支还不够，还要能够快速地提供足够的指令流。许多现代的处理器都要求每个时钟周期能提供4～8条指令。这需要尽早知道分支是否成功，尽早知道分支目标地址，尽早获得分支目标指令。

对于前述5段流水线来说，BHT方法是在ID段对BHT进行访问，所以在ID段的末尾，能够获得分支目标地址（在ID段计算出）、顺序下一条指令地址以及预测的结果。如果能再提前一拍，即在IF段就知道这些信息，那么分支开销就可以减少为0。BTB能够实现这一点。BTB是Branch Target Buffer的缩写，其中文名称是分支目标缓冲器。BTB有时也称为分支目标Cache。

BTB的结构如图5.11所示。可以把它看成用专门的硬件实现的一张表格。表格中的每一项至少有两个字段：①执行过的成功分支指令的地址；②预测的分支目标地址。在每次取指令的同时,用该指令的地址与BTB中的所有项目的第一个字段进行比较。如果有匹配的,我们就知道该指令是分支指令且上一次执行是分支成功,据此可以预测这次执行也将分支成功,其分支目标地址由匹配项的第二个字段给出。如果没有匹配的,就把当前指令当作普通的指令(即不是分支指令)来执行。

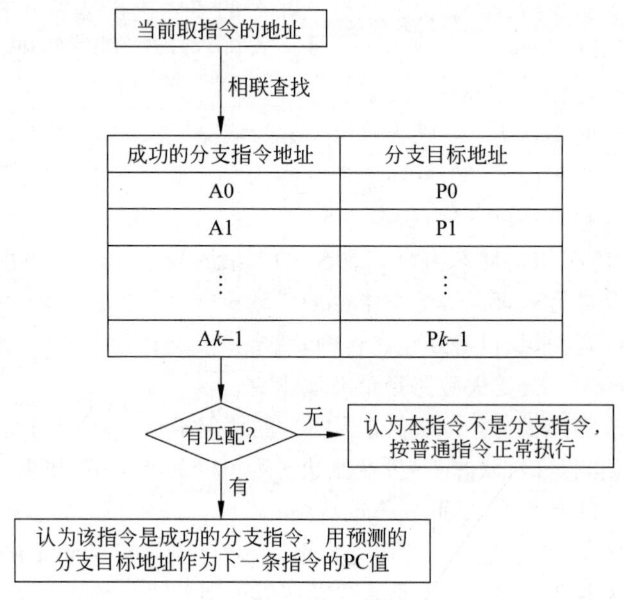

图5.11　BTB的结构

当采用BTB后,在流水线各个阶段所进行的相关操作见图5.12。由于BTB中存放的是执行过的成功分支指令的地址,所以如果当前指令的地址与BTB中的第一字段匹配,那么就将该匹配项的第二个字段中的地址送给PC寄存器,从分支目标处开始取指令。如果预测正确,就不会有任何分支延迟。如果预测错误或者在BTB中没有匹配的项,就会有至少两个时钟周期的开销。这是因为这时需要更新BTB中的项,这要花费一个时钟周期。而且一般来说,当对BTB中的项进行修改时,需要停止取指令,所以取新的指令又要花费另一个时钟周期。

表5.1列出了在各种可能情况下的延迟。

表5.1　采用BTB后各种情况下的延迟

指令在BTB中	预测	实际情况	延迟周期
是	成功	成功	0
是	成功	不成功	2
不是		成功	2
不是		不成功	0

BTB的另一种形式是在分支目标缓冲器中增设一个至少是两位的“分支历史表”字段,如图5.13所示。这样“分支指令地址”字段存放的就不仅是成功分支指令的地址,所有执行

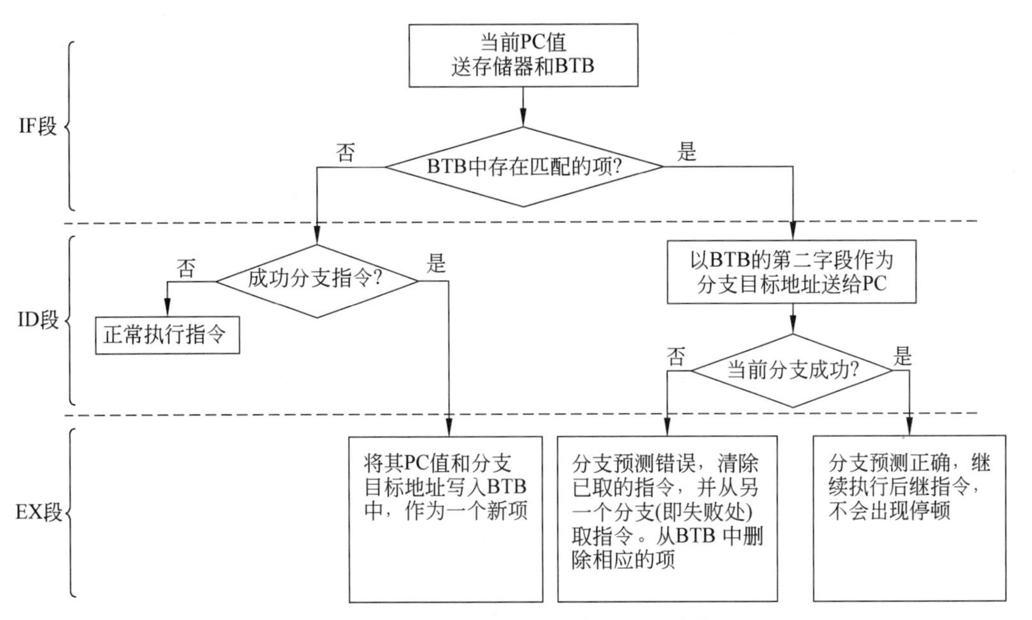

图 5.12 采用 BTB 时所进行的处理步骤

过的分支指令的地址都可以放在这里。“分支历史表”用来预测转移方向。这种方法实际上就是 BTB 与 BHT 的结合。

当前取指令的地址

相联查找

分支指令地址	分支历史表	分支目标地址
A0	T0	P0
A1	T1	P1
⋮	⋮	⋮
Ak−1	Tk−1	Pk−1

图 5.13 BTB 的另一种形式

更进一步，如果在表中对于每条分支指令都存放若干条分支目标处的指令，就形成了分支目标指令缓冲器，如图 5.14 所示。这样在遇到分支指令时，就有可能一次提供分支目标处的多条指令，这对于多流出处理器来说是很有必要的。

5.4.3 基于硬件的前瞻执行

对于多流出的处理机来说，只准确地预测分支已经不能满足要求了，因为有可能每个时钟周期都要执行一条分支指令。控制相关已经成了开发更多 ILP 的一个主要障碍。前瞻执行(Speculation)能很好地解决控制相关的问题，它对分支指令的结果进行猜测，并假设这个猜测总是对的，然后按这个猜测结果继续取、流出和执行后续的指令。但执行的结果不是

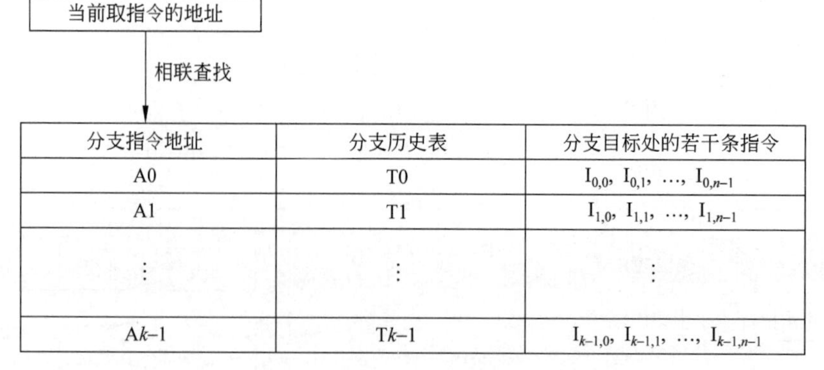

图 5.14　分支目标指令缓冲器

写回到寄存器或存储器,而是写入一个再定序缓冲器(ReOrder Buffer,ROB)中。等到相应的指令得到"确认"(Commit)(即确实是应该执行的)后,才将结果写入寄存器或存储器。之所以要这样,是为了确保没有进行不可恢复的写操作,以便在猜测错误的情况下能够恢复原来的现场。

基于硬件的前瞻执行是把三种思想结合在了一起。

(1) 动态分支预测。用来选择后续执行的指令。

(2) 在控制相关的结果尚未出来之前,前瞻地执行后续指令。

(3) 用动态调度对基本块的各种组合进行跨基本块的调度。

后面要讨论的前瞻执行是在 Tomasulo 算法的基础上实现的。PowerPC 603/604/G3/G4,MIPS R10000/R12000,Intel Pentium Ⅱ/Ⅲ/4,Alpha 21264 和 AMD K5/K6/Athlon 等处理器中实现的前瞻执行也是如此。

对 Tomasulo 算法加以扩充,就可以支持前瞻执行。当然,硬件也需要做相应的扩展。在 Tomasulo 算法中,写结果和指令完成是一起在"写结果"段完成的。现在要把写结果和指令完成加以区分,分成两个不同的段:"写结果"和"指令确认"(Instruction Commit)。"写结果"段是把前瞻执行的结果写到 ROB 中,并通过 CDB 在指令之间传送结果,供需要用到这些结果的指令使用。当然,这些指令也是前瞻执行的。"指令确认"段是在分支指令的结果出来后,才证实前面的猜测是对的,因此,要对相应指令的前瞻执行给予确认,即把在 ROB 中的结果写到寄存器或存储器。但如果发现前面对分支结果的猜测是错误的,那就不予以确认,并从该分支指令的另一条路径开始重新执行。

前瞻执行允许指令乱序执行,但要求按程序顺序确认,并且在指令被确认之前,不允许它进行不可恢复的操作,如更新机器状态或发生异常。

支持前瞻执行的浮点部件的结构如图 5.15 所示。与图 5.5 相比,主要是增加了一个 ROB 缓冲器。由于 ROB 与图 5.5 中的 store 缓冲器类似,这里把 store 缓冲器的功能合并到 ROB 中。跟 Tomasulo 算法一样,这里的 store 操作仍然分两步完成,但其第二步是由指令确认来完成的。

ROB 中的每一项由 4 个字段组成。

(1) 指令类型。指出该指令是分支指令、store 指令或寄存器操作指令。

(2) 目的地址。给出指令执行结果应写入的目的寄存器号(如果是 load 和 ALU 指令)

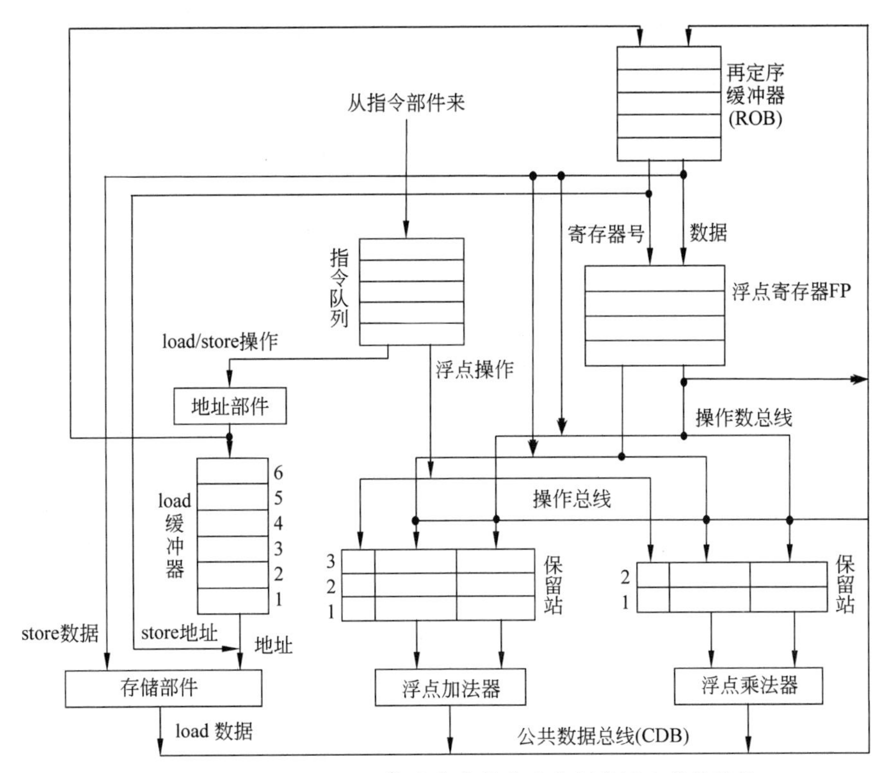

图 5.15 基于 Tomasulo 算法的支持前瞻执行的浮点部件结构

或存储器单元的地址(如果是 store 指令)。

(3) 数据值字段。用来保存指令前瞻执行的结果,直到指令得到确认。

(4) 就绪字段。指出指令是否已经完成执行并且数据已就绪。

在前瞻执行机制中,Tomasulo 算法中保留站的换名功能是由 ROB 来完成的。但在指令流出到开始执行期间,仍然需要有地方来存放运算操作码和操作数。这个功能仍由保留站来完成。由于每条指令在被确认前,在 ROB 中都有相应的一项,所以执行结果是用 ROB 项的编号作为标识的,而不像 Tomasulo 算法那样是用保留站的编号。这就要求在保留站中记录分配给该指令的 ROB 项(编号)。

采用前瞻执行机制后,指令的执行步骤如下(请注意:这些步骤是在 Tomasulo 算法的基础上改造的。与 Tomasulo 算法类似的操作就不予以说明了)。

(1) 流出。

从浮点指令队列的头部取一条指令,如果有空闲的保留站(设为 r)且有空闲的 ROB 项(设为 b),就流出该指令,并把相应的信息放入保留站 r 和 ROB 项 b。即如果该指令需要的操作数已经在寄存器或 ROB 中就绪,就把它(们)送入保留站 r 中。修改 r 和 b 的控制字段,表示它们已经被占用。ROB 项 b 的编号也要放入保留站 r,以便当该保留站的执行结果被放到 CDB 上时可以用它作为标识。如果保留站或 ROB 全满,便停止流出指令,直到它们都有空闲的项。

(2) 执行。

如果有操作数尚未就绪,就等待,并不断地监测 CDB。这一步检测 RAW 冲突。当两个操作数都已在保留站中就绪后,就可以执行该指令的操作。load 指令的操作还是分两步完成(有效地址计算和读取数据),store 指令在这一步只进行有效地址计算。

(3) 写结果。

当结果产生后,将该结果连同本指令在流出段所分配到的 ROB 项的编号放到 CDB 上,经 CDB 写到 ROB 以及所有等待该结果的保留站。然后释放产生该结果的保留站。store 指令在本阶段完成,其操作有些特殊(与 Tomasulo 算法不同):如果要写入存储器的数据已经就绪,就把该数据写入分配给该 store 指令的 ROB 项。否则,就监测 CDB,直到那个数据在 CDB 上播送出来,才将之写入分配给该 store 指令的 ROB 项。

(4) 确认。

这一阶段对分支指令、store 指令以及其他指令的处理不同。

① 对于除分支指令和 store 指令以外的指令来说,当该指令到达 ROB 队列的头部而且其结果已经就绪时,就把该结果写入该指令的目的寄存器,并从 ROB 中删除该指令。

② 对 store 指令的处理与①类似,只是它是把结果写入存储器。

③ 当预测错误的分支指令到达 ROB 队列的头部时,就表示是错误的前瞻执行。这时要清空 ROB,并从分支指令的另一个分支重新开始执行。

④ 当预测正确的分支指令到达 ROB 队列的头部时,该指令执行完毕。

一旦指令得到确认,就释放它所占用的 ROB 项。当 ROB 满时,就停止指令的流出,直到有空闲项被释放出来。

例 5.4 假设浮点功能部件的延迟时间为:加法 2 个时钟周期,乘法 10 个时钟周期,除法 40 个时钟周期。对于下面的代码段,给出当指令 MUL.D 即将确认时的状态表内容。

```
L.D    F6,34(R2)
L.D    F2,45(R3)
MUL.D  F0,F2,F4
SUB.D  F8,F6,F2
DIV.D  F10,F0,F6
ADD.D  F6,F8,F2
```

解 状态表的内容如图 5.16 所示。这时指令 SUB.D 尽管已经执行完毕,但需要等到 MUL.D 得到确认后才能确认。保留站和寄存器状态表与 Tomasulo 算法保存的信息类似,所不同的是 Qi 和 Qk 字段以及寄存器状态字段中存放的是 ROB 项的编号,而不是保留站的编号。而且在保留站中增加了 Dest 字段。Dest 字段指出是哪个 ROB 项将接收该保留站产生的结果。$\#x$ 表示 ROB 项 x 中的数值字段。

图中,ROB 中的两条 load 指令已经完成,放在那里只是为了便于理解。尽管 SUB.D 和 ADD.D 指令还没有确认(需要等 MUL.D 先确认),但结果已经产生,放在 ROB 中的 Value 字段,可以用作其他指令的源操作数。

通过把这个例子与图 5.8 比较,可以看到前瞻执行和 Tomasulo 算法的一个重要区别,即前瞻执行通过增添的 ROB 实现了指令的顺序完成,而在 Tomasulo 算法中则是可以乱序完成的。在上面的例子中,MUL.D 是第一条尚未确认的指令,其后的指令 SUB.D,DIV.D,ADD.D 都未得到确认。虽然 DIV.D 指令是因其执行时间长而尚未完成执行,但 SUB.D 和

名称	保留站							
	Busy	Op	Vj	Vk	Qj	Qk	Dest	A
Load1	no							
Load2	no							
Add1	no							
Add2	no							
Add3	no							
Mult1	no	MUL.D	Mem[45+Regs[R3]]	Regs[F4]			#3	
Mult2	yes	DIV.D	#2×Regs[F4]	Mem[34+Regs[R2]]			#5	

项号	ROB					
	Busy	指令		状态	目的	Value
1	no	L.D	F6, 34(R2)	确认	F6	Mem[34+Regs[R2]]
2	no	L.D	F2, 45(R3)	确认	F2	Mem[45+Regs[R3]]
3	yes	MUL.D	F0, F2, F4	写结果	F0	#2×Regs[F4]
4	yes	SUB.D	F8, F6, F2	写结果	F8	#1－#2
5	yes	DIV.D	F10, F0, F6	执行	F10	
6	yes	ADD.D	F6, F8, F2	写结果	F6	#4＋#2

字段	浮点寄存器状态							
	F0	F2	F4	F6	F8	F10	…	F30
ROB项编号	3			6	4	5		
Busy	yes	no	no	yes	yes	yes	…	no

图 5.16 前瞻执行中 MUL.D 确认前，保留站和 ROB 的状态

ADD.D 都已完成了执行（就只差最后一步的确认了），它们都要等其前面的指令都确认后，才能够得到确认。而在图 5.8 中，在 MUL.D 指令即将写结果时，SUB.D 和 ADD.D 指令都已经全部完成了，是乱序完成的。

由于前瞻执行通过 ROB 实现了指令的顺序完成，所以它不仅能够进行前瞻执行，而且能够实现精确异常。在上述例子中，如果指令 MUL.D 引起异常，我们先不予理睬，等到它到达 ROB 的头部，再对该异常进行处理，同时清除所有正在执行的指令。这样就实现了精确异常。相反，在例 5.3 的 Tomasulo 算法的例子中，SUB.D 和 ADD.D 指令在 MUL.D 产生异常之前就早已完成，F8 和 F6（SUB.D 和 ADD.D 指令的目的寄存器）的原内容已经被覆盖了，因而这个异常是不精确的。

尽管这里使用这种前瞻执行的技术是针对浮点的，它可以很容易地推广到整数寄存器和整数功能单元上。实际上，前瞻执行对于整数程序更有效，因为这些程序中的分支特征更不容易预测。基于硬件的前瞻和动态调度相结合，可以做到系统结构相同但实现不同的机器能够使用相同的编译器。

前瞻执行的主要缺点是：所需的硬件太复杂。与 Tomasulo 算法相比，在控制方面复杂多了，因而在控制逻辑硬件方面增加了许多。

5.5 多指令流出技术

视频讲解

前面介绍的技术能够减少或消除数据冲突和控制冲突导致的停顿，使CPI尽可能往CPI＝1的理想情况靠拢。但由于所考虑的只是单流出情况，CPI不可能小于1。如果想进一步提高性能，使CPI小于1，就必须采用多流出技术(Multiple Issue)，在每个时钟周期流出多条指令。单流出和多流出处理机执行指令的时空图对比如图5.17所示。

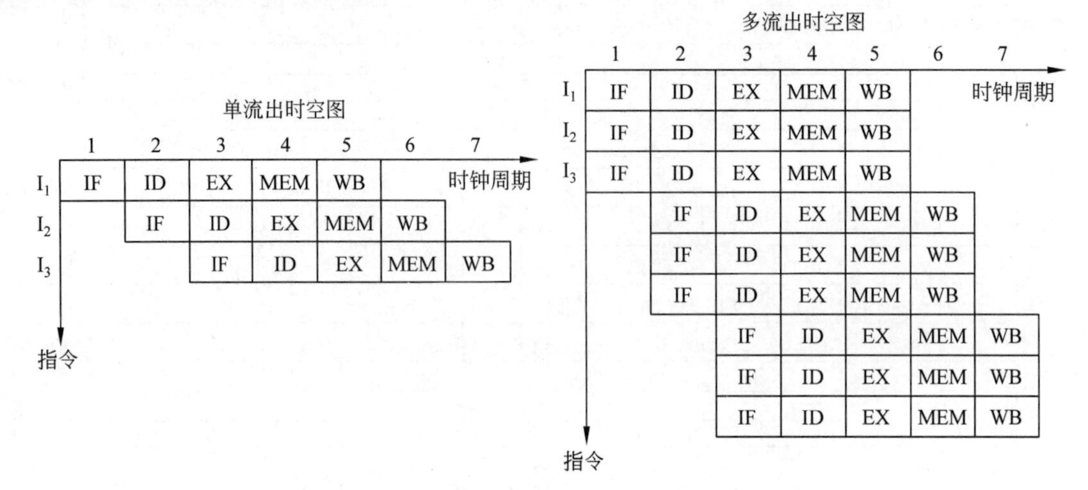

图5.17 单流出和多流出处理机执行指令的时空图

多流出处理机有两种基本风格：超标量(superscalar)、超长指令字(Very Long Instruction Word，VLIW)。超标量在每个时钟周期流出的指令条数不固定，依代码的具体情况而定，不过有个上限。如果这个上限为n，就称该处理机为n-流出。对于超标量处理机，既可以通过编译器进行静态调度，也可以基于Tomasulo算法进行动态调度。静态调度的超标量处理机一般采用按序执行，而动态调度的处理机一般采用乱序执行。

虽然超流水线处理机也能在一个时钟周期内流出多条指令，但这些指令是分时流出的。与超标量和VLIW的同时流出还是不同的。

与超标量处理机不同，超长指令字(VLIW)处理机在每个时钟周期流出的指令条数是固定的，这些指令构成一条长指令或者一个指令包，在这个指令包中，指令之间的并行性是通过指令显式地表示出来的。这种处理机的指令调度由编译器静态完成。

与VLIW处理机相比，超标量处理机有以下两个优点。

(1) 超标量结构对程序员是透明的，处理机能自己检测下一条指令是否能流出，不需要由编译器或专门的变换程序对程序中的指令进行重新排列。

(2) 即使是没有经过编译器针对超标量结构进行调度优化的代码或是旧的编译器生成的代码也可以运行，当然运行的效果不会很好。要想达到很好的效果，方法之一就是使用动态超标量调度技术。

表5.2列出了一些基本的多流出技术、这些技术的特点以及采用这些技术的处理机实例。

表 5.2 各种多流出技术的特点以及采用这些技术的处理机

技　　术	流出结构	冲突检测	调　度	主 要 特 点	处理机实例
超标量(静态)	动态	硬件	静态	按序执行	Sun UltraSPARCⅡ/Ⅲ
超标量(动态)	动态	硬件	动态	部分乱序执行	IBM Power2
超标量(前瞻)	动态	硬件	带有前瞻的动态调度	带有前瞻的乱序执行	PentiumⅢ/4,MIPS R10K,Alpha 21264,HP PA 8500,IBM RS64Ⅲ
VLIW/LIW	静态	软件	静态	流出包之间没有冲突	Trimedia,i860
EPIC	主要是静态	主要是软件	主要是静态	相关性被编译器显式地标记出来	Itanium

5.5.1 基于静态调度的多流出技术

典型的超标量处理机每个时钟周期可流出1～8条指令。在静态调度的超标量处理机中,指令按序流出。所有的冲突检测都在流出时进行,由硬件检测当前流出的指令之间是否存在冲突以及当前流出的指令与正在执行的指令是否有冲突。如果在当前流出的指令序列中,某条指令存在着上述冲突,那么就只流出该指令之前的指令。

考虑一个4-流出的静态调度超标量处理机。在取指令阶段,流水线将从取指令部件收到1～4条指令,在一个时钟周期内,这些指令有可能全部都能流出,也可能只有一部分能流出。我们不妨把这些指令称为流出包。对于流出包中的任意一条指令来说,如果该指令的流出会与该流出包或者与已经在执行的某条指令产生结构冲突或者数据冲突,那么该指令就不能流出。这些检测是由流出部件完成的。

由于这些检测比较复杂,难以在一个时钟周期内完成,所以在许多静态调度的超标量处理机和所有动态调度的超标量处理机中,都是将之分成多个流水段,按流水方式工作。例如,可以让第一个段只进行流出包内的冲突检测,选出初步判定可以流出的指令,然后在第二段检测所选出的指令与正在执行的指令是否有冲突。

当要提高指令流出的速率时,指令流出段有可能会成为指令流水线的瓶颈。虽然把流出段拆分为两段还是比较直观的,但如何进一步分段就不是那么明显了。所以,指令流出段很可能会成为限制超标量处理机的时钟频率提高的一个因素。

如果MIPS处理机按超标量方式工作,结果将会怎样?假设每个时钟周期可以流出两条指令:“1条整数型指令+1条浮点操作指令”,其中把load指令、store指令、分支指令也归类为整数型指令。与任意的双流出相比,把整数指令和浮点指令结合流出是简单了不少,对硬件的要求也没那么高。这种配置和HP 7100处理机中采用的结构很类似,Intel的Pentium也有类似的结构,只不过它是针对整数运算的两路超标量。

为了实现每个时钟周期流出两条指令,显然要能够同时取两条指令(64位),也要能同时译码两条指令(64位)。对指令的处理包括以下步骤:①从Cache中取两条指令;②确定哪些指令可以流出(0～2条指令);③把它们发送到相应的功能部件。取两条指令还比较容易实现,若要取更多的指令,所要进行的处理就复杂多了。高性能超标量处理机一般是依靠一个独立的指令预取部件来提供足够的指令流。

对于上述简单的超标量处理机来说,冲突检测还比较简单,因为“1条整数型指令+1条浮点指令”的流出方式消除了大多数流出包内的冲突。主要的难点出现在当整数型指令是一条浮点load、store或move指令的情况。这时有可能会出现争用浮点寄存器端口或者产生新的RAW冲突。

在这个双流出超标量处理机中,指令执行的时空图如图5.18所示。其中假设所有的浮点指令都是加法指令,其执行时间为两个时钟周期。为简单起见,图中总是把整数指令放在浮点指令的前面,但实际上也可能是浮点指令在前面。从图中可以看出,在每个时钟周期,并行流出一条整数型指令和一条浮点指令,它们分别在各自的流水线上流动。

指令类型	流水线工作情况							
整数指令	IF	ID	EX	MEM	WB			
浮点指令	IF	ID	EX	EX	MEM	WB		
整数指令		IF	ID	EX	MEM	WB		
浮点指令		IF	ID	EX	EX	MEM	WB	
整数指令			IF	ID	EX	MEM	WB	
浮点指令			IF	ID	EX	EX	MEM	WB
整数指令				IF	ID	EX	MEM	WB
浮点指令				IF	ID	EX	EX	MEM

图5.18　双流出超标量流水线中指令的执行过程

这个双流出超标量处理机大大提高了浮点指令流出的速率。与此相匹配,还要提高其浮点运算能力,可以采用流水浮点运算部件或采用多个独立的浮点运算部件。否则,浮点部件会成为整条流水线的瓶颈,丧失双流出带来的好处。

采用“1条整数型指令+1条浮点指令”并行流出的方式,需要增加的硬件很少。这是因为整数指令和浮点指令使用不同的寄存器组和不同的功能部件。那么,到底需要增加怎样的硬件呢?首先,冲突检测逻辑电路的增加是少不了的。其次,是把所有load和store指令归类到整数型指令中,所以会出现浮点load或浮点store指令与浮点操作指令并行流出的情况,这会导致对浮点寄存器的访问冲突。因此需要给浮点寄存器增设一个读写端口。还有,由于流水线中的指令多了一倍,定向路径也要增加。

另外还有一个障碍限制了超标量流水线的性能发挥。在前述5段流水线中,load指令有一个时钟周期的延迟,这就使得紧跟其后,并使用其结果的指令要停顿一个时钟周期后才可以流出。在超标量流水线中,load指令的结果显然不能被同时流出的指令所使用,也不能被下一个周期流出的两条指令所使用(因load的延迟)。为避免引起停顿,load后续三条指令都不能使用其结果。再来看看分支延迟。在前述5段流水线中,分支延迟为一个时钟周期。如果分支指令是流出包中的第一条指令,则其延迟是三个时钟周期;否则就是流出包中的第二条指令,其延迟就是两个时钟周期。

为了能有效地利用超标量处理机所具有的并行性,需要采用更有效的编译技术或者硬件调度技术。如果不采用这些技术,超标量技术所能带来的性能上的提高可能很有限。

5.5.2　基于动态调度的多流出技术

在多流出处理机中,动态调度技术是提高性能的一种方法。动态调度不仅拥有能解决数据冲突和提高性能的典型优点,而且还有可能克服指令流出所受的限制。尽管从硬件的角度来看,在每个时钟周期最多只能启动一个整数操作和一个浮点操作的执行,但动态调度可以使得在指令流出时不受这个限制,至少在保留站被全部占用之前是如此。

假设要对 Tomasulo 算法进行扩展,使之能支持双流出超标量流水线。但又不想乱序地向保留站流出指令,因为这会破坏程序语义。为了充分利用动态调度的好处,也许应该去掉每个时钟周期只能流出一条整数指令和一条浮点操作指令的限制。但这会大大增加指令流出的硬件复杂度。

可以采用另一种比较简单的方法:将整数所用的表结构与浮点用的表结构分离开,分别进行处理,这样就可以同时流出一条浮点指令和一条整数指令到各自的保留站。

在采用动态调度的处理机中,有两种不同的方法可以用来实现多流出。它们都是建立在这样一个观点之上的:动态调度关键在于对保留站的分配和对流水线控制表格的修改。一种方法是在半个时钟周期里完成流出步骤,这样一个时钟周期就能处理两条指令。另一种方法是设置一次能同时处理两条指令的逻辑电路。现代的流出 4 条或 4 条以上指令的超标量处理机经常是综合采用这两种方法的,即不仅采用流水,而且还把流出电路加宽。

例 5.5 对于采用了 Tomasulo 算法和多流出技术的 MIPS 流水线,考虑以下简单循环的执行。该程序把 F2 中的标量加到一个向量的每个元素上。

```
Loop: L.D       F0,0(R1)          //取一个数组元素放入 F0
      ADD.D     F4,F0,F2          //加上在 F2 中的标量
      S.D       F4,0(R1)          //存结果
      DADDIU    R1,R1,#-8         //指针减 8(每个数据占 8 个字节)
      BNE       R1,R2,Loop        //若 R1 不等于 R2,表示尚未结束,转移
                                  //到 Loop 继续
```

现做以下假设:

(1) 每个时钟周期能流出一条整数指令和一条浮点指令,即使它们相关也是如此。

(2) 整数 ALU 运算和地址计算共用一个整数部件;并且对于每一种浮点操作类型都有一个独立的流水化了的浮点功能部件。

(3) 指令流出和写结果各占用一个时钟周期。

(4) 具有动态分支预测部件和一个独立的计算分支条件的功能部件。

(5) 跟大多数动态调度处理器一样,写回段的存在意味着实际的指令延迟会比按序流动的简单流水线多一个时钟周期。所以,从产生结果数据的源指令到使用该结果数据的指令之间的延迟为:整数运算一个周期,load 两个周期,浮点加法运算三个周期。

① 请列出该程序前面三个循环中各条指令的流出、开始执行和将结果写到 CDB 上的时间。

② 如果分支指令单流出,没有采用延迟分支,但分支预测是完美的。请列出整数部件、浮点部件、数据 Cache 以及 CDB 的资源使用情况。

解 执行时,该循环将动态展开,并且只要可能就流出两条指令。表 5.3 列出了各指令执行到几个操作点的时间。表 5.4 则给出了资源的使用情况。可以看出,每三个时钟周期就执行一个新循环,每个循环 5 条指令,因此其 IPC 为 5/3=1.67。虽然指令的流出率比较高,但是执行效率并不是很高,16 拍共执行 15 条指令,平均指令执行速度为 15/16=0.94 条/拍。

表5.3 基于Tomasulo算法的双流出超标量流水线中指令的流出、执行和写CDB的时间

遍数	指令	流出	执行	访存	写CDB	说明
1	L.D F0,0(R1)	1	2	3	4	流出第一条指令
1	ADD.D F4,F0,F2	1	5		8	等待L.D的结果
1	S.D F4,0(R1)	2	3	9		等待ADD.D的结果
1	DADDIU R1,R1,#-8	2	4		5	等待ALU(计算指令S.D的有效地址也是用该ALU)
1	BNE R1,R2,Loop	3	6			等待DADDIU的结果
2	L.D F0,0(R1)	4	7	8	9	等待BNE完成
2	ADD.D F4,F0,F2	4	10		13	等待L.D的结果
2	S.D F4,0(R1)	5	8	14		等待ADD.D的结果
2	DADDIU R1,R1,#-8	5	9		10	等待ALU
2	BNE R1,R2,Loop	6	11			等待DADDIU的结果
3	L.D F0,0(R1)	7	12	13	14	等待BNE完成
3	ADD.D F4,F0,F2	7	15		18	等待L.D的结果
3	S.D F4,0(R1)	8	13	19		等待ADD.D的结果
3	DADDIU R1,R1,#-8	8	14		15	等待ALU
3	BNE R1,R2,Loop	9	16			等待DADDIU的结果

表5.4 资源使用情况

时钟周期	整型ALU	浮点ALU	数据Cache	CDB
2	1/L.D			
3	1/S.D		1/L.D	
4	1/DADDIU			1/L.D
5		1/ADD.D		1/DADDIU
6				
7	2/L.D			
8	2/S.D		2/L.D	1/ADD.D
9	2/DADDIU		1/S.D	2/L.D
10		2/ADD.D		2/DADDIU
11				
12	3/L.D			
13	3/S.D		3/L.D	2/ADD.D
14	3/DADDIU		2/S.D	3/L.D
15		3/ADD.D		3/DADDIU

续表

时钟周期	整型 ALU	浮点 ALU	数据 Cache	CDB
16				
17				
18				3/ADD.D
19			3/S.D	
20				

说明：

(1) store 和分支指令不经过写结果段，因为它们不写寄存器。

(2) 对于 load 和 store 来说，在执行段进行有效地址计算。

(3) 对于分支指令来说，在执行段进行转移条件判定，并检测分支预测是否正确。假设它所用的操作数一旦就绪，就可以立即执行。

(4) 请注意：下一个循环迭代中的 load 指令比当前迭代的 store 指令先访问存储器。

在上述这个例子中，将其吞吐率与单流出流水线相比较，超标量方法的改进不大。其原因是浮点运算少，ALU 部件成了瓶颈。

为解决这个问题，可以考虑在此结构的基础上增加一个加法器，把 ALU 功能和地址运算功能分开。不过，这样做会出现多条指令同时写 CDB 的情况，也就是出现了 CDB 竞争。在增加了一条 CDB 以后，竞争消失。但这已经在原有结构的基础上增加了大量的硬件，系统开始变得很复杂了。

解决这个问题的另一种办法是采用第 6 章介绍的编译技术。

上述双流出动态调度流水线的性能受限于以下三个因素。

(1) 整数部件和浮点部件的工作负载不平衡，没有充分发挥出浮点部件的作用。应该设法减少循环中整数型指令的数量。

(2) 每个循环迭代中的控制开销太大。5 条指令中有两条指令是辅助指令。应该设法减少或消除这些指令。6.1 节中将介绍减少这种开销的方法。

(3) 控制相关使得处理机必须等到分支指令的结果出来后才能开始下一条 LD 指令的执行。采用 5.4.3 中的前瞻执行可以解决这个问题。

5.5.3 超长指令字技术

下面只做简单的介绍。更详细的论述见 6.3 节。

超长指令字(Very Long Instruction Word，VLIW)技术是另一种多指令流出技术。与超标量不同，它在指令流出时不需要进行复杂的冲突检测，而是依靠编译器全部安排好了。在编译时，编译器找出指令之间潜在的并行性，并通过指令调度把可能出现的数据冲突减少到最少，最后把能并行执行的多条指令组装成一条很长的指令。这种指令字经常是一百多位到几百位的，超长指令字因此得名。

在 VLIW 处理机中一般设置有多个功能部件。相应地，指令字也被分割成一些字段，每个字段称为一个操作槽，直接独立地控制一个功能部件。为了使功能部件充分忙碌，程序指令序列中应有足够的并行性,从而尽量填满每个操作槽。这种并行性是完全依靠编译器来挖掘的。它不需要超标量处理机中用于指令流出控制的硬件,因而控制硬件比较简单。特别是当流出宽度增加时,VLIW 技术的优点更加明显。

当然,VLIW 也存在一些问题,包括:

(1) 程序代码长度增加了。

有两个因素导致代码长度的增加,一个是为了提高并行性而进行的大量的循环展开,另一个是指令字中的操作槽并非总能填满。虽然编译器会尽量使各操作部件充分忙碌,但总会出现无法安排指令到操作部件执行的情况,这时指令字中与该操作部件对应的操作槽就没有被利用起来,这会造成空间上的浪费。

为了解决这个问题,可采用指令共享立即数字段的方法,或者采用“指令压缩存储-调入 Cache 或译码时展开”的方法。

(2) 采用了锁步机制。

由于没有冲突检测硬件,早期的 VLIW 都采用了锁步机制(lockstep)。即任何一个操作部件出现停顿时,整个处理机都要停顿,这是因为所有的功能部件都是同步操作的。当指令流出速率和访存数量增加很多时,这个同步限制条件就变得让人无法接受了。在新近的 VLIW 处理机中,各功能部件有更多的独立性。可以通过设置适当的硬件动态检测机制,来允许指令流出后的非同步执行。

(3) 机器代码的不兼容性。

在 VLIW 中,编译生成代码时,是充分利用了指令系统的特点以及具体流水线结构的细节(如指令流出数目、功能单元延迟时间等都不同)来进行优化的,所以在不同配置的 VLIW 机器中,机器代码差别很大。即使是同一系列的 VLIW 机器也难以实现机器代码的兼容。而超标量处理机在这方面则好很多。

为了解决这个问题,可以采用机器代码翻译或者仿真的方法。这两种方法实际上是解决所有移植问题的通用方法。

5.5.4 多流出处理器受到的限制

多指令流出处理器受哪些因素的限制呢?既然每个时钟周期可以流出 5 条指令,那为什么不能流出更多条呢?实际上,处理器中指令的流出能力是有限的,它主要受以下三个方面的影响。

(1) 程序所固有的指令级并行性。

(2) 硬件实现上的困难。

(3) 超标量和超长指令字处理器固有的技术限制。

其中,第一个限制是最简单的也是最根本的因素。对于流水线处理器,需要有大量可并行执行的操作才能避免流水线出现停顿。如果浮点流水线的延迟为 5 个时钟周期,要使该浮点流水线不停顿,就必须有 5 条无相关的浮点指令。通常情况下,所需要的无相关指令数等于流水线的深度乘以可以同时工作的功能部件数。例如要使具有 5 个功能部件的流水线充分忙碌,大约需要连续 15~25 条无相关指令。

第二个限制,是多流出的处理器需要大量的硬件资源。因为每个时钟周期不仅要流出多条指令,而且还要执行它们。随着每个时钟周期流出指令数的增加,所需的硬件成正比例地增长，这包括控制流出的硬件、整数运算部件和浮点运算部件等。同时，所需的存储器带宽和寄存器带宽也大大增加了，这样的带宽要求必然导致大量增加硅片面积，而加大面积会导致时钟频率下降、功耗增加、可靠性降低等一系列问题。

如果要使流出指令的数目增加，就需要进一步增加更多的存储器端口。这时，只增加运算部件是没用的，因为这时处理器受限于存储器的带宽。多端口、层次化的存储系统带来的系统复杂性和访问延迟，可能是指令多流出技术所面临的最严重的硬件的限制。

多指令流出所需的硬件量随实现方法的不同有很大的差别。一个极端是动态调度的超标量处理器，无论采用记分牌技术还是 Tomasulo 算法，都需要大量的硬件，而且动态调度也大大增加了设计的复杂性，使提高时钟频率更加困难。另一个极端是 VLIW 处理器，指令的流出和调度仅需要很少甚至不需要额外的硬件，因为这些工作全都由编译器完成。这两种极端之间是现存的多数超标量处理器，它们将编译器的静态调度和硬件的动态调度机制结合起来，共同决定可同时并行流出的指令数。设计多流出处理器的主要难点是：访存的开销、硬件的复杂性和编译器技术的难度。各个因素的权衡和技术的取舍，往往取决于设计人员认为它们对性能有多大影响。

5.5.5 超流水线处理机

在第 3 章介绍的流水处理机中，是把一条指令的执行过程分解为取指令、译码、执行、访存、写结果 5 个流水段。如果把其中的每个流水段进一步细分，例如，分解为两个延迟时间更短的流水段，则一条指令的执行过程就要经过 10 个流水段。这样，在一个时钟周期内，取指令、译码、执行、访存、写结果等各段都在处理各自的两条指令。这种在一个时钟周期内能够分时流出多条指令的处理机称为超流水线处理机(Superpipelining)。

前面介绍的超标量处理机是通过重复设置多份硬件来提高性能的，即设置多个取指部件，设置多个译码、执行、访存、写结果等部件，并让它们同时工作。它需要增加比较多的硬件。而超流水线处理机则不同，它只需要增加少量硬件，是通过各部分硬件的充分重叠工作来提高性能的。超标量处理机采用的是空间并行性，而超流水线处理机采用的是时间并行性。

对于一台每个时钟周期能流出 n 条指令的超流水线计算机来说，这 n 条指令不是同时流出的，而是每隔 $1/n$ 个时钟周期流出一条指令。因此，实际上该超流水线计算机的流水线周期为 $1/n$ 个时钟周期。图 5.19 是一台每个时钟周期分时流出两条指令的超流水线计算机的时空图。该图只是超流水线计算机原理上的指令执行时空图。实际上，流水段还要进一步细分，将一个流水段再细分为多个流水级(在本节，用流水“级”来表示流水“段”进一步细分后的结果)，每一个流水级也都有名称。在分解流水段时，根据实际情况，各段的级数可以多少不一。例如将取指令段再细分为“取指 1”和“取指 2”两个级，把译码段再细分为“译码”和“取操作数”两个级等，而 WB 段一般不再细分。在有的资料中，把指令流水线级数为 8 或 8 以上的流水线处理机称为超流水线处理机。

在目前大量使用的微处理器中，SGI 公司的 MIPS 系列 R4000 是典型的超流水线处理器。R4000 微处理器芯片内有两个 Cache：指令 Cache 和数据 Cache，容量都是 8KB，每个 Cache 的数据宽度为 64 位。

整数部件是 R4000 的核心处理部件，它主要包括一个 32×32 位的通用寄存器组，一个算术逻辑部件(ALU)，一个专用的乘法/除法部件。整数部件负责取指令，整数操作的译码和执行,load/store 操作的执行等。通用寄存器组有两个输出端口和一个输入端口,用于标量整数操作和地址计算,并设置专用的数据通路,可以对每一个寄存器读写两次。算术逻辑部件包括一个整数加法器和一个逻辑部件,负责执行算术运算操作、地址运算和所有的移位操作。乘法/除法部件能够执行 32 位带符号和不带符号的乘法或除法操作,它可以和 ALU 部件并行地执行指令。

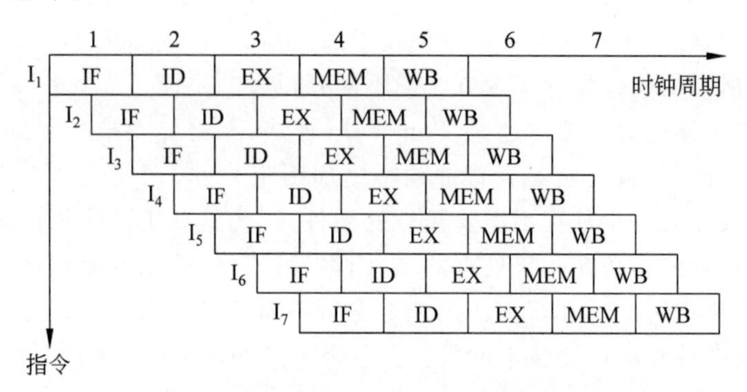

图 5.19 超流水线处理机的指令执行时空图

浮点部件包括一个执行部件和一个 16×64 位的浮点通用寄存器组。浮点通用寄存器组也可以设置成 32 个 32 位的浮点寄存器。浮点执行部件由浮点乘法部件、浮点除法部件和浮点加法/转换/求平方根部件三个独立的部件组成,它们可以并行工作。

R4000 的指令流水线有 8 级,如图 5.20 所示。这里把取指令段细分成了两级:IF 和 IS,把取数据也细分成了两级:DF 和 DS,各级的功能如下。

IF:取指令的前半步,根据 PC 值去启动对指令 Cache 的访问。

IS:取指令的后半步,在这一级完成对指令 Cache 的访问。

RF:指令译码,访问寄存器组读取操作数,冲突检测,并判断指令 Cache 是否命中。

EX:指令执行,包括有效地址计算,ALU 操作,分支目标地址计算,条件码测试。

DF:取数据的前半步,启动对数据 Cache 的访问。

DS:取数据的后半步,在这一级完成对数据 Cache 的访问。

TC:标识比较,判断对数据 Cache 的访问是否命中。

WB:load 指令或运算型指令把结果写回寄存器组。

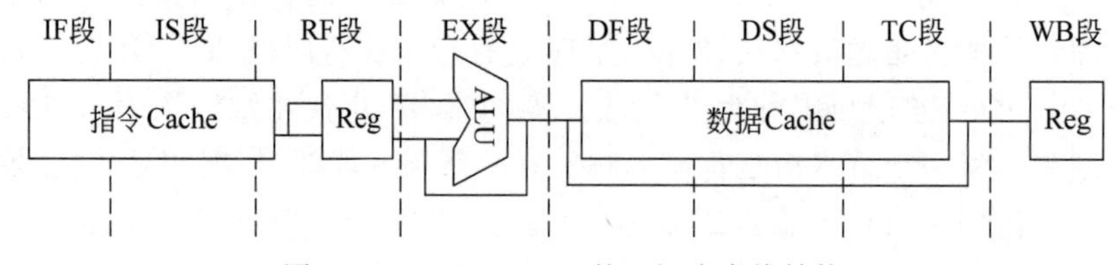

图 5.20 MIPS R4000 的 8 级流水线结构

图中垂直的虚线表示级与级之间的界限,也即流水寄存器所在的位置。在该流水线中,指令在 IS 的末尾就可以使用了。不过判断指令 Cache 是否命中是在 RF 段执行的。对于非存储器访问指令,如果指令 Cache 命中,指令就可以在 EX 流水级执行,执行结果可以在 EX 的末尾得到。对于存储器访问指令,则是在 DF 和 DS 流水级期间访问数据 Cache 的,这时存储管理部件(MMU)要在这两个流水级中把数据的虚拟地址变换成主存物理地址,然后在 TC 段把该物理地址与从数据 Cache 中读出的标识(tag)进行比较,判断是否命中(关于 Cache 的知识,见第 7 章)。对于 store 指令来说,如果命中,只要把数据送到写入缓冲器,由写入缓冲器负责把数据写到数据 Cache 的指定单元中去。对于非存储器操作指令,在 WB(写结果)流水级把指令的最后执行结果写回到通用寄存器组中。

正常情况下,MIPS R4000 指令流水线时空图如图 5.21 所示。一条指令的执行过程经历 8 个流水线周期。从流水线的输入端看,每一个流水线周期启动一条指令。同样,从流水线输出端看,每一个流水线周期执行完一条指令。当流水线被填满时,如图 5.21 的黑框所示,有 8 条指令在同时执行。如果把两个流水线周期看作一个时钟周期,则在一个时钟周期内分时流出了两条指令。同样,在一个时钟周期内也完成了两条指令。

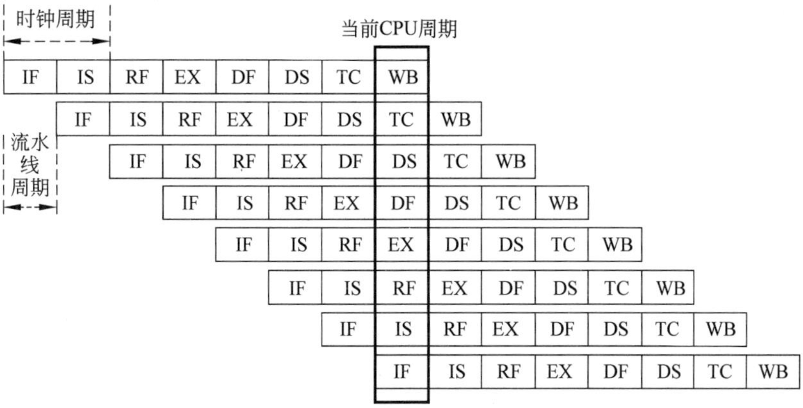

时钟周期 / 流水线周期 / 当前CPU周期（黑框为第8列）

							当前CPU周期							
IF	IS	RF	EX	DF	DS	TC	WB							
	IF	IS	RF	EX	DF	DS	TC	WB						
		IF	IS	RF	EX	DF	DS	TC	WB					
			IF	IS	RF	EX	DF	DS	TC	WB				
				IF	IS	RF	EX	DF	DS	TC	WB			
					IF	IS	RF	EX	DF	DS	TC	WB		
						IF	IS	RF	EX	DF	DS	TC	WB	
							IF	IS	RF	EX	DF	DS	TC	WB

图 5.21 MIPS R4000 正常指令的流水线时空图

对于 load 指令,数据要在 DS 的末尾才能准备好。紧跟其后的指令若是需要使用该 load 取来的数据,就要等待两个流水线周期(已经采用了数据定向),如图 5.22 所示。可以

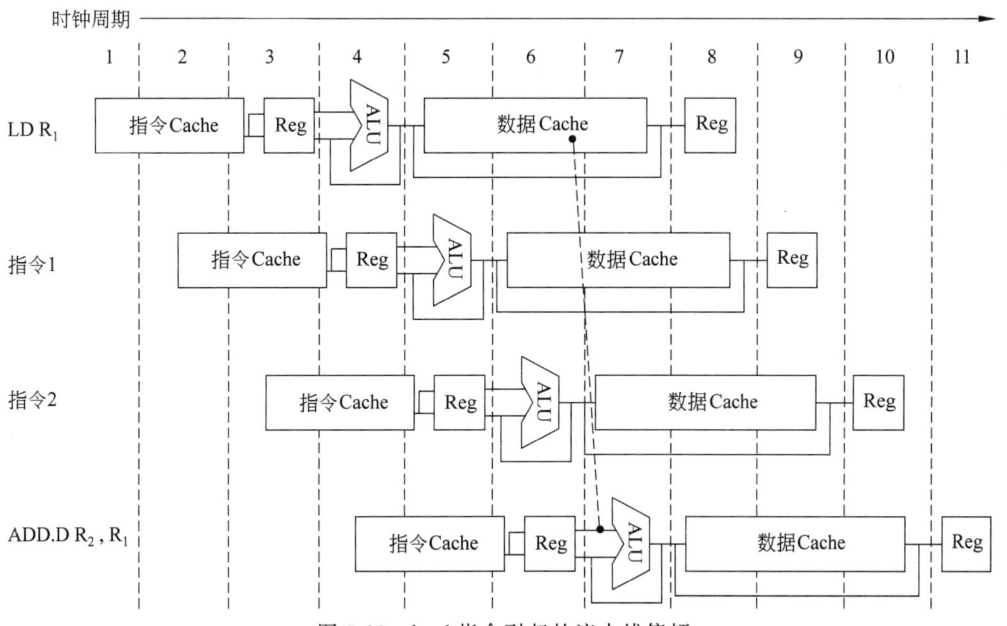

图 5.22 load 指令引起的流水线停顿

看出,这时数据Cache是否命中的结果还没出来,流水线实际上超前使用了该数据。如果后面发现数据Cache不命中,流水线就要等正确的数据来到时,回退一个时钟周期,然后继续执行。

习 题 5

5.1 解释下列名词。

指令级并行	IPC	循环级并行性	指令的动态调度
指令的静态调度	不精确异常	精确异常	CDB
动态分支预测技术	BHT	分支目标缓冲	前瞻执行
ROB	超标量	超流水	超长指令字

5.2 为了保证程序执行的正确性,必须保持哪两个最关键的属性?简述其含义。

5.3 记分牌算法中,记分牌中记录的信息由哪三部分构成?

5.4 简述Tomasulo算法的基本思想。

5.5 采用动态分支预测技术的目的是什么?在所采用的方法中,需要解决哪些关键问题?

5.6 给出采用分支目标缓冲器(BTB)后,在流水线三个阶段(IF段、ID段、EX段)所进行的相关操作有哪些?

5.7 基于硬件的前瞻执行是把哪三种思想结合在了一起?

5.8 假设有一条长流水线,仅对条件转移指令使用分支目标缓冲。假设分支预测错误的开销为4个时钟周期,缓冲不命中的开销为3个时钟周期。假设:命中率为90%,预测精度为90%,分支频率为15%,没有分支的基本CPI为1。

(1) 求程序执行的CPI。

(2) 相对于采用固定的2个时钟周期延迟的分支处理,采用哪种方法能使程序执行速度更快?

5.9 假设分支目标缓冲的命中率为90%,程序中无条件转移指令的比例为5%,没有无条件转移指令的程序CPI值为1。假设分支目标缓冲中包含分支目标指令,允许无条件转移指令进入分支目标缓冲,则程序的CPI值为多少?假设原来的CPI=1.1。

5.10 对于两路超标量处理器,从存储器取数据有两拍附加延迟,其他操作均有一拍附加延迟,对于下列代码:

```
LW      R4,(R5)
LW      R7,(R8)
DADD    R9,R4,R7
LD      R10,(R11)
DMUL    R12,R13,R14
DSUB    R2,R3,R1
SW      R15,(R2)
DMUL    R21,R4,R7
SW      R23,(R22)
SW      R21,(R24)
```

请按以下要求进行指令调度。

(1) 假设两路功能部件中同时最多只有一路可以是访问存储器的操作,同时也最多只有一路可以是运算操作,指令顺序不变。

(2) 假设两路功能部件均可以执行任何操作,指令顺序不变。

(3) 假设指令窗口足够大,指令可以乱序流出,两路功能部件均可以执行任何操作。

5.11 设指令流水线由取指令、分析指令和执行指令三个部件构成,每个部件经过的时间为 Δt,连续流入 12 条指令。分别画出标量流水处理机以及 ILP 均为 4 的超标量处理机、超长指令字处理机、超流水处理机的时空图,并分别计算它们相对于标量流水处理机的加速比。

第 6 章 指令级并行的开发——软件方法

内容提要

(1) 基本指令调度和循环展开；
(2) 跨越基本块的静态指令调度；
(3) 静态多指令流出：VLIW 技术；
(4) 显式并行指令计算；
(5) 开发更多的指令级并行；
(6) 实例：IA-64 体系结构。

开发指令级并行的方法很多，除了第 5 章中介绍的硬件机制外，编译器也承担了相当一部分工作。我们将编译器所使用的指令级并行开发方法称作“软件方法”。与硬件方法相比，由于编译时能够“虚拟”出一个很大的指令窗口，软件方法有潜力开发出更多的指令级并行。但是，缺乏必要的运行时信息(如寄存器的值、访存指令的延迟、分支转移的方向等)又使得软件方法的实际效果大打折扣，因此软件方法通常需要与一定的硬件机制结合在一起使用。

视频讲解

6.1 基本指令调度和循环展开

6.1.1 指令调度的基本方法

为了充分发挥流水线的作用，必须设法让它满负荷地工作，这就要求充分开发指令之间存在的并行性，找出不相关的指令序列，让它们在流水线上重叠并行执行，这一工作就是指令调度。本节讨论这种通过编译器来开发指令级并行的方法。

编译器完成指令调度的能力受限于两个特性：①程序固有的指令级并行；②流水线功能部件的执行延迟。在本节中，假设浮点流水线的延迟如表 6.1 所示。

表 6.1 本节使用的浮点流水线的延迟

产生结果的指令	使用结果的指令	延迟(时钟周期数)
浮点计算	另一个浮点计算	3
浮点计算	浮点 store(S.D)	2
浮点 load(L.D)	浮点计算	1
浮点 load(L.D)	浮点 store(S.D)	0

需要说明的是,由于浮点 load 指令的结果可以通过定向路径及时地送给浮点 store 指令,所以延迟为 0(就是不用插入停顿)。与以前一样,仍假设是采用图 3.17 中的 5 段整数流水线,分支的延迟和整数 load 指令的延迟都是一个时钟周期,并假设整数运算部件是全流水的或者重复设置了足够多的份数,因而每个时钟周期都能流出一条整数指令。

下面通过一个实例对指令调度进行研究和性能分析。

例 6.1 对于下面的源代码,转换成 MIPS 汇编语言,在不进行指令调度和进行指令调度两种情况下,分析其代码一次循环所需的执行时间。

```
for (i=1000;i>0;i--)
    x[i]=x[i]+s;
```

解 先把该程序翻译成 MIPS 汇编语言代码,如下所示。

```
Loop: L.D     F0,0(R1)          //取一个向量元素放入 F0
      ADD.D   F4,F0,F2          //加上在 F2 中的标量
      S.D     F4,0(R1)          //存结果
      DADDIU  R1,R1,#-8         //将指针减 8(每个数据占 8 字节)
      BNE     R1,R2,Loop        //若 R1 不等于 R2,则表示尚未结束,转移
                                //到 Loop 继续
```

其中,整数寄存器 R1 用于指向向量中的当前元素,其初值指向第一个元素,8(R2)指向最后一个元素,浮点寄存器 F2 用于保存常数 *s*。

在不进行指令调度的情况下,根据表 6.1 中给出的浮点流水线中指令执行的延迟,程序的实际执行情况如下。

```
                                指令流出时钟
Loop:   L.D      F0,0(R1)            1
        (空转)                        2
        ADD.D    F4,F0,F2            3
        (空转)                        4
        (空转)                        5
        S.D      F4,0(R1)            6
        DADDIU   R1,R1,#-8           7
        (空转)                        8
        BNE      R1,R2,Loop          9
        (空转)                        10
```

可以看出,每完成一个元素的操作需要 10 个时钟周期,其中有 5 个是空转周期。在用编译器对上述程序进行指令调度以后,程序的执行情况如下。

```
                                指令流出时钟
Loop:   L.D      F0,0(R1)            1
        DADDIU   R1,R1,#-8           2
        ADD.D    F4,F0,F2            3
        (空转)                        4
        BNE      R1,R2,Loop          5
        S.D      F4,8(R1)            6
```

这里,把DADDIU指令调度到了L.D指令和ADD.D指令之间的“空转”拍。把S.D指令放到了分支指令的延迟槽中。由于修改指针的DADDIU指令被调度到了S.D指令之前,提前对指针进行了减8的操作,所以要对S.D指令中的偏移量进行修正,即把“0(R1)”改为“8(R1)”。

经过这样的指令调度后,产生一个元素的时间从10个时钟周期减少到了6个时钟周期,其中5个周期是有指令执行的,只剩下一个空转周期。

从这个例子可以看出,编译时指令调度并不会真正消除指令间的相关,而是通过重新安排指令的流出顺序(如DADDIU、S.D指令),使得指令间的相关尽可能少地引起流水线空转,从而减少整个指令序列在流水线上的执行时间。另一个需要注意的地方是,按照本节介绍的基本指令调度方法,指令调度不能跨越分支指令,本例中S.D指令被调度到BNE指令的分支延迟槽中,不属于跨越分支指令的情况。

进一步分析上面的例子可以发现,虽然对一个元素的操作时间从10个时钟周期减少到了6个时钟周期,但是其中只有L.D、ADD.D和S.D这三条指令是我们需要的有效操作,占用3个时钟周期,而DADDIU、空转和BNE这3个时钟周期都是为了控制循环和解决数据相关等待而附加的,因此整个执行过程中有效操作的比例并不高。这是因为每个循环迭代中只有5条指令,进行指令调度的余地很小,必须想办法增加每个循环迭代中的指令数。循环展开(Loop Unrolling)就是解决这一问题的有效方法之一。

视频讲解

6.1.2 循环展开

增加指令间并行性最简单和最常用的方法,是开发循环级并行性(Loop Level Parallelism,LLP)——循环的不同迭代之间存在的并行性。所谓循环展开(Loop Unrolling)就是指把循环体的代码复制多次并按顺序排放,然后相应地调整循环的结束条件。通过循环展开,多个循环迭代的代码可以合到一起调度,给编译器进行指令调度带来了更大的空间,而且还能够消除中间的分支指令和循环控制指令引起的开销。通过下面的例子,可以更清楚地看到循环展开技术所带来的好处。

例6.2 将上述例子中的循环展开3次得到4个循环体,然后对展开后的指令序列在不调度和调度两种情况下,分析代码的性能。假定R1的初值为32的倍数,即循环次数为4的倍数。消除冗余的指令,并且不要重复使用寄存器。

解 显然这一循环的不同迭代之间是不存在相关的,所以多次迭代可以并行执行。

由于假定R1的初值为32的倍数,即循环次数为4的倍数,因此在将循环体展开4次之后,循环结束时没有剩余尚未执行的操作,无须在循环体后面增加补偿代码。

首先分配寄存器(注意:不重复使用寄存器)。F0、F4用于展开后的第一个循环体,F2用于保存常数,把F6和F8用于展开后的第二个循环体,F10和F12用于第三个循环体,F14和F16用于第四个循环体。这里不重复使用寄存器实际上就是进行了重命名。展开后没有调度的代码如下。

```
                                    指令流出时钟
Loop:   L.D      F0,0(R1)           1
        (空转)                      2
        ADD.D    F4,F0,F2           3
```

```
(空转)                        4
(空转)                        5
S.D       F4,0(R1)            6
L.D       F6,-8(R1)           7
(空转)                        8
ADD.D     F8,F6,F2            9
(空转)                        10
(空转)                        11
S.D       F8,-8(R1)           12
L.D       F10,-16(R1)         13
(空转)                        14
ADD.D     F12,F10,F2          15
(空转)                        16
(空转)                        17
S.D       F12,-16(R1)         18
L.D       F14,-24(R1)         19
(空转)                        20
ADD.D     F16,F14,F2          21
(空转)                        22
(空转)                        23
S.D       F16,-24(R1)         24
DADDIU    R1,R1,#-32          25
(空转)                        26
BNE       R1,R2,Loop          27
(空转)                        28
```

这里把展开后的前三个循环体中的 DADDIU 指令删除了，并对 L.D 指令中的偏移量进行了相应的修正。对最后留下的 DADDIU 指令中的立即数也进行了相应的调整。

这个循环每遍共使用了 28 个时钟周期，有 4 个循环体，完成 4 个元素的操作，平均每个元素使用 28/4=7 个时钟周期。与原代码的每个元素需要 10 个时钟周期相比，节省了不少的时间。这主要是从减少循环控制的开销中获得的。但是在展开后的循环体中，实际指令只有 14 条，其他 13 个周期都只是空转，可见效率并不高。下面对指令序列进行优化调度，以减少空转周期。

```
                                    指令流出时钟
Loop:  L.D      F0,0(R1)             1
       L.D      F6,-8(R1)            2
       L.D      F10,-16(R1)          3
       L.D      F14,-24(R1)          4
       ADD.D    F4,F0,F2             5
       ADD.D    F8,F6,F2             6
       ADD.D    F12,F10,F2           7
       ADD.D    F16,F14,F2           8
       S.D      F4,0(R1)             9
       S.D      F8,-8(R1)            10
```

```
DADDIU  R1,R1,#-32       12
S.D     F12,16(R1)       11
BNE     R1,R2,Loop       13
S.D     F16,8(R1)        14
```


这个循环由于没有数据相关引起的空转等待,整个循环仅使用了14个时钟周期,平均每个元素使用14/4=3.5个时钟周期。

从上述例子中可以知道,通过循环展开、寄存器重命名和指令调度,可以有效地开发出指令级并行。

循环展开和指令调度时要注意以下几个方面。

(1) 保证正确性。在循环展开和调度过程中尤其要注意两个地方的正确性:循环控制,操作数偏移量的修改。

(2) 注意有效性。只有找到不同循环体之间的无关性,才能够有效地使用循环展开。

(3) 使用不同的寄存器。如果使用相同的寄存器,或者使用较少数量的寄存器,就可能导致新的冲突。

(4) 删除多余的测试指令和分支指令,并对循环结束代码和新的循环体代码进行相应的修正。

(5) 注意对存储器数据的相关性进行分析。例如,对于load指令和store指令,如果它们在不同的循环迭代中访问的存储器地址是不同的,它们就是相互独立的,可以相互对调。

(6) 注意新的相关性。由于原循环不同次的迭代在展开后都到了同一次循环体中,因此可能带来新的相关性。

6.2 跨越基本块的静态指令调度

6.1节中,通过循环展开和基本指令调度来开发指令级并行。当循环体为简单的顺序结构时,这些方法的优化效果非常好,因为它们可以将多个循环迭代合并在一起,构成一个更大的基本块,不仅加大了指令调度的空间,而且减少了循环控制指令。但是,如果循环体不是顺序结构而是分支结构时,指令调度就变得更加复杂了。一般来说,高效地优化含有分支结构的循环体需要在多个基本块间移动指令,这种调度被称为"全局指令调度"。本节将介绍两种全局指令调度技术:踪迹调度和超块调度。在详细介绍这两种技术之前,先来了解一下全局指令调度的基本方法以及它所面临的难题与挑战。

视频讲解

6.2.1 全局指令调度

全局指令调度的目标是在保持原有数据相关和控制相关不变的前提下,尽可能地缩短包含分支结构的代码段的总执行时间。一般来说,对于单流出流水线,减少指令数就可以缩短总执行时间;而对于多流出处理,只有减少关键路径的长度才能真正缩短总执行时间。所谓关键路径(Critical Path),是指根据指令间的相关关系构成的数据流图中延迟最长的一条路径。只有缩短这条路径的长度,才能真正减少总执行时间。之所以要保持原有的数据相关和控制相关不变,是为了保证执行结果正确。数据相关使得指令必须依照一定的先后顺序执行，而控制相关则限制了指令在基本块间的自由移动。

尽管前面介绍的循环展开技术可以减少构成循环的分支指令引起的流水线“空转”，但却无法消除循环体内的分支指令引起的流水线“空转”。而全局指令调度技术则可以做到这一点，它的诀窍在于在循环体内的多个基本块间移动指令，从而扩大那些执行频率较高的基本块的体积。显然，这种技术的效果取决于能否准确估算各基本块的执行频率。不过，即便能够准确估算各基本块的执行频率，全局指令调度也无法保证总会带来性能提升，而且它还会带来新的问题，影响程序执行的正确性。

由于分支指令转移成功和失败的概率一般不相同，分支指令所在的基本块、转移成功时执行的基本块以及转移失败时执行的基本块的执行概率往往也不会相同，第一个基本块的执行概率等于其余两个基本块执行概率之和，而在这三个基本块之间移动指令势必会改变该指令的执行频率，有时会得到错误的执行结果。以图6.1所示的控制流图为例，若分支条件为true（转移）的概率远大于为false（不转移）的概率，全局指令调度时会将语句1、语句2、语句3、语句5合并成一个更大的基本块，因为这条路径的执行频率更高，有可能开发更多的指令级并行。但合并后必须保证语句2的结果为false时执行结果依然正确，而且为了完成合并，语句3和语句5应该被调度到语句2之前。不过这两条语句的移动是有区别的：语句3是猜测执行，因为仅当语句2成功转移时语句3才会执行；而无论语句2转移是否成功，语句5均会执行。

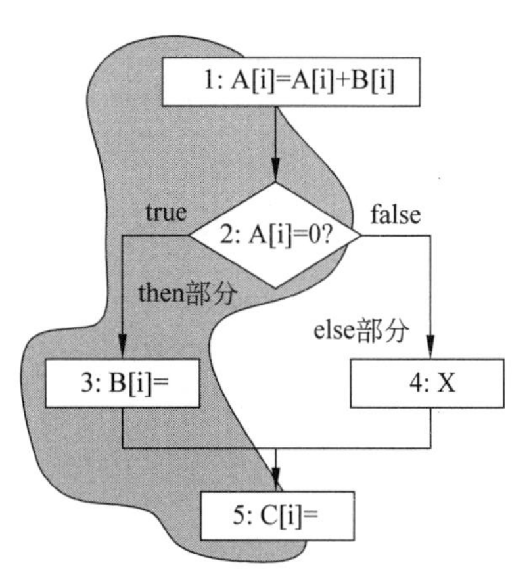

图6.1　一个分支结构的代码段

那么编译器是如何确保语句3和语句5的移动不会影响执行结果的正确性呢？为了回答这个问题，先将图6.1中的代码转换为下面的MIPS汇编指令，其中变量A、B、C的地址分别保存在寄存器R1、R2、R3内。语句3和语句5分别被转换为代码段中的指令I_1和I_2，如阴影部分所示。

```
        LD       R4,0(R1)          //取 A
        LD       R5,0(R2)          //取 B
        DADDU    R4,R4,R5          //A=A+B
        SD       R4,0(R1)          //存 A
        BEQZ     R4,thenpart       //A=0 则转移
        X                          //代码段 X,基本块 elsepart
        J        join
thenpart:                          //基本块 thenpart
                 SD …,0(R2)        //指令 I1,对应语句 3
join:
                 SD…,0(R3)         //指令 I2,对应语句 5
```

先来看看如何将指令I_1移到BEQZ之前。为方便起见，用I_k表示BEQZ指令前最后一条对变量B赋值的指令。如果基本块elsepart中有一条语句I_j使用了变量B的值，把

thenpart 中的指令 I_1 移到 BEQZ 前将会改变程序的执行结果,因为这破坏了原有的指令间数据相关——elsepart 中的指令 I_j 本应使用 I_k 的结果,但现在它却要使用 I_1 的结果了。

有一些复杂的调度机制可以确保在调度 I_1 的情况下保持执行结果不变,但需要向基本块 elsepart 中增加若干指令以保证结果正确,比如将指令 I_k 的结果保存在另一个变量 T 中,而将 I_j 中相应的源操作数修改为 T。这些新增加的指令被称为补偿代码(Compensation Code)。不过这种调度在编译实现时比较复杂,而且当 BEQZ 指令转移不成功时补偿代码的执行会带来额外的时间开销。

将指令 I_2 调度到 BEQZ 之前需要两步。首先,I_2 将被移动到基本块 thenpart 中,同时被复制到基本块 elsepart 中。这样的复制工作是必需的,否则当 elsepart 被执行时 I_2 将不会被执行,这会影响标号 join 后所有与 I_2 数据相关的指令的正确执行。接下来,如果不影响执行结果,thenpart 块中的指令 I_2 将被调度到 BEQZ 之前,同时删除 elsepart 块中 I_2 的副本,因为此时这条语句已是冗余的了。

进行全局指令调度时编译器必须仔细斟酌哪些指令可被选作调度的对象。选择的依据很简单,即调度这条指令是否一定会带来性能提升。例如,将指令 I_1 调度到 BEQZ 之前必须判断这种调度是否一定能够缩短总执行时间。答案是不一定,因为为了保证执行结果的正确需要增加一些补偿代码,补偿代码的执行会带来额外的时间开销。同样,调度指令 I_2 时也面临同样的问题。全局指令调度只能告诉我们将指令调度到分支指令之前带来性能提升的概率比较大。

在调度指令 I_1 之前,编译器需要综合考虑以下多个因素。

(1) 该分支中基本块 thenpart 和 elsepart 的执行频率各是多少?如果 thenpart 执行得更加频繁,那么调度 I_1 很可能带来性能提升;否则,尽管也可以调度 I_1,但调度后的代码执行效率反而会降低。

(2) 在分支语句前完成 I_1 所需的开销有多大?如果分支语句前有一些“空转”周期,而且 I_1 可以被调度到某个这样的周期内执行,那么所需的开销就为 0。

(3) 调度 I_1 是否能够缩短 thenpart 块的执行时间?如果 I_1 是该块关键路径的第一条语句,调度它就可以减少 thenpart 块的执行开销。

(4) I_1 是否是最佳的被调度对象?调度 I_2 或 thenpart 块内的其他指令是否能够获得更大的性能提升?

(5) 若需要向 elsepart 块中增加补偿代码,补偿代码的执行开销是多少?怎样生成补偿代码?

可以看出,全局指令调度问题非常复杂,不仅选择哪条指令作为调度对象取决于多个因素,而且各条被调度的指令往往也是紧密相关的。即便是确定从哪条指令开始进行全局指令调度也是一个十分复杂的问题。

为了简化这一过程,人们提出了一些新的全局指令调度技术。接下来将详细讨论其中的两种:踪迹调度和超块调度,它们的共同之处在于将编译优化的重点放在那些执行频率很高的路径上,将这些路径上的基本块拼接在一起构成一个更大的基本块并进行优化。显然,如何处理分支指令是这些技术必须解决的一个关键问题。

6.2.2 踪迹调度

踪迹调度(Trace Scheduling)非常适合多流出处理器,因为对于这些处理器而言,简单地进行循环展开和基本指令调度很难开发出足够的指令级并行来使流水线保持在充满状态。踪迹(trace)是程序执行的指令序列,通常由一个或多个基本块组成,trace内可以有分支,但一定不能包含循环。踪迹调度会优化执行频率高的trace,减少其执行开销。但由于需要添加补偿代码以确保正确性,那些执行频率较低的trace的开销反而会有所增加。可见,仅当不同trace的执行频率差别较大而且各条trace的执行频率受输入集的影响较小时,这种方法才能取得比较好的效果。这使得踪迹调度一般只适用于特定类型的应用。

踪迹调度过程分为两步。第一步称为踪迹选择(Trace Selection),负责从程序的控制流图中选择执行频率较高的路径,每条路径就是一条trace。循环展开是生成trace的常用方法之一,它主要处理控制循环的分支指令,因为在一般情况下循环体的执行频率会远远高于循环体外其他基本块的执行频率。至于其他分支指令,一般是根据静态分支预测的结果或是在典型输入集下的执行统计信息进行处理,若转移成功(或失败)的概率很高,则将其视作转移总是成功(或失败)。显然,进行踪迹选择时,只能考虑转移成功和失败的概率相差很大的分支指令,而那些转移成功和失败概率接近的分支指令,可以通过6.4.2节介绍的谓词执行技术进行优化。

以图6.1中的代码为例,假设它是某循环的循环体,阴影部分为执行频率高的路径,就将该循环展开4次并把阴影部分拼接在一起得到一条trace,如图6.2所示。可以看出,一条trace可以有多个入口和多个出口,这里的入口(entry)指的是控制流进入trace后执行的第一条指令,图6.2中的4条"A[i]=A[i]+B[i]"语句都是该trace的入口,出口(exit)则是指控制流离开trace前执行的最后一条指令,如图6.2中的分支语句所示,当分支条件为false时控制流将离开该trace,另外图中最后一条语句"C[i]="也是该trace的一个出口,执行该语句后控制流将无条件退出该trace。

生成trace后就可以开始第二个步骤了,这一步称为踪迹压缩(Trace Compaction),即对已生成的trace进行指令调度和优化,尽可能地缩短其执行时间。进行踪迹压缩时采用的方法与前面介绍的基本指令调度相似,都是通过重新安排trace内指令的执行顺序来缩短总执行时间的。但是,当跨越trace内部的入口或出口调度指令时必须非常小心,因为这有可能改变原有的控制相关和数据相关,从而造成执行结果错误。通常需要向trace外该入口的前驱基本块或该出口的后继基本块中增加补偿代码,以确保执行结果的正确。

图6.3给出了一个完整的踪迹调度过程。假设如图6.3(a)所示的控制流图中,控制流离开基本块B_1与B_4后发生转移(分支条件为Y)的概率很大,而离开B_5后发生转移的概率很小。这样,经过踪迹选择可以得到三条trace:B_1-B_3、B_4以及B_5-B_7,如图6.3(a)中的灰色部分所示。由于B_4是循环体,这三条trace无法被合并在一起。接下来将对每条trace进行踪迹压缩。以trace"B_1-B_3"为例进行说明,这条trace有一个入口和两个出口。踪迹压缩的结果如图6.3(b)所示,该图左边列出了踪迹压缩前基本块B_1、B_2、B_3的代码,右边则是踪

迹压缩后这三个基本块的代码。经过踪迹压缩,指令“$y=x-y$”从 B_1 被调度到 B_3 中,跨越了 trace 的一个出口,控制流从该出口离开 trace 后将进入基本块 B_2。为确保程序在分支“if $x<5$ goto B_3”转移失败(分支条件为 N)时执行结果依然正确,需要向块 B_2 中增加补偿代码,即将指令“$y=x-y$”复制到 B_2 的第一条指令之前,否则当执行 B_2 的第二条指令“$y=y+1$”时将得到错误结果。

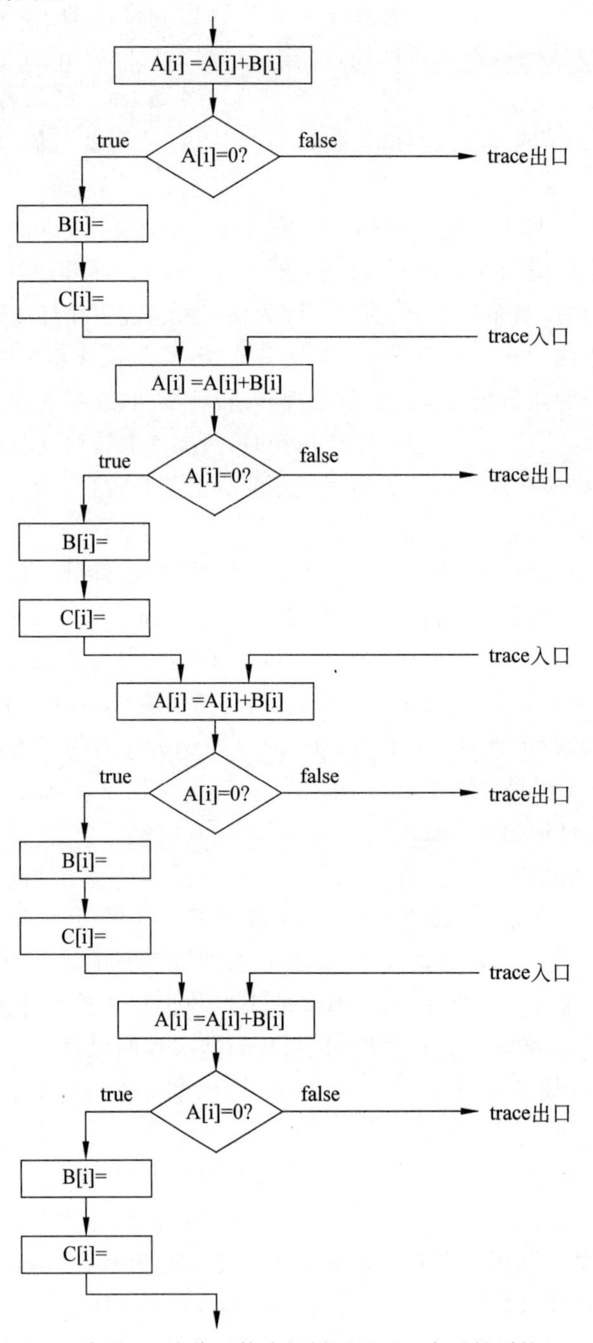

图 6.2　将图 6.1 中代码构成的循环展开 4 次后得到的 trace

在踪迹调度中，由于选出的 trace 都是执行频率很高的路径，减少它们的执行开销有助于缩短程序的总执行时间，这就是踪迹调度能够提升性能最根本的原因。目前踪迹调度技术已经成功应用于对科学计算程序的优化中，这些应用中都包含大量的循环，而且能够准确地统计出程序运行的行为特征。尽管如此，但目前还不清楚这种优化方法是否适用于其他非循环密集型的应用或行为特征比较复杂的应用中。对于这些应用，补偿代码引起的开销很有可能降低踪迹调度的优化效果，而且对编译器来说，踪迹调度会大大增加其实现复杂度。

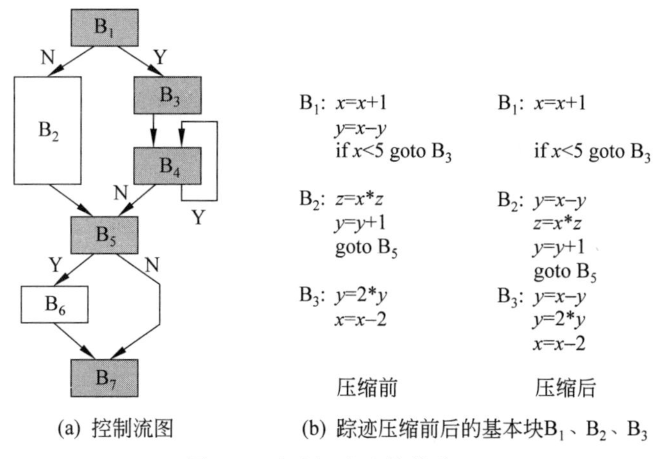

(a) 控制流图　　(b) 踪迹压缩前后的基本块 B_1、B_2、B_3

图 6.3　踪迹调度和补偿代码

6.2.3　超块调度

在踪迹调度中，如果 trace 入口或出口位于 trace 内部，编译器生成补偿代码的难度将大大增加，而且编译器很难评估这些补偿代码究竟会带来多少性能损失，这是踪迹调度的一个重要缺点。为解决这个问题，人们增加了对 trace 拓扑结构的约束，将其限制为只能拥有一个入口，但可以拥有多个出口的结构，这种新结构被称为超块(Superblock)。超块可被视作一种扩展的基本块结构，显然其构造过程与 trace 非常相似。

由于只有一个入口，压缩超块比压缩 trace 容易得多，因为在压缩超块时，只需要考虑跨越超块出口移动指令的情形，而且对于那些只有一个出口的计数控制循环(例如只有一个循环 100 次后结束的 for 循环)，经过循环展开后得到的超块只有一个入口和一个出口，在这样的超块中进行指令调度显然更加容易。

现在的问题是怎样才能构造出仅有一个入口的超块。以图 6.4 为例进行介绍，该图显示了将图 6.1 中的代码作为循环体展开 4 次后得到的超块。该超块只有一个入口，但有 5 个出口。图中用“$n=4/3/2/1/0$”区分这些出口，表示本次执行时控制流从该出口离开超块时已经执行了 $4-n$ 次循环迭代。这样，除了最后一个出口外，从其他 4 个出口退出超块后，还需要继续完成余下的 n 次迭代。因此将原循环体复制一份，作为这 4 个出口的后继基本块，如图 6.4 右侧的循环所示。由于被复制的代码段总是作为退出超块后必须执行的补偿代码，故这种技术被形象地称为尾复制(Tail Duplication)。

与踪迹调度相比，超块调度可以简化补偿代码的生成过程，并降低指令调度的复杂度，但由于其结构的限制(只有一个入口)，超块结构的目标代码体积也会大大增加。此外，它面临着与踪迹调度相同的问题——补偿代码的生成使得编译过程更加复杂，而且由于无法准确评估由补偿代码引起的时间开销，这种方法的应用范围受到一定限制。

踪迹调度、超块调度等全局指令调度技术的目的都是尽可能地开发更多的指令级并行，因而更加适用于多流出处理器。但多流出处理器如何充分利用这些编译时开发出的指令级并行呢？6.3和6.4两节将详细讨论这一问题。

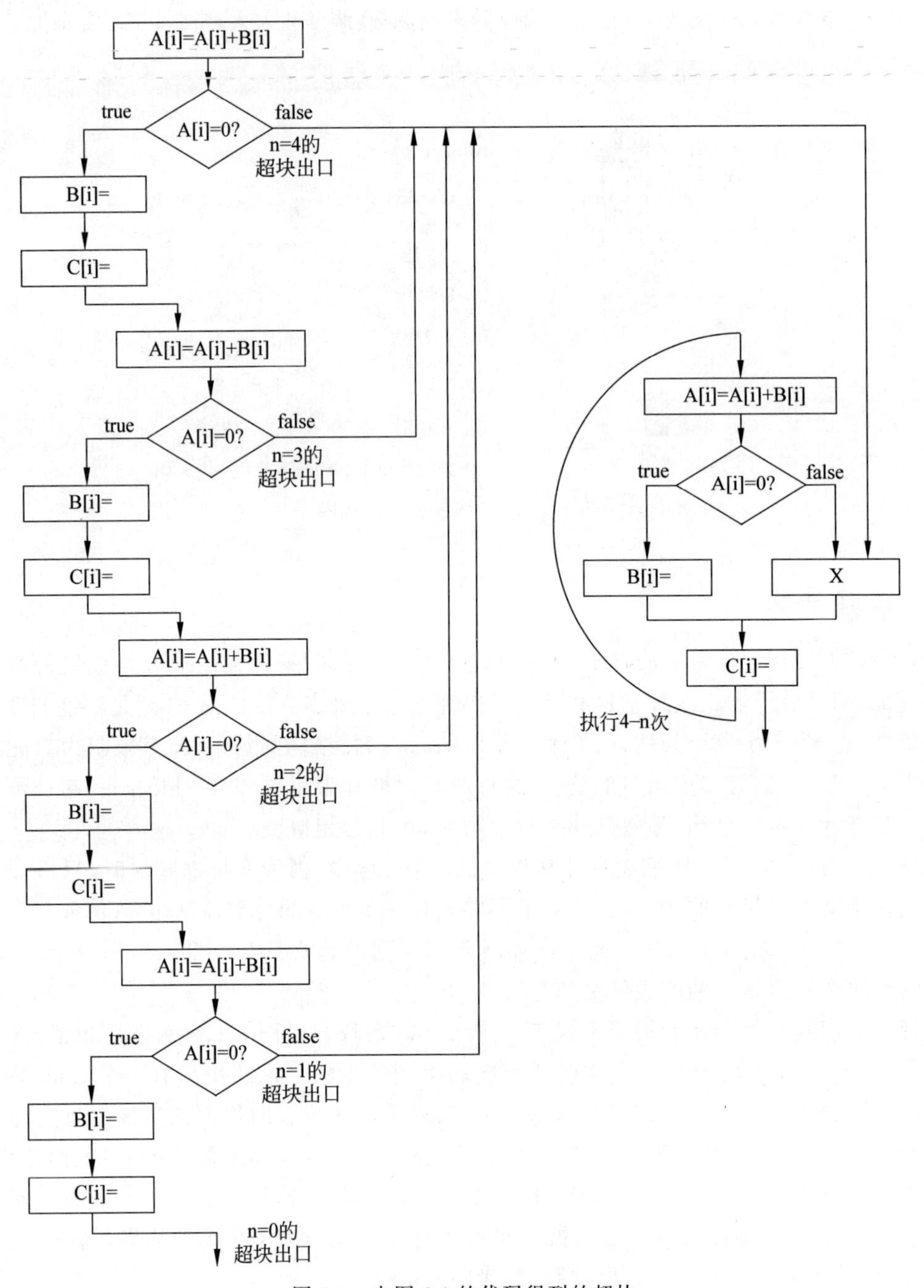

图 6.4　由图 6.1 的代码得到的超块

视频讲解

6.3 静态多指令流出：VLIW 技术

超标量处理器在运行时动态确定指令窗口中哪些指令可以被流出执行，为此它必须准确识别出指令窗口内的指令以及流水线上的所有指令之间存在哪些相关。在动态调度的超标量处理器中，这些工作基本都是由硬件完成的，而在静态调度的超标量处理器中，部分相关检测和指令调度工作交由编译器完成，大大降低了硬件实现的复杂度。

与超标量处理器不同，VLIW（超长指令字）处理器在编译时静态确定哪些指令能够同时流出，进一步降低了流水线硬件的实现复杂度，这有助于提高它的主频。VLIW 能够把同时流出的或者满足特定约束的一组操作打包在一起，得到一条更长（64 位、128 位或更长）的指令，这就是 VLIW 名字的由来。每个操作被放在 VLIW 指令的一个槽（Slot）内。VLIW 处理器执行这样一条长指令就相当于超标量处理器同时执行多条指令，从而实现了多流出。由于所有开发指令级并行的任务都交由编译器完成，VLIW 处理器需要更加“智能”的编译器。

只有从应用程序中挖掘出足够多的并行指令打包到 VLIW 指令中，才能提高 VLIW 处理器中功能单元的利用率，充分发挥 VLIW 处理器的性能优势。使用 6.1 节介绍的基本指令调度和循环展开技术以及 6.2 节介绍的全局指令调度技术都能够有效识别哪些指令可以并行执行。下面通过一个例子来看看 VLIW 技术的效果。

例 6.3 假设某 VLIW 处理器每个时钟周期可以同时流出 5 个操作，包括两个访存操作，两个浮点操作以及一个整数或分支操作。将例 6.1 中的代码循环展开，并调度到该 VLIW 处理器上执行。循环展开次数不定，但至少要能够保证消除所有流水线“空转”周期，同时不考虑分支延迟。

解 调度后的代码如图 6.5 所示。循环被展开 7 次，经调度后可以消除所有流水线“空转”。在不考虑分支延迟的情况下，每执行一个迭代需要 9 个时钟周期，计算出 7 个结果，即平均每得到一个结果需要 1.29 个周期。

访存操作1	访存操作2	浮点操作1	浮点操作2	整数分支操作
L.D F0，0(R1)	L.D F6，-8(R1)	nop	nop	nop
L.D F10，-16(R1)	L.D F14，-24(R1)	nop	nop	nop
L.D F18，-32(R1)	L.D F22，-40(R1)	ADD.D F4，F0，F2	ADD.D F8，F6，F2	nop
L.D F26，-48(R1)	nop	ADD.D F12，F10，F2	ADD.D F16，F14，F2	nop
nop	nop	ADD.D F20，F18，F2	ADD.D F24，F22，F2	nop
S.D 0(R1)，F4	S.D -8(R1)，F8	ADD.D F28，F26，F2	nop	nop
S.D -16(R1)，F12	S.D -24(R1)，F16	nop	nop	nop
S.D -32(R1)，F20	S.D -40(R1)，F24	nop	nop	DADDUI R1，R1，#56
S.D 8(R1)，F28	nop	nop	nop	BNE R1，R2，Loop

图 6.5 例 6.3 调度后的结果

如图 6.5 所示的代码中含有 9 条指令，最多可容纳 45 个操作，但实际上只包含 23 个操作，其余 22 个均为空操作（nop），编码效率仅比 50%略高一些，可见 VLIW 处理器目标代码的体积比超标量的大得多。此外，与单流出MIPS处理器相比，在VLIW处理器上执行这段代码所需要的寄存器数量也大大增加——本例中需要至少8个浮点寄存器，而例6.1和例6.2中在MIPS处理器上循环展开前仅需要2个浮点寄存器，即使循环展开后，也只需要5个。这就是说，尽管VLIW处理器不像超标量处理器那样需要复杂的硬件指令流出逻辑，但它必须提供更加丰富的资源，用以消除指令间RAW和WAW类型的数据相关。

造成VLIW目标代码编码效率低的原因主要有两个：①为了消除流水线“空转”需要增加循环展开的次数，如例6.3中循环被展开了7次，而例6.2中只需展开5次即可，这增加了目标代码的体积；②很难从应用程序中找到足够多的并行指令填满VLIW指令中的每一个槽，如例6.3中的空操作接近半数，实际应用中还经常会出现一条VLIW指令中所有操作都是nop的情况。使用代码压缩/还原技术可以减少VLIW目标代码体积过大带来的性能损失：VLIW目标代码被压缩后保存在硬盘中，只保留指令中非nop操作的信息；程序运行时，当代码被加载到指令Cache或译码时再将其解压缩，还原出所含的nop操作。

为了简化硬件实现，很多VLIW处理器中没有实现任何相关检测逻辑，而是靠互锁机制保证执行结果的正确。当一个功能单元暂停时，互锁机制将暂停整个流水线，从而保证所有功能单元的同步。使用互锁机制的主要原因是一些操作的延迟在编译时无法确定，比如load操作，由于编译时无法确定它访问Cache是否命中，因而无法确定其延迟。出于性能上的考虑，编译时通常会假定这类操作的延迟为可能的最小值，如load操作的延迟是Cache的命中时间。这样，若运行时访问Cache不命中，互锁机制将暂停整个流水线，直至load操作完成。当VLIW指令中含有较多数量的操作槽且应用程序中的访存操作较多时，这种简单的互锁机制将造成较大的开销。现有的一些高性能VLIW处理器通常采用软硬件结合的方式解决这一问题：编译器负责保证同时流出的操作间没有相关，而流水线硬件则负责确保正在运行的指令在不满足上述同步约束的情况下也能得到正确的执行结果。

目标代码兼容性差是VLIW的另一个严重缺陷，极大地制约了VLIW的推广与应用。VLIW的指令格式与操作类型、功能单元的数量以及延迟等体系结构参数密切相关，当这些参数发生变化时，VLIW的指令格式也将相应地发生变化。要在同一系列不同代的处理器之间实现目标代码兼容，VLIW比超标量困难得多。二进制翻译或仿真是解决VLIW目标代码兼容问题的可行方法之一。二进制翻译(Binary Translation)是指将某个硬件平台的二进制目标代码翻译为另一个平台的目标代码的过程，是目前在不同平台之间实现目标代码兼容的主要手段之一。借助这种技术，可以在一个平台上执行另一个平台的应用程序，如在MIPS上执行x86应用程序。二进制翻译可以在编译时静态完成，也可以在运行时动态完成，是实现计算系统虚拟化的主要技术之一。

如何开发出大量的指令级并行仍然是所有多流出处理器面临的最大挑战。对于一个浮点应用程序而言，如果通过简单的循环展开能够开发出足够多的指令级并行，那么该应用程序在向量处理器上也极有可能高效地运行。虽然目前尚不清楚这些应用程序在多流出处理器上的性能是否一定优于在向量处理器上的性能，但可以肯定的是：与向量处理器相比，多流出处理器至少具有以下两个优势：①即使对于一些结构不规则的代码，多流出处理器也能从中挖掘出一些指令级并行；②多流出处理器对存储系统没有过高的要求，价格较便宜、由Cache和主存构成的多层次存储子系统即可满足其对性能的要求。正因为如此，多流出处理器已成为当前实现指令级并行的主要选择，而向量处理器则通常作为协处理器集成到计算机系统中，以加速特定类型的应用程序。

6.4 显式并行指令计算

超标量和 VLIW 是开发指令级并行的两种极端结构，前者完全依赖流水线硬件动态识别出可并行的指令，并将它们分发给相应的功能单元执行，后者则将指令级并行的开发工作全部交给编译器完成，在编译时静态确定每条指令的流出时刻和执行延迟，仅依赖简单的流水线硬件确保在指令实际执行延迟与编译器假定的延迟不一致时（如访问 Cache 不命中就会增加访存操作的延迟），程序的执行结果依然正确。在这两种结构中，单一的指令级并行开发机制使得它们都存在着严重的固有缺陷：超标量结构硬件复杂度太高，学术界和工业界一致认为，同时流出并执行 8 条指令将达到这种结构的极限；VLIW 则面临着严重的代码兼容问题，而且目前 VLIW 编译器的智能程度远远无法满足人们的要求。显式并行指令计算（Explicitly Parallel Instruction Computing，EPIC）技术正是为了解决这两种结构的本质缺陷而提出的，它是在 VLIW 的基础上融合了超标量结构的一些优点设计得到的，以期用有限的硬件开销为代价开发出更多的指令级并行。

EPIC 结构充分利用编译器和流水线硬件的协同能力开发更多的指令级并行。编译器根据对程序运行特征的统计信息，如分支指令转移成功的概率、访问 Cache 命中的概率等，通过踪迹调度、超块调度等带有极强猜测性的编译优化技术从应用程序中尽可能多地挖掘指令级并行，流水线硬件则提供丰富的计算资源实现这些指令级并行，并通过专门的机制确保在程序执行过程中出现预测错误时仍然能得到正确的运行结果，尽量减少由此引起的额外开销。

一般来说，EPIC 结构必须符合以下两个基本特点。第一，指令级并行主要由编译器负责开发，处理器应为保证代码正确执行提供必要的硬件支持，只有在这些硬件机制的辅助下这些优化技术才能高效完成。第二，系统结构必须提供某种通信机制，使得流水线硬件能够了解编译器“安排”好的指令执行顺序。但需要注意的是，EPIC 并不仅仅是采用了多种高级编译优化技术的 VLIW 结构，这只不过是它的一个特征。EPIC 的第二个特征——有效的软硬件通信机制，才是它与 VLIW 之间的本质区别。

EPIC 是在 VLIW 的基础上设计得到的，因此它的指令格式也与 VLIW 相似，编码效率也比较低。特别是为了填充分支延迟槽，需要大量的分支无关操作，进一步降低了代码效率，而且随着处理器主频的提高，分支延迟（以时钟周期为单位）越来越大，这一问题变得更加严重。为解决这一问题，EPIC 编译器采用了多种高级优化技术，如非绑定分支、谓词执行、前瞻执行等，处理器则提供必要的硬件支持，以保证经过这些优化后的代码能够正确执行。至于 EPIC 结构中编译器与流水线硬件之间的通信机制，将在 6.6 节结合 IA-64 体系结构进行详细介绍。

6.4.1 非绑定分支

分支指令在执行时必须完成一系列“动作”：计算分支转移条件、生成分支目标地址、取下一条指令、译码并流出下一条指令。尽管在传统指令系统中，每一条分支指令都被视作“原子的”而独立存在，但它完全可以被划分为多条粒度更小的指令。

非绑定(Unbundled)分支技术就是基于这一思想而提出的,它将一条分支指令划分为三个独立的操作进行调度。这三个操作分别是:①准备操作,计算分支目标地址;②比较操作,计算分支转移条件;③转移操作,根据分支转移条件是true还是false,或改变控制流或执行顺序的下一条指令。运行时,流水线硬件根据前两个操作的结果,动态地将第三个操作转换为空操作或无条件转移。显然,前两个操作完成得越早,流水线硬件改变控制流的时间就越充裕,分支操作引起流水线"空转"的可能性就越小。例如,在得到转移成功目标地址后,指令预取模块就可以提前从该地址处预取指令,而在计算出分支转移条件后,就可以确定之前进行的预取是否正确,并进行相应的处理。分支转移条件为false就可以作废这次不必要的预取。

视频讲解

6.4.2 谓词执行

当分支指令转移成功的概率远大于或远小于转移失败的概率时,在编译时静态预测这些分支指令的行为相对容易一些,此时可以通过循环展开和全局指令调度技术扩大基本块的体积,以便开发更多的指令级并行。若分支指令转移成功与失败的概率比较接近,或是分支指令的行为受输入集影响很大,这些编译优化技术的效果就没有那么好了,控制相关将成为限制指令级并行开发的主要原因,本节介绍的谓词执行技术能够很好地解决这一问题。

谓词执行是一种特殊的条件执行机制。所谓条件执行,是指指令的执行依赖于一定的条件,当条件为真时指令将正常执行,否则将什么也不做。MIPS、PowerPC、SPARC、x86等很多处理器都实现了条件传输指令,这条指令就是按条件执行的,只有在执行条件为真时才会进行数据传输。分支转移条件是最常见的一种指令执行条件,在if-then-else分支结构中,若分支转移条件为真,将执行then部分的指令,else部分的指令根本不会被读出。但在条件执行机制下,无论指令的执行条件是否为真,指令都将被读出、译码并执行,这是两者之间最重要的区别。利用条件执行机制可以消除代码中的分支指令,如下面的例6.4所示。

例6.4 在下面的语句中,

```
if(A=0){S=T;}
```

假设变量A、S、T的值分别保存在寄存器R1、R2和R3内。请用分支指令和条件传输指令编写功能相同的汇编代码。

解 包含分支指令的MIPS汇编代码如下。

```
    BNEZ    R1,L
    ADDU    R2,R3,R0
L:
```

而使用条件传输指令时的汇编代码为

```
    CMOVZ   R2,R3,R1
```

指令CMOVZ有三个操作数,R2为目的操作数,R1和R3是源操作数,执行条件保存在寄存器R1中。当R1中的值为0时,R3的值被复制到R2中,否则R2的内容不变。

借助条件传输指令,可以将分支指令引起的控制相关转换为相对于分支转移条件(R1)的数据相关。对于流水线处理器而言,这种转换的意义在于,那些本应在流水线前端ID段处理的控制相关被推迟到流水线后端的 WB 段处理，为指令调度提供了更大的空间。而且，借助这种转换，可以删除代码中那些行为难以预测的分支指令，提高分支预测的准确率，并减少由于分支预测错误带来的性能损失。这种转换技术称作 if 转换(if-conversion)，被应用于向量处理机中。

利用条件传输指令可以简化求绝对值的运算 A＝abs(B)，它对应的高级语言语句为

```
if(B<0){A=-B;} else {A=B;}
```

这个 if-then-else 结构可以被等价地转换为下面的代码段，假设变量 A、B 分别被保存在寄存器 R1 和 R2 中。

```
SUB      R1,R0,R2         //A=-B
SLT      R3,R2,R0         //(B<0)?,若 B<0,则 R3 中的值为 1,否则 R3 中的值为 0
CMOVZ    R1,R2,R3         //R3 中的值为 0 时,A=B
```

在这段代码中，第一条指令给寄存器 R1 赋初值(－B)，第二条指令负责计算传输条件并将其保存在寄存器 R3 中，两者可以并行。第三条指令则根据传输条件修改 R1 的值，当 R3 中的值为 0 即 B≥0 时，R1 中的值将被修改为 B，这样就完成了求绝对值的操作。

随着流水线中同时流出的指令数不断增加，处理器设计者必须做出选择：究竟是增加分支处理单元，在一个周期内完成多条分支指令，还是采取类似条件执行这样的机制来消除代码中的分支指令。同时执行多条分支指令难度很大，这不仅是因为这些分支指令之间也存在着控制相关，而且流水线硬件在实现同时预测两个分支的行为、同时更新分支预测表两项操作时也具有相当的难度。因此，很多设计者放弃了第一种想法，转而利用条件执行机制减少分支指令引起的流水线性能损失。

条件传输是最简单的条件执行机制，当一个分支结构的 then 部分和 else 部分中仅含有少量指令时，这种机制的效果较好，就像前两个例子那样。但随着指令数的增加，经过 if 转换得到的条件传输指令和条件计算指令的数量也将增加，这会大大降低目标代码的效率。一些处理器采用谓词执行方式来解决这一问题。

谓词执行(Predicated Execution)则是给指令集中的每条指令都增加一个执行条件，这个执行条件就叫作谓词(Predicate)。若谓词为真，指令就正常执行，否则就什么也不做，就像条件传输指令那样。在谓词执行机制的支持下，一个 if-then-else 分支结构的 then 部分与 else 部分中的每条指令都可以被转换为谓词指令，then 部分中所有指令的谓词就是分支转移条件，而 else 部分中指令的谓词正好与之相反。谓词执行机制能够显著提高全局指令调度的效果，因为从理论上来说，if 转换可以删除所有不构成循环的分支指令，而从前面各节的讨论中我们已经知道，它们才是全局指令调度面临的最大障碍。

例 6.5 假设在一个周期内，某双流出的超标量处理器可以同时执行一个访存操作和一个 ALU 操作，或者仅执行一个分支操作。受此限制，下面这段汇编代码的执行效率并不高，表现在：①第二个周期只能流出一条 ALU 指令，访存单元空闲；②当分支转移不成功时，BEQZ 指令后的两条 LW 指令之间存在的数据相关将引起流水线暂停。试通过谓词执行机制解决这两个问题，减少此段代码的执行开销。

周期	指令1	指令2
1	LW R1,40(R2)	ADD R3,R4,R5
2		ADD R6,R3,R7
3	BEQZ R10,L	
4	LW R8,20(R10)	
5	LW R9,0(R8)	

解 用LWC表示带谓词的LW指令,并假设该指令的执行条件为谓词不等于0。这样,BEQZ后的第一条LW指令就可以被转换为LWC指令,并被调度到第二个周期执行,如下所示。

周期	指令1	指令2
1	LW R1,40(R2)	ADD R3,R4,R5
2	LWC R8,20(R10),R10	ADD R6,R3,R7
3	BEQZ R10,L	
4	LW R9,0(R8)	

显然调度后代码的执行时间缩短了。当然,如果分支转移成功(即R10中的值为0),LWC指令将被转换为空操作,这虽然不会影响结果的正确性,但也不会缩短这段代码的执行时间。可见,这种调度具有一定的投机性。

现在,分支结构的else部分仅有一条LW指令,若将它也转换为LWC指令,BEQZ指令也就没有必要继续保留了。

谓词执行增加了异常处理机制的复杂度。仍以例6.5中的代码为例,由于采用谓词执行机制,无论R10中的值是否为0,LWC指令都将被执行,若LWC在执行过程中产生异常(如缺页),将有可能使得调度前后两段代码的行为不一致,因为当R10中的值为0时,在调度前的代码中这条指令根本不会被执行,也不会产生任何异常,而调度后的代码虽然运行结果不变,但却引发了额外的异常。因此,异常处理机制需要根据这条LWC指令谓词的值决定是否处理这个异常。

不过,谓词执行机制最复杂的地方还不是异常处理,而是决定何时将执行条件不成立的谓词指令转换为空操作。这可以在两个不同时机进行:流水线前端指令流出时,或是流水线后端结果确认时。但遗憾的是,每种方式都有其不足之处。若要在指令流出前决定是否将其转换为空操作,必须尽早知道谓词的值,也就是分支转移条件的值,可这个值是很难预测的。这样,在谓词指令与计算分支条件的那条指令之间就存在数据相关,这个数据相关极有可能引起流水线"空转"。第二种方式的问题在于它降低了功能单元的实际利用率——由于结果没有被写回,功能单元做了无用功。不过,对于多流出处理器而言这对性能的影响并不大,因为在很多情况下即使不执行这些谓词指令,功能单元也将处于空闲状态,如例6.5中调度前代码的第二个周期。除非应用程序中有足够多的指令级并行可以填满所有的指令流出槽。这也就是为什么现有的支持谓词执行机制的处理器都选择第二种实现方式的主要原因。

6.4.3 前瞻执行

在例6.5中，将谓词指令LWC调度到分支指令BEQZ之前执行，之所以能够这样调度，是因为经过if转换，LWC与BEQZ之间已经没有任何控制相关了。这种优化是借助谓词执行机制实现的。不过目前仅有IA-64等少量系统结构全面实现了谓词执行（或条件执行）机制，绝大多数系统结构只是部分地进行了实现，如MIPS、PowerPC、SPARC、Intel x86等结构只是简单地实现了条件传输指令。在这些平台上，尽管可以借助全局指令调度技术跨越条件分支进行指令调度，将部分指令调度到分支指令之前猜测执行，但为了确保结果的正确性，必须增加补偿代码，这降低了猜测执行的性能收益。EPIC结构则通过前瞻执行机制解决了这一问题。

前瞻（Speculation）执行并不仅是在数据相关或控制相关尚未消除的情况下，简单地将指令调度到与之相关的指令之前猜测执行，它还通过一系列复杂的硬件机制完成异常处理、正确性保证等工作。一般来说，影响前瞻执行效果的因素主要有以下三个。

（1）编译器能力的高低，即编译器能否准确识别出可以前瞻执行的指令，并在保持程序数据流不变的前提下将它们移到分支指令之前。有时可能需要进行寄存器重命名。

（2）异常处理机制能否推迟处理由被前瞻执行的指令引起的异常，直到确定前瞻指令确实应该被执行后。在谓词执行机制中也存在类似的问题，6.4.2节结合例6.5已经进行了分析。

（3）如何避免前瞻引起的错误。举个例子，为了减少访存指令引起的流水线“空转”，有时编译器会将load指令调度到相邻的上一条或几条store指令之前执行，若发现前后两个访存指令的地址相同，如何保证程序执行结果依然正确？

第一个因素取决于究竟采用了何种编译优化技术，在本章前面的讨论中已经分析过这一问题。本节将着重针对后两点进行深入讨论。先看一个例子。

例6.6 下面是一个if-then-else结构的C程序段以及相应的MIPS汇编代码段，其中变量A和B分别被保存在地址为0(R3)和0(R2)的存储单元中。若分支转移不成功的概率很大，请利用前瞻执行技术将第二条LD指令调度到分支指令BNEZ前执行。假设寄存器R14空闲。

C语句：

```
if (A≠0) A=A+4;else A=B;
```

汇编指令：

```
        LD      R1,0(R3)            //取A
        BNEZ    R1,L1               //(A≠0)?
        LD      R1,0(R2)            //A=B(else部分)
        J       L2
L1:     DADDI   R1,R1,#4            //A=A+4(then部分)
L2:     SD      R1,0(R3)            //存A
```

解 调度结果如下。

```
        LD      R1,0(R3)            //取A
```

```
        sLD     R14,0(R2)        //取 B,前瞻执行
        BEQZ    R1,L3
        DADDI   R14,R1,#4        //A=A+4
L3:     SD      R14,0(R3)        //A=B
```

这段代码将按照下面的顺序执行：第一条指令正常执行；第二条指令为前瞻执行，此处特地用 sLD 表明它与第一条指令的区别，取出的数据保存在寄存器 R14 中；第三条是分支指令 BEQZ，它将根据分支转移条件(即 R1 中的值是否为 0)判断前瞻是否正确，若 R1 中的值为 0 就跳转到 L3 并执行指令 SD，由于此时变量 B 的值已经被加载到 R14 中，通过这条指令就会将变量 B 的值赋给 A，此时前瞻正确；否则投机失败，应先执行第四条指令 DADDI，将 R1 中的值加 4，然后通过下一条指令 SD 将结果写回变量 A 对应的存储单元。

例 6.6 通过分支指令将控制流转移到前瞻成功和失败的处理代码中，确保了结果的正确。但是，若执行 sLD 指令时发生异常应该如何处理呢？一般说来，有 4 种方法可以解决这一问题。在详细讨论这 4 种方法之前，先将程序产生的异常分为两类，第一类异常发生时程序执行将被迫终止，如违反存储保护权限(Memory Protection Violation)异常，它们被称为“终止性(Terminal)异常”；另一类异常叫作“可继续(Resumable)异常”，在被处理后程序仍可继续执行，如缺页。显然，必须仔细处理由错误前瞻的指令引发的第一类异常。

最简单的方法是立即处理每个异常，不管它们是否由被前瞻执行的指令引发。为避免前瞻指令引起的终止性异常造成程序执行结束，对于此类异常只是简单地返回一个未定义值即可，而不是立即结束程序的运行。这样，当前瞻正确时，正在执行的程序不会被终止，但它的执行结果肯定是错误的；而当前瞻错误时，程序也将继续执行下去，只是处理该异常的返回值不会被使用。按照这种处理方式，若程序的逻辑功能正确，它的运行结果也将是正确的，否则程序虽然不会在运行时终止，也只能得到错误的运行结果。对于某些应用程序来说，这种处理方式是不可取的，但也有一些处理器根据这一思想提供了快速异常处理模式。

第二种方法则借助专门的检测指令判断是否需要进行异常处理，下面的 MIPS 汇编代码就使用了这样一条指令 SPECCK。

```
        LD      R1,0(R3)         //取 A
        sLD     R14,0(R2)        //取 B,前瞻执行
        BEQZ    R1,L1
        SPECCK  0(R2)            //检查指令 sLD 是否产生异常
        J       L2
L1:     DADDI   R14,R1,#4        //A=A+4
L2:     SD      R14,0(R3)        //A=B
```

分支转移失败意味着指令 sLD 应该被执行，SPECCK 指令将检查 sLD 执行时是否已引发异常，并进行相应的处理。这种方法的关键在于，推迟处理由前瞻指令引发的异常，直到确定该指令确实应该被执行。

引入 SPECCK 指令后会影响目标代码的效率，为此人们又提出了第三种处理方法，它的工作原理也十分简单。首先为每个通用寄存器增加一个特殊的状态标志位——poison 位。前瞻指令引发的可继续异常都将被立即处理，而当它引发终止性异常时，其目的寄存器 R 的 poison 位将被置 1，否则该位将被清零。接下来，当前瞻指令之后的另一条指令访问 R

时，若R的poison位为1则将触发一个终止性异常。可见，这种方法利用寄存器的poison位记录了以该寄存器为目标寄存器的前瞻指令在执行时是否引起异常，并将异常处理推迟到另一条指令访问该寄存器时。

最后一种方法与第5章介绍的基于硬件的前瞻(Hardware Speculation)机制相似，也是将指令的执行结果保存在再定序缓冲器内，并按指令流出的顺序依次确认，但是前瞻指令的确认时机却被推迟，直至能够确定该指令的前瞻执行是正确(或错误)的。例如一条指令I被前瞻调度到分支指令B之前执行，当B的结果被确认后，就可以知道I的这次前瞻执行是成功还是失败了。如果I本应被执行(前瞻成功)，而且在前瞻执行时触发了终止性异常，程序将被立即终止；如果I本不应被执行(前瞻失败)，I引发的所有异常就将被取消。这种处理机制除了需要再定序缓冲器等硬件机制的支持外，也需要在编译时标出所有被前瞻的指令，以及这些指令所跨越的条件分支。尽管全局指令调度技术允许跨越多个条件分支进行指令调度，但测试结果却表明，跨越一个条件分支进行前瞻调度即可获得与跨越多个分支调度接近的性能加速比，这样编译器只需一个比特(bit)即可指明该前瞻指令的执行条件，该位为1表示该指令来自分支结构的then部分，为0则表示该指令来自分支结构的else部分。

到目前为止，本节讨论的前瞻执行都属于控制前瞻，即将指令调度到条件分支之前执行，这种前瞻改变了原有的控制相关。下面讨论数据前瞻的处理，这是由于指令调度破坏了指令间的数据相关而引起的。

将load指令调度到store指令之前执行是最常见的数据前瞻调度。之所以这样进行前瞻调度，主要原因有两个：①由于缺乏足够的运行时信息，如不知道寄存器的值，编译时很难确定两次访存是否会访问相同的存储单元。为保证正确性，编译器总是会选择保守的调度方法，认为两者存在地址冲突，但在很多情况下，地址并不冲突；②尽早完成load指令有助于缩短关键路径的长度。

由于编译器仅负责将load指令调度到store指令之前，检测地址冲突的任务就交给流水线硬件完成。检测方法为：当load指令前瞻执行时，流水线硬件会将它访存的地址记录在一个特殊的地址表中；接下来，每执行一条store指令，流水线硬件就将该指令的访存地址与地址表中的各有效项进行匹配，命中则说明出现地址冲突，前瞻失败；若控制流抵达load指令原来所在的位置时未出现冲突，就说明前瞻成功，流水线硬件从地址表中删除对应的项。编译器负责把一条特殊的检测指令放在load指令原来所在的位置，执行到这条指令时若没有出现地址冲突，则说明load指令前瞻成功。

前瞻失败的处理方式有两种。如果仅有load指令被前瞻执行，这是最简单的情况，只需由检测指令重新执行这次load操作即可。但如果数据相关于该load的其他指令也已经被执行了，处理起来就麻烦得多，需要执行一段补偿代码并重新完成从load开始的所有前瞻指令，这时检测指令必须能够将控制流转移到补偿代码开始处。

6.5 开发更多的指令级并行

在谓词执行或前瞻执行等硬件机制的配合下，全局指令调度技术已经能够很好地处理由分支指令引起的控制相关了：要么调度其他指令跨越那些比较容易预测的分支指令，进行前瞻执行；要么通过 if 转换删除那些难以预测的分支指令，进行谓词执行。此时，指令间的数据相关对指令级并行开发的限制作用反而越来越大。本节将讨论处理这些数据相关的编译优化技术，利用这些技术，编译时能够开发出更多的指令级并行。

本节所讨论的优化技术仍然是面向循环结构的，因为这种结构中蕴含着大量的并行性，始终是编译优化的重点对象。编译时，绝大多数指令级并行的分析和优化在中间代码或目标代码生成后才开始，面向中间代码或目标代码完成，但与循环结构相关的分析和优化通常需要在这之前进行，而且是面向源代码完成的。这主要是因为这些工作将首先识别出程序中的循环结构，并分析其中完成数组元素访问、数组元素下标计算等工作的指令。对编译器而言，在源代码中完成这些工作比在中间代码或目标代码中更加容易，因此本节的一些实例将针对C代码段进行分析。

视频讲解

6.5.1 挖掘更多的循环级并行

从一个循环中究竟能够开发出多少并行受到两方面因素的制约：①同一循环迭代内部的指令相关，这属于基本指令调度问题，可以结合循环展开技术解决；②来自不同循环迭代的指令之间的相关，它会大大限制循环展开的效果。本节将着重讨论处理这种相关的编译优化技术。

1. 循环携带相关

循环携带相关(Loop-carried Dependence)是限制循环结构并行性开发的一个重要因素，它是指一个循环的某个迭代中的指令与其他迭代中的指令之间的数据相关。例6.2中的循环结构很简单，没有这种相关。下面来看一个复杂一些的例子。

例 6.7 在下面的循环中，

```
for(i=1;i<=100;i=i+1){
    A[i+1]=A[i]+C[i];                    /* S1 */
    B[i+1]=B[i]+A[i+1];                  /* S2 */
}
```

假设数组 A、B 和 C 中所有元素的存储地址都互不相同，请问语句S1与S2之间存在哪些数据相关？(实际上，由于数组可能作为参数在过程间传递，这三个数组的个别元素可能具有相同的地址，甚至会出现整个数组完全相同的情况。为检测两个数组是否有相同的元素或是否完全相同，需要进行复杂的过程间分析。本章暂不讨论这一问题。)

解 S1和S2之间存在两种不同类型的数据相关。

(1) $A[i+1]$是第 i 次迭代中语句S1的目的操作数，它的源操作数 $A[i]$是上一次迭代中语句S1的目的操作数，这是典型的RAW数据相关。由于引起数据相关的两条指令分属于不同的循环迭代，所以这是循环携带相关。相邻两次迭代中的语句S2之间也存在同样的数据相关。

(2) 同一循环迭代内的语句S2与S1之间也存在RAW数据相关，因为S2的源操作数 $A[i+1]$恰好是S1的目的操作数。

尽管这两类数据相关都是RAW类型，但它们对于开发指令级并行的影响完全不同。下面是例6.7中的循环被展开两次后的结果，从中可以看出这些区别。循环携带相关迫使指令只能按照所在迭代的先后顺序依次执行，例如S3无法被调度到S1之前，S4无法被调度到 S2 之前，因为这两组语句均存在循环携带相关。而迭代内各语句间的数据相关对于各次迭代是否能够并行没有任何影响，只要保证同一迭代内存在数据相关的各语句之间的相对顺序不变，多个循环迭代就可以并行执行。例 6.2 就属于这种情况，来自不同迭代的 4 条 LD 指令被安排在前 4 个周期执行，实现了 4 个迭代的并行。

```
for(i=1;i<=100;i=i+2){
    A[i+1]=A[i]+C[i];                /* S1,来自第一个迭代 */
    B[i+1]=B[i]+A[i+1];              /* S2,来自第一个迭代 */
    A[i+2]=A[i+1]+C[i+1];            /* S3,来自第二个迭代 */
    B[i+2]=B[i+1]+A[i+2];            /* S4,来自第二个迭代 */
}
```

可见，循环携带相关是制约循环级并行开发的主要因素。所谓循环级并行(Loop-Level Parallelism)是指循环中不同迭代之间的并行，它的粒度比指令级并行更粗，因为每个循环迭代中含有多条指令。循环级并行的存在意味着可以开发出更多的指令级并行。为了开发更多的循环级并行，必须想办法消除不同迭代之间的数据携带相关。这是完全有可能做到的，如下面的例 6.8 所示。

例 6.8 在下面的循环中，语句 S1 和 S2 之间存在哪些数据相关？该循环的各次迭代是否可以并行执行？如果不能，请修改其代码，使之可以并行。

```
for(i=1;i<=100;i=i+1){
    A[i]=A[i]+B[i];                  /* S1 */
    B[i+1]=C[i]+D[i];                /* S2 */
}
```

解 第 i 次迭代中语句 S1 的源操作数 $B[i]$是第 $i-1$ 次迭代中语句 S2 的目的操作数，因此 S2 与 S1 之间存在 RAW 类型的循环携带数据相关。尽管如此，这个循环仍然是可以并行的。这是因为该循环体中的相关没有构成环：这两条语句都没有使用它自己产生的数据——虽然 S1 需要使用 S2 的结果，但 S2 却没有使用 S1 的结果。这与例 6.7 的情况不同。在例 6.7 中，第 i 个迭代中语句 S1(或 S2)产生的结果恰好被用作下一次迭代中同一条语句的源操作数，即 S1(或 S2)与自身存在数据相关，这种相关关系形成了一个环①。是否有这样的环存在，可以作为判断多个循环迭代是否可以并行的依据之一。

尽管已经判断出例 6.8 中的循环携带相关不会影响循环级并行的开发，但在进行循环展开之前，仍然需要对原有的代码进行一定的修改，结果如下。

```
A[1]=A[1]+B[1];
for(i=1;i<=99;i=i+1){
    B[i+1]=C[i]+D[i];                /* 原来的 S2 */
    A[i+1]=A[i+1]+B[i+1];            /* 原来的 S1 */
}
B[101]=C[100]+D[100];
```

---

① 例 6.7 很特殊，循环中只有一条语句，即 S1/S2。

修改的方法很简单：循环携带相关是因为存在相关的各条指令处于不同的循环迭代中而引起的，若能将这些指令放在同一个迭代中，循环携带相关将自然地变为迭代内部相关。因此，将第 i 次迭代的语句 S2 与第 $i+1$ 次迭代的语句 S1 组合为一个新迭代，并得到一个新的循环，该循环共需 99 次迭代。而第一次迭代中的语句 S1($A[1]=A[1]+B[1]$)与最后一次迭代中的语句 S2($B[101]=C[100]+D[100]$)不属于新循环的任何一次迭代，被分别安排在新循环之前和之后执行。这种变换技术叫作"软流水"，在 6.5.2 节将进行详细讨论。

修改后的代码中没有任何循环携带相关，可以按照 6.1 节介绍的方法对其进行循环展开和指令调度。需要注意的是，在进行指令调度时，必须保证每个迭代内数据相关的各条语句之间相对顺序不变。

有时，循环携带相关是以一种递归形式定义的，如下面两个循环。

```
for(i=6;i<=100;i=i+1){
    Y[i]=Y[i-5]+Y[i];
}
for(i=2;i<=100;i=i+1){
    Y[i]=Y[i-1]+Y[i];
}
```

其中第一个循环的相关距离是 5，即第 i 次迭代中的语句与第 $i-5$ 次迭代中的语句之间存在循环携带数据相关，而第二个循环的相关距离为 1。编译器必须能够检测出这样一种递归关系，因为：①某些系统结构(特别是向量计算机)为递归提供了专门的硬件支持；②这样的递归结构中通常隐藏着大量的循环级并行，例如上面相关距离为 5 的那个循环中，连续的 5 次迭代($i+1$～$i+4$)均可以并行。

一般说来，相关距离越大，循环展开后能开发出的指令级并行就越多。例如，将前面相关距离为 1 的循环展开 5 次，新迭代中的 5 条指令之间仍然存在数据相关，可得到的指令级并行非常有限，而将相关距离为 5 的那段循环展开 5 次后，新迭代中的 5 条指令都是相互独立的，因而能够开发出大量的指令级并行。

2. 存储别名分析

识别循环携带相关的方法非常简单，只要能够确定来自不同迭代的两条指令按照先写后读、先读后写或连续写的顺序访问同一变量即可。但高级语言的一些特性增加了进行这种数据相关分析的复杂度，如 C/C++ 中的数组、指针以及 FORTRAN 的 Pass-by-reference 参数传递方式等。例如，在引入数组和指针后，每个数组元素的地址可以有多种表示方式，例如 $A[i+5]$、$A[j*2-6]$、$\&A[k]$可能表示数组 A 的同一个元素，使得一个元素可能同时拥有多个合法的地址表达式，这种现象被称为"存储别名"。由于缺少足够的运行信息，比如不知道索引变量 i、j、k 的值，编译时很难确定这三个表达式的值是否相同，也就无法确定这三条指令是否相关。为了确保正确性，编译器通常会保守地假设它们将访问同一元素，放弃进行优化调度的机会。分析迭代内的数据相关时也会面临同样的问题。下面来详细讨论优化编译器对存储别名的分析和处理方法。

目前，基本上所有的存储别名分析算法都假设数组下标是仿射的。简单地说，如果一个一维数组 $A[m:n]$的下标可以被表示为形如 $a\times i+b$ 的形式，就称该数组是仿射的(affine)，这里 i 是循环索引变量，而 m 和 n 分别表示 i 取值的下界和上界。进一步，对于一个多维数组，如果它每一维的下标都是仿射的，那么它就是仿射的。下标为 $x[y[i]]$ 的数组是一个典型的非仿射数组。

这样，判断访问数组 $A[m:n]$ 的两条指令是否相关的问题就可以转换为判断这两条指令所访问的数组元素是否具有相同的下标。假设用下标 $a\times j+b$ 将数组 A 的一个元素写入存储器，而用下标 $c\times k+d$ 将数组 A 的一个元素从存储器中读出，这里 j 和 k 都是循环索引变量，$m\leqslant j,\ k\leqslant n$。显然，当且仅当 $a\times j+b=c\times k+d$ 时，这两条指令将会访问数组 A 的同一个元素。但在编译时很难判断该等式是否成立，除非 a、b、c、d 的值都是已知的。若 a、b、c、d 的值都是已知的，则可以通过最大公因数（Greatest Common Divisor，GCD）测试法检测是否存在存储别名。GCD 测试方法可简单地描述为，如果 GCD(c,a) 可以整除 $(d-b)$，那么有可能存在存储别名。

例 6.9 使用 GCD 测试方法判断下面的循环中是否存在存储别名。

```
for(i=1;i<=100;i=i+1){
    x[2*i+3]=x[2*i]*5.0;
}
```

解 在这个循环中，$a=2$，$b=3$，$c=2$，$d=0$，那么 GCD$(a,\ c)=2$，而 $d-b=-3$。由于 2 不能整除 -3，因此没有存储别名，即无论 i 取何值，$x[2*i+3]$ 与 $x[2*i]$ 都将表示数组 x 的不同元素。

如果 GCD 测试的结果为假（不能整除），那么一定没有存储别名存在。但有时即使 GCD 的测试结果为真（可以整除），也没有存储别名，在进行 GCD 测试时如果没有考虑到循环的边界条件就有可能得到这样的结果。

3. 数据相关分析

视频讲解

除了检测指令之间是否存在数据相关外，编译器还会将识别出的数据相关进一步细分为真数据相关、输出相关和反相关等不同类型，以便利用不同的优化技术消除这些相关。常用的优化技术包括重命名、值传播、高度消减等。下面将讨论这些技术的基本原理。

例 6.10 找出下面循环中的所有数据相关，指出它们究竟是真数据相关、输出相关，还是反相关，并利用重命名技术消除其中的输出相关和反相关。

```
for(i=1;i<=100;i=i+1){
    Y[i]=X[i]/a;              /*S1*/
    X[i]=X[i]+a;              /*S2*/
    Z[i]=Y[i]+a;              /*S3*/
    Y[i]=a-Y[i];              /*S4*/
}
```

解 这 4 条语句中存在以下相关。

(1) 因为对数组元素 $Y[i]$ 的读访问和写访问，S3 与 S1 和 S4 与 S1 之间分别存在真数据相关。由于不是循环携带相关，它们不会妨碍我们将这段循环展开，但却限制了 S3、S4 不能被调度到 S1 之前执行。

(2) 因为对数组元素 $X[i]$ 的写访问和读访问，S2 和 S1 之间存在反相关。

(3) 因为对数组元素 $Y[i]$ 的写访问和读访问，S3 和 S4 之间存在反相关。

(4) S1 和 S4 之间存在关于数组元素 $Y[i]$的输出相关。

将原代码变换为下面的形式,可以消除所有的输出相关和反相关。

```
for(i=1;i<=100;i=i+1){
    /*将数组Y重命名为T以消除输出相关*/
    T[i]=X[i]/c;
    /*将数组X重命名为X1以消除反相关*/
    X1[i]=X[i]+c;
    /*将Y重命名为T以消除反相关*/
    Z[i]=T[i]+c;
    Y[i]=c-T[i];
}
```

需要注意的是,由于循环中数组 X 被重命名为 $X1$,编译器还应将循环后的所有语句中的 X 替换为 $X1$。另外,在本例中只需要对变量重命名即可,不必进行值传播优化。

重命名优化通过引入新的变量消除输出相关或反相关,而值传播优化则是通过将变量替换为已知的值或表达式以达到消除数据相关的目的。通过值传播优化,可以将存在相关的两条或多条指令合并为一条。请看下面的例子。

```
DADDUI    R1,R2,#4
DADDUI    R1,R1,#4
```

通过值传播优化,这两条指令可被合并为一条。

```
DADDUI    R1,R2,#8
```

实际上,在前面的例 6.2 中,我们已经见过这种优化的效果——循环展开后多条修改循环索引变量的语句被合并为一条,就是值传播优化的结果。值传播优化主要是通过合并表达式中的常数项完成的。仍以上面的代码为例,对应的表达式为 $R1=R2+4+4$,这是一个三操作数加法,需要两条汇编指令。编译时常数子表达式 $4+4$ 的值将被计算出来,原表达式也被简化为一个二操作数加法,用一条汇编指令即可表示。

对于多流出处理器,简单地减少指令数量并不一定能够真正缩短执行时间,只有缩短这些指令所构成的数据流图中关键路径的长度才能真正获得性能提升。高度削减(Tree Height Reduction)是解决这一问题的有效方法之一。以下面三条指令为例。

```
ADD  R1,R2,R3    /*I1*/
ADD  R4,R1,R6    /*I2*/
ADD  R8,R4,R7    /*I3*/
```

指令 I2 与 I1、I3 与 I2 之间均分别存在真数据相关,因此执行这三条指令共需要三个周期,即这段代码的数据流图的关键路径长度为 3。将它们等价地转换为下面的代码后,尽管指令总数没有改变,但数据流图关键路径的长度却由 3 减少为 2,执行时间缩短了一个周期。

```
ADD  R1,R2,R3
ADD  R4,R6,R7
ADD  R8,R1,R4
```

在上面的例子中，高度消减优化借助加法运算的交换律和组合律消除指令间的真数据相关，这种优化对经过循环展开后的指令往往能够取得比较好的效果。以下面的循环为例，循环体内只有一条语句。

```
sum=sum+X[i];            /*i为循环索引变量*/
```

这个循环中含有相关距离为1的循环携带相关。经循环展开5次后可得到下面5条指令。

```
sum=sum+X[i];
sum=sum+X[i+1];
sum=sum+X[i+2];
sum=sum+X[i+3];
sum=sum+X[i+4];
```

这5条指令之间存在RAW数据相关使得它们只能按照上面的顺序依次执行。但通过高度削减优化却可以从这段代码中挖掘出一定的指令级并行，如下所示。

```
sum=sum+X[i];
t1=X[i+1]+X[i+2];
t2=X[i+3]+X[i+4];
t1=t1+t2;
sum=sum+t1;
```

可以看出，尽管高度削减优化并没有减少指令总数，但数据流图关键路径的长度却被缩短，执行时间也由原来的五个周期缩短为三个周期。

6.5.2 软流水

视频讲解

前面介绍的循环展开和Trace调度两种优化技术都是通过扩大基本块的体积来开发更多的指令级并行。本节将讨论另一种比较常用的循环优化技术——软流水。在6.5.1节的例6.8中，已经初步了解了这种技术的作用，即消除循环携带相关，本节将对其工作原理进行更深入的分析。

软流水(Software Pipelining)技术的核心思想是从循环的不同迭代中抽取一部分指令(循环控制指令除外)拼成一个新的循环迭代，以便将同一迭代中的相关指令分布到不同的迭代中，或将不同迭代中的相关指令封装到同一迭代中。之所以不考虑循环控制指令，是因为在软流水处理之前和之后的循环中都需要这些指令对整个循环的控制流进行处理。例6.8正是借助软流水的第二个功能消除了循环携带相关。

软流水的工作原理如图6.6所示，其中阴影部分表示得到的新迭代，它包含原循环迭代0～4中的指令，执行这个新的迭代就同时执行了原循环中的迭代0～4，只不过每个迭代只有一部分指令被执行，而且各不相同，或者说每个迭代处于不同的执行阶段，就像在图3.17中的5级流水线中同时执行的5条指令一样。这项技术构造了一条虚拟的“流水线”，它以流水的方式同时执行循环中的多个不同迭代，这就是“软流水”这一名称的由来。与硬件流水线一样，这条软件“流水线”也需要一定时间才能充满(或排空)，但与硬件流水线不同的是，用于充满(或排空)软件“流水线”的指令无法被封装到任何一个新的迭代中，只能放在新循环之前(或之后)。

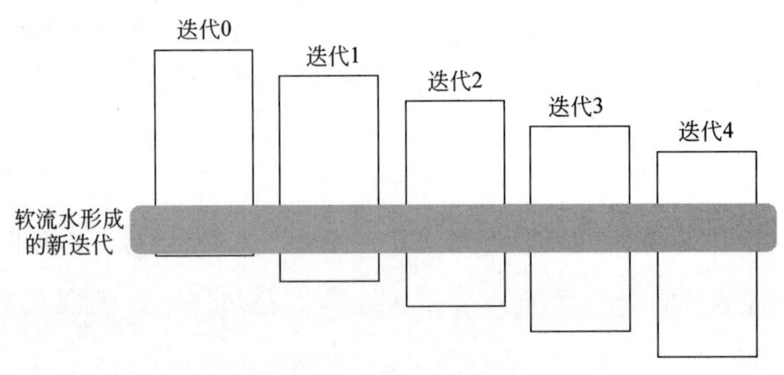

图 6.6　软流水示意图

例 6.11　试用软流水技术处理例 6.1 中的循环,假设数组 x 有 n 个元素。

解　软流水需要从原循环的多个迭代中选择指令拼成新的循环,因此首先将原循环展开。下面是将例 6.1 中的循环展开三次后的结果,其中忽略了循环控制指令 DADDUI 和 BNE。

```
迭代 i:      ;修改 x[i]并保存
             L.D         F0,0(R1)
             ADD.D       F4,F0,F2
             S.D         F4,0(R1)
迭代 i+1:    ;修改 x[i-1]并保存
             L.D         F0,0(R1)
             ADD.D       F4,F0,F2
             S.D         F4,0(R1)
迭代 i+2:    ;修改 x[i-2]并保存
             L.D         F0,0(R1)
             ADD.D       F4,F0,F2
             S.D         F4,0(R1)
```

从这三个迭代中分别选出一条指令(如粗斜体所示),与原有的循环控制指令拼在一起得到一个新的迭代,如下所示。新循环的结束条件仍为 R1 与 R2 中的值相等。当进行第一次迭代时,指令 I_5 将保存数组的最后一个元素 $x[n]$,对应的取 $x[n]$(指令 I_2)与修改 $x[n]$(指令 I_3)两个操作只能在新循环的第一次迭代之前完成;指令 I_6 将修改数组的倒数第二个元素 $x[n-1]$,对应的取 $x[n-1]$(指令 I_4)操作也只能在第一次迭代前完成,而存 $x[n-1]$ 操作将在新循环的第二次迭代中进行;指令 I_7 将处理数组的倒数第三个元素 $x[n-2]$ 的取出,对应的修改 $x[n-2]$ 与存 $x[n-2]$ 操作将分别在新循环的第二和第三次迭代中进行。可见,新循环是从数组的倒数第三个元素 $x[n-2]$ 开始从头处理的,元素 $x[n]$ 与 $x[n-1]$ 只是从半途开始处理,因此循环开始时 R1 中应保存元素 $x[n-2]$ 的地址,即应将 R1 中的值减去 16(指令 I_1)。

```
      DADDUI    R1,R1,#-16        //I1: R1保存 x[n-2]的地址
      L.D       F0,16(R1)         //I2: 取 x[n]
      ADD.D     F4,F0,F2          //I3: x[n]=x[n]+F2
      L.D       F0,8(R1)          //I4: 取 x[n-1]
Loop: S.D       F4,16(R1)         //I5: 存 x[i+2]
      ADD.D     F4,F0,F2          //I6: x[i+1]=x[i+1]+F2
```

```
L.D      F0,0(R1)        //I7: 取 x[i]
BNE      R1,R2,Loop      //I8
DADDUI   R1,R1,#-8       //I9: 填充分支延迟槽
S.D      F0,8(R1)        //I10: 存 x[2]
ADD.D    F4,F0,F2        //I11: x[1]=x[1]+F2
S.D      F4,0(R1)        //I12: 存 x[1]
```

而新循环的最后一次迭代只是处理完了数组的第三个元素 $x[3]$，第二个元素 $x[2]$刚被修改完，结果尚未写回，第一个元素 $x[1]$则是刚被取出，需要被修改并写回。这三个操作（I_{10}～I_{12}）只能留在新循环之后进行。将 DADDUI 指令调度到 BNE 指令的分支延迟槽后，新的循环迭代中将没有任何“空转”周期，若不考虑新循环前后的 6 条指令，则得到一个结果平均需要 5 个时钟周期。

新循环的每个迭代同时处理了数组 x 的三个元素，相当于流水执行了原循环的三个迭代。但是，为了充满和排空这条“流水线”，需要将指令 I_2～I_4 安排在新循环前，而将指令 I_{10}～I_{12}安排在新循环之后。

软流水经常与循环展开结合在一起使用，除了需要从展开后的迭代中选择指令组成新的迭代外，对于那些迭代中有较多“空转”周期的循环，在进行软流水前往往也只有先进行循环展开才能获得比较理想的效果。不过，这两种技术所消除的流水线开销是完全不同的：循环展开主要减少由分支指令和修改循环索引变量的指令所引起的循环控制开销，如将某循环展开 4 次后，循环控制开销将减少为原来的四分之一，但执行每个迭代时，用于充满和排空流水线的开销并不会减少。软流水则恰恰减少了这部分开销，使迭代内的指令级并行达到最大。图 6.7 比较了软流水与循环展开的执行模式，图中的阴影部分表示可并行的指令数尚未达到最大。对于软流水，仅当充满和排空软流水线时才会出现这种情况；而对于循环展开，这种情况会出现 m/n 次，也就是展开后循环的迭代次数，这里 m 为展开前循环的迭代次数，n 则为展开次数。不过，增加循环展开的次数有可能减少这部分开销，但这是以增大目标代码的体积为代价得到的。而软流水对代码体积的影响较小，这是它的另一个优点。

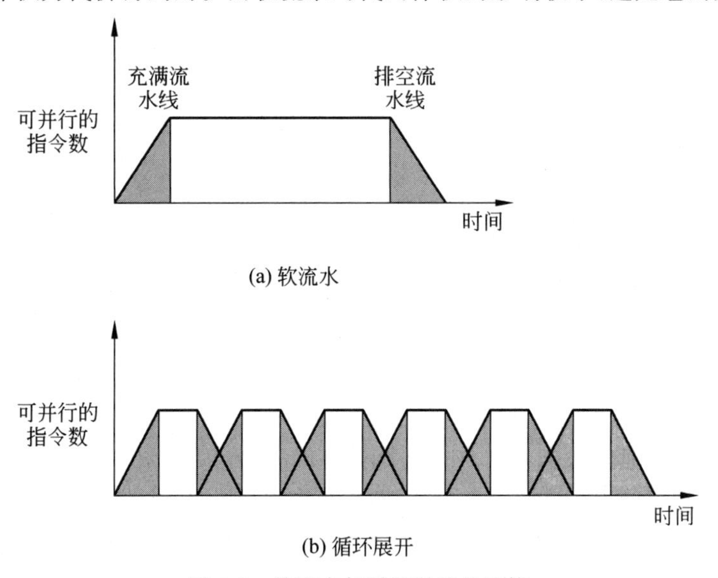

图 6.7 软流水与循环展开的比较

6.6 实例：IA-64体系结构

本章前面的几节系统地介绍了开发指令级并行的软件方法，包括基本指令调度技术，循环展开和全局指令调度等消除控制相关的软件技术，循环携带相关、存储别名分析等数据相关的分析方法以及软流水、重命名、值传播和高度消减等消除数据相关的软件技术，以及谓词执行、前瞻执行等辅助上述软件技术的硬件支撑机制。基于 VLIW 和 EPIC 体系结构的处理器结合使用这些软件方法和硬件机制，大大提高了其开发指令级并行的能力。

本节以 IA-64 体系结构为例介绍这些软件技术和硬件机制在实际处理器设计中的应用。IA-64 是 Intel 公司与 HP 公司合作研制出的 64 位 EPIC 体系结构，其设计遵循以下原则。

(1) 按照 EPIC 的思想开发指令级并行。

(2) 提供大量的硬件资源实现指令级并行。

(3) 提供一系列辅助软件指令级并行开发技术的硬件机制。

Itanium(安腾)则是 Intel 公司于 2001 年 5 月推出的第一款基于 IA-64 的 64 位处理器芯片，主频为 800MHz，是 IPF(Itanium Processor Family)系列处理器的第一代产品。它在结构上的主要特点如下。

(1) 采用三级 Cache，第一级为分离的指令和数据 Cache，后两级为混合 Cache，第三级 Cache 在片外。

(2) 流水线共分为 10 级，其中实现了一些基于硬件的动态指令调度机制，如分支预测、重命名、记分牌等。

(3) 提供了丰富的功能单元，包括两个 I 单元、两个 M 单元、三个 B 单元和两个 F 单元(后面的表 6.2 对这些功能单元的类型和功能进行了详细说明)，所有的功能单元都是流水的。

(4) 每个周期最多流出 6 条指令，最多可同时执行三条分支指令和两个访存操作，提高了分支处理和存储访问的能力。

那么 Itanium 的性能究竟如何呢？以 SPECint 2000 为基准程序的测试结果表明，主频为 800MHz 的 Itanium 性能仅为 2GHz 主频 Pentium 4 的 60%，1GHz 主频 Alpha 21264 的 68%。而且尽管 Alpha 21264 主频更高，其功耗却比 Itanium 低 20%。不过，虽然 Itanium 的整数性能无法令人满意，但它的浮点性能却超过了 Pentium 4 和 Alpha 21264。以 SPECfp 2000 为基准程序的测试结果表明，800MHz Itanium 的性能是 2GHz Pentium 4 的 1.04 倍，是 1GHz Alpha 21264 的 1.20 倍。这一方面与应用程序的结构特点有关，浮点应用程序中通常含有更多的指令级并行；另一方面，Itanium 的三级 Cache 结构也在一定程度上提高了它面向浮点应用的性能。

2002 年 6 月 Intel 公司推出 Itanium 2，其性能在不经过任何调试和优化的条件下比 Itanium 提高 50%～100%。它把基于 IA-64 体系结构的 IPF 系列推向新的高度，进一步显示了 IPF 作为高端计算机应用主流平台的发展前景。

为了更好地开发指令级并行，IA-64 在体系结构上进行了很多特殊设计，包括特殊的指令编码格式，支持谓词执行的谓词寄存器和特殊指令，以及对前瞻执行的支持等。下面将分别讨论这些技术的细节，以便读者更好地理解指令级并行的开发需要软件技术和硬件机制

视频讲解

互相配合、协同工作这一重要的指导思想。

6.6.1 IA-64 的指令格式

IA-64 提供了大量功能单元,用以并行执行多条指令。IA-64 的功能单元可分为 5 类,表 6.2 列出了功能单元的具体类型以及每类功能单元所完成的操作类型。

表 6.2 IA-64 功能单元和操作的类型

功能单元类型	操作类型	描　　述	操 作 实 例
I-unit	A	整数 ALU 运算	加,减,与,或,比较
	I	非 ALU 整数运算	整数和多媒体移位、位测试、移动
M-unit	A	整数 ALU 运算	加,减,与,或,比较
	M	访存操作	整数/浮点 load, store 操作
F-unit	F	浮点操作	各种浮点运算
B-unit	B	分支操作	条件分支、无条件分支、调用
L+X	L+X	扩展操作	空操作、扩展的立即数

与 VLIW 结构一样,IA-64 也主要依赖编译器开发指令级并行。编译器将所有可以并行执行的操作识别出来,放在同一个指令组(Instruction Group)中。运行时只要有足够多的空闲功能单元,同一指令组中的指令就可以并行执行。这样,IA-64 的目标代码被划分为多个指令组,并按照流出的时间顺序依次排列,但编译器必须显式地指明相邻两个指令组之间的边界。

由于指令组长度变化很大,IA-64 将其拆分为多条指令。IA-64 的指令被称为 bundle,长 128 位,包含 123 位操作信息(3 个操作×41 位/操作=123 位)和 5 位模板信息。模板位的作用有两个:①简化译码,模板信息指明了 bundle 中三个操作的类型以及它们分别需要在哪类功能单元上执行;②显式指出指令组边界,模板中定义了停止位,用于指出相邻两个指令组的边界。表 6.3 列出了所有合法模板的值,并说明了它们的含义,其中 *s* 代表停止位,表示所在的操作槽是当前指令组的最后一个操作。

表 6.3 IA-64 模板值及其含义

模板值	操作槽 0	操作槽 1	操作槽 2	模板值	操作槽 0	操作槽 1	操作槽 2
0	M	I	I	9	M	M	I(*s*)
1	M	I	I(*s*)	10	M(*s*)	M	I
2	M	I(*s*)	I	11	M(*s*)	M	I(*s*)
3	M	I(*s*)	I(*s*)	12	M	F	I
4	M	L	X	13	M	F	I(*s*)
5	M	L	X(*s*)	14	M	M	F
8	M	M	I	15	M	M	F(*s*)

续表

模板值	操作槽0	操作槽1	操作槽2	模板值	操作槽0	操作槽1	操作槽2
16	M	I	B	23	B	B	B(*s*)
17	M	I	B(*s*)	24	M	M	B
18	M	B	B	25	M	M	B(*s*)
19	M	B	B(*s*)	28	M	F	B
22	B	B	B	29	M	F	B(*s*)

下面通过一个例子说明IA-64指令(bundle)的调度与执行。为简便起见,仍用MIPS汇编指令表示IA-64指令。

例6.12 将例6.1中的代码展开7次并生成IA-64指令,使得:①bundle数最少;②执行时间最短。假设每时钟周期可流出一个bundle,bundle中任何操作的暂停将导致整个流水线暂停。各操作延迟如表6.1所示。

解 调度结果如表6.4所示,其中*s*表示停止位,nop表示空操作。第一种情况下只有9个bundle,15%的槽为空,但需要21个周期才能完成;第二种情况下代码体积和空槽均有所增加,需要11个bundle,有30%的槽是空槽,但执行时间大大缩短,仅用12个周期就可以完成。

表6.4 例6.1在IA-64上循环展开后的结果

(1) bundle最少。

模 板	操作槽0	操作槽1	操作槽2	执行时间
9:M M I	L.D F0,0(R1)	L.D F6,−8(R1)	nop (s)	1
14:M M F	L.D F10,−16(R1)	L.D F14,−24(R1)	ADD.D F4,F0,F2	3
15:M M F	L.D F18,−32(R1)	L.D F22,−40(R1)	ADD.D F8,F6,F2 (s)	4
15:M M F	L.D F26,−48(R1)	S.D F4,0(R1)	ADD.D F12,F10,F2 (s)	6
15:M M F	S.D F8,−8(R1)	S.D F12,−16(R1)	ADD.D F16,F14,F2 (s)	9
15:M M F	S.D F16,−24(R1)	nop	ADD.D F20,F18,F2 (s)	12
15:M M F	S.D F20,−32(R1)	nop	ADD.D F24,F22,F2 (s)	15
15:M M F	S.D F24,−40(R1)	nop	ADD.D F28,F26,F2 (s)	18
15:M M F	S.D F28,−48(R1)	DADDUI R1,R1,#−56	BNE R1,R2,Loop	21

(2) 执行时间最短。

模 板	操作槽0	操作槽1	操作槽2	执行时间
8:M M I	L.D F0,0(R1)	L.D F6,−8(R1)	nop	1
9:M M I	L.D F10,−16(R1)	L.D F14,−24(R1)	nop (s)	2
14:M M F	L.D F18,−32(R1)	L.D F22,−40(R1)	ADD.D F4,F0,F2	3
14:M M F	L.D F26,−48(R1)	nop	ADD.D F8,F6,F2	4

续表

模　板	操作槽 0	操作槽 1	操作槽 2	执行时间
15：M M F	nop	nop	ADD.D F12,F10,F2　(s)	5
14：M M F	nop	S.D F4,0(R1)	ADD.D F16,F14,F2	6
14：M M F	nop	S.D F12,－16(R1)	ADD.D F20,F18,F2	7
15：M M F	nop	S.D F8,－8(R1)	ADD.D F24,F22,F2　(s)	8
14：M M F	nop	S.D F16,－24(R1)	ADD.D F28,F26,F2	9
9：M M I	S.D F20,－32(R1)	S.D F24,－40(R1)	nop　(s)	11
8：M M I	S.D F28,－48(R1)	DADDUI R1,R1,#－56	BNE R1,R2,Loop	12

除了指令格式外,IA-64 对每个操作的格式也进行了专门的设计。例如每个分支操作有 9 位特殊的信息,记录了编译时对该分支行为的预测结果,运行时流水线可以在这些信息的指导下进行动态指令调度。访存操作也有类似的信息位,记录了编译时得到的对它能够在哪一个存储层次(第一级 Cache、第二级 Cache、第三级 Cache 还是主存)获得所需数据的预测结果,流水线硬件可根据此信息推知完成该访存操作所需的延迟。

IA-64 借助这种精心设计的指令编码格式更高效地将编译时挖掘出的指令级并行信息传递给流水线硬件。其实,在 VLIW 结构中,编译器也是通过特定的指令编码格式与流水线硬件通信的——打包在同一条 VLIW 指令内的所有操作都是可并行的,而且每个槽中操作的类型也是确定的。这是一种最简单的方法,但它的缺点也同样明显,即由于无法挖掘出足够多的并行操作,VLIW 指令中存在很多空槽,编码效率很低。超标量处理器中就没有提供这样的机制,因此需要专门的硬件从指令窗口中选择可流出的指令。

6.6.2 IA-64 的谓词执行机制

视频讲解

IA-64 实现了完整的谓词执行机制,并为提高谓词执行的效率提供了很好的硬件支持。

首先,IA-64 设置了大量的谓词寄存器(64 个),用于保存指令的执行条件,每个谓词寄存器的宽度都是 1 位。

其次,所有类型的 IA-64 操作都可以按照谓词执行方式执行,每个操作 41 位编码的最低 6 位指明了保存执行条件的谓词寄存器。与仅支持部分条件执行指令的指令集相比,IA-64 大大降低了条件转换和指令调度的开销。例如,IA-64 的条件分支可以被转换为带有谓词的无条件分支,对应谓词寄存器的值就是分支条件,这提高了分支操作的效率。

最后,为了更高效地确定指令的执行条件(谓词寄存器的值),IA-64 专门增强了比较(Compare)操作和测试(Test)操作的功能。它们都可以同时修改谓词寄存器的值,这样就可以同时计算出一个分支结构 then 部分和 else 部分各指令的谓词。IA-64 的比较操作更是支持多种不同的比较模式,如表 6.5 所示。这些模式与不等于(neq)、等于(eq)、小于(lt)、无符号小于(ltu)等类型的比较运算结合在一起,可以同时完成多个比较,大大地提高了谓词的计算效率。

表 6.5　IA-64 所支持的不同比较模式

模　式	指令后缀	操　　作	
		目的谓词寄存器 1	目的谓词寄存器 2
Normal	无	if (qp) {target=result}	if (qp) {target=!result}
Unconditional	unc	if (qp) {target=result} else {target=0}	if (qp) {target=!result} else {target=0}
AND	and	if (qp && !result) {target=0}	if (qp && !result) {target=0}
	andcm	if (qp && result) {target=0}	if (qp && result) {target=0}
OR	or	if (qp && result) {target=1}	if (qp && result) {target=1}
	orcm	if (qp && !result) {target=1}	if (qp && !result) {target=1}
DeMorgan	or.andcm	if (qp && result) {target=1}	if (qp && result) {target=0}
	and.orcm	if (qp && !result) {target=0}	if (qp && !result) {target=1}

注：qp 表示比较操作的谓词寄存器，target 表示目的谓词寄存器，result 表示比较结果。

例 6.13　将下面的 C 语句转换为 IA-64 汇编指令，使其执行时间最短。

```
if (r1==1||r2==2||r3==3||r4==4) s;
```

解　对应的 IA-64 汇编代码如下。IA-64 cmp 指令的格式为 cmp.op.mod p, q = r1, r2，这里 op 为要进行的比较操作，mod 为如表 6.5 所示的比较模式中的一种，p 和 q 为两个目的谓词寄存器，r1 和 r2 为要比较的操作数，可以是寄存器名，也可以是立即数。

```
cmp.ne p1,p0=r0,r0;;
cmp.eq.or p1,p0=1,r1
cmp.eq.or p1,p0=2,r2
cmp.eq.or p1,p0=3,r3
cmp.eq.or p1,p0=4,r4;;
(p1) s
```

前 5 条指令都是无条件执行的。第一条指令将谓词寄存器 p0 和 p1 的值初始化为 0。第二～五条指令分别完成分支条件中一个子表达式的比较，并根据比较结果按照模式 OR 为 p1 和 p0 两个谓词寄存器赋值。只要有一个子表达式的结果为 true，p1 和 p0 就将被同时置 1，因此这四条指令可以并行执行。第六条指令则以前面得到的 p1 作为执行条件。

由这段代码可以得到三个 IA-64 指令组，第一、第六两条指令分别位于一个指令组中，而中间四条指令位于第三个指令组中，代码段中的“;;”表示指令组的边界。

6.6.3　IA-64 的前瞻执行机制

IA-64 还为控制前瞻和数据前瞻提供了硬件和编译支持。为了标识被前瞻执行的 load 指令并检测前瞻是否成功，IA-64 专门设置了三条指令：①ld.a，表示被前瞻执行的 load 指令。每当一条 load 指令被选出作为前瞻调度的对象时，编译器就会将它替换为 ld.a。②检测指令 ld.c，当编译器调度 load 指令前瞻执行后，它会将一条 ld.c 指令放在该 load 指令最初所在的位置。当执行 ld.c 时，它将检测本次前瞻是否成功。若前瞻失败，ld.c 将重新访存并取出数据。这种处理方法适用于只有一条指令（即 load）被前瞻执行的情况。③chk.a，这也是一条检测指令，它实现了另外一种前瞻失败处理机制。编译器将这条指令安放在与 ld.c 相同的位置。若执行 chk.a 时发现对应的 load 前瞻执行失败，它会将控制流转移到一段补偿代码中，重新执行 load 指令及与之相关的其他被前瞻执行的操作。显然，这条指令适用于除 load 外还有其他关于 load 的指令被前瞻执行的情况。编译器将决定使用 ld.c 还是 chk.a 指令检测前瞻是否成功，因为编译时可以确定在 ld.a 与对应的检测指令之间究竟还有没有其他相关指令被前瞻执行。

为检测 load 指令的前瞻执行是否成功，IA-64 专门设置了一个名为 ALAT 的表格，记录被前瞻调度的 load 指令的相关信息，包括目的寄存器和访存地址等。当前瞻执行一条 load 指令时，处理器就会在 ALAT 表中增加一项。接下来，每执行一条 store 指令，处理器就会在该表中查找有没有与其访存地址相同的项。如果命中，则相应的 ALAT 表项被标为 invalid，表示前瞻失败。当执行到检测指令 ld.c 或 chk.a 时，它们将检查对应的 ld.a 指令在 ALAT 表中的相应项是否已被标为 invalid，是则说明前瞻失败，应按照检测指令所隐含的方式进行处理；否则表示前瞻成功，简单地删除相应的 ALAT 表项即可。此外，IA-64 还给每个寄存器增加了一个状态位，名为 NaT（Not a Thing），该位的含义和作用与 6.4.3 节中的 poison 位相似。这样，IA-64 就可按照 6.4.3 节介绍的第三种机制处理 ld.a 指令引起的异常了。

习　题　6

6.1　解释下列名词。

指令调度	循环展开	全局指令调度	关键路径
补偿代码	踪迹调度	超块	尾复制
VLIW	EPIC	二进制翻译	谓词执行
前瞻执行	if 转换	循环携带相关	相关距离
GCD 测试	值传播	高度削减	软流水

6.2　简述踪迹调度和超块调度的基本过程。

6.3　试比较循环展开和软流水这两种编译优化技术的异同。

6.4　指出下面这段 C 代码中的所有数据相关，对于真数据相关，还应指明它们是不是循环携带相关。试分析能否从这段循环中开发出循环级并行，并说明原因。

```
for(i=2;i<100;i=i+1){
    a[i]=b[i]+a[i];             /* S1 */
    c[i-1]=a[i]+d[i];           /* S2 */
    a[i-1]=2 * b[i];            /* S3 */
    b[i+1]=2 * b[i];            /* S4 */
}
```

6.5　下面的循环中含有相关距离为 1 的循环携带相关，无法从中开发出大量的循环级并行。像例 6.8 中那样对这段代码进行调整，使得多个循环迭代可以并行执行。

```
for(i=1;i<100;i=i+1){
    a[i]=b[i]+c[i];          /* S1 */
    b[i]=a[i]+d[i];          /* S2 */
    a[i+1]=a[i]+e[i];        /* S3 */
}
```

6.6 假设某超标量流水线能够同时执行一条浮点指令和一条整数指令,当下面的循环程序段在该流水线上执行时,至少应被展开多少次才能消除所有的"空转"周期。假设各指令的延迟如表6.1所示。

```
Loop: L.D       F0,0(R1)          //取一个数组元素放入 F0
      ADD.D     F4,F0,F2          //加上在 F2 中的标量
      S.D       F4,0(R1)          //存结果
      DADDIU    R1,R1,#-8         //将指针减少 8(每个数据占 8 字节)
      BNE       R1,R2,Loop        //若 R1 不等于 R2,表示尚未结束
                                  //转移到 Loop 继续
```

6.7 用GCD测试法判断下面的循环中是否存在循环携带的真数据相关。

```
for(i=2;i<=100;i+=2)
    a[i]=a[i-1];
```

6.8 下面这段循环完成点积(Dot Product)运算,寄存器F2的初值为0。试结合使用循环展开和基本指令调度技术,消除其中的所有流水线"空转"周期。假设流水线延迟如表6.1所示,分支指令也会带来一个"空转"周期。

```
loop: L.D       F0,0(R1)
      L.D       F4,0(R2)
      MUL.D     F0,F0,F4
      ADD.D     F2,F0,F2
      DADDUI    R1,R1,#-8
      DADDUI    R1,R1,#-8
      BNE       R1,R3,loop
```

6.9 举例说明为何前瞻执行能够带来一定的性能提升?有哪些方法可以处理由前瞻指令引起的异常?

6.10 结合IA-64体系结构分析谓词执行机制需要编译器和流水线硬件分别提供哪些支持?

第7章 存储系统

内容提要

(1) 存储系统的层次结构;
(2) Cache 基本知识;
(3) 降低 Cache 的不命中率;
(4) 减少 Cache 的不命中开销;
(5) 减少命中时间;
(6) 并行主存系统;
(7) 虚拟存储器;
(8) 实例:AMD Opteron 的存储器层次结构。

7.1 存储系统的层次结构

7.1.1 存储系统的层次结构概述

存储系统的性能直接影响到整个计算机系统的性能。如何以合理的价格,设计容量和速度都满足计算机系统要求的存储器系统,始终是计算机系统结构设计中关键的问题之一。

容量大、速度快、价格低的存储器一直是人们梦寐以求的。但这"容量大、速度快、价格低"的要求却是相互矛盾的。综合考虑不同的存储器实现技术,我们会发现:

(1) 速度越快,每位价格就越高。

(2) 容量越大,每位价格就越低。

(3) 容量越大,速度越慢。

从实现"容量大、价格低"的要求来看,应采用能提供大容量的存储器技术;但从满足性能需求的角度来看,又应采用昂贵且容量较小的快速存储器。走出这种困境的唯一方法,就是采用多种存储器技术,构成多级存储层次结构。

1. 程序访问的局部性原理

在展开讨论存储系统的多级层次结构之前,先来看看程序的一种特性:程序访问的局部性原理。它是使多级存储层次成为可能的一个重要特性。

程序访问的局部性原理(Principle of Locality)是指:对于绝大多数程序来说,程序所访问的指令和数据在地址上不是均匀分布的,而是相对簇聚的。程序访问的局部性包含两个方面:时间局部性和空间局部性。

时间局部性是指程序马上将要用到的信息很可能就是现在正在使用的信息。典型的例子是循环地反复执行。空间局部性是指程序马上要用到的信息很可能与现在正在使用的信息在存储空间上是相邻的。这是因为大程序和大数据结构经常是按顺序存放和按顺序访问的。

2. 存储系统的多级层次结构

存储系统的多级层次结构如图7.1所示。其中$M_1, M_2, \cdots, M_n$是用不同技术实现的存储器。M_1最靠近CPU,它的速度最快,容量最小,每位价格最高。它的速度要快到与CPU的速度相匹配。因为速度快,所以其每位价格比其他存储器都高,存储容量也就比较小。而M_n则相反,离CPU最远,速度最慢,容量最大,每位价格最低。假设第i个存储器M_i的访问时间为T_i,容量为S_i,平均每位价格为C_i,则该存储系统中n个存储器的参数满足以下关系。

访问时间 $T_1 < T_2 < \cdots < T_n$

容量 $S_1 < S_2 < \cdots < S_n$

平均每位价格 $C_1 > C_2 > \cdots > C_n$

整个存储系统要达到的目标是:从CPU来看,该存储系统的速度接近于M_1,而容量和每位价格都接近于M_n。为了实现这一目标,必须做到:存储器越靠近CPU,CPU对它的访问频度就越高,而且最好大多数的访问都能在M_1完成。这是通过利用程序访问的局部性来实现的。

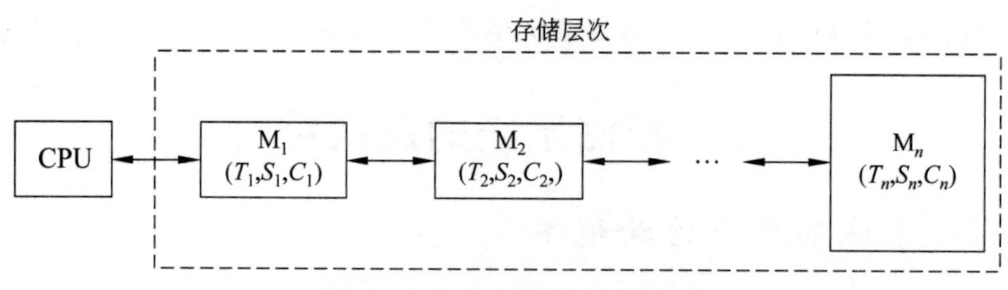

图7.1 存储系统的层次结构

M_1的容量较小,一般不足以存放整个程序及其数据。但是,根据局部性原理,只要把近期内CPU访问的程序和数据放在M_1中,就能使CPU对存储系统的绝大多数访问都能在M_1中命中——在M_1中找到所要的信息。

在存储层次中,各存储器之间一般满足包容关系,即任何一层存储器中的内容都是其下一层(离CPU更远的一层)存储器中的内容的子集。CPU访存时,首先访问M_1,若在M_1中找不到所要的数据,就访问M_2,将包含所需数据的块或页面调入M_1;若在M_2中还找不到,就要访问M_3;以此类推。

CPU与M_1之间传送信息一般是以字为单位的,M_1以外(含M_1)的相邻存储器之间一般以块或页面为单位传送信息。

7.1.2 存储系统的性能参数

为简单起见,仅考虑由M_1和M_2两个存储器构成的两级存储层次结构,M_1的容量、访问时间和每位价格分别为S_1, T_1, C_1;M_2的参数为S_2, T_2, C_2,如图7.2所示。

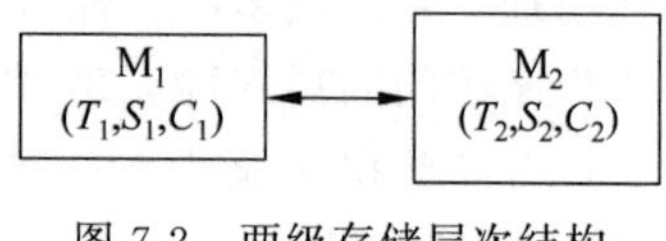

图7.2 两级存储层次结构

1. 存储容量 S

一般来说，整个存储系统的容量即是第二级存储器 M_2 的容量，即 $S=S_2$。例如，在由高速缓冲存储器(Cache)和主存所组成的系统中，存储系统的容量就是主存的容量。

2. 存储系统的平均每位价格 C

$$C=\frac{C_1S_1+C_2S_2}{S_1+S_2}$$

显然，当 $S_1 \ll S_2$ 时，$C \approx C_2$。

3. 命中率 H

命中率(Hit Ratio)H 的定义为：CPU 访问该存储系统时，在 M_1 中找到所需信息的概率，其计算公式为

$$H=\frac{N_1}{N_1+N_2}$$

其中，N_1 和 N_2 分别为访问 M_1 和 M_2 的次数，可以通过模拟执行一组有代表性的程序来获得。

显然，H 越接近 1 越好。为了突出反映不命中的情况，还经常使用不命中率 F 这个参数。它是指 CPU 访存时，在 M_1 中找不到所需信息的概率。显然，

$$F=1-H$$

4. 平均访存时间 T_A

分两种情况来考虑 CPU 的一次访存：

(1) 当命中时，访问时间即为 T_1。T_1 常称为命中时间(Hit-Time)。

(2) 当不命中时，情况比较复杂。在大多数二级存储系统中，若访问的字不在 M_1 中，就必须从 M_2 把包含所要访问的字的块(或页面)传送到 M_1，之后 CPU 才可在 M_1 中访问到这个字。假设传送一个信息块所需的时间为 T_B，则不命中时的访问时间为

$$T_2+T_B+T_1=T_1+T_M$$

其中，$T_M=T_2+T_B$，常称为不命中开销(Miss Penalty)，它是指从向 M_2 发出访问请求到把整个数据块调入 M_1 中所需的时间。

考虑到命中和不命中的概率分别是 H 和 $1-H$，故该存储系统的平均访存时间为

$$T_A=HT_1+(1-H)(T_1+T_M)=T_1+(1-H)T_M$$

或

$$T_A=T_1+FT_M$$

7.1.3 三级存储系统

视频讲解

目前，大多数计算机都采用了由 Cache(高速缓冲存储器)、主存储器和磁盘存储器(辅存)构成的三级存储系统。这个存储系统可以看成由“Cache-主存”层次和“主存-辅存”层次构成的系统，如图 7.3 中的实线框和虚线框所示。下面分别讨论之。

程序在执行时，需先调入主存。即使是在虚拟存储器中也是如此，只是不必一次全部调入，而是根据需要调入。因此，下面将从主存的角度来讨论这两个存储层次。

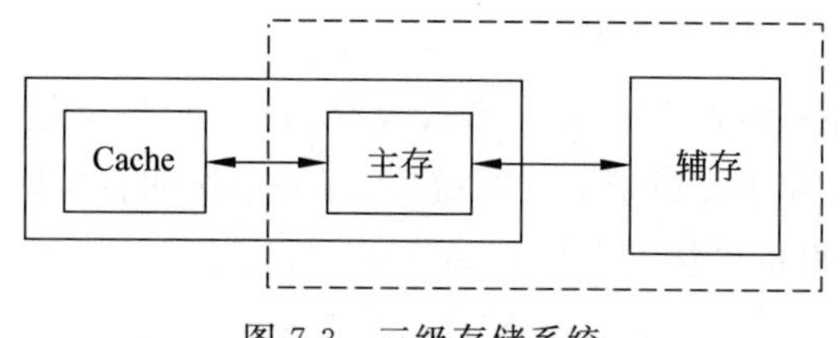

图 7.3　三级存储系统

1.“Cache-主存”层次

近几十年来,CPU 的性能提高得很快,在 1980 年至 1986 年,CPU 性能以每年 35%的速度递增,而在 1987 年至 2000 年,CPU 性能则是每年提高 55%(见图 7.4)。但是,主存性能的提高却慢得多。例如,DRAM 的速度每年只提高 7%。因此,CPU 和主存之间在速度上的差距越来越大。为了填补这个差距,现代计算机都是在 CPU 和主存之间设置一个高速、小容量(一般为几十千字节到几兆字节)的高速缓冲存储器(Cache)。这个 Cache 对于提高整个计算机系统的性能有着重要的意义,几乎是一个不可缺少的部件。

图 7.5(a)是“Cache-主存”层次的示意图。借助于辅助硬件,Cache 与主存构成一个有机的整体,以弥补主存速度的不足。一般来说,这个层次的工作完全由硬件实现,所以它不但对应用程序员是透明的,而且对系统程序员也是透明的。

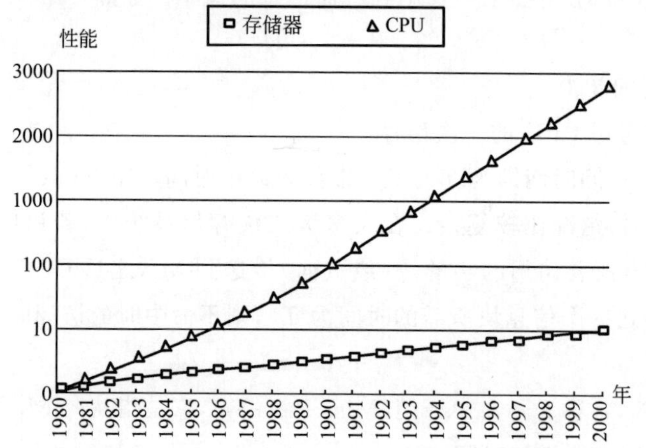

图 7.4　存储器和 CPU 性能随时间而提高的情况(以 1980 年时的性能作为基准)

2.“主存-辅存”层次

这个层次的目的是弥补主存容量的不足。它是在主存外面增设一个容量更大、每位价格更低、但速度更慢的存储器(称为辅存,一般是硬盘)。它们依靠辅助软硬件的作用,构成一个整体,如图 7.5(b)所示。“主存-辅存”层次常被用来实现虚拟存储器,向编程人员提供“用不完”的程序空间。

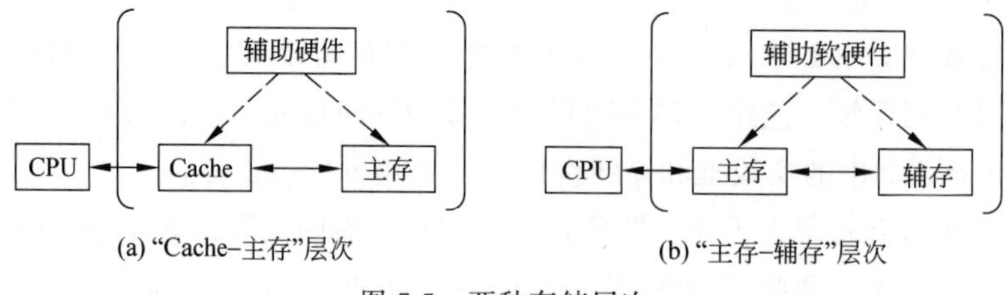

图 7.5　两种存储层次

3. 两者的比较

表 7.1 对“Cache-主存”和“主存-辅存”层次做了一个简单的比较。

表 7.1 “Cache-主存”与“主存-辅存”层次的区别

比较项目	存储层次	
	“Cache-主存”层次	“主存-辅存”层次
目的	为了弥补主存速度的不足	为了弥补主存容量的不足
存储管理的实现	全部由专用硬件实现	主要由软件实现
访问速度的比值(第一级比第二级)	几比一	几万比一
典型的块(页)大小	几十到几百字节	几千个以上字节
CPU 对第二级的访问方式	可直接访问	均通过第一级
不命中时 CPU 是否切换	不切换	切换到其他进程

7.1.4 存储层次的 4 个问题

下面将展开论述“Cache-主存”层次。首先要考虑以下 4 个问题。

(1) 当把一个块(页)调入高一层(靠近 CPU)存储器时,可以放到哪些位置上?(映像规则)

(2) 当所要访问的块(页)在高一层存储器中时,如何找到该块?(查找算法)

(3) 当发生不命中而且高一层存储器已经满时,应替换哪一块?(替换算法)

(4) 当进行写访问时,应进行哪些操作?(写策略)

搞清楚这些问题,对于理解一个具体存储层次的工作原理以及设计时的考虑是十分重要的。

7.2 Cache 的基本知识

视频讲解

7.2.1 基本结构和原理

Cache 是按块进行管理的。Cache 和主存均被分割成大小相同的块。信息以块为单位调入 Cache。相应地,CPU 的访存地址被分割成两部分:块地址和块内位移,如下所示。

主存地址	块地址	块内位移

主存块地址(块号)用于查找该块在 Cache 中的位置,块内位移用于确定所访问的数据在该块中的位置。

图 7.6 是 Cache 的基本工作原理示意图。当 CPU 要访问存储器系统时,它把地址送入主存地址寄存器。“主存→Cache 地址转换”部件判定包含所访问数据或指令的块是否已在 Cache 中。如果在 Cache 中(即命中),“主存→Cache 地址转换”部件就把主存地址中的块地址转换成 Cache 块地址,放入 Cache 地址寄存器,块内位移保持不变。然后用所形成的地址去访问 Cache,把所得的数据或指令送给 CPU。如果不在 Cache 中(即不命中),就需要用主

存地址去访问主存储器,把相应的块调入 Cache,然后再把 CPU 所要的数据或指令送给 CPU。当然,也可以把 CPU 所要的数据或指令直接送给 CPU(如图 7.6 中的虚线所示),以提高性能。在进行调块前,需先判定 Cache 中是否还有位置来存放将调入的块。如果没有,就需要按某种替换策略先从 Cache 中把某个块替换出去,然后将新调入的块放到被替换的块的位置上。关于替换策略,将在后面进一步讨论。

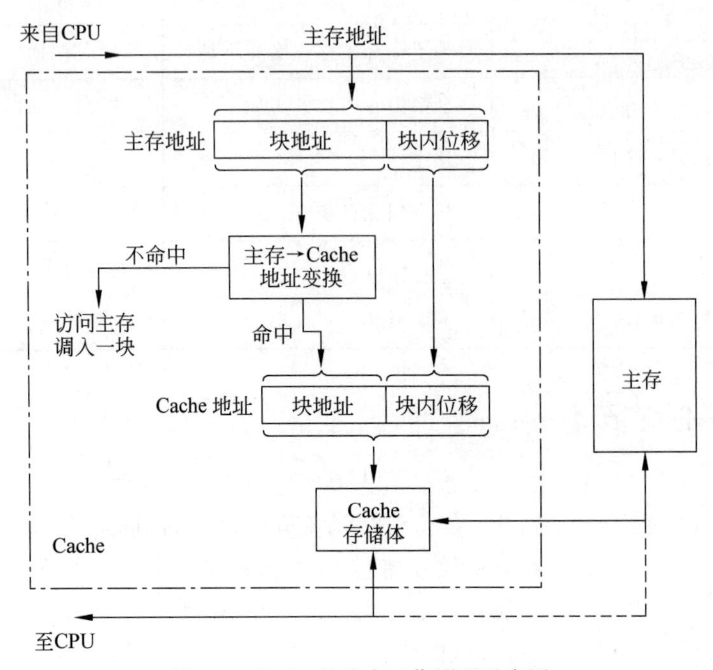

图 7.6　Cache 的基本工作原理示意图

7.2.2　映像规则

当要把一个块从主存调入 Cache 时,可以放置到哪些位置?这就是映像规则所要解决的。映像规则有以下三种。

1. 全相联映像

全相联映像(Fully Associative)是指主存中的任一块可以被放置到 Cache 中的任意一个位置,如图 7.7(a)所示。图中给出了主存的第 9 块可以放入的位置(带阴影部分)。

为简单起见,图中只画出了 Cache 大小为 8 块、主存大小为 16 块的情况。

2. 直接映像

直接映像(Direct Mapping)是指主存中的每一个块只能被放置到 Cache 中唯一的一个位置,如图 7.7(b)所示。图中带箭头的连线表示映像关系。从主存块到 Cache 块的对应关系是依次循环分配的。

图中带箭头的实线连线表示,主存的第 9 块只能放入 Cache 的第 1 块。一般地,如果主存的第 i 块(即块地址为 i)映像到的 Cache 块的第 j 块,则

$$j = i \bmod M$$

其中 M 为 Cache 的块数。

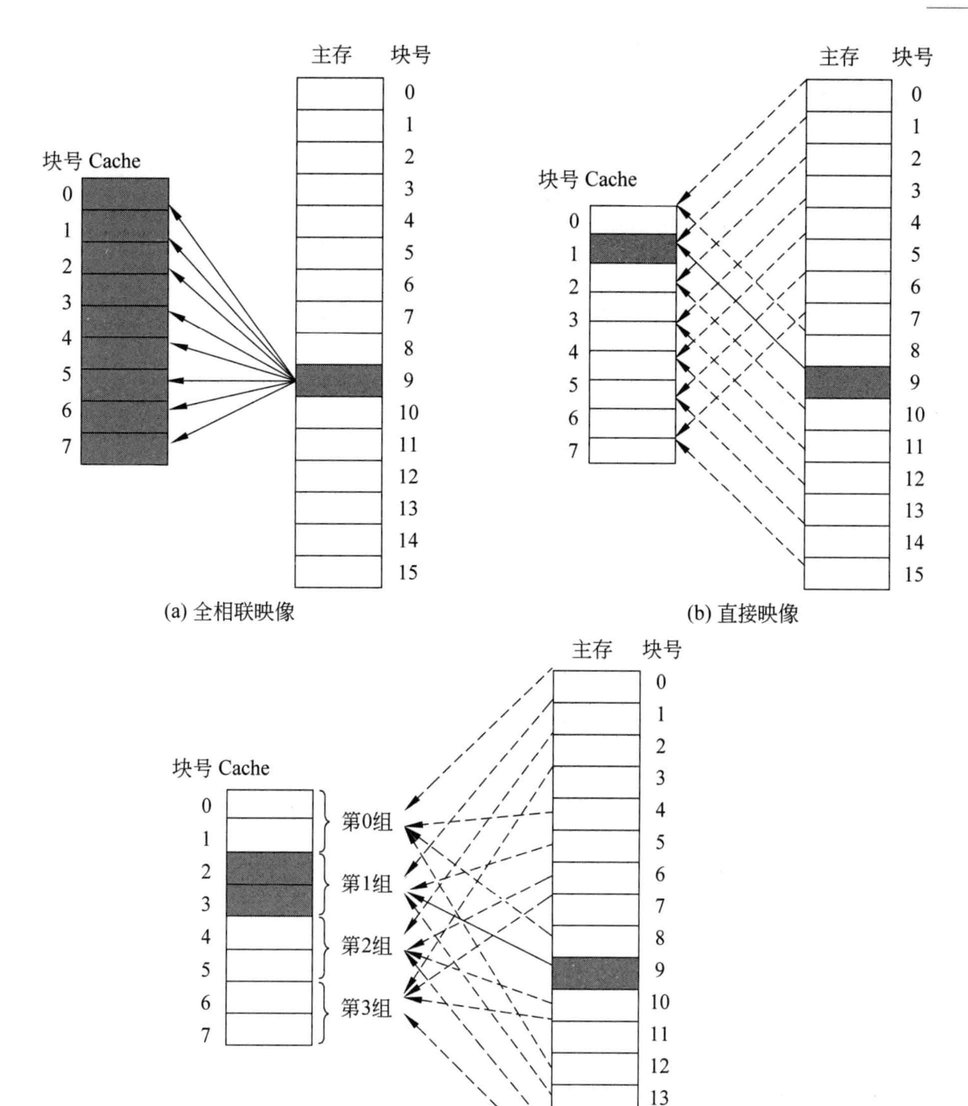

(a) 全相联映像

(b) 直接映像

(c) 组相联映像

图 7.7　三种映像规则

设 $M=2^m$，则当表示为二进制数时，j 实际上就是 i 的低 m 位，如下所示。

主存块地址i | j | m位

因此，可以直接用主存块地址的低 m 位去选择直接映像 Cache 中的块。

3. 组相联映像

在组相联映像(Set Associative)中，Cache 被等分为若干组，每组由若干个块构成。主存中的每一块可以被放置到 Cache 中唯一的一个组中的任何一个位置。它是直接映像和全相联映像的一种折中：一个主存块首先是直接映像到唯一的一个组上(直接映像的特征)

的,然后这个块可以被放入这个组中的任何一个位置(全相联映像的特征)。组的选择常采用位选择算法,即对于主存的第 i 块,若它所映像到 Cache 组的组号为 k,则有

$$k = i \bmod G$$

其中 G 为 Cache 的组数。

设 $G=2^g$,则当表示为二进制数时,k 实际上就是 i 的低 g 位,如下所示。

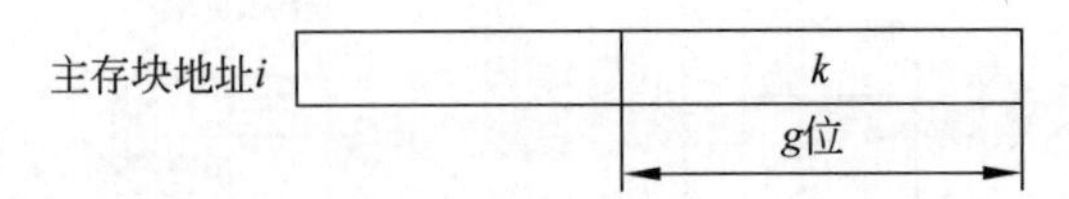

因此,可以直接用主存块地址的低 g 位去选择 Cache 中的相应组。这里的低 g 位以及上述直接映像中的低 m 位通常称为索引(index)。

如果每组中有 n 个块($n=M/G$),则称该映像规则为 n 路组相联(n-way Set Associative)。图 7.7(c)为两路组相联映像的示意图。这里的每个组由两块组成。主存第 9 块可以被放入 Cache 第一组的两个块中的任何一个。

相联度越高(即 n 的值越大),Cache 的空间利用率就越高,块冲突概率就越低,因而 Cache 的不命中率就越低。块冲突是指当要把一个主存块调入 Cache 时,按映像规则所对应的 Cache 块位置都已经被占用。显然,全相联映像的不命中率最低,直接映像的不命中率最高。虽然从降低不命中率的角度来看,n 的值越大越好,但在后面我们将看到,增大 n 值并不一定能使整个计算机系统的性能提高,而且还会使 Cache 的实现复杂度和成本增加。因此,绝大多数计算机都采用直接映像、两路组相联映像或 4 路组相联映像。特别是直接映像,应用得最多。

视频讲解

7.2.3 查找方法

当 CPU 访问存储器中的某个单元时,如何在 Cache 中找到包含该地址的块(如果有的话)?这是通过查找目录表来实现的。Cache 中设有一个目录表,每一个 Cache 块在该表中都有唯一的一项,用于指出当前该块中存放的信息是哪个主存块的(一般有多个主存块映像到该 Cache 块)。它实际上是记录了该主存块的块地址的高位部分,称为标识(tag)。每个主存块能唯一地由其标识来确定。标识在主存块地址中的位置如图 7.8 所示。

主存地址	标识	索引	块内位移

块地址

图 7.8　主存地址的分割

由于目录表中存放的是标识,所以存放目录表的存储器又称为标识存储器。目录表中给每一项设置了一个有效位,用于指出 Cache 中的块是否包含有效信息。例如,用该位为“1”表示 Cache 中相应块所包含的信息有效。当一个主存块被调入 Cache 中某一个块位置时,它的标识就被填入目录表中与该 Cache 块相对应的项中,并将其有效位置“1”。

根据映像规则的不同,一个主存块可能映像到 Cache 中的一个或多个 Cache 块位置。为便于讨论,我们将之称为候选位置。当 CPU 访问该主存块时,必须且只需要查找它的候选位置的目录表项(标识)。如果有标识匹配(即相同)的项,且其有效位为“1”,则它所对应的 Cache 块即是所要找的块。为了保证速度,对各候选位置的标识的检查应并行进行。

在图 7.6 中,虽然从原理上讲,是先进行“主存→Cache”地址变换,得到 Cache 地址后再

去访问 Cache 存储体，而且对于全相联的情况来说，也必须如此。但实际上，在采用直接映像或组相联映像的情况下，为了提高访问速度，一般是把“主存→Cache”地址变换和访问 Cache 存储体安排成同时进行。这时，由于还不知道哪个候选位置上有所要访问的数据，所以就把所有候选位置中的相应信息都读出来，在“主存→Cache”地址变换完成后（如果命中），再根据其结果从这些信息中选一个，发送给 CPU。

直接映像 Cache 的候选位置最少，只有一个；全相联 Cache 的候选位置最多，为 M 个；而 n 路组相联则介于两者之间，为 n 个。实现并行查找的方法有两种：①用相联存储器实现；②用单体多字的按地址访问的存储器和比较器来实现。

图 7.9 是采用第①种方法来实现组相联的示意图，图中只画出了标识存储器。其目录由 2^g 个相联存储区构成，每个相联存储区的大小为 $n\times(h+\log_2 n)$位，需用相联存储器来实现。根据所查找到的组内块地址，就可以从 Cache 存储体中读出的多个信息字中选一个，发送给 CPU。

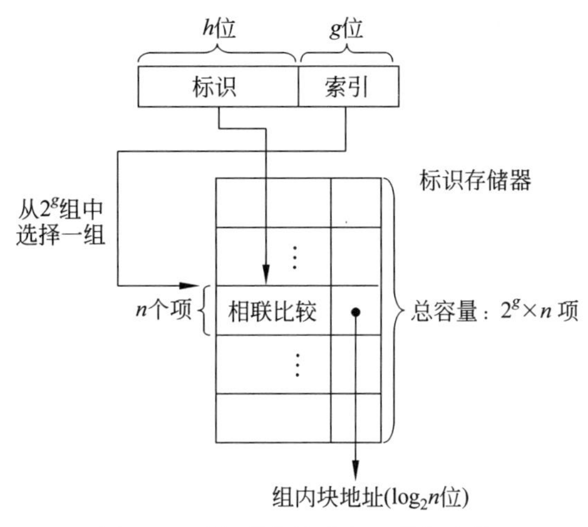

图 7.9　用相联存储器实现并行查找

图 7.10 中画出了用第②种方法来实现 4 路组相联的情况。同图 7.9 一样，也只画了目录存储器部分。这时需要 4 个比较器。CPU 访存时，用本次访存地址中的索引作为地址从标识存储器中选取一行（对应于一组），并从该行并行读出 4 个标识（分别对应于 4 路）。与此同时，也从 Cache 存储体中并行读出 4 个信息字。然后将所读出的 4 个标识与本次访存地址中的标识进行并行比较，以确定是否命中以及该组中哪一个块是要访问的块（若命中）。根据这些信息，就可以从已经读出的 4 个信息字中选择一个，送给 CPU。这种方法的优点是不必采用相联存储器，而是用按地址访问的存储器来实现。它所需要的硬件为：大小为 $2^g\times n\times h$ 位的存储器和 n 个 h 位的比较器。当相联度 n 增加时，不仅比较器的个数会增加，而且比较器的位数也会增加。

可以看出，n 越大，实现查找的机制就越复杂，代价就越高。直接映像 Cache 的查找最简单：只需查找一个位置。所访问的块要么就在这个位置上，要么就不在 Cache 中。

无论是直接映像还是组相联，查找时只需比较标识，索引无须参加比较。这是因为索引已被用来选择要查找的组（或块），而所有索引相同且只有索引相同的块才被映像到该组（块）中，所以该组中各块的索引一定与本次访存的索引相同。如果 Cache 的容量不变，提高相联度就会增加每一组中的块数，从而会减少索引的位数且增加标识的位数。在全相联的

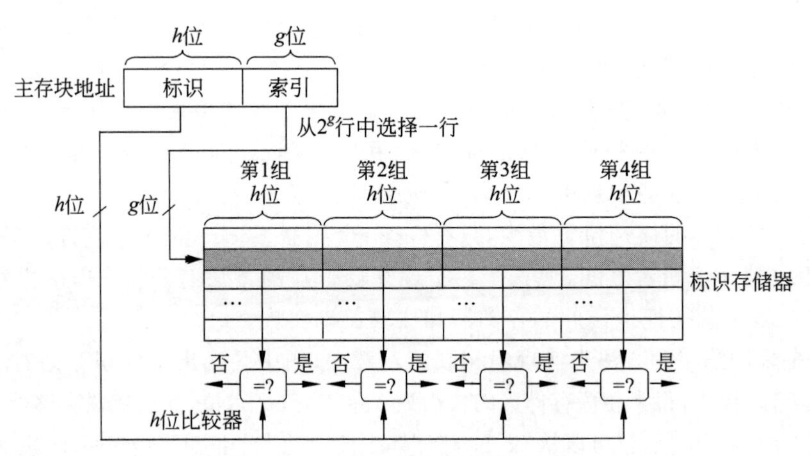

图 7.10　4 路组相联并行标识比较

情况下,索引的位数为 0,块地址就是标识。

7.2.4　Cache 的工作过程

下面以 DEC 的 Alpha AXP 21064 微处理器中的数据 Cache 为例,来介绍 Cache 的工作过程。图 7.11 为其结构框图。这是一个容量为 8KB 的直接映像 Cache,块大小为 32B,共有 256 个块。采用写直达法,写缓冲器的大小为 4 个块。

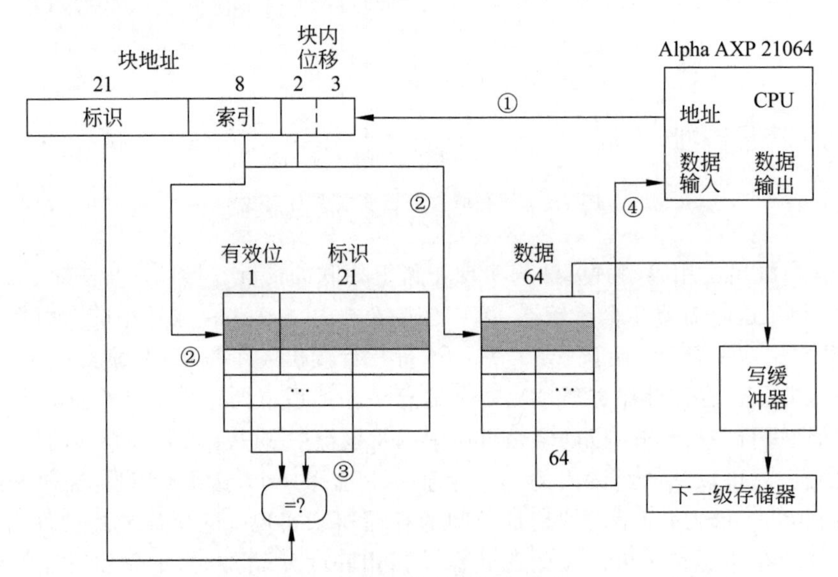

图 7.11　Alpha AXP 21064 微处理器中数据 Cache 的结构

下面参照图 7.11 来介绍访问 Cache 的工作过程(图中带圈的数字表示步骤的顺序)。

Alpha AXP 21064 微处理器传送给 Cache 的物理地址为 34 位(图中的①)。这个地址被分为两部分:块地址(29 位)和块内位移(5 位)。块地址又进一步被分为标识和索引。

Cache 的容量与索引(index)、相联度、块大小之间的关系为

$$\text{Cache 的容量} = 2^{\text{index}} \times \text{相联度} \times \text{块大小}$$

把容量为8192B、相联度为1、块大小为32B代入，可得

$$2^{\text{index}}=\frac{\text{Cache 容量}}{\text{块大小}\times\text{相联度}}=\frac{8192}{32\times 1}=256=2^{8}$$

因此，索引(index)为8位，标识为29－8＝21(位)。

第②步是用索引作为地址从256个目录项中选择一项，读出相应的标识和有效位。同时用索引作为地址从Cache的数据体中选择一块，用块内位移的高两位作为偏移量读出相应的数据字(每个块为4个字，每个字为8字节)。在直接映像Cache中，读出数据并送往CPU与读出标识并进行匹配这两个过程可以并行进行。

第③步是把上一步读出的标识与CPU送来的物理地址中的标识进行比较。为了保证标识信息有效，其相应的有效位必须为"1"，否则比较的结果就是无效的。

如果标识比较的结果是匹配，且有效位为"1"，就表示本次访问Cache命中，那么最后一步(即第④步)就是发信号通知CPU取走数据。Alpha AXP 21064完成这4步需要两个时钟周期。

和任何Cache一样，在Alpha AXP 21064中对"写"的处理比对"读"的处理更复杂。在写命中的情况下，前三步跟上面是一样的。最后，在确认标识比较为匹配之后，才把数据写入。

不管是否命中，Alpha AXP 21064都要把数据写入主存(即采用的是写直达法)。为了提高"写"访问的速度，Alpha AXP 21064设置了一个写缓冲器。这个写缓冲器是按字寻址的，它含有4个块，每块大小为4个字。当要进行写入操作时，如果写缓冲器不满，就把数据和完整的地址写入缓冲器。对CPU而言，本次"写"访问已完成，CPU可以继续往下执行。由写缓冲器负责把该数据写入主存。

在写入缓冲器时，要进行写合并检查。即检查本次写入数据的地址是否与缓冲器内某个有效块的地址匹配。如果匹配，就把新数据与该块合并。

当发生读不命中时，Cache就向CPU发出一个暂停信号，通知它等待，并从下一级存储器中新调入一个数据块(32B)。Alpha AXP 21064的Cache和它的下一级存储器之间的数据通路宽度为16B。每次数据传送需5个时钟周期，传送全部32B数据需要10个时钟周期。由于Alpha AXP 21064的数据Cache是直接映像的，所以当发生调块时，必然引起替换。因为该Cache采用写直达法，所以，替换时不必把被替换块写回主存。

当发生写不命中时，Alpha AXP 21064将使数据"绕过"Cache，直接写入主存。

作为对比，考虑Alpha AXP 21264微处理器中的数据Cache，图7.12为其结构框图。这个Cache与上述Alpha AXP 21064的数据Cache的主要区别是：①采用了两路组相联；②采用了写回法。当CPU对该Cache进行读访问时，同时进行两路标识和数据的读出，并根据比较的结果从分别来自两路的数据中选择一个，送给CPU。而当进行写访问时，只写入Cache，不写入主存，所以它没有写缓冲器。这个Cache的容量为64KB，块大小为64B，采用LRU替换策略。这个Cache的工作过程与上述Alpha AXP 21064的数据Cache的工作过程类似。

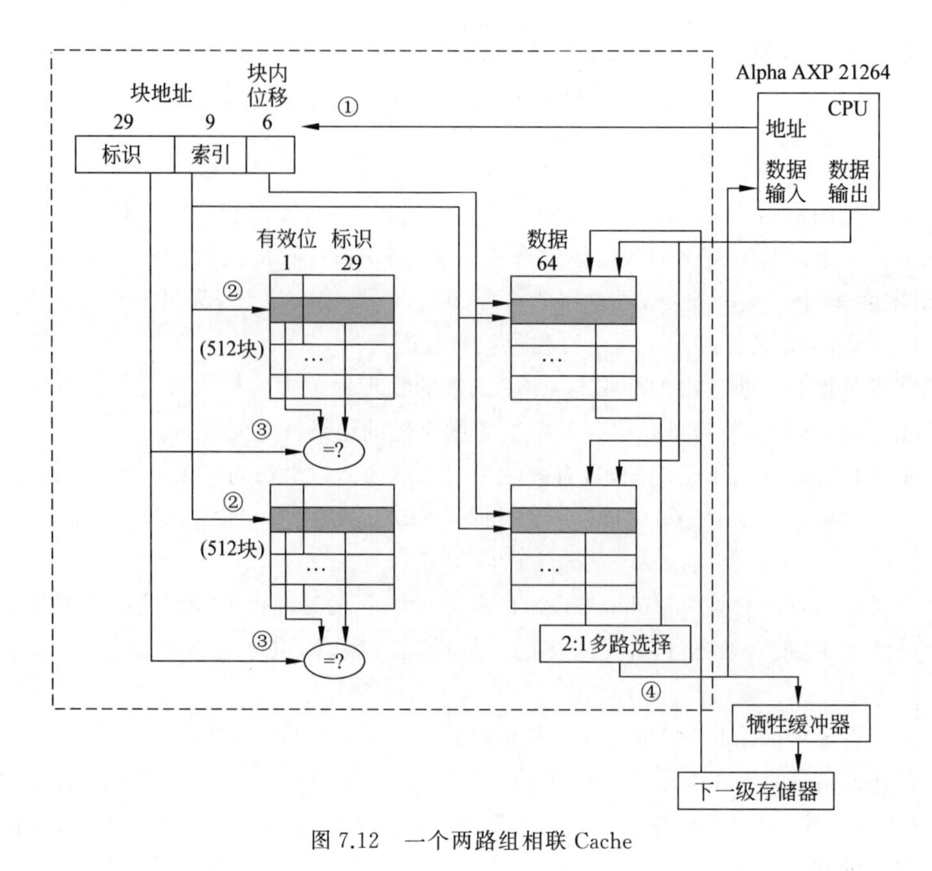

图 7.12　一个两路组相联 Cache

视频讲解

7.2.5　替换算法

视频讲解

1. 替换算法概述

当要从主存调入一个块到 Cache 中时，经常会出现该块所映像到的 Cache 块位置(一个或一组)已全被占用的情况。这时，需选择其中的某一块，用新调入的块取而代之(因为新块更重要)。那么应如何选择这个被替换的块呢？这就是替换算法所要解决的问题。

直接映像 Cache 中的替换很简单，因为只有一个块，别无选择。而在组相联和全相联 Cache 中，则有多个块供选择，我们当然希望尽可能避免替换掉马上就要用到的信息。主要的替换算法有以下三种。

1）随机法

这种方法随机地选择被替换的块。其优点是简单、易于用硬件实现，但这种方法没有考虑 Cache 块过去被使用的情况，反映不了程序的局部性，所以命中率比较低。

2）先进先出法

这种方法选择最早调入的块作为被替换的块。其优点也是容易实现。它虽然利用了同一组中各块进入 Cache 的先后顺序这一“历史”信息，但还是不能正确地反映程序的局部性。因为最先进入的块，也可能是经常要用到的块。

3）最近最少使用法

这种方法本来是选择近期使用次数最少的块作为被替换的块。但由于其实现比较复杂，现在实际中实现的 LRU 都只是选择最久没有被访问过的块。这种方法所依据的是局部性原理的一个推论：最近刚用过的块很可能就是马上要再用到的块，因此最久没有用过的块就是最佳的被替换者。

LRU 能较好地反映程序的局部性原理，因而其命中率在上述三种方法中也是最高的。但是 LRU 比较复杂，硬件实现成本比较高，特别是当组的大小增加时，LRU 的实现代价会越来越高。

LRU 和随机法分别因其不命中率低和实现简单而被广泛采用。不过，有模拟数据表明，对于容量很大的 Cache，LRU 和随机法的命中率差别不大。

2. LRU 算法的硬件实现

1）堆栈法

这种方法是用一个堆栈来记录组相联 Cache 的同一组中各块被访问的先后次序。这个先后次序是用堆栈元素的物理位置来反映的，从栈底到栈顶的先后次序依次记录了该组中各块被访问的先后次序（存放的是组内块地址）。栈底记录的是该组中最早被访问过的块，次栈底记录的是该组中第二个被访问过的块，……，栈顶记录的是刚访问过的块，如图 7.13(a)所示。这样，当需要替换时，就可以从栈底得到应该被替换的块（块地址）。

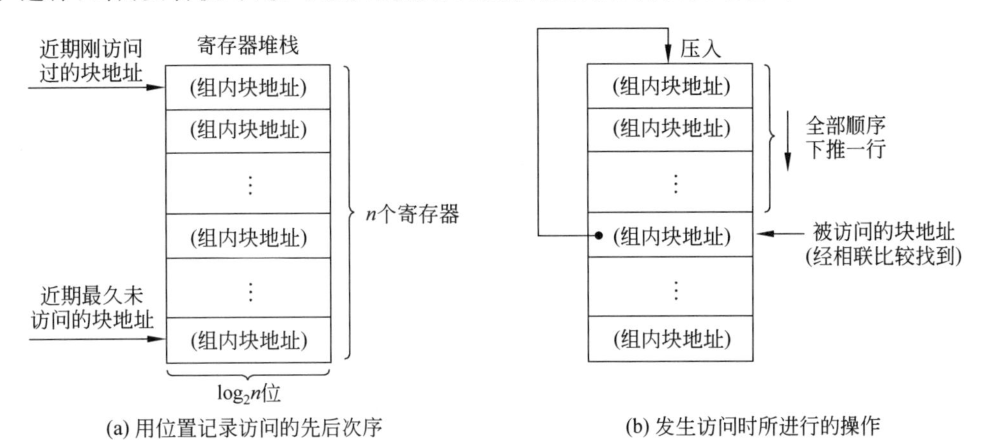

图 7.13　堆栈法

显然，随着 Cache 访问的发生，该堆栈中的内容必须动态更新，以便保持该堆栈的上述属性。当 Cache 访问命中时，通过用块地址进行相联查找，在堆栈中找到相应的元素，然后把该元素上面的所有元素下压一个位置，同时把本次访问的块地址抽出来，从最上面压入栈顶。而该元素下面的所有元素则保持不动，如图 7.13(b)所示。

如果 Cache 访问不命中，则把本次访问的块地址从最上面压入栈顶，堆栈中所有原来的元素都下移一个位置。如果 Cache 中该组已经没有空闲块，就要替换一个块。这时从栈底被挤出去的块地址就是需要被替换的块的块地址。

下面来看看堆栈法所需要的硬件。需要为每一组都设置一个项数与相联度相同的小堆栈，每一项的位数为 $\log_2 n$ 位。这种硬件堆栈不仅要有相联比较的功能，而且还要具备能全部下移、部分下移和从中间取出一项的功能，成本较高，因此只适用于相联度较小的 LRU 算法。

2）比较对法

堆栈法需要硬件有相联比较的功能，因此其速度较低，成本也比较高。那么，能否不用相联比较，只用一般的门、触发器来实现 LRU 替换算法呢？比较对法就是其中的一种。

比较对法的基本思路是让各块两两组合，构成比较对。每一个比较对用一个触发器的状态来表示它所相关的两个块最近一次被访问的远近次序，再经过门电路就可找到LRU块。例如，假设有A、B、C三个块，可以组成三对：AB、AC、BC。每一对块的访问次序分别用“对触发器”T_{AB}、T_{AC}、T_{BC}表示。T_{AB}为“1”，表示A比B更近被访问过；T_{AB}为“0”，表示B比A更近被访问过。T_{AC}、T_{BC}也按这样的规则定义。

显然，当$T_{AC}=1$且$T_{BC}=1$时，即A比C更近被访问过且B也比C更近被访问过时，C就是最久没有被访问过的。即

$$C_{\mathrm{LRU}}=T_{AC}\cdot T_{BC}$$

同理可得

$$B_{\mathrm{LRU}}=T_{AB}\cdot \overline{T}_{BC}$$

$$A_{\mathrm{LRU}}=\overline{T}_{AB}\cdot \overline{T}_{AC}$$

用触发器和与门实现上述逻辑的电路如图7.14所示。

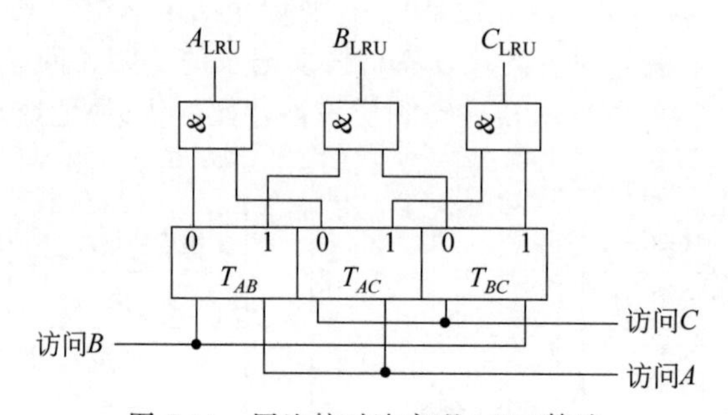

图7.14　用比较对法实现LRU算法

显然，每次访问某块时，应改变与该块有关的比较对触发器的状态。在上述例子中，每次访问A后需改变与A有关的比较对触发器的状态，具体操作是置T_{AB}和T_{AC}为“1”，以反映A比B更近、A比C更近被访问过，也即A是最近被访问过的；同理，访问B后，置T_{AB}为“0”、置T_{BC}为“1”；访问C后，置T_{AC}、T_{BC}为“0”。据此可以确定出各比较对触发器的输入控制逻辑，如图7.14所示。

下面来分析比较对法所需的硬件量。由于每个块都可能成为LRU块，其信号需用与门产生，所以有多少个块，就要有多少个与门；每个与门的输入端要连接所有与之相关的触发器。对于一个具有P块的组中的任何一个块来说，由于它可以跟除了它自己以外所有其他的块两两组合，所以与该块相关的比较对触发器个数为$P-1$，因而其相应的与门的输入端数是$P-1$。

所需要的触发器的个数与两两组合的比较对的数目相同。这是一个P中取2的组合问题：$C_P^2=P\times(P-1)/2$。表7.2列出了比较对法中所需要的与门个数、与门的输入端数以及触发器的个数与块数P的关系。

表7.2　比较对触发器个数、与门的个数、与门的输入端数与块数P的关系

组内块数	3	4	8	16	64	256	…	P
触发器个数	3	6	28	120	2016	32 640	…	$\frac{P(P-1)}{2}$
与门个数	3	4	8	16	64	256	…	P
与门输入端个数	2	3	7	15	63	255	…	$P-1$

从表7.2可以看出，在块数少时，它所需要的硬件较少，比前面的堆栈法更容易实现。但随着组内块数 P 的增加，它所需的触发器的个数会以平方的关系迅速增加，门的输入端数也线性增加。当 P 超过8时，所需要的触发器个数就多得不能承受了。硬件实现的成本很高。

当组内块数较多时，可以用多级状态位技术来减少所需的硬件量。例如，在IBM3033中，组内块数为16，可分成群、对、行3级。先分成4群，每群两对，每对两行。这样，选LRU群需6个触发器；每群中选LRU对需要一个触法器，4个群共需要4个触发器；每行中选LRU块需要一个触发器，8个行共需要8个触发器。这样，所需的触发器总个数为

$$6(\text{选群}) + 4(\text{选对}) + 8(\text{选行}) = 18(\text{个})$$

而单级则需要120个触发器。但这是以牺牲速度为代价的。一般来说，所分的级数越多，能节省的器件就越多，但多级电路所造成的延迟时间也就越长。

7.2.6 写策略

处理器对Cache的访问主要是读访问，因为所有对指令的访问都是“读”，而且大多数指令都不对存储器进行“写”。有个统计结果表明，store和load指令所占的比例分别为9%和26%，由此可得出“写”在所有访存操作中所占的比例为

$$9\%/(100\% + 26\% + 9\%) \approx 7\%$$

而在访问数据Cache操作中所占的比例为

$$9\%/(26\% + 9\%) \approx 25\%$$

由于“读”所占的百分比要高得多，特别是考虑到处理器一般是对“读”要等待，而对“写”却不必等待，所以设计Cache要针对“读”进行优化。然而，Amdahl定律告诉我们，高性能Cache的设计不能忽略“写”的速度。

“写”一般比“读”花费更多的时间，这是因为只有在读出标识并进行比较、确认是命中后，才可对Cache进行写入。所以检查标识不能与写入Cache并行进行。另一个比较麻烦的地方，是处理器要写入的数据的宽度不是定长的(通常为1～8B)。写入时，只能修改Cache块中相应的部分。而“读”则可以多读出几个字节也没关系。

按照存储层次的要求，Cache内容应是主存部分内容的一个副本。但是“写”访问却可能导致它们的内容不一致。例如，当处理机进行“写”访问，往Cache写入新的数据后，则Cache中相应单元的内容已发生变化，而主存中该单元的内容却仍然是原来的。这就产生了Cache与主存内容的一致性问题。显然，为了保证正确性，主存的内容也必须更新。至于何时更新，这正是写策略所要解决的问题。

写策略是区分不同Cache设计方案的一个重要标志。写策略主要有以下两种。

1. 写直达法

写直达法(Write Through)也称为存直达法(Store Through)。它是指在执行“写”操作时，不仅把数据写入Cache中相应的块，而且也写入下一级存储器。这样下一级存储器中的数据就都是最新的。

2. 写回法

写回法(Write Back)也称为拷回法(Copy Back)。这种写策略只把数据写入Cache中相应的块，不写入下一级存储器。这样有些数据的最新版本就是在Cache中的。这些最新

数据只有在相应的块被替换时,才被写回下一级存储器。

为了减少在替换时数据块的写回,常设置“修改位”标志,即为Cache中的每一块设置一个“修改位”,用于指出该块是否被修改过。当一个块被替换时,若没有被修改过,则不必写回下一级存储器。

写回法和写直达法各有特色。写回法的优点是速度快,“写”操作能以Cache的速度进行。而且所有“写”只到达Cache。对于同一单元的多次写来说,最后只需一次写回下一级存储器,因而减少了对存储器带宽的要求。这使得写回法对于多处理机很有吸引力。写直达法的优点是易于实现,而且下一级存储器中的数据总是最新的。后一个优点对于I/O和多处理机来说是重要的。

采用写直达法时,若在进行“写”操作的过程中CPU必须等待,直到“写”操作结束,则称之为CPU写停顿(Write Stall)。减少写停顿的常用方法是采用写缓冲器(Write Buffer)。CPU一旦把数据写入该缓冲器,就可以继续执行,从而使下一级存储器的更新和CPU的执行重叠起来。

由于“写”访问并不需要用到所访问单元中原有的数据。所以,当发生写不命中时,是否调入相应的块,有以下两种选择。

(1) 按写分配法(Write Allocate):写不命中时,先把所写单元所在的块从主存调入Cache,然后再进行写入。这种方法也称为写时取(Fetch on Write)方法。

(2) 不按写分配法(No-write Allocate):写不命中时,直接写入下一级存储器而不将相应的块调入Cache。这种方法也称为绕写法(Write Around)。

虽然上述两种方法都可应用于写直达法和写回法,但写回法的Cache一般采用按写分配法,而写直达法一般采用不按写分配法。

视频讲解

7.2.7 Cache性能分析

虽然用不命中率来评价存储系统的性能非常方便,但也容易产生一些误导。平均访存时间是一种更好的评测存储系统性能的指标。

平均访存时间 = 命中时间 + 不命中率 × 不命中开销

平均访存时间的两个组成部分既可以用绝对时间(如命中时间为2ns),也可以用时钟周期数(如不命中开销为50个时钟周期)来衡量。

平均访存时间仍然是衡量性能的一个间接指标,尽管它是一个比不命中率更好的指标,但并不能代替程序执行时间。执行一个程序所需的CPU时间能更好地反映存储系统的性能。

CPU时间 = (CPU执行周期数 + 存储器停顿周期数) × 时钟周期时间 (7.1)

为了简化对各种Cache设计方案的评价,有时设计者们假设所有的访存停顿都是由Cache不命中引起的,这是因为和其他原因引起的停顿(如I/O设备使用存储器引起的竞争)相比,不命中引起的停顿占了绝大多数。这里也作这种假设。但需要说明的是,在计算最终的性能时,要把所有存储器停顿都考虑进去。

上面的CPU时间公式提出了一个问题,即Cache命中所用的时钟周期数应被看作CPU执行的时钟周期数的一部分,还是存储器停顿时钟周期数的一部分。尽管两种考虑都是合理的,但广泛使用的还是前一种。

可以用程序的访存总次数、不命中开销(单位为时钟周期)以及“读”和“写”的不命中率来计算存储器停顿的时钟周期数,即

$$\begin{aligned}\text{存储器停顿时钟周期数} &= \text{“读”的次数} \times \text{读不命中率} \times \text{读不命中开销} \\ &\quad + \text{“写”的次数} \times \text{写不命中率} \times \text{写不命中开销}\end{aligned}$$

一般通过将“读”的次数和“写”的次数合并,并求出“读”和“写”的平均不命中率和平均不命中开销,将上式简化为

$$\text{存储器停顿时钟周期数} = \text{访存次数} \times \text{不命中率} \times \text{不命中开销} \tag{7.2}$$

由于“读”和“写”的不命中率和不命中开销通常是不相等的,所以这只是一个近似公式。

把式(7.2)代入式(7.1),得

$$\text{CPU 时间} = (\text{CPU 执行周期数} + \text{访存次数} \times \text{不命中率} \times \text{不命中开销}) \times \text{时钟周期时间}$$

提取公因子“指令数”(IC),得

$$\begin{aligned}\text{CPU 时间} &= IC \times \left(CPI_{execution} + \frac{\text{访存次数}}{\text{指令数}} \times \text{不命中率} \times \text{不命中开销}\right) \\ &\quad \times \text{时钟周期时间} \\ &= IC \times (CPI_{execution} + \text{每条指令的平均访存次数} \\ &\quad \times \text{不命中率} \times \text{不命中开销}) \times \text{时钟周期时间}\end{aligned} \tag{7.3}$$

例 7.1 用一个和 Alpha AXP 类似的机器作为第一个例子。假设 Cache 不命中开销为 50 个时钟周期,当不考虑存储器停顿时,所有指令的执行时间都是 2.0 个时钟周期,访问 Cache 的不命中率为 2%,平均每条指令访存 1.33 次。试分析 Cache 对性能的影响。

解 可以直接用式(7.3)来计算。

$$\begin{aligned}\text{CPU 时间}_{\text{有Cache}} &= IC \times (CPI_{execution} + \text{每条指令的平均访存次数} \\ &\quad \times \text{不命中率} \times \text{不命中开销}) \times \text{时钟周期时间} \\ &= IC \times (2.0 + 1.33 \times 2\% \times 50) \times \text{时钟周期时间} \\ &= IC \times 3.33 \times \text{时钟周期时间}\end{aligned}$$

因此,当考虑了 Cache 的不命中影响后,CPI 就会增大,本例中 CPI 从理想情况的 2.0 增加到 3.33,是原来的 1.67 倍。由于不管有没有 Cache,时钟周期时间和指令数都保持不变,所以 CPU 的时间也将增加到原来的 1.67 倍。然而,若不采用 Cache,CPI 将增加为 $2.0+50\times1.33=68.5$,即超过原来的 30 倍。

从这个例子可以看出,Cache 的行为可能会对系统性能产生巨大的影响。而且,Cache 不命中对于一个 CPI 较小而时钟频率较高的 CPU 来说,影响是双重的。

(1) $CPI_{execution}$越低,固定周期数的 Cache 不命中开销的相对影响就越大。

(2) 在计算 CPI 时,不命中开销的单位是时钟周期数。因此,即使两台计算机的存储层次完全相同,时钟频率较高的 CPU 的不命中开销较大,其 CPI 中存储器停顿这部分也较大。

因此,Cache 对于低 CPI、高时钟频率的 CPU 来说更加重要,而且,在评价这类机器的性能时,如果忽略 Cache 的行为,就更容易出错。

尽可能地减少平均访存时间是一个合理的目标,而且在本章许多地方也是使用平均访存时间这个指标的,但是请记住,最终目标是减少 CPU 的执行时间。下面的例子就说明了两者的区别。

例 7.2 考虑两种不同组织结构的 Cache：直接映像 Cache(类似于图 7.11)和两路组相联 Cache(类似于图 7.12)，假设：

(1) 理想 Cache(命中率为 100%)情况下的 CPI 为 2.0，时钟周期为 2ns，平均每条指令访存 1.3 次。

(2) 两种 Cache 容量均为 64KB，块大小都是 32B。

(3) 在组相联 Cache 中，由于多路选择器的存在而使 CPU 的时钟周期增加到原来的 1.10 倍。这是因为对 Cache 的访问总是处于关键路径上，对 CPU 的时钟周期有直接的影响。

(4) 这两种结构 Cache 的不命中开销都是 70ns。(在实际应用中，应取整为整数个时钟周期。)

(5) 命中时间为一个时钟周期，64KB 直接映像 Cache 的不命中率为 1.4%，相同容量的两路组相联 Cache 的不命中率为 1.0%。

试问它们对 CPU 的性能有什么影响？先求平均访存时间，然后再计算 CPU 性能。

解 平均访存时间为

$$\text{平均访存时间} = \text{命中时间} + \text{不命中率} \times \text{不命中开销}$$

因此，两种结构的平均访存时间分别是

$$\text{平均访存时间}_{1\text{路}} = 2.0 + (0.014 \times 70) = 2.98(\text{ns})$$

$$\text{平均访存时间}_{2\text{路}} = 2.0 \times 1.10 + (0.010 \times 70) = 2.90(\text{ns})$$

两路组相联 Cache 的平均访存时间比较短。

CPU 性能为

$$\begin{aligned} \text{CPU 时间} &= \text{IC} \times (\text{CPI}_{\text{execution}} + \text{每条指令的平均访存次数} \times \text{不命中率} \\ &\quad \times \text{不命中开销}) \times \text{时钟周期时间} \\ &= \text{IC} \times (\text{CPI}_{\text{execution}} \times \text{时钟周期时间} + \text{每条指令的平均访存次数} \\ &\quad \times \text{不命中率} \times \text{不命中开销} \times \text{时钟周期时间}) \end{aligned}$$

用 70ns 代替“不命中开销×时钟周期时间”，并用 $\text{CPI}_{\text{execution}} = 2$，时钟周期时间 = 2，每条指令的平均访存次数 = 1.3 代入，得两种结构的性能分别为

$$\text{CPU 时间}_{1\text{路}} = \text{IC} \times [2.0 \times 2 + (1.3 \times 0.014 \times 70)] = 5.27 \times \text{IC}$$

$$\text{CPU 时间}_{2\text{路}} = \text{IC} \times [2.0 \times 2 \times 1.10 + (1.3 \times 0.010 \times 70)] = 5.31 \times \text{IC}$$

相对性能比为

$$\frac{\text{CPU 时间}_{2\text{路}}}{\text{CPU 时间}_{1\text{路}}} = \frac{5.31 \times \text{IC}}{5.27 \times \text{IC}} = \frac{5.31}{5.27} = 1.01$$

和平均访存时间的比较结果相反，直接映像 Cache 的平均性能稍好一些，这是因为在两路组相联的情况下，虽然不命中次数减少了，但所有指令的时钟周期时间都增加了 10%。由于 CPU 时间是我们进行评价的基准，而且直接映像 Cache 的实现更简单，所以本例中直接映像 Cache 是较好的选择。

7.2.8 改进 Cache 性能

CPU 和主存之间在速度上越来越大的差距已经引起了许多系统结构设计人员的关注。从 1989 年到 1995 年，全世界共发表了一千六百多篇有关 Cache 的研究论文。根据平均访存时间公式

$$平均访存时间=命中时间+不命中率\times不命中开销$$

可知,可以从以下三个方面改进 Cache 的性能。

(1) 降低不命中率。

(2) 减少不命中开销。

(3) 减少命中时间。

下面将介绍 17 种 Cache 优化技术,其中 8 种用于降低不命中率,5 种用于减少不命中开销,4 种用于减少命中时间。

7.3 降低 Cache 的不命中率

提高 Cache 性能的经典方法是降低不命中率。本节介绍 8 种降低不命中率的方法。需要注意的是,许多降低不命中率的方法会增加命中时间或不命中开销。因此,在具体使用时,要综合考虑,保证降低不命中率确实能使整个系统的速度提高。

7.3.1 三种类型的不命中

视频讲解

按照产生不命中的原因不同,可以把不命中分为以下三类(简称为 3C)。

(1) 强制性不命中(Compulsory Miss)。

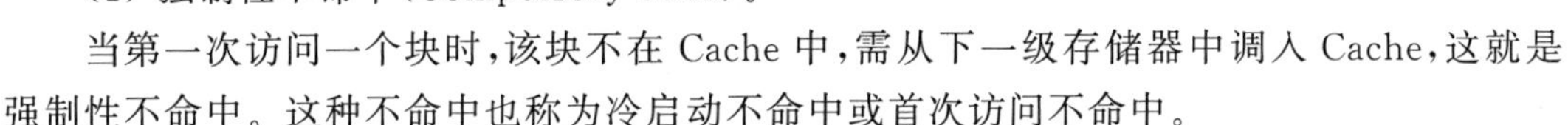

当第一次访问一个块时,该块不在 Cache 中,需从下一级存储器中调入 Cache,这就是强制性不命中。这种不命中也称为冷启动不命中或首次访问不命中。

(2) 容量不命中(Capacity Miss)。

如果程序执行时所需的块不能全部调入 Cache 中,则当某些块被替换后,若又重新被访问,就会发生不命中。这种不命中称为容量不命中。

(3) 冲突不命中(Conflict Miss)。

在组相联或直接映像 Cache 中,若太多的块映像到同一组(块)中,则会出现该组中某个块被别的块替换,然后又被重新访问的情况。这就是发生了冲突不命中。这种不命中也称为碰撞不命中(Collision Miss)或干扰不命中(Interference Miss)。

表 7.3 给出了在不同容量和不同相联度的情况下,Cache 的总不命中率以及上述三种不命中所占的比例。这些数据是在 DECstation 5000 上针对一组基准测试程序测得的。Cache 的块大小为 32B,并采用 LRU 算法。为了说明高相联度的好处,表中列出了在直接映像、两路组相联、4 路组相联和 8 路组相联的情况下冲突不命中的值。

表 7.3 在不同容量不同相联度的情况下,Cache 的总不命中率以及 3C 所占的比例

Cache 容量	相联度	总不命中率	不命中率组成(相对百分比)					
			强制性不命中		容量不命中		冲突不命中	
1KB	1 路	0.133	0.002	1%	0.080	60%	0.052	39%
1KB	2 路	0.105	0.002	2%	0.080	76%	0.023	22%
1KB	4 路	0.095	0.002	2%	0.080	84%	0.013	14%
1KB	8 路	0.087	0.002	2%	0.080	92%	0.005	6%

续表

Cache 容量	相联度	总不命中率	不命中率组成(相对百分比)					
			强制性不命中		容量不命中		冲突不命中	
2KB	1 路	0.098	0.002	2%	0.044	45%	0.052	53%
2KB	2 路	0.076	0.002	2%	0.044	58%	0.030	39%
2KB	4 路	0.064	0.002	3%	0.044	69%	0.018	28%
2KB	8 路	0.054	0.002	4%	0.044	82%	0.008	14%
4KB	1 路	0.072	0.002	3%	0.031	43%	0.039	54%
4KB	2 路	0.057	0.002	3%	0.031	55%	0.024	42%
4KB	4 路	0.049	0.002	4%	0.031	64%	0.016	32%
4KB	8 路	0.039	0.002	5%	0.031	80%	0.006	15%
8KB	1 路	0.046	0.002	4%	0.023	51%	0.021	45%
8KB	2 路	0.038	0.002	5%	0.023	61%	0.013	34%
8KB	4 路	0.035	0.002	5%	0.023	66%	0.010	28%
8KB	8 路	0.029	0.002	6%	0.023	79%	0.004	15%
16KB	1 路	0.029	0.002	7%	0.015	52%	0.012	42%
16KB	2 路	0.022	0.002	9%	0.015	68%	0.005	23%
16KB	4 路	0.020	0.002	10%	0.015	74%	0.003	17%
16KB	8 路	0.018	0.002	10%	0.015	80%	0.002	9%
32KB	1 路	0.020	0.002	10%	0.010	52%	0.008	38%
32KB	2 路	0.014	0.002	14%	0.010	74%	0.002	12%
32KB	4 路	0.013	0.002	15%	0.010	79%	0.001	6%
32KB	8 路	0.013	0.002	15%	0.010	81%	0.001	4%
64KB	1 路	0.014	0.002	14%	0.007	50%	0.005	36%
64KB	2 路	0.010	0.002	20%	0.007	70%	0.001	10%
64KB	4 路	0.009	0.002	21%	0.007	75%	0.000	3%
64KB	8 路	0.009	0.002	22%	0.007	78%	0.000	0
128KB	1 路	0.010	0.002	20%	0.004	40%	0.004	40%
128KB	2 路	0.007	0.002	29%	0.004	58%	0.001	14%
128KB	4 路	0.006	0.002	31%	0.004	61%	0.001	8%
128KB	8 路	0.006	0.002	31%	0.004	62%	0.000	7%

从该表可以看出：

(1) 相联度越高，冲突不命中就越少。

(2) 强制性不命中和容量不命中不受相联度的影响。

(3) 强制性不命中不受 Cache 容量的影响，但容量不命中却随着容量的增加而减少。

图 7.15 是表 7.3 中数据的图示，其中上图为绝对不命中率，下图为各种类型不命中率所占的百分比。图中 4 路组相联的冲突不命中所对应的区域为标有“4 路”和“8 路”两个区域的合并，两路组相联的冲突不命中所对应的区域为标有“2 路”“4 路”和“8 路”三个区域的合并。

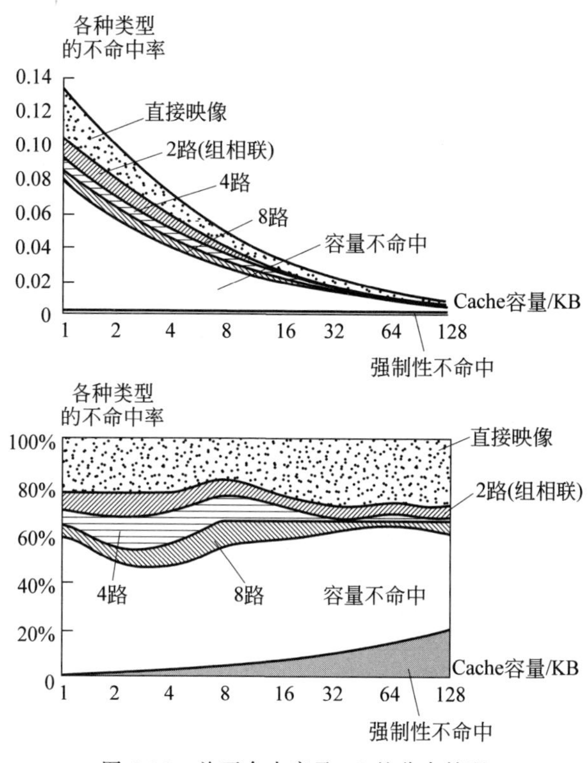

图 7.15　总不命中率及 3C 的分布情况

从图中可以看出，强制性不命中率很小，其他许多运行时间较长的程序也是如此。在 3C 中，冲突不命中似乎是最容易减少的，只要采用全相联，就不会发生冲突不命中。但是，用硬件实现全相联是很昂贵的，而且有可能会降低处理器的时钟频率，从而导致整体性能的下降。至于容量不命中，除了增大 Cache 以外，没有别的办法。

另一个减少 3C 的方法是增加块的大小，以减少强制性不命中。但在下面将看到，块大小增大可能会增加其他类型的不命中。

7.3.2　增加 Cache 块大小

视频讲解

降低不命中率最简单的方法是增加块大小。图 7.16 给出了在不同 Cache 容量的情况下，不命中率和块大小的关系。表 7.4 列出了图 7.16 的具体数据。

从图 7.16 或表 7.4 可以看出，对于给定的 Cache 容量，当块大小从 16B 开始增加时，不命中率开始是下降，但后来反而上升了。这是为什么呢？原来增加块大小会产生双重作用：

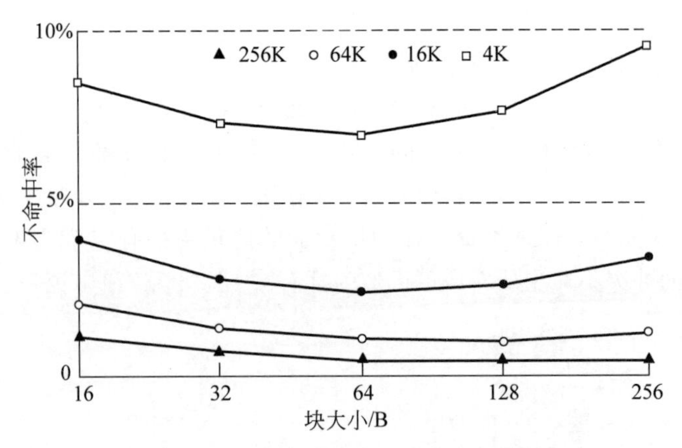

图 7.16　不命中率随块大小变化的曲线

表 7.4　各种块大小情况下 Cache 的不命中率

块大小/B	Cache 容量/B			
	4K	16K	64K	256K
16	8.57%	3.94%	2.04%	1.09%
32	7.24%	2.87%	1.35%	0.70%
64	**7.00%**	**2.64%**	1.06%	0.51%
128	7.78%	2.77%	**1.02%**	**0.49%**
256	9.51%	3.29%	1.15%	0.49%

(1) 增强了空间局部性,减少了强制性不命中。

(2) 减少了 Cache 中块的数目,所以有可能会增加冲突不命中。

在块大小比较小的情况下,上述的第一种作用超过第二种作用,从而使不命中率下降。但等到块大小较大时,第二种作用超过了第一种作用,就反而使不命中率上升了。

Cache 容量越大,使不命中率达到最低的块大小就越大。例如在本例中,对于大小分别为 16KB、64KB 和 256KB 的 Cache,使不命中率达到最低的块大小分别为 64B、128B、128B(或 256B)。

此外,增加块大小同时也会增加不命中开销,如果这个负面效应超过了不命中率下降所带来的好处,就会使平均访存时间增加。这时,即使降低不命中率也是得不偿失的。所以选择块大小时,要综合考虑各方面的因素。

7.3.3　增加 Cache 的容量

从表 7.3 可以看出,降低 Cache 不命中率最直接的方法是增加 Cache 的容量。不过,这种方法不但会增加成本,而且还可能增加命中时间。这种方法在片外 Cache 中用得比较多。

7.3.4　提高相联度

根据表 7.3 和图 7.15,可以得出两条经验规则:①对于表中所列出的 Cache 容量,从实际应用的角度来看，在降低不命中率方面，8路组相联的作用已经和全相联一样有效。也就是说，采用相联度超过8的方案的实际意义不大。② 2∶1 Cache经验规则：容量为 N 的直接映像Cache的不命中率和容量为 $N/2$ 的两路组相联Cache的不命中率差不多相同。

一般来说，改进平均访存时间的某一方面是以损失另一方面为代价的。例如，增加块大小会增加不命中开销，而提高相联度则是以增加命中时间(Hit Time)为代价的。为了实现很高的处理器时钟频率，需要设计结构简单的Cache；但时钟频率越高，不命中开销就越大(所需的时钟周期数越多)。为减少不命中开销，又要求提高相联度。

7.3.5 伪相联Cache

视频讲解

伪相联(Pseudo Associate)Cache又称为列相联(Column Associate)Cache。它既能获得多路组相联Cache的低不命中率，又能保持直接映像Cache的命中速度。

当对伪相联Cache进行访问时，首先是按与直接映像相同的方式进行访问。如果命中，则从相应的块中取出所访问的数据，送给CPU，访问结束。这与直接映像Cache中的情况完全相同；但如果是不命中，就与直接映像Cache不同了，伪相联Cache会检查Cache另一个位置(块)，看是否匹配。确定这个"另一块"的一种简单的方法是将索引字段的最高位取反，然后按照新索引去寻找"伪相联组"中的对应块，如图7.17所示。如果这一块的标识匹配，则称发生了"伪命中"；否则，就只好访问下一级存储器。

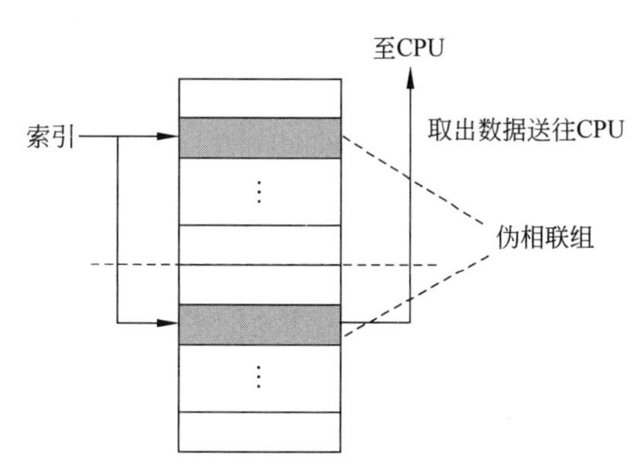

图7.17 伪相联Cache的示意图

伪相联Cache具有一快一慢两种命中时间，它们分别对应于正常命中和伪命中的情况。图7.18绘出了它们的相对关系。伪相联技术在性能上存在一种潜在的不足：如果直接映像Cache里的许多快速命中在伪相联Cache中变成慢速命中，那么这种优化措施反而会降低整体性能。所以，要能够指出在同一组的两个块中访问哪个块才更可能是快速命中。一种简单的解决方法是：当出现伪命中时，交换两个块的内容，把最近刚访问过的块放到第一位置(即按直接映像所对应的块)上。这是因为根据局部性原理，刚访问过的块很可能就是下一次要访问的块。

尽管从理论上来说，伪相联是一种很有吸引力的方法，但它的多种命中时间会使CPU流水线的设计复杂化。因此伪相联技术往往是应用在离处理器比较远的Cache上的，例如

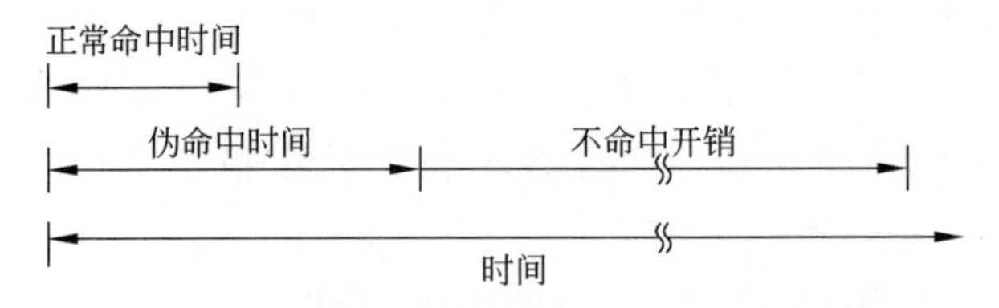

图7.18 正常命中时间、伪命中时间和不命中开销之间的关系

第二级Cache。

7.3.6 硬件预取

指令和数据都可以在处理器提出访问请求之前进行预取。预取内容可以直接放入Cache中,也可以放在一个访问速度比主存快的外部缓冲器中。

指令预取通常由Cache之外的硬件完成。例如,Alpha AXP 21064微处理器在发生指令不命中时取两个块:被请求指令块和顺序的下一指令块。被请求指令块返回时放入Cache中,而预取的指令块则放在缓冲器中;如果某次Cache访问不命中,而相应的指令块正好在缓冲器里,则取消对存储器的访问,直接从缓冲器中读取这一块,同时发出对下一指令块的预取访存请求。Alpha AXP 21064的指令缓冲器中只含一个32B的块。

Jouppi的研究结果表明:对于块大小为16B,容量为4KB的直接映像指令Cache来说,大小为一个块的指令缓冲器就可以捕获15%~25%的不命中,大小为4个块的指令缓冲器可以捕获大约50%的不命中,而16个块的缓冲器则可以捕获72%的不命中。

我们可以用相似的技术预取数据。Jouppi统计,一个数据流缓冲器大约可以捕获4KB直接映像Cache 25%的不命中。对于数据Cache,可以采用多个数据流缓冲器,分别从不同的地址预取数据。Jouppi发现,用4个数据流缓冲器可以将捕获不命中的概率提高到43%。

Palacharla和Kessler于1994年针对一组科学计算程序,研究了既能预取指令又能预取数据的流缓冲器。他们发现,对于一个具有两个64KB 4路组相联Cache(一个用于指令,一个用于数据)的处理器来说,8个数据缓冲器能够捕获其50%~70%的不命中。

预取建立在利用存储器的空闲带宽(若不采用预取,这些带宽将浪费掉)的基础上。但是,如果它影响了对正常不命中的处理,就可能会降低性能。利用编译器的支持,可以减少不必要的预取。

7.3.7 编译器控制的预取

这是另一种预取方法。它不是用硬件进行预取,而是由编译器在程序中加入预取指令来实现预取的,这些指令在数据被用到之前就将它们取到寄存器或Cache中。

按照预取数据所放的位置,可把预取分为以下两种类型。

(1) 寄存器预取(Register Prefetch)。把数据取到寄存器中。

(2) Cache预取(Cache Prefetch)。只将数据取到Cache中。

按照预取的处理方式不同,可把预取分为以下两种。

(1) 故障性预取(faulting)。在预取时,若出现虚地址故障或违反保护权限,就会发生异常。

(2) 非故障性预取(nonfaulting)。当出现虚地址故障或违反保护权限时,不发生异常,而是放弃预取,转变为空操作。

最有效的预取对程序是“语义上不可见的”,它既不会改变指令和数据之间的各种逻辑关系或存储单元的内容,也不会造成虚拟存储器故障。本节假定 Cache 预取都是非故障性的,也叫作非绑定(Nonbinding)预取。

只有在预取数据的同时处理器还能继续执行的情况下,预取才有意义。这就要求 Cache 在等待预取数据返回的同时,还能继续提供指令和数据。这种灵活的 Cache 称为非阻塞 Cache(Nonblocking Cache)或非锁定 Cache(Lockup-free Cache),后面将进一步讨论。

编译器控制预取的目的也是要使执行指令和读取数据能重叠执行。循环是预取优化的主要对象。如果不命中开销较小,编译器只要简单地将循环体展开一次或两次,并调度好预取和执行的重叠。如果不命中开销较大,编译器就将循环体展开许多次,以便为后面较远的循环预取数据。

每次预取需要花费一条指令的开销,因此,要注意保证这种开销不超过预取所带来的收益。编译器可以通过把重点放在那些可能会导致不命中的访问上,使程序避免不必要的预取,从而较大程度地减少平均访存时间。

7.3.8 编译优化

视频讲解

这种方法是通过对软件进行优化来降低不命中率的。与其他降低 Cache 不命中率的方法相比,这种方法的特色是无须对硬件做任何改动。

处理器和主存之间的性能差距越来越大,这促使编译器的设计者们去仔细研究存储层次的行为,以期能通过编译时的优化来改进性能。这种研究分为减少指令不命中和减少数据不命中两个方面。下面的优化技术在很多编译器中均有使用。

1. 程序代码和数据重组

我们能很容易地重新组织程序而不影响程序的正确性。例如,把一个程序中的过程重新排序,就可能会减少冲突不命中,从而降低指令不命中率。McFarling 研究了如何使用配置文件(profile)来进行这种优化。还有一种优化,是为了提高大 Cache 块的效率。它把基本块对齐,使得程序的入口点与 Cache 块的起始位置对齐,就可以减少顺序代码执行时所发生的 Cache 不命中的可能性。

另外,如果编译器知道一个分支指令很可能会成功转移,那么它就可以通过以下两步来改善空间局部性:①将转移目标处的基本块和紧跟着该分支指令后的基本块进行对调;②把该分支指令换为操作语义相反的分支指令。

与代码相比,数据对存储位置的限制更少,因此更便于调整顺序。对数据进行变换的目的是改善其空间局部性和时间局部性。例如,对数组的运算可以变换为对存放在同一 Cache 块中的所有数据的操作,而不是按照程序员原来随意编写的顺序访问数组元素。

编译优化技术包括数组合并、内外循环交换、循环融合、分块等。数组合并(Merging Arrays)是将本来相互独立的多个数组合并成为一个复合数组,以提高访问它们的局部性。循环融合(Loop Fusion)是将若干个独立的循环融合为单个的循环。这些循环访问同样的数组,对相同的数据做不同的运算。这样能使得读入 Cache 的数据在被替换出去之前,能得到反复的使用。

下面展开论述内外循环交换和分块技术。

2. 内外循环交换

有些程序中含有嵌套循环,程序不是按照数据在存储器中存储的顺序进行访问的。在这种情况下,只要简单地交换循环的嵌套关系,就能使程序按数据在存储器中存储的顺序进行访问。这种技术是通过提高空间局部性来减少不命中次数的。

考虑以下代码。

```
for (j=0; j <100; j=j+1)
    for (i=0; i <5000; i=i+1)
        x [i][j]=2 * x [i][j];
```

该程序以100个字的跨距访问存储器,局部性不好。

把该程序的内外循环进行交换,可得以下的代码。

```
for (i=0; i <5000; i=i+1)
    for (j=0; j <100; j=j+1)
        x [i][j]=2 * x [i][j];
```

修改后的程序顺序依次地访问同一个Cache块中的各元素,然后再访问下一块中的各元素。

3. 分块

这种优化可能是Cache优化技术中最著名的一种,它是通过提高时间局部性来减少不命中的。还是以对多个数组的访问为例,有些数组是按行访问的,而有些则是按列访问的。无论数组是按行优先还是按列优先存储的,都不能解决问题,因为在每一次循环中既有按行访问也有按列访问。这种正交的访问意味着前面的变换方法,如内外循环交换,对此无能为力。

分块算法不是对数组的整行或整列进行访问,而是对子矩阵或块进行操作。其目的仍然是使一个Cache块在被替换之前最大限度地利用它。下面这个矩阵乘法程序会帮助我们理解为什么要采用这种优化技术。

```
for (i=0;i<N;i=i+1)
for (j=0;j<N;j=j+1) {
    r=0;
    for (k=0;k<N;k=k+1)
        r=r+y[i][k] * z[k][j];
    x[i][j]=r;
}
```

两个内部循环读取了数组 z 的全部 $N \times N$ 个元素,并反复读取了数组 y 的某一行中的 N 个元素,所产生的 N 个结果被写入数组 x 的某一行。图7.19给出了当 $i=1$ 时,对三个数组的访问情况。其中黑色表示最近被访问过,灰色表示早些时候被访问过,而白色表示尚未被访问。

显然,容量不命中次数的多少取决于 N 和Cache的容量。如果Cache只能放下一个 $N \times N$ 的数组和一行 N 个元素,那么至少数组 y 的第 i 行和数组 z 的全部元素能同时放在Cache中。如果Cache的容量还要小的话,对 x 或 z 的访问都可能导致不命中。在最坏的

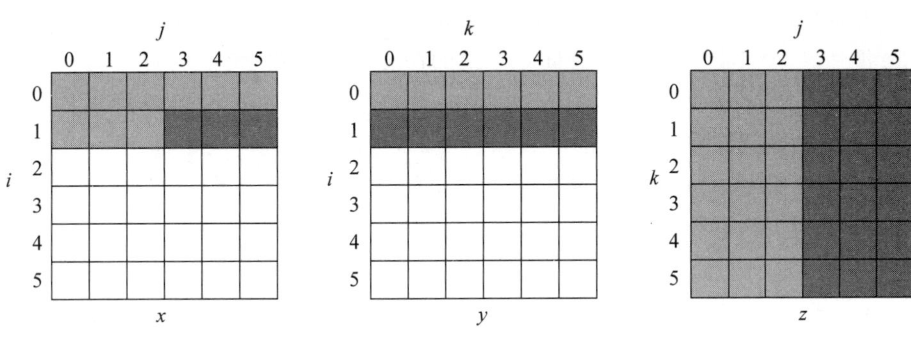

图 7.19　当 $i=1$ 时，对 x,y,z 三个数组的访问情况

情况下，N^3 次操作会导致 $2N^3+N^2$ 次不命中。

为了保证正在访问的元素能在 Cache 中命中，把原程序改为只对大小为 $B\times B$ 的子数组进行计算，而不是像原来那样，从 x 和 z 的第一个元素开始一直处理到最后一个。

图 7.20 说明了分块后对三个数组的访问情况。与图 7.19 相比，所访问的元素个数减少了。只考虑容量不命中，访问存储器的总字数为 $2N^3/B+N^2$ 次，大约降低到原来的 $1/B$。分块技术同时利用了空间局部性和时间局部性，因为访问 y 时利用了空间局部性，而访问 z 时利用了时间局部性。

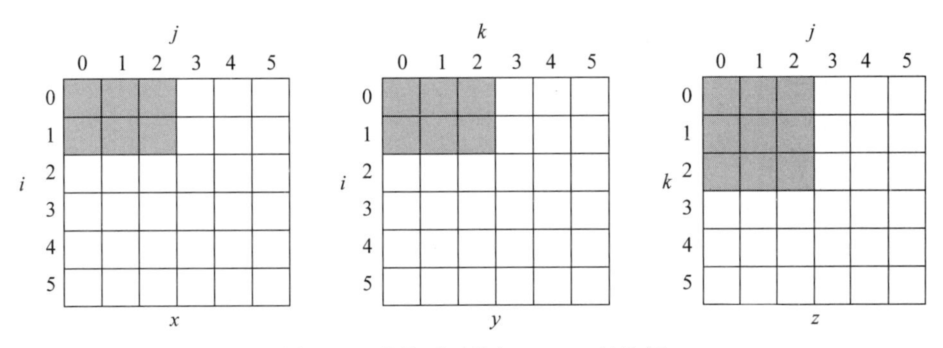

图 7.20　分块后对数组 x,y,z 的访问

虽然我们的目标一直是减少 Cache 的不命中，分块技术还有助于进行寄存器分配。通过减小块大小，使得寄存器能容纳下整个 Cache 块，可以把程序中的 load 和 store 操作的次数减少到最少。

上述两节重点讨论了针对 Cache 优化了的编译器和程序可能带来的好处。随着时间的推移，处理器速度和存储器速度之间的差距越来越大，这种好处的重要性只会越来越大。

7.3.9　“牺牲”Cache

这种方法是在 Cache 和其下一级存储器的数据通路上增设一个全相联的小 Cache，称为“牺牲”Cache。“牺牲”Cache 中存放因冲突而被替换出去的那些块（即“牺牲者”）。每当发生不命中时，在访问下一级存储器之前，先检查“牺牲”Cache 中是否含有所需的块。如果有，就将该块与 Cache 中某个块（按替换规则选择）做交换，把所需的块从“牺牲”Cache 调入 Cache。Jouppi 于 1990 年发现，含 1～5 项的“牺牲”Cache 对减少冲突不命中很有效，尤其是对于那些小型的直接映像数据 Cache 更是如此。对于不同的程序,一个项数为4的"牺牲"Cache 能使一个4KB直接映像数据 Cache 的冲突不命中减少20%~90%。

从 Cache 的层次来看,"牺牲"Cache 可以看成位于 Cache 和存储器之间的又一级 Cache,它容量小,采用命中率较高的全相联映像,而且仅在替换时发生作用。

这里是把"牺牲"Cache 归类为减少不命中率的方法。这是因为我们把"牺牲"Cache 看成 Cache 向下的扩展,即把在"牺牲"Cache 中找到所需的数据也算是命中。实际上,如果把"牺牲"Cache 归到下一级存储器,即"站在"Cache 和"牺牲"Cache 之间来看问题,把"牺牲"Cache 归类为减少不命中开销的方法也是可以的。前面介绍的伪相联和预取技术等也都是如此。

视频讲解

7.4 减少 Cache 不命中开销

Cache 性能公式告诉我们,减少 Cache 不命中开销时间是提高 Cache 性能的另一种有效途径。此外,图7.4说明,随着技术的发展,处理器速度的提高要快于 DRAM 速度的提高,这使得 Cache 不命中开销的相对代价随时间不断增加。下面将讨论解决这一问题的5种优化措施:采用两级 Cache、让读不命中优先于写、写缓冲合并、请求字处理技术、非阻塞 Cache 技术。其中第一种是通过增加另一级 Cache 来减少不命中开销的,这是比较常用的方法。

7.4.1 采用两级 Cache

许多减少不命中开销的技术会对 CPU 产生影响。与之不同,本节介绍的技术是在 Cache 和主存之间进行改进,而不去影响 CPU。

为了解决 CPU 与存储器之间性能差距越来越大的问题,当一级 Cache 不能满足要求时,可以通过在原有 Cache 和存储器之间增设另一级 Cache,构成两级 Cache。这样,就可以把第一级 Cache 做得足够小,使其速度和快速 CPU 的时钟周期相匹配;同时,通过把第二级 Cache 做得足够大,使它能捕获更多本来需要到主存去的访问,从而降低实际不命中开销。

增加一级存储层次在概念上是直观和简单的。但其性能分析却变得复杂多了。用下标 L1 和 L2 分别表示第一级和第二级 Cache,则原有的平均访存时间公式就变为

$$\text{平均访存时间} = \text{命中时间}_{L1} + \text{不命中率}_{L1} \times \text{不命中开销}_{L1}$$

$$\text{不命中开销}_{L1} = \text{命中时间}_{L2} + \text{不命中率}_{L2} \times \text{不命中开销}_{L2}$$

所以

$$\text{平均访存时间} = \text{命中时间}_{L1} + \text{不命中率}_{L1} \times (\text{命中时间}_{L2} + \text{不命中率}_{L2} \times \text{不命中开销}_{L2})$$

在这个公式里,第二级 Cache 的不命中率是以在第一级 Cache 中不命中而到达第二级 Cache 的访存次数为分母来计算的。为避免二义性,引入以下两个术语。

1. 局部不命中率

对于某一级 Cache 来说,

局部不命中率 = 该级 Cache 的不命中次数 / 到达该级 Cache 的访存次数

对于第一级 Cache 来说,其局部不命中率就是上面的不命中率$_{L1}$,对于第二级 Cache 来

说，就是上面的不命中率$_{L2}$。

2. 全局不命中率

对于某一级 Cache 来说，

$$全局不命中率 = 该级\ Cache\ 的不命中次数 / CPU\ 发出的访存总次数$$

使用上面公式中的变量，第二级 Cache 的全局不命中率就是

$$全局不命中率_{L2} = 不命中率_{L1} \times 不命中率_{L2}$$

全局不命中率是一个比局部不命中率更有用的衡量指标，它指出了在 CPU 发出的访存中，究竟有多大比例是穿过各级 Cache，最终到达存储器的。

采用两级 Cache 时，每条指令的平均访存停顿时间为

$$\begin{aligned}每条指令的平均访存停顿时间 &= 每条指令的平均不命中次数_{L1} \times 命中时间_{L2} \\ &\quad + 每条指令的平均不命中次数_{L2} \times 不命中开销_{L2}\end{aligned}$$

例 7.3 考虑某一两级 Cache，第一级 Cache 为 L1，第二级 Cache 为 L2。

(1) 假设在 1000 次访存中，L1 的不命中是 40 次，L2 的不命中是 20 次。求各种局部不命中率和全局不命中率。

(2) 假设 L2 的命中时间是 10 个时钟周期，L2 的不命中开销是 100 时钟周期，L1 的命中时间是 1 个时钟周期，平均每条指令访存 1.5 次，不考虑写操作的影响。问：平均访存时间是多少？每条指令的平均停顿时间是多少个时钟周期？

解

(1) 第一级 Cache 的不命中率（全局和局部）是 40/1000=4%。

第二级 Cache 的局部不命中率是 20/40=50%。

第二级 Cache 的全局不命中率是 20/1000=2%。

$$\begin{aligned}(2)\ 平均访存时间 &= 命中时间_{L1} + 不命中率_{L1} \times (命中时间_{L2} \\ &\quad + 不命中率_{L2} \times 不命中开销_{L2}) \\ &= 1 + 4\% \times (10 + 50\% \times 100) = 1 + 4\% \times 60 \\ &= 3.4\ 个时钟周期\end{aligned}$$

由于平均每条指令访存 1.5 次，且每次访存的平均停顿时间为 3.4−1.0=2.4。

所以

$$每条指令的平均停顿时间 = 2.4 \times 1.5 = 3.6\ 个时钟周期$$

请注意，上述公式是针对读写混合操作而言的，而且假设第一级 Cache 采用写回法。当采用写直达法时，第一级 Cache 将把所有的写访问送往第二级 Cache。

对于第二级 Cache，有以下结论。

(1) 在第二级 Cache 比第一级 Cache 大得多的情况下，两级 Cache 的全局不命中率和容量与第二级 Cache 相同的单级 Cache 的不命中率非常接近。这时可以利用前面关于单级 Cache 的知识和结论来分析它们。

(2) 局部不命中率不是衡量第二级 Cache 的一个好指标，因为它会随第一级 Cache 参数的变化而跟着变化，而且不能全面地反映两级 Cache 体系的性能。因此，在评价第二级 Cache 时，应该用全局不命中率这个指标。

第一级 Cache 和第二级 Cache 之间的首要区别是：第一级 Cache 的速度会影响 CPU 的时钟频率，而第二级 Cache 的速度只影响第一级 Cache 的不命中开销。因此，在设计第二

级 Cache 时可以有更多的考虑空间,许多不适合于第一级 Cache 的方案对于第二级 Cache 却可以使用。设计第二级 Cache 只有两个问题需要权衡,一个是它能否降低 CPI 中的平均访存时间部分?另一个是它的成本是多少?

由于第一级 Cache 中的所有信息都会出现在第二级 Cache 中,所以一般来说,第二级 Cache 的容量应比第一级的大很多。如果第二级 Cache 只是稍大一点儿,局部不命中率将很高。因此,第二级 Cache 的容量一般很大,和过去计算机的主存一样大。大容量意味着第二级 Cache 可能实际上没有容量不命中,只剩下一些强制性不命中和冲突不命中。

下面来讨论一个问题:相联度对第二级 Cache 的作用是否会更大?

例 7.4 给出有关第二级 Cache 的以下数据:

(1) 对于直接映像,命中时间$_{L2}$=10 个时钟周期。

(2) 两路组相联使命中时间增加 0.1 个时钟周期,即为 10.1 个时钟周期。

(3) 对于直接映像,局部不命中率$_{L2}$=25%。

(4) 对于两路组相联,局部不命中率$_{L2}$=20%。

(5) 不命中开销$_{L2}$=50 个时钟周期。

试问第二级 Cache 的相联度对不命中开销的影响如何?

解 对一个直接映像的第二级 Cache 来说,第一级 Cache 的不命中开销为

$$\text{不命中开销}_{\text{直接映像},L1} = 10 + 25\% \times 50 = 22.5 \text{ 个时钟周期}$$

对于两路组相联第二级 Cache 来说,命中时间增加了 10%,即为 10.1 个时钟周期,故第一级 Cache 的不命中开销为

$$\text{不命中开销}_{\text{两路组相联},L1} = 10.1 + 20\% \times 50 = 20.1 \text{ 个时钟周期}$$

在实际机器中,第二级 Cache 几乎总是和第一级 Cache 以及 CPU 同步的。相应地,第二级 Cache 的命中时间必须是时钟周期的整数倍。如果幸运的话,可以把该命中时间取整为 10 个时钟周期,否则就只好取整为 11 个时钟周期,即

$$\text{不命中开销}_{\text{两路组相联},L1} = 10 + 20\% \times 50 = 20.0 \text{ 个时钟周期}$$

或

$$\text{不命中开销}_{\text{两路组相联},L1} = 11 + 20\% \times 50 = 21.0 \text{ 个时钟周期}$$

不管怎样,都比直接映像第二级 Cache 好。

可以利用 7.3 节介绍的技术来减少第二级 Cache 的不命中率,从而达到减少不命中开销的目的。提高相联度和伪相联方法都值得考虑,因为它们对第二级的命中时间影响很小,而且平均访存时间中很大一部分是由于第二级 Cache 的不命中而产生的。虽然较大容量的第二级 Cache 消除了一些冲突不命中(因块数增加了),但它同时也减少了容量不命中,所以在直接映像的第二级 Cache 中,冲突不命中所占的比例依然很大。

对于第二级 Cache 来说,同样也可以采用增加块大小的方法来减少其不命中率。前面已经得出这样的结论:Cache 块的大小增加到一定程度后,反而可能导致不命中率上升。但对于大容量的第二级 Cache 来说,这一点并不成为问题,因为它容量大,使其不命中率达到最低的块大小也比较大。64B、128B 甚至 256B 的块大小都是第二级 Cache 经常采用的。

需要考虑的另一个问题是第一级 Cache 中的数据是否总是同时存在于第二级 Cache 中的。如果是的话,就说第二级 Cache 具有多级包容性(Multilevel Inclusion Property)。多级包容性是我们所希望的,因为它便于实现 I/O 和 Cache 之间内容一致性的检测。

为了减少平均访存时间，可以让容量较小的第一级 Cache 采用较小的块，而让容量较大的第二级 Cache 采用较大的块。在这种情况下，仍可实现包容性，但在处理第二级 Cache 不命中时要做更多的工作：替换第二级 Cache 中的块时，必须作废所有对应于该块的第一级 Cache 中的块。这样不但会使第一级 Cache 的不命中率有所增加，而且会造成不必要的作废操作。如果结合使用其他一些性能优化技术（如非阻塞的第二级 Cache），包容性就会进一步增加复杂度。

综合上述考虑，Cache 设计的本质是在快速命中和减少不命中次数这两个方面进行权衡。大部分优化措施都是在提高一方的同时损害另一方。对于第二级 Cache 而言，由于它的命中次数比第一级 Cache 少得多，所以重点就放在减少其不命中次数上。这就导致了更大容量、更高相联度和块更大的 Cache 的出现。

7.4.2 让读不命中优先于写

在写直达 Cache 中，每次写访问都要对主存进行写入。为了提高性能，一般都是设置一个大小适中的写缓冲器。不过，写缓冲器却导致存储器访问的复杂化，因为在读不命中时，所读单元的最新值有可能还在写缓冲器中，尚未写入主存。

解决这个问题最简单的办法是推迟对读不命中的处理，直至写缓冲器清空。由于在发生读不命中时，写缓冲器中几乎总是有数据的，这就增加了处理读不命中的开销。另一种方法是在读不命中时检查写缓冲器的内容，如果没有冲突（即没有地址相同）而且存储器可访问，就可继续处理读不命中。几乎所有的桌面计算机和服务器都采用了后一种方法，即让读不命中优先于写。

在写回法 Cache 中，也可以利用写缓冲器来提高性能。假定读不命中将替换一个修改过的存储块。我们可以不像往常那样先把该块写回存储器，然后再从读存储器调块，而是先把被替换的块临时复制到一个缓冲器中，然后从存储器调块，最后再把缓冲器中的内容写入存储器。这样 CPU 的读访问就能更快地完成了。和上面的情况类似，发生读不命中时，处理器既可以采用等待缓冲区清空的方法，也可以采用检查与缓冲器中各字的地址是否有冲突的方法。

7.4.3 写缓冲合并

为了减少写访问所花的时间，写直达 Cache 一般都采用一个写缓冲器。如果该缓冲器不满，就可以把数据和相应地址写入该缓冲器。从 CPU 的角度来看，这个写操作就算是完成了，CPU 可以继续执行后面的指令，而写缓冲器则负责将其写入存储器。在写缓冲器不为空的情况下，则需要把这次的写入地址与写缓冲器中已有的所有地址进行比较，看是否有匹配的项。如果有地址匹配而对应的位置又是空闲的，就把这次要写入的数据与该项合并。这就叫写缓冲合并，如图 7.21(b)所示。当然，如果写缓冲器满且没有能进行写合并的项，就只好等待。

在图 7.21 给出了采用和不采用写合并的例子。这里假设写缓冲器有 4 项，每项能够存放 4 个 64 位的字。图中 V 代表有效位。当不采用写合并时，写入 4 个连续存放的数据，就会使写缓冲器满了，3/4 的空间被浪费。而当采用写合并时，则只需占用一个项。

可以看出，这种技术不仅提高了写缓冲器的空间利用率，而且还能减少因写缓冲器满而等待的时间。

(a) 不采用写合并

写地址	V		V		V		V	
100	1	Mem[100]	0		0		0	
108	1	Mem[108]	0		0		0	
116	1	Mem[116]	0		0		0	
124	1	Mem[124]	0		0		0	

(b) 采用了写合并

写地址	V		V		V		V	
100	1	Mem[100]	1	Mem[108]	1	Mem[116]	1	Mem[124]
	0		0		0		0	
	0		0		0		0	
	0		0		0		0	

图 7.21　写缓冲器的两种方案

7.4.4　请求字处理技术

与前面减少不命中开销的方法不同,本节介绍的方法不用增加硬件。当从存储器向CPU调入一块时,块中往往只有一个字是CPU立即需要的,这个字称为请求字(Requested Word)。

请求字处理技术正是着眼于这种请求字的特性。当CPU所请求的字到达后,不等整个块都调入Cache,就可把该字发送给CPU并重启CPU继续执行,有两种具体的方案。

(1) 尽早重启动(Early Restart):在请求字没有到达时,CPU处于等待状态。一旦请求字到达,就立即发送给CPU,让等待的CPU尽早重启动,继续执行。

(2) 请求字优先(Requested Word First):调块时,让存储器首先提供CPU所要的请求字。请求字一旦到达,就立即送给CPU,让CPU继续执行,同时从存储器调入该块的其余部分。请求字优先也称为回绕读取(Wrapped Fetch)或关键字优先(Critical Word First)。

一般来说,这些技术仅当Cache块很大时才有效。因为当Cache块较小时,用不用这些技术,不命中开销差别不大。此外,在采用请求字优先时,若下一条指令正好访问Cache块的另一部分(以请求字为界,该Cache块被分为两部分),则只能节省一个时钟周期,因为只有得到请求字的指令在流水线中可以继续前进,下一条指令还是必须停下来等待所需的数据。

7.4.5　非阻塞Cache技术

采用尽早重启动技术时,在请求字到达之前,CPU还是要处于等待状态。有些流水方式的机器采用记分牌或Tomasulo类(见第5章)控制方法,允许指令乱序执行(后面的指令可以跨越前面的指令先执行),CPU无须在Cache不命中时停顿。例如,不命中发生后,CPU在等待数据Cache给出数据的同时,有可能继续执行后面的指令。如果采用非阻塞(Nonblocking)Cache或非锁定(Lockup-free)Cache技术,就可以把CPU的性能提高得更多,因为这种Cache在不命中时仍允许CPU进行其他的访问(但只能是命中的访问)。这种

"不命中下的命中"(Hit Under Miss)的优化措施在 Cache 不命中时,不是完全拒绝 CPU 的访问,而是能处理部分访问,从而减少了实际不命中开销。如果更进一步,让 Cache 允许多个不命中重叠,即支持"多重不命中下的命中"(Hit Under Multiple Miss)和"不命中下的不命中"(Miss Under Miss),则可进一步减少实际不命中开销。不过,这种方法只有在存储器能处理多个不命中的情况下才能带来好处。

可以同时处理的不命中次数越多,所能带来的性能上的提高就越大。但这并不意味着不命中次数越多越好。有人对数据 Cache 的平均存储器等待时间(以周期为单位)与阻塞 Cache 平均存储器等待时间的比值进行了模拟研究。测试条件为 8KB 直接映像 Cache,块大小为 32B。测试程序为 SPEC92(14 个浮点程序,4 个整数程序)。结果表明,在重叠不命中个数为 1、2 和 64 的情况下,浮点程序的平均比值分别为 76%、51%和 39%,而整数程序的平均比值则分别为 81%、78%和 78%。这说明,对于整数程序来说,重叠次数对性能提高影响不大,简单的"一次不命中下命中"就几乎可以得到所有的好处。

非阻塞 Cache 大大增加了 Cache 控制器的复杂度。特别是多重叠的非阻塞 Cache,更是如此。所以,在设计时要做全面综合考虑。

7.5 减少命中时间

视频讲解

本节讨论减少命中时间的技术。命中时间也是平均访存时间的三个组成部分之一。

减少命中时间是设计 Cache 的重要工作之一,因为它直接影响到处理器时钟频率的高低。在当今的许多计算机中,往往是 Cache 的访问时间限制了处理器系统时钟频率的提高,即使在 Cache 访问时间为几个时钟周期的计算机中也是如此。因此,一定要设法减少命中时间。

7.5.1 容量小、结构简单的 Cache

为了有效地减少 Cache 的命中时间,可以采用容量小、结构简单的 Cache。用地址的索引部分访问标识存储器,读出标识并与地址进行比较,是 Cache 命中访问过程中最耗时的部分。我们知道,硬件越简单,速度就越快。小容量 Cache 对减少命中时间当然有益。而且应使 Cache 容量足够小,以便可以与处理器做在同一芯片上,避免因片外访问而增加时间开销,这一点是非常重要的。有些设计采用了一种折中方案:把 Cache 的标识放在片内,而把 Cache 的数据存储体放在片外,这样既可以实现快速标识检测,又能利用独立的存储芯片来提供更大的容量。此外,还要保持 Cache 结构的简单性,例如采用直接映像 Cache。直接映像 Cache 的主要优点是可以让标识检测和数据传送同时进行,从而有效地减少命中时间。

7.5.2 虚拟 Cache

在采用虚拟存储器的计算机中,每次访存都必须进行虚实地址的转换,即将 CPU 发出的虚地址转换为物理地址,这一般是由存储管理部件(MMU)完成的。

1. 物理 Cache

按照访问 Cache 的地址是物理地址还是虚拟地址,可把 Cache 分为物理 Cache 和虚拟 Cache。物理 Cache 是指使用物理地址进行访问的传统 Cache,其标识存储器中存放的是物理地址,进行地址检测也是用物理地址,如图 7.22 所示。当 CPU 要访问存储器时,给出一个虚拟地址,由 MMU 中的地址转换部件把该地址转换为主存物理地址。然后再用这个物理地址去访问 Cache。如果要访问的数据或指令在 Cache 中被找到,则 Cache 命中。否则,就是不命中。这时要用这个物理地址去访问存储器,取出一块数据或指令装入 Cache。物理 Cache 的缺点是地址转换和访问 Cache 串行进行,访问速度很慢。

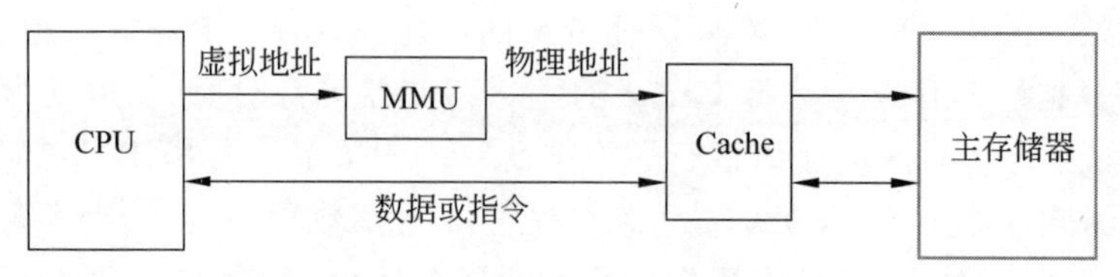

图 7.22　物理 Cache 存储系统

2. 虚拟 Cache

虚拟 Cache 是指可以直接用虚拟地址进行访问的 Cache,其标识存储器中存放的是虚拟地址,进行地址检测用的也是虚拟地址。当 CPU 要访问存储器时,把虚拟地址同时送给 Cache 和 MMU,如图 7.23 所示。Cache 根据该虚拟地址把 CPU 所需的数据或指令找出来。如果 Cache 不命中,就要用经过 MMU 转换得到的主存物理地址访问主存,读出相应的块,装入 Cache 中。虚拟 Cache 的优点是在命中时不需要地址转换,因而也就省去了地址转换的时间。另外,即使不命中,地址转换和访问 Cache 也是并行进行的,其速度比物理 Cache 快很多。

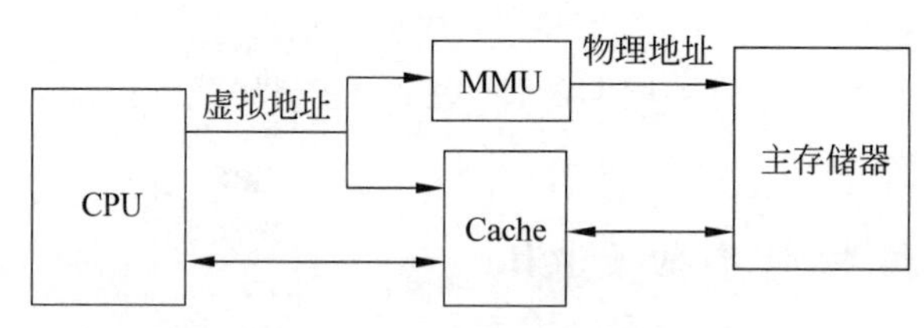

图 7.23　虚拟 Cache 存储系统

然而,并非所有计算机都采用虚拟 Cache。其原因之一,是每当进行进程切换时需要清空 Cache。这是由于新进程的虚拟地址有可能与原进程的相同,但它们所指向的物理空间却是不同的。图 7.24 说明了这种清空对不命中率的影响。解决这个问题的一种办法是在地址标识中增加一个进程标识符字段(PID),这样多个进程的数据就可以混合存放于 Cache 中,由 PID 指出 Cache 中的各块是属于哪个程序的。为了减少 PID 的位数,PID 经常是由操作系统指定的。对于每一个进程,操作系统从循环使用的几个数字中指定一个作为其 PID。不过,这种方法有时也需要清空 Cache,这种情况仅发生在当某个 PID 被重用的时候,即该 PID 以前已被分配给了某个进程,现又把它分配给另一个进程的时候。

图 7.24 说明了采用 PID 所带来的不命中率上的改进。它给出了在以下三种情况下各种大小的虚拟 Cache 的不命中率:没有进程切换(单进程),允许进程切换并使用进程标识符(PID),允许进程切换但不使用进程标识符(purge)。从图中可看出,和单进程相比,PID 的绝对不命中率多出了 0.3%～0.6%;而和 purge 相比,PID 的绝对不命中率减少了 0.6%～4.3%。

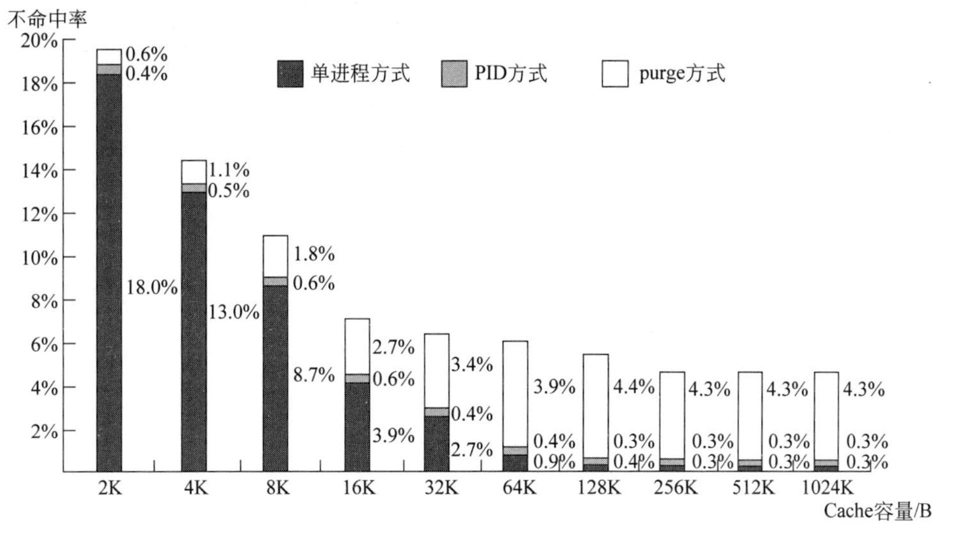

图 7.24 对于三种方式，虚地址 Cache 在不同容量下的不命中率

虚拟 Cache 没有流行起来的另一个原因，是操作系统和用户程序对于同一个物理地址可能采用两种以上不同形式的虚拟地址来访问，这些地址称为同义(Synonym)或别名(Alias)。它们可能会导致同一个数据在虚拟 Cache 中存在两个副本。而这是不允许的，否则就会发生错误。这种情况在物理 Cache 中不会发生，因为物理 Cache 首先会把虚拟地址转换到同一物理地址，从而找到同一个物理 Cache 块。

用软件的办法来解决别名问题很容易，只要求别名的某些地址位相同。例如，Sun 公司的 UNIX 要求所有别名的地址最后 18 位都相同。这种限制被称为页着色(Page Coloring)。这一限制使得容量不超过 2^{18}B(256KB)的直接映像 Cache 不可能出现一个 Cache 块有重复物理地址的情况。所有别名将被映像到同一 Cache 块位置。

对于虚拟地址，最后还应考虑 I/O。I/O 通常使用物理地址，所以为了与虚拟 Cache 打交道，需要把物理地址映像为虚拟地址。

3. 虚拟索引-物理标识方法

这种方法既能得到虚拟 Cache 的好处，又能得到物理 Cache 的优点。它直接用虚地址中的页内位移(页内位移在“虚→实”地址的转换中保持不变)作为访问 Cache 的索引，但标识却是物理地址。CPU 发出访存请求后，在进行虚→实地址转换的同时，可并行进行标识的读取。在完成地址转换之后，再把得到的物理地址与标识进行比较。

这种方法的局限性是直接映像 Cache 的容量不能超过页面的大小。Alpha AXP 21064 采用了这种方法，其 Cache 容量为 8KB，最小页大小为 8KB，所以可以直接从虚地址的页内位移部分中得到 8 位的索引(块大小为 32B)。

为了既能实现大容量的 Cache，又能使索引位数比较少，以便能直接从虚拟地址的页内位移部分得到索引，可以采用提高相联度的办法。这一点可以从下面的公式中看出(其中 index 表示索引)。

$$\text{Cache 的容量} = 2^{\text{index}} \times \text{相联度} \times \text{块大小}$$

下面举一个极端的例子——IBM3033 的 Cache。虽然研究结果已经表明，8 路以上的组相联对减少不命中率已没有多大好处,但IBM3033的Cache仍采用了16路组相联,其主要好处是可以采用更大的Cache。尽管IBM系统结构限制了页的大小为4KB,但16路组相联却使得可以用虚拟索引对64KB(16×4KB)的Cache进行寻址。图7.25给出了索引和页内位移的关系。页大小为4KB意味着地址的最后12位不必进行转换,因此其中某些位可以用作访问Cache的索引。

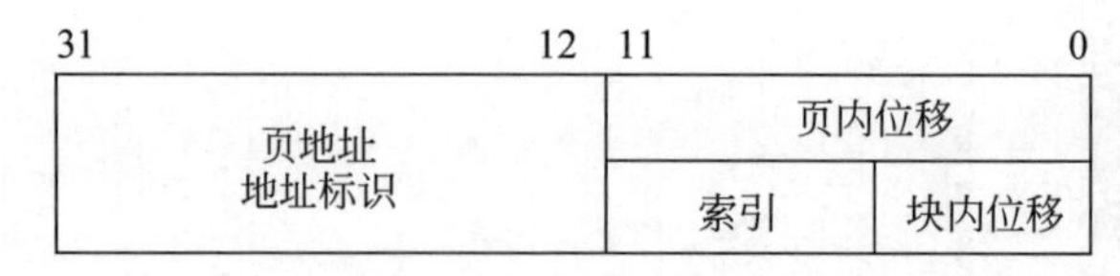

图7.25 IBM3033的Cache中索引字段和页内位移的关系

7.5.3 Cache访问流水化

这种技术把对第一级Cache的访问按流水方式组织,这样一来,就使得访问Cache需要多个时钟周期才可以完成。例如Intel公司的Pentium访问指令Cache需要一个时钟周期,Pentium Pro到Pentium Ⅲ需要两个时钟周期,而Pentium 4则需要4个时钟周期。这样处理的好处是可以提高时钟频率。实际上它并不能真正减少Cache的命中时间,但可以提高访问Cache的带宽。

7.5.4 踪迹Cache

开发指令级并行性所遇到的一个挑战是:当每个时钟周期流出超过4条指令时,要提供足够多条彼此互不相关的指令是很困难的。解决这个问题的一个方法是采用踪迹Cache。普通的指令Cache都是存放静态指令序列的,与之不同,踪迹Cache中存放的是CPU所执行过的动态指令序列,其中包含由分支预测展开了的指令。该分支预测是否正确需要在取到该分支指令时进行确认。

Intel公司的NetBurst微体系结构是Pentium 4及其后续型号处理器的基础,它采用了踪迹Cache。

踪迹Cache的地址映像机制比普通Cache的更复杂,但在另一方面,它能够提高指令Cache的空间利用率。对于普通Cache中的一个块来说,如果通过分支成功转到该块的某个位置开始执行,那么该块中处于该位置之前的部分就可能根本不会被用到。类似地,在往后执行该块中的指令时,也可能因为遇到成功的分支而从该块中转移出去。这样,在该块中位于该分支指令之后的那些指令也可能是用不到的。这样会浪费不少空间。如果每5～10条指令就有一次跳转或成功分支,那么空间的浪费确实是个问题。踪迹Cache中则只存放上述从转入位置到转出位置之间的指令,从而避免了上述空间开销。

当然,踪迹Cache也有它的不足,就是相同的指令序列有可能被当作条件分支的不同选择而重复存放。

视频讲解

7.5.5 Cache优化技术总结

7.3～7.5节中论述的减少不命中率、不命中开销和命中时间的技术通常会影响平均访存时间公式的其他组成部分,而且会影响存储层次的复杂性。表7.5对这些技术做了个总结，并估计了它们对复杂度的影响。表中“＋”号表示改进了相应指标，“－”号表示使该指标变差，而空格栏则表示它对该指标无影响。从表中可以看出，没有什么技术能同时改进两项或三项指标。表中关于复杂度的衡量是主观上的判定，0 表示最容易，3 表示最复杂。

表 7.5　Cache 优化技术总结

优化技术	不命中率	不命中开销	命中时间	硬件复杂度	说明
增加块大小	＋	－		0	实现容易；Pentium 4 的第二级 Cache 采用了 128B 的块
增加 Cache 容量	＋			1	被广泛采用，特别是第二级 Cache
提高相联度	＋		－	1	被广泛采用
“牺牲”Cache	＋			2	AMD Athlon 采用了 8 个项的“牺牲”Cache
伪相联 Cache	＋			2	MIPS R10000 的第二级 Cache 采用
硬件预取指令和数据	＋			2～3	许多机器预取指令，UltraSPARC Ⅲ 预取数据
编译器控制的预取	＋			3	需同时采用非阻塞 Cache；有几种微处理器提供了对这种预取的支持
用编译技术减少 Cache 不命中次数	＋			0	向软件提出了新要求；有些机器提供了编译器选项
使读不命中优先于写		＋		1	在单处理机上实现容易，被广泛采用
写缓冲合并		＋		1	与写直达合用，广泛应用，例如 Alpha AXP 21164，UltraSPARC Ⅲ
尽早重启动和请求字优先		＋		2	被广泛采用
非阻塞 Cache		＋		3	所有乱序执行的 CPU 中都采用
两级 Cache		＋		2	硬件代价大；两级 Cache 的块大小不同时实现困难；被广泛采用
小而简单的 Cache	－		＋	0	实现容易，被广泛采用
对 Cache 进行索引时不必进行地址转换			＋	2	对于小容量 Cache 来说实现容易，已被 Alpha AXP 21164 和 UltraSPARC Ⅲ 采用
流水化 Cache 访问			＋	1	被广泛采用
踪迹 Cache			＋	3	Pentium 4 采用

7.6　并行主存系统

主存的性能主要用延迟和带宽来衡量。以往，Cache 主要关心的是主存的延迟（它影响 Cache 的不命中开销），而 I/O 则主要关心主存的带宽。随着第二级 Cache 的广泛使用，主存带宽对于 Cache 来说也变得重要了，这是因为第二级 Cache 的块比较大。实际上，Cache 可以通过增加 Cahce 块的大小来利用主存带宽的增加，因为在高带宽的情况下，块大小增大并不会使不命中开销增加多少。

并行主存系统是在一个访存周期内能并行访问多个存储字的存储器,它能有效地提高存储器的带宽。

图7.26是一个普通的存储器,这是一个单体单字宽的存储器,其字长与CPU的字长相同。每一次只能访问一个存储字。假设该存储器的访问周期是T_M,字长为W位,则其带宽为

$$B_M = \frac{W}{T_M}$$

在相同的器件条件(即T_M相同)下,如果要提高主存的带宽,就可以采用以下两种并行存储器结构:单体多字存储器,多体交叉存储器。

7.6.1 单体多字存储器

图7.27是一个单体m字(这里$m=4$)存储器的示意图。该存储器能够每个存储周期读出m个CPU字。因此其最大带宽提高到原来的m倍。

$$B_M = m \times \frac{W}{T_M}$$

当然,由于程序执行过程中所访问的指令和数据具有一定的随机性,因此一次读出的m个指令字或数据字中可能有些是当前无用的。所以单体多字存储器的实际带宽比最大带宽小。

单体多字并行存储器的优点是实现简单,缺点是访存效率不高,其原因包括以下4个方面。

(1) 单体多字并行存储器一次能读取m个指令字。如果这些指令字中有分支指令,而且分支成功,那么该分支指令之后的指令就是无用的。

(2) 单体多字并行存储器一次取出的m个数据不一定都是有用的,另一方面,当前执行指令所需要的多个操作数也不一定正好都存放在同一个长存储字中。由于数据存放的随机性比程序指令存放的随机性大,所以发生这种情况的概率较大。

(3) 在这种存储器中,必须凑齐了m个数之后才能一起写入存储器。如果只写个别字,就必须先把相应的长存储字读出来,放到数据寄存器中,然后在地址码的控制下修改其中的一个字,最后再把长存储字写回存储器。

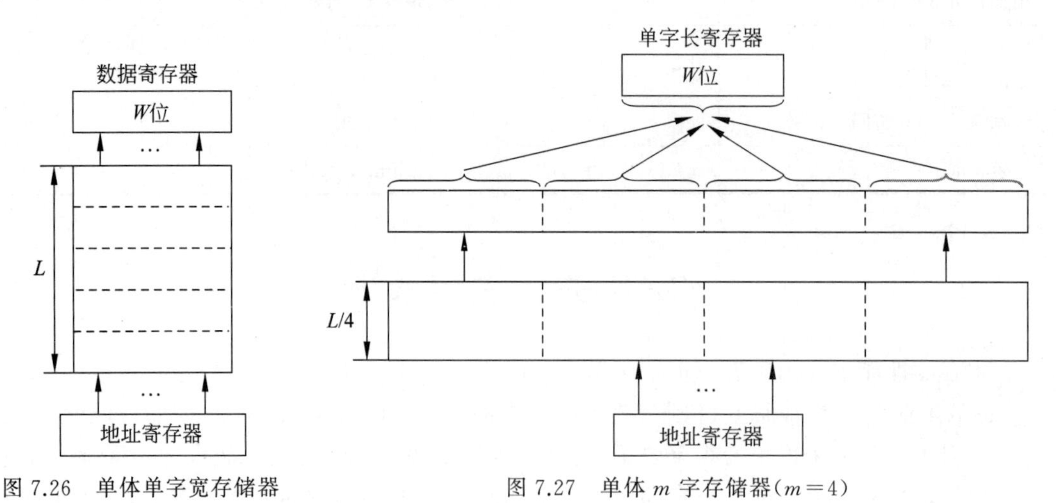

图7.26 单体单字宽存储器　　图7.27 单体m字存储器($m=4$)

(4) 当要读出的数据字和要写入的数据字处于同一个长存储字内时,读和写的操作就无法在同一个存储周期内完成了。

7.6.2 多体交叉存储器

多体交叉存储器由多个单字存储体构成,如图 7.28 所示。每个体都有自己的地址寄存器以及地址译码和读写驱动等电路。假设共有 m 个体,每一个体有 n 个存储单元。这 $n\times m$ 个单元可以看成一个由存储单元构成的二维矩阵。但是,对于计算机使用者来说,存储器是按顺序线性编址的。如何在二维矩阵和线性地址之间建立对应关系?这就是如何对多体存储器进行编址的问题。

有两种编址方法:高位交叉编址,低位交叉编址。其中只有低位交叉编址存储器才能有效地解决访问冲突问题。下面着重介绍这种存储器。但由于高位交叉编址目前使用也很普遍,能很方便地扩展常规存储器的容量,所以对它也做简单介绍。

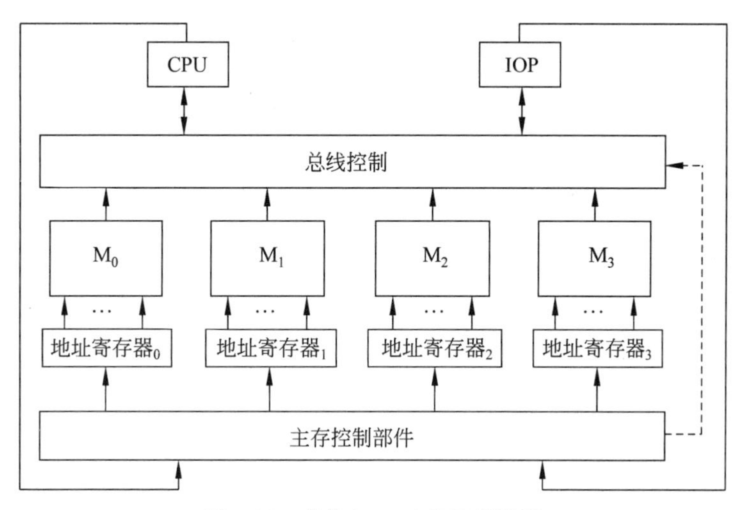

图 7.28 多体($m=4$)交叉存储器

1. 高位交叉编址

这种方式相当于对存储单元矩阵按列优先的方式进行编址,如图 7.29 所示。即先给第 0 列的各单元按从上到下的顺序依次赋予地址,然后再给第 1 列的各单元按顺序依次赋予地址,……,最后给最后一列的各单元按顺序依次赋予地址。可以看出,同一个体中的高 $\log_2 m$ 位都是相同的,这就是体号。

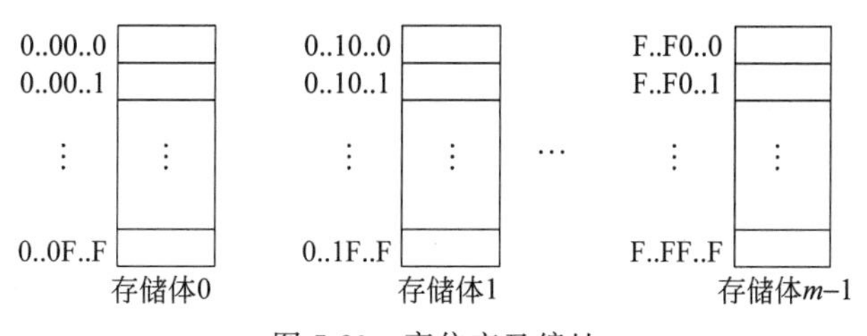

图 7.29 高位交叉编址

考虑处于第 i 行第 j 列的单元,即体号为 j、体内地址为 i 的单元,其线性地址可按下式求得。

$$A = j \times n + i \quad (\text{其中 } j = 0,1,2,\cdots,m-1;\ i = 0,1,2,\cdots,n-1)$$

反过来,如果已经知道一个单元的线性地址为 A,则其体号 j 和体内地址 i 可按以下公式求得。

$$j = \left\lfloor \frac{A}{n} \right\rfloor$$

$$i = A \bmod n$$

如果把 A 表示为二进制数,则其高 $\log_2 m$ 位就是体号,而剩下的部分就是体内地址,如图 7.30 所示。

线性地址A	体号	体内地址
	$\log_2 m$位	

图 7.30　高位交叉编址的线性地址

2. 低位交叉编址

低位交叉编址方式相当于对存储单元矩阵按行优先进行编址,如图 7.31 所示。即先给第 0 行的各单元按从左到右的顺序依次赋予地址,然后再给第 1 行的各单元按顺序依次赋予地址,……,最后给最后一行的各单元按顺序依次赋予地址。可以看出,同一个体中的低 $\log_2 m$ 位都是相同的,这就是体号。

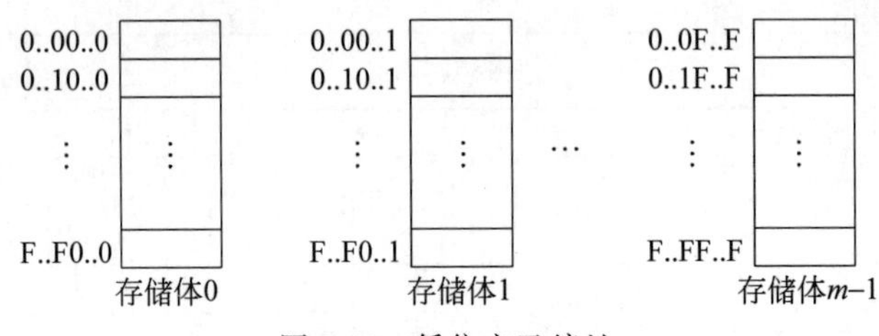

图 7.31　低位交叉编址

考虑处于第 i 行第 j 列的单元,即体号为 j、体内地址为 i 的单元,其线性地址可按下式求得。

$$A = i \times m + j \quad (\text{其中 } i = 0,1,2,\cdots,n-1;\ j = 0,1,2,\cdots,m-1)$$

反过来,如果已经知道一个单元的线性地址为 A,则其体号 j 和体内地址 i 可按以下公式求得。

$$i = \left\lfloor \frac{A}{m} \right\rfloor$$

$$j = A \bmod m$$

如果把 A 表示为二进制数,则其低 $\log_2 m$ 位就是体号,而剩下的部分就是体内地址,如图 7.32 所示。

线性地址A	体内地址	体号
		$\log_2 m$位

图 7.32　低位交叉编址的线性地址

图 7.33 是一个采用低位交叉编址的存储器的例子。这是一个由 8 个存储体构成、总容量为 64KB 的存储器。格子中的编号就是其线性地址。

为了提高主存的带宽,需要多个或所有存储体能并行工作。由于在程序执行过程中,CPU 所访问的指令和数据的地址是按顺序连续的,所以必须采用低位交叉访问的存储器,并在每一个存储周期内,分时启动 m 个存储体,如图 7.34 所示。

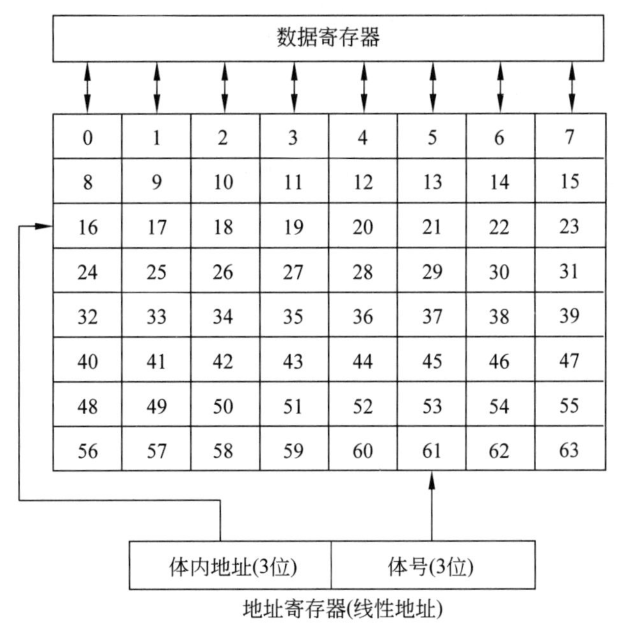

图 7.33　采用低位交叉编址的存储器(8 个存储体)

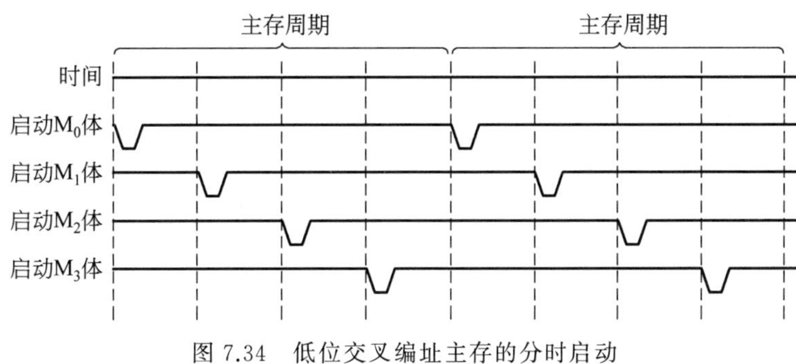

图 7.34　低位交叉编址主存的分时启动

如果每个存储体的访问周期是 T_M,则各存储体的启动间隔为 $t=T_M/m$。

采用低位交叉访问方式能大幅度地提高主存储器的带宽,目前这种存储器已经在高性能的单处理机和多处理机中得到了广泛应用。

虽然在理想情况下,这种存储器的带宽最高能提高到原来的 m 倍。增加 m 的值就能够提高主存储器的带宽。但是,由于存在访问冲突,实际加速比小于 m。下面通过一个模型来分析并行主存系统的实际带宽。

考虑一个由 m 个独立分体组成的主存系统,设 CPU 发出的一串地址为 $A_1,A_2,\cdots,A_q$ 的访存申请队列。存储控制器扫描这个队列,并截取从头起的 $A_1,A_2,\cdots,A_k$ 序列作为申请序列。这个申请序列是满足以下条件的最长序列:k 个地址所访问的存储器单元都处在不同的分体中。申请序列 $A_1 \sim A_k$ 不一定是顺序地址,只要它们之间不出现分体冲突。显然,k 是一个随机变量,其最大值为 m,但由于会发生分体冲突,所以其值往往小于 m。截取的这个长度为 k 的申请序列可以同时访问 k 个分体。k 越接近于 m,系统的效率就越高。

设 $P(k)$表示申请序列长度为 k 的概率,其中 $k=1,2,\cdots,m$。用 B 表示 k 的平均值,则

$$B=\sum_{k=1}^{m}k\cdot P(k) \tag{7.4}$$

它实际上就是每个主存周期所能访问到的字数的平均值,正比于主存实际带宽。

$P(k)$与具体程序的运行状况密切相关。如果访存申请队列都是指令的话,那么影响最大的就是转移概率λ,它是给定指令的下条指令地址为非顺序地址的概率。程序中的指令一般是顺序执行的,但如果遇到转移成功的指令,则申请序列中在该转移指令之后的指令都是没用的。

(1) 当$k=1$时,所表示的情况是:第一条就是转移指令且转移成功。

$$P(1)=\lambda=(1-\lambda)^0\cdot\lambda$$

(2) 当$k=2$时,所表示的情况是:第一条指令没有转移(其概率为$1-\lambda$),第二条是转移指令且转移成功,所以有

$$P(2)=(1-\lambda)^1\cdot\lambda$$

(3) 同理,$P(3)=(1-\lambda)^2\cdot\lambda$。

(4) 以此类推,$P(k)=(1-\lambda)^{k-1}\cdot\lambda$,其中$1\leqslant k<m$。

(5) 如果前$m-1$条指令均不转移,则不管第m条指令是否转移,k都等于m,因此有

$$P(m)=(1-\lambda)^{m-1}$$

代入式(7.4),得

$$B=\sum_{k=1}^{m}k\cdot P(k)=1\cdot\lambda+2\cdot(1-\lambda)\cdot\lambda+3\cdot(1-\lambda)^2\cdot\lambda$$
$$+\cdots+(m-1)(1-\lambda)^{m-2}\cdot\lambda+m(1-\lambda)^{m-1}$$

用数学归纳法化简后,可得

$$B=\sum_{i=0}^{m-1}(1-\lambda)^i$$

它是一个等比级数,因此

$$B=\frac{1-(1-\lambda)^m}{\lambda} \tag{7.5}$$

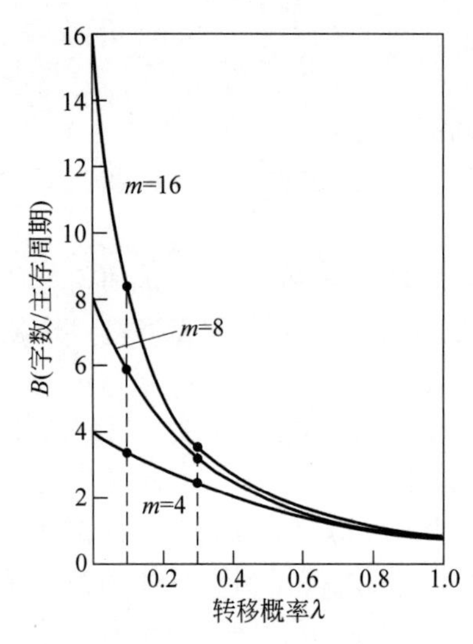

图 7.35 m为4、8、16时B与λ的关系曲线

若每条指令都是转移指令且转移成功($\lambda=1$),则$B=1$,就是说使用并行多体交叉存取的实际带宽低到和使用单体单字的一样;若所有指令都不转移($\lambda=0$),则$B=m$,即此时使用多体交叉存取的效率最高。

当m等于4、8、16时,B与λ的关系曲线如图7.35所示。从图中可以看出,当转移概率$\lambda>0.3$时,m等于4、8、16情况下的B差别不大。也就是说,此时m取值再大,也不会带来多大的好处。而在$\lambda<0.1$时,m值的大小对B的改进会有显著影响。

对于数据来说,由于其顺序性差,m值的增大给B带来的好处就更差一些。若机器主要是运行标量运算的程序,则一般取$m\leqslant 8$,很少采用$m=16$的。但如果是向量处理机,由于数据的顺序性好,加上向量指令的

使用大大减少了循环的次数，也就减少了转移指令的概率，所以其 m 值可以取大些。

正是因为程序的转移概率不会很低，数据分布的离散性较大，所以单纯靠增大 m 来提高并行主存系统的带宽是有限的，而且性能价格比还会随 m 的增大而下降。

7.6.3 避免存储体冲突

在许多情况下，都要求存储系统能支持多个独立的访存请求，例如：不命中下的不命中、能从多个不连续的地址读数据(收集)或向多个不连续的地址写数据(散播)的 DMA 方式 I/O、多处理机或向量计算机。这时存储器系统的性能将取决于这些独立的访存请求发生体冲突的频度的高低。所谓体冲突，是指两个访问请求要访问同一个存储体。在传统的多体交叉结构中，顺序访问被处理得很好，不会发生体冲突。地址相差奇数值的访存也是如此。问题是当地址相差偶数值时，冲突的频度就增加了。解决这个问题的一种方法，是采用多体去减少体冲突的次数。这种方法只有在较大规模的机器中才采用，例如，NEC SX/3 最多可使用 128 个体。

这种方法存在问题。这是因为对存储器中数据的访问不是随机的，无论有多少个体，多个访问都有可能去访问同一个体。假设有 128 个存储体，按字交叉方式工作，并执行以下程序。

```
int x[256][512];
for (j=0;j<512;j=j+1)
    for (i=0;i<256;i=i+1)
        x[i][j]=2 * x[i][j];
```

因为 512 是 128 的整数倍，同一列中的所有元素都在同一个体内，无论 CPU 或存储系统多么高级，该程序都会因数据 Cache 不命中而暂停。

体冲突问题既可以用软件方法也可以用硬件方法来解决。编译器可以通过循环交换优化来避免对同一个体的访问。更简单的一种方法是让程序员或编译器来扩展数组的大小，使之不是 2 的幂，从而强制使上述地址落在不同的体内。

在介绍硬件解决方法之前，先来回顾一下存储体是如何寻址的。对于给定的一个地址 A，有

$$体号\ j = A \bmod m$$

$$体内地址\ i = \left\lfloor \frac{A}{m} \right\rfloor$$

其中 m 为体数。

为了能快速实现上述计算，传统存储系统的体数 m 和每个体的容量 n 都取为 2 的幂。

减少体冲突的一种硬件解决方案是使体数为素数。采用素数看起来似乎会需要更多的硬件来完成复杂的计算，如上述的取模和除法运算。而且这些复杂的计算会延长每次访存的时间。

幸运的是，有几种硬件方法能快速地进行上述计算，尤其是当存储体数为素数且为 2 的幂减 1 时，可以用下面的计算来代替除法运算。

$$体内地址\ i = A \bmod n$$

由于一个存储体中包含的字数 n 一般是 2 的幂，所以可以用位选择方法来实现上述计算。

这种方法的正确性可以用中国余数定理来证明,详略。

表7.6列出了三个存储模块的情况。每个模块为8个字。表中列出了用两种不同方法进行地址映像的结果:左边用的是传统的顺序交叉地址映像,右边用的是修改后的新方法。当寻址一个字时,在前一种方法中需进行除法运算,而在后一种方法中只需对2的幂进行取模运算。

表7.6 顺序交叉和取模交叉的地址映像举例

体内地址	存储体					
	顺序交叉			取模交叉		
	0	1	2	0	1	2
0	0	1	2	0	16	8
1	3	4	5	9	1	17
2	6	7	8	18	10	2
3	9	10	11	3	19	11
4	12	13	14	12	4	20
5	15	16	17	21	13	5
6	18	19	20	6	22	14
7	21	22	23	15	7	23

7.7 虚拟存储器

7.7.1 基本概念

早在1961年,英国曼彻斯特大学的Kilburn等人就已提出了虚拟存储器的概念。经过20世纪60年代初到70年代初的发展和完善,虚拟存储器已广泛应用于大中型计算机系统。目前几乎所有的计算机都采用了虚拟存储系统。

虚拟存储器是"主存-辅存"层次进一步发展的结果。它由价格较贵、速度较快、容量较小的主存储器和一个价格低廉、速度较慢、容量很大的辅助存储器(通常是硬盘)组成,在系统软件和辅助硬件的管理下,就像一个单一的、可直接访问的大容量主存储器。程序员可以用机器指令的地址码对整个程序统一编址,就如同应用程序具有对应于这个地址码宽度的存储空间(称为程序空间)一样,而不必考虑实际主存空间的大小。

虚拟存储器可以分为两类:页式和段式。页式虚拟存储器把空间划分为大小相同的块,称为页面。而段式虚拟存储器则把空间划分为可变长的块,称为段。页面是对空间的机械划分,而段则往往是按程序的逻辑意义进行划分的。

页式和段式虚拟存储器各有优缺点,操作系统教材中有详细的论述。由于在段式中实现替换很复杂,现代计算机中几乎不采用纯段式。许多计算机采用段式和页式的组合——

段页式。段页式兼有两者的优点。在段页式中，每段被划分成若干个页面。这样既保持了段作为逻辑单位的优点，又简化了替换的实现，而且段不必作为整体全部一次调入主存，而是可以以页面为单位部分调入。

表7.7对Cache和虚拟存储器的参数取值范围做了简单的比较。

表7.7 Cache和虚拟存储器的参数取值范围

参　数	第一级Cache	虚拟存储器
块(页)大小	16～128字节	4096～65 536字节
命中时间	1～3个时钟周期	100～200个时钟周期
不命中开销	8～200个时钟周期	1 000 000～10 000 000个时钟周期
(访问时间)	(6～160个时钟周期)	(800 000～8 000 000个时钟周期)
(传输时间)	(2～40个时钟周期)	(200 000～2 000 000个时钟周期)
不命中率	0.1%～10%	0.000 01%～0.001%
地址映像	25～45位物理地址到14～20位Cache地址	32～64位虚拟地址到25～45位物理地址

7.7.2 快速地址转换技术

页表一般都很大，是存放在主存中的。有时页表本身也是按页存储的。这样，每次访存都要引起对主存的两次访问：第一次是访问页表，以获得所要访问数据的物理地址；第二次才是访问数据本身。显然，这使得对存储器的访问速度至少下降为原来的1/2，是无法实用的。一般采用TLB来解决这个问题。

TLB(Translation Look-aside Buffer)是一个专用的高速缓冲器，用于存放近期经常使用的页表项(Page Table Entry，PTE)。根据程序的局部性原理，CPU在近期访问的指令和数据是相对簇聚的，因而它所用的页表项也是簇聚的。这样，大多数访存都可以通过TLB快速地完成虚→实地址转换。只有偶尔在TLB不命中时，才需要去访问主存中的页表。

TLB中的项由两部分构成：标识和数据。标识中存放的是虚地址的一部分，而数据部分中存放的则是物理页帧号、有效位、存储保护信息、使用位、修改位等。为了使TLB中的内容与页表保持一致，当修改页表中的某一项时，操作系统必须保证TLB中没有该页表项的副本。这可以通过作废TLB中的页表项来实现。

图7.36是AMD Opteron的数据TLB的组织结构。该TLB共包含40个项，采用全相联映像。其中各字段的含义见7.7.3节。

图中的①、②、③、④等表示进行地址转换的步骤。进行地址转换时，把虚拟地址送往各个标识，同时进行比较(图中的①和②)。显然，只有有效位为"1"的标识才有可能匹配。与此同时，根据TLB中的存储保护信息对本次访存的类型进行检查，看是否越权。

若存在匹配的标识，则多路选择器把相应TLB项中的物理地址选出(③)。该地址与页内位移拼接成完整的40位物理地址(④)。

地址转换很容易处在确定处理器时钟周期的关键路径上，因为即使是采用最简单的Cache，也需要读取TLB中的值并对其进行比较。所以，一般TLB比Cache的标识存储器更小，而且更快，这样才能保证TLB的读出操作不会使Cache的命中时间延长。

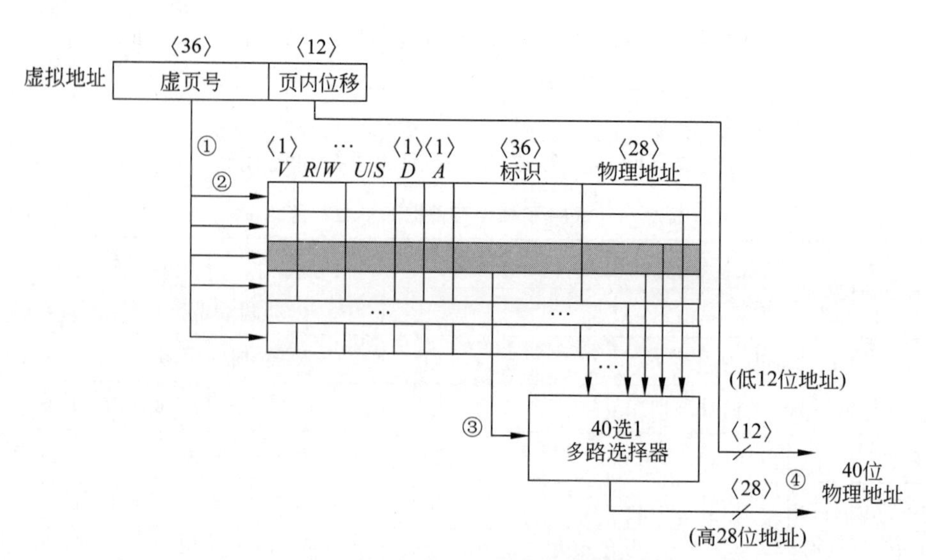

图 7.36 AMD Opteron 的地址转换过程

7.7.3 页式虚拟存储器实例:64 位 Opteron 的存储管理

Opteron 的页面大小为 4KB,2MB 和 4MB。

在 AMD64 系统结构中,虚拟地址和物理地址分别是 64 位和 52 位。进行虚→实地址转换时,是把 64 位的虚拟地址映射到 52 位的物理地址。当然,具体实现时可以采用更少的位数来简化硬件。例如 Opteron 使用了 48 位虚拟地址和 40 位物理地址。AMD64 要求 64 位虚拟地址中的高 16 位是由低 48 位进行符号位扩展而来的,这称为规范格式。

64 位地址空间的页表实在是太大了。因此,AMD64 采用多级分层页表结构来映射地址空间,以使页表大小合适。分级的级数取决于虚拟地址空间的大小。图 7.37 给出了 Opteron 48 位虚拟地址的 4 级转换。

每个分级页表的偏移量分别来自 4 个 9 位的字段。开始地址转换时,首先是在第 4 级基址寄存器上加上第一个偏移量,然后按照所得到的地址从存储器中读出下一级(第 3 级)页表的基址。再把下一级偏移量加到新的基址上,并再次访存,得到第 2 级页表的基址。如此反复进行,直到获得最后一个页表的基址,然后用此基址和最后一个偏移量相加,并用得到的地址访问存储器,便可得到物理页号。把此页号与 12 位页内位移拼接,便得到完整的物理地址。注意,Opteron 中的页表大小不超过 4KB。

Opteron 的每一级页表都采用 64 位的项。其中前 12 位留给将来使用,随后的 52 位是物理页号,其中最后的 12 位包括保护和使用信息。虽然最后这 12 位在不同级的页表中都有所不同,但大都包含以下基本字段。

存在位:说明该页面在存储器中。

读写位:说明该页面是只读还是可读写。

用户/管理位:说明用户是否能访问此页或只能由上面的三个特权级所访问。

修改位:说明该页面已被修改过。

访问位:说明自上次该位被清零后到现在,该页面是否被读或写过。

页面大小:说明最后一级页面是 4KB 还是 4MB;如果是 4MB,则 Opteron 仅使用三级

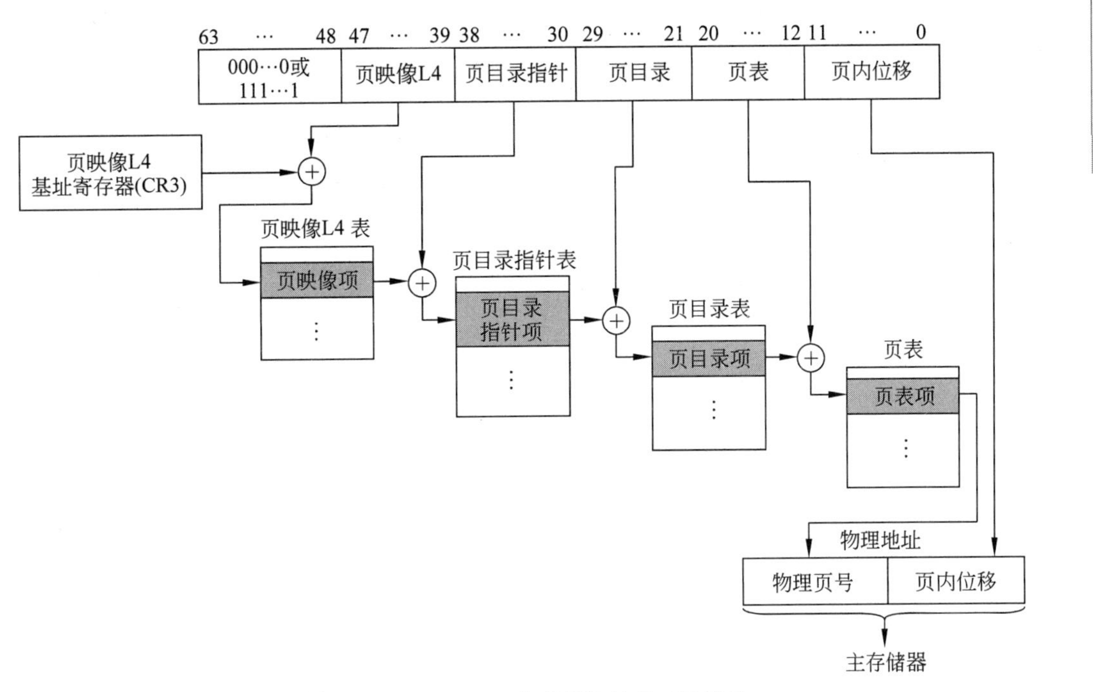

图 7.37　Opteron 48 位虚拟地址的 4 级转换

页表而非四级。

非执行位：在有些页面中用来阻止代码的执行。

页级 Cache 使能：说明该页面能否进入 Cache。

页级写直达：说明该页是允许对数据 Cache 进行写回还是写直达。

由于 Opteron 通常在 TLB 不命中时要遍历所有四级页表，故有三个位置可以进行保护限制的检查。Opteron 仅遵从底层的 PTE，而在其他级上只需确认有效位是有效的即可。

由于 PTE 的长度为 8B，每个页表有 512 项 PTE，Opteron 有 4KB 大小的页面，所以页表正好是一页长。每级的字段都是 9 位，页内位移为 12 位。按照这种方案，虚地址中还有 $64-(4\times9+12)=16$ 位未用，这 16 位要按符号位扩展来填充，以确保地址的规范化。

在保护方面，如何避免用户进行非法的地址转换？页表本身已经被保护，用户程序无法对它们进行写操作。因此，用户可以使用任何的虚拟地址。但是，操作系统能够通过控制页表项来控制哪些物理地址可以被访问，哪些不能访问。多个进程共享存储器是通过使各自的地址空间中的一个页表项指向同一个物理页面来实现的。

Opteron 使用 4 个 TLB 以减少地址转换时间，两个用于访问指令，另两个用于访问数据。和多级 Cache 类似，Opteron 通过采用两个更大的第二级 TLB 来减少 TLB 不命中：一个用于访问指令，另一个用于访问数据。表 7.8 给出了每个 TLB 的关键参数。

表 7.8　Opteron 中第一级和第二级指令、数据 TLB 的参数

参　　数	描　　述
块大小	1 个 PTE(8B)
L1 命中时间	1 个时钟周期
L2 命中时间	7 个时钟周期

续表

参　　数	描　　述
L1 TLB大小	指令和数据 TLB 都是 40 个 PTE,其中 32 个用于 4KB 页面,8 个用于 2MB 或 4MB 页面
L2 TLB大小	指令和数据 TLB 都是 512 个 PTE,用于 4KB 页面
块选择	LRU
L1 映像规则	全相联
L2 映像规则	4 路组相联

7.8　实例:AMD Opteron 的存储器层次结构

作为实例,本节介绍 AMD Opteron 的存储器层次结构。Opteron 是一个乱序执行处理器,它每个时钟周期最多可以取出三条 80x86 指令,并将之转换成类 RISC 操作,然后以每个时钟周期三个操作的速率流出。Opteron 有 11 个并行的执行部件。在 2006 年,其 12 级定点流水线使得该处理器的最高时钟频率达到了 2.8GHz。Opteron 采用的虚地址是 48 位,物理地址是 40 位的。

图 7.38 给出了 Opteron 中通过两级 TLB 实现的从虚拟地址到物理地址的转换以及对

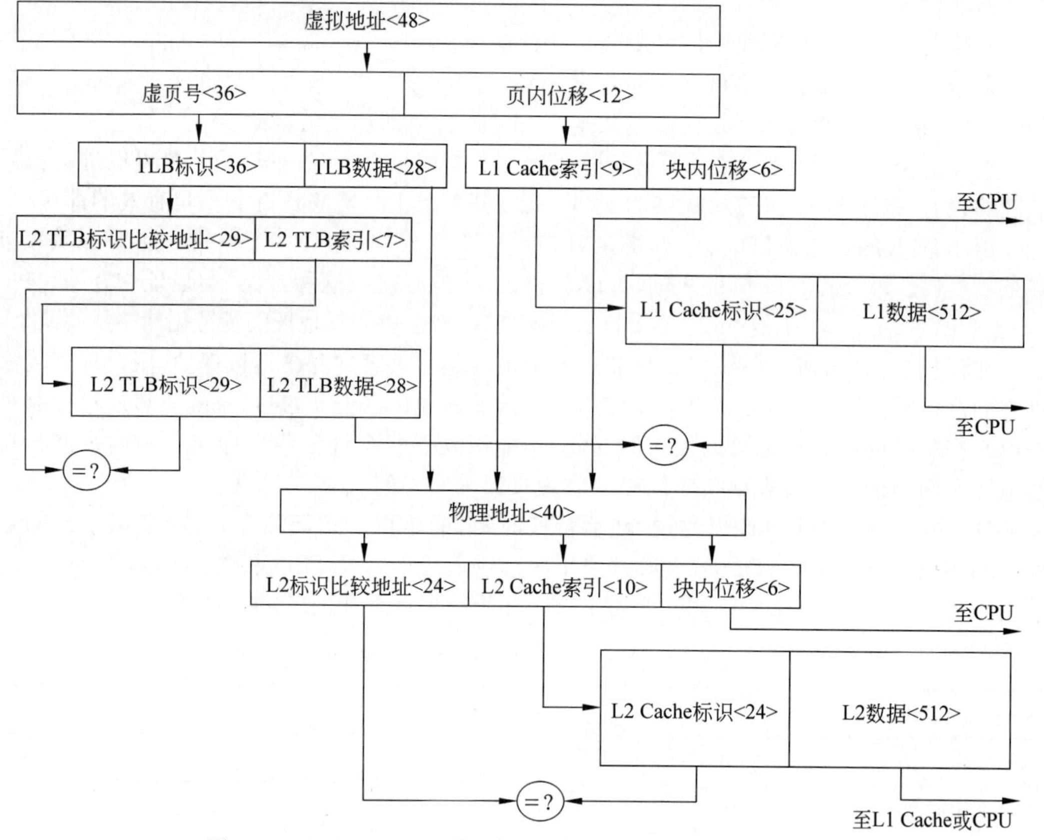

图 7.38　AMD Opteron 的两级 TLB 和两级 Cache 的层次结构

两级数据 Cache 的访问情况。其中 Cache、TLB、虚拟存储器的关系是具有典型意义的，不少处理器都采用了类似的方案。这里采用了虚拟索引、物理标识的 Cache。在虚拟地址到物理地址的转换中，虚拟地址中的页内位移是不变的。所以可以直接用它的一部分作为索引去访问 Cache。在这个过程中，同时进行虚拟地址到物理地址的转换，以便当 Cache 中的标识读出来后，可以用物理地址进行比较。

由于指令 Cache 与数据 Cache 的结构类似，图中就只画出了一种情况。

图中 L1 TLB 和 L2 TLB 分别是第一级和第二级 TLB，L1 Cache 和 L2 Cache 分别是第一级和第二级 Cache。L1 TLB 采用全相联，共有 40 个条目。L2 TLB 采用 4 路组相联，共有 512 个条目。L1 Cache 的大小是 64KB，块大小为 64B，采用两路组相联和 LRU 替换算法。L2 Cache 的大小是 1MB，块大小也是 64B，采用 16 路组相联和伪 LRU 替换算法。

图 7.39 是 AMD Opteron 存储器层次结构的详细示意图，下面来逐步研究该存储器层次结构的工作情况。图中以分步标识(①②③…)的形式表示了这一过程。在具体跟踪该过程之前，先来计算一下索引的位数。由于指令 Cache 的大小是 64KB，块大小是 64B，采用 2 路组相联，所以有

$$2^{\text{index}}=\frac{\text{Cache 大小}}{\text{块大小}\times\text{组相联度}}=\frac{64\text{KB}}{64\text{B}\times 2}=512=2^9$$

即索引(index)为 9 位。

指令 Cache 采用虚拟索引、物理标识。所以，访问 Cache 和虚实地址变换可以同时进行。把指令地址的虚页号部分送给指令 TLB，这是第①步(即图中的①)。与此同时，将 9 位索引加上额外的 2 位(以便从块中选取所要的 16B)送给指令 Cache，这是第②步(即图中的②，以此类推)。全相联的 TLB 同时对全部的 40 个条目进行查询，看看是否有匹配的 PTE 项(第③步、第④步)。如果有，则除了进行地址转换外，TLB 还会根据该 PTE 中的信息检查所要进行的访问是否会超越权限而导致异常。

如果指令 TLB 不命中，该访问就被交给第二级指令 TLB，该 TLB 共有 512 个 PTE。把一个 PTE 项从第二级 TLB 加载到第一级 TLB 需要两个时钟周期。

最坏的情况是页面不在存储器中，这时，操作系统需要从硬盘中将其调入。由于处理页故障时，CPU 的等待时间较长，足以执行上百万条指令。所以，如果有其他进程在等待，操作系统会将其换入并执行。

如果没有发生 TLB 异常，本次对指令 Cache 的访问将继续进行。虚拟地址的页内位移中的索引同时被送到两路组相联 Cache 中的两个组(第⑤步)。指令 Cache 的标识是 40－9(索引)－6(块内位移)＝25(位)。2 个标识与由指令 TLB 产生的物理页号进行比较(第⑥步)。因为 Opteron 每次取指令是取 16B，所以还要从 6 位的块内偏移中取出 2 位去选择所要的 16B。也就是说，是用了 11 位地址。如果指令 Cache 不命中，就要去访问第二级 Cache，同时也去访问主存。访问主存是为了在第二级 Cache 不命中时，能减少不命中开销。

如前所述，指令 Cache 采用“虚拟地址寻址＋物理地址标识”。发生不命中时，Cache 控制器必须进行同名(即两个不同的虚拟地址引用同一物理地址)检查。所以，在访问第二级 Cache 进行标识比较的同时，可在指令 Cache 中对其标识进行同名检查。因为页面最小为 4KB，需要 12 位地址，而 Cache 索引和块内位移加起来共 15 位，所以为了检查同名，指令 Cache 必须为每路进行 8(即 2^3)个块的检查。Opteron 是利用为实现监听协议(10.2 节)而

专门设置的一套标识来进行同名检查的，在一个时钟周期内就能完成所有的同名检查工作。如果找到了同名，就将导致同名的块设置无效，并让它存放其他的块。这样就可以保证：在任何时候，一个 Cache 块只会出现在它可以去的 16 个 Cache 块位置中的某个位置。

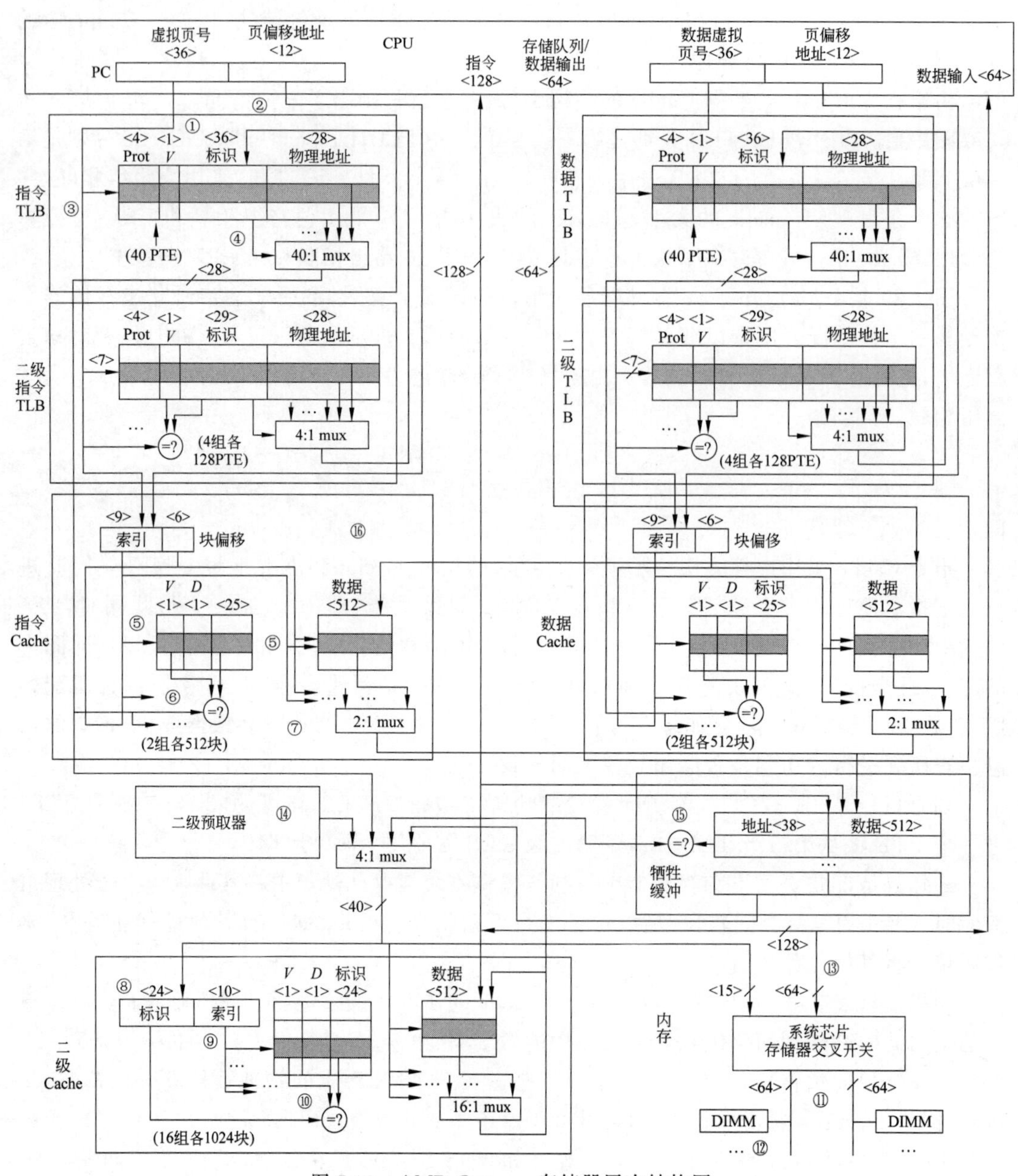

图 7.39 AMD Opteron 存储器层次结构图

在指令 Cache 不命中时，就访问第二级 Cache 以获得要访问的块。第二级 Cache 的大小是 1MB，采用 16 路组相联，块大小为 64B。它采用伪 LRU 替换算法，这是通过管理 8 对 LRU 块来实现的。进行替换时，从这 8 对中随机选取一对来决定替换哪个块。对于第二级 Cache，有

$$2^{index}=\frac{\text{Cache 大小}}{\text{块大小}\times\text{组相联度}}=\frac{1024\text{KB}}{64\text{B}\times 16}=1024=2^{10}$$

所以 34 位块地址(40 位(物理地址)－6 位(块内地址)＝34 位)被切分为 24 位标识和 10 位索引(第⑧步)。这个索引和标识被送到第二级 16 路组相联 Cache 中的每一个组(共 16 个组)(第⑨步),进行并行比较。如果有一个匹配且有效(第⑩步),第二级 Cache 将把相应的块返回给指令 Cache。传送速度是每个时钟周期 8B。同时,第二级 Cache 还要取消前面第一级 Cache 发送给存储控制器的访存请求。对于在第一级指令 Cache 不命中,但在第二级 Cache 命中的访问,它得到第一个字所要等待的时间是 7 个时钟周期。

与多级存储器通常采用的包容性质不同,Opteron 对于其第一级 Cache 和第二级 Cache 采用互斥的策略,就是说,一个块要么在第一级 Cache 中,要么在第二级 Cache 中,不会同时出现在这两者中,这是为了更好地利用资源。当一个块从主存调入时,不是简单地将其放入第二级 Cache 中,而是将其放入第一级 Cache 中,并把从第一级 Cache 中替换出来的块送到第二级 Cache。这又会从第二级 Cache 中替换出来一个块。如果这个块是修改过的,它就会被送到写缓冲器。Opteron 把该写缓冲器称为“牺牲”缓冲器(Victim Buffer)。

在第 10 章中,将说明包容性是如何允许所有的多级 Cache 一致性操作仅影响第二级 Cache 而不影响第一级 Cache 的。而互斥策略意味着一致性操作必须对这两者都进行检查。为了减少一致性操作对 CPU 访问第一级 Cache 的干扰,Opteron 为实现一致性监听协议专门设置了一套标识副本。

如果所要取的指令在第二级 Cache 中也没有找到,则片上的存储器控制器必须从主存调入一个块。Opteron 有两个各是 64 位的存储器通道。由于只有一个存储器控制器,而且送给这两条通道的地址也相同,故可以作为一个 128 位的通道使用(第⑪步)。当两条通道使用同样的 DIMM(Dual Inline Memory Module)时,就能够实现宽通道传输。每条通道最多支持 4 个 DDR DIMM(第⑫步)。

因为 Opteron 对第一级数据 Cache、第二级 Cache、总线和存储器提供纠一检二(即纠正单个错误,检测两个错误)的能力,所以实际上数据总线对每个 64 位都附加了 8 位的 ECC 纠错码。为减少第二次出错的概率,Opteron 利用空闲周期来纠正单个错误,这是通过对数据 Cache、二级 Cache 和存储器上损坏了的块进行读出和重写来实现的。由于指令 Cache 和 TLB 是只读的,故它们采用奇偶校验码。如果发生了奇偶错误,则从下一级存储器重读。

当指令在 Cache 中不命中而从主存取来时,总的时间延迟大概是 20 个 CPU 时钟周期再加上从 DRAM 取出关键指令字所需要的时延(第⑬步)。

Opteron 有一个和第二级 Cache 相关联的预取引擎(第⑭步)。它观察第二级 Cache 发生不命中时调块的走向(向前或向后),并沿着该方向把下一行预取到第二级 Cache 中。

由于第二级 Cache 采用写回法,所以任何一次不命中都有可能导致一个块被替换且需要写回主存(因为被修改过)。这时,如果不采用特别的措施,就要等被替换的块写回主存,腾出一个块的位置后,才能调入新访问的块。Opteron 把这样的块称为“牺牲”块,并将之放入“牺牲”缓冲器中(第⑮步),这样很快就腾出了块位置,从而使得不命中的读指令操作可以立即继续进行,而不用等到“牺牲”块写回主存之后才来处理。这与数据 Cache 对“牺牲”块的处理方式相同。

“牺牲”缓冲器的大小为 8 项,所以可以有许多“牺牲”块在这里排队,等待写入第二级

Cache或存储器。存储控制器最多可以同时处理10个Cache块不命中,包括8个数据Cache不命中和2个指令Cache不命中,从而使得它能够实现10次不命中下的命中。对于Cache不命中,数据Cache和第二级Cache都会去检查"牺牲"缓冲器,看是否有匹配的块。如果有,就等到相关的块写入存储器后,才重新去取。新的数据一旦到达,就立即被加载到指令Cache(第⑯步)。此外,由于采用的互斥特性,该块不会被加载到第二级Cache中。

如果初始指令是一条load指令,数据地址就会同时被送给数据Cache和数据TLB,这和上述对指令Cache的访问很相似。这是因为在Opteron的存储层次中,指令Cache和TLB与数据Cache和TLB都是对称的。不同的是,数据Cache有两个存储体。对于两条访存指令(load和store的各种组合都可以)来说,只要它们访问的是不同的存储体,就可以同时执行这两条指令。另外,数据Cache的不命中可能会导致产生需要写回主存的"牺牲"块。这时,可同时进行以下两种操作。

(1) 把"牺牲"块从数据Cache中取出并送入"牺牲"缓冲器。

(2) 从第二级Cache取数据块,送入数据Cache。

当store指令流出时,会像load指令一样检查数据Cache。写不命中会导致一个块被调入数据Cache中,这和load不命中非常相似。这是因为该Cache采用按写分配的写策略。

store指令要等到知道它不是前瞻执行时才会去更新Cache。在此等待期间,它被放入一个load-store队列中。这个队列是处理器乱序控制机制的组成部分。它最多能存放44个项,并且支持把结果前瞻性地定向到执行部件。

数据Cache采用ECC纠错码,所以在执行store指令而需要修改数据Cache时,需要采用"读-修改-写"操作来更新数据Cache。这是通过在load/store队列中装配完整的块并且总是把整块写回来实现的。

习　题　7

7.1　解释下列名词。

多级存储层次	命中时间	不命中率	不命中开销
全相联映像	直接映像	组相联映像	替换算法
LRU	写直达法	写回法	按写分配法
不按写分配法	强制性不命中	容量不命中	冲突不命中
2∶1 Cache经验规则	相联度	牺牲Cache	故障性预取
非故障性预取	非阻塞Cache	尽早重启动	请求字优先
多级包容性	虚拟Cache	并行主存系统	多体交叉存储器
存储体冲突	TLB		

7.2　简述"Cache-主存"层次与"主存-辅存"层次的区别。

7.3　替换算法有哪几种?它们各有什么优缺点?

7.4　设有一个"Cache-主存"层次,Cache为4块,主存为8块;试分别对于以下三种情况,画出其映像关系示意图,并计算访存块地址为5时的索引(index)。①全相联;②组相联,每组两块;③直接映像。

7.5　通过编译器对程序优化来改进Cache性能的方法有哪几种?简述其基本思想。

7.6　组相联 Cache 的不命中率比相同容量直接映像 Cache 的不命中率低。由此能否得出结论：采用组相联一定能带来性能上的提高？为什么？

7.7　简述“虚拟索引＋物理标识”Cache 的基本思想，它有什么优缺点？

7.8　假设对指令 Cache 的访问占全部访问的 75%；而对数据 Cache 的访问占全部访问的 25%。Cache 的命中时间为一个时钟周期，不命中开销为 50 个时钟周期，在混合 Cache 中一次 load 或 store 操作访问 Cache 的命中时间都要增加一个时钟周期，32KB 的指令 Cache 的不命中率为 0.39%，32KB 的数据 Cache 的不命中率为 4.82%，64KB 的混合 Cache 的不命中率为 1.35%。又假设采用写直达策略，且有一个写缓冲器，并且忽略写缓冲器引起的等待。试问指令 Cache 和数据 Cache 容量均为 32KB 的分离 Cache 和容量为 64KB 的混合 Cache 相比，哪种 Cache 的不命中率更低？两种情况下平均访存时间各是多少？

7.9　假设在 3000 次访存中，第一级 Cache 不命中 110 次，第二级 Cache 不命中 55 次。试问：在这种情况下，该 Cache 系统的局部不命中率和全局不命中率各是多少？

7.10　给定以下的假设，试计算直接映像 Cache 和两路组相联 Cache 的平均访问时间以及 CPU 的性能。由计算结果能得出什么结论？

(1) 理想 Cache 情况下的 CPI 为 2.0，时钟周期为 2ns，平均每条指令访存 1.2 次。

(2) 两者 Cache 容量均为 64KB，块大小都是 32B。

(3) 组相联 Cache 中的多路选择器使 CPU 的时钟周期增加了 10%。

(4) 这两种 Cache 的不命中开销都是 80ns。

(5) 命中时间为一个时钟周期。

(6) 64KB 直接映像 Cache 的不命中率为 1.4%，64KB 两路组相联 Cache 的不命中率为 1.0%。

7.11　在伪相联中，假设在直接映像位置没有发现匹配，而在另一个位置才找到数据(伪命中)时，不对这两个位置的数据进行交换。这时只需要一个额外的周期。假设不命中开销为 50 个时钟周期，2KB 直接映像 Cache 的不命中率为 9.8%，两路组相联的不命中率为 7.6%；128KB 直接映像 Cache 的不命中率为 1.0%，两路组相联的不命中率为 0.7%。

(1) 推导出平均访存时间的公式。

(2) 利用(1)中得到的公式，对于 2KB Cache 和 128KB Cache，计算伪相联的平均访存时间。

7.12　假设采用理想存储器系统时的基本 CPI 是 1.5，主存延迟是 40 个时钟周期；传输速率为 4 字节/时钟周期，且 Cache 中 50%的块是修改过的。每个块中有 32 字节，20%的指令是数据传送指令，并假设没有写缓存，在 TLB 不命中的情况下需要 20 个时钟周期，TLB 不会降低 Cache 命中率。CPU 产生指令地址或 Cache 不命中时产生的地址有 0.2%没有在 TLB 中找到。

(1) 在理想 TLB 情况下，计算均采用写回法 16KB 直接映像混合 Cache、16KB 两路组相联混合 Cache 和 32KB 直接映像混合 Cache 机器的实际 CPI。

(2) 在实际 TLB 情况下，用(1)的结果，计算均采用写回法 16KB 直接映像混合 Cache、16KB 两路组相联混合 Cache 和 32KB 直接映像混合 Cache 机器的实际 CPI。

其中假设 16KB 直接映像混合 Cache、16KB 两路组相联混合 Cache 和 32KB 直接映像混合 Cache 的不命中率分别为 2.9%、2.2%和 2.0%；25%的访存为写访问。

7.13　某个程序共访问存储器1 000 000次,该程序在某个系统中运行,系统中Cache的不命中率为7%,其中,强制性不命中和容量不命中各占25%,冲突不命中占50%。问:

(1) 当允许对该Cache所做的唯一改变是提高相联度时,此时期望能够消除的最大不命中次数是多少?

(2) 当允许能够同时提高Cache的容量大小和相联度时,此时期望能够消除的最大不命中次数是多少?

7.14　假设一台计算机具有以下特性:

(1) 95%的访存在Cache中命中。

(2) 块大小为两个字,且不命中时整个块被调入。

(3) CPU发出访存请求的速率为10^9字/秒。

(4) 25%的访存为写访问。

(5) 存储器的最大流量为10^9字/秒(包括读和写)。

(6) 主存每次只能读或写一个字。

(7) 在任何时候,Cache中有30%的块被修改过。

(8) 写不命中时,Cache采用按写分配法。

现欲给该计算机增添一台外设,为此首先想知道主存的带宽已用了多少。试对于以下两种情况计算主存带宽的平均使用比例。

(1) 写直达Cache。

(2) 写回法Cache。

7.15　设主存每个分体的存储周期为2μs,存储字长为4B,采用m个分体低位交叉编址。由于各种原因,主存实际带宽只能达到最大带宽的0.6倍,现要求主存实际带宽为4MB/s,问主存分体数应取多少?

7.16　设主存由8个存储体按低位交叉编址方式组成,主存容量1M字,Cache容量为4K字,要求一个主存周期从主存取得一个块。采用全相联地址映像,用相联目录表实现地址变换。求相联目录表的行数、比较位数、宽度和总位数。

7.17　程序存放在模32单字交叉存储器中,设访存申请队列的转移概率λ为25%,求每个存储周期能访问到的平均字数。若模数为16呢?由此可得出什么结论?

7.18　在某个Cache存储器中,用比较对法实现LRU替换算法。当Cache的块数为8时,需要多少个触发器?

第 8 章 输入输出系统

内容提要

(1) I/O 系统的性能；

(2) I/O 系统的可靠性、可用性和可信性；

(3) 廉价磁盘冗余阵列；

(4) 总线；

(5) 通道处理机；

(6) I/O 与操作系统。

输入输出系统简称 I/O 系统，它包括 I/O 设备以及 I/O 设备与处理机的连接。I/O 系统是计算机系统中的一个重要组成部分，它完成计算机与外界的信息交换，或者给计算机提供大容量的外部存储器。本章中将更多地讨论后者。

8.1 I/O 系统的性能

I/O 系统的性能对 CPU 的性能有很大的影响，若两者的性能不匹配，I/O 系统就有可能成为整个系统的瓶颈。虽然 CPU 时间是衡量计算机系统的一个重要指标，但系统的响应时间是一个更好的衡量指标。它是指从用户输入命令开始，到得到结果所花的时间。这个时间由两部分构成：I/O 系统的响应时间以及 CPU 的处理时间。如果 I/O 系统的响应时间很长，CPU 再快也没用。

分时操作系统可以提高资源利用率，它使得计算机内部可以同时存在多个进程。当某个进程在等待 I/O 处理时，其他进程可以使用 CPU，这样就不会造成资源的浪费。但是多进程技术只能提高系统的吞吐率，并不能减少系统的响应时间。毫无疑问，如果用户不关心响应时间，就不会出现交互式软件，也就不会有现在广泛应用的工作站和微机了。另外，有些实时的事务处理对系统响应时间还提出了更高的要求。

Amdahl 定律告诉我们：计算机系统的性能受限于系统中最慢的部分。在 2002 年以前的十多年中，CPU 的性能每年增长约 55%，而 I/O 性能的提高却小得多。如果 I/O 系统没有明显改进的话，那么计算机系统的总体性能将越来越受限于 I/O 系统。

评价 I/O 系统性能的参数主要有：连接特性，I/O 系统的容量，响应时间和吞吐率等。连接特性是指哪些 I/O 设备可以和计算机系统相连，I/O 系统的容量是指 I/O 系统可以容纳的I/O设备数。另一种衡量I/O系统性能的方法是考虑I/O操作对CPU的打扰情况，即考查某个进程在执行时，由于其他进程的I/O操作，使得该进程的执行时间增加了多少。

视频讲解

8.2 I/O系统的可靠性、可用性和可信性

除了容量、速度和价格外，人们有时更关心存储外设的可靠性。因为软件系统的崩溃可以通过重新安装操作系统和应用程序来解决，但是用户的数据如果丢失，就可能找不回来了。所以存储设备应该无条件地保护好用户的数据。跟计算机系统中的其他组成部分相比，人们往往对I/O系统的可靠性有更高的要求。

反映存储外设可靠性的参数有：可靠性(Reliability)、可用性(Availability)和可信性(Dependability)。

系统的可靠性是指系统从某个初始参考点开始一直连续提供服务的能力，它通常用平均无故障时间(Mean Time To Failure，MTTF)来衡量。MTTF的倒数就是系统的失效率。如果系统中每个模块的生存期服从指数分布，系统整体的失效率就是各部件的失效率之和。系统中断服务的时间用平均修复时间(Mean Time To Repair，MTTR)来衡量。

系统的可用性是指系统正常工作的时间在连续两次正常服务间隔时间中所占的比率。

$$\text{可用性}=\frac{\text{MTTF}}{\text{MTTF}+\text{MTTR}} \tag{8.1}$$

上式中的MTTF＋MTTR通常可以用平均失效间隔时间(Mean Time Between Failures，MTBF)来代替。

系统的可信性是指服务的质量，即在多大程度上可以合理地认为服务是可靠的。可信性与可靠性和可用性不同，它是不可以量度的。

例8.1 假设磁盘子系统的组成部件和它们的MTTF如下。

(1) 磁盘子系统由10个磁盘构成，每个磁盘的MTTF为1 000 000小时；

(2) 一个SCSI控制器，其MTTF为500 000小时；

(3) 一个不间断电源，其MTTF为200 000小时；

(4) 一个风扇，其MTTF为200 000小时；

(5) 一根SCSI连线，其MTTF为1 000 000小时。

假定每个部件的生存期服从指数分布，同时假定各部件的故障是相互独立的，求整个系统的MTTF。

解 整个系统的失效率为

$$\begin{aligned}\text{系统失效率}&=10\times\frac{1}{1\,000\,000}+\frac{1}{500\,000}+\frac{1}{200\,000}+\frac{1}{200\,000}+\frac{1}{1\,000\,000}\\&=\frac{23}{1\,000\,000}\end{aligned}$$

系统的MTTF为系统失效率的倒数，即

$$\text{MTTF}=\frac{1\,000\,000}{23}=43\,500(\text{小时})$$

即将近5年。

提高系统组成部件可靠性的方法包括有效构建方法(Valid Construction)和纠错方法(Error Correction)。有效构建是指在构建系统的过程中消除故障隐患,这样建立起来的系统就不会出现故障。纠错方法是指在系统构建中采用容错的方法。这样即使出现故障,也可以通过容错信息纠正错误,保证系统正常工作。

为保证冗余信息在出现错误时不失效,通常要将其存放在与出错部件不同的部件中。这种方法的典型应用就是磁盘冗余阵列。

8.3 廉价磁盘冗余阵列

视频讲解

视频讲解

磁盘阵列(Disk Array,DA)是使用多个磁盘(包括驱动器)的组合来代替一个大容量的磁盘。这不仅能比较容易地构建大容量的磁盘存储器系统,而且可以提高系统的性能,因为磁盘阵列中的多个磁盘可以并行地工作。磁盘阵列一般是以条带为单位把数据均匀地分布到多个磁盘上(交叉存放)。条带存放使得磁盘存储器系统可以并行地处理多个数据读写请求,从而提高总的I/O性能。这个并行性有以下两方面的含义。

(1) 多个独立的请求可以由多个盘来并行地处理。这减少了I/O请求的排队等待时间。

(2) 一个请求如果是访问多个块的话,就可以由多个磁盘合作来并行处理。这提高了单个请求的数据传输率。

阵列中磁盘的个数越多,性能的提高就越多。但是,磁盘数量的增加会导致磁盘阵列可靠性的下降。如果使用了N个磁盘构成磁盘阵列,那么整个阵列的可靠性会降低为单个磁盘的$1/N$。

可以通过在磁盘阵列中设置冗余信息盘来解决这个问题。当单个磁盘失效时,丢失的信息可以利用冗余盘中的信息重新构建。只有在这个失效磁盘被恢复(修复或更换)之前,又发生了第二个磁盘的失效时,磁盘阵列才不能正常工作。由于磁盘的平均无故障时间(MTTF)为几十年,而平均修复时间(MTTR)只有几个小时,所以容错技术使得磁盘阵列的可靠性比单个磁盘高很多。这种磁盘阵列被称为RAID,即廉价磁盘冗余阵列(Redundant Array of Inexpensive Disk),有些资料里将其称为独立磁盘冗余阵列(Redundant Array of Independent Disk)。

大多数磁盘阵列的组成可以用以下两个特征来区分。

(1) 数据交叉存放的粒度。

(2) 冗余数据的计算方法以及在磁盘阵列中的存放方式。

数据交叉存放的粒度有细粒度和粗粒度之分。细粒度磁盘阵列是在概念上把数据分割成相对较小的单位交叉存放。这样几乎所有的I/O请求,不管大小,都会访问磁盘阵列中的所有磁盘。其结果是所有I/O请求都能够获得很高的数据传输率。其缺点是在任何时间,都只有一个逻辑上的I/O在处理当中,而且所有的磁盘都会因为为每个请求进行定位而浪费时间。

粗粒度磁盘阵列是把数据以相对较大的单位交叉存放。这样规模较小的I/O请求只需要访问数量较少的几个磁盘,只有较大规模的请求才会访问到所有的磁盘。多个较小规模的请求可以同时得到处理,而对于较大规模的请求来说又能获得较高的传输率。

在磁盘阵列中设置冗余需要解决以下两个问题。

(1) 如何计算冗余信息。当今的磁盘阵列大多采用奇偶校验码,但也有采用汉明码或Reed-Solomon码的。

(2) 如何把冗余信息分布到磁盘阵列中的各个盘,有以下两种方法。

① 把冗余信息集中存放在少数的几个盘中。

② 把冗余信息均匀地存放到所有的盘中。

一般都会采用后一种方法,因为它能避免出现热点问题。

在RAID中增加冗余信息盘有几种不同的方法,它们构成了不同的RAID级别,如表8.1所示。各级RAID的代价和性能各不相同。

表8.1 RAID的分级及其特性

RAID级别	可以容忍的故障个数以及当数据盘为8个时,所需要的检测盘的个数	优　点	缺　点	公司产品
0 非冗余,条带存放	0个故障 0个检测盘	没有空间开销	没有纠错能力	广泛应用
1 镜像	1个故障 8个检测盘	不需要计算奇偶校验,数据恢复快,读数据快。而且其小规模写操作比更高级别的RAID快	检测空间开销最大(即需要的检测盘最多)	EMC,HP(Tandem),IBM
2 存储器式ECC	1个故障 4个检测盘	不依靠故障盘进行自诊断	检测空间开销的级别是 $\log_2 m$ 级(m 为数据盘的个数)	没有
3 位交叉奇偶校验	1个故障 1个检测盘	检测空间开销小(即需要的检测盘少),大规模读写操作的带宽高	对小规模、随机的读写操作没有提供专门的支持	外存概念
4 块交叉奇偶校验	1个故障 1个检测盘	检测空间开销小,小规模的读操作带宽更高	校验盘是小规模写的瓶颈	网络设备
5 块交叉分布奇偶校验	1个故障 1个检测盘	检测空间开销小,小规模的读写操作带宽更高	小规模写操作需要访问磁盘4次	广泛应用
6 $P+Q$ 双奇偶校验	2个故障 2个检测盘	具有容忍两个故障的能力	小规模写操作需要访问磁盘6次,检测空间开销加倍(与RAID3、RAID4、RAID5比较)	网络设备

RAID的一个关键问题是如何发现磁盘的故障。这个问题很好解决,因为在磁盘扇区中除了保存数据信息外,还保存用于发现该扇区错误的检测信息。在对扇区中的数据信息进行读取的同时,可以检测到是否有错误。

设计RAID的另一个问题是如何减少平均修复时间(MTTR)。典型的做法是在系统中增加热备份盘(Hot Spares)。热备份盘在RAID正常工作时不起作用。但是,一旦RAID中的某个磁盘失效,热备份盘将代替该失效盘进行工作。失效磁盘中丢失的数据将根据冗余磁盘以及其他盘上的信息进行重新构建,并放到热备份盘中。如果这个过程是自动的,就能有效地减少MTTR,此时失效盘的修复已不再是决定MTTR的主要因素。

与热备份盘相关的一种技术是热切换(Hot Swapping)技术。具有热切换功能的系统允许在不关机的情况下更换设备。这样,具有热备份盘和热切换技术的系统将会一直在线提供服务。丢失的数据将立即在热备份盘上重新构建,并使该备份盘变成工作盘。失效盘将被换下,新换上去的磁盘变成备份盘。

8.3.1 RAID0

RAID0是非冗余磁盘阵列,虽然严格来说,它并不属于RAID,但习惯上都把它列为RAID的第0级。它是RAID中最简单的一种,实现成本也最低。它是把若干个磁盘连接在一起形成一个容量更大、能并行工作的磁盘。它把数据切分成条带(Strip),以条带为单位交叉地分布存放到多个磁盘中,如图8.1所示,图中A、B、C、D等是按顺序排列的条带,其大小称为条带宽度。不同的RAID实现中所采用的条带宽度可能不同。当从磁盘阵列中按顺序读取这些数据时,所有的磁盘都可以并行工作,各自读出相应的部分,因此其性能很高。

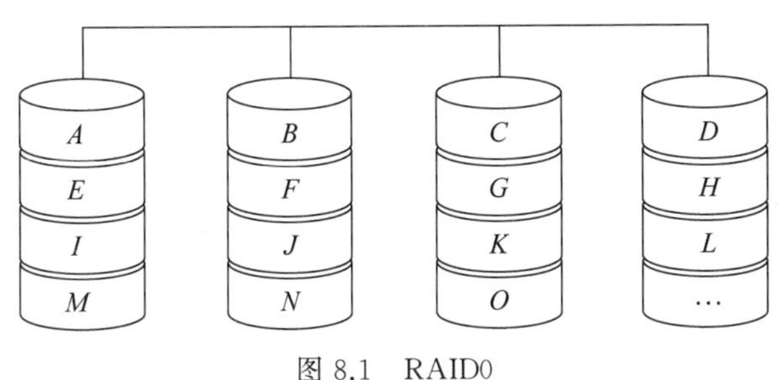

图8.1 RAID0

由于RAID0不提供数据冗余,因此一旦数据被损坏,将无法得到恢复。只要其中的任何一块磁盘出现故障,整个系统将无法正常工作。采用多个磁盘的系统的可靠性比采用单个大容量磁盘的可靠性要低很多。

RAID0适用于需要高带宽磁盘访问的场合,例如视频处理和剪辑、超级计算等。因为在这种应用中,性能和容量可能比可靠性更重要。

8.3.2 RAID1

RAID1是最基本的一种冗余磁盘阵列,称为镜像磁盘(Mirroring或Shadowing)。其核心思想是为所有的磁盘数据提供一份冗余的备份,如图8.2所示。这种磁盘阵列所需要的磁盘的总数是采用镜像前磁盘个数的两倍。每当把数据写入磁盘时,都要将该数据也写入其镜像盘。因而在系统中所有的数据都有两份。

当从该磁盘阵列读取数据时,磁盘及其镜像盘可独立地同时工作,由最先读出数据的磁盘提供数据。这个盘对于该访问请求的排队时间、寻道时间和旋转延迟的总和最小。所以RAID1能实现快速的读取操作。对于写入操作,虽然镜像的两个磁盘都要写入,但因为可并行进行,而且不需要计算校验信息,所以其速度比级别更高的RAID都快。

如果某个磁盘出现了故障,就由其镜像盘提供数据,系统仍能继续工作,只是降低了规格而已。数据的恢复也很简单,只要从正常工作的磁盘复制相应的数据即可,不需要进行数据重建计算。当然,出故障后管理员应尽快用好盘把故障盘换下来,否则在系统降低了规格的情况下,若再发生故障,系统就崩溃了。

因为需要两套磁盘,所以RAID1的实现成本最高。但其原理和设计简单,是所有冗余磁盘阵列中最简单的。

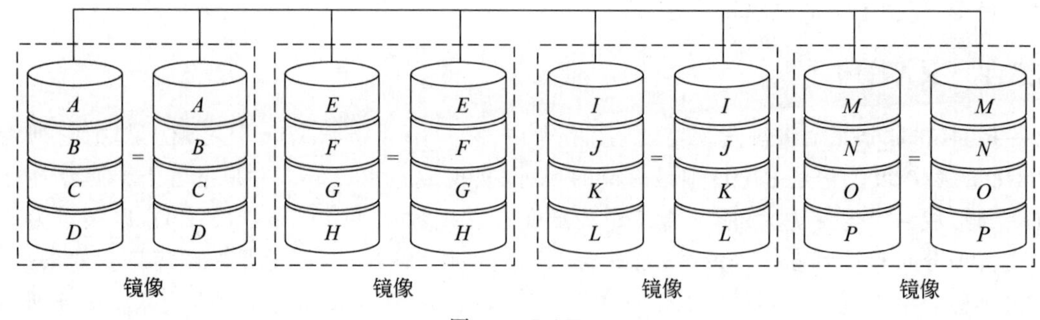

图8.2 RAID1

8.3.3 RAID2

RAID2是存储器式的磁盘阵列。之所以有这样的名称,是因为它是按Hamming纠错码的思路来构建的。图8.3是含4个数据盘的RAID2示意图,每个数据盘存放所有数据字的一位,按位交叉存放,即Disk0存放所有数据字的第0位,Disk1存放第1位,……,以此类推。它需要三个磁盘来存放Hamming纠错码。图中数据盘的每一行构成一个字,而纠错码盘中的相应行则是该字的Hamming码。例如,$B0$～$B3$构成字B,其Hamming纠错码(ECC)是Bx～Bz。每当往数据盘写入数据时,就为之形成Hamming码。而每当从数据盘读出数据时,把其Hamming码也读出来,用于判断数据是否有错。Hamming码具有纠正一位错误和检测两位错误的能力。如果出现了一位错误,就可以立即加以纠正。

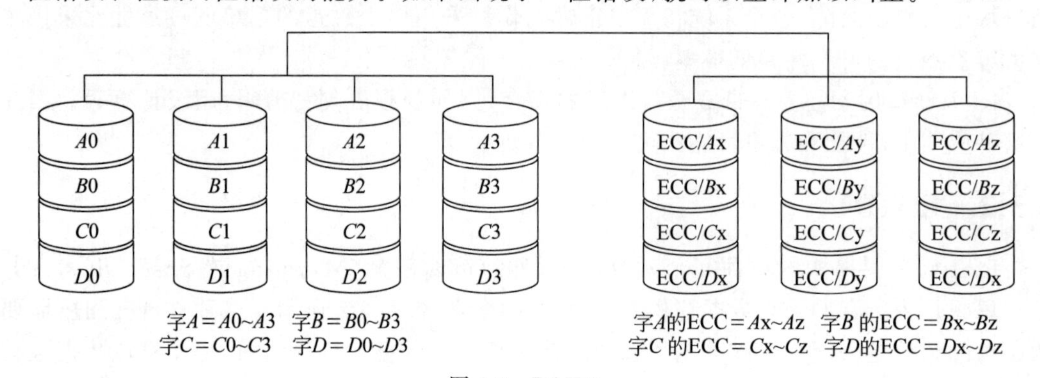

图8.3 RAID2

RAID2所需的冗余盘是用来存放Hamming码的,其个数为$\log_2 m$级,m是数据盘的个数,也就是数据字的位数。对于32位的情况来说,冗余盘的个数是7。可以看出,在数据盘的个数较少时,冗余盘占磁盘总数的比例是比较高的,效率低下。而当数据盘较多时,系统的规模会变得很庞大。另外,现在的磁盘大多都在自己内部已有纠错码。

虽然在RAID的分级上有这一级,但实际上并没有商业化的产品。

8.3.4 RAID3

RAID3 即位交叉奇偶校验磁盘阵列(Bit-interleaved Parity)。

由于当某个磁盘出故障时,磁盘控制器本身能够很容易地发现是哪个磁盘出错,所以不用像 RAID2 那样采用复杂的 Hamming 码,仅采用奇偶校验就够了。图 8.4 是 RAID3 的示意图。图中的校验盘专门用于存放数据盘中相应数据的奇偶校验。例如 A_{parity}是数据$A0$~$A3$ 的奇偶校验,B_{parity}是数据 $B0$~$B3$ 的校验,……。在数据写入磁盘时,为每行数据形成奇偶校验位并写入校验盘。在读出数据时,如果控制器发现某个磁盘出故障,就可以根据故障盘以外的所有其他盘中的正确信息恢复故障盘中的数据,这是通过异或运算来实现的。即使故障盘为校验盘,也可以照此处理。

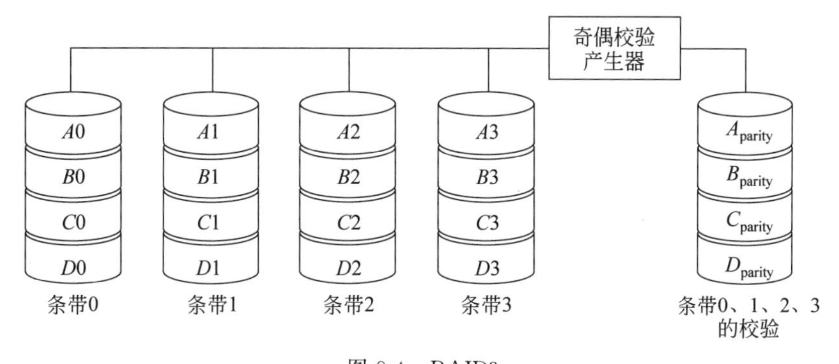

图 8.4 RAID3

这是一种细粒度的磁盘阵列,即采用的条带宽度较小,甚至可以是 1 字节或 1 位。由于是细粒度的,所以对于绝大多数的 I/O 请求,都需要磁盘阵列中的所有磁盘为之服务(例如,读取图 8.4 的 $A0$~$A3$),因而能够获得很高的数据传输率,这种磁盘阵列对大数据量的读写具有很大的优越性。其缺点是不能同时进行多个 I/O 请求的处理,对多个小规模的 I/O 请求来说表现较差。

不管数据盘有多少个,RAID3 只需要一个校验盘,校验空间开销比较小。

8.3.5 RAID4

RAID4 是块交叉奇偶校验磁盘阵列(Block-interleaved Parity)。

许多应用程序中磁盘读写都是小规模的访问。对于这些应用来说,磁盘阵列最好能同时处理多个小规模访问请求。采用粗粒度的磁盘阵列就能实现这一目标,即采用比较大的条带,以块为单位进行交叉存放和计算奇偶校验,这就是 RAID4,如图 8.5 所示。图中$A0$~$A3$ 是数据块,A_{parity}是数据块 $A0$~$A3$ 的奇偶校验码,其余以此类推。注意:这里的 $A0$~$A3$ 与图 8.4 中的 $A0$~$A3$ 不同。图 8.4 中的 $A0$~$A3$ 是位或字节,而这里的是数据块。

由于磁盘中各扇区都有自己的检错码,所以完全可以让每个磁盘独立地进行读操作,从而提高单位时间完成的读操作的数量。对于读取操作,每次只需访问数据所在的磁盘。仅在磁盘出现故障时,才会去读校验盘,并进行数据的重建。

对于写入操作,由于要重新计算校验码,所以差不多要访问所有的磁盘,以读出旧值。这对磁盘访问的速度有很大的影响。幸运的是可以采用如图 8.6 所示的捷径来提高速度,

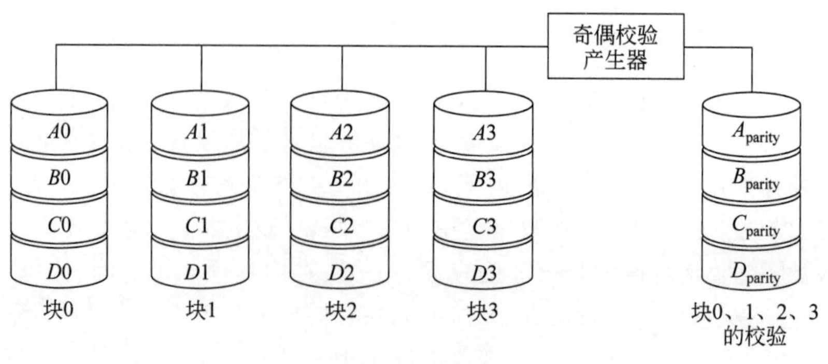

图 8.5　RAID4

即要写入新数据 $A0'$时,先读出旧值 $A0$ 和旧的奇偶校验 A_{parity},然后对它们进行异或运算,计算出新的奇偶校验 A'_{parity},最后把 $A0'$和 A'_{parity}写入磁盘。虽然这要进行两次读和两次写,但这比读出全部旧值还是节省了不少时间。特别是当数据盘个数较多的时候更是如此。

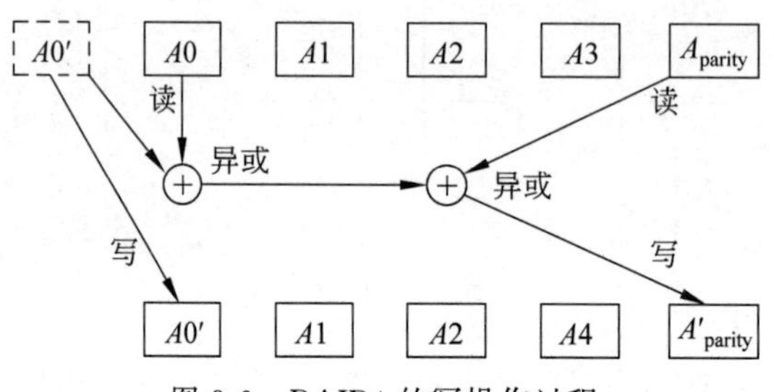

图 8.6　RAID4 的写操作过程

除了能有效地处理小规模访问外,RAID4 还能跟 RAID3 一样快速处理大规模访问,但其控制比较复杂。与 RAID3 一样,RAID4 的校验空间开销也比较小。

8.3.6　RAID5

RAID5 是块交叉分布奇偶校验磁盘阵列(Block-interleaved Distributed Parity)。

在 RAID4 中,所有的写入操作都必须读和写校验盘。当同时处理多个小规模写访问时,它们都必须访问校验盘,而系统中的校验盘只有一个,很容易成为瓶颈。RAID5 通过把校验信息分布到磁盘阵列中的各个磁盘来解决这个问题,如图 8.7 所示。图中的各符号与图 8.5 的意义相同。这里每一行数据块的校验块被依次错开、循环地存放到不同的盘中,以达到均匀分布的目的。

与 RAID3 和 RAID4 一样,RAID5 的校验空间开销也比较小。RAID5 除了能跟 RAID3 一样快地处理大规模访问、能跟 RAID4 一样快地处理小规模读操作以外,还能比它们都更快地处理小规模写操作。但其控制器是经典 RAID(RAID1～RAID5)中最复杂的。

8.3.7　RAID6

RAID6 是 $P+Q$ 双校验磁盘阵列。

上述奇偶校验磁盘阵列只是在一个盘出现故障的情况下,仍能继续正常工作和恢复数

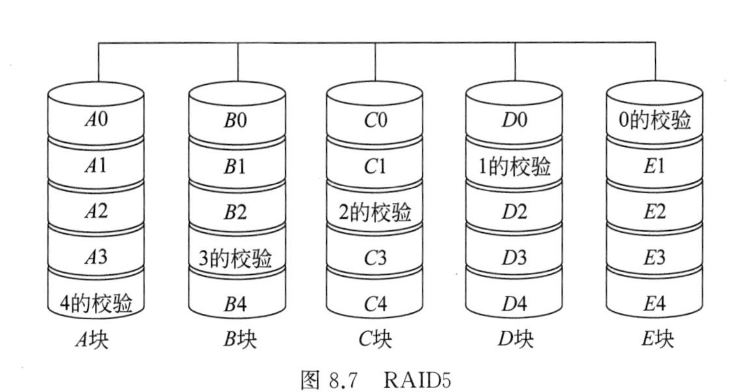

图 8.7　RAID5

据。随着冗余磁盘阵列规模的增加和应用领域的扩展,有时需要系统能够容忍两个磁盘出错。$P+Q$ 双校验磁盘阵列可以做到这一点。它在 RAID5 的基础上增加了一个独立的校验信息,放在另一个校验盘中,如图 8.8 所示。所以它的校验空间开销是 RAID5 的两倍。图 8.6 中的计算捷径在 RAID6 中也是可以使用的,只是现在要计算两个校验: P 和 Q,访问磁盘的次数也从 4 次增加到 6 次。

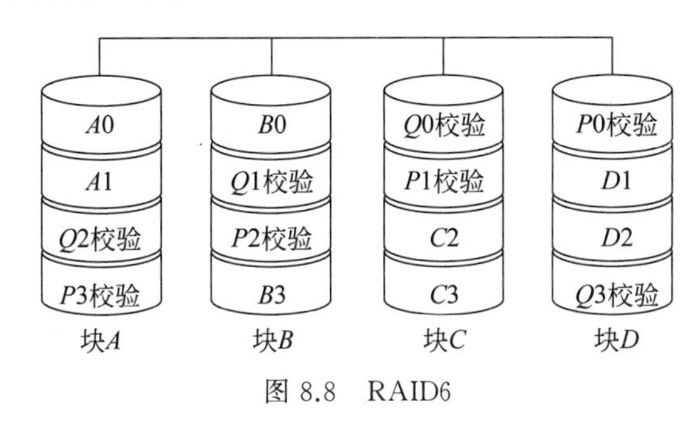

图 8.8　RAID6

RAID6 很适合于重要数据的保存。

8.3.8　RAID10 与 RAID01

RAID10 又称为 RAID1+0,RAID01 又称为 RAID0+1,它们都是 RAID0 与 RAID1 相结合的结果,其区别在于先做什么,先镜像后条带存放,还是先条带后镜像存放? 假设共有 8 个磁盘,那么由于需要镜像,就相当于只有 4 个盘可用来存放数据,另外 4 个盘作为镜像盘。RAID1+0 是先进行镜像(RAID1),然后再进行条带存放(RAID0),如图 8.9 所示。即把盘分为 4 组,组内做镜像,组之间按条带存放。RAID0+1 是先进行条带存放(RAID0),然后再进行镜像存放(RAID1),如图 8.10 所示,即组内按条带存放,组之间做镜像。

8.3.9　RAID 的实现与发展

RAID 可以达到很高的吞吐率,同时又能从故障中恢复数据,所以具有很高的可用性。RAID 在外存储系统中所起的作用越来越大,并得到广泛应用。目前世界上已有几十家主要的磁盘阵列厂商在生产和销售各种级别的 RAID 产品。其中,处于领导地位的主要有 HP、DEC 等公司。

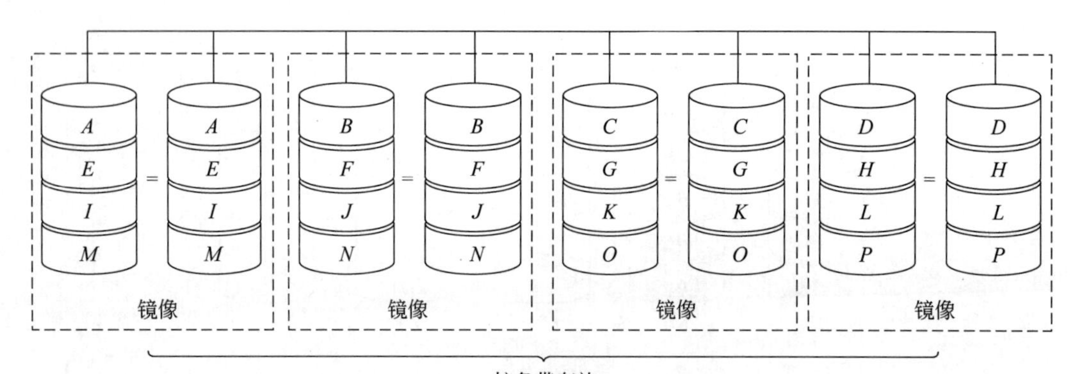

图 8.9 RAID1+0,先镜像后条带存放

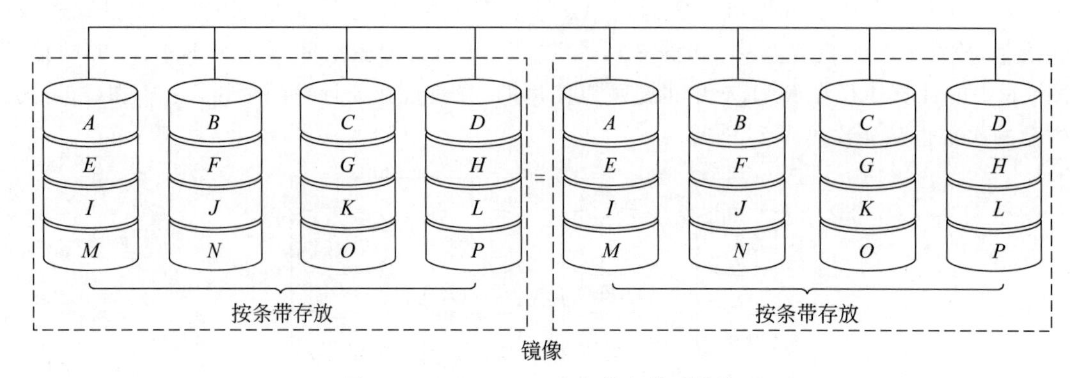

图 8.10 RAID0+1,先条带存放后镜像

实现盘阵列的方式主要有以下三种。

(1) 软件方式,即阵列管理软件由主机来实现。其优点是成本低,缺点是要过多地占用主机时间,并且带宽指标上不去。

(2) 阵列卡方式,即把 RAID 管理软件固化在 I/O 控制卡上,从而可不占用主机时间,一般用于工作站和 PC。

(3) 子系统方式,这是一种基于通用接口总线的开放式平台,可用于各种主机平台和网络系统。

8.4 总 线

在计算机系统中,各子系统之间可以通过总线来实现连接。总线的优点是成本低、简单。通过定义统一的互连接口,就可以很容易地将各种设备连接起来,甚至可以在采用相同总线的计算机之间进行外设的互换连接和使用。由于总线是在多台外设之间共享同一组连接线,所以其实现成本较低。

总线的主要缺点在于它是由不同的外设分时共享的,形成了信息交换的瓶颈,从而限制了系统中总的 I/O 吞吐量。当系统中所有 I/O 操作都必须通过总线时,总线的带宽限制问题就变得和存储器的带宽限制问题一样严重了,有时还可能更严重。

8.4.1 总线的设计

总线设计存在很多技术难点，一个重要原因是总线上信息传送的速度极大地受限于各种物理因素，如总线的长度、设备的数目、信号的强度等，这些物理因素限制了总线性能的提高。另外，我们一方面要求I/O操作响应快，另一方面又要求高吞吐量，这可能造成设计需求上的冲突。

与计算机中其他子系统的设计一样，总线的设计取决于需要达到的性能和实现成本。表8.2给出了设计总线时需要考虑的一些问题。

表8.2 总线的主要特性

特　性	高　性　能	低　价　格
总线宽度	独立的地址和数据总线	数据和地址分时共用同一套总线
数据总线宽度	越宽越快(例如：64位)	越窄越便宜(例如：8位)
传输块大小	块越大总线开销越小	单字传送更简单
总线主设备	多个(需要仲裁)	单个(无须仲裁)
分离事务	采用，因为分离的请求包和回答包能提高总线带宽	不采用，因为持续连接成本更低，而且延迟更小
定时方式	同步	异步

显然，表中前三个观点是非常明确的。采用独立的地址和数据线、更宽的数据总线以及成块的数据传输都将提高总线的性能。当然，这同时也带来了成本的提高。

总线主设备的数量是要仔细考虑的问题之一。总线主设备是指能够启动总线活动的设备，例如CPU就是一种总线主设备。当总线上连接有多个总线主设备时，就需要由总线仲裁机制来确定由哪个主设备来控制和使用总线。仲裁机制通常采用固定优先权(例如菊花链仲裁)或者相对公平的随机选取机制来分配总线的控制权。

在有多个主设备的情况下，如果不采用传统的持续占用总线的方法，而改用包交换，就能提高总线带宽。其基本思想是将总线事务分成请求和应答两部分。在请求和应答之间的空闲时间内，总线可以供给其他I/O使用。采用这种技术的总线称为分离事务总线(Split Transaction Bus)，也称为流水总线(Pipelined Bus)、悬挂总线(Pended Bus)或者包交换总线(Packet-switched Bus)等。

图8.11是分离事务总线工作过程的时序图。以读操作为例，读操作被分为两部分：①包含地址的读请求；②包含数据的存储器应答。每个操作的这两部分用标识来区分，以便CPU和存储器能够知道哪个应答与哪个请求相对应。当发出读请求、存储器根据地址去读数据字时，分离事务总线被释放，允许其他主设备使用。分离事务总线有较高的带宽，但是它的数据传送延迟通常比独占总线方法的大。

定时方式有同步和异步两种，它们各有特色。

同步总线的控制线中包含一个时钟，总线上所有设备所有的通信操作都以该时钟为基准。这种总线不仅速度快，而且成本低。但同步总线有两个缺点：①由于时钟通过长距离传输后会扭曲，因而同步总线不能用于长距离的连接。特别是对于高速同步总线来说，更是如此。②总线上的所有设备都必须以同样的时钟频率工作。虽然有的同步总线上可以连接不同速度的设备,但其工作频率必须以最慢的设备为基准。CPU-存储器总线通常采用同步总线。

异步总线上没有统一的参考时钟,每个设备都有各自的定时方法。总线上的发送设备和接收设备采用握手协议。异步总线能够比较容易地连接各种不同的设备,而且由于不是用统一的时钟来定时的,因而也就不存在时钟扭曲和同步的问题,所以其传输距离可以比较长。很多I/O总线都采用异步总线。

同步总线通常比异步总线快,因为它避免了传输时握手协议的额外开销。选择同步总线还是异步总线,不仅要考虑数据带宽,而且要考虑传输距离以及可以连接的设备数量。一般来说,如果设备的类型较少且距离较近,则宜采用同步总线;否则,就宜采用异步总线。

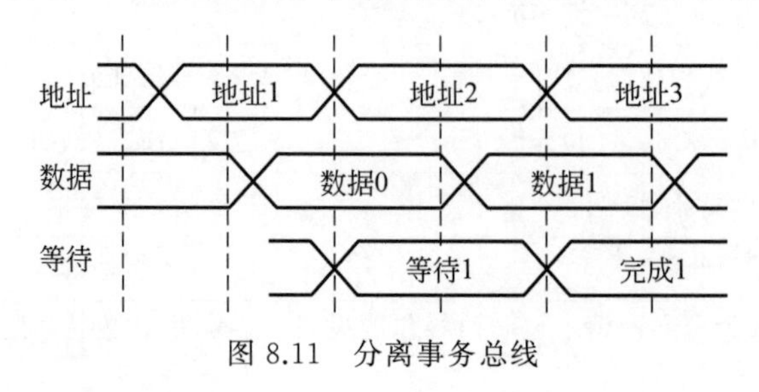

图8.11　分离事务总线

8.4.2　总线标准和实例

I/O总线是计算机系统中连接设备的接口。制定总线标准是非常重要的,因为只要计算机和I/O设备的设计都满足相同的标准,那么任意一台I/O设备就可以与任意一台计算机相连接。I/O总线标准就是定义如何将设备与计算机进行连接的文档。

当某些计算机成为主流机型被广泛应用时,其I/O总线可能会成为事实上的标准。例如PDP-11的UniBus和IBM PC-AT的ISA总线就是如此。有时标准也来自某些I/O设备的制造商,例如Ethernet就是由制造商合作形成的标准。如果标准被市场接受,它们将被ANSI、ISO或IEEE等标准化组织所采纳,并最终成为推荐标准。另外,行业协会也可能制定标准,例如PCI就是一种行业协会标准。

表8.3列出了4种常见的并行I/O总线的一些典型特征。表8.4列出了在嵌入式系统中使用较多的4种串行I/O总线的一些典型特征。表8.5列出了在服务器系统中使用的CPU-存储器互连系统的一些典型特征。

表8.3　几种常用的并行I/O总线

	IDE/Ultra ATA	SCSI	PCI	PCI-X
数据宽度/b	16	8或16	32或64	32或64
时钟频率/MHz	最高100	10(Fast) 20(Ultra) 40(Ultra2) 80(Ultra3) 160(Ultra4)	33或66	66,100或133

续表

	IDE/Ultra ATA	SCSI	PCI	PCI-X
总线主设备数量	1个	多个	多个	多个
峰值带宽/(Mb·s^{-1})	200	320	533	1066
同步方式	异步	异步	同步	同步
标准	无	ANSI X3.131	无	无

表 8.4 几种常用的串行 I/O 总线

	I^2C	1-wire	RS-232	SPI
数据宽度/b	1	1	2	1
信号线数量	2	1	9 或 25	3
时钟频率/MHz	0.4～10	异步	0.04 或异步	异步
总线主设备数量	多个	多个	多个	多个
峰值带宽/(Mb·s^{-1})	0.4～3.4	0.014	0.192	1
同步方式	异步	异步	异步	异步
标准	无	无	EIA，ITU-T V.21	无

表 8.5 几种 CPU-存储器互连系统

	HP HyperPlane Crossbar	IBM SP	Sun Gigaplane-XB
数据宽度/b	64	128	128
时钟频率/MHz	120	111	83.3
总线的主设备数	多个	多个	多个
每端口峰值带宽/(Mb·s^{-1})	960	1700	1300
总峰值带宽/(Mb·s^{-1})	7680	14 200	10 667
同步方式	同步	同步	同步
标准	无	无	无

对比表 8.3 和表 8.4 可以发现串行总线和并行总线的结构特点和性能上的差距。由于并行总线上可以并行传输的数据传输线较多，所以可以获得较大的峰值带宽。而串行总线主要使用在嵌入式系统中。表 8.5 中所列的服务器采用了交叉开关，其中的每条总线可以连接最多 4 个处理器或存储控制器，而这些总线则是通过交叉开关互连起来的。

8.4.3 与 CPU 的连接

下面来看一看 I/O 总线与 CPU 的连接。I/O 总线的物理连接方式有两种选择：一种是连接到存储器上;另一种是连接到 Cache 上。一般来说,前者更常见一些,本节将讨论这种方式。图 8.12 是一种典型的组织结构。在一些低成本的系统中,I/O 总线往往就是 CPU-主存总线,此时总线上的 I/O 命令将影响 CPU 的访存,例如取指令。

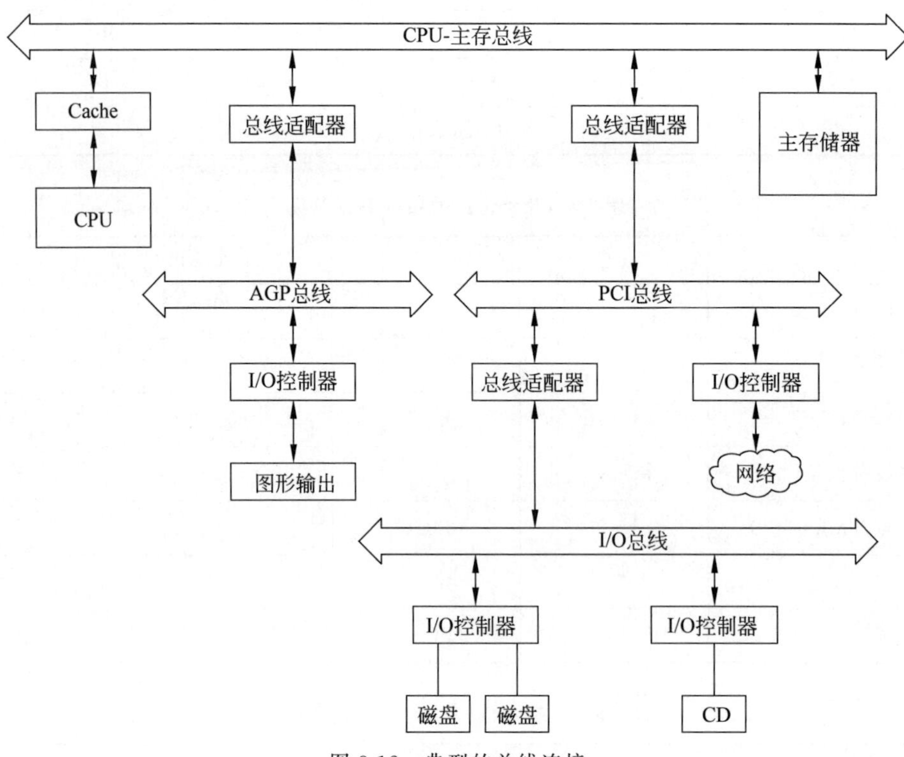

图 8.12　典型的总线连接

CPU 对 I/O 设备的编址有两种方式。最常用的方式是“存储器映射 I/O”,也称为 I/O 设备统一编址方式。在这种方法中,将一部分存储器地址空间分配给 I/O 设备,用 load 指令和 store 指令对这些地址进行读写将引起 I/O 设备的输入和输出操作。另外,还可以将一部分存储空间留出用于设备控制,对这一部分地址空间进行写操作就是向设备发出控制命令。进行读操作则是读取设备状态信息等。

另一种 I/O 设备的编址方式是 I/O 设备独立编址,并在 CPU 中设置专用的 I/O 指令来访问它们。例如,在 Intel 80x86 和 IBM 370 等计算机中都设置有 I/O 指令。采用这种方式时,CPU 需要发出一个标志信号来指出所访问的是 I/O 设备还是主存。

CPU 与外部设备进行输入输出的方式可分为 4 种:程序查询、中断、DMA、通道等。这些在计算机组成原理的课程中已经学过,这里不再详细介绍。

DMA 控制器是一块在存储器和 I/O 设备之间直接传输数据的硬件,其操作可以与 CPU 执行其他任务并行进行。它是总线上的一种主设备,在获得总线使用权后,能控制总线进行数据传输,这样就减轻了 CPU 的负担。

但是,在 DMA 方式中,每次 DMA 传输完成后,还是要中断 CPU 当前的工作,让 CPU 转去执行相应的处理程序。为了进一步减少 CPU 处理 I/O 的负担,可以设置专门的处理机,把所有对 I/O 操作的管理全部接管过去,这就是采用通道处理机。

8.5 通道处理机

8.5.1 通道的作用和功能

在大型计算机系统中,如果仅采用程序控制、中断和DMA这三种基本的输入输出方式来管理设备,就会带来以下两个问题。

视频讲解

(1) 所有外设的输入输出工作均由CPU承担,CPU的计算工作经常被打断而去处理输入输出事务,不能充分发挥CPU的计算能力,对于高性能的CPU来说更是如此。虽然采用DMA方式能减少对CPU的打扰,但每次传输的初始化等工作仍然需要由CPU来完成。

视频讲解

(2) 大型计算机系统的外设虽然很多,但同时工作的机会不是很多。如果为每一台设备都配置一个接口,不仅接口的数量很多,而且利用率低下。特别是DMA接口,其硬件成本很高,而连接DMA接口的磁盘或磁带机等一般并不同时工作。

在大型计算机系统中,外设的数量一般比较多,其种类、工作方式和速度等也都有比较大的差别。为了把对外设的管理工作从CPU中分离出来,使CPU摆脱繁重的输入输出负担,也为了使设备能共享输入输出接口,从IBM360系列机开始,普遍采用了通道技术,即由一种称为通道的专用处理机来专门负责整个计算机系统的输入输出工作。通道处理机只能执行有限的一组输入输出指令。

大型计算机系统可以有多个通道,每个通道可以连接多个设备控制器,而每个控制器又可以管理一台或多台外设(参考图8.15)。这样就形成了一个典型的由CPU、通道、设备控制器、外设构成的4级层次结构的输入输出系统。

一般来说,通道的功能包括以下几个方面。

(1) 接收CPU发来的I/O指令,并根据指令要求选择指定的外设与通道相连。

(2) 执行通道程序,即从主存中逐条取出通道指令,对通道指令进行译码,并根据需要向被选中的设备控制器发出各种操作命令。

(3) 给出外设中要进行读写操作的数据所在的地址,如磁盘存储器的柱面号、磁头号、扇区号等。

(4) 给出主存缓冲区的首地址。这个缓冲区用来暂时存放从外设输入的数据或者将要输出到外设中去的数据。

(5) 控制外设与主存缓冲区之间的数据传送的长度,即对传送的数据个数进行计数,并判断数据传送是否结束。

(6) 指定传送工作结束时要进行的操作。例如,将外设的中断请求及通道的中断请求送往CPU等。

(7) 检查外设的工作状态是否正常,并将该状态信息送往主存指定单元保存。

(8) 在数据传输过程中完成必要的格式变换,例如,把字拆分为字节,或者把字节装配成字等。

通道的主要硬件如下。

(1) 寄存器。数据缓冲寄存器,主存地址计数器,传输字节数计数器,通道命令字寄存器,通道状态字寄存器等。

(2) 控制逻辑。分时控制,地址分配,数据传送,数据装配和拆分等。

通道对外设的控制通过输入输出接口和设备控制器进行。通道与设备控制器之间一般采用标准的输入输出接口来连接。通道通过标准接口把操作命令送到设备控制器,设备控制器解释并执行这些通道命令,完成命令指定的操作。设备控制器能够记录外设的状态,并把状态信息送往通道和CPU。

8.5.2 通道的工作过程

用户通过调用通道来完成一次数据输入输出的过程如图8.13所示。CPU执行程序和通道执行通道程序的时间关系如图8.14所示。

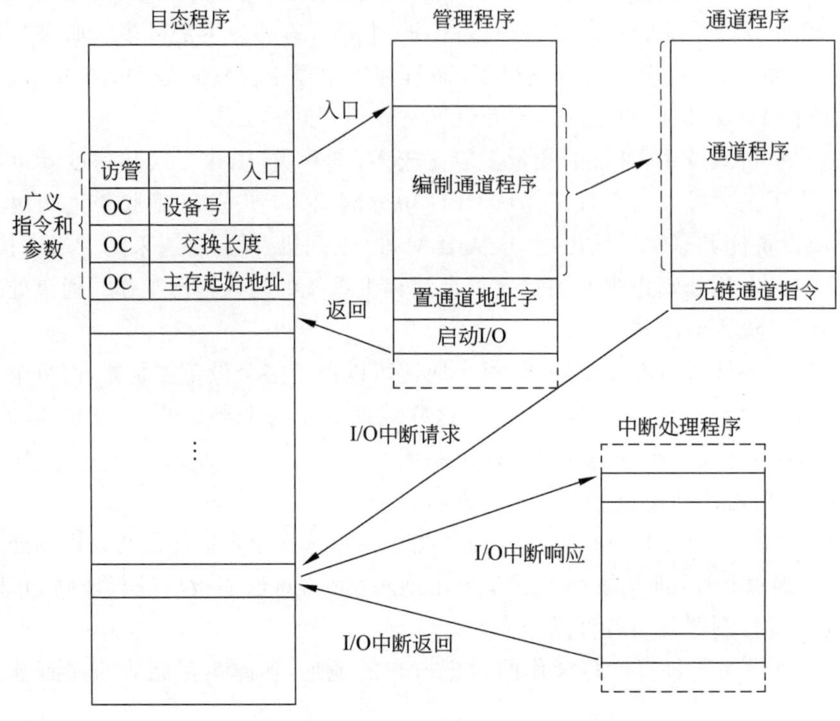

图8.13 通道完成一次数据传输的主要过程

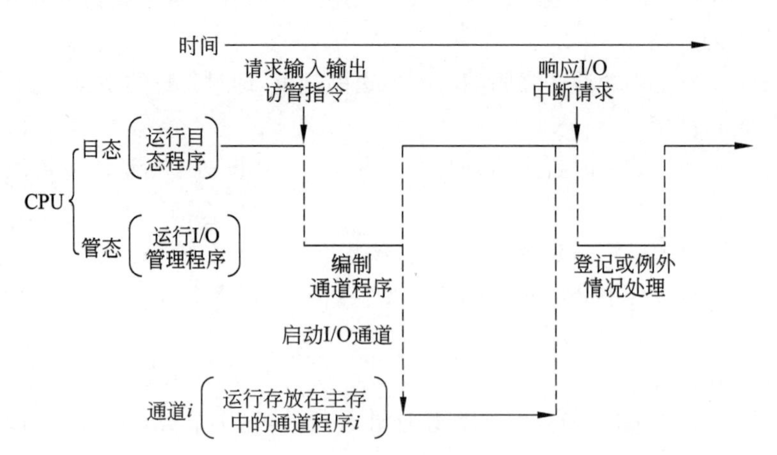

图8.14 通道程序、管理程序和用户程序的执行时间关系

利用通道完成一次数据传输的主要过程分为以下三步。

(1) 在用户程序中使用访管指令进入管理程序,由管理程序来编制一个通道程序,并启动通道。

输入输出指令是管态指令,用户在目态程序中不能直接使用这些指令,只能在目态程序中安排要求输入输出的广义指令,调用操作系统的管理程序来实现。广义指令由访管指令和若干个参数组成,如图8.13所示。它的"入口"参数给出了对应于此广义指令的管理程序的入口。当目标程序执行到该访管指令时,会产生自愿访管中断。CPU响应此中断后,转向该管理程序入口,进入管态。

管理程序根据广义指令所提供的参数来编制通道程序,这些参数包括设备号、交换数据在主存中的起始地址、交换数据的个数等。通道程序编制好后,放到主存中与这个通道相对应的通道程序缓冲区中,通道程序的入口地址被放到主存中的通道地址单元。之后,管理程序执行一条"启动I/O"的指令来启动通道开始工作,通道开始进入选择设备期。

启动I/O指令是一条主要的输入输出指令,属于特权指令。它首先判断所要使用的通道和子通道是否在线且空闲。如果是,就从主存中与该通道对应的通道地址单元中取出通道程序地址,并按这个地址去取第一条通道指令。如果取出的通道指令没有错误,再选择指定的控制器和设备。如果被选择的设备是在线的,就向它发启动命令。设备被启动后,将向通道发回回答信息,如果设备的回答是一个全"0"字节,就表示这台设备已经接受并执行了启动命令,设备的启动过程也就全部完成了,通道选择设备期结束。在上述过程中,如果任何一个地方不正确,就表示该指令没有执行成功,形成相应的条件码并结束启动过程。通道通过检测这些条件码,就能够知道设备为什么没有启动成功。

(2) 通道处理机执行通道程序,完成指定的数据输入输出工作。

从图8.14可以看出,通道处理机执行通道程序与CPU执行用户程序是并行的。通道被启动后,CPU就可以退出管理程序,返回用户程序中继续执行原来的程序,而通道则进入通道数据传送期,开始进行与设备的数据传送。当通道处理机执行完通道程序的最后一条通道指令——"无链通道指令"时,通道的数据传输工作就全部结束了。通道进入数据传送结束期。

(3) 通道程序结束后向CPU发中断请求。

数据传送完成后,通道向CPU发I/O中断请求。CPU响应该中断请求,再次进入管态,调用相应的管理程序对该中断请求进行处理。如果是正常结束,管理程序就进行必要的登记等工作;如果是故障、错误等异常情况,则进行异常处理。然后,CPU返回目态,继续进行目态程序的执行。

这样,在每一次输入输出中,CPU只需要调用两次管理程序,就能大大减少对用户程序的打扰。当系统中有多个通道同时工作时,CPU与多种不同类型、不同速度的外设可以充分并行地工作。

8.5.3 通道种类

通道有三种类型:字节多路通道、选择通道和数组多路通道。它们分别采用不同的信息传送方式,并各有特色,适用于不同的设备。它们与CPU、设备控制器和外设的连接关系如图8.15所示。

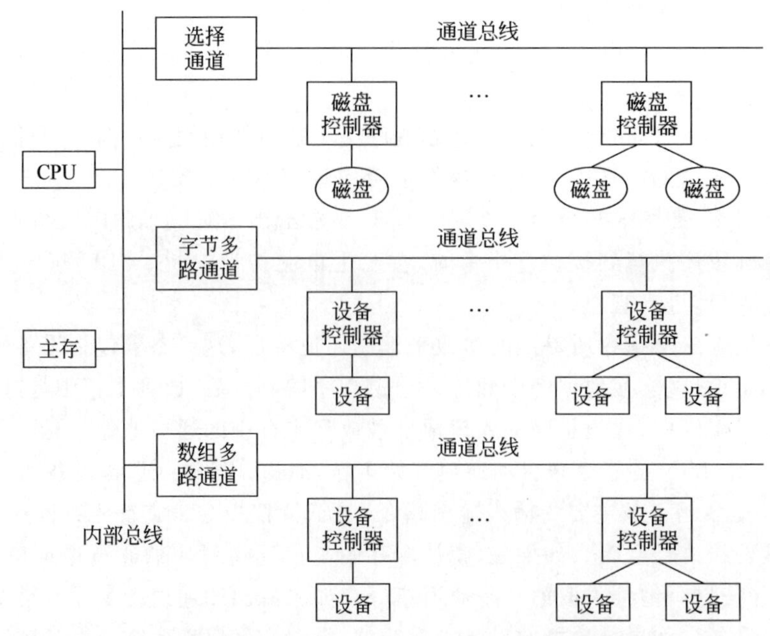

图 8.15 三种类型的通道与 CPU、设备控制器和外设的连接关系

1. 字节多路通道

字节多路通道(Byte Multiplexer Channel)是一种简单的共享通道,用于连接多台低速或中速的设备。这些设备一般是以字节为宽度进行输入输出的,而且相邻的两次传送之间有较长时间的等待。字节多路通道以字节交叉的方式分时轮流地为它们服务。

字节多路通道可以包含多个子通道,每个子通道连接一台设备控制器。由于子通道的数量可以很多,如果每个通道都有自己的一套硬件,那么所需的硬件就会很多。因此,目前一般是让硬件的控制部分由所有子通道共享,而寄存器部分则是每个子通道有自己独立的一套。为了节省硬件,这些寄存器可以由主存单元来代替。

每个子通道最少需要一个字节的缓冲寄存器,一个状态/控制寄存器以及指明地址的少量硬件。与各个子通道有关的参数,如主存数据缓冲区地址、交换的字节个数等都存放在主存固定单元中。当通道在逻辑上与某台设备连接时,就从主存相应的单元中把有关参数取出来,根据主存数据缓冲区地址访问主存,读出或写入一个字节,并将剩余交换字节数减 1,将主存数据缓冲区地址加 1,指向下一个数据的地址。在这些工作都完成之后,就将通道与该设备在逻辑上断开。

2. 选择通道

像磁盘存储器这样的高速外设需要很高的数据传输率,因此应该设置专门的通道,在一段时间内只被一台高速外设独占使用,这就是选择通道(Selector Channel)。当有多台高速设备请求传送数据时,选择通道是按照一定的规则(例如速度高的具有优先权)对要服务的设备进行选择。一旦选中某一设备,通道就进入“忙”状态,直到该设备的数据传输工作全部完成为止。处理完后,再重新选择。

选择通道的硬件包括 5 个寄存器、格式变换部件以及通道控制部件。这 5 个寄存器是:数据缓冲寄存器、设备地址寄存器、主存地址计数器、交换字节数计数器、设备状态/控制寄存器。格式变换部件用于在主存和设备之间进行字与字节的拆分和装配。

3. 数组多路通道

数组多路通道(Block Multiplexer Channel)可以看成字节多路通道与选择通道相结合的产物。与选择通道一样,它也适用于高速设备,但它不像选择通道那样一次就把所选设备的数据全部传送完,而是在传送完固定长度的一个数据块(例如 512B)之后,就重新选择别的设备。因此它是以数据块为单位、分时轮流地为多台高速设备提供服务。

数组多路通道之所以能够并行地为多台高速设备服务,是因为虽然其所连设备的传输速率很高,但寻址等辅助操作时间很长。以从磁盘存储器读出一个文件的过程为例,数据读出过程可以分为三个步骤:磁头定位,找扇区和读出数据。磁头定位是指把磁头移动到磁盘上记录该文件的磁道上,所花费的时间称为定位时间或寻道时间,一般不超过 10ms;找扇区是指在磁头定位后等待磁头转动到记录该文件的起始扇区的位置,所花费的时间称为等待时间。目前磁盘存储器的平均等待时间一般小于 6ms。由于高速磁盘存储器的数据传输率已经达到 100MB/s 以上,因此读出一个扇区(512B)只需要几微秒的时间。通常把磁头定位和找扇区的时间加起来称为磁盘的寻址时间,从上面的分析可以看出,磁盘存储器的寻址时间要比数据传输时间长两个数量级以上。

如果对这些外设采用选择通道,通道在选择设备后,始终只为该设备服务,那么在其寻址过程中,就一直处于等待状态,造成很大的浪费。数组多路通道正是为了解决这一问题而提出来的。

数组多路通道在向一台高速设备发出定位命令后,就立即从逻辑上与该设备断开,直到定位完成时再进行连接,发出找扇区命令后再一次断开,直到开始数据传送。因此,数组多路通道的实际工作方式是:通道在为一台高速设备传送数据时,可以有多台高速设备在定位或者在找扇区。

8.5.4 通道流量分析

通道流量是指一个通道在数据传送期间,单位时间内能够传送的数据量,所用单位一般为 B/s。通道流量也称为通道吞吐率,通道数据传输率等。一个通道在满负荷工作状态下的流量称为通道最大流量。通道最大流量主要与通道的种类、通道选择设备一次所用的时间以及传送一个字节所用的时间等因素有关。

为便于讨论,下面给出一些后面要用到的参数的定义。

T_S:设备选择时间。从通道响应设备发出的数据传送请求开始,到通道实际为这台设备传送数据所需要的时间。

T_D:传送一个字节所用的时间。

p:在一个通道上连接的设备台数,且这些设备同时都在工作。

n:每台设备传送的字节数,这里假设每台设备传送的字节数都相同。

k:数组多路通道传输的一个数据块中包含的字节数。在一般情况下,$k<n$。对于磁盘、磁带等磁表面存储器,通常 $k=512$。

T:通道完成全部数据传送工作所需要的时间。

1. 字节多路通道

字节多路通道是分时为多台低速和中速外设服务的,其数据传送过程如图 8.16 所示。

其中 D_{ij} 表示第 i 台设备的第 j 个数据,$1\leqslant i\leqslant p$,$1\leqslant j\leqslant n$。

$T_S\ T_D$	$T_S\ T_D$	…	$T_S\ T_D$	$T_S\ T_D$	$T_S\ T_D$	…	$T_S\ T_D$	…	$T_S\ T_D$	$T_S\ T_D$	…	$T_S\ T_D$
D_{11}	D_{21}	…	D_{p1}	D_{12}	D_{22}	…	D_{p2}	…	D_{1n}	D_{2n}	…	D_{pn}

传输各设备的第1个字节　传输各设备的第2个字节　传输各设备的第n个字节

T_{BYTE}

图 8.16　字节多路通道数据传送过程

通道每连接一台外设,只传送一个字节,然后又选择与另一台设备连接,并传送一个字节,如此反复。p 台设备每台传送 n 个数据总共所需的时间为

$$T_{BYTE}=(T_S+T_D)\times p\times n \tag{8.2}$$

其最大流量为

$$f_{MAX\text{-}BYTE}=\frac{pn}{(T_S+T_D)pn}=\frac{1}{T_S+T_D} \tag{8.3}$$

根据字节多路通道的工作原理可知,它的实际流量是连接在这个通道上的所有设备的数据传输率之和,即

$$f_{BYTE}=\sum_{i=1}^{p}f_i \tag{8.4}$$

其中 f_i 为第 i 台设备的实际数据传输率,下同。

2. 选择通道

选择通道在一段时间内只能单独为一台高速外设服务,当这台设备的数据传送工作全部完成后,通道才能为另一台设备服务。选择通道实际上是逐个为物理上连接的几台高速外设服务的。

选择通道的工作过程如图 8.17 所示。

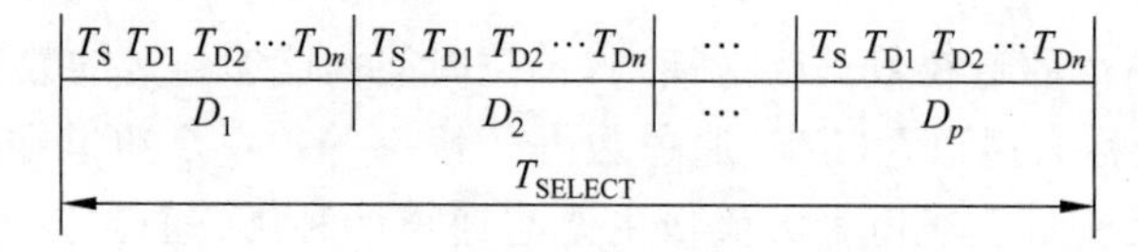

图 8.17　选择通道数据传送过程

选择通道的工作过程如图 8.17 所示。其中 D_i 表示通道正在为第 i 台设备服务,$T_{D1}=T_{D2}=\cdots=T_{Dn}=T_D$。$p$ 台设备每台传送 n 个数据总共所需的时间为

$$T_{SELECT}=pT_S+pnT_D \tag{8.5}$$

其最大流量为

$$T_{MAX\text{-}SELECT}=\frac{pn}{pT_S+pnT_D}=\frac{1}{\dfrac{T_S}{n}+T_D} \tag{8.6}$$

3. 数组多路通道

数组多路通道的工作过程如图 8.18 所示。

通道每连接一台高速设备,传送一个数据块(设为 k 个字节),传送完成后,又与另一台高速设备连接,再传送一个数据块,……因此在图 8.18 中,在每一个 T_S 之后,都有 k 个

$T_D(T_{D1}=T_{D2}=\cdots=T_{Dk}=T_D)$。$p$ 台设备每台传送 n 个数据总共所需的时间为

$$T_{BLOCK}=\frac{pnT_S}{k}+pnT_D \tag{8.7}$$

其最大流量为

$$T_{MAX\text{-}BLOCK}=\frac{pn}{\frac{pnT_S}{k}+pnT_D}=\frac{1}{\frac{T_S}{k}+T_D} \tag{8.8}$$

T_S T_{D1} $T_{D2}\cdots T_{Dk}$	T_S T_{D1} $T_{D2}\cdots T_{Dk}$	…	T_S T_{Dk+1} … T_{D2k}	…	T_S T_{Dn-k} … T_{Dn}
D_1	D_2	…	D_1	…	D_p

T_{BLOCK}

图 8.18　数组多路通道数据传送过程

对于选择通道和数组多路通道，在一段时间内，一个通道只能为一台设备传送数据。此时通道的实际流量就等于该设备的数据传输率。因此，这两种通道的实际流量就是连接在这个通道上的所有设备中数据流量最大的那一个。

$$\begin{cases} f_{BLOCK}\leqslant \max\limits_{i=1}^{p} f_i \\ f_{SELECT}\leqslant \max\limits_{i=1}^{p} f_i \end{cases} \tag{8.9}$$

为了保证通道能够正常工作而不丢失数据，各种通道的实际流量应该不大于通道的最大流量，即应该满足下列不等式。

$$\begin{cases} f_{BYTE}\leqslant f_{MAX\text{-}BYTE} \\ f_{BLOCK}\leqslant f_{MAX\text{-}BLOCK} \\ f_{SELECT}\leqslant f_{MAX\text{-}SELECT} \end{cases} \tag{8.10}$$

两边的差值越小，通道的利用率就越高。当两边相等时，通道处于满负荷工作状态。为防止数据丢失，在实际设计通道的最大流量时，还应留有一定的余量。

8.6　I/O 与操作系统

视频讲解

操作系统的作用之一是在多进程之间进行进程保护，这种保护包括存储器访问和 I/O 操作两个方面。由于 I/O 操作主要是在外设和存储器之间进行，所以操作系统必须保证这些 I/O 操作的安全性。

8.6.1　DMA 和虚拟存储器

在具有虚拟存储器的计算机中，存在 DMA 是使用虚拟地址还是物理地址来传输数据的问题。如果使用物理地址进行 DMA 传输，则存在以下两个问题。

(1) 当数据缓冲区大小超过一页时，由于缓冲区所使用的多个页面在物理存储器中不一定是连续的，所以传输可能会出现问题。

(2) 当 DMA 正在存储器和缓冲区之间传输数据时，操作系统从存储器中移出(或重定位)一些页面，那么，DMA 将会在存储器中错误的物理页面上进行数据传输。

解决这些问题的一种方法是使操作系统在I/O的传输过程中确保DMA设备所访问的页面都位于物理存储器中,这些页面被称为钉(pinned)在了主存中。

为了确保数据传输安全,操作系统通常是把用户数据复制至内核地址空间,然后在内核地址空间与I/O设备之间传送数据。不过,这种方法的开销很大。

另一种方法是采用"虚拟DMA"技术,它允许DMA设备直接使用虚拟地址,并在DMA传送过程中由硬件将虚拟地址转换为物理地址。这样,I/O使用的缓冲区在虚拟地址空间中就是连续的,但在物理存储器中是可以分散存放的。

在采用虚拟DMA的情况下,如果进程在内存中被移动,操作系统应该能够及时地修改相应的DMA地址表。图8.19为采用了虚拟DMA的I/O连接示意图。其中的地址转换寄存器组用于获得DMA页面的物理地址。对于将由DMA进行传送的每一个虚页,需要用一个地址转换寄存器来存放其相应的物理地址以及保护位。

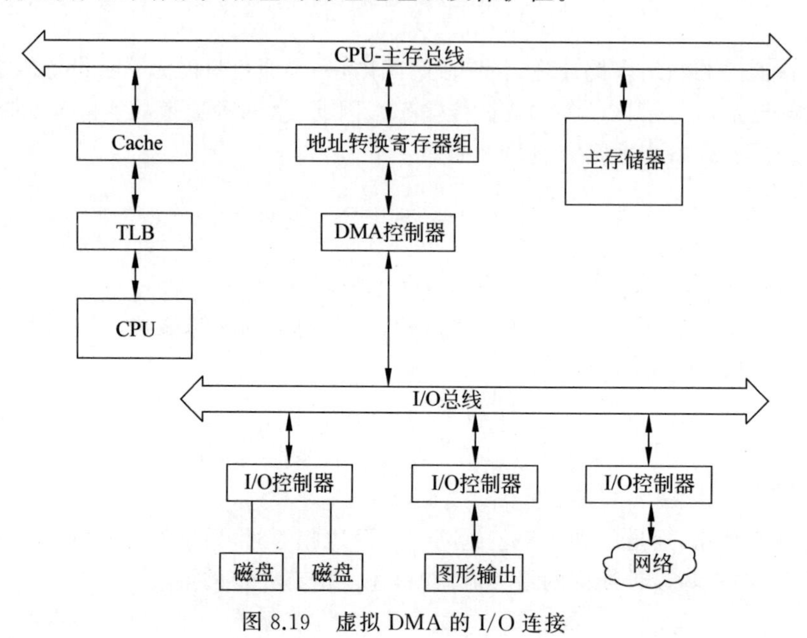

图8.19 虚拟DMA的I/O连接

8.6.2 I/O和Cache数据一致性

大家知道,Cache会使一个数据出现两个副本:一个在Cache中,另一个在主存中。如果这两个副本的值不相同,就出现了Cache数据不一致的问题。写直达法由于同时更新Cache和存储器中的值,所以它能够使这两个副本保持一致。虽然写回法只把新数据写入Cache,不更新存储器,但该新数据迟早会被写回存储器(当它所在的块被替换时),并最终达到一致的。

以上这些是指Cache本身的一致性问题。如果把I/O设备对存储器的读写操作也考虑进来,情况就更复杂了,可能出现以下两种情况。

(1) 对于写回法来说,CPU修改了Cache的内容后,由于存储器的内容跟不上Cache内容的变化,I/O系统进行输出操作时所看到的数据是旧值。

(2) I/O系统进行输入操作后,存储器的内容发生了变化,但CPU在Cache中所看到的内容依然是旧值。

图8.20对此进行了说明。其中假设Cache采用写回法，并且A'是A的副本，B'是B的副本。在图8.20(a)中，Cache中的内容与存储器中的内容是一致的，即$A'=A$，$B'=B$。在图8.20(b)中，CPU对A进行了写入(写入值为500)，这时Cache中的副本A'被改为了500，但因采用写回法，存储器中的A还是旧值。如果这时进行I/O输出操作，读取存储器中的值，那么就是错误的。在图8.20(c)中，I/O输入操作把存储器中B的值改为400，这时Cache中的B'是旧值。CPU若使用该旧值，就会出现错误。

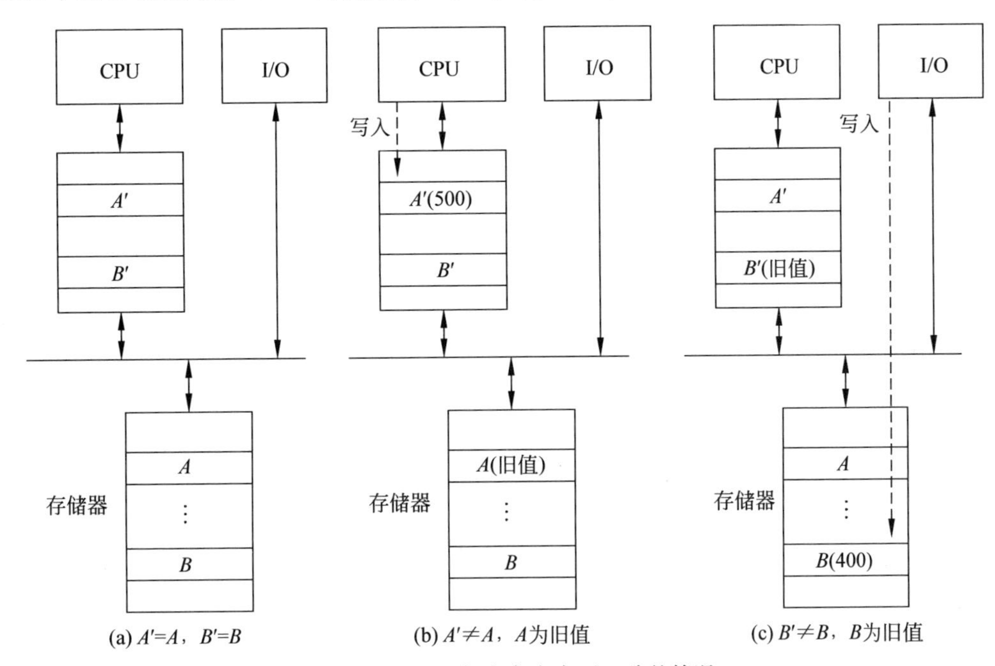

图8.20　Cache与主存内容不一致的情况

图8.20是假设把I/O连接到存储器上的情况。如果把I/O直接连接到Cache上则不会产生由I/O导致的数据不一致的问题。在这种情况下，所有I/O设备和CPU都能在Cache中看到最新的数据。这种连接的问题在于I/O会跟CPU竞争访问Cache，在进行I/O时，会造成CPU的停顿。而且I/O还可能会破坏Cache中CPU访问的内容，因为I/O操作可能导致一些新数据被加入Cache，而这些新数据可能在近期内并不会被CPU访问。因此，许多计算机还是选择把I/O直接连接到存储器上，把存储器的一片区域作为I/O缓冲器，从而减少对CPU的打扰，并设法解决数据不一致的问题。

如前所述，如果Cache采用写直达法，存储器中的内容就总是最新的，进行I/O输出操作不会有内容不一致的问题。但输入操作就麻烦一些，需要处理好内容的一致性问题。不管Cache是采用写直达法还是写回法，都可以通过以下方法来解决内容的一致性问题。

(1) 软件的方法。

设法保证I/O缓冲器中的所有块都不在Cache中。具体做法有两种，一种是把I/O缓冲器的页面设置为不可进入Cache，在进行输入操作时，操作系统总是把输入的数据放到该页面。另一种方法是在进行输入操作之前，操作系统先把Cache中与I/O缓冲器相关的数据“赶出”Cache，即把相应的数据块设置为“无效”状态。当然，如果是采用写回法的Cache，而且该数据块被修改过,就还需要把整块的内容写回存储器。

(2) 硬件的方法。

硬件的方法是在进行输入操作时,检查相应的I/O地址(I/O缓冲器中的单元)是否在Cache中(即是否有数据副本)。这是通过把这些I/O地址与Cache中的标识进行比较来判断的。为了使这些比较能与CPU对Cache的访问并行进行,可以多设置一套完全相同的标识存储器。如果发现I/O地址在Cache中有匹配,就把相应的Cache块设置为"无效"。

习 题 8

8.1 解释以下名词。

响应时间　可靠性　可用性　可信性

RAID　分离事务总线　通道　通道流量

虚拟DMA

8.2 RAID有哪些分级?各有何特点?

8.3 同步总线和异步总线各有什么优缺点?

8.4 通道分为哪三种类型?它们分别为哪种外围设备服务?

8.5 在有Cache的计算机系统中,进行I/O操作时,会产生哪些数据不一致问题?如何克服?

8.6 一个字节多路通道连接有6台设备,它们的数据传输速率如表8.6所示。

表8.6 数据传输速率

设备名称	D_1	D_2	D_3	D_4	D_5	D_6
数据传输速率/(B·ms^{-1})	50	50	40	25	25	10

(1) 计算该通道的实际工作流量。

(2) 若通道的最大流量等于实际工作流量,求通道的工作周期T_S+T_D。

8.7 设某个数组多路通道设备的选择时间T_S为1μs,传送一个字节数据所需的时间T_D为1μs,一次传送定长数据块的大小为512B。现有8台外设的数据传输速率分别如表8.7所示,问哪些外设可连接到该通道上正常工作?

表8.7 数据传输速率

设备名称	D_1	D_2	D_3	D_4	D_5	D_6	D_7	D_8
数据传输速率/(B·ms^{-1})	1000	480	480	800	512	512	1024	1024

8.8 有8台外设的数据传输速率分别如表8.8所示,现设计一种通道,通道可实现设备选择时间$T_S=2\mu s$,数据传送时间$T_D=2\mu s$。

表8.8 数据传输速率

设备号	1	2	3	4	5	6	7	8
数据传输速率/(B·ms^{-1})	500	240	100	75	50	40	14	10

(1) 如果按字节多路通道设计,该通道的最大流量是多少? 若希望从8台外设中至少选择4台外设同时连接到该通道上,而且尽量多连接传输速率高的设备,那么,应选择哪些外设连接到该通道上?

(2) 如果按数组多路通道设计,且一次传送定长数据块的大小为512B,则该通道的最大流量是多少? 从8台外设中可选择哪些外设连接到该通道上?

8.9　设某个字节多路通道的设备选择时间 T_S 为9.8μs,传送一个字节的数据所需的时间 T_D 为0.2μs。若某种低速外设每隔500μs发出一次传送请求,那么,该通道最多可连接多少台这种外设?

8.10　通道型I/O系统由一个字节多路通道A、两个数组多路通道B1和B2以及一个选择通道C组成。其中,通道A连接两个子通道A1和A2,A1和A2分别连接8台低速外设,B1、B2和C分别连接5台高速外设。各外设的数据传输速率如表8.9所示。

表8.9　数据传输速率

通道		通道连接的各外设的数据传输速率/(B·ms^{-1})							
字节多路通道A	子通道A1	64	56	56	20	20	20	10	10
	子通道A2	56	30	30	30	30	30	30	20
数组多路通道B1		512	512	512	256	256			
数组多路通道B2		256	256	512	256	512			
选择通道C		1024	512	512	512	512			

(1) 分别计算通道A、B1、B2和C的最大流量至少为多大才不会丢失传送的数据?

(2) 若I/O系统的流量为主存带宽的1/2,则主存带宽应达到多大?

8.11　假设在一个计算机系统中,

(1) 每页为32KB,Cache块大小为128B。

(2) 对应新页的地址不在Cache中,CPU不访问新页中的任何数据。

(3) Cache中95%的被替换块将再次被读取,并引起一次不命中。

(4) Cache使用写回方法,平均60%的块被修改过。

(5) I/O系统缓冲能够存储一个完整的Cache块。

(6) 访问或不命中在所有Cache块中均匀分布。

(7) 在CPU和I/O之间,没有其他访问Cache的干扰。

(8) 无I/O时,每100万个时钟周期内有18 000次不命中。

(9) 不命中开销是40个时钟周期。如果被替换的块被修改过,则再加上30个周期用于写回主存。

(10) 假设计算机平均每200万个周期处理一页。

试分析I/O对于性能的影响有多大。

第 9 章 互连网络

内容提要

(1) 互连函数;

(2) 互连网络的结构参数与性能指标;

(3) 静态互连网络;

(4) 动态互连网络;

(5) 消息传递机制。

互连网络(Interconnection Network)是一种由开关元件按照一定的拓扑结构和控制方式构成的网络,用来实现计算机系统中结点之间的相互连接。这些结点可以是处理器、存储模块或其他设备。在拓扑上,互连网络是输入结点到输出结点之间的一组互连或映像(Mapping)。

互连网络已成为 SIMD 计算机和 MIMD 计算机的关键组成部分之一。随着各个领域对高性能计算的要求越来越高,多处理机和多计算机系统的规模越来越大,对处理器之间或处理器与存储模块之间的通信速度和灵活性的要求也越来越高。因此,它对计算机系统的性能价格比有着决定性的影响。

互连网络有三大要素:互连结构,开关元件,控制方式。各种互连网络主要是在这些要素方面各不相同。

视频讲解

9.1 互连函数

互连网络是输入结点到输出结点之间的一组互连,这种互连可以用互连函数来表示。假设互连网络有 N 个输入端和 N 个输出端,分别用 $0,1,\cdots,N-1$ 来表示,则互连函数表示了输入端号和输出端号的连接关系。

9.1.1 互连函数的表示方法

用变量 x 表示输入(设 $x=0,1,\cdots,N-1$),用函数 $f(x)$表示输出,则 $f(x)$表示:在互连函数 f 的作用下,输入端 x 连接到输出端 $f(x)$。x 和 $f(x)$可以用二进制表示,也可以用十进制表示。

互连函数反映了网络输入端数组和输出端数组之间对应的置换关系或排列关系,所以互连函数有时也称为置换函数(Permutation)或排列函数。

可以用更直观的方法来表示互连网络的连接，例如，用连线图来表示互连网络所实现的连接。图9.1就是一个例子，它使得连接情况一目了然。

有的互连函数 $f(x)$ 可以采用循环表示法，即 $(x_0\ x_1\ x_2 \cdots\ x_{j-1})$。它表示

$$f(x_0)=x_1, f(x_1)=x_2, \cdots, f(x_{j-1})=x_0$$

j 称为该循环的长度。

设 $n=\log_2 N$，则可以用 n 位二进制来表示 N 个输入端和输出端的二进制地址，互连函数表示为 $f(x_{n-1}x_{n-2}\cdots x_1x_0)$。

9.1.2 几种基本的互连函数

下面介绍几种常用的基本互连函数及其主要特征。

1. 恒等函数

恒等函数所实现的互连：同号输入端和输出端之间的连接。其函数表达式为

$$I(x_{n-1}x_{n-2}\cdots x_1x_0)=x_{n-1}x_{n-2}\cdots x_1x_0$$

2. 交换函数

交换函数所实现的互连：二进制地址编码中第 k 位互反的输入端与输出端之间的连接。其表达式为

$$E(x_{n-1}x_{n-2}\cdots x_{k+1}x_kx_{k-1}\cdots x_1x_0)=x_{n-1}x_{n-2}\cdots x_{k+1}\bar{x}_kx_{k-1}\cdots x_1x_0$$

交换函数主要用于构造立方体互连网络和各种超立方体互连网络。它共有 $n=\log_2 N$ 种互连函数。N 为结点个数。

当 $N=8$ 时，$n=3$，可得到常用的立方体互连函数：

$$\text{Cube}_0(x_2x_1x_0)=x_2x_1\bar{x}_0$$

$$\text{Cube}_1(x_2x_1x_0)=x_2\bar{x}_1x_0$$

$$\text{Cube}_2(x_2x_1x_0)=\bar{x}_2x_1x_0$$

其变换图形如图9.1所示，结构如图9.2所示。

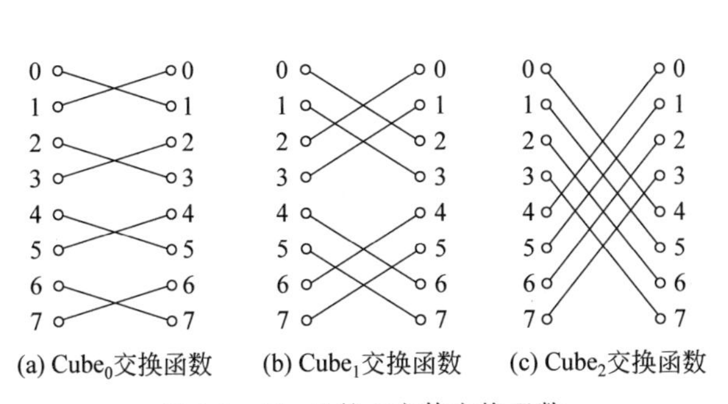

图9.1　$N=8$ 的立方体交换函数

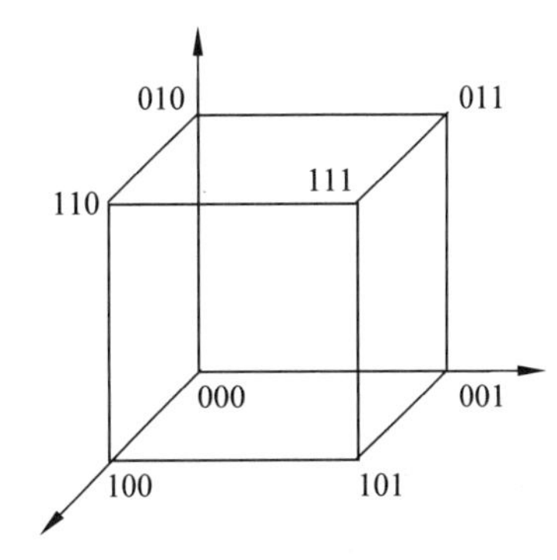

图9.2　立方体网络

3. 均匀洗牌函数

均匀洗牌函数(Shuffle)指将输入端分成数目相等的两半，前一半和后一半按类似均匀混洗扑克牌的方式交叉地连接到输出端(输出端相当于混洗的结果，见图9.3(a))，其函数关系可表示为

$$\sigma\ (x_{n-1}x_{n-2}\cdots x_1x_0) = x_{n-2}x_{n-3}\cdots x_1x_0x_{n-1}$$

即把输入端的二进制编号循环左移一位,就变成了其所要连接的输出端的编号。

均匀洗牌函数(置换)也称为混洗函数(置换)。

对于有些互连函数(设为 s),还可以定义其第 k 个子函数和第 k 个超函数。它们分别是把 s 作用于输入端的二进制编号的低 k 位和高 k 位。

例如,对于均匀洗牌函数,其第 k 个子函数是

$$\sigma_{(k)}(x_{n-1}\cdots x_k \mid x_{k-1}x_{k-2}\cdots x_0) = x_{n-1}\cdots x_k \mid x_{k-2}\cdots x_0x_{k-1}$$

即把输入端的二进制编号中的低 k 位循环左移一位。

均匀洗牌函数的第 k 个超函数是

$$\sigma^{(k)}(x_{n-1}x_{n-2}\cdots x_{n-k} \mid x_{n-k-1}\cdots x_1x_0) = x_{n-2}\cdots x_{n-k}x_{n-1} \mid x_{n-k-1}\cdots x_1x_0$$

即把输入端的二进制编号中的高 k 位循环左移一位。

显然,下列等式成立。

$$\sigma^{(n)}(X) = \sigma_{(n)}(X) = \sigma(X)$$

$$\sigma^{(1)}(X) = \sigma_{(1)}(X) = X$$

对于任意一种函数 $f(x)$,如果存在 $g(x)$,使得

$$f(x)\cdot g(x) = I(x)$$

则称 $g(x)$是 $f(x)$的逆函数,记为 $f^{-1}(x)$,即 $f^{-1}(x)=g(x)$。

逆均匀洗牌是均匀洗牌的逆函数,记为 σ^{-1},它所实现的函数是

$$\sigma^{-1}(x_{n-1}\ x_{n-2}\cdots x_1x_0) = x_0x_{n-1}x_{n-2}\cdots x_1$$

即把输入端的二进制编号循环右移一位。

当 $N=8$ 时,有

$$\sigma(x_2x_1x_0) = x_1x_0x_2$$

$$\sigma_{(2)}(x_2x_1x_0) = x_2x_0x_1$$

$$\sigma^{(2)}(x_2x_1x_0) = x_1x_2x_0$$

$$\sigma^{-1}(x_2x_1x_0) = x_0x_2x_1$$

其连接图分别如图 9.3 所示。

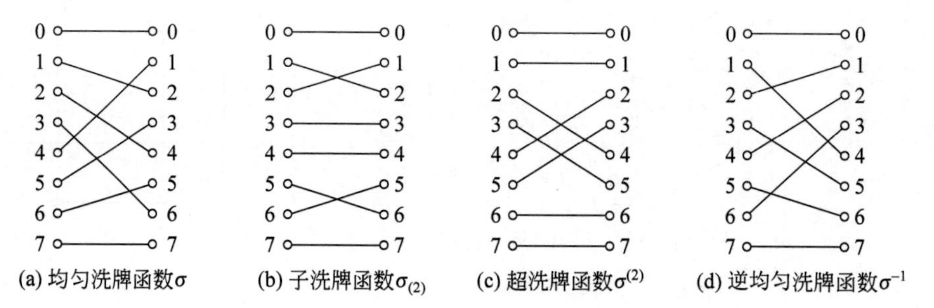

图 9.3 $N=8$ 的均匀洗牌函数

从图中可以看出,逆均匀洗牌和均匀洗牌的连接图互为镜像。

均匀洗牌和逆均匀洗牌是两种十分有用的互连函数,用它们和交换开关多级组合起来,可构成 Omega 网络和逆 Omega 网络。

4. 碟式函数

蝶式互连函数(Butterfly)定义为

$$\beta(x_{n-1}x_{n-2}\cdots x_1x_0)=x_0x_{n-2}\cdots x_1x_{n-1}$$

即把输入端的二进制编号的最高位与最低位互换,就得到了其所要连接的输出端的编号。

蝶式函数的第 k 个子函数是

$$\beta_{(k)}(x_{n-1}\cdots x_kx_{k-1}x_{k-2}\cdots x_1x_0)=x_{n-1}\cdots x_kx_0x_{k-2}\cdots x_1x_{k-1}$$

即把输入端的二进制编号的低 k 位中的最高位与最低位互换。

蝶式函数的第 k 个超函数是

$$\beta^{(k)}(x_{n-1}x_{n-2}\cdots x_{n-k+1}x_{n-k}x_{n-k-1}\cdots x_1x_0)=x_{n-k}x_{n-2}\cdots x_{n-k+1}x_{n-1}x_{n-k-1}\cdots x_1x_0$$

即把输入端的二进制编号的高 k 位中的最高位与最低位互换。

显然,下列等式成立。

$$\beta^{(n)}(X)=\beta_{(n)}(X)=\beta(X)$$

$$\beta^{(1)}(X)=\beta_{(1)}(X)=X$$

当 $N=8$ 时,有

$$\beta(x_2x_1x_0)=x_0x_1x_2$$

$$\beta_{(2)}(x_2x_1x_0)=x_2x_0x_1$$

$$\beta^{(2)}(x_2x_1x_0)=x_1x_2x_0$$

图 9.4 给出了 $N=8$ 的蝶式函数的变换图形。与均匀混洗函数类似,只用蝶式函数不能实现任意结点之间的连接,但是蝶式变换与交换的多级组合可作为构成立方体多级网络的基础。

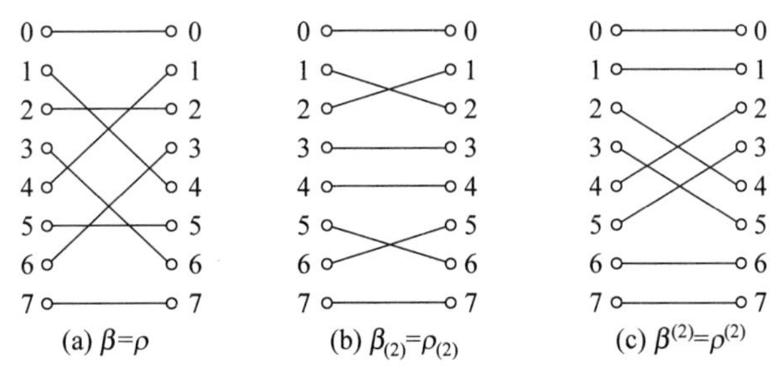

图 9.4　$N=8$ 的蝶式函数和反位序函数

5. 反位序函数

反位序函数的定义为

$$\rho(x_{n-1}x_{n-2}\cdots x_1x_0)=x_0x_1\cdots x_{n-2}x_{n-1}$$

即把输入端二进制编号的各位的次序颠倒过来,便得到了其所连输出端的编号。

反位序函数的第 k 个子函数是

$$\rho_{(k)}(x_{n-1}\cdots x_kx_{k-1}x_{k-2}\cdots x_1x_0)=x_{n-1}\cdots x_kx_0x_1\cdots x_{k-2}x_{k-1}$$

即把输入端的二进制编号的低 k 位中各位的次序颠倒过来。

反位序函数的第 k 个超函数是

$$\rho^{(k)}(x_{n-1}x_{n-2}\cdots x_{n-k+1}x_{n-k}x_{n-k-1}\cdots x_1x_0)=x_{n-k}x_{n-k+1}\cdots x_{n-2}x_{n-1}x_{n-k-1}\cdots x_1x_0$$

即把输入端的二进制编号的高 k 位中各位的次序颠倒过来。

显然,下列等式成立。

$$\rho^{(n)}(X)=\rho_{(n)}(X)=\rho(X)$$
$$\rho^{(1)}(X)=\rho_{(1)}(X)=X$$

当 $N=8$ 时,有

$$\rho(x_2x_1x_0)=x_0x_1x_2$$
$$\rho_{(2)}(x_2x_1x_0)=x_2x_0x_1$$
$$\rho^{(2)}(x_2x_1x_0)=x_1x_2x_0$$

其连接图如图9.4所示。

6. 移数函数

移数函数是将各输入端都错开一定的位置(模 N)后连到输出端的,其函数式为

$$\alpha(x)=(x\pm k)\bmod N\quad 0\leqslant x\leqslant N-1,\ 0\leqslant k\leqslant N-1$$

按图9.5的画法,本式中的 $x+k$ 表示把 x 往下错开 k 个位置后送输出端,$x-k$ 表示把 x 往上错开 k 个位置后送输出端。

还可以将整个输入数组(将输入端号按顺序排列)分成若干个子数组,然后在子数组的范围内进行移数置换。

7. PM2I 函数

PM2I 函数中的 P 和 M 分别表示加(Plus)和减(Minus),2I 表示 2^i,所以该函数又称为"加减 2^i"函数。这是一种特殊的移数函数,在其连接图中(例如图9.6),它也是将各输入端都错开一定的位置(模 N)后连到输出端的,其函数为

$$\text{PM2}_{+i}(x)=(x+2^i)\bmod N$$
$$\text{PM2}_{-i}(x)=(x-2^i)\bmod N$$

其中,$0\leqslant x\leqslant N-1$,$0\leqslant i\leqslant n-1$,$n=\log_2 N$,$N$ 为结点数。显然,PM2I 互连网络共有 $2n$ 个互连函数。

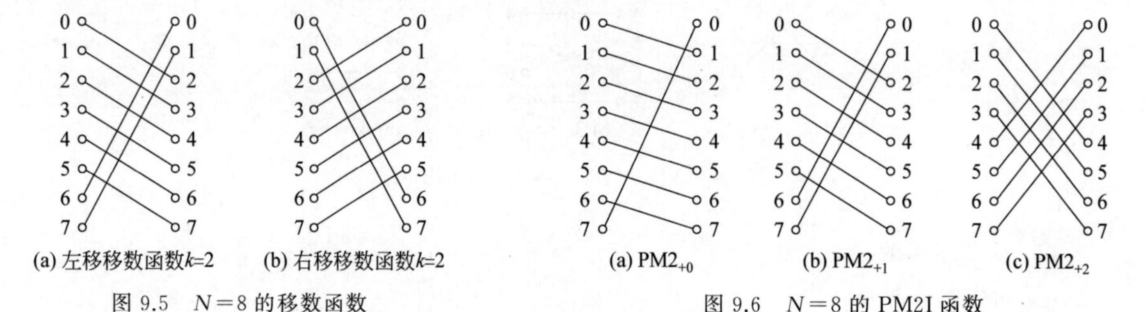

图9.5 $N=8$ 的移数函数

图9.6 $N=8$ 的 PM2I 函数

当 $N=8$ 时,有6个 PM2I 函数。

PM2_{+0}:(0 1 2 3 4 5 6 7)

PM2_{-0}:(7 6 5 4 3 2 1 0)

PM2_{+1}:(0 2 4 6)(1 3 5 7)

PM2_{-1}:(6 4 2 0)(7 5 3 1)

PM2_{+2}:(0 4)(1 5)(2 6)(3 7)

PM2_{-2}:(4 0)(5 1)(6 2)(7 3)

图 9.6 画出了其中三个函数的连接图。

PM2I 函数是构成数据变换网络的基础。

阵列计算机 Illiac Ⅳ采用 $PM2_{\pm 0}$ 和 $PM2_{\pm n/2}$ 构成其互连网络，实现各处理单元之间的上下左右互连，如图 9.7 所示。

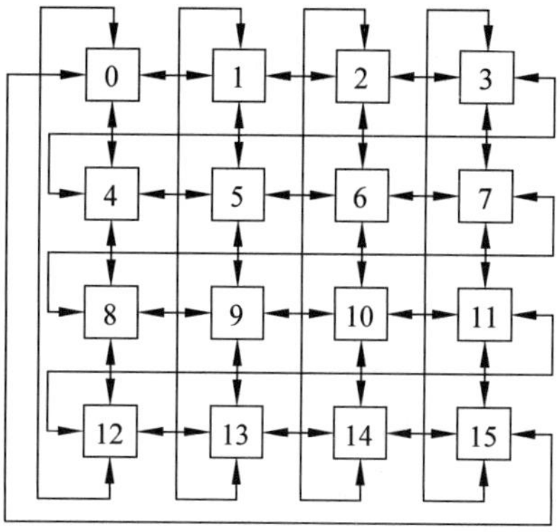

例 9.1 现有 16 个处理器，编号分别为 0,1,…,15，用一个 $N=16$ 的互连网络互连。处理器 i 的输出通道连接互连网络的输入端 i，处理器 i 的输入通道连接互连网络的输出端 i。当该互连网络实现的互连函数分别为

(1) $Cube_3$

(2) $PM2_{+3}$

(3) $PM2_{-0}$

(4) σ

(5) $\sigma(\sigma)$

时，分别给出与第 13 号处理器所连接的处理器号。

图 9.7 用移数函数构成 Illiac Ⅳ阵列计算机的互连网络

解

(1) 由 $Cube_3(x_3x_2x_1x_0)=\bar{x}_3x_2x_1x_0$，得 $Cube_3(1101)=0101$，即处理器 13 连接到处理器 5。令 $Cube_3(x_3x_2x_1x_0)=1101$，得 $x_3x_2x_1x_0=0101$，故与处理器 13 相连的是处理器 5。所以处理器 13 与处理器 5 双向互连。

(2) 由 $PM2_{+3}=j+2^3 \bmod 16$，得 $PM2_{+3}(13)=13+2^3 \bmod 16=5$，即处理器 13 连接到处理器 5。令 $PM2_{+3}(j)=j+2^3 \bmod 16=13$，得 $j=5$，故与处理器 13 相连的是处理器 5。所以处理器 13 与处理器 5 双向互连。

(3) 由 $PM2_{-0}(j)=j-2^0 \bmod 16$，得 $PM2_{-0}(13)=13-2^0=12$，即处理器 13 连接到处理器 12。令 $PM2_{-0}(j)=j-2^0 \bmod 16=13$，得 $j=14$，故与处理器 13 相连的是处理器 14。所以处理器 13 连至处理器 12，而处理器 14 连至处理器 13。

(4) 由 $\sigma(x_3x_2x_1x_0)=x_2x_1x_0x_3$，得 $\sigma(1101)=1011$，即处理器 13 连接到处理器 11。令 $\sigma(x_3x_2x_1x_0)=1101$，得 $x_3x_2x_1x_0=1110$，故与处理器 13 相连的是处理器 14。所以处理器 13 连至处理器 11，而处理器 14 连至处理器 13。

(5) 由 $\sigma(\sigma(x_3x_2x_1x_0))=x_1x_0x_3x_2$，得 $\sigma(\sigma(1101))=0111$，即处理器 13 连接到处理器 7。令 $\sigma(\sigma(x_3x_2x_1x_0))=1101$，得 $x_3x_2x_1x_0=0111$，故与处理器 13 相连的是处理器 7。所以处理器 13 与处理器 7 双向互连。

9.2 互连网络的结构参数与性能指标

视频讲解

9.2.1 互连网络的结构参数

互连网络通常是用有向边或无向边连接有限个结点的图来表示的，其主要结构参数包含以下 6 个。

1. 网络规模 N

网络规模(Network Size)是指互连网络中结点的个数。它表示该网络所能连接的部件

的数量。网络规模越大,则这个互连网络的连接能力越强,就能连接更多的部件。

2. 结点度 d

结点度(Node Degree)d 是指互连网络中结点所连接的边数(通道数),包括入度(In Degree)和出度(Out Degree)。进入结点的边数叫入度,从结点出来的边数叫出度。

3. 结点距离

对于互连网络中的任意两个结点,其距离是指从一个结点出发到另一个结点终止所需要跨越的边数的最小值。

4. 网络直径 D

网络直径(Network Diameter)D 是指互连网络中任意两个结点之间距离的最大值。网络中任意两个结点之间传送的信息通过的边数都不会大于网络直径。显然,网络直径应当尽可能的小。

5. 等分宽度 b

把由 N 个结点构成的网络切成结点数相同($N/2$)的两半,在各种切法中,沿切口边数的最小值称为该网络的等分宽度(Bisection Width),用 b 表示。而线等分宽度为 $B=b\times w$。其中 w 为通道宽度(用位数表示)。该参数主要反映了网络的最大流量。

6. 对称性

如果从任意结点来看,网络的结构都是相同的,则称该网络为对称网络(Symmetric Network)。对称网络实现比较容易,编程也比较容易。

9.2.2 互连网络的性能指标

时延(Latency)和带宽(Bandwidth)是用来评估互连网络性能的两个基本指标。

1. 通信时延

通信时延是指从源结点到目的结点传送一条消息所需的总时间,它由以下 4 部分构成。

(1) 软件开销。在源结点和目的结点用于收发消息的软件所需的执行时间。

(2) 通道时延。通过通道传送消息所花的时间。通路时延=消息长度/通道带宽。

(3) 选路时延。消息在传送路径上所需的一系列选路决策所需的时间开销。

(4) 竞争时延。多个消息同时在网络中传送时,会发生争用网络资源的冲突。为避免或解决争用冲突所需的时间就是竞争时延。

软件开销主要取决于两端结点处理消息的软件内核。通道时延通常由瓶颈链路的通道带宽决定。选路时延与传送路径上的结点数成正比。竞争时延很难预测,它取决于网络的传输状态。

2. 网络时延

网络时延是指通道时延与选路时延的和。它是由网络硬件特征决定的,与程序行为和网络传输状态无关。而软件开销和竞争时延则与程序的行为有关。

3. 端口带宽

对于互连网络中的任意一个端口来说,其端口带宽是指单位时间内从该端口传送到其他端口的最大信息量。

在对称网络中,端口带宽与端口位置无关。网络的端口带宽与各端口的端口带宽相同。

而非对称网络的端口带宽则是指所有端口带宽的最小值。

4. 聚集带宽

网络的聚集带宽(Aggregate Bandwidth)是指网络从一半结点到另一半结点,单位时间内能够传送的最大信息量。例如,HPS是一种对称网络,网络规模 N 的上限是512,端口带宽是40MB/s,因此,HPS的聚集带宽是(40MB/s×512)/2=10.24GB/s。

5. 等分带宽

与等分宽度对应的切平面中,所有边合起来单位时间所能传送的最大信息量称为该网络的等分带宽(Bisection Bandwidth)。

9.3 静态互连网络

视频讲解

互连网络通常可以分为两大类:静态互连网络(Static Interconnection Network)和动态互连网络(Dynamic Interconnection Network)。静态互连网络是指各结点之间有固定的连接通路、且在运行中不能改变的网络。而动态互连网络则是指由交换开关构成、可按运行程序的要求动态改变连接状态的网络。

静态互连网络比较适合于构造通信模式可预测或可用静态连接实现的计算机。线性阵列结构是一维的静态互连网络;二维的有环状、星状、树状、网格状等;三维的有立方体等;三维以上的有超立方体等。下面介绍几种静态互连网络,其中 N 表示网络的规模,即结点的个数。

1. 线性阵列

这是一种一维的网络,其中 N 个结点用 $N-1$ 条链路连成一行,如图9.8(a)所示。其内部结点的度 $d=2$,端结点的度 $d=1$。直径 $D=N-1$,等分宽度 $b=1$。线性阵列是最简单的拓扑结构,其优点是实现成本低。但这种结构不对称,而且当 N 较大时,直径也比较大,通信效率低。当 N 较小时,如 $N=2$ 或3,实现线性阵列是相当经济的。当 N 比较大时,就不应采用这种方案了。

线性阵列与总线的区别是很大的,总线是通过切换来由其所连接的结点分时共享使用的,每次只有一对结点可以使用总线。而线性阵列则允许多个“源结点-目的结点”对并行地使用其不同的部分(通道)。

2. 环和带弦环

用一条链路将线性阵列的两个端结点连接起来即可得到环(图9.8(b))。环可以单向工作,也可以双向工作。它是对称的,结点的度 $d=2$。双向环的网络直径 $D=N/2$,单向环的网络直径 $D=N-1$。环的等分宽度 $b=2$。

在环的基础上,给每个结点增加一条或两条链路,即可得到如图9.8(c)和图9.8(d)所示的两种带弦环。其结点的度 d 分别是3和4。增加的链路越多,结点度越高,网络直径就越小。与图9.8(b)相比,图9.8(c)和图9.8(d)的网络直径分别由8减至5和3。在极端情况下,如图9.8(f)所示的全连接网络(Completely Connected Network)的结点度为15,直径为1。

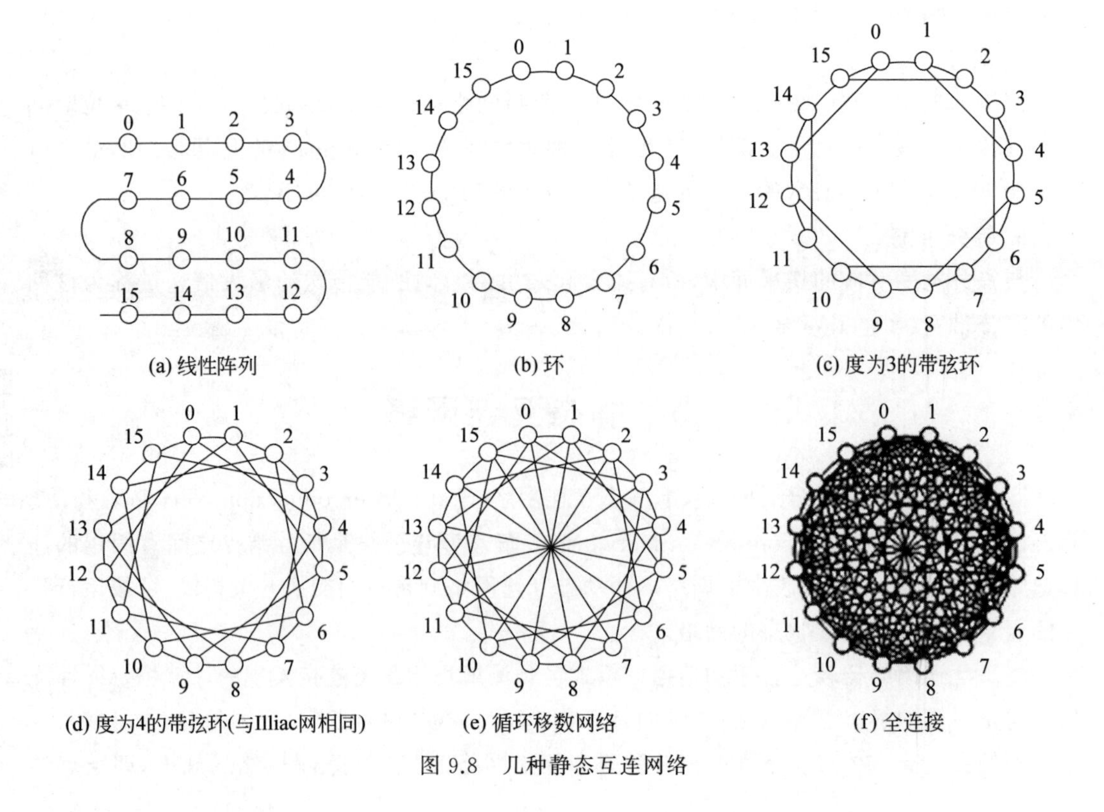

图 9.8　几种静态互连网络

3. 循环移数网络

图 9.8(e)是结点数为 16 的循环移数网络。循环移数网络是通过在环上增加以下链路构成的：每个结点到所有与其距离为 2 的整数幂的结点之间都增加一条链路。也就是说，如果$|j-i|=2^r$，$r=0,1,2,\cdots,n-1(n=\log_2 N)$，则结点 i 与结点 j 连接。这种循环移数网络的结点度为 $d=2n-1$，直径 $D=n/2$，网络规模 $N=2^n$。

显然，与结点度较低的任何带弦环相比，循环移数网络都具有更好的连接特性。对 $N=16$ 的情况，循环移数网络的结点度为 7，直径为 2。它的复杂性比全连接网络(图 9.8(f))低得多。

4. 树状和星状

图 9.9(a)是一棵 5 层 31 个结点的二叉树。一般来说，一棵 k 层完全平衡的二叉树有 $N=2^k-1$ 个结点。其最大的结点度 $d=3$，直径 $D=2(k-1)$，等分宽度 $b=1$。由于结点度是常数，因此二叉树是一种可扩展的结构。其缺点是直径比较长。美国哥伦比亚大学于 1987 年研制的 DADO 多处理机采用的互连是 10 层二叉树形式，有 1023 个结点。

星状网络是一种两层的树(图 9.9(b))，结点度较高，为 $d=N-1$。直径较小，为 $D=2$，等分宽度 $b=\lfloor N/2 \rfloor$。但星状的可靠性比较差，只要中心结点出故障，整个系统就会瘫痪。星型结构一般用于有集中监督结点的系统中。

5. 胖树状

1985 年，Leiserson 提出将计算机科学中所用的一般树结构修改为胖树状。树状网络的一个主要缺点是其根部结点以及连到根部的链路上的负载比较重，有可能会成为整个系统的瓶颈。胖树的提出使该问题得到了缓解。二叉胖树结构如图 9.9(c)所示，胖树的通道宽度从叶结点往根结点方向逐渐增宽，它更像真实的树，越靠近树根，树干就越粗。这种结构已经在 CM-5 计算机上得到了应用。

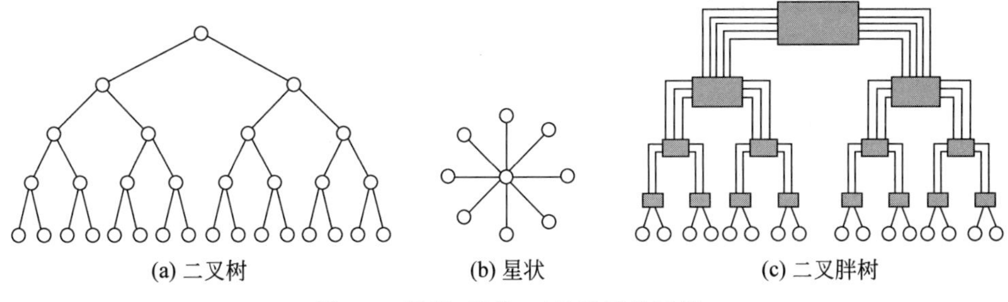

图 9.9　树状、星状、二叉胖树状网络

6. 网格状和环网状

网格状是一种比较流行的结构，它已经以各种变体形式在 Illiac Ⅳ、CM-2 和 Intel Paragon 等机器中得到了实现。作为例子，图 9.10(a)中画出了一个 3×3 的二维网格状网络。对于一个规模为 $N=n\times n$ 的二维网格状网络来说，其内部结点的度 $d=4$，边结点的度 $d=3$，角结点的度 $d=2$，网络直径 $D=2(n-1)$，等分宽度 $b=n$。这个网络是不对称的。

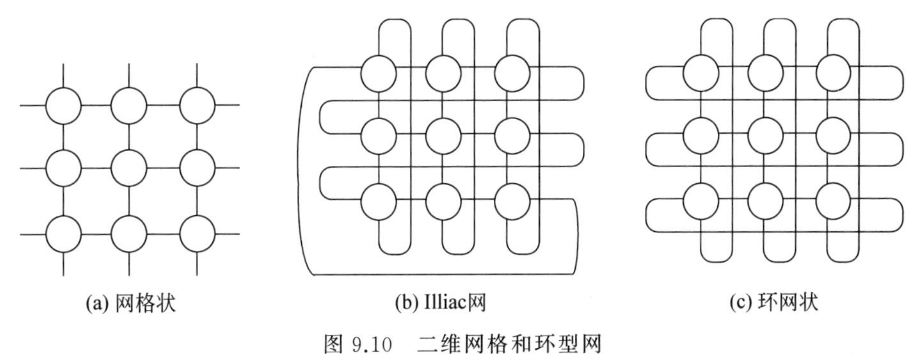

图 9.10　二维网格和环型网

一般来说，一个由 $N=n^k$ 个结点构成的 k 维网格状网络(每维 n 个结点)的内部结点度 $d=2k$，网络直径 $D=k(n-1)$。

图 9.10(b)是一个 Illiac 网络。其名称来源于采用了这种网络的 Illiac Ⅳ 计算机。它是二维网格状网络的一种变形。把二维网格状网络的每一列的两个端结点连接起来，再把每一行的尾结点与下一行的头结点连接起来，并把最后一行的尾结点与第一行的头结点连接起来，就形成了 Illiac 网络。对于一个规模为 $n\times n$ 的 Illiac 网络来说，其所有结点的度 $d=4$，网络直径 $D=n-1$，等分宽度为 $2n$。Illiac 网络的直径只有纯网格状网络直径的一半。

如图 9.10(c)所示的环网状网络也是二维网格状网络的一种变形。把二维网格状网络的每一行的两个端结点连接起来，把每一列的两个端结点也连接起来，就成了环网状网络。对于一个规模为 $n\times n$ 的环网状网络来说，其所有结点的度 $d=4$，网络直径 $D=2\lfloor n/2\rfloor$，等分宽度 $b=2n$。环网是一种对称的拓扑结构，所有附加的回绕连接使得原来网格结构的直径减少了一半。这种拓扑结构将环状和网格状组合在一起，并能向高维扩展。

7. 超立方体

这是一种二元 n-立方体结构,它已在 iPSC、nCUBE 和 CM-2 等计算机系统中得到了实现。一般来说,一个二元 n-立方体由 $N=2^n$ 个结点组成,它们分布在 n 维上,每维有两个结点。8 个结点的 3-立方体如图 9.11(a)所示。

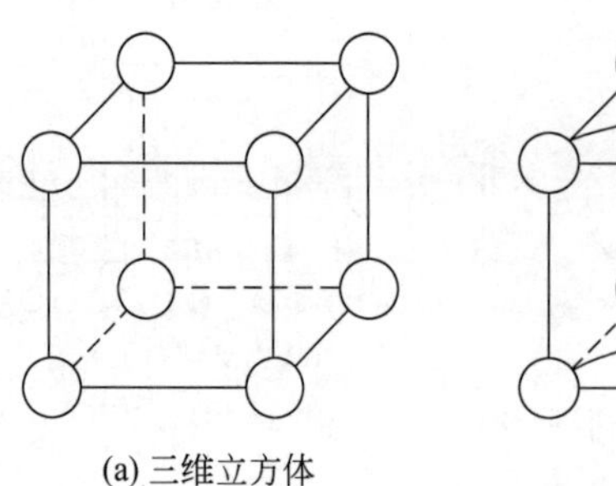

(a) 三维立方体

(b) 由两个三维立方体组成的四维立方体

图 9.11　超立方体

将两个 3-立方体中相对应的结点用链路连接起来,便可形成 4-立方体,如图 9.11(b)所示。以此类推,便可形成更多维的立方体。一般地,如果要形成一个规模为 $N=2^n$ 的 n-立方体,只要把两个$(n-1)$立方体中相对应的结点用链路连接起来即可,共需要连接 2^{n-1} 条链路。由于对于 n-立方体中的每一个结点来说,在其每一维的方向上,都有且仅有一个结点与其相连,所以结点的度 $d=n$。n 维立方体的直径 $D=n$,等分宽度为 $b=N/2$。由于其结点度随维数线性地增加,所以超立方体结构的扩展十分困难。超立方体的网络结构是对称的。

在 20 世纪 80 年代的研究和开发中,二元超立方体网络是一种非常流行的结构。Intel 公司的 iPSC/1、iPSC/2 和 nCUBE 机都采用了这种结构。这种结构的连接比较密集,其他诸如二叉树和网格状等结构都可以嵌入超立方体。

由于可扩展性差,而且高维超立方体难以打包成模块化,超立方体结构已逐渐被其他结构所取代。例如,CM-5 机摒弃了 CM-2 采用的超立方体结构,改用更好的胖树状结构;Intel 公司的 Paragon 机也摒弃了以前采用的超立方体结构,而改用更好的二维网格状结构。

8. 带环立方体

图 9.12(a)是一个带环 3-立方体(简称 3-CCC)网络,它是把 3-立方体的每个结点换成一个由 3 个结点构成的环而形成的。

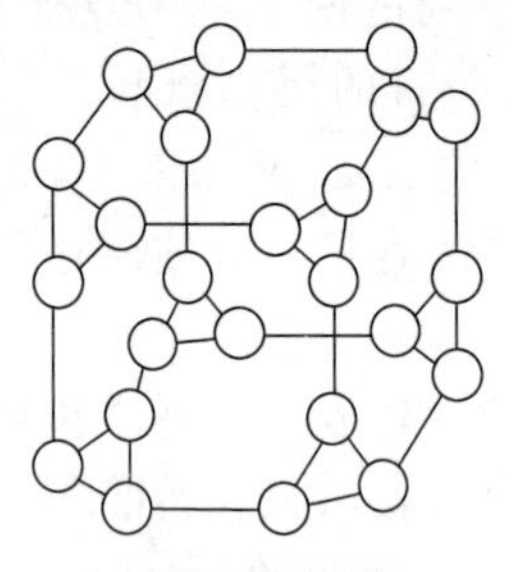

(a) 带环3-立方体

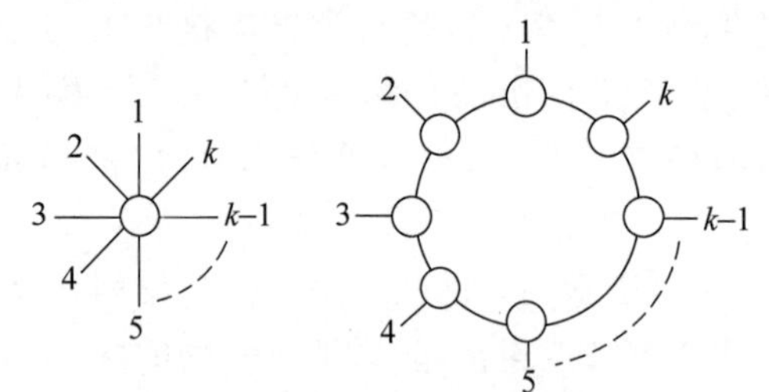

(b) 将k-立方体的每个结点用由k个结点的环来代替,组成带环k-立方体

图 9.12　带环立方体

一般来说，带环 k-立方体(简称 k-CCC)是 k-立方体的变形，它是通过用 k 个结点构成的环取代 k-立方体中的每个结点而形成的。其网络规模为 $N=k\times 2^k$，网络直径为 $D=2k-1+\lfloor k/2\rfloor$，比 k-立方体的直径大一倍；其等分宽度为 $b=N/(2k)$。

前面讲过，k 维立方体中每个结点的度都是 k，即有 k 条边与之相连。当用由 k 个结点构成的环取代这个结点(设为 a)时，让该环中的各结点分别与 a 所连接的 k 条边连接，如图 9.12(b)所示。这样一来，不管带环 k-立方体的 k 有多大，所有结点的度都是常数 3，与超立方体的维数无关，因而具有很好的扩展性。

9. k 元 n-立方体网络

环状、网格、环网状、二元 n-立方体(超立方体)和 Omega 网络都是 k 元 n-立方体网络系列的拓扑同构体。图 9.13 是一个 4 元 3-立方体网络的示意图。注意，图中被遮挡的结点和连线没有画出。

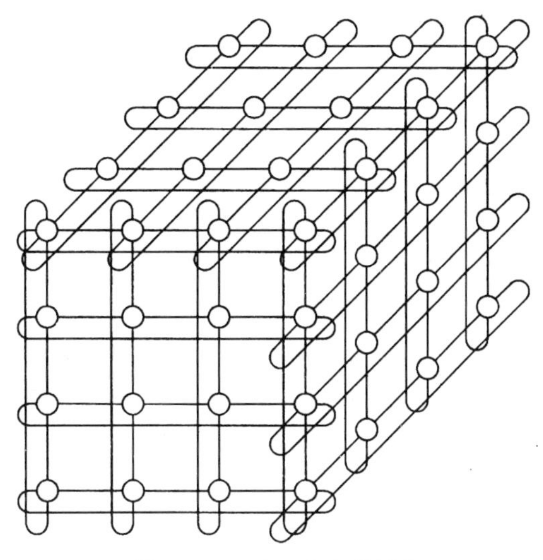

图 9.13　4 元 3-立方体网络

在 k 元 n-立方体网络中，参数 n 是立方体的维数，k 是基数，即每一维上的结点个数，这两者的关系是

$$N=k^n \quad (k=\sqrt[n]{N}, n=\log_k N)$$

k 元 n-立方体的结点可以用基数为 k 的 n 位地址 $A=a_1a_2\cdots a_n$ 来表示，其中 a_i 表示该结点在第 i 维上的位置。为简单起见，假设所有的链路都是双向的。网络中的每条线代表两个通信通道，每个方向一个。图 9.13 中各结点之间的连线都是双向的。

按照惯例，通常把低维 k 元 n-立方体称为环网，而把高维 k 元 n-立方体称为超立方体。

表 9.1 汇总了静态互连网络的重要特性。大多数网络的结点度都不超过 4，这是比较理想的。全连接网络和星状网络的结点度太高。超立方体的结点度随 $\log_2 N$ 值的增大而增大，当 N 值很大时其结点度也太高。

网络直径的变化范围很大。虽然直径小仍然是一种优点，但随着硬件寻径技术不断革新，直径已不是一个严重的问题，因为在采用高度流水技术后，任意两结点间的通信延迟几乎是固定不变的。链路数会影响网络价格，等分宽度将影响网络的带宽，可以通过采用较宽的通道来扩大等分宽度。

表 9.1 静态互连网络特征一览表

网络类型	结点度 d	网络直径 D	链路数 l	等分宽度 B	对称性	网络规格说明
线线阵列	2	$N-1$	$N-1$	1	非	N 个结点
环状	2	$\lfloor N/2 \rfloor$	N	2	是	N 个结点
全连接	$N-1$	1	$N(N-1)/2$	$(N/2)^2$	是	N 个结点
二叉树	3	$2(h-1)$	$N-1$	1	非	树高 $h=\lceil \log_2 N \rceil$
星状	$N-1$	2	$N-1$	$\lfloor N/2 \rfloor$	非	N 个结点
二维网格	4	$2(r-1)$	$2N-2r$	r	非	$r\times r$ 网格,$r=\sqrt{N}$
Illiac 网	4	$r-1$	$2N$	$2r$	非	与 $r=\sqrt{N}$ 的带弦环等效
2D 环网	4	$2\lfloor r/2 \rfloor$	$2N$	$2r$	是	$r\times r$ 环网,$r=\sqrt{N}$
超立方体	n	n	$nN/2$	$N/2$	是	N 个结点,$n=\lceil \log_2 N \rceil$(维数)
CCC	3	$2k-1+\lfloor k/2 \rfloor$	$3N/2$	$N/(2k)$	是	$N=k\times 2^k$ 结点 环长 $k\geqslant 3$
k 元 n-立方体	$2n$	$n\lfloor k/2 \rfloor$	nN	$2k^{n-1}$	是	$N=k^n$ 个结点

对称性会影响可扩放性和寻径效率。网络的总价格随网络直径和链路数的增大而上升。直径小仍然是一个优点,但结点之间的平均距离可能是一种更好的度量指标。

例 9.2 已知有 16 台个处理器用 Illiac 网络互连,写出 Illiac 网络的互连函数,给出表示任何一个处理器 $PU_i(0\leqslant i\leqslant 15)$ 与其他处理器直接互连的一般表达式。

解 Illiac 网络连接的结点数 $N=16$,组成 4×4 的阵列。每一列的 4 个处理器互连为一个双向环,第 1~4 列的双向环可分别用循环互连函数表示为

(0 4 8 12) (12 8 4 0)

(1 5 9 13) (13 9 5 1)

(2 6 10 14) (14 10 6 2)

(3 7 11 15) (15 11 7 3)

其中,传送方向为顺时针的 4 个单向环的循环互连函数可表示为

$$PM2_{+2}(X)=(X+2^2)\bmod N=(X+4)\bmod 16$$

传送方向为逆时针的 4 个单向环的循环互连函数可表示为

$$PM2_{-2}(X)=(X-2^2)\bmod N=(X-4)\bmod 16$$

16 个处理器由 Illiac 网络的水平螺线互连为一个双向环,用循环互连函数表示为

(0 1 2 3 4 5 6 7 8 9 10 11 12 13 14 15)

(15 14 13 12 11 10 9 8 7 6 5 4 3 2 1 0)

其中,传送方向为顺时针的单向环的循环互连函数可表示为

$$PM2_{+0}(X)=(X+2^0)\bmod N=(X+1)\bmod 16$$

传送方向为逆时针的单向环的循环互连函数可表示为

$$PM2_{-0}(X)=(X-2^0) \bmod N=(X-1) \bmod 16$$

所以，$N=16$ 的 Illiac 网络的互连函数有 4 个：$PM2_{\pm 0}(X)$和 $PM2_{\pm 2}(X)$。

由互连函数可得任何一个处理器 i 直接与下述 4 个处理器双向互连。

$$i \pm 1 \bmod 16$$

$$i \pm 4 \bmod 16$$

9.4 动态互连网络

动态互连网络设置有有源开关，因而能够根据需要借助控制信号对连接通路加以重新组合，实现所要求的通信模式。下面介绍总线网络、交叉开关网络和多级互连网络。

9.4.1 总线网络

总线由一组导线和插座构成，经常被用来实现计算机系统中处理机模块、存储模块和外围设备等之间的互连。每一次总线只能用于一个源(主部件)到一个或多个目的(从部件)之间的数据传送。在有多个请求的情况下，总线仲裁逻辑只能按一定的规则将总线分配给其中的一个请求，并且按分时原则轮流为多个请求服务。所以，总线经常被称为多个功能模块之间的争用总线(Contention Bus)或时分总线(Time-sharing Bus)。与多级互连网络和交叉开关网络相比，总线系统具有结构简单、实现成本低等优点。但由于是由许多模块分时共享的，每次只能处理一个请求，所以它很容易就会成为系统的瓶颈。

采用总线系统时，有很多工业总线标准和 IEEE 总线标准可供选择。

图 9.14 是一种由总线连接的多处理机系统的示意图。系统总线在处理机、I/O 子系统、主存储器以及辅助存储设备(磁盘、磁带机等)之间提供了一条公用通路。系统总线通常设置在印刷电路板底板上。处理器板、存储器板和设备接口板都通过插座或电缆插入底板。

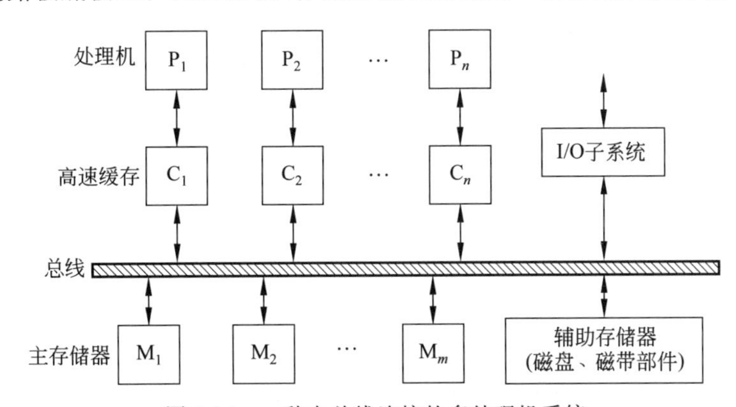

图 9.14　一种由总线连接的多处理机系统

为了解决总线带宽较窄的问题，可以采用多总线或多层次的总线。多总线是设置多条总线。这有两种做法，一种是为不同的功能设置专门的总线，另一种则是重复设置相同功能的总线。多层次的总线是按层次的架构设置速度不同的总线，使得不同速度的模块有比较适合的总线连接。

9.4.2 交叉开关网络

可以把交叉开关网络(Crossbar)看作一个单级开关网络。像电话交换机一样,交叉点开关能在对偶(源、目的)之间形成动态连接,同时实现多个对偶之间的无阻塞连接。开关可根据程序的要求动态地设置为“开”或“关”。与其他的动态互连网络相比,交叉开关网络的带宽和互连特性是最好的。对于一个 $n \times n$ 的交叉开关网络,可以无阻塞地实现 $n!$ 种置换。不过,对于一个 $n \times n$ 的交叉开关网络来说,需要 n^2 套交叉点开关以及大量的连线。当 n 很大时,交叉开关网络所需要的硬件数量非常巨大。因此,一般只有 $n \leqslant 16$ 的小型交叉开关网络用在商品化的机器中。

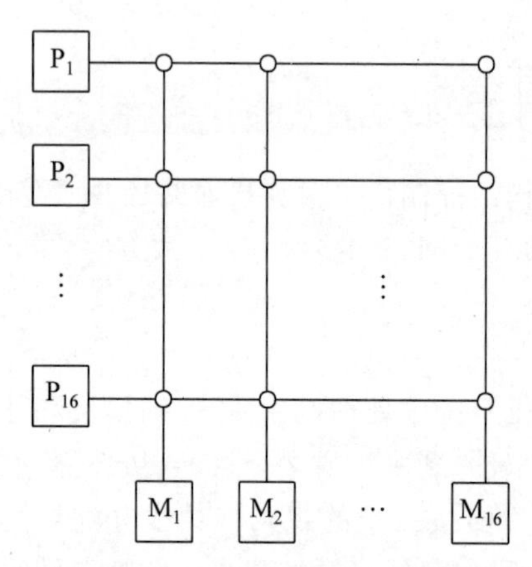

图 9.15 C.mmp 多处理机中的交叉开关网络

我们可以在处理机和存储器模块之间用交叉开关网络互连,构成一个共享存储器的多处理机。图 9.15 是 C.mmp 多处理机的互连结构示意图。它用 16×16 的交叉开关网络把 16 台 PDP-11 处理机与 16 个存储模块连在一起,最多可同时实现 16 台处理机对 16 个不同存储模块的并行访问。

这里,每个存储模块一次只能满足一台处理机的请求。当多个请求要同时访问同一存储模块时,交叉开关就必须分解所发生的冲突,每一列只能接通一个交叉点开关。但是,每一台处理机可能会产生一系列地址要同时访问多个存储模块。为了支持并行(或交叉)存储器访问,可以在同一行中接通几个交叉点开关。

图 9.16 是 Fujitsu 公司制造的向量并行处理机 VPP500 所采用的大型交换开关网络(224×224)。其中 PE 表示带存储器的处理机,CP 代表控制处理机。这是一个用于实现处理机之间通信的互连网络。在这个网络中,每一行和每一列只能接通一个交叉点开关。

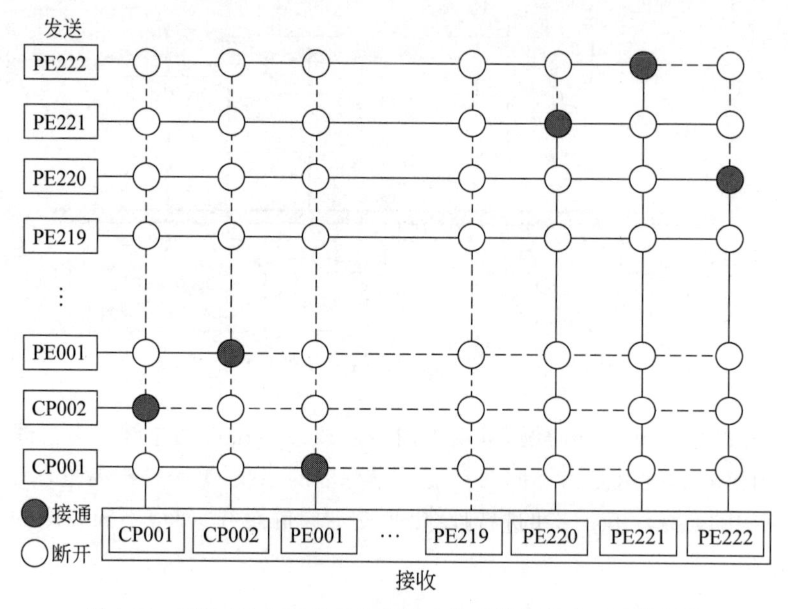

图 9.16 VPP500 向量并行处理机中处理机间的交叉开关网络

处理机之间的交叉开关可以实现处理机之间的置换连接，但这只是一对一的连接。所以 $n \times n$ 交叉开关网络一次最多可实现 n 个"源-目的"对的连接。

9.4.3 多级互连网络

1. 多级互连网络的构成

MIMD 和 SIMD 计算机一般都采用多级互连网络（Multistage Interconnection Network，MIN）。一种通用的多级互连网络如图 9.17 所示，其中每一级都用了多个 $a \times b$ 开关，相邻各级开关之间都有固定的级间连接。为了在输入和输出之间建立所需的连接，可以通过动态设置开关的状态来实现。

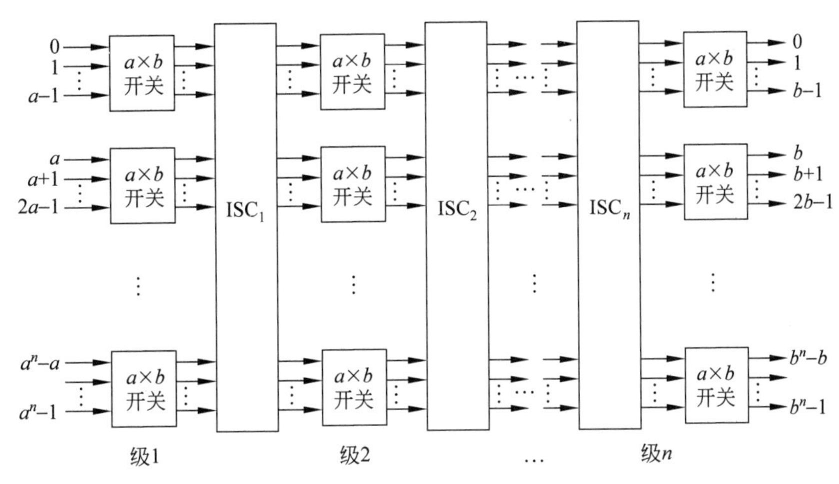

图 9.17 一种由 $a \times b$ 开关模块和级间连接 ISC_1，ISC_2，…，ISC_n 构成的通用多级互连网络结构

一个 $a \times b$ 开关模块有 a 个输入和 b 个输出。在理论上，a 和 b 不一定相等，然而实际上 a 和 b 经常选为 2 的整数幂，即 $a = b = 2^k$，$k \geqslant 1$。

各种多级互连网络的区别在于所用开关模块、控制方式和级间互连模式的不同。

表 9.2 列出了几种常用的开关模块：2×2，4×4，8×8。这些模块中，每个输入可与一个或多个输出相连，但是在输出端不许发生冲突。换句话说，一对一和一对多的映射是允许的，但不允许有多对一映射，否则输出端将发生冲突。

表 9.2 几种常用的开关模块

模块大小	合法状态	置换连接	模块大小	合法状态	置换连接
2×2	4	2	8×8	16 777 216	40 320
4×4	256	24	$n \times n$	n^n	$n!$

最简单的开关模块是 2×2 开关，可用作各种多级互连网络的基本构件。2×2 开关有 4 种连接方式，如图 9.18 所示。

控制方式是指对各个开关模块进行控制的方式，它可以有三种。

（1）级控制。每一级的所有开关只用一个控制信号进行控制，这些开关只能同时处于同一种状态。

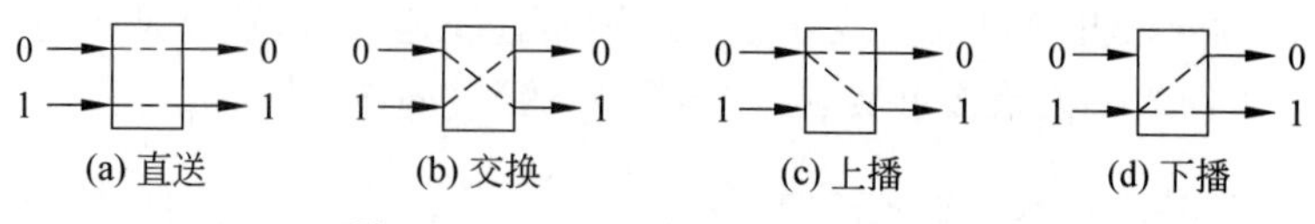

图 9.18　2×2 开关的 4 种连接方式

(2) 单元控制。每一个开关都有一个独立的控制信号,可各自处于不同的状态。

(3) 部分级控制。第 i 级的所有开关分别用 $i+1$ 个信号控制,$0 \leqslant i \leqslant n-1$,$n$ 为级数。

常用的级间互连模式包括均匀洗牌、蝶式、多路洗牌、纵横交叉、立方体连接等。

2. 多级立方体网络

多级立方体网络包括 STARAN 网络和间接二进制 n 方体网络等。这两者仅在控制方式上不同,在其他方面都是一样的。它们都是采用二功能(直送和交换)的 2×2 开关。当第 i 级($0 \leqslant i \leqslant n-1$)交换开关处于交换状态时,实现的是 Cube_i 互连函数。

图 9.19 是一个 8 个入端的多级立方体网络示意图。一般来说,一个 N 输入的多级立方体网络有 $\log_2 N$ 级,每级用 $N/2$ 个 2×2 开关模块,共需要 $\log_2 N \times N/2$ 个开关。

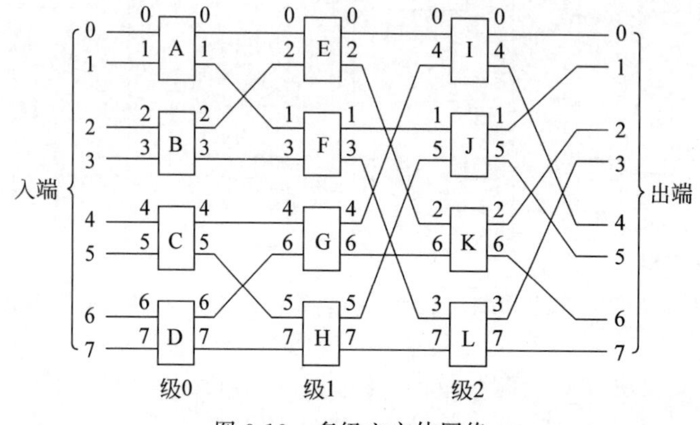

图 9.19　多级立方体网络

STARAN 网络采用级控制和部分级控制,而间接二进制 n 方体网络则采用单元控制。因而后者具有更大的灵活性。当 STARAN 网络采用级控制时,所实现的是交换功能;而采用部分级控制时,则能实现移数功能。

所谓交换,是指将有序的一组元素头尾对称地进行交换。例如,对于由 8 个元素构成的组,其各种基本交换的图形如图 9.20 所示。其中,4 组 2 元交换是把 8 个元素分成 4 组,每组 2 个元素,各组内都进行 2 元交换;2 组 4 元交换是把 8 个元素分成 2 组,每组 4 个元素,各组内都进行 4 元交换;1 组 8 元交换是全交换,也称为镜像交换。

表 9.3 给出了三级 STARAN 网络在各种级控制信号的情况下所实现的入出端连接以及所实现的交换函数和功能。其中 $k_2k_1k_0$ 为控制信号,k_i($i=0,1,2$)为第 i 级的级控制信号。从表中可以看出,下面的 4 行中每一行所实现的功能可以从级控制信号为其反码的一行中所实现的功能加上 1 组 8 元变换来获得。例如,级控制信号为 110 所实现的功能是其反码 001 所实现的 4 组 2 元交换再加上 1 组 8 元交换来获得的。这是因为 $110=001 \oplus 111$,而且两个控制信号的异或运算就是其所实现的相应功能的叠加(由于 Cube 函数的逆函数就是它自己,所以偶数次作用相互抵消)。

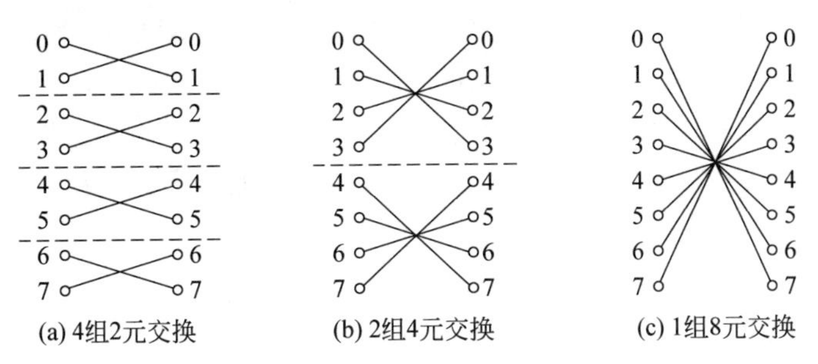

图 9.20 8 个元素的基本交换图形

表 9.3 三级 STARAN 交换网络实现的入出端连接及所执行的交换函数功能(k_i 为第 i 级控制信号)

级控制信号 $k_2k_1k_0$	连接的输出端号序列(入端号序列为 01234567)	实现的分组交换	实现的互连函数
000	0 1 2 3 4 5 6 7	恒等	I
001	1 0 3 2 5 4 7 6	4 组 2 元交换	Cube_0
010	2 3 0 1 6 7 4 5	4 组 2 元交换+2 组 4 元交换	Cube_1
011	3 2 1 0 7 6 5 4	2 组 4 元交换	$\text{Cube}_0+\text{Cube}_1$
100	4 5 6 7 0 1 2 3	2 组 4 元交换+1 组 8 元交换	Cube_2
101	5 4 7 6 1 0 3 2	4 组 2 元交换+2 组 4 元交换+1 组 8 元交换	$\text{Cube}_0+\text{Cube}_2$
110	6 7 4 5 2 3 0 1	4 组 2 元交换+1 组 8 元交换	$\text{Cube}_1+\text{Cube}_2$
111	7 6 5 4 3 2 1 0	1 组 8 元交换	$\text{Cube}_0+\text{Cube}_1+\text{Cube}_2$

当控制信号 $k_2k_1k_0$ 为 001、011 和 111 时所实现的交换分别如图 9.20(a)~图 9.20(c)所示。

当 STARAN 网络用作移数网络时,采用部分级控制,控制信号的分组和控制结果如表 9.4 所示。

表 9.4 STARAN 网络在部分级控制方式下所实现的移数置换

部分级控制信号						连接的输出端号序列(入端号序列为 01234567)	所实现的移数功能
第 0 级	第 1 级		第 2 级				
A B C D	E G	F H	I	J	K L		
1	1	0	1	0	0	1 2 3 4 5 6 7 0	移 1 mod 8
0	1	1	1	1	0	2 3 4 5 6 7 0 1	移 2 mod 8
0	0	0	1	1	1	4 5 6 7 0 1 2 3	移 4 mod 8
1	1	0	0	0	0	1 2 3 0 5 6 7 4	移 1 mod 4
0	1	1	0	0	0	2 3 0 1 6 7 4 5	移 2 mod 4
1	0	0	0	0	0	1 0 3 2 5 4 7 6	移 1 mod 2
0	0	0	0	0	0	0 1 2 3 4 5 6 7	不移 全等

STARAN 网络因巨型相连处理机 STARAN 而得名。它被成功地用在了 STARAN 机器中的多维相连存储器与处理部件之间,对存储器中错位存放的数据在读出后和写入前进行重新对准和排列,以适应处理部件对数据正常位序的需要。利用交换和移数这两种基本功能,加上对数据位进行屏蔽,还可以实现全混、展开、压缩等多种数据变换。

3. Omega 网络

图 9.21 是一个 8×8 的 Omega 网络,共有 3 级,每级由 4 个 4 功能的 2×2 开关构成。级间互连采用均匀洗牌连接方式。网络的左侧是 8 个输入,右侧是 8 个输出。

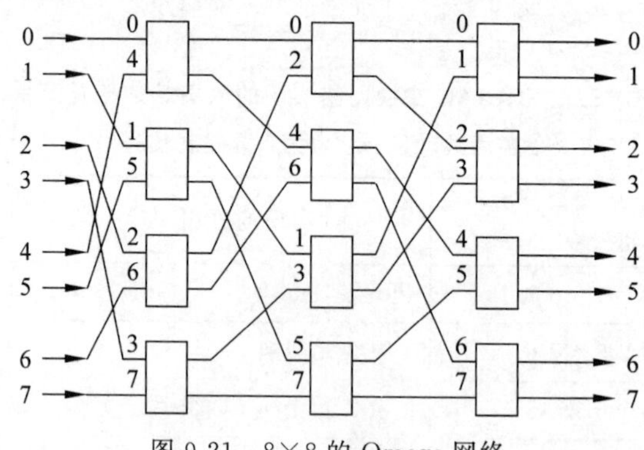

图 9.21　8×8 的 Omega 网络

一般来说,一个 N 输入的 Omega 网络有 $\log_2 N$ 级,每级用 $N/2$ 个 4 功能的 2×2 开关模块,共需要 $\log_2 N \times N/2$ 个开关。每个开关模块均采用单元控制方式。

把图 9.19 中的开关 F 和 G 对调(保持原来的连接),就可以得到如图 9.22 所示的互连网络。把图 9.21 与图 9.22 进行对比可以发现,这两个互连网络在拓扑结构上正好是互逆的。假设图 9.21 是画在玻璃上的,那么从正面看,是 Omega 网络;如果到玻璃的背后看过来,就是如图 9.22 所示的三级立方体网络。所以,如果 Omega 网络也采用 2 功能交换开关,那么 Omega 网络和间接二进制 n 方体网络就互为逆网络。

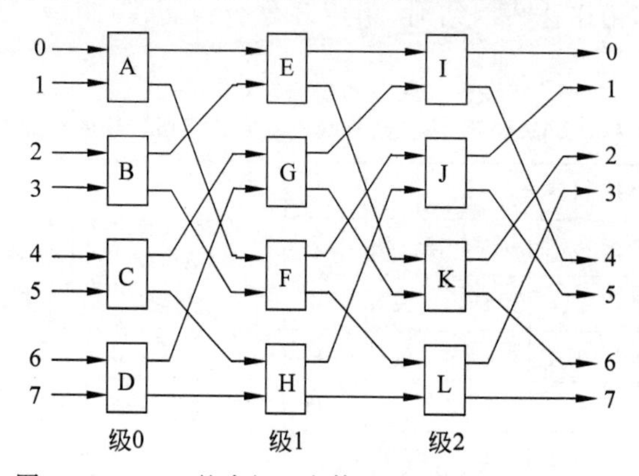

图 9.22　$N=8$ 的多级立方体互连网络的另一种画法

9.4.4 动态互连网络的比较

表 9.5 中列出了总线、多级互连网络以及交叉开关的主要特性。

表 9.5 动态网络的主要特性

网络特性	总线系统	多级网络	交叉开关
单位数据传送的最小时延	恒定	$O(\log_k n)$	恒定
每台处理机的带宽	$O(w/n)$～$O(w)$	$O(w)$～$O(nw)$	$O(w)$～$O(nw)$
连线复杂性	$O(w)$	$O(nw\log_k n)$	$O(n^2 w)$
开关复杂性	$O(n)$	$O(n\log_k n)$	$O(n^2)$
连接特性和寻径性能	一次只能一对一	只要网络不阻塞，就可实现某些置换和广播	全置换，一次一个
典型计算机	Symmetry S1，Encore Multimax	BBNTC-2000 IBM RP3	Cray Y-MP/816 Fujitsu VPP500
说明	总线上假定有 n 台处理机；总线宽度为 w 位	$n\times n$ MIN 采用 $k\times k$ 开关，其线宽为 w 位	假定 $n\times n$ 交叉开关的线宽为 w 位

显然，总线互连的复杂性最低，成本也是最低。其缺点是每台处理机可用的带宽较窄。

交叉开关是最昂贵的，因为其硬件复杂性以 n^2 上升，所以其成本最高。但是交叉开关的带宽和寻径性能最好。如果网络的规模较小，它就是一种理想的选择。

多级互连网络的复杂度和带宽介于总线和交叉开关之间，是一种折中方案。其主要优点是采用模块化结构，可扩展性较好。不过，其时延随网络级数的增加而上升。另外，由于其硬件复杂度比总线高很多，所以其成本也不低。

9.5 消息传递机制

消息传递机制在实现多处理机或多计算机中各结点之间的互连通信中有重要的作用。在这样的系统中，处理机之间是通过发送消息来进行通信的。当某个处理机（设为 A）要对远程存储器上的数据进行访问（或操作）时，它就通过给相应的远程处理机（设为 B）发送一个消息来请求数据（或对该数据进行操作）。在这种情况下，可以把该消息看成一个远程进程调用（Remote Process Call，RPC）。当目的处理器 B 接收到消息以后，就代替 A 对相应的数据进行访问（或执行相应的操作），然后发送一个应答消息给处理器 A，将结果返回。

当源结点和目的结点之间没有直接的连接时，消息需要经过中间的结点进行传递。寻径（Routing）就是用来实现这种传递的通信方法和算法。有的文献称为路由。

9.5.1 消息寻径方案

1. 消息的格式

消息是结点之间进行通信的逻辑单位，其格式如图 9.23 所示。消息一般是由若干个“包”组成的。尽管包的长度是固定的，但因一条消息中所包含的包的个数是可变的，所以消息的长度是不定长的。

包是包含寻径所需目的地址的基本单位。由于不同的包可能是异步到达目的结点的，因此一条消息中的各个包都依次被分配一个序号，以便这些包到达目的结点后能重新组装出消息。

包可以进一步分成一些更小的固定长度的单位，称为“片”（Flit）。寻径信息和包序列

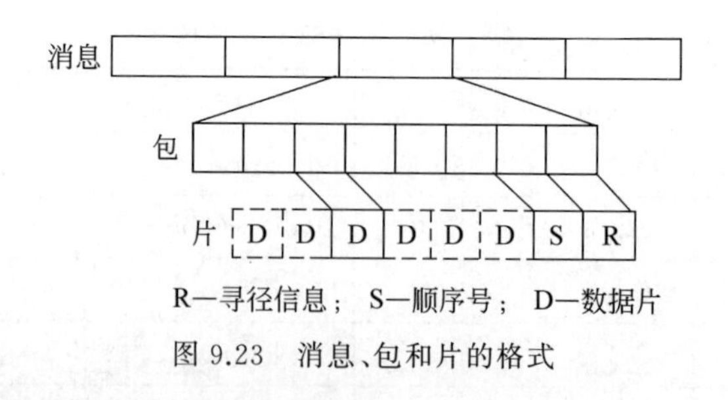

图 9.23　消息、包和片的格式

号形成头片,其余的是数据片。

包的长度主要是由寻径方案和网络的具体实现所决定的,典型的长度是64～512位不等;片的长度经常受网络大小的影响,例如一个由256个结点构成的网络要求片的长度为8位。其他影响包的长度和片的长度的因素还有:通道带宽,寻径设计,网络的流量密度等。

2. 四种寻径方式

消息寻径方式可以分为两大类:线路交换和包交换。包交换又分为存储转发、虚拟直通、虫蚀三种方式。

1) 线路交换

在线路交换(Circuit Switch)方式下,在传递一个信息之前,需要先建立一条从源结点到目的结点的物理通路,然后再传递信息。其传输时延 T 为

$$T=\frac{L+L_t\times(D+1)}{B} \tag{9.1}$$

其中,L 为信息包的长度(位数);L_t 为建立路径所需的小信息包的长度;D 为经过的中间结点个数,B 为带宽。在图9.24中,$D=4$。

线路交换的优点是:传输带宽较大,平均传输时延较小,而且使用的缓冲区小。因而适合于具有动态和突发性的大规模并行处理数据的传送。缺点是:需要频繁地建立源结点到目的结点的物理通路,时间开销会很大。

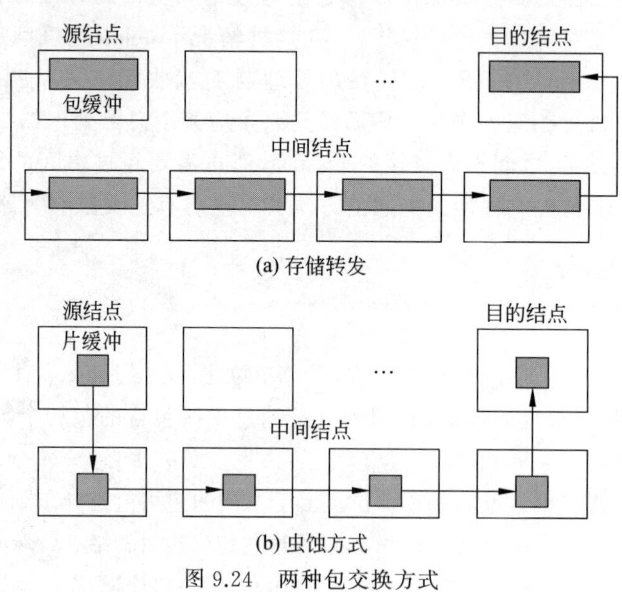

图 9.24　两种包交换方式

2）存储转发

存储转发（Store and Forward）是最简单的分组交换方式。在这种方式中，包是信息传递的基本单位，如图9.24（a）所示。包从源结点经过一系列中间结点到达目的结点。存储转发要求所经过的每个中间结点都要设置一个包缓冲器，用于保存所传递的包。当一个包到达某个中间结点时，该结点先把这个包全部存储起来，然后在出口链路可用，而且下一个结点的包缓冲器也可用的情况下，传递给下一个结点。

存储转发方式中，网络的时延与源和目的地之间的距离（跳数）成正比，时延 T_{SF} 为

$$T_{SF}=\frac{L}{B}(D+1) \tag{9.2}$$

式中 D,L,B 参数的含义同式（9.1）。图9.25（a）为其时间关系图。

可以看出，存储转发方式的缺点是：①包缓冲区大，不利于VLSI实现；②网络时延大，与结点距离成正比。

3）虚拟直通

虚拟直通是对存储转发方式的一种改进，减少了网络时延。其基本思想是：没有必要等到信息包全部放入缓冲器后再做路由选择，只要接收到用作寻径的包头，就可做出判断。如果结点的输出链路空闲，信息包可以不必存储在该结点的缓冲器中，而是立即传送到下一个结点。如果整条链路都空闲，包就可以立即直达目的结点。这时它就同使用线路交换一样。但是，这种方式还是要求每个结点中有缓冲器。这是因为在输出链路不空闲时，还是要用缓冲器进行存储。所以无论用存储转发还是用虚拟直通，各中间结点都需要设置缓冲器。

虚拟直通的通信时延为

$$T=\frac{L+L_h\times(D+1)}{B}\approx\frac{L}{B} \tag{9.3}$$

式中 L_h 是信息包寻径头部的长度。

一般来说，$L\gg L_h\times(D+1)$，所以 $T\approx L/B$。可以看出，此时通信时延与结点数目无关，这是一个非常大的改进。

当出现寻径阻塞时，虚拟直通方式也只好将整个信息包全部存储在寻径结点中，直到通道不阻塞时才能将信息包发出。这就要求每个结点都有足够大的缓冲区来存储可能出现的最大的信息包。在这一点上，虚拟直通方式与存储转发方式是一样的，同样不利于VLSI的实现。

4）虫蚀方式

虫蚀方式（Wormhole）比虚拟直通又有了改进。它把信息包“切割”成更小的单位——“片”，而且使信息包中各片的传送按流水方式进行，所以不仅可以减少结点中缓冲器的容量，而且还能缩短传送延迟时间。虫蚀方式在新型的多计算机系统中得到了广泛的应用。

虫蚀方式所能处理的最小信息单位是“片”。当一个结点把头片送到下一个结点后，那么接下来就可以把后面的各个片也依次送出。一个结点一旦开始传送一个包中的头片后，这个结点就必须等待这个包的所有片都送出去后，才能传送其他包。不同包的片不能混合在一起传送。

这种虫蚀方式有点儿像虚拟直通，但不同之处在于：当输出通路忙时，结点是把一个片存储到缓冲器中。由于片的大小比包小很多，所以能有效地减少缓冲器的容量，使得它易于用VLSI实现。

对于一个受到阻塞的包来说,它的前后连续的各个片可以散布在若干个中间结点中。换句话说,整个包停留在已建立的通路中的某一路径段里。当可以继续向前传送时,头片每向前传送一个结点,其他数据片就跟着相应地向前"蠕动"一步,就好像一条虫那样蠕动前进。

虫蚀方式的通信时延为

$$T_{WH}=T_f\times D+\frac{L}{B}=\frac{L+L_f\times D}{B}\approx\frac{L}{B} \tag{9.4}$$

式中 L_f 是"片"的长度;T_f 是片经过一个结点所需的时间;$L\gg L_f\times D$。从该式看出,通信时延与结点数无关。图9.25是虫蚀方式的时间关系图及其与存储转发的比较。

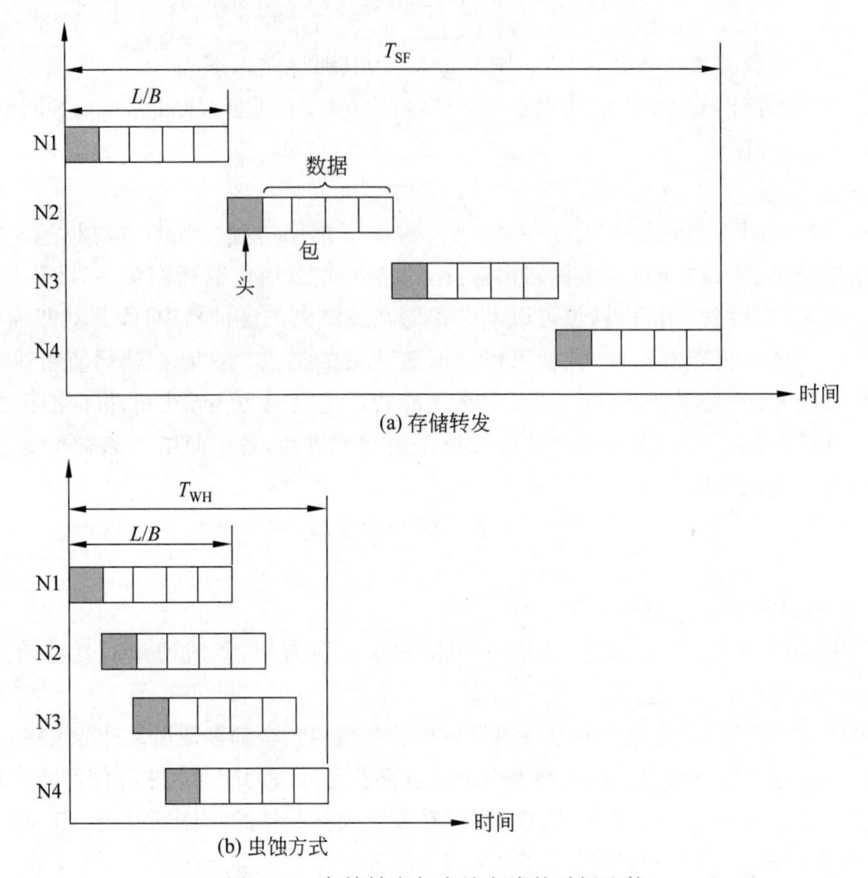

图9.25 存储转发与虫蚀方式的时间比较

虫蚀方式的优点是:①每个结点的缓冲器较小,易于VLSI实现;②有较小的网络传输延迟;③通道共享性好,利用率高;④易于实现选播和广播通信模式。

然而,虫蚀方式也有缺点。当消息的一片被阻塞时,整个消息的所有片都将被阻塞在所在结点,占用了结点资源。

9.5.2 死锁与虚拟通道

1. 虚拟通道

虚拟通道是两个结点间的逻辑链接,它由源结点的片缓冲区、结点间的物理通道以及接收结点的片缓冲区组成。图9.26说明了4条虚拟通道共享一条物理通道的概念。这里,源结点和接收结点各有4个片缓冲区。当物理通道分配给某对缓冲区时,这一对的源缓冲区和接收缓冲区就形成了一条虚拟通道。物理通道是由所有的虚拟通道分时共享的。除了有关的缓冲区和通道以外,还必须用某些通道状态来区分不同的虚拟通道。源缓冲区存放等待使用通道的片。接收缓冲区存放由通道刚刚传送过来的片。通道(电缆或光纤)是它们之间的通信媒介。

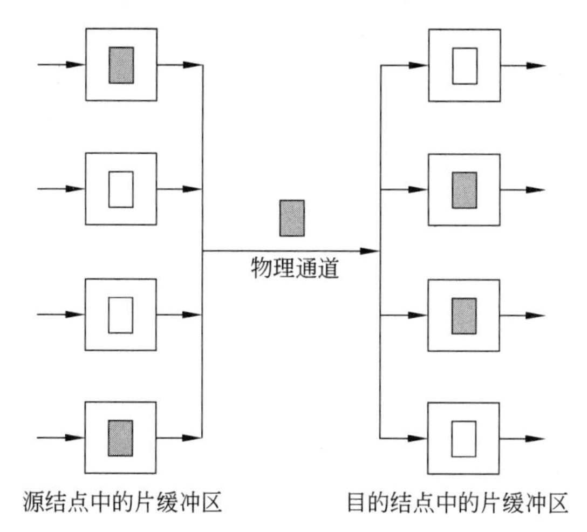

图9.26　4条虚拟通道以片传递为基础分时地共享一条物理通道

虚拟通道也可以用双向通道实现。把两条单向通道组合在一起可以构成一条双向通道。这不仅增加了利用率,还可使通道的带宽加倍。

2. 避免死锁

缓冲区或通道上的循环等待会引起死锁。例如,图9.27(a)中因出现循环的通道相关而产生死锁。利用虚拟通道方法可以避免这个死锁,可以增加两条虚拟通道V3和V4,如图9.27(b)所示。此时的通道相关循环变成了如图9.27(c)所示的螺旋线,从而避免了死锁。但是增加虚拟通道可能会使每个请求可用的有效通道带宽降低。为此,当实现数目很大的虚拟通道时需要用高速的多路选择开关。

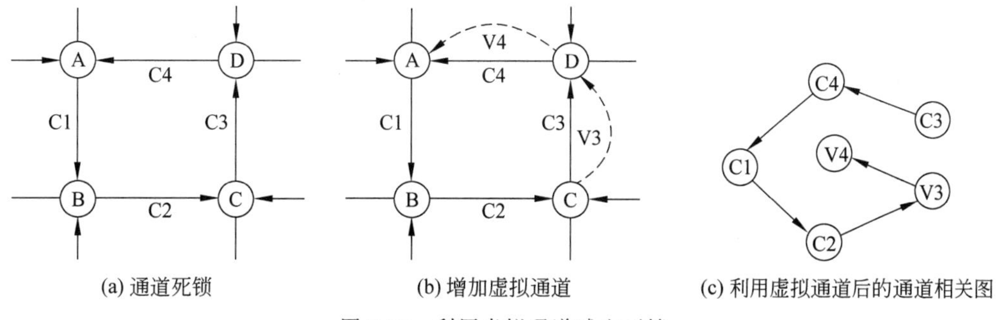

图9.27　利用虚拟通道减少死锁

9.5.3 流控制策略

当两个或更多的包在某个结点为竞争缓冲区或通道资源而发生冲突时,必须使用预先确定好的策略来解决冲突。下面就来讨论这个问题。我们要寻找的是不会引起拥挤或死锁的控制网络流量的策略。在此基础上,论述为一对一通信所设计的确定寻径算法和自适应寻径算法。

1. 包冲突的解决

为了通过通道在两个相邻结点之间传送一个片,要同时具备三个条件:①源缓冲区已存有该片;②通道已分配好;③接收缓冲区准备接收该片。

当两个包到达同一个结点时,它们可能都在请求同一个接收缓冲器或者同一个输出通道,这时必须对两个问题进行仲裁:①把通道分配给哪个包?②如何处理被通道拒绝的包?图9.28给出了4种解决方案。这里假设把通道分配给第一个包,第二个包被拒绝。

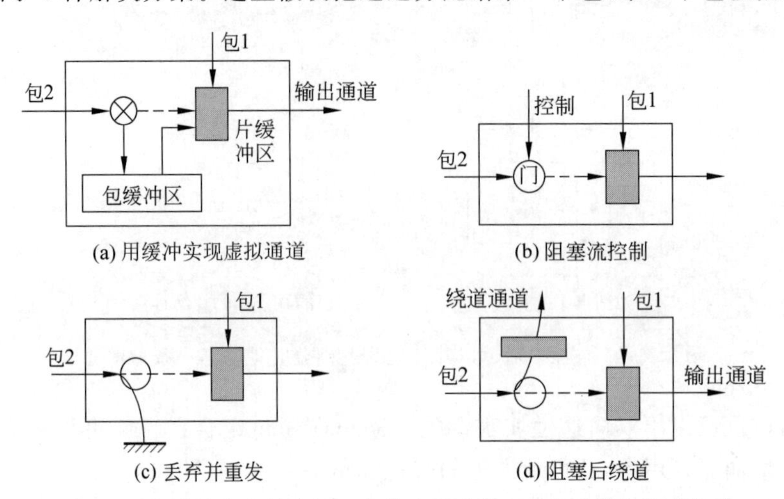

图9.28 解决两个包请求同一条输出通道发生冲突时的流控制方法

(1) 把第二个包暂存在缓冲区(图9.28(a))。

设置两个缓冲区,一个是包缓冲区,另一个是片缓冲区。将第一个包分配给片缓冲区直接送往输出通道,而第二个包则被放入包缓冲区。当以后通道变为可用时,再来传输第二个包。这种方案的优点是不会浪费已经分配了的资源,但它要求结点中有一个足够大的缓冲器来存放整个信息包。

这种方法实际上是存储转发和虫蚀寻径两种方法的折中。当不发生冲突时,就如同虫蚀寻径方法一样地工作。在最坏情况下,它就像存储转发寻径方法一样地工作。

(2) 阻塞第二个包(图9.28(b))。

纯粹的虫蚀方式在发生包冲突时,采用阻塞方法。即把第一个包送入片缓冲区,同时用门控将第二个包阻塞。不过,并没有把这个包丢弃。

(3) 丢弃第二个包(图9.28(c))。

把第一个包送入片缓冲区,并把第二个包丢弃。

(4) 绕道(Detour)(图9.28(d))。

把第一个包送入片缓冲区,而把第二个包导向其他通道传输。

在上述方法中,丢弃法有可能会造成严重的资源浪费,而且要求重新进行被丢弃包的传输与确认。这种策略现在已很少采用,因为它的包传输率不稳定。绕道法在包寻径方面提供了更多的灵活性,但为了到达目的结点,可能要花费超过实际需要的通道资源,造成浪费。

Connection Machine 和 Denelcor HEP 机器采用了绕道法。而有些多计算机则是把上述方法中的一些方法结合起来使用，以便获得它们的优点。

2. 确定性寻径和自适应寻径

常用的寻径方法有两种：确定性寻径和自适应寻径。在确定性寻径中，通信路径完全由源结点地址和目的地址来决定，也就是说，寻径路径是预先唯一地确定好了的，而与网络的状况无关。在自适应寻径方法中，通信的通路每一次都要根据资源或者网络的情况来选择。这样就可以避开拥挤的或者有故障的结点，从而使网络的利用率得到改进。

不管采用哪一种寻径，都希望不会产生死锁。

下面介绍两种确定性寻径算法。这两种算法都是建立在维序概念之上的。对于一个多维网络来说，维序寻径要求对后继通道的选择是按照各维的顺序来进行的。对于二维的网格网络来说，这种寻径方法被称为 *X-Y* 寻径，因为它首先沿 *X* 维方向进行寻径，然后再沿 *Y* 维方向寻找路径。对于超立方体来说，这种寻径方法被称为 E-cube 寻径。这个名称是其提出者 Sullivan 和 Bashkow 所起的。

对于给定的任意一个源结点 $s=(x_1, y_1)$ 和任意一个目的结点 $d=(x_2, y_2)$，从 s 出发，先沿 X 轴方向前进，直到找到 d 所在的列 x_2；然后再沿 Y 轴方向前进，直到找到目标结点 (x_2, y_2)。

例 9.3 对于如图 9.29 所示的二维网格，确定以下 4 组“源结点-目的结点”所需要的路径。

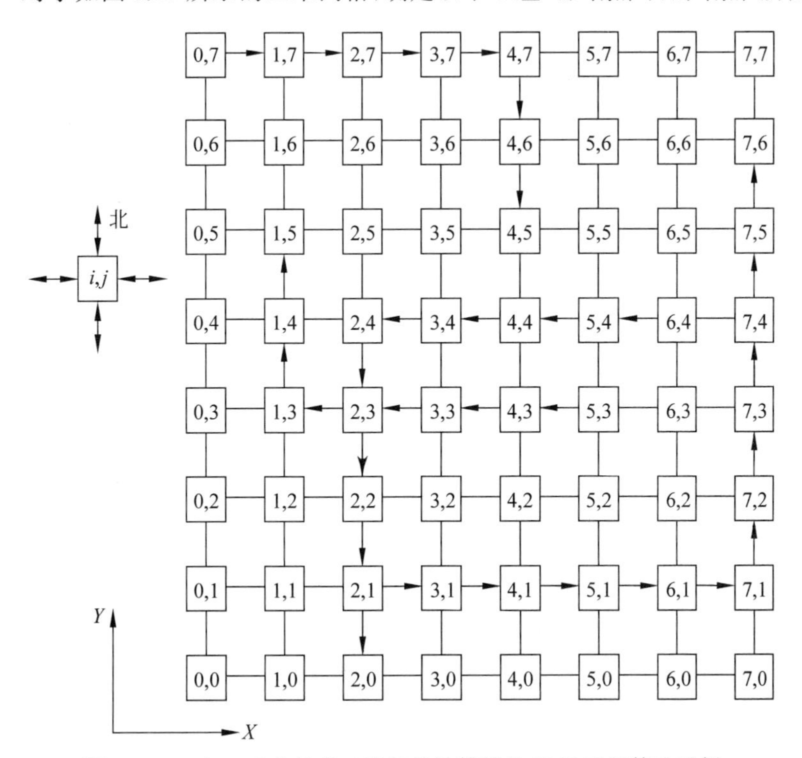

图 9.29 64(8×8)个结点二维网格计算机的 *X-Y* 寻径算法示例

(2,1)到(7,6)；

(0,7)到(4,5)；

(6,4)到(2,0)；

(5,3)到(1,5)。

解

(1) 所需要的路径如图9.29所示。其中,

(2,1)到(7,6)需要用到的是一条东-北路径;

(0,7)到(4,5)需要用到的是一条东-南路径;

(6,4)到(2,0)需要用到的是一条西-南路径;

(5,3)到(1,5)需要用到的是一条西-北路径。

(2) 超立方体的E-cube寻径。

考虑一个由$N=2^n$个结点构成的n方体,每个结点的编号是形为$b=b_{n-1}b_{n-2}\cdots b_1b_0$的二进制编码。设源结点为$s=s_{n-1}s_{n-2}\cdots s_1s_0$,目的结点,$d=d_{n-1}d_{n-2}\cdots d_1d_0$。现在要确定一条从$s$到$d$的步数最少的路径。

将这个n方体的各维表示成$i=1,2,\cdots,n$,其中第i维对应于结点地址中的第$i-1$位。设$v=v_{n-1}v_{n-2}\cdots v_1v_0$是路径中的任一结点。路径可以根据以下算法唯一地确定。

① 计算方向位$r_i=s_{i-1}\oplus d_{i-1}$,其中$i=1,2,\cdots,n$。

令$v=s,i=1$,反复执行以下步骤。

② 如果$r_i=1$,则从当前结点v寻径到下一结点$v\oplus 2^{i-1}$;否则,就跳过这一步。

③ $i\leftarrow i+1$。如果$i\leqslant n$,则转第②步,否则退出。

例9.4 假设有一个$N=16$个结点的4立方体,每个结点的二进制编码如图9.30所示。请寻找一条从结点0110到1101的距离最短的路径。

解 $s=0110$, $d=1101$

第一步:计算方向位$(r_4r_3r_2r_1)=0110\oplus 1101=1011$。

令$v=s=0110,i=1$。

第二步:$r_1=1$,

所以从$v=0110$寻径到$v\oplus 2^0=0110\oplus 0001=0111$,

$i=i+1=2$。

第三步:$r_2=1$,

所以从$v=0111$寻径到$v\oplus 2^{2-1}=0110\oplus 0010=0101$,

$i=i+1=3$。

第四步:$r_3=0$,所以跳过一步,

$i=i+1=4$。

第五步:$r_4=1$,

所以从$v=0101$寻径到$v\oplus 2^{4-1}=0101\oplus 1000=1101$,结束。

因此路径为0110→0111→0101→1101,如图9.30中灰色的结点、实线和箭头所示。

9.5.4 选播和广播寻径算法

多计算机网络中会出现以下4种通信模式。

单播(Unicast):对应于一对一的通信情况,即一个源结点发送消息到一个目的结点。

选播(Multicast):对应于一到多的通信情况,即一个源结点发送同一消息到多个目的结点。

广播(Broadcast):对应于一到全体的通信情况,即一个源结点发送同一消息到全部

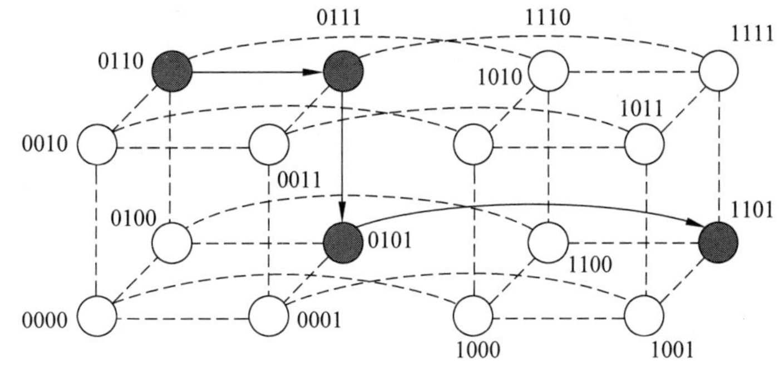

图 9.30　16 个结点超立方体计算机的 E-cube 寻径

结点。

会议(Conference)：对应于多到多的通信情况。

通道流量和通信时延是常用的两个参数。通道流量可用传输有关消息所使用的通道数来表示。通信时延则用包的最大传输时间来表示。

优化的寻径网络应能以最小流量和最小时延实现相关的通信模式。然而,这两个参数并不是毫不相关的。达到最小流量的同时,并不一定能达到最小时延。相反的情况也是如此。

这与所使用的交换技术有关,在存储转发网络中时延是最重要的问题,而在虫蚀网络中流量对效率的影响则更大。

下面以网格网络为例,讨论选播和广播。

图 9.31 是在 3×4 网格上实现的选播寻径。源结点用 S 表示,传送一个包到标号为 $Di(i=1,2,\cdots,5)$ 的 5 个目的结点。目的结点为 5 个选播可以用 5 次单播来实现,如图 9.31(a)所示。X-Y 寻径的流量需要用 $1+3+4+3+2=13$ 条通道。到 $D3$ 的路径最长,所以时延是 4。

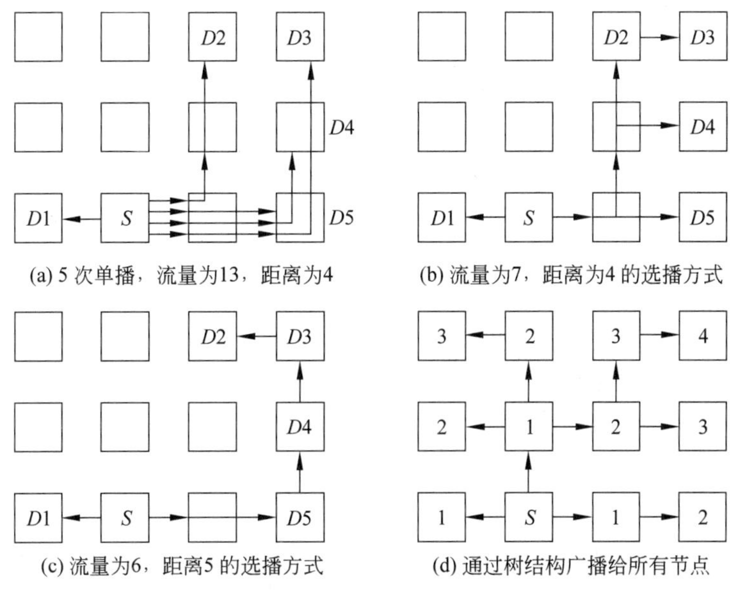

图 9.31　3×4 网格计算机上的多次单播、选播模式和广播树

选播可以用下述方法实现,即在一个中间结点上复制所传送的包,然后把该包的多个副本送到目的结点,这样可以大大减少通道流量。

图9.31(b)和图9.31(c)给出了两种选播寻径模式,流量分别为7和6。在虫蚀网络中,用图9.31(c)的选播寻径模式比较好。在存储转发网络中,则用图9.31(b)的寻径模式比较好,时延较短。

使用一棵4层的生成树可以把一个包从结点 S 广播到所有的网络结点,如图9.31(d)所示。其中结点中的数字表示树的层次号。到达树的第 i 层上结点的时延为 i。这种广播树产生的时延和流量最小。

习　题　9

9.1　解释以下名词。

互连网络	互连函数	网络规模	结点度
结点距离	网络直径	等分带宽	对称网络
静态网络	动态网络	虚拟通道	自适应寻径
确定寻径方法	线路交换	存储转发	虫蚀方式

9.2　设Cube为立方体互连函数,σ 为均匀洗牌函数,β 为蝶式函数,ρ 为反位序函数,分别求 $\text{Cube}_3(0110)$、$\sigma_{(3)}(0110)$、$\beta(0110)$、$\rho^{(2)}(0110)$。

9.3　当两个包在传输过程中争用某个中间结点的同一条输出通道时,有哪4种解决包冲突问题的方法?

9.4　评价互连网络性能的主要参数有哪些?

9.5　多级互连网络的控制方式指什么?通常有哪几种?

9.6　$N=16$ 的4级立方体互连网络,级号从输入到输出为0~3,采用级控制,如将其中的第一级开关置为"直连",不能实现哪些结点之间的配对通信?为什么?

9.7　试比较可用于动态互连的总线、交叉开关和多级互连网络的硬件复杂度和带宽。

9.8　在有16个处理器的混洗交换网络中,若要使第0号处理器与第15号处理器相连,需要经过多少次混洗和交换?

9.9　设函数的自变量是十进制数表示的处理机编号。现有32台处理机,其编号为0,1,2,…,31。

(1) 分别计算下列互连函数。

$$\text{Cube}_2(12)\quad \sigma(8)\quad \beta(9)\quad \text{PM2I}_{+3}(28)\quad \text{Cube}_0(\sigma(4))$$
$$\sigma(\text{Cube}_0(18))$$

(2) 用 Cube_0 和 σ 构成混洗交换网(每步只能使用 Cube_0 和 σ 一次),网络直径是多少?从5号处理机发送数据到7号处理机,最短路径要经过几步?请列出经过的处理机编号。

(3) 采用移数网络构成互联网,网络直径是多少?结点度是多少?与2号处理机距离最远的是几号处理机?

9.10　$N=16$ 的互连网络的输入端号和输出端号分别为0~15。若互连网络实现的互连可以用互连函数表示为 $f(x_3x_2x_1x_0)=x_0x_1x_2x_3$,那么,是否可以用循环表示法表示该互连网络实现的互连?如果可以,请写出其循环表示。

9.11 $N=16$ 的 STARAN 网络在级控制方式下实现分组交换置换，如果实现的分组交换置换是：首先是 4 组 4 元交换，然后是 2 组 8 元交换，最后是 1 组 16 元交换，写出网络实现的互连函数。

9.12 具有 $N=2^n$ 个输入端的 Omega 网络，采用单元控制。

(1) N 个输入总共应有多少种不同的排列？

(2) 该 Omega 网络通过一次可以实现的置换总共可有多少种？

(3) 若 $N=8$，计算一次通过能实现的置换数占全部排列的百分比。

9.13 用一个 $N=8$ 的三级 Omega 网络连接 8 台处理机（$P_0 \sim P_7$），8 台处理机的输出端分别依序连接 Omega 网络的 8 个输入端 0～7，8 个处理机的输入端分别依序连接 Omega 网络的 8 个输出端 0～7。如果处理机 P_6 要把数据播送给处理机 $P_0 \sim P_4$，处理机 P_3 要把数据播送给处理机 $P_5 \sim P_7$，那么，Omega 网络能否同时为它们的播送要求实现连接？画出实现播送的 Omega 网络的开关状态图。

第10章 多处理机

内容提要

（1）对称式共享存储器的系统结构；

（2）分布式共享存储器的系统结构；

（3）同步；

（4）同时多线程；

（5）大规模并行处理机；

（6）多核处理器及性能对比；

（7）多处理机实例——Origin 2000。

自20世纪80年代中期以来，随着微处理器的发展，单处理机的性能达到了前所未有的高速增长。1986年至2002年，计算机性能的增长率达到了每年50%以上。然而，从2003年开始，单处理机性能的年增长率下降到了约20%。这是因为进一步大幅度地提高单处理器性能的努力受到了一些难题的严重挑战。这些难题包括功耗问题以及开发ILP的空间正在缩小等。

虽然认为单处理机系统结构发展正在走向尽头的观点有些偏激，但近些年人们确实开始转向了多处理机。Intel公司于2004年宣布放弃其高性能单处理器项目，转向多核(Multi-core)的研究和开发，这是通过在单个芯片上实现多个处理器来提高性能的。IBM、Sun、AMD等公司也纷纷采用了这一途径。

在过去的十多年中，多处理机正起着越来越重要的作用，并行计算机软件也有了较大的发展。设计者们在不断地研制用多个微处理器构建性能更高的服务器和超级计算机。这些计算机能够充分利用商品化微处理器所具有的高性价比的优势。可以说，我们现在已经开始进入了多处理机将唱主角的新时期。

10.1 引　　言

视频讲解

由于篇幅的限制，本章将重点放在多处理机设计的主流——中小规模的计算机上(处理器的个数不超过32)。无论在现存数量上还是在价值总值上，这些计算机目前都占主导地位。对于大规模处理机，只做简要介绍。

10.1.1 并行计算机系统结构的分类

按照Flynn分类法，可把计算机分成SISD、SIMD、MISD和MIMD 4类。许多早期的并行处理机是 SIMD 计算机，但近年来，MIMD 已经成为通用多处理机系统结构的选择。这是因为 MIMD 有很强的灵活性，并且能充分利用现有微处理器的性价比优势。

计算机机群系统(Cluster)是一类被广泛采用的 MIMD 计算机。它通常采用标准组件和标准网络技术，这样就可以尽可能地采用已经商业化了的技术(而不是专门技术)。第 11 章将专门讨论机群。

20 世纪 90 年代，芯片容量(即晶体管数)的增加使得人们能够在一块芯片上实现多个处理器。这种方法最初叫片内多处理器或者单片多处理器，而现在则叫多核(multi-core)，因为它是在一块芯片上实现多个处理器核。在这种处理器中，多个核一般会共享一些资源，例如第二/第三级 Cache、存储器或者 I/O 总线。典型的一些微处理器，如 IBM 公司的 Power 5，Sun 公司的 T1 和 T2，Intel 公司的 Pentium D 和 Xeon-MP 等，都是多核和多线程的。

现有的 MIMD 计算机分为两类，每一类代表了一种存储器的结构和互连策略。由于多处理机的规模大小这个概念的含义是随时间而变化的，所以我们用存储器的组织结构来区分这些机器。

第一类机器称为集中式共享存储器结构(Centralized Shared-Memory Architecture)。这类多处理机在目前最多是由几十个处理器构成的。由于处理器个数较少，各处理器可共享一个集中式的物理存储器。因为只有单一的主存，而且这个主存相对于各处理器的关系是对称的，所以这类机器经常被称为对称式共享存储器多处理机(Symmetric shared-memory Multi Processor，SMP)。这种系统结构也称为 UMA(Uniform Memory Access)结构，这是因为从各处理器访问存储器所花的时间相同。SMP 结构是目前最流行的结构。10.2 节将详细讨论这种系统结构。

图 10.1 是对称式共享存储器多处理机结构的示意图。图中多个“处理器-Cache”模块共享同一个物理存储器，其连接一般采用一条或多条总线，或者采用交叉开关。

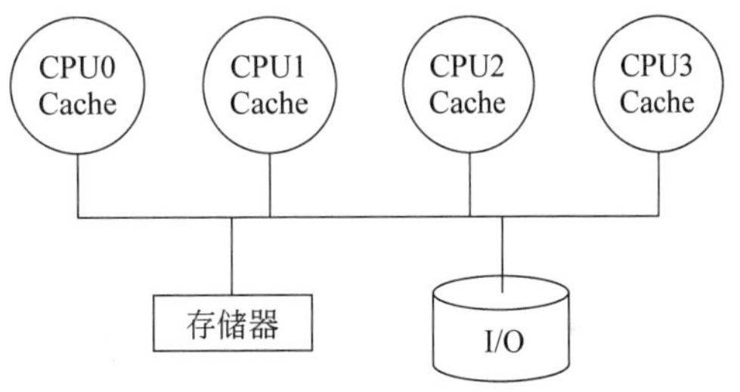

图 10.1 对称式共享存储器多处理机的基本结构

第二类是分布式存储器多处理机。在这类机器中，存储器在物理上是分布的。它支持构建规模较大的多处理机系统。为了支持较多的处理器，存储器必须分布到各个处理器上，不能采用集中式的存储器，否则存储器将不能满足因处理器个数较多而带来的带宽要求。处理器个数较多还要求有高带宽的互连网络。图 10.2 给出了这类多处理机的结构示意图。系统中的每个结点由处理器及其 Cache、存储器、I/O 以及互连网络接口组成。近几年，随着处理器性能的迅速提高和处理器对存储器带宽要求的不断增加，越来越多中小规模的多处理机系统也逐渐开始采用分布式存储器结构。

将存储器分布到各结点有两个优点：①如果大多数的访存都是针对本地结点的存储器进行的，就可以降低对存储器和互连网络的带宽要求；②对本地存储器的访问延迟时间小。分布式存储器系统结构最主要的缺点是处理器之间的通信较为复杂(因为有了多个分布的存储器)，且各处理器之间的访问延迟较大。

通常情况下，I/O 和存储器一样也分布于多处理机的各结点当中。每个结点内还可能包含个数较少(例如 2～8 个)的处理器，这些处理器之间可采用另一种互连技术(例如总线)

相互连接形成簇,这样形成的结点叫作超级结点。由于结点是否为超级结点对机器的基本运行原理没有影响,采用分布式存储器结构的计算机之间的主要差别在于通信方法和分布式存储器的逻辑结构方面,所以这里只讨论每个结点只有一个处理器的情况。10.3节将对分布式存储器多处理机展开详细讨论。

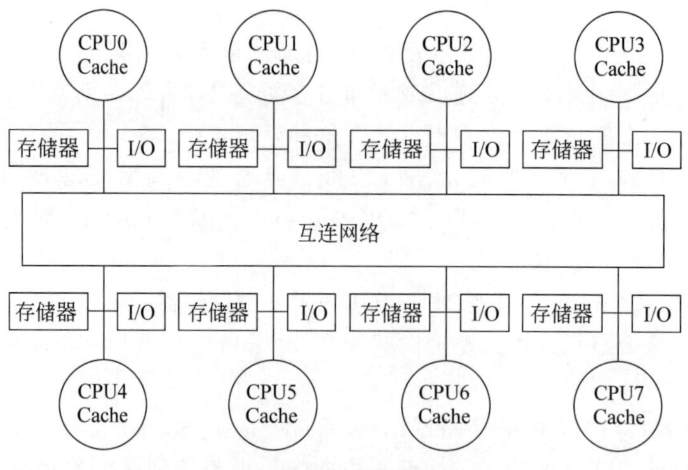

图10.2　分布式存储器多处理机的基本结构

10.1.2　存储器系统结构和通信机制

1. 两种存储器系统结构和通信机制

如上所述,在大规模的多处理机中,存储器在物理上是分布于各个处理结点中的。但在逻辑地址空间的组织方式以及处理器之间通信的实现方法上,有以下两种方案。

第一种方案是把物理上分离的所有存储器作为一个统一的共享逻辑空间进行编址,这样任何一个处理器就都可以访问该共享空间中的任何一个单元(如果它具有访问权)了,不同处理器上的同一个物理地址指向的是同一个存储单元。这类计算机被称为分布式共享存储器系统(Distributed Shared-Memory,DSM)。注意,这里的"共享"指的是地址空间上是共享的,并不意味着具有一个集中的存储器。与UMA相反,DSM计算机被称为NUMA(Non-Uniform Memory Access)计算机,这是因为其访存时间取决于数据在存储器中的存放位置。

另一种方案是把每个结点中的存储器编址为一个独立的地址空间,不同结点的地址空间之间是相互独立的。也就是说,整个系统的地址空间是由多个独立的地址空间构成的。每个结点中的存储器只能由本地的处理器进行访问,远程的处理器不能直接对其进行访问。显然,与DSM不同,不同处理器上的同一个物理地址指向的是不同的存储单元,因为它们指向的是不同的存储器。在这里,每一个"处理器-存储器"模块实际上是一台单独的计算机。以前,这种计算机系统是由不同的处理结点经专门的互连网络形成的,而现在的这种计算机系统多以机群的形式存在。

对于上述两种地址空间的组织方案,分别有相应的通信机制。对于共享地址空间的计算机系统来说,是采用共享存储器通信机制的。处理器之间的通信是通过用load和store指令对相同存储器地址进行读写操作来实现的。而对于采用多个独立地址空间的计算机系统来说,数据通信要通过在处理器之间显式地传递消息来完成,这称为消息传递通信机制。

在消息传递多处理机中，处理器之间是通过发送消息来进行通信的，这些消息请求进行某些操作或者传送数据。当某个处理器(设为A)要对远程存储器上的数据进行访问(或操作)时，它就通过给相应的远程处理器(设为B)发送一个消息来请求数据(或对该数据进行操作)。在这种情况下，可以把该消息看成一个远程进程调用(Remote Process Call，RPC)。当目的处理器B接收到消息以后，就代替远程处理器A对相应的数据进行访问(或执行相应的操作)，然后发送一个应答消息给处理器A，将结果返回。

如果请求方处理器在发送一个请求消息后，要一直等到收到应答后才能继续运行，则这种消息传递称为是同步的。现有许多计算机的软件系统已对发送和接收消息的具体细节进行了封装，为编程人员提供了有力的支持，使他们能很容易地进行消息通信，包括传送复杂的参数和结果。

如果数据发送方知道别的处理器需要数据，通信也可以从数据发送方而不是数据接收方开始，数据可以不经请求就直接送往数据接收方。这种消息传递往往是可以异步地进行的，发送方在发出消息后，可立即继续执行原来的程序。通常，接收方所需的消息如果还未到达，它就需要等待。此外，如果接收方还未处理完前一个消息而且缓冲器空间已用完，发送方也会因要发送消息而进行等待。

不同多处理机所提供的消息传递机制可能差别很大，为了便于程序移植，人们提出了标准的消息传递库(例如MPI)，这为编程人员实现消息传递提供了有力的支持。

2. 不同通信机制的优点

每种通信机制都有自己的优点，共享存储器通信的主要优点如下。

(1) 与常用的对称式多处理机使用的通信机制兼容。

(2) 当处理器之间通信方式复杂或在执行过程中动态变化时，采用共享存储器通信，编程容易，同时在简化编译器设计方面也占有优势。

(3) 采用大家所熟悉的共享存储器模型开发应用程序，而把重点放到解决对性能影响较大的数据访问上。

(4) 当通信数据量较小时，通信开销较小，带宽利用较好。

(5) 可以通过采用Cache技术来减少远程通信的频度。这是通过对所有数据(包括共享的和私有的)进行Cache缓冲来实现的。在后面将看到，Cache不仅能减少访问共享数据的延迟，而且能减少对共享数据的访问冲突。

消息传递通信机制的主要优点如下。

(1) 硬件更简单。特别是在与可扩放共享存储器实现方案相比时更是如此。

(2) 通信是显式的，因此更容易搞清楚何时发生通信以及通信开销是多少。

(3) 显式通信可以让编程者重点注意并行计算的主要通信开销，使之有可能开发出结构更好、性能更高的并行程序。

(4) 同步很自然地与发送消息相关联，能减少不当的同步带来错误的可能性。

在上述两种通信模式中，可以在任何一种通信机制硬件的基础上建立另外一种通信模式。在共享存储器上实现消息传递非常简单，因为发送一条消息可通过将一部分地址空间的内容复制到另一部分地址空间来实现。而在实现消息传递的硬件上支持共享存储器则困难得多，所有对共享存储器的访问都要依靠操作系统来进行地址转换和存储保护，并将存储器访问转换为消息的发送和接收。此外，load和store一般只访问少量的数据，这种用软件方法实现的共享存储器开销很大,以至于到无法接收的程度,所以其应用范围是非常有限的。

最初的分布式存储器计算机均采用消息传递机制,因为它比较简单。但近些年来,特别是20世纪90年代后半期以来所设计的计算机几乎都采用支持共享存储器通信。

尽管现在通过总线连接的对称式共享存储器计算机在市场上仍占主导地位,但从长远来看,在技术上的趋势是朝着中等规模的分布式共享存储器计算机方向发展的。

10.1.3 并行处理面临的挑战

并行处理面临着两个重要的挑战,一个是程序中的并行性有限,另一个是相对较大的通信开销。有限的并行性使计算机要达到很高的加速比十分困难,这可以用Amdahl定律进行解释。

例10.1 假设想用100个处理器达到80的加速比,求原计算程序中串行部分最多可占多大的比例?

解 Amdahl定律为

$$\text{加速比}=\frac{1}{\dfrac{\text{可加速部分比例}}{\text{理论加速比}}+(1-\text{可加速部分比例})}$$

为简单起见,假设程序只在两种模式下运行:使用了所有处理器的并行模式和只用一个处理器的串行模式,则在并行模式下的理论加速比即为处理器的个数,可加速部分的比例即为并行部分所占的比例,代入上式得

$$80=\frac{1}{\dfrac{\text{并行比例}}{100}+(1-\text{并行比例})}$$

求解该式子,可得并行比例=0.9975。

可以看出,要用100个处理器达到80的加速比,串行计算的部分只能占很小的比例即0.25%。更进一步,如果要使加速比与处理器个数的增长呈线性关系,则整个程序必须全部并行,没有串行的部分。不过,实际上程序并非在完全并行或串行模式下运行的,而是常常介于两者之间,即仅仅使用了一部分处理器。

第二个挑战主要是指多处理机中远程访问的较大延迟。在现有的计算机中,处理器之间的数据通信大约需要50~1000个时钟周期,这主要取决于通信机制、互连网络的种类和机器的规模。表10.1列出了在几种不同的共享存储器并行计算机中远程访问一个字的典型延迟。

表10.1 远程访问一个字的延迟时间

机器	通信机制	互连网络	处理机最大数量	典型远程存储器访问时间/ns
Sun Starfire servers	SMP	多总线	64	500
SGI Origin 3000	NUMA	胖超立方体	512	500
Cray T3E	NUMA	三维环网	2048	300
HP V series	SMP	8×8交叉开关	32	1000
HP AlphaServer GS	SMP	开关总线	32	400

下面再来看一个简单的例子，以进一步说明通信延迟的重要影响。

例 10.2 假设有一台 32 个处理器的多处理机，对远程存储器的访问时间为 200ns。假设除了通信以外，所有其他访问均命中局部存储器。当发出一个远程请求时，本处理器挂起。处理器的时钟频率为 2GHz，如果指令基本的 CPI 为 0.5(设所有访存均命中 Cache)，求在没有远程访问的情况下和有 0.2%的指令需要远程访问的情况下，前者比后者快多少？

解 有 0.2%远程访问的计算机的实际 CPI 为

$$\begin{aligned}\text{CPI} &= \text{基本 CPI} + \text{远程访问率} \times \text{远程访问开销}\\ &= 0.5 + 0.2\% \times \text{远程访问开销}\end{aligned}$$

远程访问开销为

$$\text{远程访问时间} / \text{时钟周期时间} = 200\text{ns}/0.5\text{ns} = 400 \text{ 个时钟周期}$$

所以 $\text{CPI}=0.5+0.2\%\times 400=1.3$。

因此在没有远程访问的情况下的计算机速度是有 0.2%远程访问的计算机速度的 $1.3/0.5=2.6$ 倍。

实际中的性能分析会复杂得多，因为一些非通信的访存操作可能不命中局部存储器，而且远程访问开销也并非是一个常量。例如，因为多个远程访问引起的全局互连网络冲突会使远程访问的延迟加大。

应用程序中并行性不足的问题主要是通过采用并行性更好的算法来解决的。而减少远程访问延迟则既可以依靠系统结构来实现，也可以通过编程技术来实现。既可以采用硬件的方法，例如用 Cache 来缓冲共享数据，也可以采用软件的方法对数据重新进行组织，使得更多的访问变成局部访问；还可以采用预取或多线程技术来减少延迟的影响。

在并行处理中，负载平衡、同步和存储器访问延迟等影响性能的关键因素常依赖于应用程序的高层特性，如数据的分配，并行算法的结构以及在空间和时间上对数据的访问模式等。依据应用特点可把多机工作负载大致分成两类：单个程序在多处理机上的并行工作负载和多个程序在多处理机上的并行工作负载。

反映并行程序性能的一个重要的量度是计算/通信比值。如果比值较高，就意味着应用程序中相对于每次数据通信要进行较多的计算。如前所述，通信在并行计算中的开销是很大的，因而较高的计算/通信比值十分有益。在一个并行处理环境下，当要增加处理器的数目或增大所求解问题的规模，或者两者同时都增大时，都要对计算/通信比值的变化加以分析。例如，在增加处理器数目的同时知道这个比值的变化，会对应用程序能获得多大的加速比有清楚的了解。同样，了解程序处理的数据集合大小的变化对这个比值的影响也是至关重要的。当处理器增多时，每个处理器计算量减小而通信量增大。当问题规模增大时，通信量的变化会更加复杂，这与算法的细节有关。

通常状况下，计算/通信比值随着处理的数据规模的增大而增加，随着处理器数目的增加而减少。这告诉我们用更多的处理器来求解一个固定大小的问题会导致不利因素的增加，因为处理器之间的通信量加大了。这同时也告诉我们增加处理器时应该调整数据的规模，从而使通信的时间尽量保持不变。

10.2 对称式共享存储器的系统结构

视频讲解

在第7章已经讨论过,多级Cache可以降低处理器对存储器带宽的要求。如果每个处理器对存储器带宽的要求都降低了,那么多个处理器就可以共享一个存储器。自20世纪80年代以来,随着微处理器逐渐成为主流,人们设计出了许多通过总线共享一个单独物理存储器的小规模多处理机。由于大容量Cache很大程度地降低了对总线带宽的要求,当处理机规模较小时,这种计算机十分经济。以往的这种计算机一般是将CPU和Cache做在一块板上,然后插入底板总线。后来,每块板上的处理器数目达到了4个,进一步发展则能在一个单独的芯片上实现2~8个处理器核。例如,Sun公司在2006年发布的T1就是一个8核的多处理器。

对称式共享存储器系统结构一般都支持对共享数据和私有数据的Cache。私有数据是指只供一个处理器使用的数据,而共享数据则是指供多个处理器共同使用的数据。处理器之间可以通过读写共享数据来实现通信。

私有数据进入Cache,使得处理器对它们的访问可以在Cache中完成,从而减少平均访存时间和减少对存储器带宽的要求。当允许共享数据进入Cache时,共享数据可能会在多个Cache中被复制,这样相应的处理器就可以在自己的Cache中找到这些数据。这样做不仅可以减少访存时间和对存储器带宽的要求,而且可以减少多个处理器同时读取共享数据所产生的冲突。不过,共享数据进入Cache也带来了一个新的问题,即Cache的一致性问题。

10.2.1 多处理机Cache一致性

如果允许共享数据进入Cache,就可能出现多个处理器的Cache中都有同一存储块的副本的情况,当其中某个处理器对其Cache中的数据进行修改后,就会使得其Cache中的数据与其他Cache中的数据不一致。这就是多处理机的Cache一致性(Cache Coherence)问题。

图10.3通过一个例子来说明这个问题。假设初始状况是CPU A和CPU B的Cache中都有存储单元X的副本,其值都是m,如图10.3(a)所示。并假设这两个Cache都采用写直达法。当CPU A对X进行写入后,Cache A和存储器中相应单元的值都变成了p,但Cache B中的值仍为m。如果CPU B读取X,则它得到的仍是旧值m。

对于一致性,可以有这样的说法:如果对某个数据项的任何读操作均可得到其最新写入的值,则认为这个存储系统是一致的。这个定义尽管很直观,但却不够清楚和全面,现实中的情况要复杂得多。这个简单的定义包括存储系统行为的两个不同方面:第一个方面是指读操作得到的是什么值(what),第二个方面是指什么时候读操作才能得到新写入的值(when)。

如果一个存储器满足以下三点,则称该存储器是一致的。

(1) 处理器P在对存储单元X进行一次写之后又对X进行读,在这读和写之间没有其他处理器对X进行写,则P读到的值总是刚写进去的值。

(2) 处理器P对存储单元X进行写之后,另一处理器Q对X进行读,在这读和写之间没有其他对X的写,则Q读到的值应为P写进去的值。

(3) 对同一存储单元的写是串行化的。即任意两个处理器对同一存储单元的两次写,

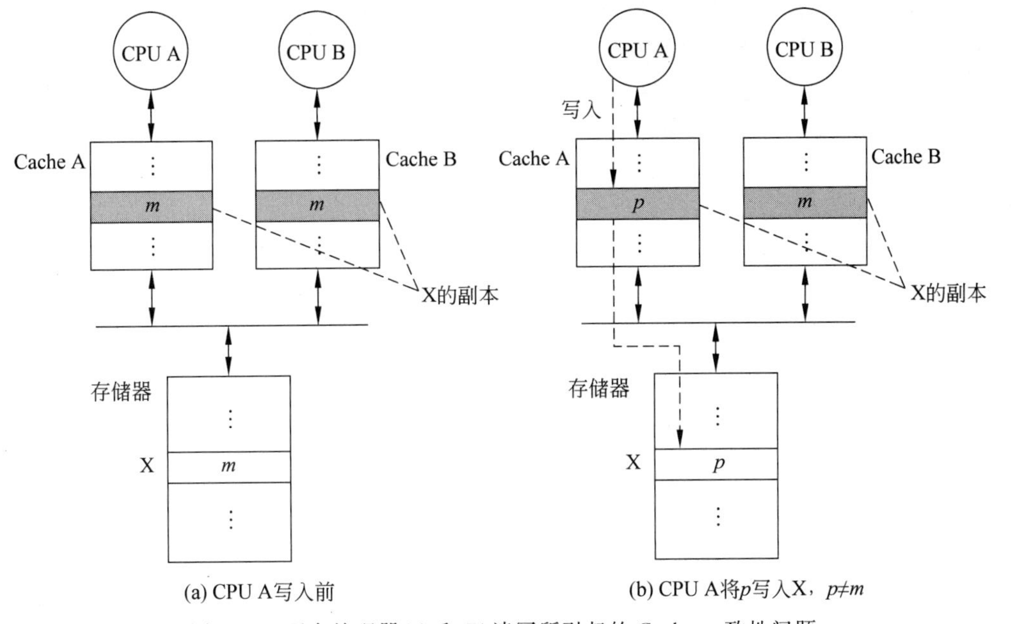

图 10.3　两个处理器(A 和 B)读写所引起的 Cache 一致性问题

从各个处理器的角度来看顺序都是相同的。例如，对同一地址先写 1，再写 2，则任何处理器都不会先读到 2，然后再读到 1。

第一条属性保证了程序顺序，即使在单处理机中也要求如此。第二条属性给出了存储器一致性的概念。如果一个处理器不断地读取到旧的数据，就可以肯定地说这个存储器是不一致的。

写操作的串行化难理解一些，但也同样重要。假设处理器 P1 对存储单元 X 进行一次写，接着处理器 P2 对 X 也进行一次写，如果不保证写操作串行化，就可能出现这样的情况：某个处理器先看到 P2 写的值而后看到 P1 写的值。解决这个问题最简单的方法是把写操作串行化，使得对同一存储器单元所进行的写操作顺序在所有处理器看来都是相同的，这种属性称为写串行化(Write Serialization)。

尽管上面三条已充分地保证了一致性，但什么时候才能获得写进去的值仍是一个重要的问题。通常不可能要求在一个处理器对 X 写后马上就能在另外的处理器上读出这一值。因为此时写入的值有可能在这一时刻还没离开进行写的处理器，所以总是有延迟的。为了简化起见，在后面的讨论中作以下假设：①直到所有的处理器均看到了写的结果，这个写操作才算完成；②处理器的任何访存均不能改变写的顺序。也就是说，允许处理器对读进行重排序，但必须以程序规定的顺序进行写。

10.2.2　实现一致性的基本方案

在支持 Cache 一致性的多处理机中，Cache 实现了共享数据的迁移(Migration)和复制(Replication)功能。共享数据的迁移是把远程的共享数据复制一份，迁入本地 Cache 供本处理器使用，从而减少对远程共享数据的访问延迟，也减少了对共享存储器带宽的要求。共享数据的复制则是把多个处理器需要同时读取的共享数据在这些处理器的本地 Cache 中各存放一个副本。复制不仅减少了访问共享数据的延迟,而且还减少了访问共享数据所产生的冲突。共享数据的迁移和复制对于提高访问共享数据的性能来说是非常重要的。一般情况下,小规模多处理机是采用硬件的方法来实现Cache的一致性的。

在多个处理器中用来维护一致性的协议称为Cache一致性协议(Cache-coherent Protocol)。实现Cache一致性协议的关键是跟踪共享数据块的状态。目前有两类协议,它们采用了不同技术来跟踪共享数据的状态。

(1) 目录式协议(Directory)——物理存储器中数据块的共享状态被保存在一个称为目录的地方。目录式协议的实现开销比监听式协议的稍微大一些,但可用于实现更大规模的多处理机。

(2) 监听式协议(Snooping)——当物理存储器中的数据块被调入Cache时,其共享状态信息与该数据块一起放在该Cache中。系统中没有集中的状态表。这些Cache通常连在共享存储器的总线上。当某个Cache需要访问存储器时,它会把请求放到总线上广播出去,其他各个Cache控制器通过监听总线(它们一直在监听)来判断它们是否有总线上请求的数据块。如果有,就进行相应的操作。

本节后面着重讨论监听式协议。目录式协议将在10.3节中详细论述。

在使用多个微处理器且每个Cache都与单一共享存储器相连组成的多处理机中,一般都采用监听协议,因为这种协议可直接利用已有的物理连接(连接到存储器的总线)。

可以采用两种方法来解决上述的Cache一致性问题。一种方法是保证:在处理器对某个数据项进行写入之前,它拥有对该数据项的唯一访问权。具体做法是在处理器(设为P)进行写入操作之前,把所有其他Cache中的副本全部作废,这称为写作废协议(Write Invalidate)。它是目前最常用的协议,无论是采用监听协议还是采用目录协议都是如此。唯一的访问权保证了在进行写入操作时其他处理器上不存在任何副本。如果其他处理器接着要访问该数据,就会产生不命中,从而从存储器取出新的数据副本(写直达法),或者从P的Cache中获得新的数据(写回法)。

要保证进行写的处理器具有唯一的访问权,就必须禁止其他处理器和它同时进行写操作。但如果两个处理器要同时进行写操作,该如何处理?这可以通过竞争来解决,它们中只有一个会在竞争中获胜——获得访问权,而另一个处理器中的副本以及其他处理器中的副本(如果有的话)就会作废。竞争失败的处理器要完成写操作,就必须先获得一份新的数据副本。该副本已经包含更新后的数据。显然,这种协议保证了写操作的串行化。

下面通过一个例子来看看写作废协议如何保持数据一致性,如图10.4所示。初始状态是:CPU A、CPU B、CPU C都有X的副本。在CPU A要对X进行写入时,需先作废CPU B和CPU C中的副本,然后再将p写入Cache A的副本中,同时用该数据更新主存单元X。

另外一种协议是写更新协议(Write Update)。在这种协议中,当一个处理器对某数据项进行写入时,它把该新数据广播给其他所有Cache。这些Cache用该新数据对其中的副本(如果有的话)进行更新。当然,如果知道其他Cache中都没有相应的副本,就不必进行广播和更新。这样处理能够减少实现该协议所需的带宽。

图10.5给出了写更新协议操作过程的一个例子。这里假设三个Cache都有X的副本。当CPU A将数据p写入Cache A中的副本时,将p广播(在这个例子中是通过总线)给所有的Cache,这些Cache用p更新其中的副本。显然,此后CPU A和CPU B读取X时,都

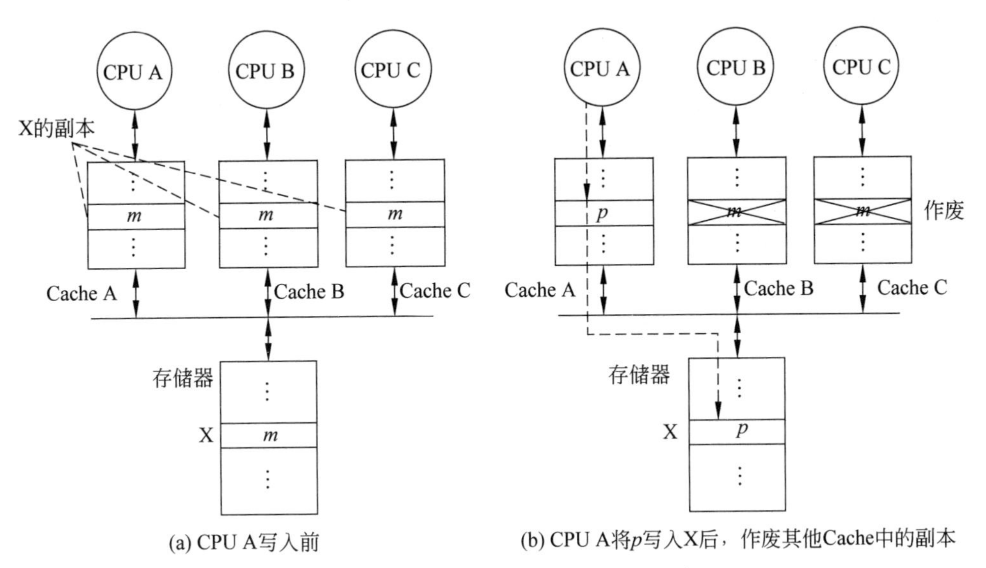

图 10.4　监听总线、写作废协议举例(采用写直达法)

将在其 Cache 中命中,得到最新的值。由于这里采用写直达法,所以 CPU A 还要将 p 写入存储器中的 X。如果采用写回法,则不需要写入存储器。

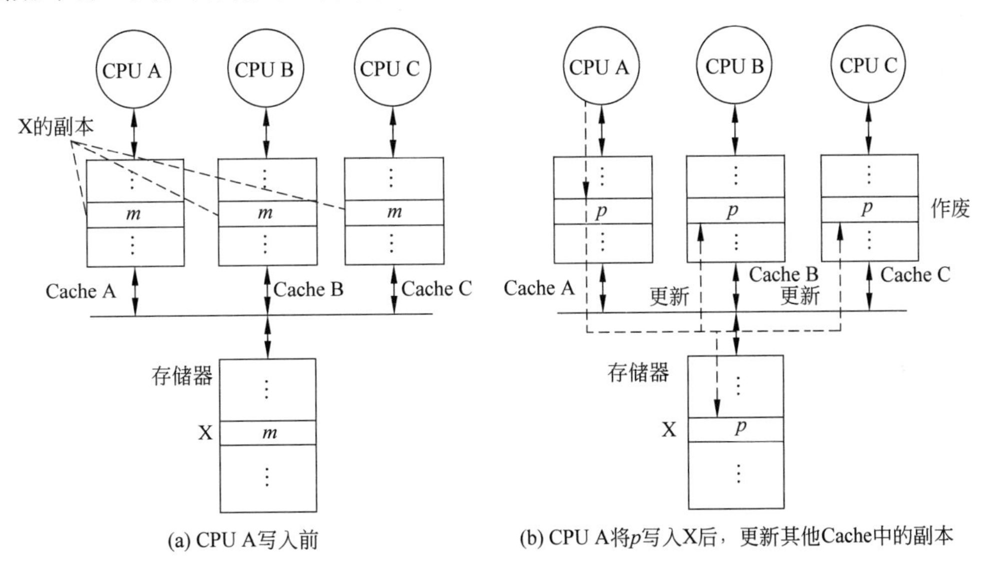

图 10.5　监听总线、写更新协议举例(采用写直达法)

在这两种协议中,写作废协议的应用比较广泛。大多数的计算机都采用写作废协议。写更新和写作废协议在性能上的差别主要来自以下三个方面。

(1) 在对同一个数据进行多次写操作而中间无读操作的情况下,写更新协议需进行多次写广播操作,而写作废协议只需一次作废操作。

(2) 在对同一 Cache 块的多个字进行写操作的情况下,写更新协议对于每一个写操作都要进行一次广播,而写作废协议仅在对该块的第一次写时进行作废操作即可。写作废是针对 Cache 块进行操作的,而写更新则是针对字(或字节)进行的。

(3) 考虑从一个处理器A进行写操作后到另一个处理器B能读到该写入数据之间的延迟时间。在写更新协议中,这个延迟时间比较小,因为它在进行写操作时,立即更新了所有其他Cache中的副本,包括Cache B中的副本(假设有此副本)。而在写作废协议中,由于在处理器A进行写操作时已经作废了Cache B中的副本,所以当处理器B进行读操作时需要等待,直到新的副本被调入Cache。

在基于总线的多处理机中,总线和存储器带宽是最紧缺的资源,而写作废协议所耗费的总线和存储器带宽比较少,因此写作废协议成为绝大多数多处理机系统的选择。当然,在设计处理器个数不多(2~4个)的多处理机时,处理器之间紧密耦合,写更新法所要求的带宽还可以接受。尽管如此,考虑到处理器性能不断提高的趋势以及相关带宽需求的增长,更新模式很少被采用,因此本章的剩余部分只关注写作废协议。

视频讲解

10.2.3 监听协议的实现

1. 监听协议的基本实现技术

实现监听协议的关键有以下三个方面。

(1) 处理器之间通过一个可以实现广播的互连机制相连,通常采用的是总线。

(2) 当一个处理器的Cache响应本地CPU的访问时,如果它涉及全局操作,例如需要访问共享的存储器或需要其他处理器中的Cache进行相应的操作(例如作废等),其Cache控制器就要在获得总线的控制权后,在总线上发出相应的消息(如图10.4中的Cache A所示)。

(3) 所有处理器都一直在监听总线,它们检测总线上的地址在它们的Cache中是否有副本。若有,则响应该消息,并进行相应的操作(如图10.4中的Cache B所示)。

获取总线控制权的顺序性保证了写操作的串行化,因为当两个处理器要同时对同一数据块进行写操作时,必然是只有其中一个处理器先获得总线控制权,并作废所有其他处理器上的相关副本。另一处理器要等待前一个处理器的写操作完成后,再排队竞争总线控制权。这保证了写操作严格地按顺序进行。所有的一致性协议都要采用某种方法来保证对同一个Cache块的写访问的串行化。

虽然不同的监听协议在具体实现上有些差别,但在许多方面是相同的。Cache发送到总线上的消息主要有以下两种。

(1) RdMiss。读不命中。

(2) WtMiss。写不命中。

RdMiss和WtMiss分别表示本地CPU对Cache进行读访问和写访问时不命中,这时都需要通过总线找到相应数据块的最新副本,然后调入本地Cache中。尽管这个副本不一定在存储器中,但为了尽快获得这个副本,一般是马上启动对存储器相关块的访问。对于写直达Cache来说,由于所有写入的数据都同时被写回存储器,所以其最新值总可以从存储器中找到。而对于写回法Cache来说,难度就大一些了,因为这个最新副本有可能是在其他某个处理器的Cache中(尚未写回存储器)。在这种情况下,将由该Cache向请求方处理器提供该块,并终止由RdMiss或WtMiss所引发的对存储器的访问。当然,RdMiss和WtMiss还将使得相关Cache块的状态发生改变。

有的监听协议还增设了一条Invalidate消息,用来通知其他各处理器作废其Cache中相应的副本。Invalidate 和 WtMiss 的区别在于 Invalidate 不引起调块。

第7章中介绍过，单 Cache 情况下写回法 Cache 对于每一个 Cache 块都设置了一个修改位，用于记录该块是否被修改过。在采用写回法的多 Cache 中，可以直接利用这个标志位来实现一致性。将一个数据进行写入时，只写入 Cache（如果不命中，就要先从存储器调块），而不直接写回存储器。这时这个块的修改位被置位，表示该块中保存的是整个系统中唯一的最新副本，存储器中的副本是过时了的，而且所有其他 Cache 中也没有其副本。

每个处理器（实际上是 Cache 控制器）都监听其他处理器放到总线上的地址，如果某个处理器发现它拥有被请求数据块的一个最新副本，它就把这个数据块送给发出请求的处理器。与写直达法相比，尽管写回法在实现的复杂度上有所增加，但由于写回法 Cache 所需的存储器带宽较低，它在多处理机实现上仍很受欢迎。在后面的讨论中，只考虑写回法 Cache。

Cache 本来就有的标识（Tag）可直接用来实现监听。通过把总线上的地址和 Cache 内的标识进行比较，就能找到相应的 Cache 块（如果有的话），然后对其进行相应的处理。每个块的有效位使得我们能很容易地实现作废机制。当要作废一个块时，只需将其有效位置为无效即可。对于 CPU 读不命中的情况，处理比较简单，Cache 控制器向总线发 RdMiss 消息，并启动从主存的读块操作，准备调入 Cache。当然，如果存储器中的块不是最新的，最新的副本是在某个 Cache 中，就要由该 Cache 提供数据，并终止对存储器的访问。

对于写操作来说，希望能够知道其他处理器中是否有该写入数据的副本，因为如果没有，就不用把这个写操作放到总线上，从而减少所需要的带宽以及这个写操作所花的时间。这可以通过给每个 Cache 块增设一个共享位来实现。该共享位用来表示该块是被多个处理器所共享（共享位为“1”），还是仅被某个处理器所独占（共享位为“0”）。拥有该数据块的唯一副本的处理器通常被称为该块的拥有者（Owner）。

当一个块处于独占状态时，其他处理器中没有该块的副本，因此不必向总线发 Invalidate 消息。否则就是处于共享状态，这时要向总线发 Invalidate 消息，作废所有其他 Cache 中的副本，同时将本地 Cache 中该块的共享标志位置零。如果后面又有另一处理器再读这个块，则其状态将再次转换为共享。由于每个 Cache 都在监听总线上的消息，所以它们知道什么时候另一个处理器请求访问该块，从而把其状态改为共享。

每一次总线操作都要检查 Cache 中的地址标识，这会打扰处理器对 Cache 的访问。必须设法减少这种打扰。一种方法是设置两套标识，分别用于处理来自 CPU 的访问和来自总线的访问。当然，Cache 不命中时，处理器要对两套标识进行操作。类似地，如果监听到了一个相匹配的地址，也要对两套 Cache 的标识进行操作。

在多级 Cache 中，还可以采用另一种方法，即把监听的操作请求交给第二级 Cache 来处理。由于处理器只在第一级 Cache 不命中时才会访问第二级 Cache，而第一级 Cache 的命中率往往都很高，所以这种方法是可行的。不过，当监听机制在第二级 Cache 中发现相匹配的项目时，就会与处理器争用第一级 Cache。在监听机制获得使用权后，要修改状态且可能需要访问第一级 Cache 中的数据。此外，这两级 Cache 必须满足包容关系，即第一级 Cache 中的内容是第二级 Cache 中内容的一个子集。

2. 监听协议举例

实现监听协议通常是在每个结点内嵌入一个有限状态控制器。该控制器根据来自处理器或总线的请求以及 Cache 块的状态，做出相应的响应，包括改变所选择的 Cache 块的状态,通过总线访问存储器,或者作废Cache块等。

根据第7章,我们知道,在单Cache中,每次CPU进行读操作时,Cache最后都要把所访问的数据送给CPU。而在每次进行写操作时,最后CPU都要把数据写入Cache。在多Cache中也是如此。在后面的讨论中,为简洁起见,省略这些操作,而把重点放在实现一致性的操作上。

下面要介绍的监听协议实例比较简单。每个数据块的状态只能取以下三种状态中的一种。

(1) 无效(Invalid,I)。表示Cache中该块的内容为无效。显然,所要访问的块尚未进入Cache。

(2) 共享(Shared,S)。表示该块可能处于共享状态,即在多个(≥2)处理器中都有副本。这些副本都相同,且与存储器中相应的块相同。之所以说可能,是因为它包含这种特殊情况:在整个系统中,该块只在一个Cache中有副本,而且该副本与存储器中相应的块相同。对处于共享状态的块只能进行读操作。如果要进行写操作,就要先把其状态改为“已修改”。

(3) 已修改(Modified,M)。表示该块已经被修改过,并且还没写入存储器。这时该块中的内容是最新的,而且是整个系统中唯一的最新副本。处于已修改状态的块由本地处理器独占。该处理器不仅可以对它进行读操作,而且可以对它进行写操作。

下面来讨论在各种情况下监听协议所进行的操作。

1) 响应来自处理器的请求

对不发生替换和发生替换的两种情况分别进行讨论。

(1) 不发生替换的情况,参见图10.6(a)。

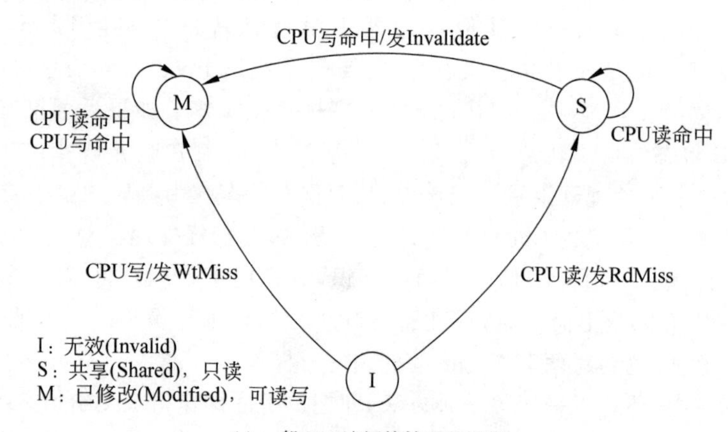

(a) 一般CPU访问的情况及操作

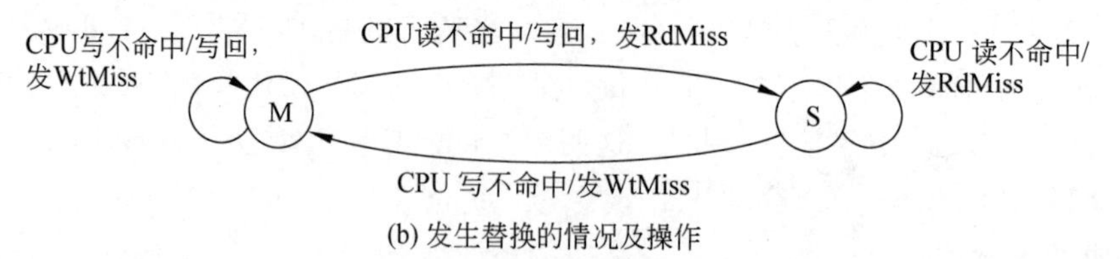

(b) 发生替换的情况及操作

图10.6 写作废协议中(采用写回法),Cache块的状态转换图Ⅰ:响应来自CPU的请求

① 状态为I。

在这种情况下的操作与单Cache中的情况类似。

当CPU要进行读访问时，由于所要访问的块尚未调入Cache，所以发生读不命中时，需要向总线发RdMiss消息。调入该块后，把其状态改为共享(S)。这时该数据块在Cache中有唯一的一个副本，且该副本与存储器中的相应内容相同。

当CPU要进行写访问时，由于所要访问的块尚未调入Cache，所以发生写不命中，需要向总线发WtMiss消息。调入该块后，将其状态改为已修改(M)。这时该数据块在Cache中有唯一的一个副本(最新)，且该副本与存储器中的相应内容不同。存储器中的内容已过时。

② 状态为S。

当CPU要进行读访问时，如果命中，则状态不变。否则就需要进行替换，这种情况后面再讨论。

当CPU要进行写访问时，需先把Cache中相应块的状态改为已修改(M)，然后再把数据写入，同时要作废所有其他Cache中的副本。在命中的情况下，无须调块，只要向总线发Invalidate消息即可。如果不命中，就需要进行替换。这种情况后面再讨论。

③ 状态为M。

在这种状态下，当Cache读命中或写命中时，状态不变。但当不命中时，就需要进行替换，这种情况后面再讨论。

(2) 发生替换的情况。

当CPU访问Cache不命中、而按映像规则所映射到的块或组中已经没有空闲块(状态为I)的时候，就要进行替换。这时就根据替换算法在Cache中选择一个块作为被替换的块，该块的内容将被新调入的块所替换。图10.6(b)给出了在发生替换情况下的状态转换及操作。

① 状态为S。

当发生读不命中时，就向总线发RdMiss，调入一个新块并替换原来的块，并且该Cache块的状态不用改变。因为处理器是进行读访问的。

当发生写不命中时，就向总线发WtMiss，也是调入一个新块并替换原来的块，但要把该块的状态改为M。这是因为处理器是进行写访问的。

② 状态为M。

这种情况与①类似，只是在写不命中时，Cache块的状态不用改变，而在读不命中时，要把状态改为S。此外，还有关键的一点，就是在该块被替换之前，需要将其中的内容先写回存储器。这是因为该块是整个系统中唯一的最新副本。

2) 响应来自总线的请求

每个处理器都在监视总线上的消息和地址，当发现有与总线上的地址相匹配的Cache块时，就要根据该块的状态以及总线上的消息，进行相应的处理，见图10.7。

(1) 状态为S。

这种状态表示该块是一个只读副本。当远程处理器(相对于本地处理器而言)因进行读访问不命中而在总线上发RdMiss时，由于调块后不对该块进行写操作，所以本地Cache中该块的状态不变。但如果远程结点是因为要进行写操作而往总线上发WtMiss或

Invalidate 消息的,则需要作废本地 Cache 中的该块,将其状态改为 I。

(2) 状态为 M。

这种状态表示该块是整个系统中唯一的最新副本。不管远程处理器发的是 RdMiss 还是 WtMiss,本 Cache 都需要将这个唯一的副本写回存储器,并终止 RdMiss 或 WtMiss 引发的对存储器的访问,改由本 Cache 提供该块。在状态方面,RdMiss 将导致本地 Cache 中该块的状态变为 S,即该块也变成一个只读的共享块;而 WtMiss 则将其状态修改为 I,将之作废。这是因为远程处理器需要的是一个独占的块。

在上述协议中假设操作具有原子性(Atomic),即其操作进行过程中不能被打断,例如将写不命中的检测、申请总线和接收响应作为一个单独的原子操作。但在实现时的情况会比这复杂得多。

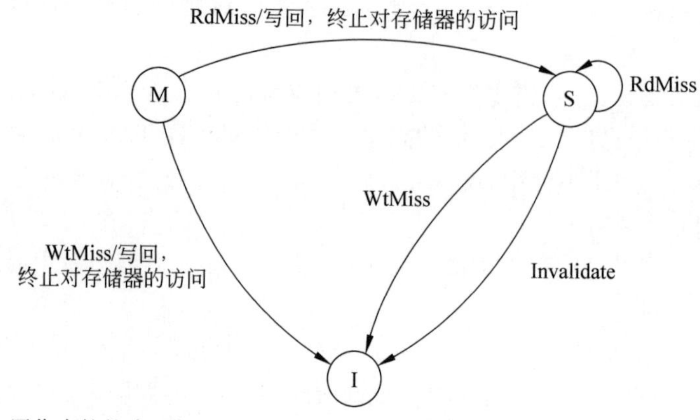

图 10.7　写作废协议中(采用写回法),Cache 块的状态转换图Ⅱ:响应来自总线的请求

10.3　分布式共享存储器的系统结构

10.3.1　目录协议的基本思想

视频讲解

在前面介绍的监听协议中,每当 Cache 不命中时,就要与所有其他的 Cache 进行通信,这是通过总线的广播以及其他 Cache 的监听来实现的。之所以要广播和监听,是因为系统中没有一个集中的数据结构来记录 Cache 的状态,数据块的状态是保存在各自的 Cache 中的。所以当一个 Cache 发生不命中时,它不知道其他 Cache 中哪些拥有相应的副本,就只好在总线上广播相应的信息,让所有其他的 Cache 都来协助完成相关的操作。这种协议直接利用了系统中已经存在的总线和 Cache 中的状态位。因而它具有实现容易、成本较低的优点。然而,当系统的规模变大时,它又是个致命的弱点。大量的总线广播操作会使得总线很快就成为系统的瓶颈。广播和监听的机制使得监听一致性协议的可扩放性很差。

为了实现较大规模的可扩放的共享存储器多处理机系统,需要寻找新的一致性协议来代替监听协议,这就是前面提过的目录协议。另外,总线的可扩放性不好,可以改用可扩放性更好的互连网络。互连网络能很高效地实现点到点的通信。目录协议采用了一个集中的数据结构——目录。对于存储器中的每一个可以调入 Cache 的数据块,在目录中设置了一条目录项,用于记录该块的状态以及哪些 Cache 中有副本等相关信息。这样,对于任何一个数据块，都可以快速地在唯一的一个位置（根据该存储块的地址来确定）中找到相关的信息，这使得目录协议避免了广播操作。

目录法常采用位向量的方法来记录哪些 Cache 中有副本，该位向量中的每一位对应于一个处理器。例如可以用“1”表示相应的处理器的 Cache 有副本，用“0”表示没有副本。这个位向量的长度与处理器的个数成正比。为便于讨论，后面将把由位向量指定的处理机的集合称为共享集 S。

目录协议根据该项目中的信息以及当前要进行的访问操作，依次对相应的 Cache 发送控制消息，并完成对目录项信息的修改。此外，还要向请求处理器发送响应信息。

为了提高可扩放性，可以把存储器及相应的目录信息分布到各结点中，如图 10.8 所示。每个结点的目录中的信息是对应于该结点存储器中的数据块的。这使得对于不同目录项的访问可以在不同的结点中并行进行。当处理器进行访存操作时，如果该地址落在本地存储器的地址范围中，就是本地的，否则就是远程的，这是由结点内的控制器根据访问地址来判定的。

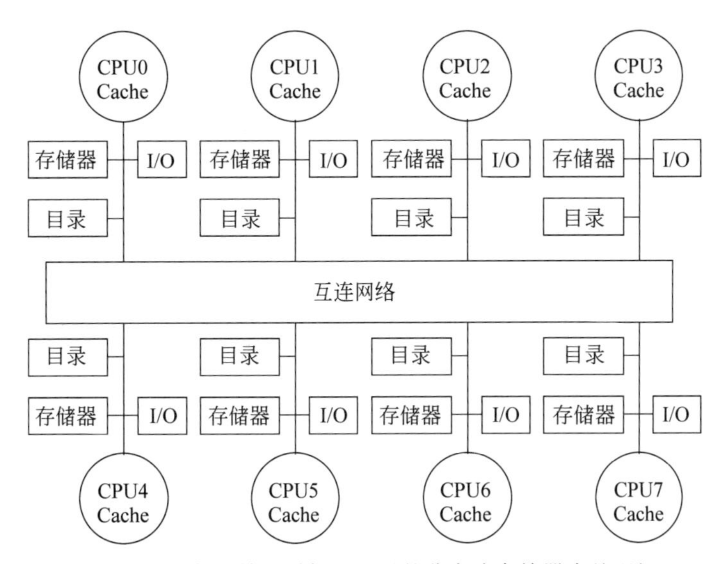

图 10.8　对每个结点增加目录后的分布式存储器多处理机

对于目录法来说，最简单的实现方案是对于存储器中的每一块都在目录中设置一项。在这种情况下，目录中的信息量与 $M \times N$ 成正比。其中 M 表示存储器中存储块的总数量，N 表示处理器的个数。由于 $M = K \times N$，K 是每个处理机中存储块的数量，所以如果 K 保持不变，则目录中的信息量就与 N^2 成正比。显然这种方法的可扩放性不好，只有在处理器个数比较少的情况下才是可行的。

当处理器数量较多时，需要采用扩放性更好的方法，例如只给那些已经进入 Cache 的块（而不是所有的块）设置目录项，或者让每个目录项的位数固定。后面将进一步介绍这些方法。

在目录协议中，存储块的状态有以下三种。

（1）未缓冲（UnCached）。该块尚未被调入 Cache。所有处理器的 Cache 中都没有这个块的副本。

（2）共享（Shared）。该块在一个或多个处理机上有这个块的副本，且这些副本与存储器中的该块相同。

(3) 独占(Exclusive)。仅有一个处理机有这个块的副本，且该处理机已经对其进行了写操作，所以其内容是最新的，而存储器中该块的数据已过时。这个处理机称为该块的拥有者(Owner)。

为了提高实现效率，在每个Cache中还跟踪记录每个Cache块的状态。

在目录法中，每个Cache中的Cache块的状态及其转换与前面监听法的情况相同。只是在状态转换时所进行的操作有些不同。

图10.9是用来说明本地结点、宿主结点以及远程结点的概念及其相互关系的示意图。本地结点(Local Node)是指发出访问请求的结点(图中的A)。该结点中的处理机P发出了一个地址为K的访存请求。宿主结点(Home Node)是指包含所访问的存储单元及其目录项的结点(图中的B)，它包含地址K的存储单元及相应的目录项。因为物理地址空间是静态分布的，所以对于某一给定的物理地址，包含其存储单元及目录项的结点是确定且唯一的。该地址的高位指出结点号，而低位则表示在相应结点的存储器内的偏移量。图中的C是远程结点(Remote Node)，它拥有相应存储块的副本。

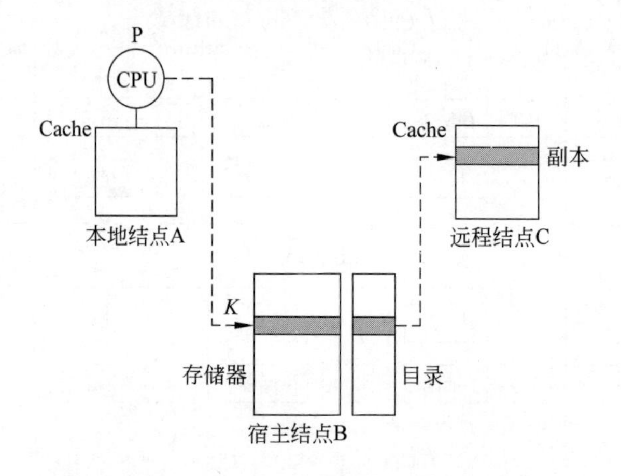

图10.9 宿主结点、本地结点和远程结点

本地结点和宿主结点可以是同一个结点，这时所访问的单元就在本地结点的存储器中。远程结点可以和宿主结点是同一个结点，也可以和本地结点是同一个结点。在这些情况下，基本协议不需要变动，只是结点之间的消息变成了结点内的消息。

为了实现一致性，需要在结点之间发送以下消息。

1. 本地结点发给宿主结点(目录)的消息

1) RdMiss(P,K)

括号中的内容表示所带参数。其中P为发出请求的处理机，K为所要访问的地址，下同。

功能说明：处理机P读取地址为K的数据时不命中，请求宿主结点提供数据(块)，并要求把P加入共享集。

2) WtMiss(P,K)

功能说明：处理机P对地址K进行写入时不命中，请求宿主结点提供数据，并使P成为所访问数据块的独占者(共享集合中只有 P)。

3) Invalidate(K)

功能说明：请求向所有拥有相应数据块副本(包含地址 K)的远程 Cache 发 Invalidate 消息，作废这些副本。

2. 宿主结点(目录)发送给远程结点的消息

1) Invalidate(K)

功能说明：作废远程 Cache 中包含地址 K 的数据块。

2) Fetch(K)

功能说明：从远程 Cache 中取出包含地址 K 的数据块，并将之送到宿主结点。把远程 Cache 中那个块的状态改为“共享”。

3) Fetch&Inv(K)

功能说明：从远程 Cache 中取出包含地址 K 的数据块，并将之送到宿主结点。然后作废远程 Cache 中的那个块。

3. 宿主结点发送给本地结点的消息：DReply(D)

功能说明：这里的 D 表示数据内容。该消息的功能是把从宿主存储器获得的数据返回给本地 Cache。

4. 远程结点发送给宿主结点的消息：WtBack(K,D)

功能说明：把远程 Cache 中包含地址 K 的数据块写回到宿主结点中。

该消息是远程结点对宿主结点发来的“取数据”或“取/作废”消息的响应。

实际上，只要数据块由独占状态变成共享状态，就必须进行写回，因为所有的独占块都是被修改过的，而且任何处于共享状态的块与宿主存储器中相应存储块的内容必定是相同的。

5. 本地结点发送给被替换块的宿主结点的消息

1) MdSharer(P,K)

功能说明：该消息用于当本地 Cache 中需要替换一个包含地址 K 的块且该块未被修改过的情况。这个消息发给该块的宿主结点，请求它将 P 从共享集中删除。如果删除后共享集变为空集，则宿主结点还要将该块的状态改变为“未缓存”(U)。

2) WtBack2(P,K,D)

功能说明：该消息用于当本地 Cache 中需要替换一个包含地址 K 的块且该块已被修改过的情况。这个消息发给该块的宿主结点，完成两步操作：①把该块写回；②进行与 MdSharer 相同的操作。

需要说明的是，这里所说的宿主结点是指要被替换的块的宿主结点。它与当前本地结点正在访问的块的宿主结点是不同的。

为简单起见，本节中假设消息被接收和处理的顺序与消息发送的顺序相同。但实际情况并不一定如此，从而会产生更多的复杂性。

10.3.2 目录协议实例

视频讲解

基于目录的协议中，Cache 的基本状态与监听协议中的相同，Cache 块状态转换的操作在实质上也与监听协议相同。只是在监听协议中，相关的消息要放到总线上进行广播，现在则由点到点的通信来完成。本地结点把请求发给宿主结点中的目录，再由目录控制器有选择地向远程结点发出相应的消息,使远程结点进行相应的操作,并进行目录中状态信息等的更新。与监听协议相同,当对 Cache 块进行写操作时,该 Cache 块必须处于独占状态。另外,对于任何一个处于共享状态的块来说,其宿主存储器中的内容都是最新的。

图 10.10 是在基于目录协议的系统中,响应本地 Cache CPU 请求时 Cache 块的状态转换图。跟图 10.6 一样,用斜杠来分隔请求和响应操作。斜杠前的是请求,斜杠后的是相应的操作。在这些操作中,有的是向本次访问的宿主结点进一步发请求,如 RdMiss,WtMiss,Invalidate。有的则是向被替换块的宿主结点发请求,如 MdSharer,WtBack2,其含义见10.3.1 节。

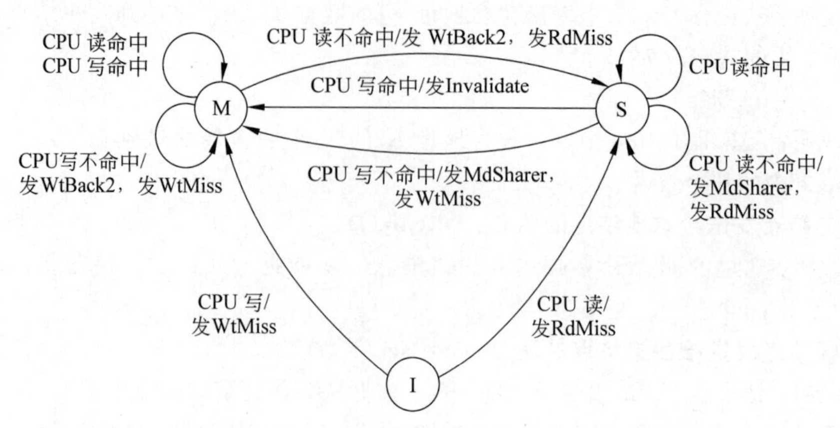

图 10.10　基于目录的系统中 Cache 块的状态转换图Ⅰ:响应本地 CPU 的请求

图 10.11 是远程结点中 Cache 块响应来自宿主结点的请求的状态转换图。这些请求包括 Invalidate(作废),Fetch(取数据块),Fetch&Inv(取数据块并作废),其含义见10.3.1 节。

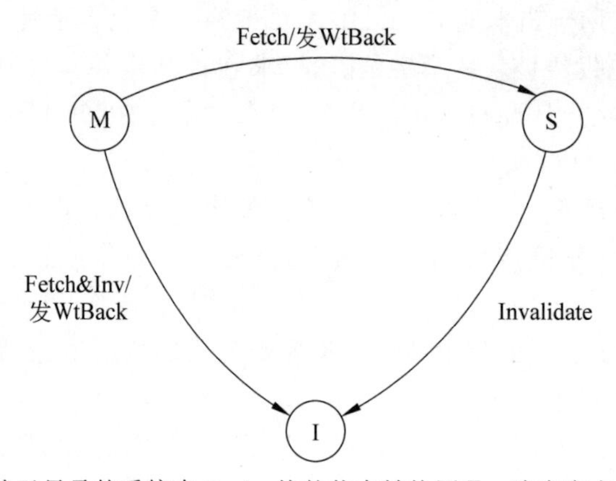

图 10.11　基于目录的系统中 Cache 块的状态转换图Ⅱ:响应宿主目录的请求

如果把上述 Cache 块的状态转换及操作机制看成完成了目录一致性协议的一半,则目录部分实现了该协议中的另一半。

如前所述,目录中存储器块的状态有:未缓存、共享和独占。除了每个块的状态外,目录项还用位向量记录拥有其副本的处理器的集合。这个集合称为共享集合。对于从本地结点发来的请求，目录所进行的操作包括：①向远程结点发送消息以完成相应的操作，这些远程结点由共享集合指出；②修改目录中该块的状态；③更新共享集合。

目录可能接收到三种不同的请求：读不命中、写不命中或数据写回。假设这些操作是原子的。

为了进一步理解目录所进行的操作，下面分析各个状态下所接收到的请求和所进行的相应操作(参见图 10.12)。

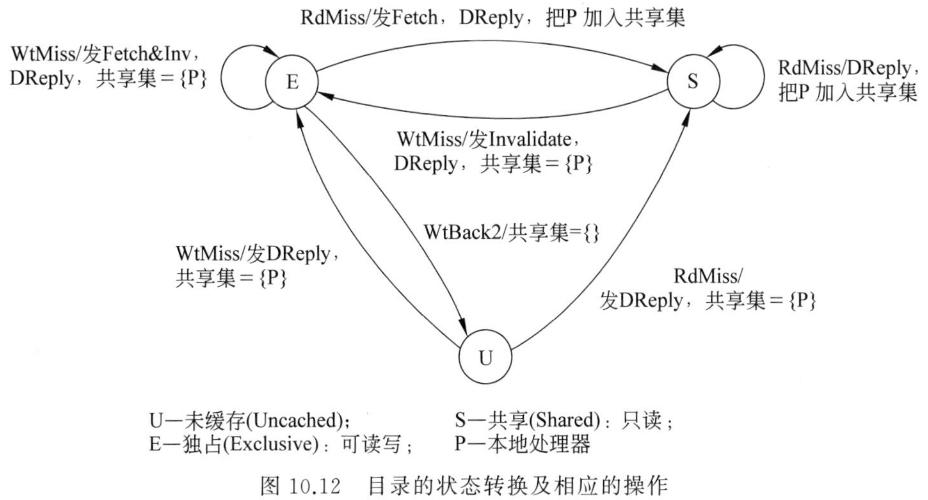

图 10.12　目录的状态转换及相应的操作

(1) 当一个块处于未缓冲状态(U)时，对该块发出的请求及处理操作如下。

① RdMiss(读不命中)。将所要访问的存储器数据送往请求方处理机，且该处理机成为该块的唯一共享结点，本块的状态变成共享。

② WtMiss(写不命中)。将所要访问的存储器数据送往请求方处理机，该块的状态变成独占，表示该块仅存在唯一的副本。其共享集合仅包含该处理机，指出该处理机是其拥有者。

(2) 当一个块处于共享状态(S)时，其在存储器中的数据是当前最新的，对该块发出的请求及处理操作如下。

① RdMiss。将存储器数据送往请求方处理机，并将其加入共享集合。

② WtMiss。将数据送往请求方处理机，对共享集合中所有的处理机发送作废消息，且将共享集合改为仅含有该处理机，该块的状态变为独占。

(3) 当某块处于独占状态(E)时，该块的最新值保存在共享集合所指出的唯一处理机(拥有者)中，有以下三种可能的请求。

① RdMiss。将“取数据”的消息发往拥有者处理机，将它返回给宿主结点的数据写入存储器，进而把该数据送回请求方处理机，将请求方处理机加入共享集合。此时共享集合中仍保留原拥有者处理机(因为它仍有一个可读的副本)，将该块的状态变为共享。

② WtMiss。该块将有一个新的拥有者。给旧的拥有者处理机发送消息，要求它将数据块送回宿主结点并写入存储器，然后再从该结点送给请求方处理机。同时还要把旧拥有者处理机中的该块作废。把请求处理机加入共享者集合，使之成为新的拥有者。该块的状态仍旧是独占。

③ WtBack2(写回)。当一个块的拥有者处理机要从其 Cache 中把该块替换出去时，必

须将该块写回其宿主结点的存储器中,从而使存储器相应的块中存放的数据是最新的(宿主结点实际上成为拥有者),该块的状态变成未缓冲,其共享集合为空。

实际计算机中采用的目录协议要做一些优化。例如对某个独占块发出读或写不命中时,该块将先被送往宿主结点并存入存储器,然后再被送往请求结点,而实际中的计算机很多都是将数据从拥有者结点直接送该请求结点,同时写回宿主结点中的存储器。

基于目录的Cache一致性协议是完全由硬件实现的。当然,也可以用软硬结合的办法实现,即将一个可编程协议处理机嵌入一致性控制器中,这样既减少了成本,又缩短了开发周期。这是因为可编程协议处理机可以根据实际应用需要很快开发出来,而一致性协议处理中的异常情况可完全交给软件执行。这种软硬结合实现Cache一致性的代价是损失了一部分效率。

到目前为止讨论的一致性协议都做了一些简化的假设,实际中的协议必须处理以下两个实际问题:操作的非原子性和有限的缓存。操作的非原子性产生实现的复杂性,有限的缓存可能导致死锁问题。

视频讲解

10.3.3 目录的三种结构

不同目录协议的主要区别主要有两个,一个是所设置的存储器块的状态及其个数不同,另一个则是目录的结构。根据目录的结构,可以把目录协议分成三类:全映像(Full-mapped)目录、有限映像(Limited-mapped)目录和链式(Chained)目录。

1. 全映像目录

10.3.1节和10.3.2节中介绍的协议都是基于全映像目录的。在这种结构中,每一个目录项都包含一个N位(N为处理机的个数)的位向量,其每一位对应于一个处理机。例如,在如图10.13所示的例子中,按从左到右的次序给位向量中的位进行编号后,第i位就对应于第i个处理机,图中用虚线来表示这种关系。当位向量中的值为"1"时,就表示它所对应的处理机有该数据块的副本;否则就表示没有。在这种情况下,共享集合由位向量中值为"1"的位所对应的处理机构成。

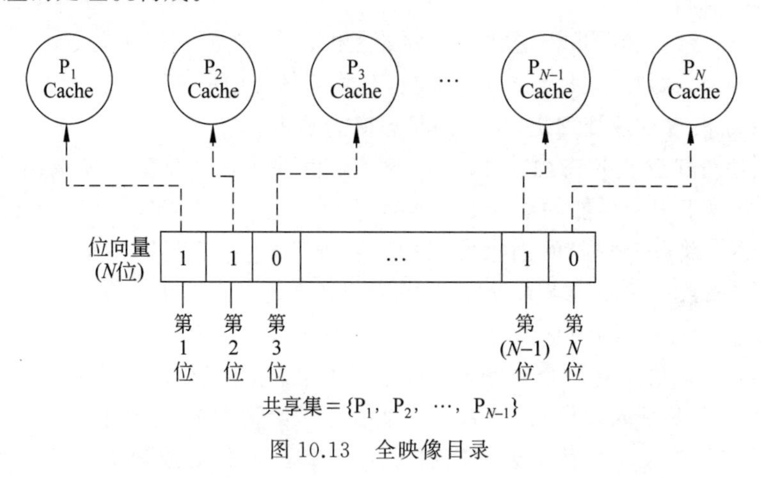

图10.13 全映像目录

全映像目录的处理比较简单,速度也比较快。但它的存储空间的开销很大。目录项的数目与处理机的个数 N 成正比，而目录项的大小(位数)也与 N 成正比，因此目录所占用的空间与 N^2 成正比。这种目录结构的可扩放性很差。

2. 有限映像目录

有限映像目录是对全映像目录的改进，为的是提高其可扩放性和减少目录所占用的空间。其核心思想是采用位数固定的目录项目，这是通过对同一数据块在所有 Cache 中的副本总数进行限制来实现的。例如，限定为常数 m，则目录项中用于表示共享集合所需的二进制位数为 $m \times \lceil \log_2 N \rceil$。人们发现，根据局部性原理，一般来说 $m \ll N$，这样就能大大地减小目录存储器的规模。这种目录所占用的空间与 $N \times \lceil \log_2 N \rceil$ 成正比。图 10.14 是采用有限映像目录的一个例子。

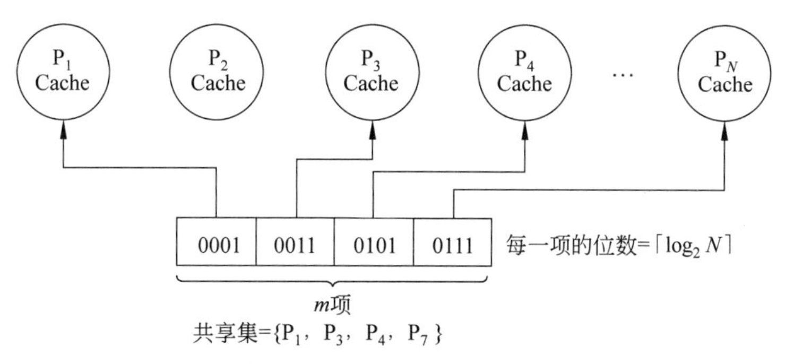

图 10.14　有限映像目录($m=4, N \geqslant 8$ 的情况)

有限映像目录的缺点是：当同一数据的副本个数大于 m 时，必须做特殊处理。当目录项中的 m 个指针已经全被占满，而某处理机又需要新调入该块时，就需要在其 m 个指针中选择一个，将之驱逐，以便腾出位置，存放指向新调入块的处理机的指针。

有限目录的驱逐需要根据某一种策略来从 m 个指针选出要驱逐的项，这个策略的好坏对系统的性能有很大的影响。驱逐策略与 Cache 的替换策略在很多方面是相同的，所以许多在 Cache 替换策略方面的研究成果可以被直接用在驱逐策略的设计中。

3. 链式目录

链式目录是用一个目录指针链表来表示共享集合。当一个数据块的副本数增加(或减少)时，其指针链表就跟着变长(或变短)。由于链表的长度不受限制，因而带来了以下优点：既不限制副本的个数，又保持了可扩展性。

链式目录有两种实现方法：单链法和双链法。图 10.15 是采用单向链法的示意图。在图 10.15(a)中，这个链表只有一个元素，该元素的下一元素指针中存放的是链表结束标记"∧"。表头指针存放在存储器中，而链表的各元素则放在 Cache 中。图 10.15(b)是在图 10.15(a)的基础上把共享数据块依次调入 P_4 和 P_1 后的链表的变化情况。对该链表的操作是依次插入两个新元素。

当 Cache 中的块被替换出去时，需要对相应的链表进行操作——把相应的链表元素(假设是链表中的第 i 个)删除，实现方法有以下两种。

(1) 沿着链表往下寻找第 i 个元素，找到后，修改其前后的链接指针，跳过该元素。

(2) 找到第 i 个元素后，作废它及其后的所有元素所对应的 Cache 副本。

如果采用双向链表，在替换时就不再需要遍历整个链表。虽然节省了处理时间，但其指针增加了一倍,而且一致性协议也更复杂了。

链式目录比前两种结构都复杂不少,但它带来了可扩展性,这是前两种方法所无法实现的。链式目录的指针的位数与 $\log_2 N$ 成正比,但每个数据块的链表中的指针数目与处理机的个数无关。在目录所占用的空间方面,链式目录与有限映像目录类似,也是与 $N\times\log_2 N$ 成正比的。

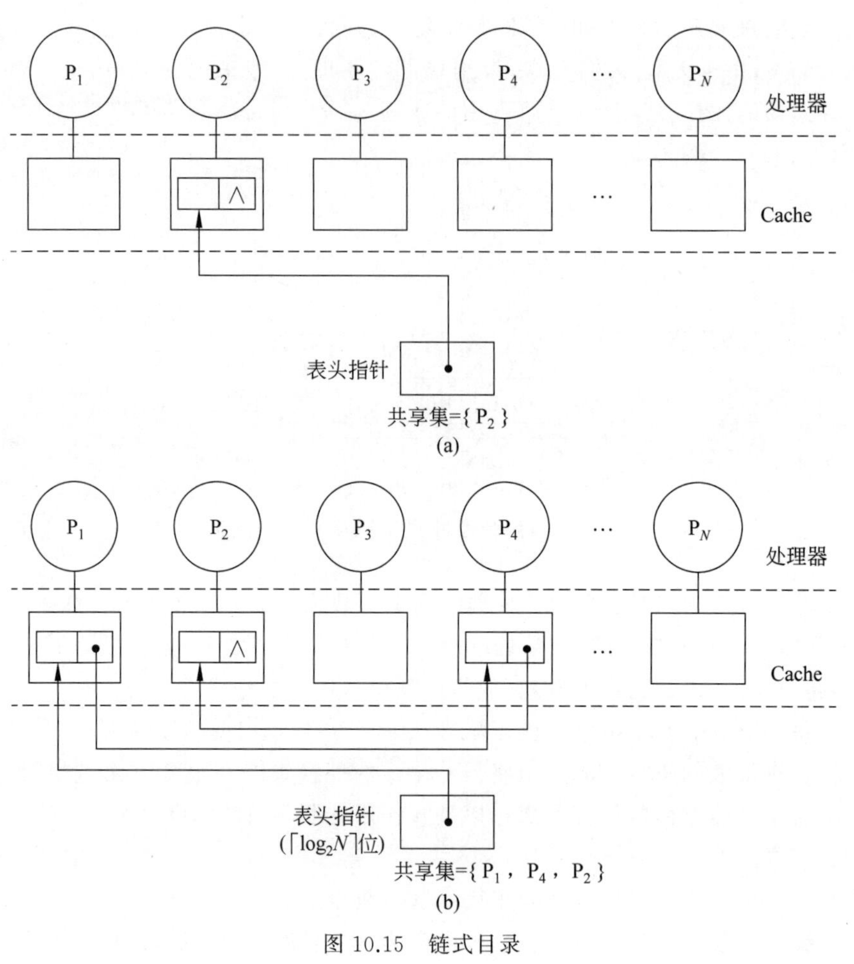

图 10.15　链式目录

10.4 同　　步

同步机制是多处理机系统中的一个重要组成部分,其实现方法除关系到系统的正确性之外,还关系到系统的效率。在大规模计算机或进程竞争激烈的情况下,同步可能会成为性能的瓶颈,导致较大的延迟开销。同步机制通常是在硬件提供的同步指令的基础上,通过用户级软件例程来建立的。

10.4.1 基本硬件原语

在多处理机中实现同步,所需的主要功能是一组能以原子操作的方式读出并修改存储单元的硬件原语。如果没有这种功能，建立基本的同步原语的代价将会非常大，并且这种代价随处理器个数的增加而增加。基本硬件原语有几种形式可供选择，它们都能以原子操作的方式读/修改存储单元，并指出所进行的操作是否以原子的方式进行。这些原语作为基本构件，被用来构造各种各样的用户级同步操作。通常情况下，系统结构设计者不希望用户直接使用硬件原语，这些原语主要供系统程序员编制同步库函数。

用于构造同步操作的一个典型操作是原子交换(Atomic Exchange)，它的功能是将一个存储单元的值和一个寄存器的值进行交换。我们来看看如何用它来构造一个基本的同步操作。假设要构造这样一个简单的锁：其值为0表示锁是开的(可用)，为1表示已上锁(不可用)。当处理器要给该锁上锁时，将对应于该锁的存储单元的值与存放在某个寄存器中的1进行交换。如果别的处理器早已上了锁，则交换指令返回的值为1，否则为0。在后一种情况下，该锁的值会从0变成1，即上了锁。这样，其他竞争的交换指令的返回值就不会是0。

若两个处理器同时进行交换操作，竞争的结果是，只有一个处理器会先执行成功而得到返回值0，而第二个处理器则得到返回值1。采用原子交换原语实现同步的关键是操作的原子性：交换操作是不可再细分的，两个同时进行的交换操作将由写顺序机制确定先后顺序。这保证了两个处理器不可能同时获得同步变量锁。

还有一些别的原语可用来实现同步，它们均具有这样的关键属性：能指出是否以原子的方式读出并更新存储单元值。测试并置定(test_and_set)是其中之一，在许多以往的多处理机中都有这样一个操作。其功能是先测试一个存储单元的值，如果符合条件则修改其值。例如可以定义一个操作来检测某个存储单元的值是否为0，是则置1。其使用方法跟前面介绍的原子交换类似。另一个同步原语是读取并加1(fetch_and_increment)，它返回存储单元的值并自动增加该值。

然而，要在一条指令中完成上述全部操作会有一些困难，因为它要在一条不可中断的指令中完成一次存储器读和一次存储器写，而且在这一过程中不允许进行其他的访存操作，而且还要避免死锁。

现在一些计算机上用到的原子方式的读/修改方法略有不同，它们采用一对指令而不是一条指令来实现上述同步原语。这种方法是在第二条指令返回一个值，通过该值可以判断该指令对的执行结果是否相当于一个原子操作。所谓相当于原子操作是指所有其他处理器进行的操作或者在该指令对之前或者在该指令对之后进行，不存在在这两条指令之间进行的操作。所以在这一对指令之间，任何其他的处理器都不会改变相应存储单元的值。

该指令对由两条特殊的指令构成，一条是特殊的load指令，称为LL(Load Linked或Load Locked)，另一条是特殊的store指令，称为SC(Store Conditional)。指令顺序执行是：如果由LL指明的存储单元的内容在SC对其进行写之前已被其他指令改写过，则第二条指令SC执行失败；如果在两条指令间进行切换也会导致SC执行失败。SC将返回一个值来指出该指令操作是否成功，如果执行成功就返回1；否则返回0。LL则返回该存储单元的初始值。下面这一段程序实现对由R1指出的存储单元进行原子交换操作。

```
try: OR    R3,R4,R0          //R4中为交换值,把该值送入R3
     LL    R2,0(R1)          //把单元0(R1)中的值取到R2
     SC    R3,0(R1)          //若0(R1)中的值与R3中的值相同,则置R3的值
```

```
                                    //为 1,否则置为 0
        BEQZ  R3,try                //存失败(R3 的值为 0)则转移
        MOV   R4,R2                 //将取的值送往 R4
```


最终 R4 和由 R1 指向的单元值进行原子交换,在 LL 和 SC 之间如有别的处理器插入并且修改了存储单元的值,则 SC 将返回 0 并存入 R3 中,从而使这段程序再次执行。

LL/SC 机制的一个优点是可用来构造别的同步原语。例如,构造原子操作 fetch_and_increment。

```
try: LL       R2,0(R1)          //把单元 0(R1)中的值送入 R2
     DADDIU   R2,R2,#1          //加 1
     SC       R2,0(R1)          //若 0(R1)中的值与 R2 中的值相同,则置 R2 的值
                                //为 1,否则置为 0
     BEQZ     R2,try            //存失败(R2 的值为 0)则转移
```

这些指令的实现必须跟踪地址。通常由 LL 指令指定一个寄存器,该寄存器存放着一个存储器单元的地址,这个寄存器常称为连接寄存器(Link Register),如果发生中断切换或与连接寄存器中的地址匹配的 Cache 块被作废(比如被别的 SC 指令访问),则将连接寄存器清零,SC 指令检查它的存储地址与连接寄存器内容是否匹配,如匹配则 SC 继续执行,否则执行失败。既然别的处理器对连接寄存器所指单元的写或任何异常指令都会导致 SC 失败,就应该特别注意在两条指令间插入其他指令的选择。一般情况下,只有寄存器-寄存器指令才能安全地通过,否则极有可能产生死锁并使处理器永远不能完成 SC。此外,LL 和 SC 之间的指令数应尽量少,从而减少由无关事件或竞争的处理所导致的 SC 执行失败。

10.4.2 用一致性实现锁

有了原子操作,就可以采用多处理机的一致性机制来实现旋转锁(Spin Locks)。旋转锁是指处理器不停地请求获得使用权的锁。处理器围绕该锁反复执行循环程序,直到获得该锁。旋转锁适合于这样的场合:锁被占用的时间很少,在获得锁后加锁过程延迟很小。因为旋转锁会把处理器绑定在循环等待获得锁的使用权中,所以在有些情况下不适合使用。

在无 Cache 一致性机制的条件下,最简单的实现方法是把锁变量保存在存储器中,处理器可以不断地通过一个原子操作来请求其使用权,如利用原子交换操作,并测试返回值从而知道锁的使用情况。释放锁时,处理器只需简单地将锁置为 0。下面这段程序用原子交换操作对旋转锁进行加锁,R1 中存放的是该旋转锁的地址。

```
        DADDIU R2,R0,#1
lockit: EXCH   R2,0(R1)        //原子交换
        BNEZ   R2,lockit       //若 R2 的内容不为 0,则表示已经被其他程序上锁
                               //继续旋转等待
```

如果计算机支持 Cache 一致性,就可以将锁调入 Cache,并通过一致性机制使锁值保持一致。这样做有两个好处:第一,可使“环绕”的进程(对锁不停地进行测试和请求占用的小循环)只对本地 Cache 中的锁(副本)进行操作,而不用在每次请求占用锁时都进行一次全局的存储器访问;第二个好处是可利用访问锁时所具有的局部性,即处理器最近使用过的锁不久又会使用,这种状况下锁可驻留在那个处理器的 Cache 中,大大减少了获得锁所需要的时间。

要获得第一条好处,需对上面简单的旋转锁程序进行一些改动,上面循环中每次交换均需一次写操作,如果有多个处理器都同时请求加锁,则大多数写都会导致写不命中,因为每个处理器都想以独占的方式获得锁变量。因此应该对旋转锁程序进行改进,使得它只对本地 Cache 中锁的副本进行读取和检测,直到发现该锁已经被释放。然后,该程序立即进行交换操作,去跟其他处理器上的进程争用该锁变量。这些进程也在以同样的方式"旋转等待"该锁。所有这些进程都采用交换指令来从锁变量读出原来的值,并把 1 写入锁变量。只有一个进程获胜——获得锁的占有权时,该进程才能看到锁变量原来的值是 0。其余的进程都是失败者,虽然它们也将锁变量置 1,但因它们所看到的锁变量本来就是 1,所以等于没做什么。它们还要继续"旋转等待"。获得占有权的处理器在执行完其代码后,将锁变量置零以释放它,其他"旋转等待"该锁的进程又开始争用。下面是修改后的旋转锁程序。

```
lockit: LD      R2,0(R1)          //取锁值
        BNEZ    R2,lockit         //如果锁没有被释放,则继续"旋转等待"
        DADDIU  R2,R0,#1          //置 R2 为 1
        EXCH    R2,0(R1)          //交换
        BNEZ    R2,lockit         //如果锁没有被释放,则继续"旋转等待"
```

下面分析这种旋转锁是怎样使用 Cache 一致性机制的。表 10.2 给出了三个处理器利用原子交换争用旋转锁所进行的操作。一旦一个拥有旋转锁的处理器使用完毕,并写入 0 来释放该锁,所有其他 Cache 中的对应块就均被作废,必须取新的值来更新它们所拥有的锁的副本。其中一个处理器的 Cache 会先获得被释放了的锁的值(0),并进行交换操作。当别的 Cache 不命中处理完后,它们就会发现该锁已经被加了锁,所以又必须不停地环绕测试。

表 10.2　三个处理器争用旋转锁的操作

步骤	处理器 P_0	处理器 P_1	处理器 P_2	锁的状态	总线/目录操作
1	占有锁	环绕测试是否 lock=0	环绕测试是否 lock=0	共享	无
2	将锁置为 0	(收到作废命令)	(收到作废命令)	专有(P_0)	P_0 发出对锁变量的作废消息
3		Cache 不命中	Cache 不命中	共享	总线/目录收到 P_2 Cache 不命中;锁从 P_0 写回
4		(因总线/目录忙而等待)	lock=0	共享	P_2 Cache 不命中被处理
5		lock=0	执行交换,导致 Cache 不命中	共享	P_1 Cache 不命中被处理
6		执行交换,导致 Cache 不命中	交换完毕:返回 0 并置 lock=1	专有(P_2)	总线/目录收到 P_2 Cache 不命中;发作废消息
7		交换完毕:返回 1	进入关键程序段	专有(P_1)	总线/目录处理 P_1 Cache 不命中;写回
8		环绕测试是否 lock=0			无

这里假设采用写作废的一致性机制,开始时 P_0 占有锁(第 1 步),然后 P_0 将锁释放(第 2 步),P_1 和 P_2 争用锁(第 3～5 步);P_2 胜出,进入关键处理段(第 6、第 7 步);P_1 失败后继

续环绕等待(第7、第8步)。在实际系统中,这些事件耗费的时间远大于8个时钟周期,因为获得总线使用权及不命中处理的时间会长得多。

这个例子也说明了LL/SC原语的另一个优点:读写操作显式地分开。LL不产生总线数据传送,这使得下面这段程序与前面采用交换操作、经过优化了的代码具有相同的特点(R1中保存锁的地址)。

```
lockit: LL      R2,0(R1)           //load-linked
        BNEZ    R2,lockit          //若锁未被释放,则旋转
        DADDIU  R2,R0,#1           //置锁值为1
        SC      R2,0(R1)           //写入存储器
        BEQZ    R2,lockit          //如果存失败则转移
```

第一个分支形成环绕的循环体,第二个分支解决了两个处理器同时看到锁可用的情况下的争用问题。尽管旋转锁机制简单并且具有吸引力,但难以将它应用于处理器数量很多的情况,因为锁被释放时,处理器之间争用锁会产生大量的通信开销。

10.4.3 同步性能问题

10.4.2节介绍的简单旋转锁不能很好地适应可扩放性。设想一下,如果大规模多处理机中所有的处理器都同时争用同一个锁,那么目录或总线作为所有处理器实现串行化的中心点,肯定是个瓶颈,会导致大量的争用和通信开销。从下面的例子就可以更加清楚地看到这一点。

例10.3 假设某条总线上有10个处理器同时准备对同一变量加锁。如果每个总线事务处理(读不命中或写不命中)的时间是100个时钟周期,而且忽略对已调入Cache中的锁进行读写的时间以及占用该锁的时间。

(1) 假设该锁在时间为0时被释放,并且所有处理器都在旋转等待该锁。问:所有10个处理器都获得该锁所需的总线事务数目是多少?

(2) 假设总线是非常公平的,在处理新请求之前,要先全部处理好已有的请求。并且各处理器的速度相同。问:处理10个请求大概需要多少时间?

解 当i个处理器争用锁的时候,它们都各自完成以下操作序列,每一个操作产生一个总线事务。

(1) 访问该锁的i个LL指令操作;

(2) 试图占用该锁(并上锁)的i个SC指令操作;

(3) 一个释放锁的存操作指令。

因此对于i个处理器来说,一个处理器获得该锁所要进行的总线事务的个数为$2i+1$。这里假设关键代码段的执行时间可以忽略不计。

假设一共有n个处理器。在最开始时,共有n个处理器在争用该锁,一个处理器胜出,完成执行后释放该锁,其总线事务的个数为$2n+1$;接下来,剩下的$n-1$个处理器继续争用该锁,其总线事务的个数为$2(n-1)+1$;其余以此类推。由此可知,总的总线事务个数为

$$\sum_{i=1}^{n}(2i+1)=n(n+1)+n=n^2+2n$$

对于10个处理器来说,其总线事务数为120个,需要12 000个时钟周期。

本例中问题的根源是锁的争用、对锁进行访问的串行性以及总线访问的延迟。旋转锁的主要优点是：总线开销或网络开销比较低，而且当一个锁被同一个处理器重用时具有很好的性能。但这两点在上述例子中均没有得到体现。

下面讨论如何用旋转锁来实现一个常用的高级同步原语——栅栏同步(Barrier)。栅栏强制所有到达该栅栏的进程进行等待，直到全部的进程到达栅栏，然后释放全部的进程，从而形成同步。栅栏的典型实现是用两个旋转锁：一个用来保护一个计数器，它记录已到达该栅栏的进程数；另一个用来封锁进程直至最后一个进程到达该栅栏。为了实现栅栏，一般要利用这样的功能：在一个变量上旋转等待直到它满足规定的条件。我们用 spin (condition)来表示这种情况。下面的程序是一种典型的实现，其中 lock 和 unlock 提供基本的旋转锁，变量 count 记录已到达栅栏的进程数，total 规定了要到达栅栏的进程总数，对 counterlock 加锁保证增量操作的原子性。release 用来封锁进程直到最后一个进程到达栅栏。spin(release＝1)使进程等待直到全部的进程到达栅栏。

```
lock(counterlock);                      //确保更新的原子性
if(count==0)release=0;                  //第一个进程则重置 release
count=count+1;                          //到达进程数加 1
unlock(counterlock);                    //释放锁
if(count==total){                       //进程全部到达
    count=0;                            //重置计数器
    release=1;                          //释放进程
    }
else{                                   //还有进程未到达
    spin(release=1);                    //等待别的进程到达
    }
```

栅栏通常是在循环中使用的，因此从栅栏释放出的进程在运行一段后又会再次到达该栅栏。假设其中有一个进程还没有离开栅栏，即停留在旋转等待操作上(例如操作系统重新调度进程后就可能发生这样的情况)。这时如果有个进程的执行比较快，又到达了栅栏，而上一次循环的进程中最后那个还没来得及离开该栅栏。那么这个“快”进程就会把 release 重新置为 0，从而把上次循环的“慢”进程“捆”在这个栅栏上。这样所有的进程在这个栅栏的又一次使用中都会处于无限等待状态，因为已经到达该栅栏的进程数目总是达不到 total (上一次循环欠了一个)。

解决这个问题的一种方法是当进程离开栅栏时进行计数(和到达时一样)，在上次栅栏使用中的所有进程离开之前，不允许任何进程重用并初始化本栅栏。但这会明显增加栅栏的延迟和竞争。另一种解决办法是采用 sense_reversing 栅栏，每个进程均使用一个私有变量 local_sense，该变量初始化为 1。下面的程序给出了 sense_reversing 栅栏的代码，这种方法使用安全。但其性能仍旧比较差。对于 10 个处理器来说，当同时进行栅栏操作时，如果忽略对 Cache 的访问时间以及其他非同步操作所需的时间，则其总线事务数为 204 个，如果每个总线事务需要 100 个时钟周期，则总共需要 20 400 个时钟周期。

```
local_sense=! local_sense;              //local-sense 取反
lock(counterlock);                      //确保更新的原子性
```

```
    count++;                                    //到达进程数加 1
    unlock(counterlock);                        //释放锁
    if(count==total){                           //进程全部到达
        count=0;                                //重置计数器
        release=local_sense;                    //释放进程
        }
    else{                                       //还有进程未到达
        spin(release==local_sense);             //等待信号
        }
```

由上面这些例子可以看出,当多进程之间竞争激烈时,同步会成为瓶颈。当竞争很少而且同步操作也较少时,主要关心的是同步原语操作的延迟,即单个进程要花多长时间才能完成一个同步操作。基本的旋转锁操作可在两个总线周期内完成:一个读锁,一个写锁。可以采用多种方法进行改进,使它在单个周期内完成操作。例如,可简单地在交换操作上旋转。如果锁经常处于未占用状态,这种方法就很好;但如果锁已被占用,就会导致大量的总线事务,因为每一个试图给锁变量加锁的操作均需要一个总线周期。不过,实际上旋转锁的延迟并不像上述例子中所示的那样糟糕,因为在实现中可以对 Cache 的写不命中加以优化。

上述例子中,更严重的问题在于进程进行同步操作的串行化。当有竞争时,串行化就会成为一个问题。因为它大幅度地增加了完成同步操作所需要的时间。栅栏的情况也差不多,甚至更严重。

视频讲解

10.5 同时多线程

随着在微处理器中开发的 ILP 的不断提高,进一步开发出更多的 ILP 已经越来越难了,而且在有些程序中可能开发 ILP 本来就很困难。另一方面,程序中可能有许多很自然地存在的更高一级的并行性。例如,在线事务处理系统中多个查询和更新之间可以自然地并行处理,这是因为它们在很大程度上是相互独立的。另外,科学计算中也有许多这类并行性。这就是线程级并行性(Thread Level Parallelism,TLP)。

线程是进程内的一个相对独立且可独立调度和指派的执行单元,它比进程要"轻巧"得多。它只拥有在运行过程中必不可少的一点儿资源,如程序计数器、一组寄存器、堆栈等。所以线程切换时,只需保存和设置少量寄存器的内容,开销很小。线程切换只需要几个时钟周期,最快可以每个时钟周期切换一次。而进程的切换一般需要成百上千个处理器时钟周期。

实现多线程的主要方法有两种。第一种方法是细粒度多线程(Fine-grained Multithreading),它在每条指令之间都能进行线程的切换,从而使得多个线程可以交替执行。通常以时间片轮转的方法实现这样的交替执行,在轮转的过程中跳过处于停顿的线程。为了使细粒度多线程能达到实用的水平,CPU 必须在每个时钟周期都能进行线程的切换。由于当一个线程停顿时,CPU 可以立即执行其他线程的指令,所以细粒度多线程的主要优点是不仅能够隐藏由长时间停顿引起的吞吐率的损失,而且能够隐藏由短时间停顿带来的损失。其主要的缺点是减慢了单个线程的执行,这是因为即使没有任何停顿的线程也不能连续执行,而且会因其他线程的指令的插入执行而被延迟。

第二种方法是粗粒度多线程(Coarse-grained Multithreading),它是针对细粒度多线程的缺点而提出的。粗粒度多线程之间的切换只发生在时间较长的停顿(例如第二级 Cache 不命中)出现的时候。这一改变使得粗粒度多线程不需要像细粒度那样自由地切换,减少了切换次数,并且也不太会降低单个线程的执行速度,这是因为只有当线程发生时间较长的停顿时才会执行其他线程的指令。当然,粗粒度多线程也有较大的缺点:它减少吞吐率损失的能力有限,特别是对于较短的停顿来说更是如此。这一缺点是由粗粒度多线程的流水线建立时间的开销造成的。由于实现粗粒度多线程的 CPU 只能执行单个线程的指令,不能交叉执行多个线程,因此当发生停顿时,流水线必须排空或暂停。停顿后切换的新线程也有个填满流水线的过程,填满后才能不断地流出指令执行结果。由于有启动开销,粗粒度多线程对于减少长时间停顿所带来的损失较为有效,此时流水线的建立时间相对于停顿时间来说可以忽略不计。

10.5.1 节讨论一种能够在超标量处理器上同时开发 ILP 和 TLP 的细粒度多线程技术。

10.5.1 将线程级并行转换为指令级并行

同时多线程技术(Simultaneous Multi Threading,SMT)是一种在多流出、动态调度的处理器上同时开发线程级并行和指令级并行的技术,它是多线程技术的一种改进。提出 SMT 的主要原因是现代多流出处理器通常含有多个并行的功能单元,而单个线程不能有效地利用这些功能单元。而且,通过寄存器重命名和动态调度机制,来自各个独立线程的多条指令可以同时流出,而不用考虑它们之间的相互依赖关系,其相互依赖关系将通过动态调度机制得以解决。

图 10.16 概念性地描述了一个超标量处理器在以下 4 种情况下的资源使用情况。

(1) 不支持多线程技术的超标量处理器。

(2) 支持粗粒度多线程的超标量处理器。

(3) 支持细粒度多线程的超标量处理器。

(4) 支持同时多线程的超标量处理器。

图中横向表示每个时钟周期的指令流出能力,纵向表示时钟周期序列,白方格表示相应的流出槽在那个时钟周期没有被使用,不同填充模式的方格分别对应于不同线程。

在不支持多线程的超标量处理器中,由于缺乏足够的指令级并行而限制了流出槽的利用率。而且严重的停顿,如指令 Cache 不命中,将导致整个处理器处于空闲状态。

在粗粒度多线程超标量处理器中,通过线程的切换部分隐藏了长时间停顿带来的开销,提高了硬件资源的利用率。尽管这样减少了完全空闲的时钟周期,但由于 ILP 有限,而且在粗粒度多线程处理器中,只有发生停顿时才进行线程切换,而且新线程还有个启动期,所以仍然可能会有一些完全空闲的时钟周期。

在细粒度多线程超标量处理器中,线程的交替执行消除了完全空闲的时钟周期。由于在每个时钟周期内只能流出一个线程的指令,ILP 的限制导致了一些时钟周期中依然存在不少空闲流出槽。

在 SMT 超标量处理器中,是同时开发实现线程级并行和指令级并行的,允许在同一个时钟周期中由多个线程共同使用流出槽。理想情况下,流出槽的利用率只受限于多个线程对资源的需求和可用资源间的不平衡,但实际中也受其他一些因素的限制,包括活跃线程的个数、缓冲大小的限制、从多个线程取出足够多条指令的能力、线程之间哪些指令组合可以同时流出等。图10.16较好地说明了多线程和同时多线程在提高性能方面的潜在优势(该图对处理器的实际操作情况进行了很大的简化)。

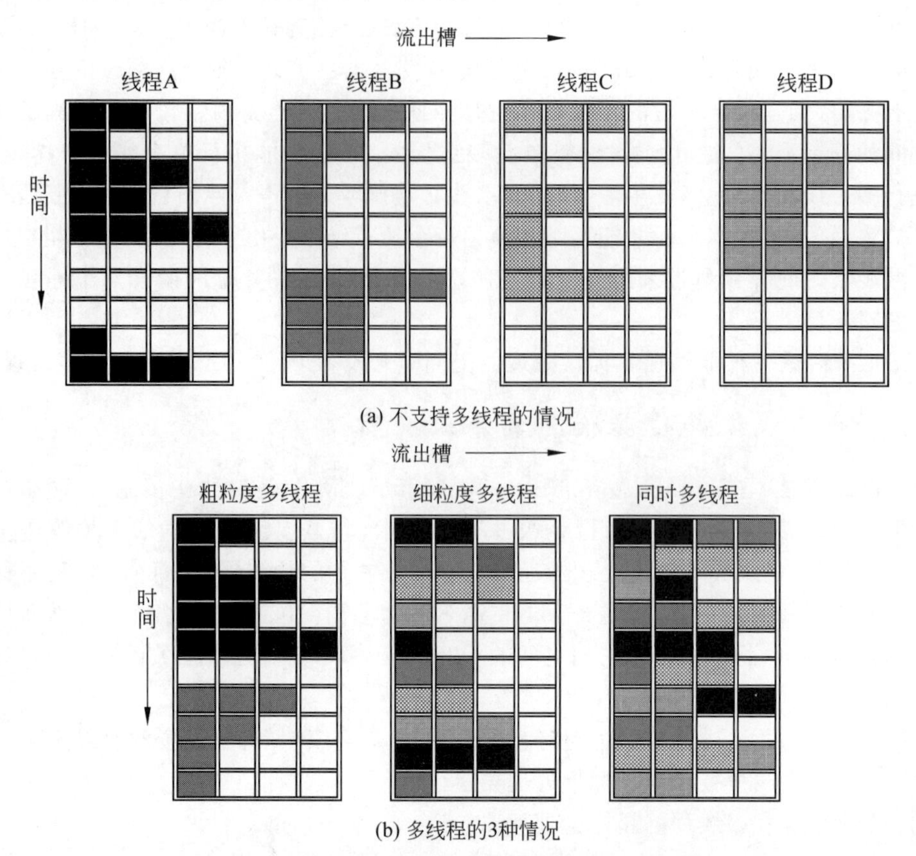

图10.16　超标量处理器中使用流出槽的4种方法

如上所述,动态调度的处理器已经具备了开发线程级并行所需的许多硬件设置。具体来说,动态调度超标量处理器有一组很多的虚拟寄存器,可以用作各独立线程的寄存器组(假设每个线程都有一个独立的重命名表)。由于寄存器重命名机制给各寄存器提供了唯一的标识,多个线程的指令可以在数据路径上混合执行,而不会导致各线程之间源操作数和目的操作数的混乱。这表明,只要为每个线程设置重命名表、分别设置各自的程序计数器并为多个线程提供指令确认的能力,多线程就可以在一个乱序执行的处理器的基础上实现。

10.5.2　同时多线程处理器的设计

因为动态调度超标量处理器一般都进行深度流水,如果采用粗粒度方式实现同时多线程,可能不会获得很多性能上的提高,所以只有在细粒度的实现方式下才有意义。但我们又担心细粒度调度方式会对单个线程的性能产生不利的影响。这种影响可以通过采用优先线程的方法来尽可能地减少。这种方法既能保持多线程在性能上的优势,又对单个线程的性能影响比较少。

不过，采用优先线程方法时，若优先线程被停顿，处理器将损失一些吞吐率。这是因为这时流水线中的指令可能不像原来那样来自多个线程。只有足够多数目的独立线程混合执行，才能隐藏各种情况下的停顿，从而使吞吐率达到最大化。

多个线程的混合执行不可避免地会影响单个线程的执行速度，类似的问题在取指阶段也存在。为提高单个线程的性能，应该为指定的优先线程尽可能多地向前取指(或许在分支指令的两条路径上都要向前取指)，并且在分支预测失败和预取缓冲器不命中的情况下清空取指单元。但是这样限制了其他线程可用来调度的指令条数，从而降低了吞吐率。所有的多线程处理器都必须在这里寻求一种折中方案。

实际上，进行资源划分以及在单个线程性能和多个线程性能之间进行平衡并不像我们想象得那么复杂，至少对于目前的超标量处理器来说是这样。例如，对于现在的每个时钟周期流出 4～8 条指令的计算机来说，有几个活跃线程就够了，优先线程就更少了。只要一有可能，处理器就运行指定的优先线程。从取指阶段开始就优先处理优先线程：只要优先线程的指令预取缓冲区未满，就为它们优先取指。只有当优先线程的缓冲区填满以后才为其他线程预取指令。需要注意的是，当有两个优先线程时，意味着需要并发预取两条指令流，这给取指部件和指令 Cache 都增添了复杂度。同样地，指令流出单元也要优先考虑指定的优先线程，只有当优先线程停顿不能流出的时候才考虑其他线程。

下面是设计同时多线程处理器时面临的其他主要问题。

(1) 需要设置更大的寄存器组，用来保存多个线程的现场。

(2) 不能影响时钟周期，特别是在关键路径上，如指令流出和指令完成。指令流出时，有更多的候选指令需要考虑；在指令完成时，选择提交哪些指令可能会比较困难。

(3) 需要保证由于并发执行多个线程带来的 Cache 冲突和 TLB 冲突不会导致明显的性能下降。

在考虑这些问题时，需要重视以下两种实际情况：第一，在许多情况下，多线程所导致的潜在额外性能开销是很小的，简单的线程切换选择算法就足够好了；第二，目前的超标量处理器的效率是比较低的，还有很大的改进余地，即使增加一些开销也是值得的。

由于同时多线程在多流出超标量处理器上开发线程级并行，所以最适合于应用到面向服务器市场的高端处理器上。另外，还可以限定多线程的并发数量，这样就可以最大限度地提高单个线程的性能。

10.5.3 同时多线程的性能

采用同时多线程技术能够获得多大的性能提高？随着超标量处理器的广泛应用，这一关键问题受到了人们的关注。下面研究在超标量处理器基础上采用同时多线程技术时性能的提高情况。

图 10.17 给出了在超标量处理器上增添 8 个线程的同时多线程能力时所获得的性能提高，图中纵坐标的单位是每个时钟周期所执行的指令数。这里假设增添同时多线程不会导致时钟周期的开销恶化。测试程序包括多道程序执行的 SPEC 子集，Web 服务程序 Apache，数据库 OLTP 和决策支持 DSS 的测试程序。

使用同时多线程所获得的吞吐率的提高很显著，达 1.7～4.2 倍，平均 3 倍。为了更好地理解这些提高从何而来，图 10.18 给出了处理器内部部件的利用率和命中率。正如我们所

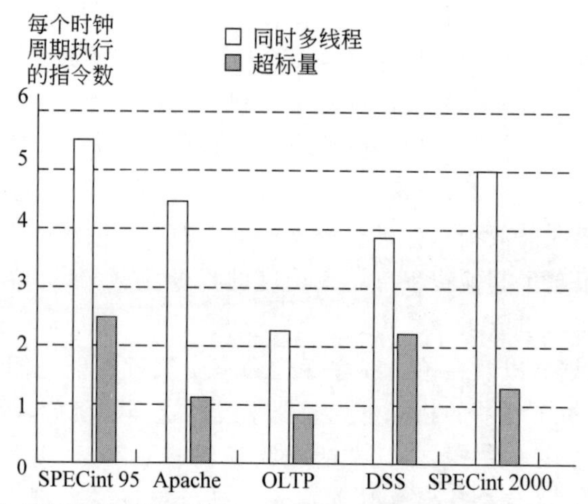

图 10.17　在超标量处理器上增添 8 个线程的同时多线程能力获得的性能提高

预料的那样,同时多线程处理器的取指部件和功能部件的利用率大为提高。分支预测的精确度和指令 Cache 的命中率的比较同样令人惊讶:同时多线程处理器的性能更好。不过,数据 Cache 的性能稍差,而二级 Cache 的性能稍好。这可能是由于二级 Cache 足够大,可以容纳多个线程的工作集。

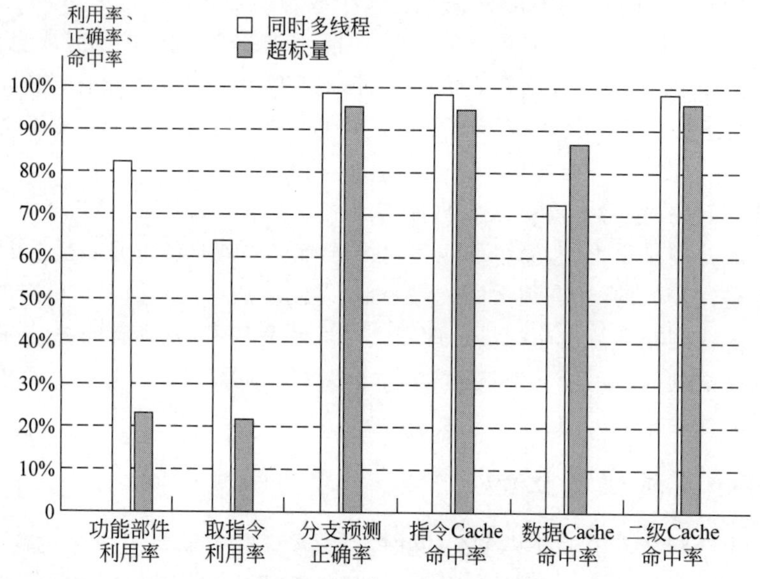

图 10.18　SMT 与基本的超标量处理器在几个主要指标上的对比

在解释这些性能的显著提高时,可以看出两个特点。首先,超标量处理器本身功能十分强大,它具有很大的一级 Cache、二级 Cache 以及大量的功能部件。仅采用指令级并行,不可能利用全部的硬件性能,因此超标量处理器的设计者不可能不考虑使用诸如同时多线程这样的技术来开发线程级并行。其次,同时多线程的能力也很强大,可以支持 8 个线程,并为两个线程同步取指。将超标量和同时多线程结合起来,在指令级并行的基础上进一步开发线程级并行,可以获得显著的性能提高。

10.6 大规模并行处理机

10.6.1 并行计算机系统结构

目前流行的高性能并行计算机系统结构通常可以分成以下5类。

(1) 并行向量处理机(Parallel Vector Processor,PVP)。

(2) 对称式共享存储器多处理机(Symmetric shared-memory Multi Processor,SMP)。

(3) 分布式共享存储器多处理机(Distributed Shared-memory Multi processor,DSM)。

(4) 大规模并行处理机(Massively Parallel Processor,MPP)。

(5) 机群计算机(Cluster)。

1. 并行向量处理机

典型的PVP的结构如图10.19(a)所示。Cray C-90和Cray T-90是这类机器的代表。

PVP系统一般由若干台高性能向量处理机(VP)构成。这些向量处理机是专门设计和定制的,拥有很高的向量处理性能,例如,每个VP至少达到1GFLOPS的处理速度。PVP中经常采用专门设计的高带宽的交叉开关网络,把各VP与共享存储器模块SM连接起来。这样的机器通常不使用Cache,而是使用大量的向量寄存器和指令缓冲器。

2. 对称式共享存储器多处理机和分布式共享存储器多处理机

这两种体系结构已在本章的前面几节中进行了详细的讨论,这里不再重复。

3. 大规模并行处理机

MPP的结构如图10.19(b)所示。Intel Paragon和IBM SP2是这类机器的代表。

MPP往往是超大规模的计算机系统,它具有以下特点。

(1) 处理结点使用商用微处理器,而且每个结点可以有多个微处理器。

(2) 具有较好的可扩放性,能扩展成具有成百上千个处理器的系统。

(3) 系统中采用分布非共享的存储器,各结点有自己的地址空间。

(4) 采用专门设计和定制的高性能互连网络。

(5) 采用消息传递的通信机制。

4. 机群计算机

机群是一种价格低廉、易于构建、可扩放性极强的并行计算机系统。它由多台同构或异构的独立计算机通过高性能网络或局域网互连在一起,协同完成特定的并行计算任务。

机群的结构如图10.19(c)所示。Berkeley NOW和SP2是这类机器的代表。

机群的主要特点如下。

(1) 每个结点都是一台完整的计算机,拥有本地磁盘和操作系统,可以作为一个单独的计算资源供用户使用。机群的结点可以是PC、工作站,甚至是对称多处理机。

(2) 机群的各个结点一般通过商品化网络连接在一起,如以太网、FDDI、Myrinet等。

(3) 网络接口(NIC)以松散耦合的方式连接到结点的I/O总线(与此不同,MPP中结点的网络接口(NIC)是以紧耦合的方式连接到结点的存储总线)。

第11章将专门讨论机群。

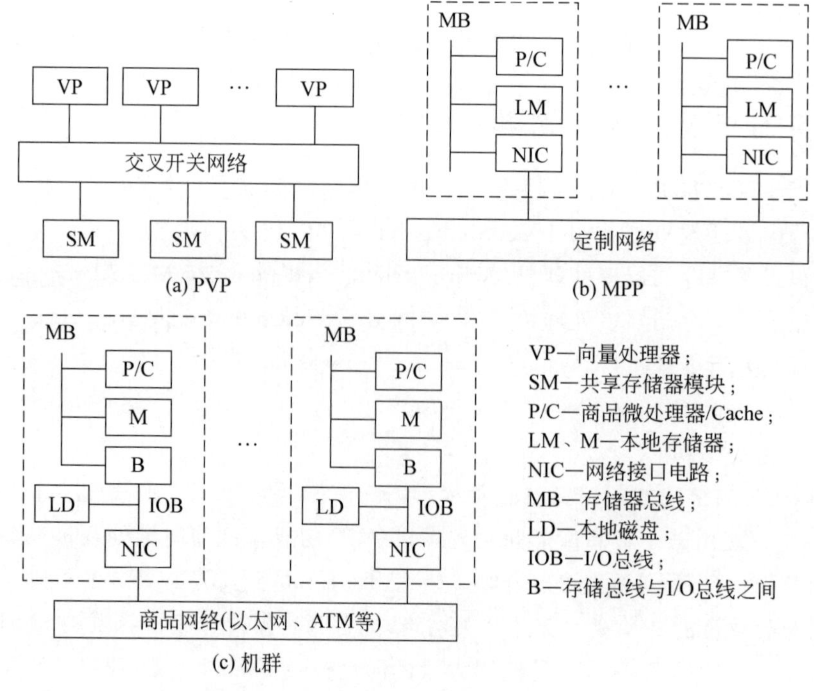

图10.19 三种MIMD计算机的结构图

表10.3对这5类机器特征进行了简单的比较。表中的NORMA(NO-Remote Memory Access)是非远程存储器访问模型的简称。在一个分布存储的多处理机系统中,如果所有的存储器都是私有的,仅能由其自己的处理器访问,就称为NORMA。

表10.3 5类机器特征比较

属性	PVP	SMP	MPP	DSM	机群
结构类型	MIMD	MIMD	MIMD	MIMD	MIMD
处理器类型	专用定制	商用	商用	商用	商用
互连网络	定制交叉开关	总线、交叉开关	定制网络	定制网络	商用网络(以太网、ATM)
通信机制	共享变量	共享变量	消息传递	共享变量	消息传递
地址空间	单地址空间	单地址空间	多地址空间	单地址空间	多地址空间
系统存储器	集中共享	集中共享	分布非共享	分布共享	分布非共享
访存模型	UMA	UMA	NORMA	NUMA	NORMA
代表机器	Cray C-90,Cray T-90,NEC SX4,银河1号	IBM R50,SGI Power Challenge,DEC Alpha服务器8400,曙光1号	Intel Paragon,IBM SP2,Intel TFLOPS,曙光-1000/2000	Stanford DASH,Cray T 3D,SGI/Cray Origin 2000	Berkeley NOW,Alpha Farm,Digital Trucluster

10.6.2 大规模并行处理机

1. MPP的出现和发展

在诸如科学计算、工程模拟、信号处理、数据仓库等应用中，为了更好地利用并行性，SMP系统的能力已经不能满足要求，需要使用可扩放性更好的计算机平台。MPP就是其中一种。

从20世纪80年代末开始，MPP系统逐渐地显示出代替和超越向量计算多处理机系统的趋势。早期的MPP有Intel Paragon（1992年）、KSR1.Cray T3D（1993年）、IBM SP2（1994年）等，它们都是分布存储的MIMD计算机。MPP的高端机器是1996年Intel公司的ASCI Red和1997年SGI Cray公司的T3E900，它们都是万亿次浮点运算的高性能并行计算机。在这个时期，消息传递的大规模并行处理系统得到了迅速发展，不少公司推出了基于消息传递的MPP系统。不过，由于可编程差等原因，这些系统主要被用于科学计算，很少被用在事务处理等其他领域。

由于MPP研制费用高，故主要由大公司或研究机构研制生产，尤其是超大规模的MPP系统，通常体现为政府行为，如美国的ASCI计划中的高端并行机。ASCI计划由美国能源部出资，由IBM、Intel、SGI三家公司研制超级计算机，由美国三大军用实验室用于进行核武器测试。

20世纪90年代的中期，在中低档市场上，SMP以其更优的性价比代替了MPP。而且机群系统的出现更是使MPP受到了人们的冷落。从20世纪90年代后期开始，随着一些专门生产并行机的公司的倒闭或被兼并，基于消息传递的MPP系统慢慢地从主流的并行处理市场退出。

随着网络技术的发展，机群系统和MPP系统的界限越来越模糊。例如，IBM公司的SP2系统既被看成MPP，又被看成机群系统。这反映了20世纪90年代后期以来高性能计算机系统结构发展的一个趋势，新涌现的高性能计算机系统大多数都是由可扩放的高速互连网络连接的基于RISC微处理器的对称多处理机机群。

在2001年6月的全球高性能计算机500强（Top500）排名中，MPP有314台，机群系统只有32个。MPP仍占有绝对的优势。但到了2008年，在Top500强中，MPP只有98台，而机群系统则达到了400个，占80%。这说明机群系统已经成了构建超大规模并行计算机系统的主要模式，MPP则慢慢地退居二三线了。

2. MPP系统概述

MPP结构的一个重要特性是可扩放性，不仅处理器的数量可扩放至数千个处理器，而且主存、I/O能力和带宽也能随处理器数量的增长而成比例地增长。MPP主要采用了以下技术来提高系统的可扩放性。

(1) 使用物理上分布的主存体系结构，使分布式主存的总容量和总带宽能随处理结点数量的增加而增加。这种分布式主存结构比集中式主存结构具有潜在的更高可扩放性。

(2) 处理能力、主存与I/O能力平衡发展。随着处理结点数量的增长，不仅MPP系统的处理能力随之增长，而且系统的主存与I/O能力也随之平衡增长。如果系统的主存与I/O能力不能随处理能力的提高而平衡发展，高速的处理能力就毫无价值。

(3) 计算能力与并行性平衡发展。一个计算作业可分解成多个任务分配到多个处理结点上并行执行。并行处理的性能在很大程度上依赖于计算/通信比值，如果这个比值较小，就说明并行进程/线程管理及通信同步的时间开销将占作业执行时间的较大部分。因此，

MPP的计算能力随处理结点数量的增长而增长时,也要使处理结点的并行能力平衡发展。

表10.4列出了三种大型MPP的特点。它们分别代表构造大型系统的不同方法。

表10.4 三种大型MPP的比较

MPP模型	Intel/Sandia ASCI Option Red	IBM SP2	SGI/Cray Origin 2000
典型配置	9072个处理器 1.8TFLOPS(NSL)	400个处理器 100GFLOPS(MHPCC)	128个处理器 51GFLOPS(NCSA)
推出日期	1996年12月	1994年9月	1996年10月
CPU类型	200MHz,200MFLOPS Pentium Pro	67MHz,267MFLOPS Power2	200MHz,400MFLOPS MIPS R10000
结点结构 数据存储	2个处理器,32~256MB主存,共享磁盘	1个处理器,64MB~2GB本地主存,1~14.5GB本地磁盘	2个处理器,64~256MB分布共享主存和共享磁盘
互连网络	分离二维网孔	多级网络	超立方体网格
访存模型	NORMA	NORMA	CC-NUMA
结点OS	轻量级内核(LWK)	完全AIX(IBM UNIX)	微内核Cellular IRIX
编程语言	基于PUMA Portals的MPI	MPI和PVM	Power C,Power FORTRAN
其他编程模型	NX, PVM, HPF	HPF, Linda	MPI, PVM

Intel ASCI系统遵循了小结点、紧耦合网络互连和计算结点的微内核操作系统,是一种更传统的MPP方法。它是Intel Paragon MPP系统的后代。SP2和Intel ASCI都是使用NORMA访存模型的消息传递多计算机,结点间的通信依靠机器中的显式消息传递。

SGI/Cray Origin 2000代表一种构造MPP的不同方法,其特征为一个可全局存取的物理上分布的主存系统,使用硬件支持Cache的一致性。另一采用类似于Cache一致性非均匀存储访问(Cache-Coherent Non-Uniform Memory Access,CC-NUMA)体系结构的MPP是HP/Convex Exemplax X-Class。Cray的T3E系统也是分布式共享存储机器,但没有硬件支持的Cache一致性,因此是一个NCC-NUMA(Non Cache-Coherent Non-Uniform Memory Access)机器。这种分布式共享存储机器的本地编程环境提供了共享变量模型。在应用编程的层次上,所有MPP现在都支持如C、FORTRAN、HPF、PVM和MPI等的标准语言和库。

表10.5列出了一些典型的MPP系统的特性。

表10.5 典型MPP系统特性比较

结构特性	IBM SP2	Cray T3D	Cray T3E	Intel Paragon	Intel/Sandia Option Red
典型配置	400个结点 100GFLOPS	512个结点 153GFLOPS	512个结点 1.2TFLOPS	400个结点 40GFLOPS	4536个结点 1.8TFLOPS
推出日期	1994年	1993年	1996年	1992年	1996年
CPU类型	67MHz 267MFLOPS Power2	150MHz 150MFLOPS Alpha 21064	300MHz 600MFLOPS Alpha 21164	50MHz 100MFLOPS Intel i860	200MHz 200MFLOPS Pentium Pro

续表

结点结构 数据存储	1CPU 64MB～2GB 本地存储器， 1～4.5GB 本地磁盘	2CPU 64MB 主存， 50GB 共享磁盘	4～8CPU 256MB～16GB DSM 主存， 共享磁盘	1～2CPU 16～128MB 本地存储器， 40GB 共享磁盘	2CPU 32～256MB 本地存储器， 共享磁盘
互连网络	多级网络	三维环绕	三维环绕	二维网孔	分离二维网孔
访存模型	NORMA	NUMA	NCC-NUMA	NORMA	NORMA
结点 OS	完全 AIX (IBM UNIX)	微内核	基于 Chorus 的微内核	微内核	轻量级内核 (LWK)
编程模型	消息传递	共享变量、消息传递、PVM	共享变量、消息传递、PVM	消息传递	基于 PUMA Portals 消息传递
编程语言	MPI、PVM、HPF、Linda	MPI、HPF	MPI、HPF	NX、MPI、PVM	NX、PVM、HPF
点到点 通信延迟	40μs	2μs	N/A	30μs	10μs
点到点带宽	35MB/s	150MB/s	480MB/s	175MB/s	380MB/s

10.7 多核处理器及性能对比

在过去的十多年里，多核一直是计算机处理器芯片和计算机系统性能扩展的主要途径。在本节中，将列举三种不同多核芯片设计的体系结构，并给出采用它们来构造多处理机系统的途径以及部分性能对比情况。

1. 三个典型的多核处理器

2015 年到 2017 年，为服务器应用设计的三个典型多核处理器是 IBM 的 Power8、Intel 的 Xeon E7 和 Fujitsu 的 SPARC64 X+。表 10.6 给出了它们各自的特性参数。Power8 是 IBM Power 系列中的最新产品，具有更多的核和更大的缓存。Intel Xeon E7 与 i7 有大致相同的基本设计，它具有更多数量的核以及更大的 L3 Cache 缓存，但在时钟速率上稍慢(功率受限)。富士通 SPARC64 X+是最新的 SPARC 服务器芯片，它使用了 SMT 技术。因为这些处理器是为多核和多处理机服务器配置的，所以它们可以根据处理器核数、缓存大小等要求形成系列化产品。

Power8 的 L3 是一种 NUCA(NonUniform Cache Architecture)设计，支持使用 EDRAM 高达 128MB 的片外 L4。Xeon 系统可以使用标准 Quickpath 将 8 个处理器芯片形成 8×24=192 核的基本互连。富士通 SPARC64 也有 8 核设计，通常配置为单处理器系统，可以配置的处理器总内核数最大为 1024。这三个处理器的最新版本都继续增加了时钟频率和核数量。

这三个系统都具有片上核间互连和多个处理器芯片连接形成系统的一系列技术。首先来看它们片上的核间互连。

SPARC64 X+片上核间互连是最简单的：16个核共享一个单独的24路组相连L2 Cache。片上设有四个独立的DIMM通道连接内存，核和通道之间通过16×4交叉开关连接。

表10.6　三个典型高端多核处理器(2015—2017版本)主要参数

参　数	IBM Power8	Intel Xeon E7	Fujitsu SPARC64 X+
核数/片	4,6,8,10,12	4,8,10,12,22,24	16
多线程	SMT	SMT	SMT
线程数/核	8	2	2
时钟频率	3.1～3.8GHz	2.1～3.2GHz	3.5GHz
L1 I cache	32KB/核	32KB/核	64KB/核
L1 D cache	64KB/核	32KB/核	64KB/核
L2 cache	512KB/核	256KB/核	24KB/核
L3 cache	32～96MB：8MB/核	10～60MB：2.5MB/核	无
片间一致性协议	监听和目录的混合策略	MOESI	
多处理器互连支持	可连接多达16个处理器芯片	直连多达8个处理器芯片可以形成更大系统	交叉开关连接支持多达64个处理器芯片
处理器芯片数量范围	1～16	2～32	1～64
核数量范围	4～192	12～576	8～1024

图10.20画出了Power8和Xeon E7芯片的片上系统结构。其中图10.20(a)显示出Power8中的每个核都有一个8 MB的L3直接连接进行访问，同时可以通过8条独立总线构成的互连网络访问其他的L3。因此，Power8是一个真正的NUCA，因为对直接连接的本地L3访问时间将比访问其他L3要快得多。每个Power8芯片都有一组链接，可以用来构建形成大型多处理机系统。内存连接到一个专门的存储控制器，该控制器包括一个L4和与DIMM的直连接口。

图10.20(b)显示了Xeon E7处理器芯片的系统结构。三个环连接了核和L3 Cache，其中的每个核和每个L3 Cache都同时连接到两个环上。通过选择正确的环，一个核可以访问到其他任何一个L3 Cache或其他核。因此，E7具有同样的芯片内访问时间。但在实际实现中，每个内存通道只与一半的核进行逻辑连接，从而形成了E7作为NUMA体系结构运行。E7提供了3个快速通道互连(Quick Path Interconnect，QPI)链路，用于连接多个其他E7芯片。

由这三种多核芯片组成的多处理机系统使用了各自不同的互连策略，如图10.21所示。图10.21(a)是连接16个Power8芯片形成的系统。16个芯片分成4组，总共192核。每个芯片都有3个组内和3个组间的连接链路，组内4个处理器芯片的连接具有更高的互连带

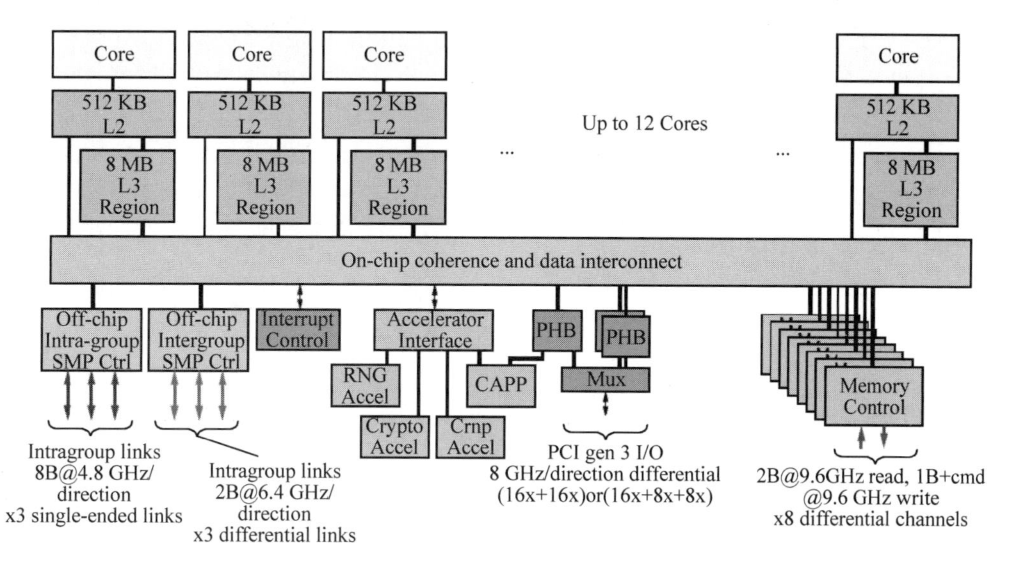

(a) Power8芯片系统结构

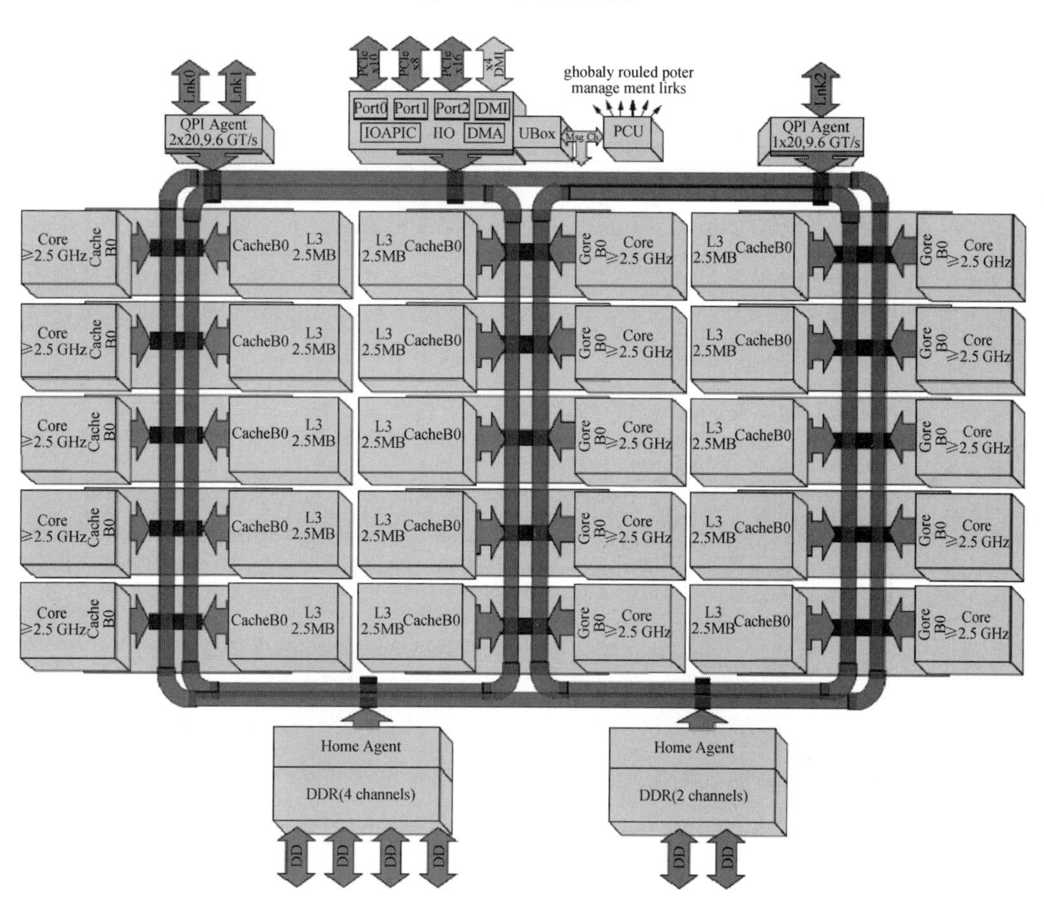

(b) Xeon E7片上系统结构

图 10.20　多核芯片 Power8 和 Xeon E7 的片上系统结构

宽。通过组间链路将本芯片连接到其他3个组。存储器访问时间取决于地址是命中本地存储器、本组存储器还是其他组间存储器。

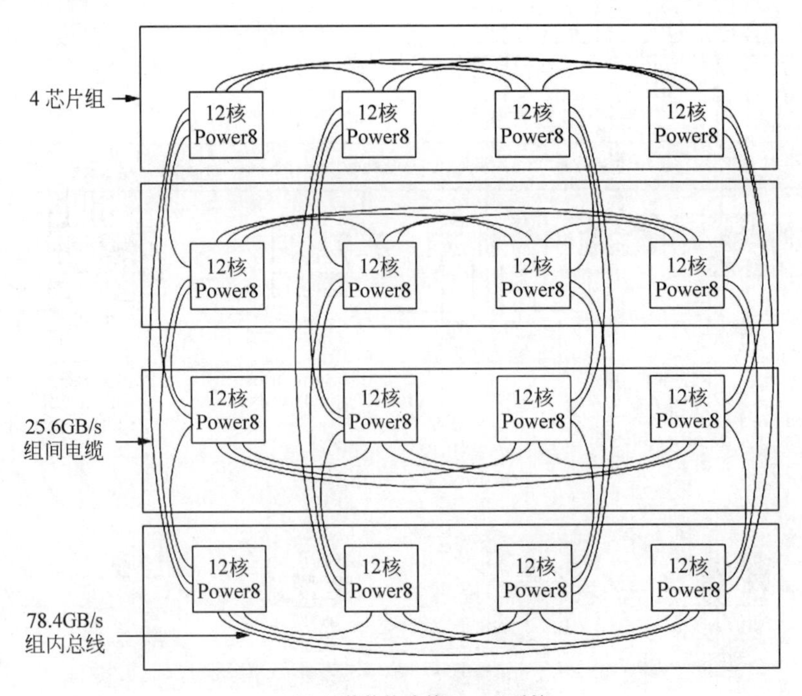

(a) 16芯片构成的Power8系统

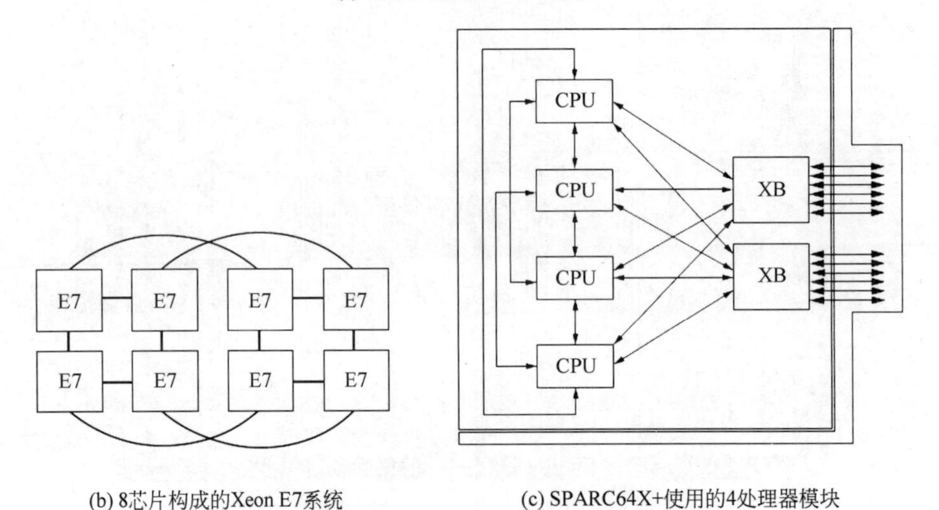

(b) 8芯片构成的Xeon E7系统　　(c) SPARC64X+使用的4处理器模块

图10.21　使用三种多核芯片构造多处理机的系统结构

Xeon E7使用QPI互连多个多核芯片形成系统。在一个4芯片的多处理机系统中,每个处理器芯片上的三个QPI链路连接到三个相邻的芯片,从而形成一个4芯片连接的多处理机系统。由于存储器直接连接到每个E7多核芯片,即使是这种4芯片配置也具有不均匀的存储器访问时间(本地与远程,NUMA)。图10.21(b)是8个E7处理器芯片连接形成的系统。目前许多基于Xeon的多处理服务器已经具有8个以上的处理器芯片。在这种情况下，典型的结构是将4个处理器芯片连接，形成一个正方形的基本模块。模块内每个处理器芯片连接到两个相邻的处理器芯片上。每个芯片中的第三个QPI连接到一个交叉开关上。通过交叉开关，可以用这种方式构建出非常大的系统。访存可以有4个不同时间，取决于访问地址命中的存储器是位于本地、直接相邻、集群中相邻还是跨交叉开关集群间。当然还有其他可能的组织方法，这里就不多说了。

SPARC64 X＋也使用一个4处理器模块，但是每个处理器都有3个到它的近邻的连接，外加两个(或最大配置中的3个)到交叉开关的连接。在最大的配置中，64个处理器芯片可以连接到两个交叉开关交换机，形成总共1024个核。内存访问是NUMA(模块内本地访问和通过交叉开关远程访问)，而一致性是基于目录的。

2. 多核多处理机性能对比

我们考虑在多道程序负载下的性能情况。首先在64核为上限的配置下，我们比较了3个多核处理机系统运行SPECintRate的性能情况。图10.22中画出了随着核数量的增加，每个处理器系列的性能变化情况。图中假设在最小配置时，各自都具有完美的加速比(即8核8，12核12等)。但在实际时性能会有很大差别，例如在4核配置中，IBM Power8的速度是SPARC64 X＋的1.5倍。

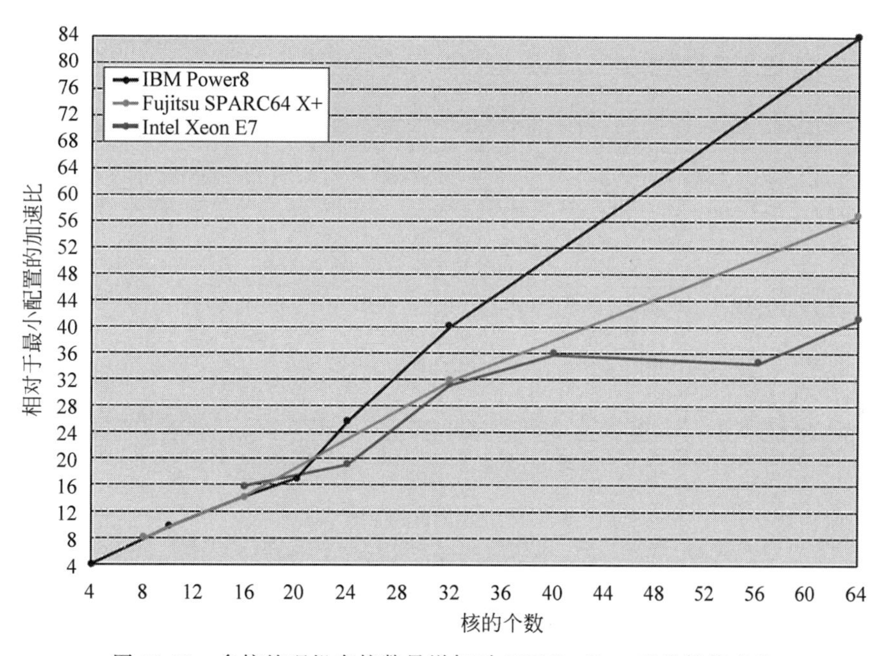

图10.22　多核处理机在核数量增加时SPECintRate基准性能变化

3个处理机系统中的两个在扩展到64核时表现出性能相对衰减。Xeon系统在56核和64核的性能相对衰减最严重。这可能主要是因为有更多的核共享了较小的L3。例如40核系统使用4个芯片，每个芯片有60MB的L3，每个核平均6MB的L3。56核和64核系统也使用4个芯片，但每个芯片只有35MB或45MB的L3，或者说每个核平均有2.5～2.8MB的L3。由此产生的较大的L3未命中率很可能导致了56核和64核系统的加速比性能相对降低。

IBM Power8 的结果看起来也不寻常,似乎显示出显著的超线性加速比。但这种影响主要是由于时钟速率的差异,在 Power8 处理器上的时钟速率比图中其他处理器的时钟速率要高得多。尤其是 64 核配置的时钟频率最高(4.4GHz),而 4 核配置的时钟频率为 3.0GHz。如果根据与 4 核系统的时钟速率差来规范化 64 核系统的相对加速比,则有效加速比为 57 而不是 84。但在整体上 Power8 系统的性能还是 3 个处理器系统中最好的。

图 10.23 给出了在超过 64 核的配置下这三个系统的性能的变化情况。Power8 的结果可以再次通过时钟速率差别来解释,即在考虑时钟率差别时 192 核的等效加速比应该是 167,而图中未考虑时钟率差别时显示出加速比为 223。即使加速比是 167,Power8 的可扩展性也比 SPARC64 X+或 Xeon 系统要好一些。令人惊讶的是,虽然从最小的系统变化到 64 核的情况下会对加速比变化有一些影响,但在继续增加核数量的情况下,结果和趋势并没有显著变坏。

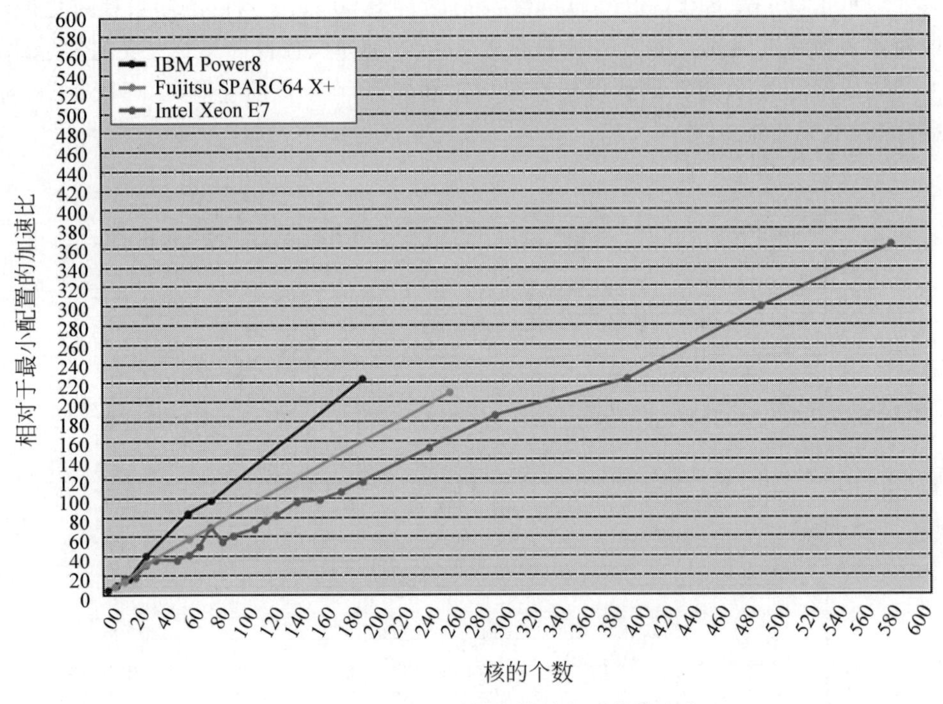

图 10.23 多处理机系统多核的相对性能变化

10.8 多处理机实例——Origin 2000

SGI 公司将 Cray Research 子公司的开关网络技术与 SMP 系统的优点结合起来,推出了 Origin 2000 系列可扩展服务器产品。该系列包括 Origin 200、Origin 2000 Deskside、Origin 2000 Rack 和 Cray Origin 2000 这 4 种机器。Origin 200 服务器是入门级的系统,具有中等扩充能力,最多可以达到 4 个处理器。Origin 2000 Deskside 桌面服务器系统支持的处理器数目最多为 8 个,Origin 2000 Rack 机柜服务器系统支持的处理器数目最多为 16 个,Cray Origin 2000 服务器系统具有大规模扩充能力,支持的处理器数目最多可达到

128个。

Origin 2000系列服务器产品不仅具有SMP的易编程和平稳扩充特性，而且还具有MPP的高可扩放性，应用非常广泛。该系列服务器综合平衡了高性能、可扩放性、可用性和兼容性，能满足许多应用的需求，例如，可作为企业、商业金融机构以及政府机构的信息管理服务器，可用于Web服务、数据仓库、可视化服务、科学计算、图像处理和仿真等。Origin 2000服务器系列的I/O带宽可达102GB/s，系统传输速率比同类SMP服务器快几十倍，是处理、存储和传输各种多媒体信息的理想系统。

Origin 2000的关键技术包括CrayLink开关网络技术和Cellular IRIX操作系统。CrayLink是一种多重交叉开关互连技术，用于连接处理器、存储器、I/O设备等。CrayLink消除了SMP技术的主要瓶颈，替代总线成为处理器结点之间的互连网络。CrayLink使Origin 2000系统成为模块化系统，系统规模可以是一个基本的模块，也可以是若干模块的互连，而且还可以方便地通过增加模块数量来扩充。Origin 2000系统的可扩放性体系结构最多可以扩展至1024个处理器，而且规模增加可使系统性能也呈线性增长，包括计算能力、主存容量和带宽、系统互连带宽、I/O带宽和网络连接能力。

通过CrayLink，分布在所有处理器结点上的存储器在逻辑上形成单一寻址空间的共享存储器系统，但对本地和远程存储器访问的时间是不同的，是一个NUMA结构。Origin 2000采用基于目录的一致性协议来实现多Cache的一致性，在每个结点上设置了目录存储器。

Cellular IRIX是工业界最早投入使用的蜂窝式操作系统，它将操作系统功能分布到各个处理器结点上，可以实现从小系统到大系统的无缝扩展。Cellular IRIX把多个相同的操作系统核心功能分别放到多个“蜂窝”(操作系统单元)中，每个蜂窝分别管理服务器中所有处理器的一个子集。每个操作系统单元都可以非常有效地扩展，单元之间互相通信，为用户提供一种单一的操作系统接口。操作系统的这种蜂窝结构与积木式的硬件结构相结合，能够把故障隔离起来，可使故障局限于个别操作系统单元中，提高服务器的可用性和可靠性。

Cellular IRIX是从SGI的IRIX演变而来的，是以UNIX为基础的64位蜂窝式操作系统。Cellular IRIX操作系统的第一版IRIX 6.4用于Origin 2000服务器，最低支持32个处理器，可以扩充到128个处理器。IRIX 6.4采用新的算法进行数据管理、调度和输入输出。

下面详细介绍Origin 2000系列服务器的硬件结构。

1. 结点板

结点板(即Origin 200的主板)是Origin 2000系统的基本构成模块，一个结点板就是Origin 2000的一个处理机结点，其结构如图10.24所示。结点板由以下几个部分组成。

(1) 一个或两个MIPS R10000微处理器(内含第一级Cache)。其主频是180MHz或195MHz。

(2) 与处理器相配的第二级Cache，其容量为1MB或4MB。

(3) 主存储器(本地)以及用于实现Cache一致性的目录存储器。

(4) 用于实现互连的ASIC芯片，称为HUB。它提供了4个接口：与处理器的接口，与存储器的接口,I/O 接口,路由接口(接 CrayLink 互连网络)。

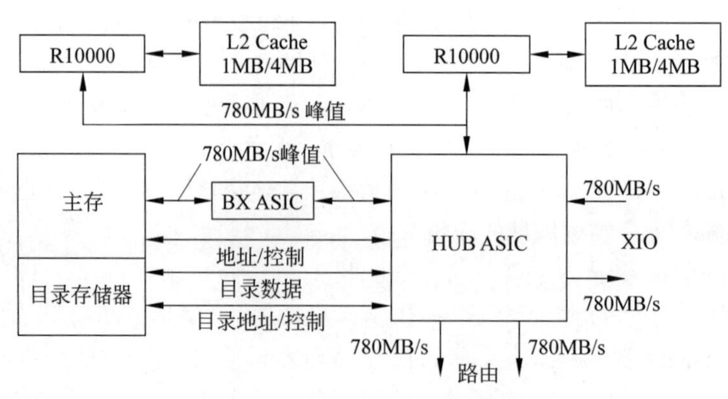

图 10.24　Origin 2000 结点板结构

HUB 的结构如图 10.25 所示。它的 4 个端口在内部以交叉开关互连,通过发送消息进行通信。存储器接口能双向传送数据,最大传输率为 780MB/s,I/O 和路由器接口各有两个半双工传送端口,最大传输率为 2×780MB/s,即 1.56GB/s。每个 HUB 接口连接两个先进先出(FIFO)缓冲器,分别用于输入和输出的缓冲。

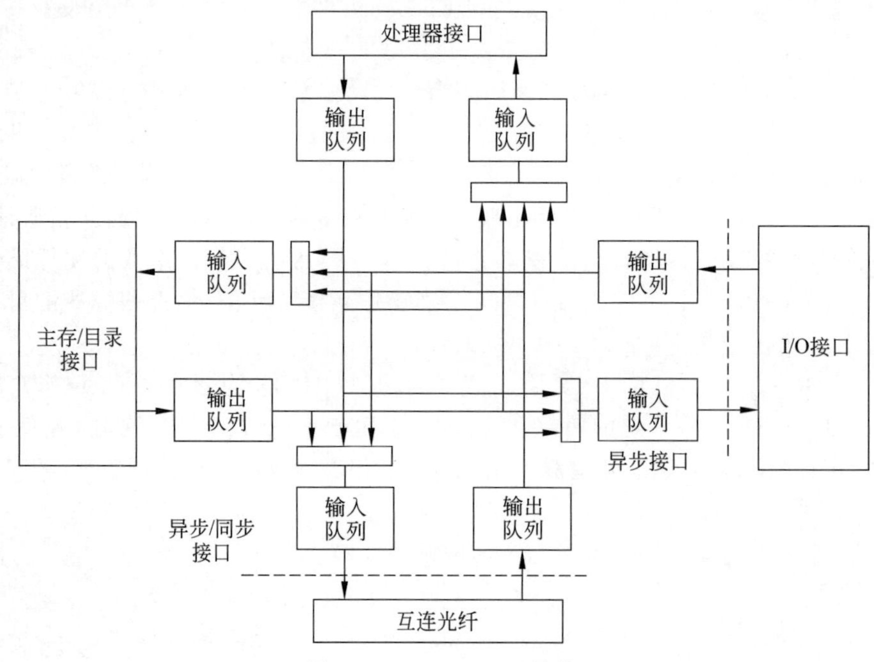

图 10.25　HUB ASIC 结构

HUB 以消息传递方式控制结点板子系统内部的通信,也控制和其他结点板上的 HUB 之间的通信。HUB 对内部消息的格式和外部消息的格式进行转换。所有的内部消息都由处理器和 I/O 设备初始化。消息可以分为请求(Request)和应答(Reply)两种,每个端口在逻辑上形成两个 FIFO 队列,一个用于处理请求,另一个用于处理应答。

2. I/O 子系统

Origin 2000 系统的 I/O 子系统由一组称为 Crosstalk（XTALK）的高速链路构成。Crosstalk 支持很多 SGI 的 I/O 设备和第三方的 I/O 设备。Crosstalk I/O 系统是分布的，在每个结点板上有一个 I/O 端口，可以被每个处理器访问。I/O 操作通过结点板上的单端口 Crosstalk 协议的链路进行控制，或者通过在 Crossbow（XBOW）ASIC 芯片上的智能交叉开关进行互连。XBOW ASIC 芯片将 Crosstalk I/O 端口扩充到 8 个端口，6 个端口用于 I/O，两个端口用于连接到结点板。

3. 互连网络子系统

Origin 2000 的互连网络子系统是由路由器和链路构成的。每个路由器由一组交叉开关组成，能实现多路无阻塞连接，所以不存在竞争链路，也不需要仲裁。链路开关的速度极高，每条双向链路带宽峰值达到 1.6GB/s。若增加结点板的数量，则相应地要接入更多的路由器和链路，从而提高了互连网络的总带宽。

Origin 2000 的互连网络 CrayLink Interconnect 为每对结点提供至少两条独立链路进行通信，这种结构使得结点之间的通信可以绕过不能运行的路由器和断开了的链路。每条链路按照链路层协议（LLP）运行，对传送数据进行 CRC 校验，并可以重试任何失败的传输。这使系统结点之间的通信具有容错能力。

路由器将结点板上的 HUB 物理地连接到 CrayLink Interconnect 上。路由器的核心是实现 6 路无阻塞交叉开关的路由 ASIC 芯片，路由器的交叉开关允许 6 个路由端口全双工同时操作，每个端口有两条单向的数据通路。

图 10.26 是路由 ASIC 芯片的结构图，该芯片的主要功能如下。

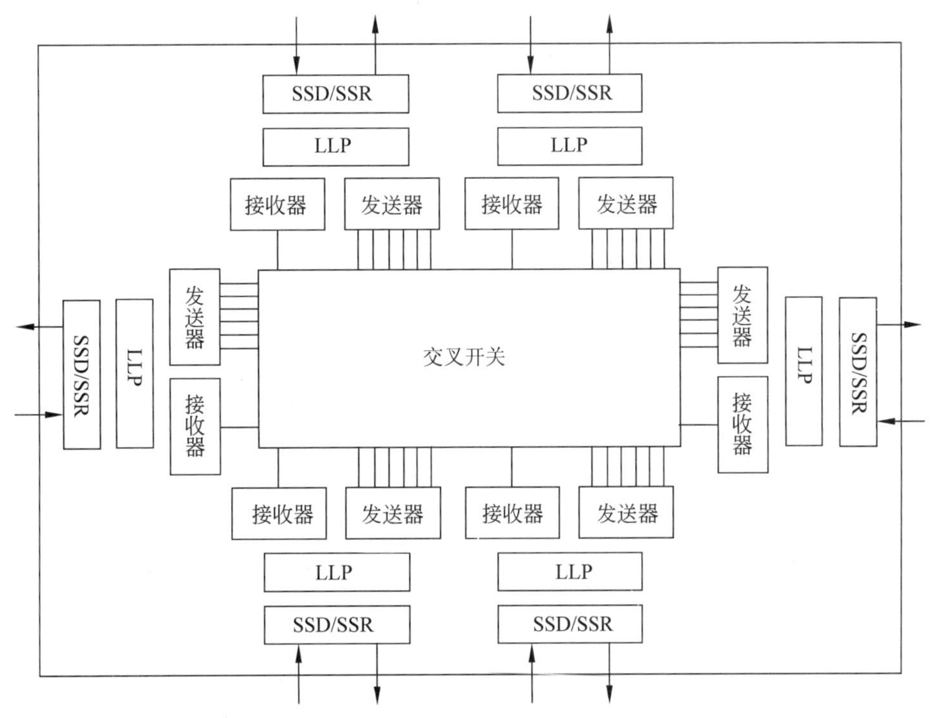

图 10.26 路由器 ASIC 的结构

(1) 选择发送端口和接收端口的最高效连接,动态地切换 6 个端口的连接。

(2) 在 CrayLink Interconnect 的链路层协议(LLP)控制下与其他路由器和 HUB 进行可靠通信。

(3) 消息的包以虫蚀寻径方式通过路由器以减少通信时延。

(4) 对 CrayLink 信息提供缓存。

路由器提供的峰值通信带宽达到 9.36GB/s。

4. 不同的配置和互连

如前所述,Origin 2000 可扩展服务器产品系列主要包括 Origin 200、Origin 2000 Deskside、Origin 2000 Rack 和 Cray Origin 2000 这 4 种机器,它们最多可支持的处理器数目分别为 4、16、32、64 和 128。由于 Origin 2000 是模块化的系统,结点板通过路由器连接可以构成多种不同规模的系统。因此可以根据不同应用要求配置不同数目的处理器。图 10.27 给出了处理器数目为 4、16、32、64 和 128 个时,系统的互连拓扑结构。图中,P 表示处理器,N 表示结点板,H 表示 HUB,R 表示路由器。

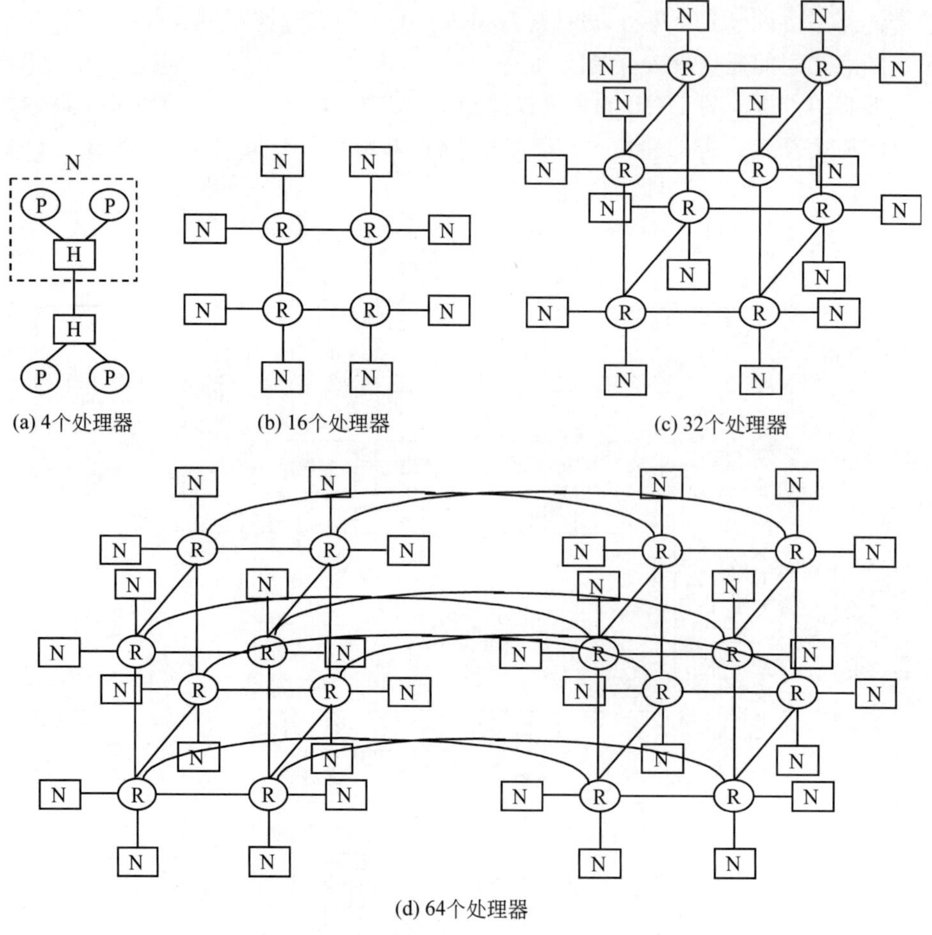

图 10.27 Origin 2000 在不同处理器个数配置情况下的互连拓扑结构

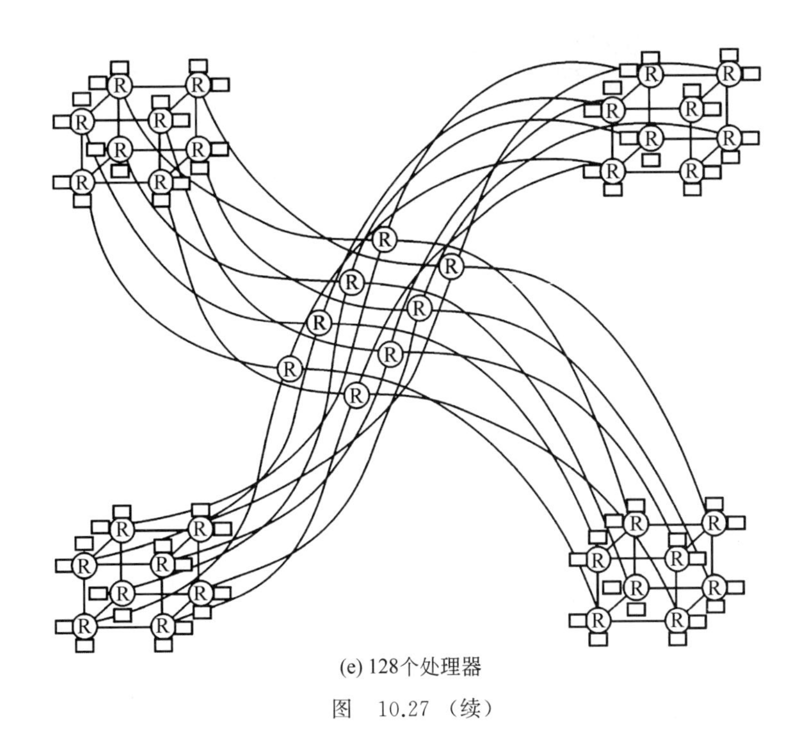

(e) 128个处理器

图 10.27 (续)

128处理器构成的Origin 2000系统由4个立方体组成,在立方体之间传送数据多经过了一级路由器。

可以看出,系统的扩展相当容易,这主要受益于CrayLink互连网络机制。两个结点板通过HUB直接连接成4个处理器的系统,相当于直接使用两台Origin 200服务器。由于路由器提供了两条连接结点板的链路,因此可由一个路由器和两个结点板构成一个模块。然后在模块的基础上,可充分利用路由器的其他4个接口把系统扩展到更大的规模。使用其中的两条链路,可以得到最多16个处理器的机器配置。使用其中的3条链路,可以得到一个cube,实现最多32个处理器的配置。若把路由器的所有4条链路都用上,则得到由两个cube连接的超立方体拓扑结构,达到最多64个处理器的配置。若要实现128个处理器的最大配置,则需要使用专门的Cray Router,将4个由32个处理器构成的cube连接成hypercube的拓扑结构,每个cube顶点上的路由器有一条链路连接到Cray Router上。

在Origin中,结点内部实现的是SMP(对称多处理器)结构,由于只有两个处理器,所以不存在SMP结构的总线瓶颈问题。在结点之间实现的是大规模并行处理结构,但又解决了共享存储器问题。因此在Origin系统中,无论是访问存储器的时间还是结点间传送数据的带宽都很理想。

表10.7列出了Origin系统中CPU访问存储器的延迟时间,假设CPU的主频为195MHz,Cache不命中。其中最小延迟时间即是CPU访问本结点存储器的时间,最大延迟时间是CPU访问距离最远的存储器的时间。

表10.8列出的是Origin系统的带宽,其中每个HUB连到路由器和互连网络的最大带宽为1.56GB/s(全双工,2×780MB/s)。

表 10.7 Origin 系统中访问存储器的延迟时间

系统 CPU 数	最小延迟时间/ns	最大延迟时间/ns	平均延迟时间/ns
2	318	343	343
4	318	554	441
8	318	759	623
16	318	759	691
32	318	836	764
64	318	1067	851
128	318	1169	959

表 10.8 Origin 系统的带宽

系统处理器数	带宽(无快速传送连线)/(GB·s^{-1})	带宽(有快速传送连线)/(GB·s^{-1})
8	1.56	3.12
16	3.12	6.24
32	6.24	12.5
64	12.5	—
128	25	—

5. 存储层次及 Cache 一致性

Origin 系统的存储器层次结构可分为寄存器、L1 Cache、L2 Cache 和主存储器,其中寄存器和 L1 Cache 在 R10000 微处理器中。寄存器的存取时间最短,L1 Cache 又分成指令 Cache 和数据 Cache 两部分,这是为了避免取指令和存/取数据发生冲突。L2 Cache 安装在结点卡中,统一存放指令和数据,由 SRAM 组成。Origin 的主存储器地址是统一编址的,每个处理器通过互连网络可以访问系统中的任一存储单元。

当处理器第一次读取某一存储单元数据时,该数据在提供给 CPU 的同时也复制到本结点的 Cache 中。其他处理器也可能读取该数据,因此同一数据可能存放在几个结点的 Cache 中,同一数据在各个 Cache 中的副本将保持一致。这是通过基于目录的一致性协议来实现的。Origin 系统的 Cache 采用写作废协议。

在 Origin 的每个结点中,都有一个存储器和一个目录表。存储器被划分为存储器块,其大小与 Cache 块的大小相同。每个存储块在目录表中有对应的一项,该目录项包含的主要信息有两个:①该存储器块的状态信息;②系统中各 Cache 共享该存储块情况的位向量,根据位向量可以知道哪些 Cache 中有其副本。当执行写存储器操作时,根据目录项的位向量可将有关结点中的 Cache 数据作废,从而实现 Cache 的一致性。关于实现多 Cache 一致性的方法详见 10.3 节。

习　题　10

10.1　解释以下名词。

集中式共享多处理机	分布式共享多处理机	SMP
多 Cache 一致性	写作废协议	写更新协议
栅栏同步	旋转锁	同时多线程
细粒度多线程技术	粗粒度多线程技术	MPP
DSM		

10.2　共享存储器通信与消息传递通信机制各有哪些主要的优点?

10.3　什么是多处理机的一致性?简述解决一致性的监听协议和目录协议的工作原理。

10.4　简述写更新协议和写作废协议在性能上的差别。

10.5　目前流行的高性能并行计算机系统结构通常可以分成哪五类?

10.6　一个具有32台处理机的系统,对远程存储器访问时间是2000ns。除了通信以外,假设计算中的访问均命中局部存储器。当发出一个远程请求时,本地处理机挂起。处理机的时钟周期时间是10ns,假设指令基本的CPI为1.0(设所有访存均命中Cache)。对于下述两种情况:

(1) 没有远程访问。

(2) 0.5%的指令需要远程访问。

前者比后者快多少?

10.7　在基于总线的小型多处理器系统上,采用写直达Cache。将图10.6与图10.7中基于监听的Cache一致性协议改为写直达Cache,且采用不按写分配。画出状态转换图。

10.8　在标准的栅栏同步中,设单个处理器的通过时间(包括更新计数和释放锁)为C,求N个处理器一起进行一次同步所需要的时间。

10.9　采用排队锁和fetch-and-increment重新实现栅栏同步,并将它们分别与采用旋转锁实现的栅栏同步进行性能比较。

10.10　有些机器实现了专门的锁广播一致性协议,实现上可能使用不同的总线。假设使用写广播协议,重新给出例10.3旋转锁的时间计算。

第11章 多核架构与编程

多核处理器又称芯片多处理器(Chip Multi Processor,CMP),是指在单个芯片内集成两个或多个处理器。其中,芯片内的每个处理器称作“核”,包含一套全部独立的处理器部件,如寄存器、ALU、流水线硬件、指令Cache和数据Cache等。除了多个核之外,现代多核芯片还包含共享的或独立的第二级(L2)Cache甚至第三级(L3)Cache。从2005年开始,微处理器进入了多核时代,就连嵌入式应用也出现了多核处理器。本章主要介绍多核的架构、实例以及基于多核的编程技术。

11.1 多核架构的需求

自从电子计算机诞生以来,微处理器系统的性能一直遵循着摩尔定律,经历了稳定的增长过程。这种性能上的增长主要来源于两个方面:一是时钟频率的提高;二是处理器芯片体系结构的改进。其中,体系结构的改进主要体现在并行度的不断增加方面。但在单核处理器系统中,无论是时钟频率,还是并行度都已接近了极限,很难再进一步提高了,这时就需要采用更为先进的多核技术。

多核技术的好处非常明显。首先,由于计算系统拥有多个执行内核,可以同时进行并行运算,因此可以显著提升系统的计算能力,同时每个内核的主频可以比以前低,因而系统的总体功耗增加不大。其次,与多CPU技术相比,多核处理器采用了与单CPU相同的硬件体系结构,用户在提升计算能力的同时无须进行任何硬件上的改变。正是由于多核技术的这些优点,多核很快被用户接受,并得以普及。现在,90%以上的个人计算机其处理器都是多核的。事实上,从2006年以来,在Intel和AMD两大处理器巨头的大力推动下,多核的普及已成为必然。然而,要真正发挥多核的潜能却并不容易,因为针对多核或多线程的软件开发要比单核或单线程编程工作艰难得多。而今,随着多核的普及,如何开发与多核相适应的软件日益成为研究人员所关注的热点问题,而众多软件供应商,如Google、Microsoft、Oracle,以及Linux的软件供应商等,都已面向多核时代的软件需求,提供了多种软件解决方案。

11.1.1 功耗与散热问题

随着芯片密度和时钟频率的不断提高,系统的功耗也呈现出指数性增长的趋势。功耗的过快增长,一方面会增加用户的使用成本,另一方面还会给系统设计工程师带来诸如散热等诸多难题。CPU的发热量主要取决于处理器的密度和时钟频率这两个主要因素,与两者是正比关系。在传统的体系结构中，每一代处理器所产生的热量增加率都要大于时钟频率的增加率。因此，在一些高端处理器的应用中，采用风扇散热的方式已经不能满足系统的要求了，取而代之的是液体散热方法，如水冷、液氮等技术。所以，受功率和散热方法的限制，时钟频率不能无限制地增加。正因为如此，Intel 处理器的最高主频在达到了 3.8GHz 以后，就没有继续再往上推进了，以后很可能也不打算再研发更高主频的处理器，而是向多核方向发展。

以往计算机处理器能力的提升一直在摩尔定律的指引下，沿着提升 CPU 时钟频率的这条道路前进。从初期的几十兆赫到近几年 IBM 的 Power 6 达到了 4.75GHz，设计人员甚至想过提升到 7～8GHz。但是，从 2002 年以来，由于主频的提升所带来的散热和功耗大幅增加等问题，CPU 主频提升的困难越来越大。自 2004 年起，Intel 和 AMD 都调整了各自的研究方向，转而研究在同一 CPU 中放置多个执行内核的技术。到 2006 年年底，Intel 已经在全球同步推出了多款面向服务器、工作站的 4 核至强 5300 处理器，AMD 也紧随其后推出了自己的多核处理器。

另一方面，控制功率密度(芯片密度)也是一种有效地降低功耗的方法，而控制芯片密度的一种主要方法就是使用更大面积的 Cache 存储芯片。Cache 的晶体管相对较小，功率密度也比逻辑电路的要小。为了降低系统功耗，Cache 占整个芯片面积的百分比越来越大，随着芯片内晶体管密度的增加，其面积逐渐超过了 50%。图 11.1 显示了 Intel 的 Pentium Ⅰ～Pentium 4 中 Cache 所占面积的变化过程。

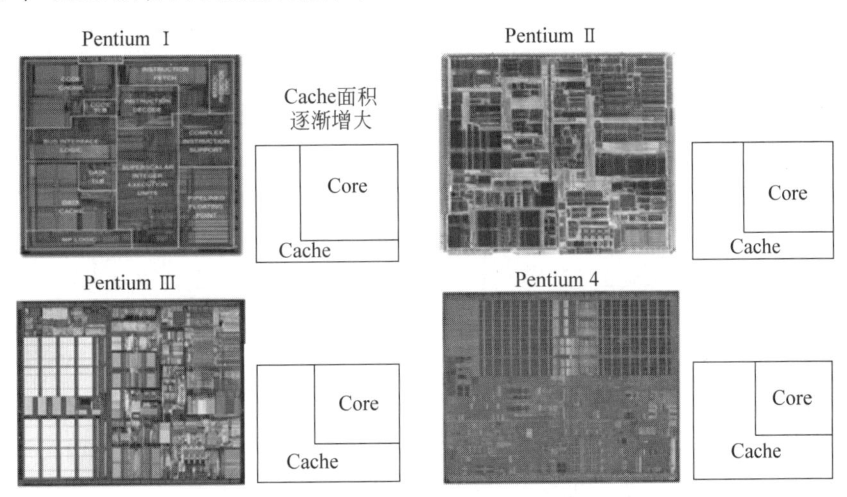

图 11.1　Cache 面积逐渐增大，并超过 50%

11.1.2　并行度问题

处理器设计中，组织的变化主要集中在增加指令级并行度上，以便使处理器每个时钟能做更多的工作。按照时间的顺序，这些变化主要包括流水线技术、超标量技术和同时多线程(Simultaneous Multi Threading，SMT)技术等。就流水线技术而言，最开始是 3 段流水线，然后 5 段流水线代替了 3 段流水线，再往后是更多的流水段，某些甚至实现了超过 12 个流水段。但是，在实际的实现中，肯定会存在流水段上限。因为流水段越多，逻辑电路、互连结构以及控制信号就越复杂。就超标量技术而言，超标量组织也是通过增加并行流水线的个数来提高性能的。同样,随着流水线个数的增加,需要更复杂的逻辑管理冲突和调度指令使用资源,因此所获取的收益越来越小。冲突和资源依赖往往会造成多流水线不能充分利用,甚至单个线程就能让并行流水线饱和。就SMT技术而言,线程在一组流水线上调度的复杂度也往往会限制线程的个数和可有效利用的流水线的个数,因此性能的改进也是有限的。

随着系统结构复杂度的进一步提高,处理器芯片的设计和制造也会存在一些问题。对于超长流水线、超标量流水线和多寄存器体的SMT而言,逻辑电路复杂度的增加意味着控制和信号传送所占面积的增加,将导致芯片设计、制造和调试难度的增加。因此,受控制逻辑复杂度的限制,流水线的宽度和深度都是有限的。因此,要想进一步增加并行度,又不增加控制的复杂度,只能选择增加处理器的"核"数。

11.1.3 应用软件问题

目前的绝大部分应用软件,特别是互联网应用软件都是面向多用户的多线程软件,这就需要计算机硬件系统在结构上能很好地支持线程化的软件,才能符合Amdahl定律的要求。现在的数据库管理软件、数据库应用等服务器软件,一般要并行处理大量的、相对独立的事务。除了通用服务器软件外,还有大量的应用是线程化的,例如:

(1) 多线程的本地应用。多线程应用一般含有若干个高度线程化的进程,如Lotus Domino、Siebel CRM等。

(2) 多进程应用。这样的应用一般含有多个单线程的进程,如Oracle数据库、SAP应用软件等。

(3) 多实例应用。虽然一个应用包含的线程不是很多,但要求很多应用实例同时运行。

(4) Java应用。线程是Java应用的基本方式。不仅语言本身十分方便地支持多线程应用,就连虚拟机也是一个多线程的进程,负责Java应用的调度和内存管理。还有,Java应用服务器、Weblogic、IBM的Websphere以及开源Tomcat应用服务器程序等也都是多线程的。

超线程(Hyper Threading)和SMT技术只能在一定程度上支持多线程或多实例应用,本质上只是在一个执行核上运行。当线程个数较多时,就需要多核架构或并行处理机这样的处理系统了。

总之,受CPU主频、功耗、散热和超标量等技术复杂度的限制,以及多线程应用软件需求的驱动,微处理器架构发展到多核成为一种必然的趋势;另外,多核架构也是摩尔定律驱动的结果。在单核架构下,摩尔定律已经接近于失效,要想继续成立,多核架构是必然的选择。说到底,出现多核处理器最根本的原因是人们对计算能力永无止境的追求。尽管近些年来,处理器从来没有停止过前进的脚步,但每一次性能的突破,换来的只是对更高性能的需求,特别是在油气勘探、气象预报、虚拟现实、人工智能等高度依赖于计算能力的场合,对性能的渴求更加迫切。

11.2 多核架构

顾名思义,多核技术是指在一枚处理器中集成两个或多个完整的计算内核,从而提高计算能力的技术。按计算内核的对等与否,多核架构又可以分为同构多核架构和异构多核架构两种。计算内核相同,地位对等的称为同构多核,反之称为异构多核。需要注意的是,多核架构与多处理器不同，多处理器指多个 CPU，每个 CPU 可以是单核或多核的。虽然同时使用多个 CPU，但是从管理的角度来看，它们的表现就像一台单机一样，这在前面的章节已经有所阐述。

11.2.1 多核的组织架构

多核处理器的组织架构主要包括片上核心处理器的个数、Cache 的级数、共享 Cache 的容量和内部互连结构等。图 11.2 给出了多核系统的 4 种典型的组织结构。

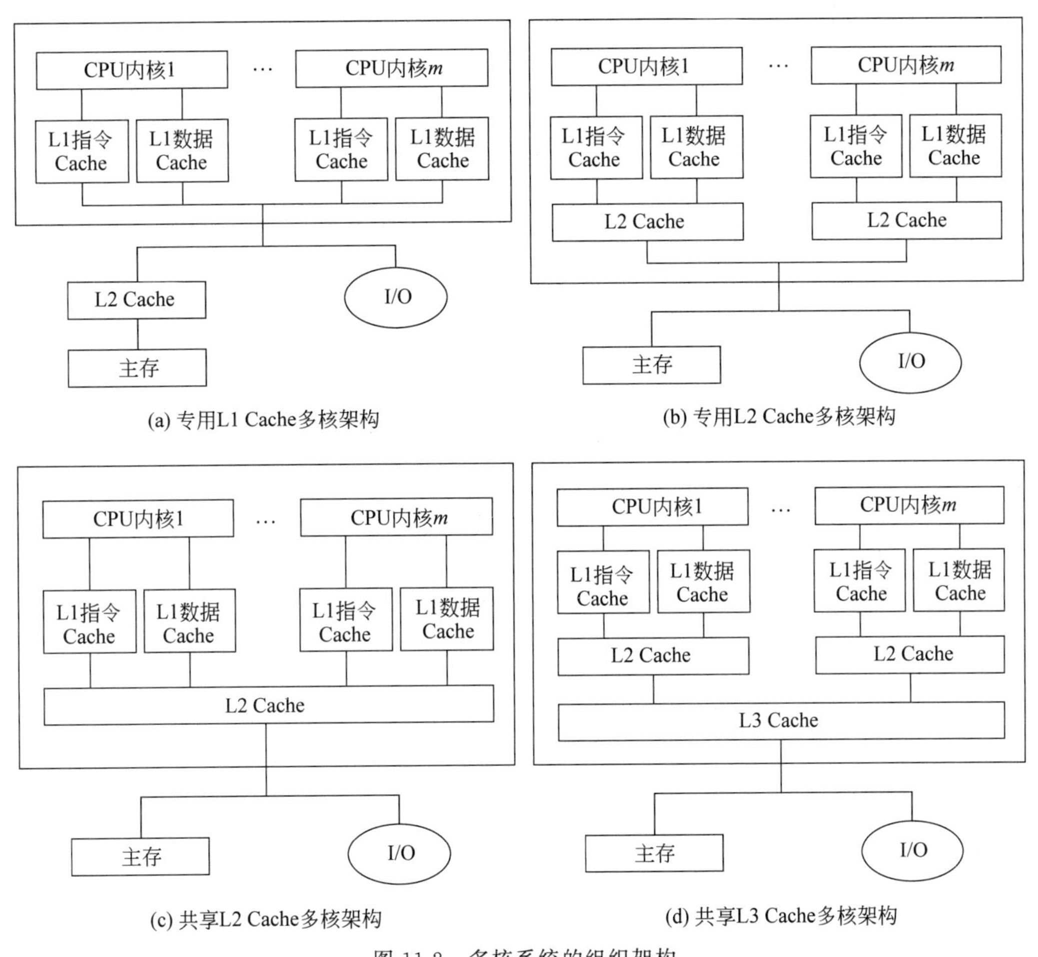

图 11.2 多核系统的组织架构

如图 11.2(a)所示是早期多核处理器的一种组织架构，现在在嵌入式芯片中仍能见到。在这种组织方式中，只有一级片内 Cache，每个核带有自己的专用 L1 Cache，分成指令 Cache 和数据 Cache。这种组织的一个典型实例是 ARM11 MPCore。

如图 11.2(b)所示的是无片内共享 Cache 的组织结构。在这种结构里，片内有足够的可用面积容纳多个 L2 Cache。这种组织的一个典型实例是 AMD Opteron。

如图 11.2(c)所示的架构采用了和图 11.2(b)类似的存储空间分配，不同的是该处理器架构拥有共享 L2 Cache。Intel 的 Core Duo 处理器就是这种结构。

最后，随着片上 CPU 内核总量的不断增加，出于性能上的考虑，分离出一个独立的三级 Cache,如图 11.2(d)所示;每个 CPU 计算内核除了拥有专用的一、二级 Cache 外,还共享 L3 Cache。Intel Core i7 就是这种结构。

从上述几种结构来看,使用片内 Cache 是一种常见的技术和改善性能的方法。使用共享的片内 L2 Cache 相对于专用 Cache 而言有以下几个优点:

(1) 共享片内 L2 Cache 可以减少整个系统的不命中概率。也就是说,如果某个核上的一个线程访问主存的某个位置,该位置对应的块会被装入共享 Cache;如果其他核上的线程也访问同一内存块,则数据已经在片内的共享 Cache 中了,这样就产生了 Cache 命中。

(2) 多个核所共享的数据在共享 Cache 级上不需要复制。

(3) 对于合适的块替换算法,分配给每个核的共享 Cache 量是动态的,这样局部线程能使用更多的 Cache 空间。

(4) 通过共享 Cache 能很容易地实现计算内核间的通信。

(5) 使用共享的 L2 Cache 将一致性问题限制在 L1 Cache 层次上,而且还具有性能上的优点,一方面不同核上的线程可以共享相同的数据,另一方面运行单个或少量高性能线程时,相应的可用 Cache 空间将更大。

使用片内专用 L2 Cache 的潜在优点是每个核能快速地访问其私有的 L2 Cache 块,非常适合具有很强局部性的线程提高性能。

随着可用 Cache 的数量和计算内核数的增加,使用共享 L3 Cache,结合共享或专用的 L2 Cache,其效果会比简单地使用多个共享的 L2 Cache 要好,性能会得到进一步的提升。

多核系统另一个重要的组织架构设计问题是:每个计算内核采用超标量架构还是 SMT 架构。例如,Intel 公司的 Core Duo 采用超标量核,而 Core i7 则采用 SMT 核。SMT 是一种在一个 CPU 的时钟周期内,能够执行来自多个线程指令的硬件多线程技术。因此,一个 4 核 SMT 系统,每个核支持 4 个并发线程,在应用级上等价于一个 16 核的系统。随着软件并行资源利用能力的提高,相比于超标量方法,SMT 方法更具有吸引力。

11.2.2 多核架构实例

多核 CPU 产品有很多,几乎所有的厂商都推出了自己的多核产品。本节介绍几个典型的多核架构实例:Intel x86 多核架构和面向嵌入式应用的 ARM 多核架构。

1. Intel x86 多核架构

从 2005 年开始,Intel 公司每两年推出一款新的微架构,工艺也从 65nm、45nm、32nm、22nm 逐步向 8nm 发展,性能上仍遵循摩尔定律。这里介绍两款分别代表中端、低端应用的多核 CPU。

1) Core Duo

2006 年推出的 Core Duo 是全球第一个低耗电的双核处理器(低于 25W),它也是第一款苹果 Macintosh 计算机所使用的 Intel 处理器。Core Duo 实现了两个 x86 超标量处理器,共享二级 Cache,如图 11.3 所示。跟所有的多核系统一样,Core Duo 的每个核有自己的专用 L1 Cache:一个 32KB 的指令 Cache 和一个 32KB 的数据 Cache。

Core Duo 的每个核有一个独立的热控制部件。对于今天的高密度晶体管芯片,热管理是一个基本功能,尤其是笔记本和移动系统。Core Duo 的热控制部件负责管理芯片的散热,在发热受限的条件下使得处理器的性能最高。另外,热管理可以通过冷却系统改进人机环境、降低风扇噪声。每个核可被定义为一个独立的热区，每个热区的最高温度存到专用寄存器中，由软件轮询这些寄存器来获得最高温度值。如果一个核的温度超过某个阈值，就由热控制部件降低该核的时钟频率，从而减少热量的产生。

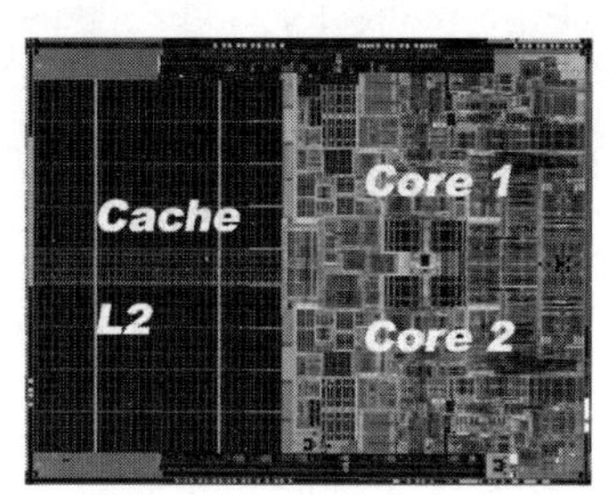

图 11.3　Intel Core Duo 的结构

Core Duo 组成中的另一个关键部件是高级可编程中断控制器（Advanced Programmable Interrupt Controller，APIC）。APIC 可以执行许多功能，包括支持处理器间中断，允许任一处理器中断另一处理器或一组处理器。一个核执行的线程可以产生一个中断请求，该中断请求首先由本地 APIC 接收，再传送给其他核的 APIC，然后中断对应的核。功率管理逻辑负责降低功耗，从而增加移动平台电池的寿命。实际使用中，功率管理逻辑监测热量状况和 CPU 活动，适当地调整电压和功耗。它包含一个高级功率门控部件，可以进行超细粒度的逻辑控制，仅当需要的时候才启动相应的 CPU 逻辑子系统。

Core Duo 芯片包含一个共享的、2MB 的 L2 Cache。Cache 逻辑可以根据当前核的需求动态地分配 Cache 空间，因此一个核最多的时候可以获得全部的 L2 Cache 空间。L2 Cache 所包含的逻辑支持 MESI 协议，以维护其上 L1 Cache 之间的数据一致性。Core Duo 对 MESI 协议进行了扩展，也支持对称多处理器结构。当一个核请求的数据不在本地 CPU 内时，可通过外部总线上的代理访问其他 CPU。总线接口连接外部总线，即前端总线。前端总线连接主存、I/O 控制器和其他处理器芯片。

2）Intel Core i7

Intel Core i7 是 Intel 公司于 2008 年 11 月推出的，实现了 4 个 x86 SMT 计算核，每个计算核带一个专用的 L2 Cache、一个共享的 L3 Cache，如图 11.4 所示。在 Core i7 中，每个核拥有自己的专用 L2 Cache，4 个核共享一个 8MB 的 L3 Cache。为了使 Cache 更加高效地工作，使用了预取机制。在这种机制中，硬件检测内存的访问模式，推测马上要用到的数据，并提前装入 Cache 中。

Core i7 芯片支持两种片外通信方式：通过“DDR3 主存控制器”的通信和通过“高速路径互连”的通信。Core i7 将 DDR3 主存控制器集成到了片内，去掉了前端总线。这个接口支持 3 个信道，每个信道为 8 字节宽，总宽度为 192 位，总数据传输率可达 32GB/s。高速路径互连（Quick Path Interconnect，QPI）是一个电气互连规范，基于一致性协议和点对点链路，用于 Intel 处理器和芯片组互连。通过其互连的处理器之间能高速通信，每秒可进行 6.4G 次传送。每次传送 16 位，达到 12.8GB/s；由于 QPI 链路是双向的，故总带宽可达到 25.6GB/s。

2. ARM11 MPCore 架构

ARM11 MPCore 是基于 ARM11 处理器系列的多核产品，最多可配置 4 个处理器，每个处

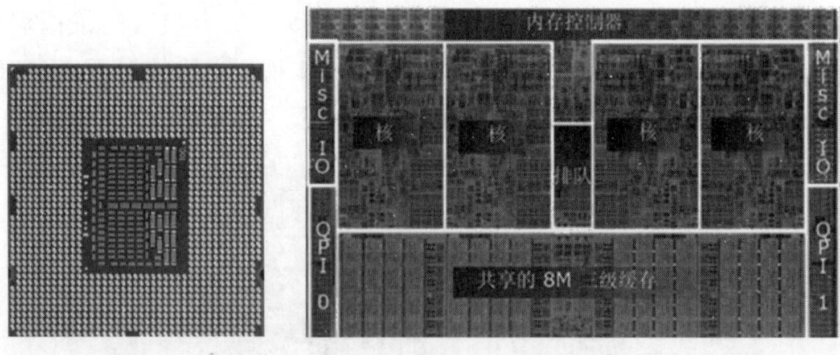

图 11.4　Intel Core i7 结构

理器带有私有的 L1 指令 Cache 和 L1 数据 Cache。表 11.1 列出了 ARM11 系统的配置选项。

表 11.1　ARM11 MPCore 配置选项

特　征	选 项 范 围	默认值
处理器	1～4	4
每个处理器的指令 Cache 大小	16KB、32KB 或 64KB	32KB
每个处理器的数据 Cache 大小	16KB、32KB 或 64KB	32KB
主端口	1 个或 2 个	2
中断总线的宽度	0～224 按 32 引脚增加	32 个引脚

ARM11 MPCore 处理器如图 11.5 所示，系统的主要部件如下。

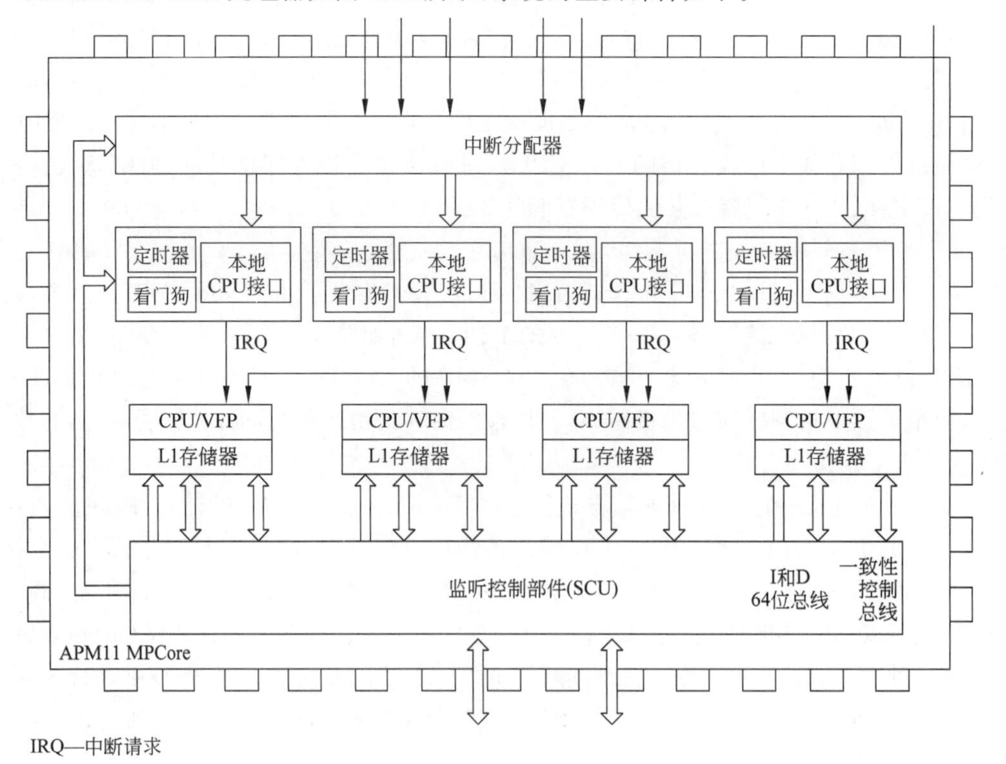

图 11.5　ARM11 MPCore 处理器

(1) 中断分配器。进行中断检测和中断优先级管理,按需将中断请求传递给一个或多个CPU。提供一种处理器间的通信方法,使得一个CPU上线程可以驱动另一个CPU上的线程,支持单播、多播和广播通信方式。

(2) 定时器。每个CPU都有自己的、能产生中断的私有定时器。

(3) CPU接口。处理中断确认、中断屏蔽和中断完成确认。

(4) CPU。单个的ARM11处理器。每个CPU被认为是AMP11 CPU核。

(5) 向量浮点部件(VFP)。用硬件实现浮点运算的协处理器。

(6) L1 Cache。每个CPU有自己的专用L1数据Cache和L1指令Cache。

(7) 监听控制部件。负责维护L1数据Cache之间的一致性。

11.3 基于多核的并行程序设计

毫无疑问,多核给我们提供了更经济的计算能力。但是,这种能力能否善加利用,还要取决于软件。软硬件在这里的关系就如同路与车:如果把多核平台看成是高速公路的话,软件可以看成是高速公路上的汽车,高速公路只是提供了一个基础,而到底能发挥多大运输能力,还要看汽车能跑多快。更重要的一点是,如果不针对多核进行软件开发,不仅多核提供的强大计算能力得不到利用,相反还有可能不如单核CPU好用。因为采用多核的CPU其每个内核的主频比主流的单核CPU通常要低一些,如果程序只能发挥出一个内核效用的话,自然不如单核CPU好用。未来多核芯片将无处不在,针对多核的软件开发将是摆在软件产业界面前一个大的挑战。有专家甚至预言,针对多核和多线程的软件开发,即基于多核的并行程序设计,将是未来十年软件开发的主要挑战。

多核处理器的基本目的是通过多个任务的并行执行提高应用程序的性能。这就需要将一个应用程序进行任务划分:尽量分解为多个相对独立的任务,每个任务实现为一个线程,从而将多个任务分布到多个计算核上执行,以减少程序的执行时间。本节首先简要介绍并行编程模型,接着介绍最重要的两种并行编程模型:共享存储模型和消息传递模型,然后介绍并行编程语言,最后介绍并行算法。

11.3.1 并行编程模型概述

编程模型是程序员看到的硬件抽象,它决定了程序员是否能够方便地把算法定义成硬件和编译器支持的任务,以及这些任务是否能够高效地在硬件上运行。在非并行系统中,串行编程模型对程序员隐藏硬件细节,并允许程序员将算法高效、直观地表达为一系列顺序执行的步骤。而在多处理器系统中很难使一种编程模型既对程序员隐藏硬件细节又可实现高效运行。

目前几种最重要的并行编程模型是数据并行(Data Parallel)、消息传递(Message Passing)和共享存储(Shared Memory)。数据并行模型的编程级别比较高,编程相对简单,但它仅适用于数据并行问题;消息传递模型的编程级别相对较低,但消息传递编程模型可以有更广泛的应用范围;共享存储则采用多线程的方式,非常适合SMP共享内存多处理系统和多核处理器体系结构。

1. 数据并行

数据并行是将相同的操作同时作用于不同的数据,因此适合在SIMD(Single

Instruction Multiple Data)及SPMD(Single Program,Multiple Data)的并行计算机上运行。数据并行编程模型是一种较高层次上的模型,它提供给编程者一个全局的地址空间,一般这种形式的语言本身就提供并行执行的语义,因此对于编程者来说,只需要简单地指明执行什么样的并行操作和并行操作的对象,就实现了数据并行的编程。数据并行的表达是相对简单和简洁的,它不需要编程者关心并行机是如何对该操作进行并行执行的。数据并行编程模型虽然可以解决一大类科学与工程计算问题,但是对于非数据并行类的问题,如果通过数据并行的方式来解决,一般难以取得较高的效率。

2. 消息传递

消息传递即各个并行执行的部分之间通过传递消息来交换信息、协调步伐、控制执行。消息传递一般是面向分布式内存的,但是它也可适用于共享内存的并行机。消息传递为编程者提供了更灵活的控制手段和表达并行的方法,一些用数据并行方法很难表达的并行算法,都可以用消息传递模型来实现。灵活性和控制手段的多样化,是消息传递并行程序能提供高的执行效率的重要原因。消息传递模型一方面为编程者提供了灵活性,另一方面,它也将各个并行执行部分之间复杂的信息交换和协调、控制的任务交给了编程者,这在一定程度上增加了编程者的负担,这也是消息传递编程模型编程级别低的主要原因。虽然如此,消息传递的基本通信模式是简单和清楚的,学习和掌握这些部分并不困难,因此目前大量的并行程序设计仍然是采用消息传递并行编程模式。

数据并行和消息传递编程模式的对比如表11.2所示。

表11.2 数据并行和消息传递编程模式的对比

对比内容	数据并行	消息传递
编程级别	高	低
适用的并行机类型	SIMD/SPMD	SIMD/MIMD/SPMD/MPMD
执行效率	效率依赖于编译器	高
地址空间	单一	多个
存储类型	共享内存	分布式或共享内存
通信的实现	编译器负责	程序员负责
问题类	数据并行类问题	数据并行任务并行
目前状况	缺乏高效的编译器支持	使用广泛

3. 共享存储

共享存储也称共享变量,是采用程序中的共享变量来进行信息交换、协调同步以及控制执行的。共享存储的方式非常适合于多核系统下的应用编程,著名的OpenMP多线程并行编程语言就是采用的这种方式,本章后面将重点以OpenMP为例介绍这种多核下的编程模型。

11.3.2 共享存储模型与消息传递模型

共享存储和消息传递是两种被广泛应用的并行编程模型。其中,消息传递模型更多地用于较大型系统(数百到数千核),而共享存储模型用于较小型系统。

我们将一个并行任务定义为一个计算单元,计算单元间可相互独立执行。多个并行任务可以在不同的处理器(核)上运行。共享存储模型的编程思想是,不同线程或进程执行的并行任务可以访问内存的任何位置,这样它们可以通过写入(通过 store 指令)和读取(通过 load 指令)内存位置实现相互间的隐式通信,这与同属一个进程的多个线程间共享地址空间类似。在消息传递模型中,线程拥有各自的本地内存,一个线程不能访问其他线程的内存,这样线程间为了交换数据,就需要通过显式地传递包含数据值的消息彼此通信,这与多个进程互不共享地址空间类似。共享存储模型和消息传递模型的特性分别如图 11.6 和图 11.7 所示。

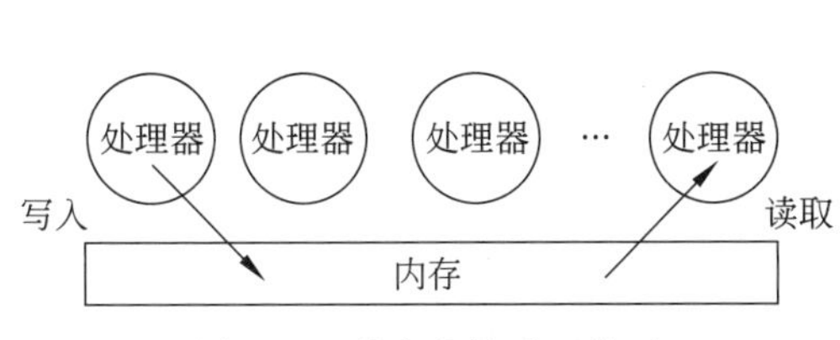

图 11.6 共享存储编程模型

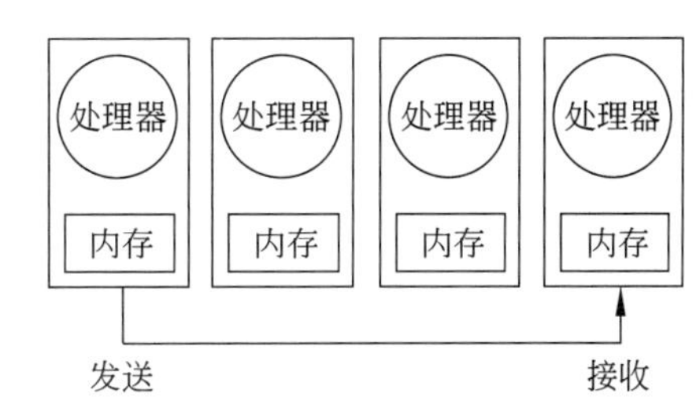

图 11.7 消息传递编程模型

共享存储模型和消息传递模型之间的差异,在通信和同步两个方面与线程模型和进程模型之间的差异类似。共享存储模型无须在线程之间传输数据,但需要显式的同步操作来控制进程间访问数据的顺序。消息传递模型通过发送和接收消息在线程间传输数据,这些通信操作隐式地起到了控制线程间访问数据顺序的同步作用。

共享存储一般需要专门的硬件支持。在类似于多核处理器这种小规模系统上,处理器核间可能已经共享最后一级高速缓存,因而要支持共享存储就比较简单,在某些情况下甚至是自动支持的。然而,在多结点情况下,每个结点拥有自己的处理器和内存,结点间互连形成一个共享存储系统,这时就需要硬件支持来实现一种映像,即所有结点的内存构成一个可被所有处理器寻址的单一存储器。由于这一原因,提供共享存储的代价随着处理器个数的增加而增大。在另一方面,消息传递模型并不需要这种硬件支持。当处理器个数很多时,以较低代价实现共享存储将变得很困难。目前共享存储系统的规模通常限定在几百到一两千个处理器。在拥有数千或更多处理器的大规模系统中,考虑到实现代价,通常不提供共享存储。

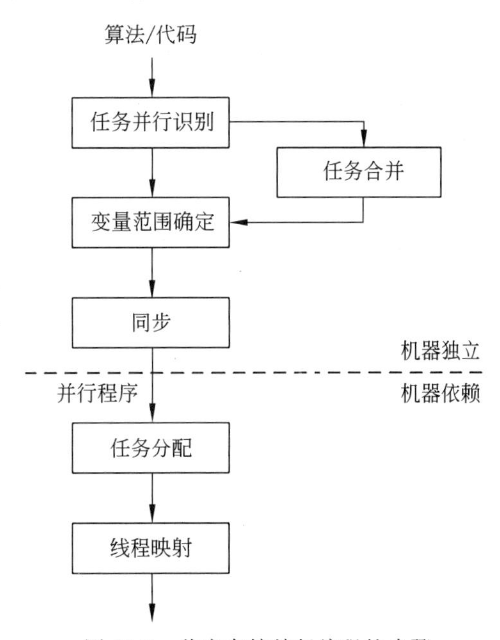

图 11.8 共享存储并行编程的步骤

由于多数多核芯片具有支持共享存储的硬件,因此,本节将更侧重于共享存储编程模型的介绍。

一般来说,共享存储并行编程包括任务并行识别、任务合并、变量范围确定、同步、任务分配、线程映射共六个步骤,如图 11.8 所示。

首先,创建并行程序的第一步是任务并行识别,即识别代码中的并行性来源。程序员可以在不同层面(如代码层面和算法层面)执行多种分析技术以识别并行性。接着,在识别出并行任务后,如果任务很小,还需要将其组合成规模较大的任务。在这一步中,任务将成为一个线程可以执行的最小单元。然后,需要确定任务使用的每个变量的范围。由于两个任务可能由不同的线程执行,需要确定每个变量是为所有线程共享还是由单个线程私有。接下来,就是通过线程同步协调任务的执行。下一步,就是将任务分配给线程。通常情况下,任务比可用的处理器要多,并且产生比处理器数量更多的线程(这将导致线程分时复用单个处理器),这样往往性能较差,因此需要将多个任务分配给同一个线程处理。任务到线程映射的目标是实现线程间的负载均衡。最后,将线程映射到处理器。并行编程的最后一步是进行线程到处理器的映射,以及在存储中组织好数据。该步骤的目标是实现局部通信,即通信的处理器之间彼此靠得很近,以及局部数据,即每个处理器访问的数据尽可能靠近处理器。

整体而言,任务并行识别、变量范围确定和同步可以统称为任务创建,通过这些步骤线程可以相互合作完成一个完整的计算任务。任务创建相对来说是独立于机器的,程序员不需要了解处理器数量、处理器互连方式以及数据组织形式。任务分配和线程映射统称为任务映射。有时,任务映射对程序员是透明的,如通过使用系统默认的映射方式。但是,这种默认映射有时会产生次优的性能和可扩展性。

11.3.3 并行语言

并行程序是通过并行语言来表达的,并行语言的产生主要有以下三种方式。

(1) 设计全新的并行语言。

(2) 扩展原来的串行语言的语法成分使它支持并行特征。

(3) 不改变串行语言仅为串行语言提供可调用的并行库。

设计一种全新的并行语言的优点是可以完全摆脱串行语言的束缚,从语言成分上直接支持并行,这样就可以使并行程序的书写更方便、更自然,相应的并行程序也更容易在并行机上实现。但是,由于并行计算至今还没有像串行计算那样统一的冯·诺依曼模型可供遵循,因此并行机、并行模型、并行算法和并行语言的设计和开发千差万别,没有一个统一的标准,虽然有多种多样全新的并行语言出现,但至今还没有任何一种新出现的并行语言成为普遍接受的标准,设计全新的并行语言,实现起来难度和工作量都很大,但各种各样的并行语言的出现、实践和研究无疑都为并行语言和并行计算的发展做出了贡献。

一种重要的对串行语言的扩充方式就是标注,即将对串行语言的并行扩充作为原来串行语言的注释,对于这样的并行程序,若用原来的串行编译器来编译,标注的并行扩充部分将不起作用,仍将该程序作为一般的串行程序处理,若使用扩充后的并行编译器来编译,则该并行编译器就会根据标注的要求,将原来串行执行的部分转换为并行执行。对串行语言的并行扩充,相对于设计全新的并行语言,显然难度有所降低,但需要重新开发编译器,使它能够支持扩充的并行部分。一般地,这种新的编译器往往和运行时支持的并行库相结合。仅提供并行库,是一种对原来的串行程序设计改动最小的并行化方法。这样,原来的串行编译器也能够使用,不需要任何修改,编程者只需要在原来的串行程序中加入对并行库的调用,就可以实现并行程序设计。对于这三种并行语言的实现方法,目前最常使用的是第二种和第三种方法,特别是第三种方法。

11.3.4 并行算法

并行算法是给定并行模型的一种具体、明确的解决方法和步骤。按照不同的划分方法，并行算法有多种不同的分类。

根据运算的基本对象不同，可以将并行算法分为数值并行算法（数值计算）和非数值并行算法（符号计算）。当然，这两种算法也不是截然分开的，例如在数值计算的过程中会用到查找、匹配等非数值计算的成分，非数值计算中一般也会用到数值计算的方法。划分为什么类型的算法主要取决于主要的计算量和宏观的计算方法。

根据进程之间的依赖关系可以分为同步并行算法（步调一致）、异步并行算法（步调、进展互不相同）和纯并行算法（各部分之间没有关系）。对于同步并行算法，任务的各个部分是同步向前推进的，有一个全局的时钟（不一定是物理的）来控制各部分的步伐；而对于异步并行算法，各部分的步伐是互不相同的，它们根据计算过程的不同阶段决定等待、继续或终止；纯并行算法是最理想的情况，各部分之间可以尽可能快地向前推进，不需要任何同步或等待，但是一般这样的问题是少见的。

根据并行计算任务的大小，还可以分为粗粒度并行算法（一个并行任务包含较长的程序段和较大的计算量）、细粒度并行算法（一个并行任务包含较短的程序段和较小的计算量）以及介于两者之间的中粒度并行算法。一般而言，并行的粒度越小，就越有可能开发更多的并行性，提高并行度，这是有利的方面，但是另一个不利的方面就是并行的粒度越小，通信次数和通信量就相对增多，这样就会增加额外的开销，因此合适的并行粒度需要根据计算量、通信量、计算速度、通信速度进行综合平衡，这样才能够取得高效率。

对于相同的并行计算模型，可以有多种不同的并行算法来描述和刻画。由于并行算法设计不同，可能对程序的执行效率有很大的影响，不同的算法有几倍、几十倍甚至上百倍的性能差异是完全正常的。并行算法基本上是随着并行机的发展而发展的。从本质上说，不同的并行算法是根据问题类别的不同和并行机体系结构的特点产生出来的，一个好的并行算法既要能很好地匹配并行计算机硬件体系结构的特点，又要能反映问题内在的并行性。SIMD结构计算机一般适合同步并行算法，而MIMD并行计算机则适合异步并行算法。

在并行计算中，由于并行算法可以对性能产生重大的影响，因此受到了人们的广泛重视，并行算法也成为一个专门的十分活跃的研究领域。并行算法设计也是并行程序设计的前提，没有好的并行算法，就没有好的并行程序，因此在并行程序设计之前，必须首先考虑好并行算法。该算法要能够将并行机和实际问题很好地结合起来，既能够充分利用并行机体系结构的特点，又能够揭示问题内在的并行性。

11.4 多核编程实例

目前，程序开发人员开发实际的并行程序主要方法是串行语言加并行库的扩展，也就是增加一个库来帮助进行消息传递和并行，但其程序开发效率很低，难度也比较大。其中比较典型的方法有两种：共享存储和消息传递。共享存储的方法主要是采用多线程的方式，其主要程序开发环境就是已经成为事实工业标准的OpenMP，目前主要是商业编译器提供对该语言的支持。消息传递开发则包括MPI和PVM等开源开发环境，可以免费下载。其中

MPI最常用最流行的两个实现是MPICH和LAM/MPI。此外,由于现有机器体系结构层次非常复杂,还可以把上面几类并行和向量并行混合使用,充分挖掘机器的性能潜力,通常称之为混合并行。本节重点介绍基于OpenMP的多核编程环境。

OpenMP(Open Multi-Processing)是一套支持跨平台共享内存方式的多线程并发的编程API,使用C,C++和FORTRAN语言,可以在大多数的处理器体系和操作系统中运行,包括Solaris、AIX、HP-UX、GNU/Linux、Mac OS X和Microsoft Windows等,还包括一套编译器指令、库和一些能够影响运行行为的环境变量。OpenMP采用可移植的、可扩展的模型,为程序员提供了一个简单而灵活的开发平台,包括从标准桌面计算机到超级计算机的并行应用程序接口。OpenMP提供了对并行算法的高层的抽象描述,程序员通过在源代码中加入专用的pragma来指明自己的意图,由此编译器可以自动将程序进行并行化,并在必要之处加入同步互斥以及通信。

11.4.1 一个简单的OpenMP程序

下面以一个简单的OpenMP程序为例。

```
int main(int argc,char* argv[])
{
#pragma omp parallel for
    for (int i=0;i <10;i++)
    {
        printf("i=%d/n",i);
    }
    return 0;
}
```

这个程序执行后可以打印出以下结果。

```
i=0
i=5
i=1
i=6
i=2
i=7
i=3
i=8
i=4
i=9
```

可见for循环语句中的内容被并行执行了(每次运行的打印结果可能会有区别)。

#pragma omp parallel for这条语句是用来指定后面的for循环语句变成并行执行的,当然for循环里的内容必须满足可以并行执行的条件,即每次循环互不相干,后一次循环不依赖于前面的循环。

下面再通过一个简单的示例程序来说明并行执行后效率的提升。

```
void test()
```

```
{
    int a=0;
    clock_t t1=clock();
    for (int i=0;i <100000000;i++)
    {
        a=i+1;
    }
    clock_t t2=clock();
    printf("Time=%d/n",t2-t1);
}
int main(int argc,char * argv[])
{
    clock_t t1=clock();
#pragma omp parallel for
    for ( int j=0;j <2;j++){
        test();
    }
    clock_t t2=clock();
    printf("Total time=%d/n",t2-t1);

    test();
    return 0;
}
```

在 test()函数中，执行了 1 亿次循环，主要用来执行一个长时间的操作。在 main()函数里，先在一个循环里调用 test()函数，只循环两次。在一台典型的双核 CPU 上可以得到以下运行结果。

```
Time=298
Time=298
Total time=298
Time=298
```

可以看到在 for 循环里的两次 test()函数调用都花费了 298ms，但是打印出的总时间却只花费了 298ms，后面那个单独执行的 test()函数花费的时间也是 298ms，可见使用并行计算后效率提高了整整一倍。

11.4.2 OpenMP 中的排序算法

排序是算法设计中的典型算法。本节将介绍如何使用 OpenMP 实现归并排序的多线程版本，该归并排序算法采用的是自下而上的归并排序算法。

自下而上、无递归的归并排序算法以 $O(\log N)$的算法复杂度实现对 N 个数据元素的排序。可以将整体操作总结为将大小不断增长的相邻局部数组进行合并。局部数组的大小在算法开始时为 1，即单个数组元素，每合并一次，数组大小增大一倍。

以下是自下而上归并排序算法的串行实现程序代码。

```
template <class T>void mergeList (T * src1, T * src2, int len1, int len2, T * dest)
{
    int idx1=0, idx2 =0;
    int loc =0;
    while (idx1<len1 && idx2<len2)
    {
        if (src1[idx1] <=src2[idx2])
        {
            dest[loc] =src1[idx1];
            idx1++;
        }
        else
        {
            dest[loc] =src2[idx2];
            idx2++;
        }
        loc++;
    }

    for (int i =idx1; i<len1; i++)
    {
        dest[loc++] =src1[i];
    }

    for (int i =idx2; i<len2; i++)
    {
        dest[loc++] =src2[i];
    }
}

template <class T>void mergeSort (T * data, int N)
{
    T * temp =new T[N];
    T * repo1, * repo2, * aux;
    repo1 =data;
    repo2 =temp;

    for (int grpSize =1; grpSize <N; grpSize <<1)
    {
        for (int stIdx =0; stIdx <N; stIdx +=2 * grpSize)
        {
            int nextIdx =stIdx +grpSize;
            int secondGrpSize =min (max (0, N -nextIdx), grpSize);
            if(secndGrpsize ==0)
            {
                for (int i =0; i <N - stIdx; i++)
                {
```

```
                repo2[stIdx + i] = repo1[stIdx + i];
            }
        }
        else
        {
            mergeList (repo1 + stIdx1, repo1 + nextIdx, grpSize, secondGrpSize,
            repo2 + stIdx);
        }
    }

    aux = repo1;
    repo1 = repo2;
    repo2 = aux;
}

if (repo1 != data)
{
    memcpy (data, temp, sizeof (T) * N);
}

delete[] temp;
}
```

在以上程序中，mergeList()模板函数是数组合并操作的典型实现。该函数接受两个数组的内存起始地址（src1 和 src2）以及它们的长度（len1 和 len2），返回一个有序的目标数组（dest）。mergeSort()模板函数包含两个嵌套 for 循环。外层循环控制要进行合并的子数组的大小，内层循环遍历待合并的第 1 个数组的起始索引。

鉴于 mergeSort()模板函数中的两个嵌套循环，使用 parallel for 指令实现程序的并行化非常可行。我们针对串行实现的程序代码做一些调整，在程序中插入一条 pargma 指令，完成自下而上归并排序算法的多线程实现。程序代码如下。

```
...
for (int grpSize = 1; grpSize < N; grpSize << 1)
{
    #pragma omp parallel for
    for (int stIdx = 0; stIdx < N; stIdx += 2 * grpSize)
    {
...
```

习　题　11

11.1　解释下列术语：

CMP、SMT、MPI、OpenMP、SPMD、Hyper Threading

11.2　并行编程模型有哪几种？各自的特点是什么？

11.3　简述多核架构与多处理器有什么不同。

11.4 多核时代的主要驱动力主要有哪些?

11.5 画出专用 L1 Cache 多核架构图,并叙述其特点。

11.6 画出专用 L2 Cache 多核架构图,并叙述其特点。

11.7 画出共享 L2 Cache 多核架构图,并叙述其特点。

11.8 画出共享 L3 Cache 多核架构图,并叙述其特点。

11.9 上机编写调试一个能求解 π 的 OpenMP 并行程序。

11.10 上机编写调试一个能求解矩阵相乘的 OpenMP 并行程序。

第12章 机群系统

内容提要

(1) 机群的基本结构；

(2) 机群的特点；

(3) 机群的分类；

(4) 典型的机群系统。

机群(Cluster)系统起源于20世纪90年代中期,它是由多台同构或异构的独立计算机通过高性能网络连接在一起而构成的高性能并行计算机系统。构成机群的计算机都拥有自己的存储器、I/O设备和操作系统,它们在机群操作系统的控制下协同完成特定的并行计算任务。对用户和应用来说,机群就是一个单一的系统,可以提供低价高效的高性能环境和快速可靠的服务。

目前流行的高性能并行计算机系统结构通常可以分成5类,机群就是其中之一,另外4类分别是并行向量处理机(PVP)、对称多处理机(SMP)、大规模并行处理机(MPP)和分布共享存储(DSM)多处理机。机群结构凭借低廉的价格、极强的灵活性和可扩放性,成为近年来发展势头最强劲的一种结构。表12.1列出了1997年6月至2013年6月共24期全球高性能计算机500强(Top500)排名中Cluster系统的数量,从中可以清楚地看出其迅猛的发展趋势。Top500排行榜起源于1993年,尽管直到1997年6月才首次有机群结构的计算机进入该排名,但此后入选的机群系统的数量逐年稳步增加——2003年11月,这一数字已达到211台,机群首次成为Top500排名中比例最高的结构;截至2013年6月,已经连续20期位居榜首。机群已成为当今构建高性能计算机系统时最常被采用的结构。

表12.1 Top500中机群计算机的数量和比例

时间	1997.06	1997.11	1998.06	1998.11	1999.06	1999.11	2000.06	2000.11
数量	1	1	1	2	6	7	11	28
比例	0.2%	0.2%	0.2%	0.4%	1.2%	1.4%	2.2%	5.6%
时间	2001.06	2001.11	2002.06	2002.11	2003.06	2003.11	2004.06	2004.11
数量	32	43	81	92	151	221	298	298
比例	6.4%	8.6%	16.2%	18.4%	30.2%	44.2%	59.6%	59.6%

续表

时间	2005.06	2006.06	2007.06	2008.06	2009.06	2010.06	2011.06	2013.06
数量	304	364	374	399	410	424	411	417
比例	60.8%	72.8%	74.8%	79.8%	82%	84.8%	82.2%	83.4%

视频讲解

12.1 机群的基本结构

本节从硬件和软件两个方面讨论机群系统的基本结构。机群系统由独立的计算机搭建而成，因此机群系统设计者在进行硬件设计时所面临的主要问题往往不是如何设计这些计算机，而是如何合理地选择现有的商用计算机产品，这可以减少系统的开发与维护费用。相对于硬件而言，设计机群系统的软件时具有很大的灵活性，除了操作系统和并行程序设计环境外，其他管理软件(如监控模块等)有时会由机群系统的设计人员自行开发，以便实现特殊的功能。

12.1.1 机群的硬件组成

机群是一种价格低廉、易于构建、可扩放性极强的并行计算机系统，它由多台同构或异构的独立计算机通过高性能网络或局域网互连在一起，协同完成特定的并行计算任务。从用户的角度来看，机群就是一个单一、集中的计算资源。

图12.1给出了一个含有4台PC的简单机群的逻辑结构，图中NIC表示网络接口，PCI表示I/O接口。这是一种无共享的结构，4台PC通过交换机(Switch)连接在一起。目前大多数机群系统都采用这种结构。如果将图中的交换机换为共享磁盘，就可以得到共享磁盘结构的机群系统。

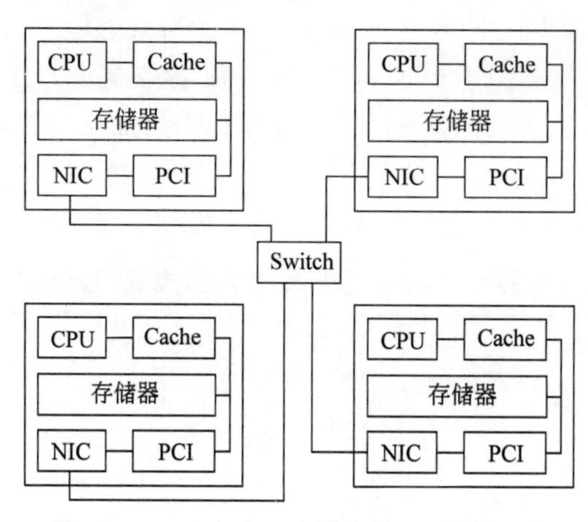

图12.1 一个包含4个结点的PC简单机群

构成机群的每台独立计算机都是机群的一个结点。每个结点都是一个完整的计算机系统，拥有本地磁盘和操作系统，可以作为一个单独的计算资源供用户使用。除了PC外，机群的结点还可以是工作站，甚至是规模较大的对称多处理机。

按照机群系统中各结点的功能不同，可以将它们分为三类：①计算结点，用于完成计算任务。②管理/登录结点，它们是外部设备和机群系统之间连接的桥梁，任何用户和系统的管理员都只能通过此类结点登录到系统中。此外，管理/登录结点还应具有管理和作业提交等功能。③I/O结点，作为NFS文件系统的主结点，I/O结点一般由存储设备、网络文件系统（NFS）等组成，外挂磁盘阵列或者连接其他存储设备，负责文件的I/O操作，其他结点访问存储设备的请求都要通过I/O结点完成。

这三类结点所需的具体硬件配置也不相同。计算结点需要提供很强的计算能力，对于某些应用而言特别需要强大的浮点计算能力。此外，计算结点还应提供适量的内存，使运算时数据能完全驻留在物理内存中，并能够支持高速、低延迟的通信网络。而系统对管理/登录结点要求不高，只要采用相对经济的配置就可以了。

机群的各个结点一般通过商品化网络连接在一起，如以太网，Myrinet、Infiniband、Quadrics等，部分商用机群也采用专用网络连接，如SP Switch、NUMAAlink、Crossbar、Cray Interconnect等。网络接口与结点的I/O总线以松耦合的方式相连，如图12.1中的NIC与PCI所示。

无论是计算机还是互连网络，可供设计者选择的产品都非常多，而且不同厂家的产品在功能、性能以及价格上也都有所差别，如何选择合适的产品，主要取决于具体的用户对机群的具体要求。

12.1.2 机群的软件

软件也是机群系统的重要组成部分。由于机群系统结构松散、结点独立性强、网络连接复杂，使得机群系统管理不便、难以使用。为了解决这一问题，国际上流行的方式是在各结点的操作系统之上再建立一层操作系统来管理整个机群，这就是机群操作系统。

除了提供硬件管理、资源共享以及网络通信等功能外，机群操作系统还必须完成的另外一项重要功能是实现单一系统映像（Single System Image，SSI），这是机群的一个重要特征。正是通过SSI才使得机群在使用、控制、管理和维护上更像一个单独的计算资源。

SSI共有四重含义。首先是“单一系统”，尽管系统中有多个处理器，用户仍然把整个机群视为一个单一的计算系统来使用。其次是“单一控制”，在逻辑上，最终用户或系统用户使用的服务都来自机群中唯一的一个位置。例如用户将批处理作业提交到一个唯一的作业集中，而系统管理员则通过一个唯一的控制点对整个机群的所有软硬件进行管理和配置。然后是“对称性”，用户可以从机群的任何一个结点上获得服务，也就是说，对于所有结点和所有用户，除了那些具有特定访问权限的服务与功能外，所有其他服务与功能都是对称的，可以通过任何一个结点提供给用户。最后则是“位置透明”，用户不必了解真正执行服务的物理设备的具体位置。

一般来说，机群系统中的SSI至少应该提供以下三种服务。

（1）单一登录（Single Sign On）。即用户可以通过机群中的任何一个结点登录，而且在整个作业执行过程中只需登录一次，不必因作业被分派到其他结点上执行而重新登录。

（2）单一文件系统（Single File System）。这有两方面含义：首先，在机群系统中，有一些对整个机群所有结点都相同的软件，没有必要在每一个结点上重复安装。其次，尽管执行并行作业时要求每个结点都可以访问到这些软件，但它们在整个机群系统中应该只有一个备份。

(3) 单一作业管理系统(Single Job Management System)。用户可以透明地从任一结点提交作业,作业可以以批处理、交互或并行的方式被调度执行。PBS、LSF、Condor和JOSS都是目前比较具有代表性的作业管理系统。

此外,并行编程模型以及相关的并行编程环境也是机群系统中不可缺少的软件。目前比较流行的并行编程工具包括MPI、PVM、OpenMP、HPF等。MPI(Message Passing Interface)是目前最重要的一个基于消息传递的并行编程工具,它具有可移植性好、功能强大、效率高等许多优点,而且有许多不同的免费、高效、实用的实现版本,几乎所有的并行计算机厂商都提供对它的支持,使它成为并行编程的事实标准。PVM(Parallel Virtual Machine)也是一种常用的基于消息传递的并行编程环境,它把工作站网络构建成一个虚拟的并行机系统,为并行应用程序提供了运行平台。HPF(High Performance FORTRAN)是一个支持数据并行的并行语言标准。OpenMP(Open Multi-Processing)是一个共享存储并行系统上的应用编程接口,它规范了一系列的编译制导、运行库例程和环境变量,并为C/C++和FORTRAN等高级语言提供了应用编程接口,已经应用于UNIX、Windows等多种平台。

图12.2列出了机群系统的软件框架。机群操作系统、SSI以及其他一些机群正常工作所必需的软件一同构成了机群中间件。在它之上是并行编程环境,用户可以通过并行编程环境完成并行应用程序的开发。当然,串行应用也可以通过机群中间件被调度到某个结点上执行。

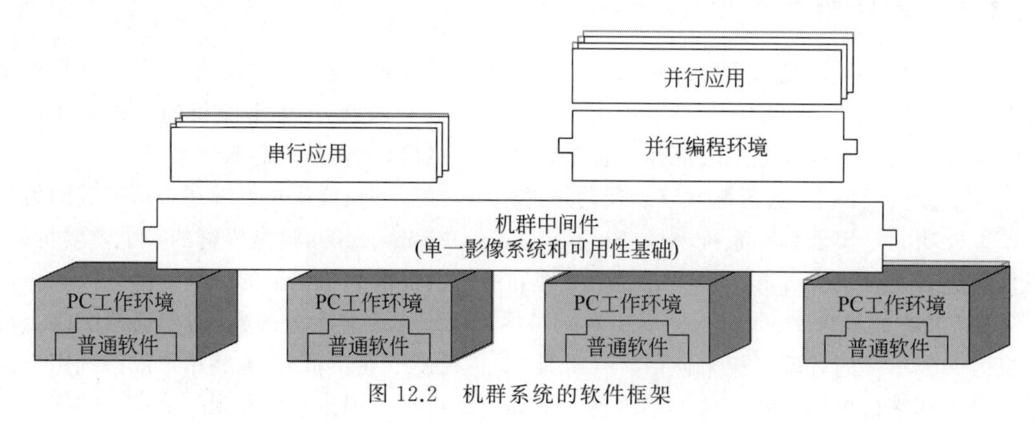

图12.2 机群系统的软件框架

视频讲解

12.2 机群的特点

与MPP、PVP、SMP、DSM等传统并行计算机系统相比,机群系统具有许多优点。

(1) 系统开发周期短。由于机群系统大多采用商品化的PC、工作站作为结点,并通过商用网络连接在一起,系统开发的重点在通信子系统和并行编程环境上,这大大节省了研制时间。

(2) 可靠性高。机群中的每个结点都是独立的PC或工作站,某个结点的失效并不会影响其他结点的正常工作,而且它的任务还可以迁移到其他结点上继续完成,从而有效地避免由于单结点失效引起的系统可靠性问题。

（3）可扩展性强。机群的计算能力随着结点数量的增加而增大。这一方面得益于机群结构的灵活性，由于结点间以松耦合方式连接，机群的结点数量可以增加到成百上千；另一方面则是由于机群系统的硬件容易扩充和替换，可以灵活配置。

（4）性能价格比高。由于生产批量小，传统并行计算机系统的价格均比较昂贵，往往要几百万到上千万美元。而机群的结点和网络都是商品化的计算机产品，能够大批量生产，成本相对较低，因而机群系统的性价比更好。与相同性能的传统并行计算机系统相比，机群的价格要低1～2个数量级。

（5）用户编程方便。机群系统中，程序的并行化只是在原有的C、C++或FORTRAN串行程序中插入相应的通信原语，对原有串行程序的改动有限。用户仍然可以使用熟悉的编程环境，无须适应新的环境。

当然，机群的迅猛发展还得益于微处理器技术、网络技术和并行程序设计技术的进步。第一，微处理器技术的进步使得微处理器的性能不断提高，而价格却在不断下降，这使得机群结点的处理性能进一步提高。第二，与传统超级计算机相比，机群系统更容易融合到已有的网络系统中，而且随着网络技术的进步和高性能通信协议的引入，机群结点间的通信带宽进一步提高，通信延迟进一步缩短，逐步缓解了由于结点松散耦合引起的机群系统通信瓶颈问题。第三，随着PVM、MPI、HPF、OpenMP等并行编程模型的应用与成熟，使得在机群系统上开发并行应用程序更加方便，无论是编写新的应用程序还是改写已有的串行程序都更加容易。而传统超级计算机却一直缺乏一个统一的标准。

但是机群也有不足之处。由于机群由多台完整的计算机组成，它的维护相当于要同时去管理多个计算机系统，因此维护工作量较大，维护费用也较高。SMP则相对较好，因为管理员只要维护一个计算机系统即可。正因为如此，现在很多机群采用SMP作为结点，这样可以减少结点数量，达到减少维护工作量和开支的目的。

12.3 机群的分类

按照不同的标准，机群的分类方法有很多。例如，根据组成机群的各个结点和网络是否相同，机群可以分为同构与异构两类；根据结点是PC还是工作站，机群可以进一步分为PC机群与工作站机群。不过最常用的分类方法还是以机群系统的使用目的为依据，将其分为高可用性机群、负载均衡机群以及高性能计算机群三类。

（1）高可用性机群。这类机群的主要目的是在系统中的某些结点出现故障的情况下，仍能继续对外提供服务。它采用冗余机制，当系统中某个结点由于软硬件故障而失效时，该结点上的任务将在最短的时间内被迁移到机群内另一个具有相同功能与结构的结点上继续执行。这样，对于用户而言，系统就可以一直为其提供服务。这类机群适用于Web服务器、医学监测仪、银行POS系统等要求持续提供服务的应用。

（2）负载均衡机群。这类机群的主要目的是提供与结点个数成正比的负载能力，这就要求机群能够根据系统中各个结点的负载情况实时地进行任务分配。为此，它专门设置了一个重要的监控结点，负责监控其余每个工作结点的负载和状态，并根据监控结果将任务分派到不同的结点上。这种机群很适合大规模网络应用（如Web服务器或FTP服务器）、大工作量的串行或批处理作业（如数据分析）。

负载均衡机群往往也具有一定的高可用性特点,但两者的工作原理不同,因而适用于不同类型的服务。通常,负载均衡机群适用于提供静态数据的服务,如HTTP服务;而高可用性机群既适用于提供静态数据的服务,又适用于提供动态数据的服务,如数据库等。之所以高可用性集群能适用于提供动态数据的服务,是由于它的结点共享同一存储介质,也就是说,在高可用性集群内,每种服务的用户数据只有一份,存放在专门的存储结点上,在任一时刻只有一个结点能读写这份数据。

(3) 高性能计算机群。这类机群的主要目的是降低高性能计算的成本。它通过高速的商用互连网络,将数十台乃至上千台PC或工作站连接在一起,可以提供接近甚至超过传统并行计算机系统的计算能力,但其价格却仅是具有相同计算能力的传统并行计算机系统的几十分之一。这样,通过利用若干台PC就可以完成通常只有超级计算机才能完成的计算任务。这类机群适用于计算量巨大的并行应用,如石油矿藏定位、气象变化模拟、基因序列分析等。当然,为了稳定地提供高性能计算服务,它也必须满足一定的可用性要求。

还有一种比较常用的分类方法是按照构建方式将机群分为专用机群和企业机群两类。专用机群是为代替传统的大中型计算机或巨型计算机而设计的,装置比较紧凑,一般都装在比较小的机架内,放在机房中使用,因此它的吞吐率较高,响应时间也较短。专用机群的结点往往是同构的,一般采用集中控制,由一个(或一组)管理员统一管理,而且用户一般需要通过一台终端机来访问它,这样做的好处是其内部对外界完全屏蔽。而企业机群则正好相反,它是为了充分利用各个结点的空闲资源而设计的,因此其各个结点分散安放,并不需要安装在同一个房间,甚至不需要安排在同一幢楼中。各结点一般通过标准的LAN或WAN互连,通信开销较大、延迟较长。企业机群的各个结点一般是异构的,并由不同的个人拥有,这样机群管理者只能对各个结点进行有限的管理,结点拥有者可以随意地进行关机、重新配置或者升级,而且对一个结点而言,它的拥有者的任务应该具有最高优先级,高于企业的其他用户。显然,企业机群的内部通信是对外暴露的,存在一定的安全隐患,需要在通信子系统中采用专门的措施来避免。

视频讲解

12.4 典型机群系统简介

12.4.1 Berkeley NOW

NOW由美国California大学Berkeley分校开发,是一个颇有影响的机群系统,采用了很多先进的技术,涉及许多机群系统的共同问题。它具有很多优点,如采用商用千兆以太网和主动消息通信协议支持有效的通信,通过用户级整合机群软件GLUNIX(Global Layer Linux)提供单一系统映像、资源管理和可用性,开发了一种新的无服务器网络文件系统xFS,以支持可扩放性和单一文件层次的高可用性。

(1) 主动消息。它是实现低开销通信的一种异步通信机制,其基本思想是在消息头部控制信息中携带一个用户级子例程(称为消息处理程序)的地址。当消息头到达目的结点时,调用消息处理程序通过网络获取剩下的数据,并把它们集成到正在进行的计算中。主动消息相当高效和灵活,以至于各种系统都逐渐以它作为基本的通信机制。

(2) GLUNIX。它是运行在工作站标准 UNIX 上的一个软件层，属于自包含软件。其主要的想法是机群操作系统应由底层和高层组成，其中底层是执行在核模式下的结点商用操作系统，高层是能提供机群所需的一些功能的用户级操作系统。特别地，这一软件层能够提供机群内结点的单一系统映像，使得所有的处理器、存储器、网络容量和磁盘带宽均可以被分配给串行和并行应用程序，并且它能够以被保护的用户级操作系统库的形式实现。

(3) 无服务器文件系统 xFS。它是一个无服务器的分布式文件系统，它将文件服务的功能分布到机群的所有结点上，以提供低延迟高带宽的文件系统服务功能。它主要采用廉价冗余磁盘阵列、协同文件缓存和分布式管理等技术。

12.4.2 Beowulf

1994 年，NASA 的一个科研项目迫切需要一种工作站，要求它既具有 1GFLOPS 的计算处理能力和 10GB 的存储容量，价格又不能过高。为了达到这一目标，工作在 CESDIS 的 Thomas Sterling 与 Don Becker 构建了一个具有 16 个结点的机群，其硬件使用了 Intel 的 DX4 处理器以及 10Mb/s 的以太网，软件则主要基于当时刚刚诞生的 Linux 系统以及其他一些 GNU 软件。这样既满足了计算能力和存储容量的要求，又降低了成本，他们将这个系统命名为 Beowulf。这种基于 COTS(Commodity Off The Shelf)思想的技术也迅速由 NASA 传播到其他科研机构，因此这类机群被称为 Beowulf 机群(Beowulf Class Cluster Computers)。

Beowulf 机群定义了这样一种系统：使用普通的硬件加上 Linux 操作系统，再加上 GNU 开发环境以及 PVM/MPI 共享库所构建的机群。它一方面集中了那些相对较小的机器的计算能力，能够以很高的性价比提供与大型计算机相当的性能，另一方面也保证了软件环境的稳定性。

Beowulf 并不是一套具体的软件包或是一种新的网络拓扑结构，它只是一种思想，即在达到既定目标的前提下，把注意力集中在获取更高的性价比上。虽然目前为了获取更高的性能，有些 Beowulf 机群系统也使用了一些专用或商用的软件以及特殊的网络互连系统，但其基本宗旨还是不变的。

12.4.3 LAMP

随着硬件技术的不断进步，SMP 机器的成本不断下降。由于 SMP 机器提供了良好的结点内部通信能力，所以使用低成本、小配置(2～8 个处理器)的 SMP 构建机群系统逐渐成为主流，这种结构的系统被统称为 CLUMP(CLUster of Multi Processor)。由于 SMP 结点内部与 SMP 结点间的通信能力往往不一致，CLUMPs 一般使用专门的通信协议和通信算法。

LAMP(Local Area Multi Processor)是由 NEC 实验室构建的基于 Pentium Pro PC 的 SMP 机群。LAMP 共有 16 个结点，每个结点包含两个 Pentium Pro 200MHz 的 CPU 以及 256MB 内存，操作系统使用了支持 SMP 的 Linux 2.0.34 内核版本，提供 MPICH 1.1.0 并行程序开发环境。同一个 SMP 结点内的两个 CPU 之间采用基于共享存储器的消息传递机制进行通信，而结点间通信则通过 Myrinet 完成。

从某种角度看，LAMP 同样采用了 Beowulf 的思想，但它是基于 SMP 机器来构建的，这反映了当前机群系统发展的一个重要趋势。

12.4.4 IBM SP2

IBM SP2 是机群中的代表性产品,它既可用于科学计算,也可供商业应用。1997 年人机大战中战胜世界国际象棋冠军卡斯帕罗夫的“深蓝”,就是一台采用 30 个 RS/6000 工作站(带有专门设计的 480 片国际象棋芯片)的 IBM SP2 机群。

SP2 机群是异步的 MIMD,具有分布式存储器系统结构,如图 12.3 所示。它的每个结点都是一台 RS/6000 工作站,带有自己的存储器(M)和本地磁盘(D)。结点中采用的处理器(P)是一种 6 流出的超标量处理机,每个时钟周期可以执行 6 条指令,包括两条读数写数指令,两条浮点乘或加指令,一条变址增量指令和一条条件转移指令。每个结点配有一套完整的 AIX 操作系统(IBM 的 UNIX),结点间的互连网络接口是松耦合的,通过结点本身的 I/O 微通道(MCC)接到网络上,而不是通过本身的存储器总线。微通道是 IBM 公司的标准 I/O 总线,用于把外部设备连接到 RS/6000 工作站和 IBM PC 上。这个系统采用标准的工作站部件,仅在标准技术不能满足性能要求时才使用专用软件和硬件。结点的硬件和软件都能根据不同用户的应用和环境的需要分别进行配置。由于 SP2 采用机群系统结构,因此它的开发周期比较短。

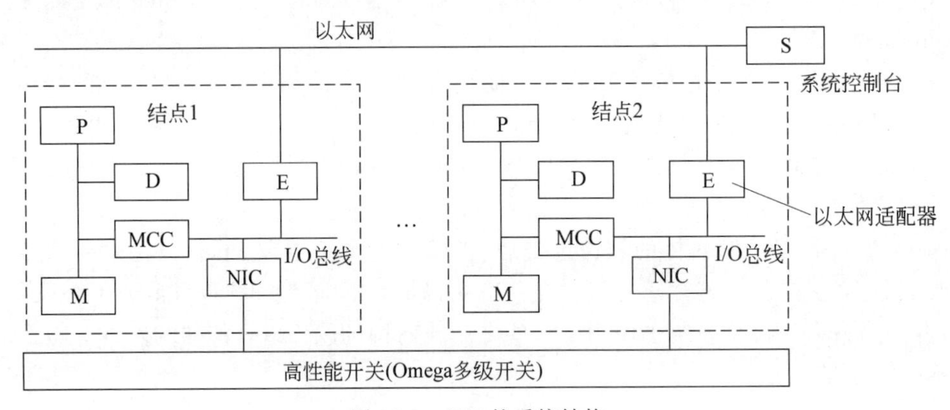

图 12.3 SP2 的系统结构

SP2 的结点数可以为 2~512 个不等,除了每个结点采用 RS/6000 工作站外,整个 SP2 系统还需要配置另外一台 RS/6000 工作站作为系统控制台(图 12.3 中 S)。结点间可以通过两个网络进行互连:一个是标准以太网;另一个是专门设计的高性能开关 HPS,这是一个 Omega 多级开关网络。一般以太网用于对通信速度要求不高的程序开发工作,而开发好的程序在正式运行时使用 HPS。以太网还起到备份的作用,当 HPS 出现故障时可以通过以太网使系统维持正常工作状态。此外,以太网还可以供系统的监视、引导、加载、测试和其他系统管理软件使用。

SP2 的结点可分为三类:宽结点、细结点和细 2 结点,它们都有一个指令 Cache,一个数据 Cache,一个分支指令和转移控制部件,两个整数部件和两个浮点部件,但它们在存储器容量、数据宽度和 I/O 总线插槽数上有所不同。例如,在存储器容量方面,宽结点可达 64~2048MB,其他两种是 64~512MB;细结点和细 2 结点可以有二级 Cache,宽结点则没有;在存储器总线的宽度方面，宽结点是256位的，细2结点是128位的，细结点则是64位的。这样做的目的是使系统的配置更灵活。在SP2的每个结点中，存储器和Cache的容量都比较大，处理器性能也较高，这使得SP2的处理能力能够达到相当高的水平。

SP2的结点通过网络接口开关(NIC)接到HPS，IBM将其称作开关适配器。开关适配器中有一个8MB的DRAM用来存放各种不同协议所需的大量报文，并用一台i860微处理器进行控制。结点通过以太网适配器E接到以太网上。在SP2系统中，除HPS外，有的还采用光纤分布式数据接口(FDDI)环连接各结点。

SP2的I/O子系统的总体结构如图12.4所示。SP2的I/O系统基本上是围绕HPS建立的，并可以用一个LAN网关同SP2系统外的其他计算机连接。SP2的结点可以有4种配置，分别是宿主结点、I/O结点、网关结点和计算结点。宿主结点(图12.4中的H)用来处理各种用户注册会话和进行交互处理，I/O结点(图中的I/O)主要用来实现I/O功能，例如作为全局文件服务器，网关结点(图中的G)具备联网功能，而计算结点(图中的C)则专供计算使用。这4种结点也可以有一定的重叠，例如一个宿主结点也可以作为计算结点，一个I/O节点也可以作为网关结点。此外，SP2系统还可以有一台到几台外部服务器，例如可以附加文件服务器、网络路由器、可视系统等。

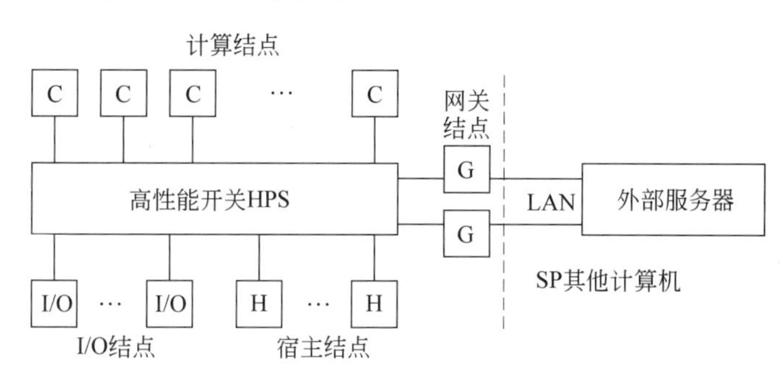

图12.4　SP2 I/O子系统总体结构

SP2系统软件的核心是AIX操作系统。SP2系统中，在RS/6000工作站原有环境下开发的大部分软件都能被重用，包括一千多种串行的应用程序、数据库管理系统(DB2)、联机事务处理监控程序(CICS/6000)、系统管理和作业管理软件、FORTRAN/C++编译程序，数学和工程程序库(ESSL)、标准的AIX操作系统等。SP2系统只是添加了一些可扩放并行系统所必需的新软件，或对少量现成软件进行一些修改，使之适应可扩放并行系统。

SP2中设置了一个专门的系统控制台用以管理整个系统。通过该系统控制台，系统管理人员可以从单一地点对整个系统进行管理。此外，在SP2硬件中，每个结点、开关和机架上都集成了一个监视板，这种监视板能对环境进行检测，并对硬件部件进行控制。管理人员可以用这套设施来启动和切断电源，进行监控，把单个结点和开关部件置成初始状态。

12.4.5　天河2号

2013年6月，天河2号首次登上Top500排行榜榜首，成为世界上最快的超级计算机。

天河2号的性能达到33.86PFLOPS,接近当时排名第二的美国的泰坦(Titan)超级计算机的两倍,后者的性能为17.59PFLOPS。到2015年11月,天河2号连续六期排名Top500榜首,实现了Top500排行榜自设立以来最长的"六连冠"。

天河2号使用Intel Ivy Bridge处理器和Intel至强MIC加速器以及定制的互连网络搭建而成。它一共使用了32 000个Intel Ivy Bridge处理器和48 000个至强MIC加速器,共有3 120 000个处理器核,理论上的峰值性能达到54.9PFLOPS。

尽管天河2号使用了大量Intel多核处理器和众核协处理器,它也提出并实现了多项自主创新,包括TH-Express 2互连网络、16核FT-1500,以及OpenMC编程模型。

1. 计算结点

天河2号的每个计算结点包括两个Intel Ivy Bridge处理器和三个Intel至强MIC加速器,如图12.5所示。该系统由16 000个结点组成,具体结构如下:整个系统由125个机柜(rack)组成,每个机柜上有4个机框(frame),每个机框上有16个刀片(blade),每个刀片上有两个结点。但在具体实现中,计算单元(即Intel Ivy Bridge处理器和MIC加速器)的布局并不是对称的。如图12.6所示,每个计算刀片上有两个结点,分为两部分:一个CPM模块和一个APU模块。CPM模块中含有4个Ivy Bridge处理器、主存,以及一个至强MIC加速器,而APU模块中含有其余5个至强MIC加速器。Ivy Bridge处理器通过PCI-E 2.0总线与协处理器通信,每条总线有16个通道,每个通道的带宽为10Gb/s。处理器还通过PCI-E总线与NIC连接。

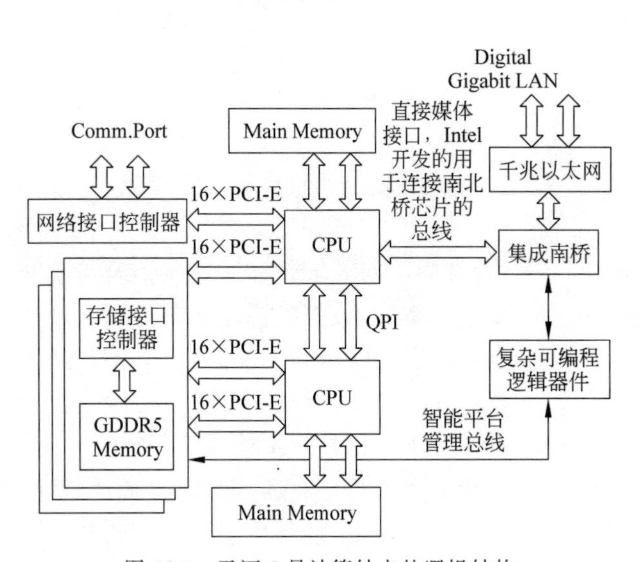

图12.5 天河2号计算结点的逻辑结构

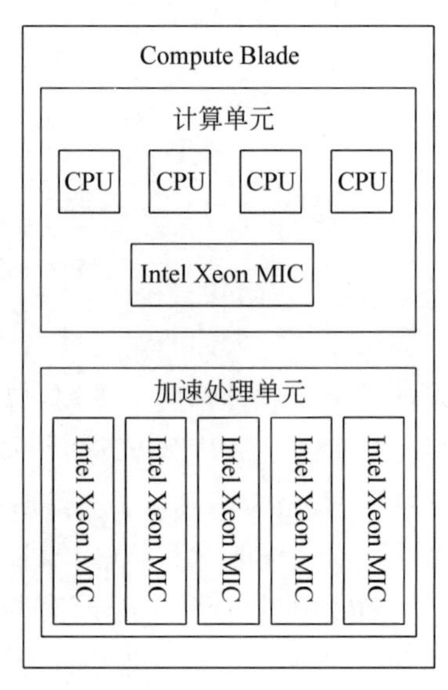

图12.6 天河2号计算刀片的逻辑结构

Intel Ivy Bridge处理器的每个核每个时钟周期可以完成8个浮点运算,因此每个处理器的理论峰值性能为12核×8浮点运算/秒×2.2GHz = 211.2GFLOPS。天河2号的每个结点带有两个Ivy Bridge处理器,理论峰值性能为422.4GFLOPS。

天河2号的每个至强MIC加速器有57个核。每个核可以同时执行4个线程,因此每个核每个周期最多可以完成16个双精度浮点运算。若MIC的主频为1.1GHz,其理论上的峰值性能为1.003TFLOPS。这样,每个计算结点的峰值性能为2×0.2112TFLOPS+3×1.003TFLOPS或3.4314TFLOPS。天河2号共有16 000个结点,因此其理论上的峰值性能为54.9PFLOPS。

每个结点带有64GB内存,每个MIC加速器带有8GB内存,因此每个结点的内存为64+3×8=88GB。16 000个结点中,CPU部分的总内存为16 000×64GB = 1.024PB,MIC协处理器的总内存为16 000×24 = 0.384PB。因此,天河2号系统的内存总量为1.404PB。

2. 前端处理器

除计算结点外,天河2号还有一个由4096个FT-1500处理器构成的前端系统,如图12.7所示。FT-1500处理器基于Sparc V9架构,由国防科技大学设计,每个处理器中集成了16个核。它采用40nm工艺生产,主频1.8GHz,性能为144GFLOPS,功耗为65W。作为对比,Intel Ivy Bridge处理器有12个核,采用22nm工艺,主频2.2GHz,峰值性能为211GFLOPS。

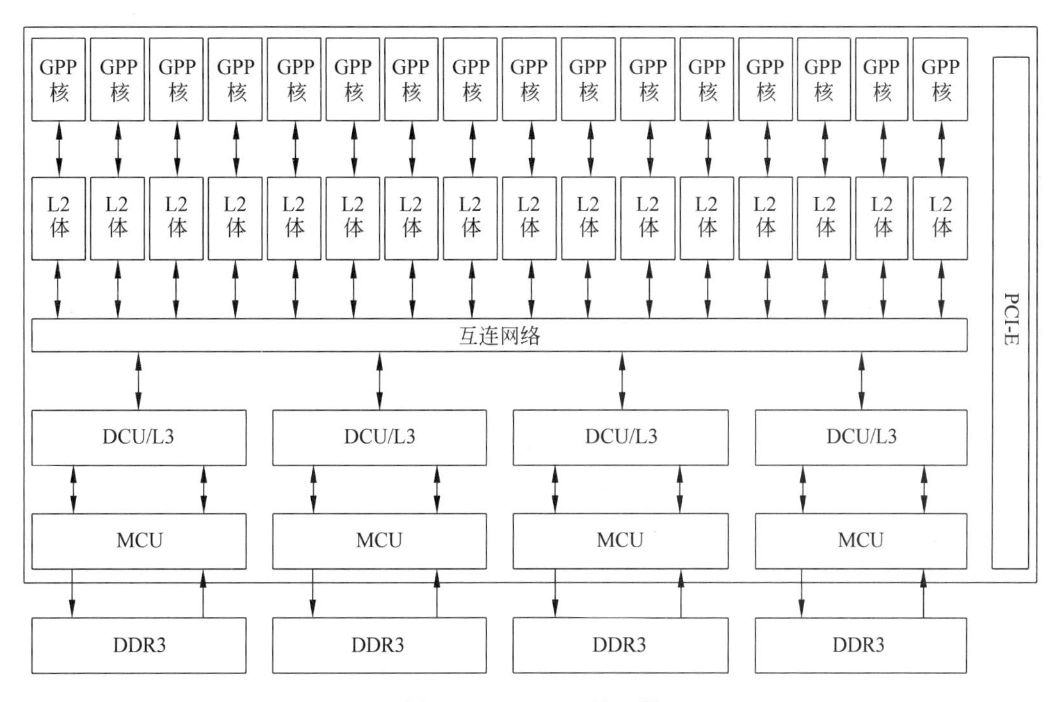

图12.7　FT-1500处理器

3. 互连

天河2号使用专门定制的互连网络TH Express 2,其拓扑结构如图12.8所示。TH Express 2采用胖树结构,使用了13个576端口的交换机,采用光电混合传输技术。单个NRC的吞吐率为2.56Tb/s。MPI广播操作的带宽为6.36GB/s,在12 000个结点中用1KB数据进行测试时,延迟为9μs。

4. 软件栈

与天河1-A一样,天河2号仍然使用麒麟(Kylin Linux)作为操作系统。麒麟操作系统同样由国防科技大学开发。有关该系统更详细的信息,可以参见http://en.wikipedia.org/

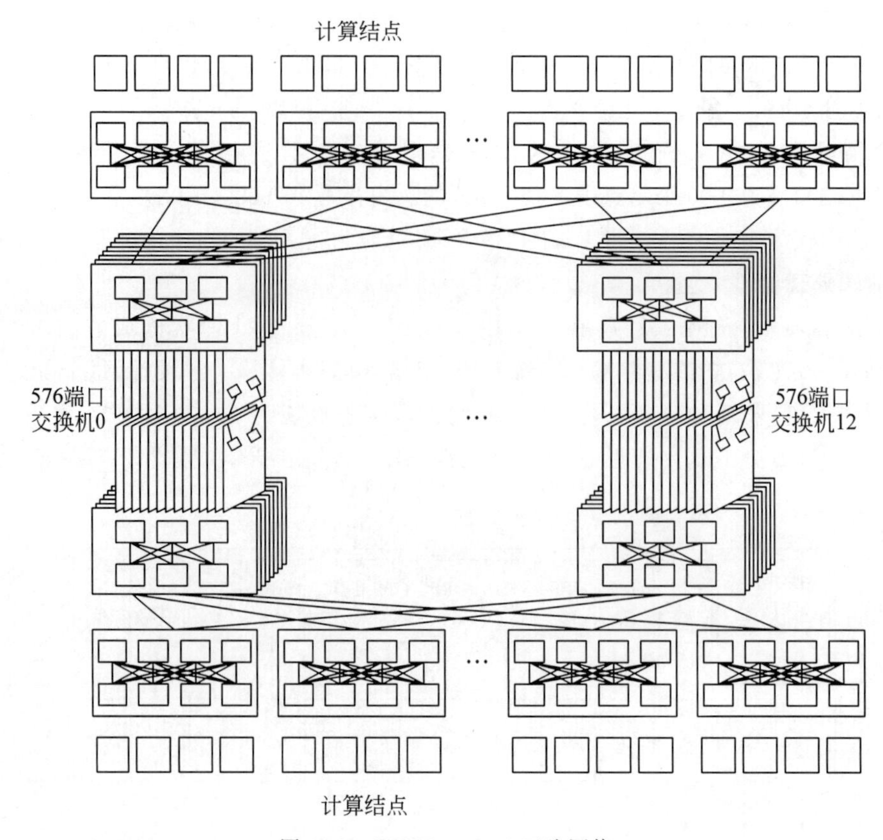

图 12.8　TH Express-2 互连网络

wiki/Kylin_ (operating_system)。麒麟与其他主流 Linux 操作系统兼容,支持不同结构的微处理器或计算机。

其资源管理是基于 SLURM 实现的,支持功耗感知的资源分配并使用多个定制的调度策略。它带有 FORTRAN、C、C++ 以及 Java 编译器,支持 OpenMP 以及基于 MPICH v3.0.4 的 MPI 3.0,实现了多通道消息数据传递、动态流控制,并支持卸载聚合操作。此外,还开发了一个叫作 OpenMC 的基于指导语句(Directive)的结点内编程模型,以替代 OpenMP 并与 CUDA、OpenACC 或 OpenCL 结合使用。作为一种新的抽象,OpenMC 为包括 CPU 和 MIC 在内的所有计算设备提供了一个统一的逻辑层,并且可以被扩展到拥有相同指令系统的架构和异构处理器上。OpenMC 提供的指导语句可以指导高效的 SIMD 操作、数据局部性开发和数据通信。

天河 2 号使用 Intel ICC 3.0 编译器,并自带一个基于 Intel MKL 11.0.0 的数学库,以及一个由国防科技大学优化的基于至强 MIC 的 BLAS 库。

5. HPL 基准程序的测试结果

获得图 12.9 中的最高 HPL 性能仅使用了天河 2 号中 90%的结点,使用更多的结点进行测试可以进一步提升性能。用测量得到的 HPL 性能除以系统的总功耗 17.6MW,再除以运行基准程序时所用结点数占总结点数的百分比,就可以得到系统的性能功耗比(单位:FLOPS/W)。以使用 14 336 个结点进行测试为例,此时用到总结点数 16 000 的 90%,获得的性能为30.65PFLOS，因此性能功耗比为30.65/17.6/0.9 = 1.935GFLOPS/W。在2012年11月那期Top500排行榜中，排名前5的机器的性能功耗比（单位：GFLOPS/W）分别是：泰坦（Titan），2.143；红杉（Sequoia），2.069；京（K），0.830；米拉（Mira），2.069；以及JUQUEEN，2.102。

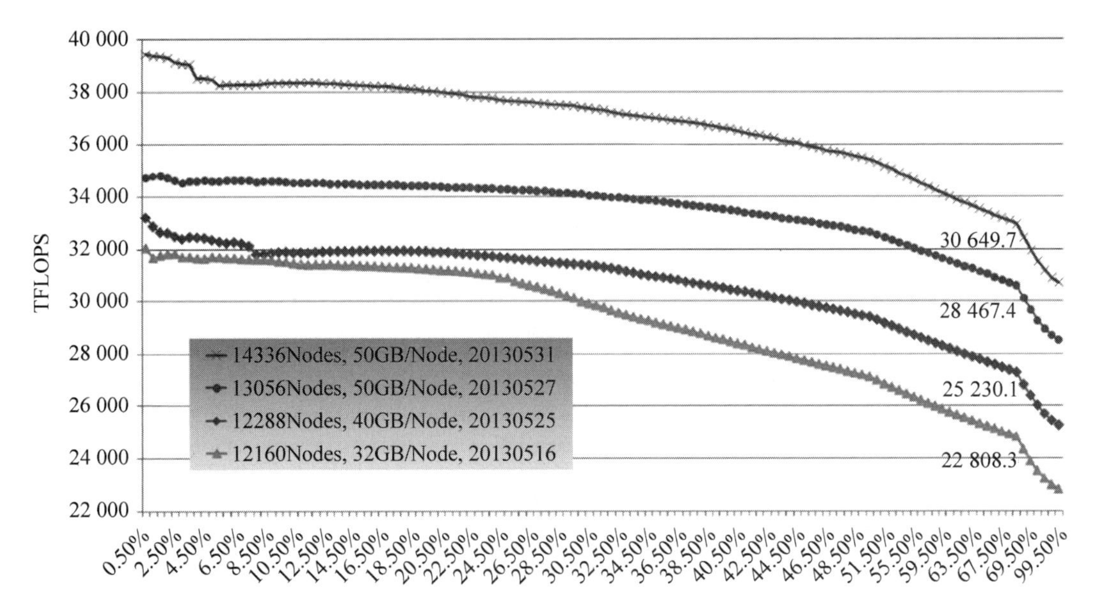

图12.9 天河2号的HPL性能

图12.9中最上面那条性能曲线描述了使用14 336个天河2号结点运行HPL基准程序的性能。此时每个结点使用了50GB内存，共运行了5小时多一点儿，获得了62.3%的效率（实测性能为30.65PFLOS，相对于49.19PFLOS的理论峰值性能）。

6. 小结

天河2号整机部署在国家超级计算广州中心，为华南地区提供稳定的高性能计算服务，已经成为整个华南地区最重要的开放研究和教学平台。

Intel至强MIC、NVIDIA GPGPU（通用GPU）等众核协处理器已被广泛应用于当前的超级计算机系统中。除了天河2号，与其同期（2013年11月）进入Top500排行榜前10名的系统中，还有3台也使用了众核协处理器。

计算机系统的理论峰值性能可以通过简单地将其全部处理单元的性能累加起来而得到。然而，它的维持性能通常通过运行典型的基准程序来测量。例如，HPL就是当前评价超级计算机系统性能最流行的基准程序。

习　题　12

12.1　解释下列名词。

机群　单一系统映像　高可用性机群　负载均衡机群　高性能机群
Beowulf机群

12.2 机群系统有哪些特点?

12.3 机群系统的SSI提供了哪些服务?

12.4 机群系统中的结点可以按照功能分为哪些类型?它们在配置上有何不同?

12.5 根据机群系统的使用目的可以将机群系统分为哪三类?它们分别有什么特点?

12.6 试描述专用机群和企业机群的区别。

12.7 说明IBM SP2机群的结构特点。

第 13 章 阵列处理机

内容提要

(1) 阵列处理机的操作模型和特点；

(2) 阵列处理机的基本结构；

(3) 阵列处理机实例；

(4) 阵列处理机的并行算法举例。

这种计算机之所以称为阵列处理机，是因为其核心是一个由多个处理单元构成的阵列。它采用资源重复的方法，设置较多的处理单元来提高并行性。由于它是用单一的控制部件来控制多个处理单元对各自的数据进行相同的运算和操作的，所以又称为 SIMD 计算机。它有时还被称为并行处理机。

13.1 阵列处理机的操作模型和特点

1. 阵列处理机的操作模型

阵列处理机的操作模型如图 13.1 所示。它是用一个控制部件(CU)同时管理多个处理单元(PE)的。CU 对指令进行译码，并把指令播送到各处理单元。所有处理单元均被动地接收并执行从控制部件广播来的同一条指令，但它们所操作的对象却是不同的数据。

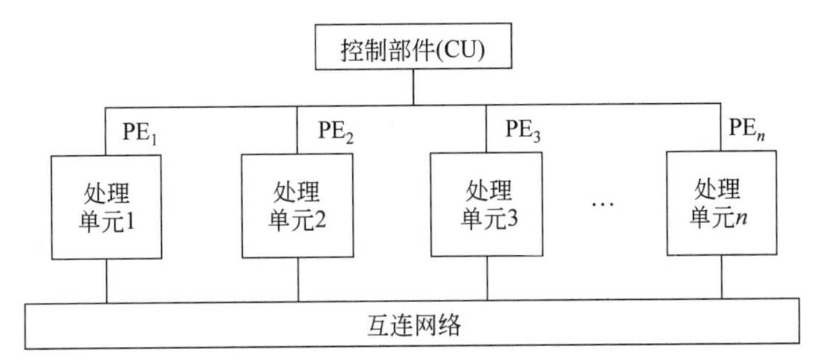

图 13.1 阵列处理机的操作模型

阵列处理机的操作模型可用 5 元组表示：

$$阵列处理机=(N, C, I, M, R)$$

其中，

(1) N 为机器的处理单元(PE)数。例如，Illiac Ⅳ计算机有 64 个 PE，而 MP-1 计算机有 16 384 个 PE。

(2) C 为控制部件CU直接执行的指令集,包括标量指令和程序流控制指令。

(3) I 为由CU广播至所有PE进行并行执行的指令集,包括算术运算、逻辑运算、数据寻径、屏蔽以及其他由每个PE对它的数据所执行的局部操作。

(4) M 为屏蔽方案集,其中每种屏蔽将所有PE划分成允许操作和禁止操作两种工作模式。

(5) R 为数据寻径功能集,说明互连网络中PE间通信所需要的各种设置模式。

可以用上述5元组模型来描述一台具体的阵列处理机。例如,MasPar MP-1计算机的操作特性如下。

(1) MP-1是一种SIMD机器,其PE数 $N=1024\sim16\,384$。

(2) CU执行标量指令,将译码后的向量指令广播到PE阵列,并控制PE间的通信。

(3) 每个PE都是RISC处理机,能执行不同数据的整数运算和标准浮点运算。PE从CU接收指令。

(4) 屏蔽方案设在每个PE中,并由CU连续监控,它能在运行时动态地使每个PE处于工作或禁止状态。

(5) MP-1有一个X-Net网格网络和一个全局多级交叉开关寻径器,以实现CU-PE之间、X-Net的8个近邻和全局寻径器的通信。

2. 阵列处理机的特点

第4章介绍了流水向量处理机。向量处理机和阵列处理机都能对大量数据进行向量处理,但它们之间有很大的区别。阵列处理机的特点如下。

(1) 阵列机是以单指令流多数据流方式工作的。

(2) 阵列机是通过设置多个相同的处理单元来开发并行性的,它利用并行性中的同时性,而不是并发性。所有处理单元必须同时进行相同的操作。这与利用时间重叠的向量流水处理机是不一样的。

(3) 阵列机是以某一类算法为背景的专用计算机。这是因为阵列机中通常都采用简单、规整的互连网络来实现处理单元间的连接操作,从而限定了它所适用的求解算法类别。

(4) 阵列机的研究必须与并行算法的研究密切结合,以便能充分发挥它的处理能力。

(5) 阵列机的控制器实质上是一台标量处理机,而为了完成I/O操作以及操作系统的管理,尚需一个前端机。因此实际的阵列机系统是由上述三部分构成的一个异构型多处理机系统。

13.2 阵列处理机的基本结构

13.2.1 分布式存储器的阵列机

分布式存储器的阵列机结构如图13.2所示。它含有多个相同的处理单元(PE),每个PE有各自的本地存储器(LM)。PE之间通过数据寻径网络以一定方式互相连接。它们在阵列控制部件的统一指挥下,实现并行操作。由于通过控制部件的是单指令流,所以指令的执行顺序还是和单处理机一样,基本上是串行进行的。程序和数据是通过主机装入控制存储器的。

指令送到控制部件进行译码。如果是标量指令，则直接由标量处理机执行。如果是向量指令，则阵列控制部件通过广播总线将它广播到所有PE中去并行地执行。

执行程序所需的数据集经划分后通过数据总线分布存放到各PE的本地存储器(LM)。各PE之间通过数据寻径网络互连，实现PE间的通信，如移数、置换和其他寻径操作。控制部件通过执行程序来控制数据寻径网络。

PE的同步是在控制部件的控制下由硬件实现的。可以做到让所有PE在同一个周期执行同一条指令，也可以做到通过采用屏蔽逻辑来控制某些PE在指定的指令周期是否参与执行。Illiac Ⅳ是这种结构的SIMD阵列处理机，它由64个带本地存储器的PE组成，PE间通过8×8环绕连接网络实现互连。

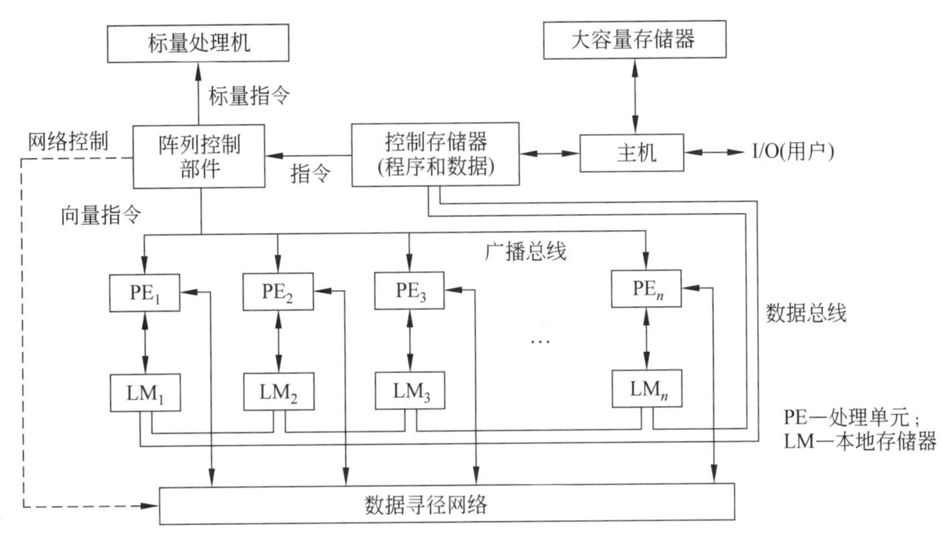

图13.2　分布式存储器的阵列处理机结构

目前生产的阵列处理机几乎都是基于分布式存储器结构的。各种阵列处理机的主要差别在于数据寻径网络的不同。Illiac Ⅳ中的4-邻连接网络结构在过去是最常用的一种。而CM-2实现的嵌在网格中的超立方体以及MasPar MP-1实现的X-Net加多级交叉开关寻径器都是由网格演变而来的。

13.2.2　共享存储器的阵列机

共享存储器的阵列处理机结构如图13.3所示。这是集中设置存储器的一种方案。共享的多体并行存储器(SM)通过对准网络与各处理单元(PE)相连。存储模块的数目等于或略大于处理单元的数目。为了减少存储器访问冲突，必须将数据合理地分配到各存储器模块中。通过灵活高速的对准网络，使得在大多数向量运算中，存储器与处理单元之间的数据传送都能以存储器的最高带宽进行。这种共享存储器模块在处理单元数目不太多的情况下是很理想的。例如，美国宝来公司的BSP(Burroughs Scienticfic Processor)计算机就采用了这种结构。16个PE通过一个16×17的对准网络访问17个共享存储器模块。存储器模块数与PE个数是互质的，可以实现无冲突并行访问存储器。从图13.3中看出，互连网络是共享存储器(SM)和处理单元(PE)之间的必由之路。

所有阵列指令都必须使用长度为 n 的向量操作数,其中 n 为PE的个数。SIMD指令与流水向量处理机的指令类似,不同之处是用多个PE的空间并行性代替了流水线的时间并行性。

上述阵列处理机的所有I/O操作都是由主机处理的。在主机和阵列控制部件之间有一个专用的控制存储器,用于存放程序和数据。

在启动程序之前,把划分好的数据集分布到共享存储器模块。主机管理大容量存储器和计算结果的图形显示。在控制部件的协调下,标量处理机与PE阵列并发地进行运算。

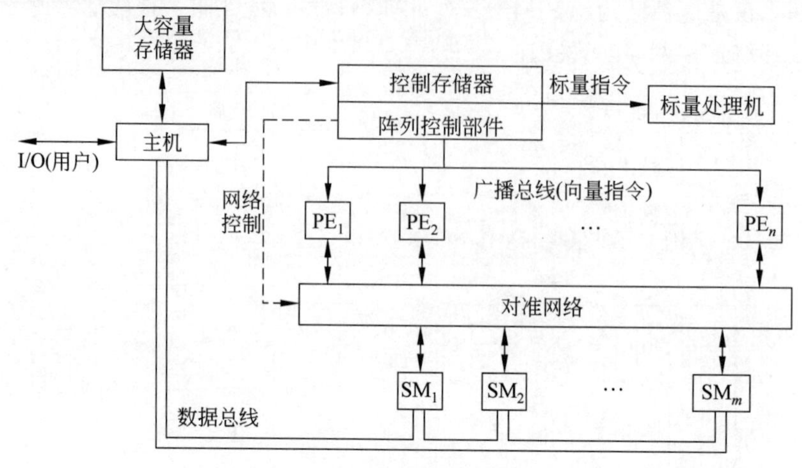

图13.3 共享存储器的阵列处理机结构

13.3 阵列处理机实例

13.3.1 实例1:Illiac Ⅳ阵列处理机

Illiac Ⅳ阵列处理机是美国宝来公司和伊利诺依大学合作研制生产的机器,它于1972年问世,是最早的阵列处理机。

Illiac Ⅳ系统的总框图如图13.4所示。这实际上是一个由三种类型的处理机联合组成的多机系统。这三个处理机是:

(1) 专门用于数组运算的处理单元阵列。

(2) 阵列控制器(CU),它既是处理单元阵列的控制部分,又可以看作一台相对独立的小型标量处理机。

(3) 一台标准的B6700计算机,担负Illiac Ⅳ输入输出和操作系统管理功能。

1. Illiac Ⅳ阵列

Illiac Ⅳ阵列由64个处理单元(PE)、64个本地存储器(PEM)和存储器逻辑部件(MLU)组成。把每个PE和PEM对看成一个处理部件(PU),则这个阵列的64个处理部件 PU_0~PU_{63} 排列成一个8×8方阵,如图13.5(a)所示。每一个 PU_i 只和其左、右、上、下的4个近邻 $PU_{i-1(\text{mod } 64)}$、$PU_{i+1(\text{mod } 64)}$、$PU_{i-8(\text{mod } 64)}$、$PU_{i+8(\text{mod } 64)}$ 直接连接,如图13.5(b)所示。按此规则,上下方向上同一列的PU相互连接成一个环,左右方向上每一行右端的PU与下

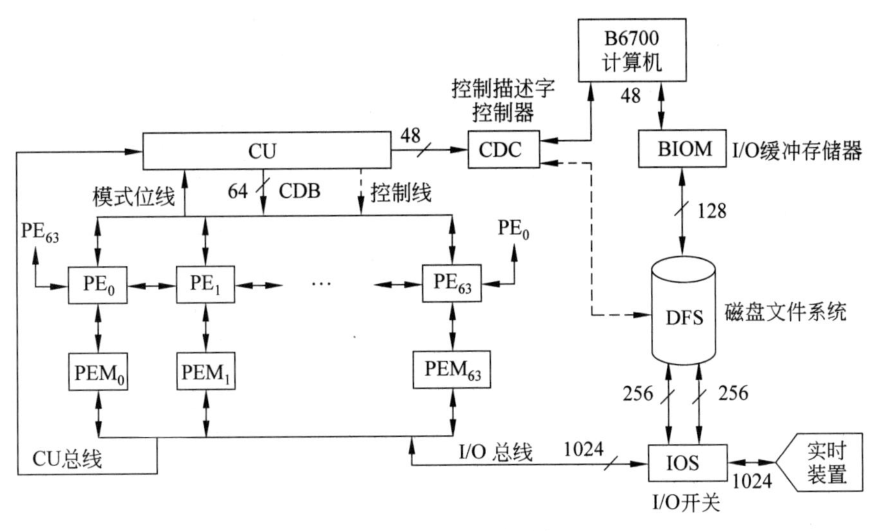

图 13.4　Illiac Ⅳ系统总框图

一行左端的 PU 相连,并且最下面一行右端的 PU 与最上面一行左端的 PU 相连,从而构成了一个闭合的螺线形状。因此,Illiac Ⅳ的阵列结构又称为闭合螺线阵列。这种连接方式既便于一维长向量(多至 64 个元素)的处理,又便于二维数组运算,以缩短处理单元之间的路径距离。步距不等于±1 或±8 的任意处理单元间的通信可用软件方法寻找最短路径,其最短距离都不会超过 7 步。例如,从 PU_{10} 到 PU_{46} 的距离以下列路径为最短:$PU_{10} \rightarrow PU_9 \rightarrow PU_8 \rightarrow PU_0 \rightarrow PU_{63} \rightarrow PU_{62} \rightarrow PU_{54} \rightarrow PU_{46}$。

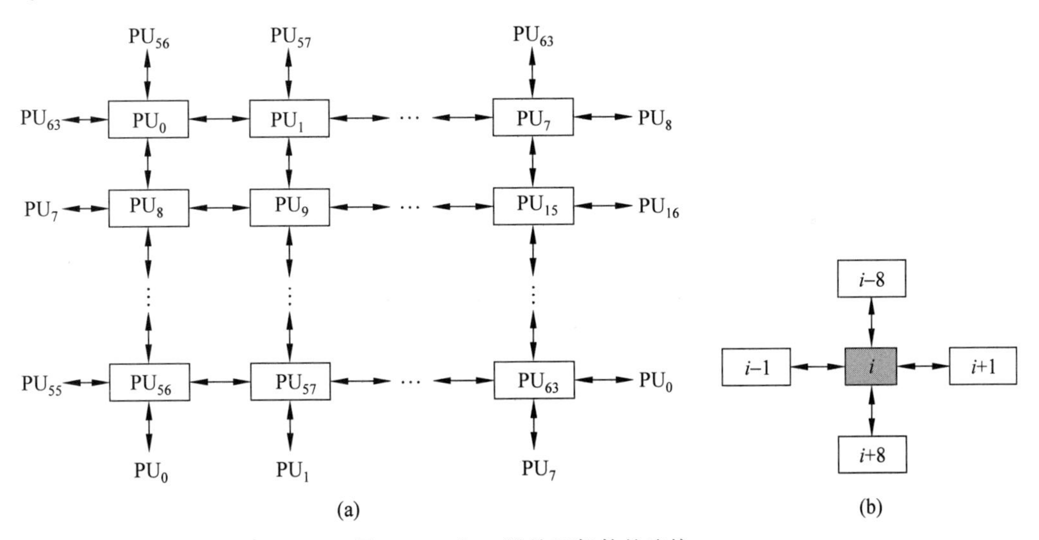

图 13.5　Illiac Ⅳ处理部件的连接

推广到一般情况,$n \times n$ 个单元组成的阵列中,任意两个处理单元之间的最短距离不会超过$(n-1)$步。

每个处理单元有 6 个可编程序寄存器:64 位字长的累加器 RGA,64 位字长的操作数寄存器 RGB,64 位字长的数据路由寄存器 RGR,64 位字长的通用寄存器 RGS(可被程序用来暂存中间结果),16位的变址寄存器,8位的模式寄存器(存放PE屏蔽信息以及状态位)。其运算部件有：加/乘算术单元、逻辑单元、移位单元和地址加法器等。操作数来源有：①PE本身的寄存器；②PEM；③CU的公共数据总线；④PE的4个近邻。

处理单元对数组进行运算处理时,可对64位、32位、8位操作数进行多种算术和逻辑操作。64个处理单元的硬件可当作64个(64位)、128个(32位)或512个(8位)处理单元发挥作用。并行的加法速度是每秒10^{10}次8位定点加法或1.5×10^{8}次64位浮点加法。

每一个处理单元都有一个自己的本地存储器(PEM)。64个PEM联合组成阵列存储器,存放数据和指令。整个阵列存储器可以接收控制器的访问,读出8个字的信息到它的缓冲器中,也可经过1024位的总线与I/O开关相连。但是每一个处理单元只能访问自己的本地存储器PEM。分布在各PEM中的公共数据只能在读出到控制单元(CU)后,再经公共数据总线广播到64个处理单元中。这不但节省了存储空间,而且允许公共数据的存取与其他操作在时间上重叠。这样,阵列存储器就如同一个二维访问的存储器。

PE和PEM之间经过存储器逻辑部件MLU相连,它包含存储器信息寄存器和有关的控制逻辑电路,以实现PEM分别到PE、CU以及I/O之间的信息传送。

2. 阵列控制器

阵列控制器CU实际上是一台小型计算机。它除了对阵列的处理单元进行控制以外,还能利用本身的内部资源执行一整套指令,以完成标量操作。而且这些操作可以与各PE的数组操作并行进行。

阵列控制器的功能如下。

(1) 对指令流进行控制和译码,包括执行一整套标量指令。

(2) 向各处理单元发出执行数组操作指令所需的控制信号。

(3) 产生并向所有处理单元广播公共的地址部分。

(4) 产生并向所有处理单元广播公共的数据部分。

(5) 接收和处理由各PE计算出错、系统I/O操作以及B6700所产生的陷阱中断信号。

阵列控制器CU与处理单元之间的信息联系如图13.4所示,共有以下4条信息通路。

1) CU总线

本地存储器(PEM)经过CU总线把指令和数据送往阵列控制器,以8个64位字作为一个信息块。此处的指令是指分布存放在阵列存储器中的用户程序指令;而数据则是处理所需的公共数据,先将它们传送到CU,再利用CU的广播功能传送到各处理单元。

2) 公共数据总线(CDB)

这是64位的总线,用作向64个处理单元同时广播公共数据的通路。例如,作为公共乘数的常数就不必在64个PEM中重复存放,可以由CU的某一个寄存器送往各处理单元。此外,指令的操作数和地址部分也要经过CDB传送。

3) 模式位线

每一个处理单元都可以经过模式位线把它的“模式寄存器”中的状态信息传送给CU,送来的信息中也包括该处理单元的“活动”状态位。只有那些处于“活动”状态的处理单元才执行单指令流所规定的公共操作。从64个处理单元送往CU的模式位在CU的累加寄存器中拼成一个模式字,以便在CU内部执行一定的测试指令,对此模式字进行测试,并根据测试结果进行程序转移。

4）指令控制线

指令控制线大约有200根，包括处理单元微操作控制信号、处理单元存储器地址信号和读写控制信号，由CU发送给处理单元(PE)和存储器逻辑部件(MLU)。

3. 输入输出系统

Illiac Ⅳ输入输出系统由磁盘文件系统(DFS)、I/O分系统和B6700管理计算机组成。

磁盘文件系统(DFS)是两套大容量并行读写磁盘系统及其相应的控制器。每套有13台磁盘机，总容量为10^9位；每台磁盘机有128道，每道一个磁头，并行读写，数据宽度为256位，最大传输率为5.02×10^8 b/s；平均等待时间为19.6ms。如果两个通道同时发送或接收数据，则数据宽度为512位，最大传输率为10^9 b/s。

I/O系统包括三部分：输入输出开关(IOS)、控制描述字控制器(CDC)、输入输出缓冲存储器(BIOM)。

1）IOS

IOS的功能有两个。一是作为一个开关，把DFS或可能连上的实时装置转接到阵列存储器，进行大批数据的I/O传送；二是作为DFS和PEM之间的缓冲，以平衡两边不同的数据宽度。

2）CDC

CDC的功能是对阵列控制器CU的I/O请求进行管理。当CU发出I/O请求时，CDC将使B6700计算机中断，由它设法响应I/O请求，并通过CDC给CU送回相应的响应代码，在CU中设置好必需的控制状态字。然后，CDC促使B6700启动PEM的加载过程，由DFS向PEM送入程序和数据。在PEM加载完毕后，又由CDC向CU传送控制信号，使它开始执行Illiac Ⅳ的程序。

3）BIOM

BIOM处在DFS和B6700之间，是为了取得两者之间传送带宽上的匹配。

4. B6700管理计算机

B6700的作用是：管理全部系统资源，完成用户程序的编译或汇编，为Illiac Ⅳ进行作业调度、存储分配、产生I/O控制描述字送至CDC、处理中断、提供操作系统所具备的其他服务等。

13.3.2 实例2：BSP计算机

BSP计算机是由美国宝来公司和伊利诺依大学于1979年制造的。它是共享存储器结构的SIMD计算机的典型代表。其最高处理性能为5000万次/秒浮点运算。

BSP采用了全面的并行化措施。它不是依靠提高时钟周期频率来提高性能的，而是依靠并行性。它的处理器和存储器的时钟周期都是160ns，其时钟频率在巨型计算机中是比较低的，但它依靠重复设置的16个处理单元，仍能获得与Cray-1流水线处理机相当的向量处理速度。

BSP计算机系统的框图如图13.6所示。可以看出，BSP不是一台独立运行的计算机，而是附属于系统管理计算机B7700/B7800的后端处理机。BSP承担主要的计算任务，而系统管理机则负责进行BSP程序的向量化编译和连接、与远程终端及网络的数据通信、外围设备管理等，大多数的BSP作业调度和操作系统活动也是在系统管理机上完成的。

BSP计算机由三部分构成：控制处理机，并行处理机，文件存储器。

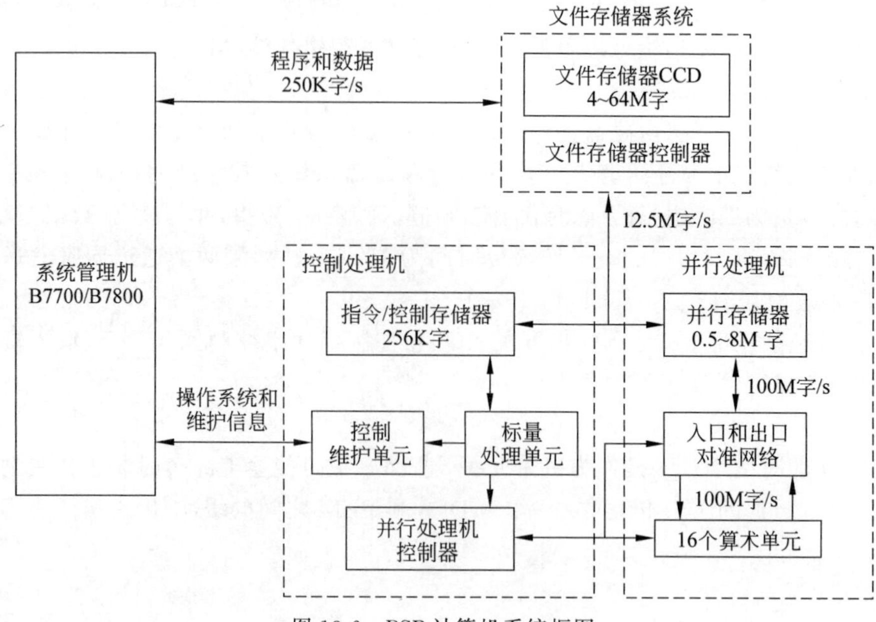

图 13.6　BSP计算机系统框图

1. BSP处理机

1）并行处理机

并行处理机包含16个算术单元(AE)、由17个存储体组成的一个无冲突访问的并行存储器和两套对准网络(分别为入口和出口对准网络)。它们形成了一条5级的数据流水线，如图13.7所示，这5级的功能依次是：

(1) 从17个存储器输出端口并行读出16个操作数。

(2) 经对准网络 NW_1 将16个操作数重新排列，形成16个算术单元所需要的顺序。

(3) 将排列好的16个操作数送到16个算术单元进行处理。

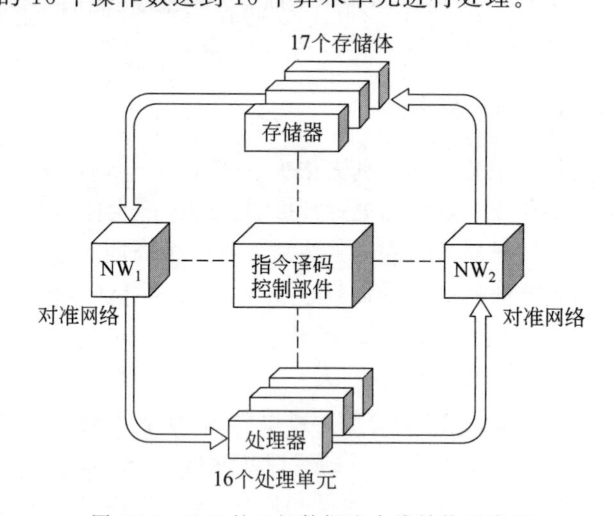

图 13.7　BSP的5级数据流水线结构示意图

(4) 所得的16个结果经对准网络 NW_2 重新排列成在17个存储体中存储所需要的次序。

(5) 写入并行存储器。

该流水线使连续几条向量指令能在时间上重叠起来执行。

两套对准网络的作用分别是在读或写并行存储器时,使并行存储器中为保证无冲突访问而错开存放的操作数顺序能够与算术单元并行处理所要求的正常顺序协调一致。整个流水线由统一的指令译码和控制部件进行控制。

这种流水线对提高系统处理效率有很大的作用。第一,有效地实现了处理单元、存储器和互连网络在时间上重叠工作,在理想情况下能取得带宽的完全匹配。第二,可把大于16的任意长度的向量按16个分量的标准长度分为若干段,依次在时间上重叠起来进行处理。第三,实现不同向量指令的重叠执行。

进行向量运算的数据保存在由17个存储体组成的并行存储器中,每个存储体的容量可达512K字,存储周期为160ns。17个存储体组成一个无冲突访问存储器,它允许对任意长度以及跳距不是17的倍数的向量实现无冲突存取。

对准网络包含完全交叉开关以及用来实现数据从一个源广播至几个目的地的硬件,还包含当几个源寻找同一个目的地时能分解冲突的硬件。在算术单元阵列和并行存储器的存储体之间具备通用的互连特性,而存储体和对准网络的组合功能则提供了并行存储器无冲突访问的能力。

2) 控制处理机

控制处理机除了用以控制并行处理机之外,还提供了与系统管理机相连的接口。其中的标量处理单元用来处理存储在指令/控制存储器中的全部操作系统和用户程序指令。它以12MHz的时钟频率执行用户程序中的串行或标量运算部分。全部的向量指令以及某些成组运算的标量指令被送给并行处理机控制器。在经过合格性检查之后,并行处理机控制器将指令转换为微操作序列去控制16个AE操作。指令/控制存储器的容量为256K字,存储周期为160ns,字长为56位,其中8位是校验位,提供单错校正和双错检测的能力。控制维护单元是系统管理机与控制处理机的接口,用来对控制处理机进行初始化以及监控命令的通信和维护。

3) 文件存储器

文件存储器是一个半导体辅助存储器。BSP的计算任务文件由BSP的系统管理机加载到文件存储器中,由文件存储器控制器对这些任务进行排队,由BSP的控制处理机对这些任务按序执行。文件存储器是BSP直接控制下的唯一外围设备,其他的外围设备都是由系统管理机来控制的。BSP程序执行过程中所产生的暂存文件和输出文件都是先存放在文件存储器中,然后才被送给系统管理机,输出给用户的。文件存储器的数据传输率较高,大大缓解了I/O受限问题。

2. BSP并行存储器

BSP并行存储器由17个存储体组成。16个算术单元(AE)在每个存储周期对并行存储器存/取16个字。16个AE执行一次浮点加/减/乘法运算需要32个操作数,从并行存储器中获得这些数据需要两个周期,而算术单元的浮点加、减、乘运算都能在两个周期内完成。因此,并行存储器的带宽同算术单元的浮点运算的带宽保持完全平衡,从而可将并行存储器的存取操作同16个算术单元的运算操作按时间重叠进行流水处理。

BSP并行存储器的一个独特性能是它可以实现无冲突访问。对于数组,它可以按行、列、对角线等进行访问而不会产生冲突。实现无冲突访问的硬件支持包括质数个存储器端口(存储体数是质数17),存储端口和AE之间的交叉开关(对准网络),以及特殊的存储器地址生成机构。

现在来讨论一台含 N 个AE和 M 个存储体的类BSP机的情况。BSP的地址映像规则是:先将二维数组按列优先或者按行优先的顺序变换为一维数组,以形成一个一维线性地址空间,地址用 A 表示。然后将地址 A 变换成并行存储器地址 (i,j),其中 j 是存储体体号,$j=A(\mathrm{mod}\ M)$;i 是在相应存储体内的地址,$i=\left\lfloor\frac{A}{N}\right\rfloor$。存储体的个数 M 是一个质数。

为了进一步说明BSP并行存储器的地址变换和无冲突访问,下面来看一个比较简单的例子。

设并行存储器的体数 $M=7$(质数),运算单元数 $N=6$。考虑下述4×5的数组:

$$\begin{pmatrix} a_{00} & a_{01} & a_{02} & a_{03} & a_{04} \\ a_{10} & a_{11} & a_{12} & a_{13} & a_{14} \\ a_{20} & a_{21} & a_{22} & a_{23} & a_{24} \\ a_{30} & a_{31} & a_{32} & a_{33} & a_{34} \end{pmatrix}$$

按上述地址映像规则,这个4×5二维数组在 $M=7$、$N=6$ 的并行存储器中存储的情况如图13.8所示。

数组元素	a_{00}	a_{10}	a_{20}	a_{30}	a_{01}	a_{11}	a_{21}	a_{31}	a_{02}	a_{12}	a_{22}	a_{32}	a_{03}	a_{13}	a_{23}	a_{33}	a_{04}	a_{14}	a_{24}	a_{34}
线性地址 A	0	1	2	3	4	5	6	7	8	9	10	11	12	13	14	15	16	17	18	19
体号 j	0	1	2	3	4	5	6	0	1	2	3	4	5	6	0	1	2	3	4	5
体内地址 i	0	0	0	0	0	0	1	1	1	1	1	1	2	2	2	2	2	2	3	3

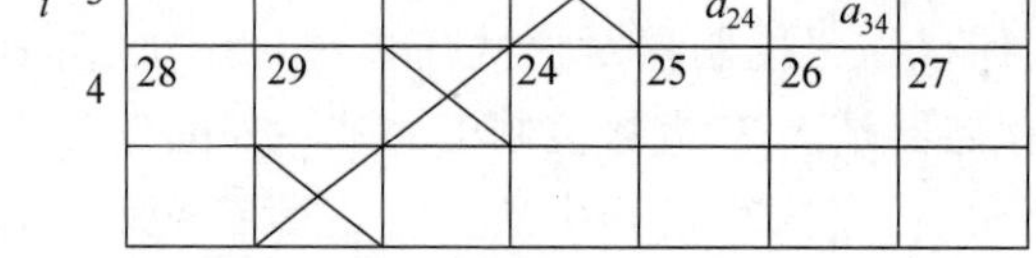

存储体号 j

体内地址 i	0	1	2	3	4	5	6
0	0 a_{00}	1 a_{10}	2 a_{20}	3 a_{30}	4 a_{01}	5 a_{11}	×
1	7 a_{31}	8 a_{02}	9 a_{12}	10 a_{22}	11 a_{32}	×	6 a_{21}
2	14 a_{23}	15 a_{33}	16 a_{04}	17 a_{14}	×	12 a_{03}	13 a_{13}
3	21	22	23	×	18 a_{24}	19 a_{34}	20
4	28	29	×	24	25	26	27
		×					

图13.8 4×5二维数组在BSP并行存储器中的存储示意图($M=7$、$N=6$)

由图13.8可知,当对数组的同一行、同一列、主对角线、次对角线的元素并行地读取时都不会发生访问存储体的冲突,因为它们在不同的存储体中。

BSP有16个算术单元,即 $N=16$,存储体数 $M=17$,因此,并行存储器的每个访问周期中总有一个存储体未被利用,使得并行存储器的空间利用率和存储器带宽都浪费了1/17,但是这种损失却换来了对存储器的无冲突访问。

13.4 阵列处理机的并行算法举例

下面以 Illiac Ⅳ为例,讨论阵列处理机的算法。

1. 有限差分问题

有限差分方法是求解场方程的一种有效方法。它把一个有规则的网格覆盖在整个场域上,用网格点上的变量值写出差分方程组以代替场方程来进行计算。下面来看看描述平面场的拉普拉斯方程。

$$\frac{\partial^2 u}{\partial x^2}+\frac{\partial^2 U}{\partial y^2}=0 \tag{13.1}$$

将二阶偏导数表示为差分形式。

$$\begin{cases}\dfrac{\partial^2 U}{\partial x^2}=\dfrac{U(x+h,y)-2U(x,y)+U(x-h,y)}{h^2}\\[2ex]\dfrac{\partial^2 U}{\partial y^2}=\dfrac{U(x,y+h)-2U(x,y)+U(x,y-h)}{h^2}\end{cases} \tag{13.2}$$

代入原方程,则可得有限差分计算公式。

$$U(x,y)=\frac{U(x+h,y)+U(x,y+h)+U(x-h,y)+U(x,y-h)}{4} \tag{13.3}$$

式中,(x,y)为平面网格点坐标;h 为网格间距。

Illiac Ⅳ的阵列结构特别适用于计算这种在网格上定义的有限差分函数。根据式(13.3),任一网格点(x,y)上的函数值可由其四周邻近点的函数值计算出来,而阵列处理机中的每一处理单元都与其 4 个近邻点有直接的连接,正好相互匹配。每一网格点上的函数值用求其四周邻近点的平均值的方法计算,经多次迭代,逐次逼近其最终的平均值。

差分网格边缘的函数值是已知的,由场域的边界条件决定;而对于内部各点的函数值,开始时可选择为零,然后根据式(13.3)多次迭代求$U(x,y)$的值,直至连续两次迭代所求值的差小于规定误差为止。

显然,差分法求解的精度与网格间距有直接的关系,网格越小,精度越高,但求解所花费的时空开销也越大。

Illiac Ⅳ在计算时,是把内部网格点分配给各个处理单元的。因此,上述计算过程可以并行地完成,从而大幅度地提高处理速度。由于实际问题所遇到的内部网格点数目往往是很大的,因此需要将其分成许多子网络,才能在 Illiac Ⅳ上求解。

2. 矩阵加

在阵列处理机上解决矩阵加法问题是最简单的一维情况。考虑两个 8×8 的矩阵 $\boldsymbol{A}$ 和 $\boldsymbol{B}$ 的相加,所得结果矩阵 $\boldsymbol{C}$ 也是一个 8×8 的矩阵。把 $\boldsymbol{A}$、$\boldsymbol{B}$、$\boldsymbol{C}$ 中位于相应位置的分量存放在同一 PEM 内,假设 $\boldsymbol{A}$ 的分量在全部 64 个 PEM 中存放的单元地址都是 α,$\boldsymbol{B}$ 的全部分量的地址都是 $\alpha+1$,$\boldsymbol{C}$ 的全部分量的地址都是 $\alpha+2$,如图 13.9 所示。这样,只需用下列三条 Illiac Ⅳ的汇编指令就可以实现矩阵相加。

```
LDA     ALPHA       ;全部 A 的分量由 PEMi 送 PEi 的累加器 RGAi
ADRN    ALPHA+1     ;全部 B 的分量与(RGAi)进行浮点加,结果送 RGAi
STA     ALPHA+2     ;全部(RGAi)由 PEi 送 PEMi 的 α+2 单元
```

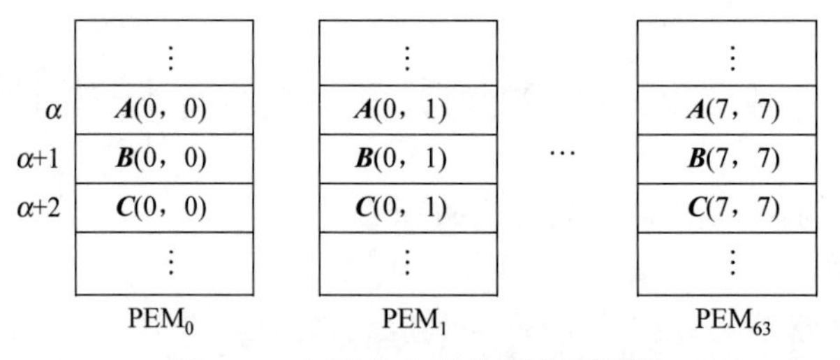

图 13.9　矩阵相加存储器分配举例

3. 矩阵乘

矩阵乘是二维数组运算，比矩阵加要复杂许多。设 $\boldsymbol{A}$、$\boldsymbol{B}$ 和 $\boldsymbol{C}$ 为三个 8×8 的二维矩阵。若给定 $\boldsymbol{A}$ 和 $\boldsymbol{B}$，则 $\boldsymbol{C}=\boldsymbol{AB}$ 的 64 个分量可利用下列公式计算。

$$c_{ij}=\sum_{k=0}^{7} a_{ik}b_{kj}\quad (0\leqslant i,j\leqslant 7) \quad (13.4)$$

在 SISD 计算机上求解，可执行下列 FORTRAN 程序。

```
    DO 10 I=0,7
    DO 10 J=0,7
    C(I,J)=0
    DO 10 K=0,7
10  C(I,J)=C(I,J)+A(I,K) * B(K,J)
```

这里用了 I,J,K 三重循环，每重循环执行 8 次，共需 512 次乘加的时间。这还不包括执行循环控制指令所需的时间。

如果在 SIMD 阵列处理机上求解这个问题，就可以利用 8 个处理单元并行计算 I 或者 J 的 8 个循环，从而消去一重循环。例如，并行计算 J 的 8 个循环，则 I、K 循环照旧。这时可执行下列 FORTRAN 程序。

```
    DO 10 I=0,7
    C(I,J)=0
    DO 10 K=0,7
10  C(I,J) =C(I,J)+A(I,K) * B(K,J)
```

这样，便可把速度提高到原来的 8 倍，即每个处理单元的计算时间缩短为 64 次乘加时间，程序流程图如图 13.10 所示。

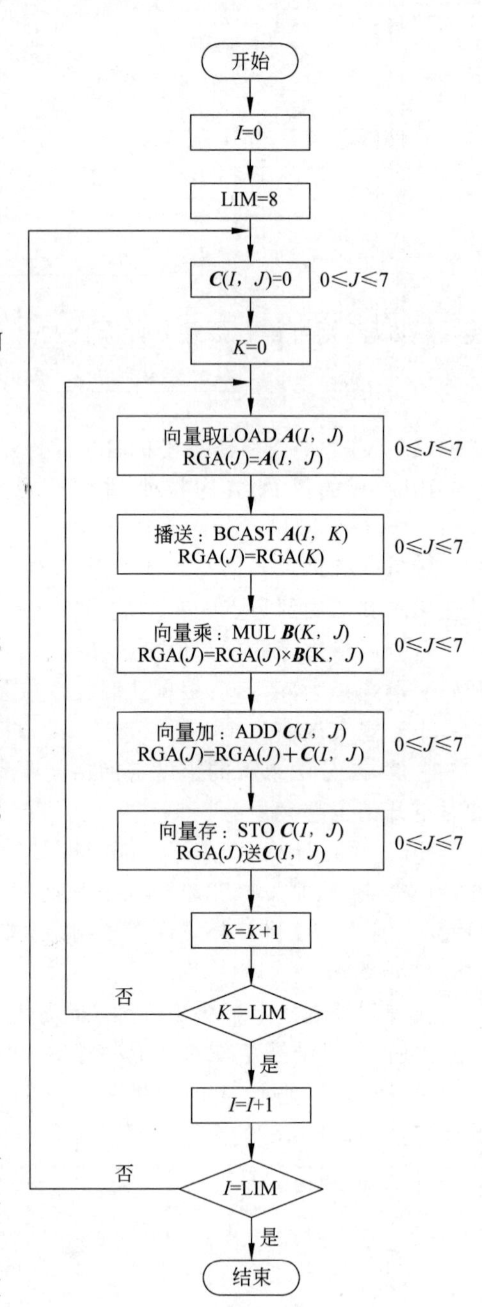

图 13.10　矩阵乘程序的执行流程图

需要说明的是，虽然从表面上看，这个程序在每个处理部件内部的执行过程与传统的 SISD 计算机是类似的，但是实际的处理方式是不同的。第一，控制器执行的指令，表面上是标量指令，但实际上等效于向量指令，如向量取、向量存、向量加、向量乘等。第二，执行这个程序对 **A**、**B**、**C** 向量在处理部件存储器中的存放有特别的要求，如图 13.11 所示。进行乘法运算时，操作数 **B**(K，J)都从本处理部件的 PEM 中读取；但被乘数 **A**(I，K)对所有处理部件都是一样的，它一般不在本处理部件存储器内。因此，要利用阵列处理机的"广播"功能，把一次循环的公共系数 **A**(I，K)取出后送到控制器，再广播到全部 8 个处理单元的 RGA 中去。

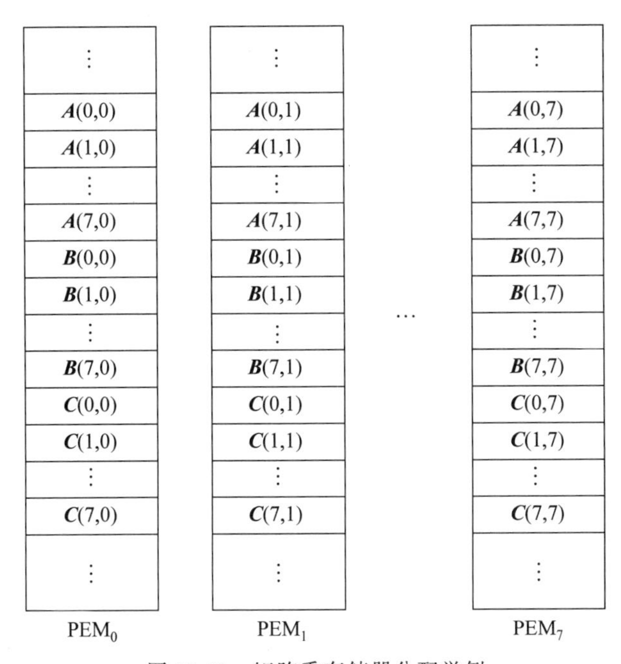

图 13.11　矩阵乘存储器分配举例

如果把 Illiac Ⅳ 的 64 个处理单元全部利用起来并行计算，即把 K 循环的运算也改为并行，则可进一步提高速度。但这需要重新在阵列存储器中恰当地分配数据，还要能使 8 个中间积 **A**(I，K)×**B**(K，J)能并行相加($0 \leqslant K \leqslant 7$)。这就要用到下面的累加和并行算法。不过，即便如此，就 K 的并行来说，速度的提高不是 8 倍，而是 $8/\log_2 8 \approx 2.7$ 倍。

4. 累加和

累加和是一个将 N 个数的顺序相加转变为并行相加的问题。这个计算任务要用到处理单元中的活动标志位。只有处于活动状态的处理单元才能执行相应的操作。为叙述方便，取 $N=8$。即有 8 个数 **A**(I)要顺序累加($0 \leqslant I \leqslant 7$)。

在 SIMD 计算机上可写成下列 FORTRAN 程序。

```
    C=0
    DO 10 I=0,7
10  C=C+A(I)
```

这是一个串行程序，共要进行 8 次加法。

如果在阵列处理机上采用成对递归相加的算法，则只需 $\log_2 8=3$ 次加法就够了。首先，把原始数据 **A**(I)，$0 \leqslant I \leqslant 7$，分别存放到 8 个 PEM 的 α 单元中，然后按照下面的步骤求累加和。

第一步,置全部 PE_i 为活动状态,$0 \leqslant i \leqslant 7$;

第二步,全部 $\boldsymbol{A}(I)$,$0 \leqslant I \leqslant 7$,从 PEM_i 的 α 单元读到相应 PE_i 的累加寄存器 RGA_i 中,$0 \leqslant i \leqslant 7$;

第三步,令 $K=0$;

第四步,将全部 PE_i 的(RGA_i)传送到 RGR_i,$0 \leqslant i \leqslant 7$;

第五步,全部 PE_i 的(RGR_i)经过互连网络向右传送 2^K 步距,$0 \leqslant i \leqslant 7$;

第六步,$j=2^K-1$;

第七步,置 PE_0 至 PE_j 为不活动状态;

第八步,处于活动状态的所有 PE_i 执行(RGA_i)=(RGA_i)+(RGR_i)操作,$j<i \leqslant 7$;

第九步,$K=K+1$;

第十步,若 $K<3$,则转回第四步,否则继续往下执行;

第十一步,置全部 PE_i 为活动状态,$0 \leqslant i \leqslant 7$;

第十二步,全部 PE_i 的(RGA_i)存入相应的 PEM_i 的 $\alpha+1$ 单元中,$0 \leqslant i \leqslant 7$。

图 13.12 为其计算过程示意图。其中,灰色的处理单元表示被屏蔽;框中数字表示各次循环结果。为简单起见,图中用 0~7 分别表示 $\boldsymbol{A}(0)$~$\boldsymbol{A}(7)$;且第五步中 PE 的(RGR_i)在右移时超出 PE_7 的内容没有表示出来。这是因为,若右移步距为 $2^K \pmod 8$,则它们应移入 PE_0 至 PE_j,而这些 PE 在第七步将被置为不活动状态,则无论它们的 RGR 接收什么内容都不会对执行结果有影响。

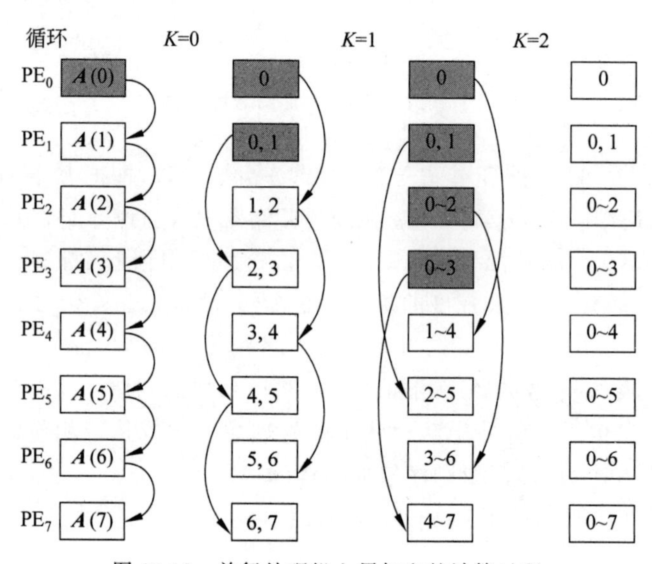

图 13.12　并行处理机上累加和的计算过程

这个例子表明:虽然经过变换,在 Illiac Ⅳ上也能实现累加和的并行计算,但由于屏蔽了一部分处理单元,降低了它们的利用率,所以速度提高的倍数不等于处理单元的个数 N,而只是 $N/\log_2 N$。

习 题 13

13.1 解释下列名词。

阵列处理机　　阵列控制器

分布式存储器的阵列机　　共享存储器的阵列处理机

13.2 阵列处理机操作模型可以用5元组表示：阵列处理机=(N,C,I,M,R)，简述其中N、C、I、M、R的含义。

13.3 简述阵列处理机的特点。

13.4 SIMD的并行计算机在系统组成上应包含哪些部分和功能？

13.5 试分析与比较SIMD计算机与向量计算机的相同与不同。

13.6 简述SIMD计算机的分布式存储器与共享存储器的异同。

13.7 BSP的并行处理机中采用了什么样的5级流水线？该流水线有什么好处？

13.8 假设在某集中式主存的阵列处理机中，处理单元数为4，为了使4×4的二维数组A的各元素a_{ij}(i=0～3,j=0～3)在行、列、主/次对角线上均能实现无冲突访问，请填出数组各元素在存储器各分体(分体号从0开始)中的分布情况，假设a_{00}已放在分体号为3，体内地址为i+0的位置，如表13.1所示。

表13.1 题13.8表

体内地址	分体号				
	0	1	2	3	4
i+0				a_{00}	
i+1					
i+2					
i+3					

第14章 数据流计算机

内容提要

(1) 数据流计算机的基本原理；

(2) 数据流程序图和数据流语言；

(3) 数据流计算机结构；

(4) 数据流计算机的评价。

传统的冯·诺依曼计算机是在控制器的控制下顺序执行指令的，属于控制驱动计算机。即使是改进了的冯·诺依曼计算机也是如此。数据流计算机则根本不同，它采用数据驱动方式，根据数据的可用性来决定指令的执行(而不是由程序计数器来决定执行哪条指令)。这种计算机能够充分开发程序中的并行性，曾被认为是具有很好前景的高度并行的新型计算机。美国MIT实验室的Jack Dennis是数据流计算机的先驱，他于1972年首先提出了数据流模型，并根据该模型研制出了Dennis静态数据流计算机，在该机上实现了数据流语言VAL。

14.1 数据流计算机的基本原理

14.1.1 数据驱动原理

数据流计算机(Dataflow Computer)一般采用数据驱动方式工作，它没有程序计数器，没有常规的变量概念。它的指令是在数据可用性的控制下并行执行的，其基本原理可以归纳如下。

(1) 当且仅当指令所需要的数据可用时，该指令才可执行。

指令的执行不受其他控制条件的约束，任何指令只要它所需要的操作数全部齐备且可用时，就可以同时执行。也就是说，指令执行可以相互独立，操作结果可以不受指令执行顺序的影响，这就是数据流计算机所特有的指令操作的异步性和操作结果的确定性。数据流计算机完全摆脱了外界强加于它的控制，指令在数据可用性驱动下并行执行。

(2) 任何操作都是纯函数操作。

数据流计算机不设置状态，在指令之间直接传送数据，不改变机器状态，从而具有纯函数的特点。它通常直接支持函数语言，不仅有利于开发程序中各级的并行性，而且也有利于改善软件环境，提高软件的生产力。

上述的数据驱动计算(Data Driven Computation)只是数据流计算机中驱动方式的一种。

还有一种叫需求驱动计算(Demand Driven Computation),也称需求驱动方式。它只在当某一个函数需要用到某一个自变量时才驱动对该自变量的求值操作。前者是一种提前计算的策略,而后者则是按需求值的,是一种滞后计算的策略。

与数据驱动方式相比,需求驱动方式可以减少许多不必要的操作,有助于提高机器的效率。但它却有实现更为困难的缺点。因此,目前大多数数据流计算机都采用数据驱动方式。

14.1.2 数据流计算机中指令的执行过程

在数据流计算机中,用数据令牌传送数据并激活指令。用一种有向图来表示数据流程序。一条指令主要由一个操作码、一个或几个操作数、一个或几个后继指令地址组成。后继指令地址用于把本指令的执行结果送往需要这个数据的指令中。

下面以计算函数 $z=(a+b)\times(a-b)$ 为例,说明指令的执行过程,如图 14.1 所示。图中用“·”表示数据令牌,用“()”表示数据令牌所携带的操作数。

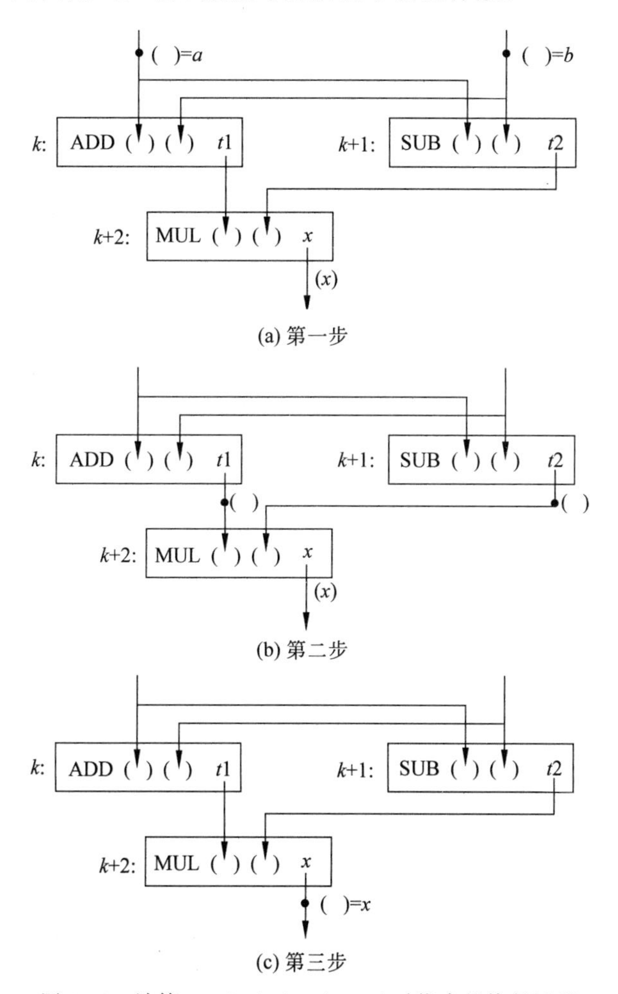

图 14.1 计算 $z=(a+b)\times(a-b)$ 时指令的执行过程

从图中可以看出,数据是在指令之间直接传送的,程序的执行过程只受到指令之间数据相关性的限制。

数据驱动具有以下特性。

(1) 异步性(Asynchrony)。只要指令所需的数据令牌都到达,指令即可独立地开始执行,而不必关心其他指令及数据的情况。

(2) 并行性(Parallelism)。可同时并行执行多条指令。

(3) 函数性(Functionalism)。由于不使用共享的数据存储单元,所以数据流程序不会产生诸如改变存储字这样的副作用(Side Effect),也就是说数据流运算是纯函数性的。

(4) 局部性(Locality)。运算过程中所产生的数据不是用操作数的地址来引用的,而是作为数据令牌直接传送的,因此数据流运算没有产生长远影响的结果,其运算具有局部性。

由于数据流运算具有上述异步性、并行性、函数性、局部性,所以数据流计算机很适合采用分布方式实现。

14.1.3 数据流计算机的指令结构

图14.2是数据流计算机中指令的结构示意图。其指令主要由两部分组成:操作包、数据令牌。操作包通常由操作码、一个或几个源操作数以及一个或几个后继指令地址组成。后继指令地址用于组成新的数据令牌,以便把本条指令的运算结果送往需要它的目标指令。

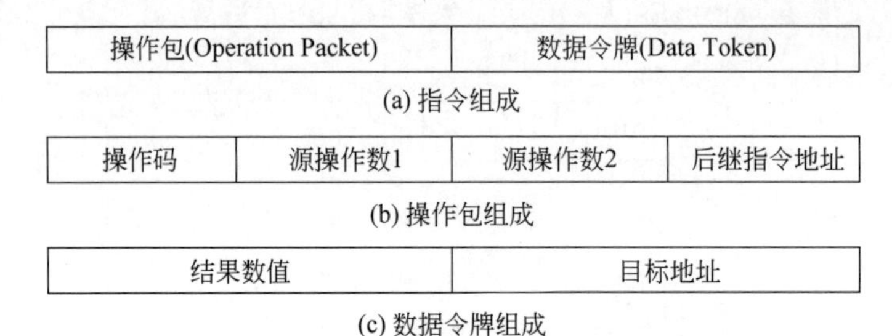

(a) 指令组成

(b) 操作包组成

(c) 数据令牌组成

图14.2 数据流计算机指令的组成

数据令牌(Data Token)通常由结果数值和目标地址等组成,如图14.2(c)所示。其中,结果数值就是上条指令的运算结果,而目标地址则直接取自上条指令的后继指令地址。如果一条指令的执行结果要送往几个目标地址,就要分别形成几个数据令牌。

可以看出,在数据流计算机中,允许多个操作包和多个数据令牌同时在各个操作部件之间传送,允许多条指令并行执行。因此,数据流计算机除了要有一套能够并行执行指令的操作部件之外,还需要一套高效的操作包和数据令牌传送机制。

14.2 数据流程序图和数据流语言

数据流计算机的程序是用数据流语言编写的。最基本的数据流语言是数据流计算机的机器语言,即数据流程序图。

14.2.1 数据流程序图

数据流程序图是一种特殊的有向图,由多个结点以及连接这些结点的有向弧构成。结点用圆圈、三角形、菱形、椭圆等形状表示,其中的符号表示进行什么操作。弧代表结点之间的关系及令牌流向。这种表示法也称为结点分支线表示法。

为便于理解，先举一例说明。图 14.3 是计算函数 $z=(a+b)\times(a-b)$ 的数据流程序图。其中三角形表示复制结点，圆圈表示运算结点。图 14.4 是该数据流程序图的执行过程示意图。图中用实心的圆点代表数据令牌沿弧移动，其旁边的数字代表数据的值。对于任意一个结点来说，其输入弧上有实心圆点就代表相应的输入数据已准备就绪。当其所有输入弧上的数据都已经就绪，且输出弧上没有数据令牌时，便可“点火”执行。

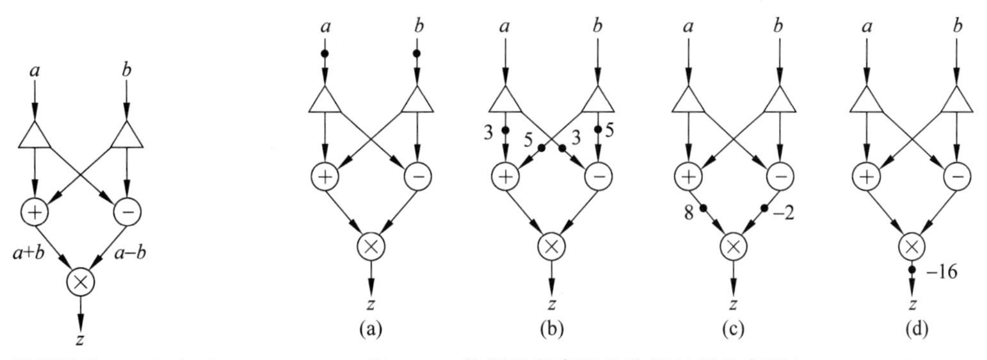

图 14.3　计算函数 $z=(a+b)\times(a-b)$ 的数据流程序图

图 14.4　数据流程序图的执行过程示意图（$a=3, b=5$）

J.B.Dennis 和 J.E.Rumbaugh 等提出了用于数据流程序图的各种符号（即结点），并规定了相应的操作执行规则。现对主要的一些结点简要介绍如下（参考图 14.5 和图 14.6，图中的实心箭头表示数据值，空心箭头表示逻辑值）。

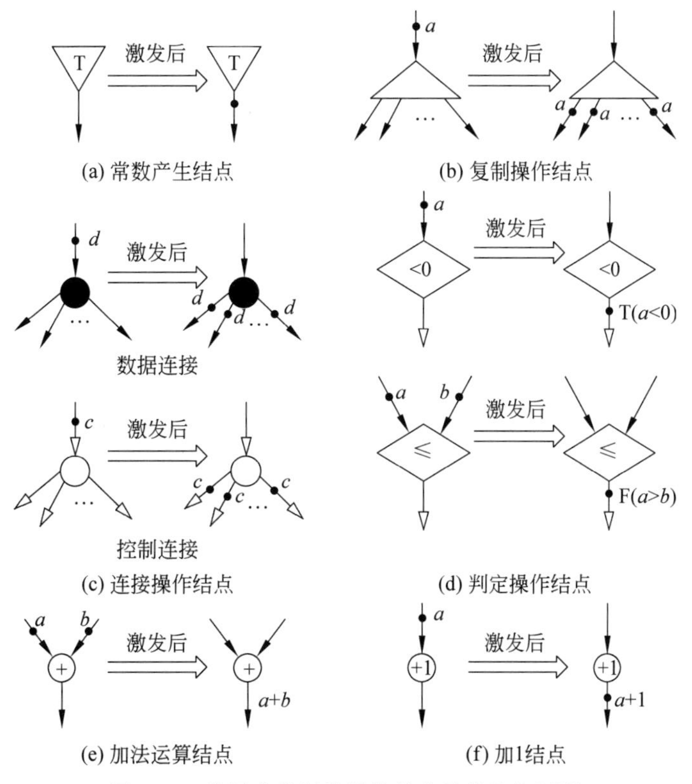

图 14.5　常用非控制类操作结点及其激发规则

(1) 复制操作结点(copy)。可以是数据的复制,也可以是控制量(布尔量)的复制。图 14.5(b)中画出的是数据的复制,箭头是实心的。如果要表示控制量的复制,只要把箭头改为空心的即可。复制操作结点有时也称连接操作结点。图 14.5(c)中画出了数据连接结点和控制连接结点及其激发后的结果。

(2) 运算操作结点(operator)。主要包括常用的加、减、乘、除、乘方、开方等算术运算及与、或、非、异或、或非等布尔逻辑运算。激发后输出带相应操作结果的令牌。图 14.5(e)和图 14.5(f)是两个例子。

(3) 常数发生器结点(identity)。没有输入端,只有一条输出分支,如图 14.5(a)所示。它用于产生常数,激发后输出带常数的令牌。

(4) 判定操作结点(decider)。如图 14.5(d)所示。它对输入数据按某种关系进行判断和比较,然后在输出端给出带逻辑值真(T)或假(F)的控制令牌。

(5) 控制类操作结点。控制类操作结点的激发条件需要加入布尔控制端,如图 14.6 所示。常用的控制类操作结点有 4 种,见表 14.1。

表 14.1 常用的控制类操作结点

控制类操作结点	所对应的条件语句	示 意 图
T 门控结点	if true then a→x	图 14.6(a)
F 门控结点	if false then a→x	图 14.6(b)
开关门控结点(Switch)	if true then a→x else a→y	图 14.6(c) 图 14.6(d)
归并门控结点(Merge)	if true then a→x else b→x	图 14.6(e) 图 14.6(f)

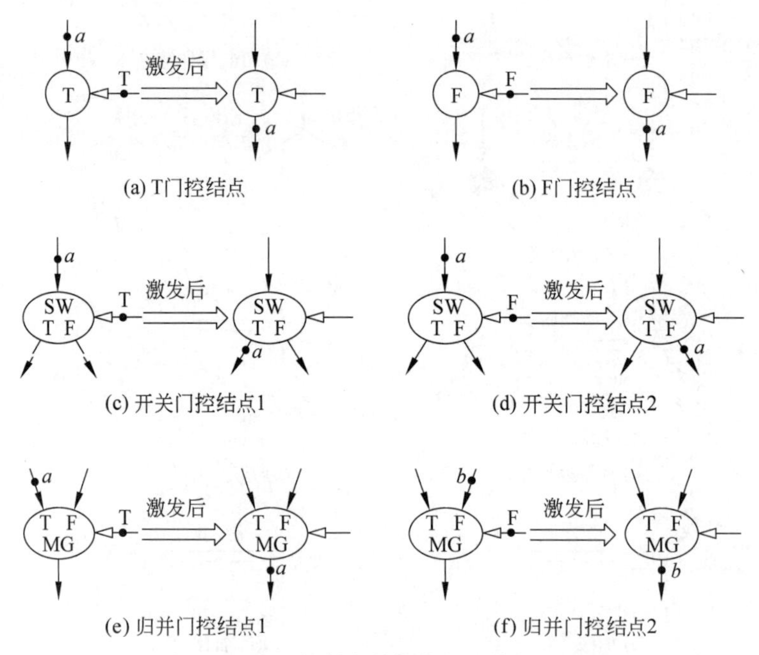

图 14.6 常用控制类操作结点及其激发规则

图 14.6(a)为 T 门控结点。当布尔控制端为真,且输入端有数据令牌时才激发,然后在输出端产生带输入数据的令牌。F 门控结点与此类似。图 14.6(c)和图 14.6(d)为开关门控结点。它们都有一个数据输入端和两个数据输出端,并受控制端控制。激发后,根据控制端值的真或假,在相应输出端上产生带输入数据的令牌。图 14.6(e)和图 14.6(f)为归并门控结点。它们都有两个数据输入端和一个数据输出端,并受控制端控制。激发后,根据控制端值的真或假,在相应输出端上产生带输入数据的令牌。

此外,根据数据流程序设计的需要,还可以设计一些其他的基本结点和功能更强的复合型结点,这里就不一一列举了。

下面举例说明如何利用上面的这些结点来构成数据流程序图。

例 14.1 利用上述单功能操作结点实现一般高级语言中的条件语句:

```
if true then G1 else G2
```

试画出数据流程序图,其中的 G1 和 G2 都是各自独立的数据流程序图。

解 如图 14.7 所示,利用一个复制结点,一个 T 门控结点和一个 F 门控结点实现起始数据令牌的两路传送,它根据起始控制令牌所携带的是真值还是假值把起始数据令牌分别送往 G1 数据流程序图或 G2 数据流程序图,并利用一个归并门控结点选择 G1 或 G2 数据流程序图中的一个结果作为输出,选择的依据仍然是起始控制令牌携带的是真值还是假值。

例 14.2 利用上述单功能操作结点实现一般高级语言中的循环语句。

```
while P do G
```

或

```
until P do G
```

试画出数据流程序图,其中,P 是循环条件,G 是循环体。

解 如图 14.8 所示,为了使数据流程序图中的循环体 G 能够开始执行,在一开始就要输入一个起始数据令牌和一个起始控制令牌,并用一个归并门控结点取得循环体 G 的输入数据令牌。在第一次循环开始时从外部输入数据令牌,而在以后的各次循环中都从循环体本身的输出端取得所需要的输入数据令牌。在第一次循环时,由一个 T 门控结点控制起始

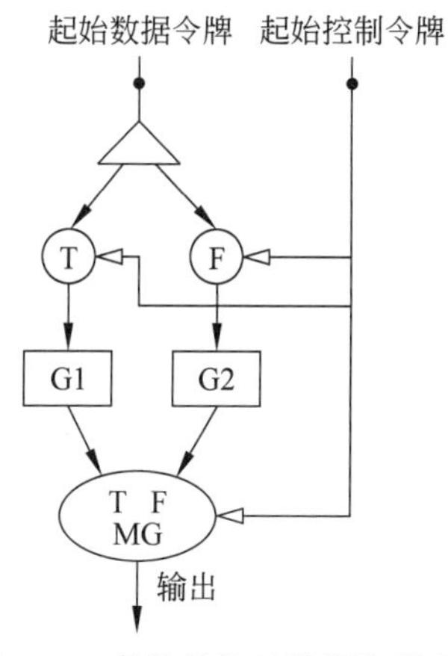

图 14.7 条件结构的数据流程序图

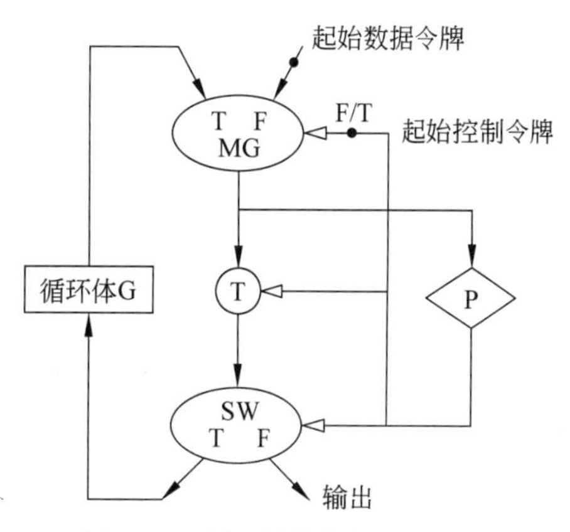

图 14.8 循环结构数据流程序图

数据令牌是否输入给循环体 G,这就是 while 语句与 until 语句的区别。选择依据是判断起始控制令牌携带真值还是携带假值。另外,用一个判定操作结点根据循环结束条件 P 产生的控制令牌来控制循环的执行。最后用一个开关门控结点分配每次循环产生的结果数据令牌。如果循环还没有结束,则判定操作结点 P 输出为“真”,通过开关门控结点把数据令牌分配给循环体 G,继续进行下一次循环;如果循环结束,则判定操作结点 P 输出为“假”,通过开关门控结点把结果数据令牌输出到外部。

除了上面所介绍的结点分支线方法之外,还有一种表示数据流程序图的方法,称为活动模片表示法(Activity Templete)。在采用活动模片表示法的数据流程序图中,组成数据流程序图的基本单位是活动模片。每个活动模片相当于结点分支线表示法中的一个或几个操作结点。一个活动模片通常由 4 个字段组成,如图 14.9 所示。

活动模片标记	操作码	操作数1	操作数2	目标活动模片/部位号

图 14.9 活动模片的结构

例 14.3 请给出函数 $z=(a+b)\times(a-b)$ 的活动模片表示法。

解 该函数的活动模片表示法如图 14.10 所示。

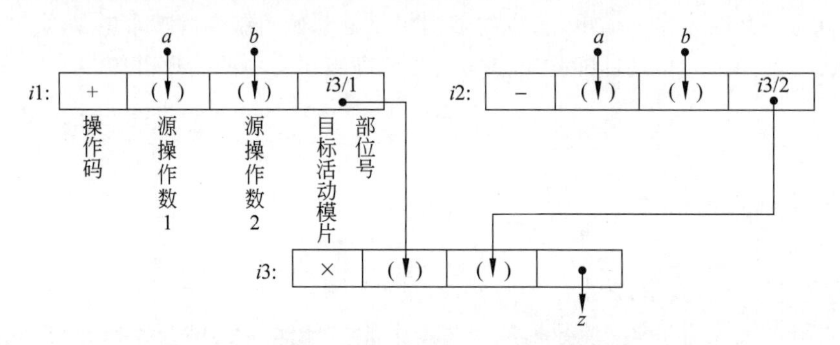

图 14.10 函数 $z=(a+b)\times(a-b)$ 的活动模片表示

活动模片实际上是结点在数据流机器内部具体实现时的存储器映像。比较而言,活动模片表示法更接近于常规计算机中的机器代码,能够由数据流计算机硬件直接解释执行。而结点分支线表示法则更接近于一般的高级语言,具有可读性好、直观等优点,在程序设计中被广泛采用。

14.2.2 数据流语言及其性质

如前所述,数据流程序图实际上是数据流计算机的机器语言。其优点是直观易懂,但编程效率很低,难以被一般用户所接受。因此需要有适合于数据流计算机的高级语言。

目前,数据流语言的研究还很不成熟,还没有形成像传统高级语言那样的规范版本。有的数据流机就是用传统的命令式语言作为数据流计算机的高级语言,用专门的编译程序将用该高级语言编写的程序转换成数据流程序图。例如,美国 IOWA 州立大学做过这种研究。美国 Texas 仪器公司成功地将 ASC FORTRAN 编译程序修改后,用于其数据流机上。

虽然一般来说,不论采用哪种高级语言编写的程序,都可以通过特殊编译程序的处理,变换成数据流程序图,但传统机器上广泛使用的面向过程的命令式语言缺乏并行性描述部分，很难表达出数据流控制机制的并行性。虽然有些语言也扩充了并行描述成分，如并行FORTRAN、并行 Pascal、并行 Ada 语言等，但由命令式语言程序转换成数据流图的过程也还是复杂和低效的。所以研究和发展新的、适合于数据流机制的高级语言是非常重要的。

已经出现的比较适合于表述数据流程序的高级语言有以下两种。

(1) 单赋值语言。包括美国加州大学 Irvine 分校研制的 ID 语言，美国 MIT 实验室的 VAL，法国的 LAU 语言，英国曼彻斯特大学的 SISAL 语言等。

(2) 函数类语言。比较著名的有美国犹他大学研制的 FP 语言。

VAL 具有以下优点。

(1) 并行性好。VAL 易于开发程序中隐含的和显式的并行性，它提供了相应的语句结构来表达算法中的并行成分，从而能够高效地编写数据流程序。

(2) 遵循单赋值规则。VAL 没有传统计算机上所用的变量的概念，仅有数值的名称，运算不产生副作用。单赋值使程序清晰，易于理解，为程序的并行执行提供了一种新方法。

(3) 有丰富的数据类型。基本数据类型有整型、实型、布尔型和字符型等，结构类型有数组和记录等。而且允许数组和记录之间互相嵌套调用，嵌套的深度不限。

(4) VAL 是一种强类型语言。任何函数的自变量和计算结果的数据类型都要在函数的首部进行定义。编译程序在编译过程中能够很方便地检测出函数和表达式中数据类型发生的错误。

(5) 在源程序中不规定语句的执行顺序，没有 GOTO 之类的程序控制语句。语句的执行顺序不影响最终运算结果。

(6) 编制的程序具有模块化结构。实际上，VAL 编写的程序是一组模块的集合。每一个模块包括一个外部函数，该函数又可以被其他模块调用。在一个模块内部往往包含许多内部函数，这些内部函数仅供本模块内部调用。

但它存在以下缺点。

(1) 没有输入输出手段，特别是交互式输入输出手段。

(2) 程序的表达式还不够自然和方便。

(3) 实现的效率还很低。

14.3 数据流计算机结构

按照对数据令牌处理方法的不同，可把数据流计算机分为两种：静态数据流计算机和动态数据流计算机。

14.3.1 静态数据流计算机

静态数据流计算机的结构如图 14.11 所示。

要执行的数据流程序存放在指令存储部件(ISU)中。数据令牌开始是存放在更新部件(UU)的输入缓冲器中的，UU 根据数据令牌所携带的目标地址，把令牌中的操作数送往 ISU 中相应指令的有关位置。当一条指令所需要的数据令牌全部到达后，这条指令将被激活。UU 会把这样的指令的地址传送给 RU。RU 把这些指令取出，送到可执行指令队列

(IQ)中。若PU中有空闲的处理机,分派程序将按先后次序把处理机分配给等待执行的指令,使它们并行执行。指令执行后,其结果将与指令中给出的后继指令地址结合,组成新的数据令牌,并被送入UU的输入缓冲器。如此反复。

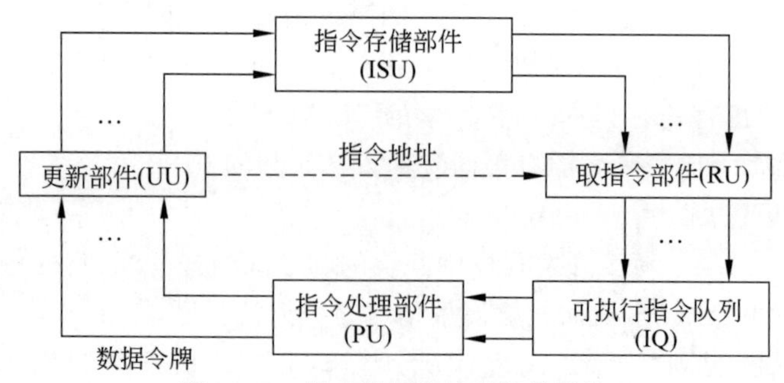

图14.11　静态数据流计算机的结构

在静态数据流计算机中,数据令牌是沿数据流程序图中的有向分支流向操作结点的。当一个结点的所有输入分支线上的数据令牌都到达,且输出分支线上没有数据令牌时,就可以执行该结点的操作,这称为点火(Firing)。另外还规定,在任何一个时钟节拍内,在任何一条分支线上只允许传送一个数据令牌,这样做的好处是不必给数据令牌附加标号,使得静态数据流计算机的结构比较简单,但对程序并行性的支持不够。

Jack Dennis在上述模型的基础上,研制了MIT静态数据流计算机,其结构框图如图14.12所示。

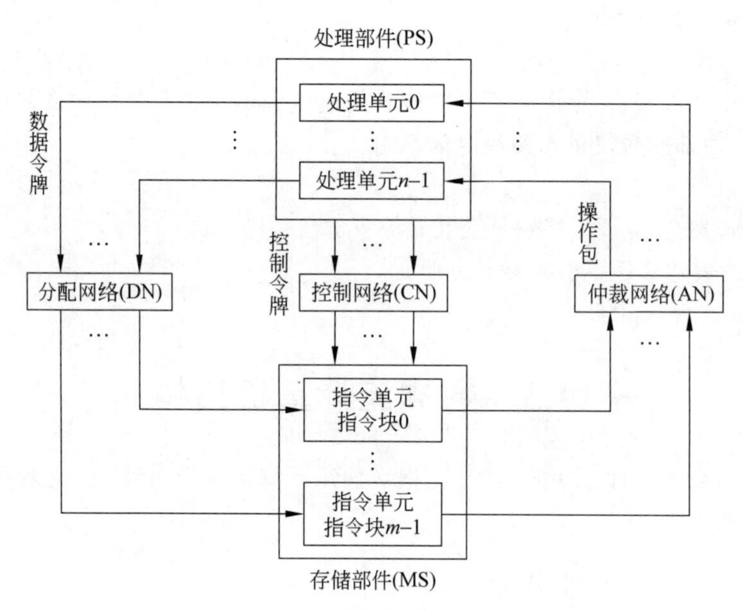

图14.12　MIT静态数据流计算机的结构图

该系统主要由5个部分组成。

(1) 存储部件(Memory Section,MS)。

由指令单元组成,每个指令单元保存数据流程序中的一条指令,与数据流程序图中的结点对应,通过地址来访问指令。

(2) 处理部件(Processing Section,PS)。

由多个处理单元组成,可以并行执行已被激活的指令所要求的操作。

(3) 仲裁网络(Arbitration Network,AN)。

将可执行的操作包由存储器传送到处理部件。允许多个操作包同时传输。

(4) 控制网络(Control Network,CN)。

将控制令牌由处理部件发送到存储部件相应的指令单元中。

(5) 分配网络(Distribution Network,DN)。

将处理部件产生的多个结果数据令牌按其目标地址分别传送至存储部件相应的指令单元中。

14.3.2 动态数据流计算机

在动态数据流计算机中,数据令牌可以带有标记,称为带标记的数据令牌(Tagged Data Token)。数据令牌的标记唯一地确定了令牌的状态及其他相关信息。因此,当数据令牌在数据流程序图的有向分支线上流动时,同一条分支线上可以同时有几个数据令牌在移动。

典型的动态数据流计算机的基本结构如图 14.13 所示。

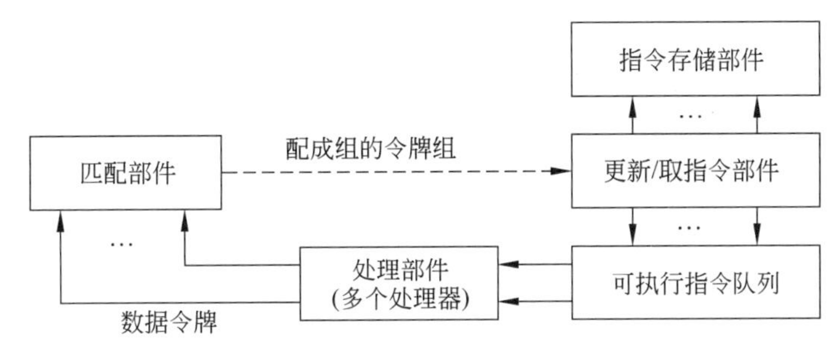

图 14.13 动态数据流计算机的结构

匹配部件将处理部件中各处理单元送来的结果数据令牌赋予相应的标记,并将流向同一指令(标记相符)的数据令牌匹配成对或者组。当一条指令所需要的数据令牌全部到齐后,该指令将被激活。已匹配的数据令牌组被送往更新/取指令部件,由该部件把需要它们的指令从指令存储部件中取出,并把该指令与数据令牌组携带的操作数组成一个操作包,送入可执行指令队列,然后由处理部件执行。若匹配失败,即指令所需要的数据令牌没有全部到齐,则把已到达的数据令牌暂存在匹配部件的缓冲存储器中,供下次匹配时再使用。匹配缓冲存储器通常是一个相联存储器。

动态数据流计算机中给数据令牌赋予标记的方法有利于最大限度地开发程序中的并行性。如果程序是循环的,则标记方法可以区分出不同层次的迭代执行,实现它们的并行计算。

动态数据流计算机从结构上可以分为两大类。一类是以 MIT 为代表的网络型结构数据流计算机,另一类是以 Manchester 为代表的环状结构数据流计算机。下面介绍它们的结构特点和工作原理等。

1. 网络型结构动态数据流计算机

MIT 动态数据流计算机是网络型结构的典型代表。它由 N 个处理单元(PE)和一个

$N \times N$ 的包交换开关网络组成。PE之间通过这个开关网络进行信息交换。每个PE基本上就是一台完整的处理机,有自己的存储器、算术逻辑运算部件、标记匹配部件等,其结构如图14.14所示。

MIT动态数据流计算机的指令格式如图14.15所示,op是操作码,nc指出存放在指令中的常数的个数(不超过两个),nd指出操作结果送往目的地的个数。每个目的地由 s、p、nt、af 4个字段组成。其中,s 指明目的地地址,p 指明用于目的地指令的第几个输入端,nt指明激活目的地指令所需要的令牌个数,af指明用于选择执行目的地指令的PE是哪一个的赋值函数。$c1$、$c2$ 是依附于该指令的常数。

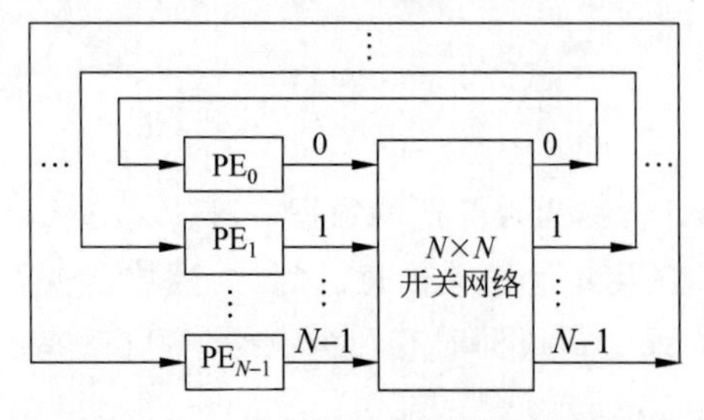

图14.14 动态数据流计算机的结构

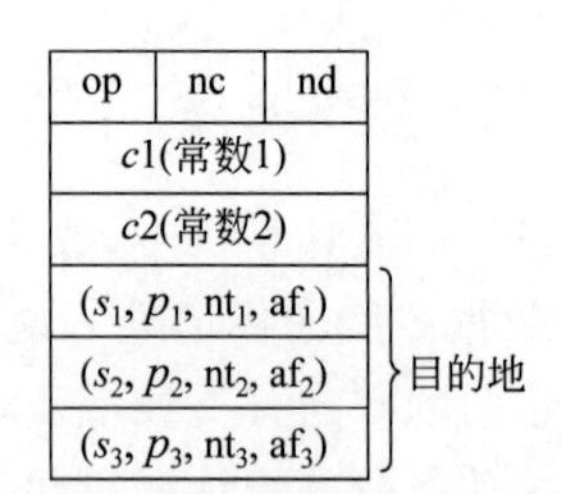

图14.15 数据流计算机的典型指令格式

PE的内部结构如图14.16所示。它由程序/数据存储器、I-结构存储器、(标记)匹配部件、算术逻辑运算部件、打标记和对标记特征进行控制的部件等组成。PE的输入口有一个寄存器,此寄存器为空时,可以接收一个其他PE经开关网络送来的令牌或从本PE输出口来的令牌。每次动作所需要的令牌数由指令中的nt字段给出。

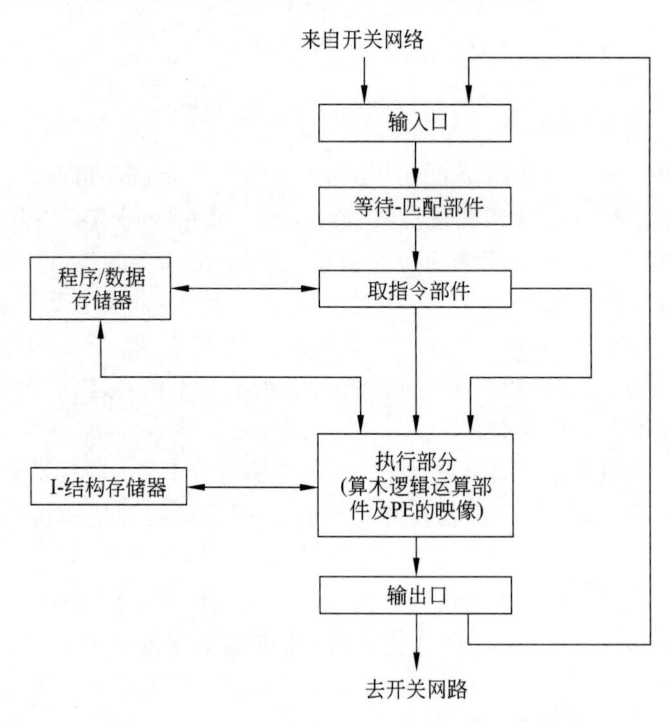

图14.16 MIT动态数据流计算机中PE的结构

“等待-匹配”部件将已经接收到的令牌暂时保存在它的缓冲器中，等待后续令牌的到来。当所有所需的令牌均已到达，且标记匹配时，就将它们送到取指令部件的缓冲器中。根据标记中的信息，从程序/数据存储器中取出相应的指令，然后形成包含操作码、操作数和目的地址的操作包，送到执行部件去执行。执行部件中有一个浮点和逻辑运算部件以及一个用于确定下一个操作和目的地该用哪个 PE 的硬件。

I-结构存储器是一个带标记的专用存储器，用于存放类似于数组的数据结构。如果操作数是结构数据，则该数据从 I-结构存储器取得。I-结构的每一个元素都有一位标志。当读出时，若该元素的标志为 0，就表示其值尚未产生，则自动推迟读操作。使用这种 I-结构存储器可以避免过多的数组复制操作，节省大量的存储空间和辅助操作开销。

对于由运算部件或存储器产生的结果，为之配上新的标记和目的地 PE 号后，将它们送往输出口。通过输出口经开关网络送往目标 PE。如果目的地 PE 就是本 PE，就直接送入本 PE 的输入口，而不经过开关网络。为了避免在 PE 各部件中多个通路传输数据时发生冲突、阻塞或死锁，各个部件都设有相应的缓冲器。

PE 中没有程序计数器，但有一个存放已激活指令的列表。已激活指令的执行是无序的。

$N\times N$ 的开关网络是用$\dfrac{N}{2}\log_2 N$ 个 2×2 的开关单元组成的网络，它有 $\log_2 N$ 级。其基本形式与第 9 章已介绍过的多级互连网络类似。在每个开关入口有一个异步控制器，用来控制不等长的包交换。开关出口处有仲裁电路，用来解决可能出现的路径冲突。

2. 环状结构动态数据流计算机

Manchester 动态数据流计算机是环状结构的典型代表，其结构如图 14.17 所示，它由 5 个功能部件组成，按顺时针方向进行连接，形成一个环状流水线。这 5 个部件是：交换开关网络，令牌队列，匹配部件，结点存储器，处理部件。这种结构允许多个令牌以先进先出的队列形式同时存在于数据流程序图的一个弧上，该数据流计算机采用令牌包通信。

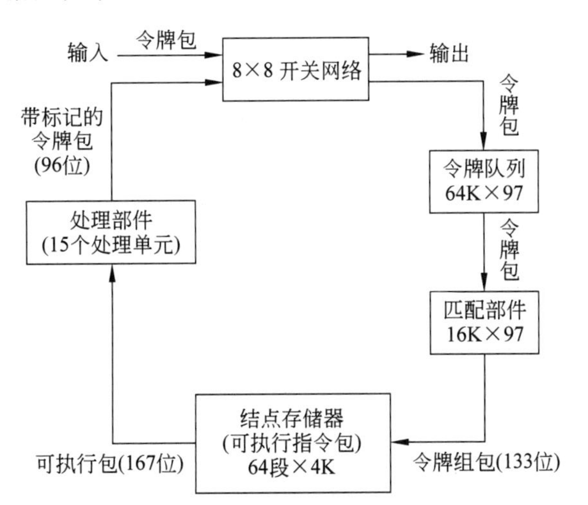

图 14.17 Manchester 动态数据流计算机的结构

在 Manchester 动态数据流计算机中，令牌主要由数值、标记以及目标结点地址等几部分组成,而指令则是由操作码、操作数、标记、数据令牌的目的指令(两个)等组成的,如图14.18所示。标记中包含三部分信息:令牌所属进程的标识符,令牌所在的数据流程序图中的弧,代表弧上第几个令牌的迭代序号。

处理部件由15个功能相同的处理单元(PE)组成,这些PE可并行地执行指令,所执行的指令包括定点运算、浮点运算、数据传送、打标记等,每个PE都有输入缓冲器和输出缓冲器。

从开关网络输入的数据令牌组成一个令牌包存入令牌队列,令牌队列按先进先出的方式工作。匹配部件按照令牌的标记对令牌进行匹配,即把从令牌队列中送来的数据令牌与匹配部件中已经存在的令牌进行比较,看是否具有相同的标记。当一个结点(指令)所需的令牌全部到达后,该结点即被激活。这时,将数据令牌和匹配标记合并成一个令牌组包,送往结点(指令)存储器。该存储器存放数据流程序。根据目的结点说明符从结点存储器中取出相应的指令,并与令牌组包携带的操作数组成可执行包,送到处理部件上执行。处理部件执行完后,将结果令牌输出,送入8×8的交换开关网络。

操作结果可根据需要经交换开关网络送往宿主机、外围设备或另一台数据流计算机。Manchester数据流计算机具备高度并行数据驱动能力,因而具有很高的处理速度。

Manchester动态数据流计算机采用高级数据流语言Lapes编程,这是一种单赋值的程序设计语言,其语法规则类似于PASCAL语言。

系统/计数标志	1位
标记(tag)	36位
目的地址	32位
数值	37位

(a) 数据令牌格式

系统/计数标志	1位
标记(tag)	36位
操作码	12位
操作数1	37位
操作数2	37位
目的地址1	22位
目的地址2	22位

(b) 指令格式

图14.18 Manchester动态数据流计算机的指令格式及数据令牌格式

14.4 数据流计算机的评价

14.4.1 数据流计算机的优点

数据流计算机在许多方面的性能都优于传统的冯·诺依曼型计算机。下面对这些优点作一简单介绍。其中有些已经得到了模拟实验的验证。

1. 高度并行运算

数据流计算机可以实现操作的高度并行性,它不仅能够开发程序中有规则的并行性,而且可以开发程序运行中隐含的并行性。在数据流方法中,由于没有指令执行顺序的限制,因此从理论上讲,只要硬件资源充分,就能获得最大的并行性。以前的研究和实验表明,数据流计算机对许多问题的加速比随着处理机数目的增加而线性地增长。

2. 流水线异步操作

与冯·诺依曼型计算机不同,数据流计算机中的指令不是引用操作数的地址,而是直接使用操作数本身，所以数据流计算机实现的是无副作用的纯函数型程序设计方法。可以在过程级和指令级充分开发程序中的异步并行性，可以把串行计算问题用简单的方法展开成并行计算问题来处理。例如，把一个循环程序中的多个相邻循环体同时展开，将循环体内和循环体间原本相关的操作数直接互相迭代，形成一条异步流水线，从而使一个循环程序内不同层次的循环体能够并行执行。

3. 与 VLSI 技术相适应

VLSI 技术的发展是推动计算机技术发展的重要因素之一，而数据流计算机结构的基本组成所具有的模块性和均匀性正好与 VLSI 技术相适应。其中的指令存储器、数据令牌缓冲器、可执行指令队列缓冲器等存储部件都可以采用 VLSI 技术制造的存储阵列均匀地构成。处理部件和信息包开关网络也可以分别用模块化的标准单元有规则地连接构成。

4. 有利于提高程序设计效率

数据流计算机使用的是基于纯函数操作的程序设计语言，它完全摒弃了传统编程语言所依赖的变量和变量赋值机制，从而彻底消除了编程中使用全局变量和同名变量所产生的副作用。另外，由于函数程序设计语言有更高的自动向量识别能力，也使得机器对数据流的分析和处理更为有效。

基于函数程序设计语言编写的程序具有良好的结构，并符合程序设计方法学的要求，这将使程序的编写更加容易，从而可提高程序设计的速度、效率及可靠性。

14.4.2 数据流计算机的缺点

不过也有一部分人认为，上述这些数据流技术的优点实际上只有在理论化的数据流计算机模型中才具备，实际的数据流计算机为获得这些优点往往要付出巨大的代价，从而使得实际上的数据流计算机具有许多明显的缺点。也许正是由于这些缺点，才使得到目前为止，数据流计算机发展一直很慢，更不用说与传统的计算机竞争了。

1. 系统开销大

数据流计算机的指令格式与传统计算机不同，它包含一个操作码、两个源操作数以及一个或多个后继指令的地址，某些动态数据流计算机的指令中还有许多标记位，所以其指令长度一般很长。这不仅要占用更多的存储器空间，而且存取这些指令的操作也变得更加复杂，更加占用时间。估计在空间和时间上的开销要比传统的计算机多 3～6 倍。

基于函数操作的程序设计语言使数据流计算机中存在由大量中间结果形成的数据令牌。一方面这些数据令牌在系统中的频繁流动会增加产生冲突的可能性，系统为减小冲突而设置的大量局部缓冲器将会导致开销的增加和通信路径的延长；另一方面中间结果虽不用存入共享存储器，但其形成的数据令牌装入相联存储器进行匹配操作所花费的开销要比传统计算机的 R-R 型指令的开销大好几倍。

虽然数据流计算机中各部件的异步操作能够形成一条宏流水线，使通信障碍不会影响操作部件的利用率，但是过长的流水线需要大量的并行操作才能填满。有实验表明，一台有 64 个处理机的动态数据流计算机，需要 640 个并行操作才能将流水线填满。如果实际应用问题达不到这样高的并行度，数据流计算机的效率就会降低。

导致数据流计算机操作开销大的一个主要原因是把并行性完全放在了指令级上，而不是像传统的计算机那样去开发多种更高级别的并行性，如线程级、进程级、过程级等。如果不恰当地把高一级并行性都依赖低级别的并行性来实现,往往就会付出过高的代价。

数据流计算机操作开销大的另一个原因是完全采用异步操作,没有集中控制。数据流计算机为了支持异步操作,设置了大量用于暂存指令、数据令牌以及各种标识和应答信号等的缓冲器,而实现任务排队策略、异步操作和随机调度都需要大量的操作开销。

2. 不能有效地利用传统计算机的研究成果

数据流计算机独特的解题方法使它具有与传统计算机完全不同的系统结构,这无疑为计算机技术的发展开辟了全新的领域,但同时也意味着它无法借鉴和继承传统计算机技术成熟的研究成果。在传统计算机上长期积累的丰富软件成果不能被有效利用。这都将影响数据流计算机在市场上对传统计算机的竞争力。

3. 数据流语言尚不完善

目前已有的数据流语言都存在某些缺陷,有必要进行改进和完善。例如对并行性的描述在数据流语言中是隐含的,需由编译系统开发其中的并行成分,这将使数据流计算机中的编译过程变得复杂和费时,而且这种方式并不总是有效的。另外,数据流语言还不能实现输入输出操作的控制,对操作系统的研究也还很不成熟。

14.4.3 数据流计算机设计中需解决的问题

综合上面的论述可知,数据流计算机设计中需要解决以下主要技术问题。

(1) 研制易于使用、易于用硬件实现的高级数据流语言。

(2) 研究程序如何分解,研究如何把程序模块分配给各处理部件的算法。

(3) 设计出性价比高的信息包交换网络,实现资源冲突的仲裁和数据令牌的分配等大量通信工作。

(4) 研究智能化的数据驱动机制。

(5) 研究如何在数据流环境中高效率地处理复杂的数据结构。

(6) 研究支持数据流运算的存储系统和存储分配方案。

(7) 在广泛的应用领域里,对数据流计算机的硬件和软件做出性能评价,估计各种系统开销;

(8) 研究数据流计算机的操作系统;

(9) 开发数据流语言的跟踪调试工具。

习 题 14

14.1 解释下列名词。

数据流计算机　数据驱动计算　需求驱动计算　数据令牌

数据流程序图　静态数据流计算机　动态数据流计算机

14.2 数据驱动具有哪些特性?

14.3 简述数据流计算机指令的组成。

14.4 用结点分支线方法画出求解

$$x=\sqrt{(a+b)d/c-e/d}$$

的数据流程序图。当 $a=4$、$b=8$ 时,画出该数据流程序图的执行过程。

14.5 用结点分支线方法画出

$$z=(\text{IF } x=10 \text{ THEN } x-y \text{ ELSE } x+y)/y$$

的数据流程序图。

14.6 用活动模片表示法画出计算

$$x=ab+a/b$$

的数据流程序图。

14.7 VAL 具有哪些优点?

14.8 简述静态和动态数据流计算机的主要区别。

14.9 为什么数据流计算机中通常要设置 I-结构存储器?

14.10 数据流计算机有哪些优缺点?

参 考 文 献

［1］ Hennessy J L，Patterson D A. Computer Architecture：A Quantitative Approach［M］. 3rd edition. Burlington：Morgan Kaufmann，2002.

［2］ Hennessy J L，Patterson D A . Computer Architecture：A Quantitative Approach［M］. 5th edition. Burlington：Morgan Kaufmann，2011.

［3］ Culler D，et al. Parallel Computer Architecture：A Hardware/Software Approach［M］. Burlington：Morgan Kaufmann，1998.

［4］ Hwang K. Advanced Computer Architecture. New York：McGraw-Hill，1993.

［5］ 张晨曦，王志英，等. 计算机系统结构［M］. 2 版. 北京：高等教育出版社，2014.

［6］ 郑纬民，汤志忠. 计算机系统结构［M］. 2 版. 北京：清华大学出版社，2002.

［7］ 陈国良，吴俊敏，章锋，等. 并行计算机体系结构［M］. 北京：高等教育出版社，2002.

［8］ 李学干. 计算机系统结构［M］. 5 版. 西安：西安电子科技大学出版社，2011.

［9］ 白中英. 计算机系统结构［M］.（网络版）. 3 版. 北京：科学出版社，2010.

［10］ 尹朝庆. 计算机系统结构教程［M］. 北京：清华大学出版社，2005.

图书资源支持

感谢您一直以来对清华版图书的支持和爱护。为了配合本书的使用，本书提供配套的资源，有需求的读者请扫描下方的"书圈"微信公众号二维码，在图书专区下载，也可以拨打电话或发送电子邮件咨询。

如果您在使用本书的过程中遇到了什么问题，或者有相关图书出版计划，也请您发邮件告诉我们，以便我们更好地为您服务。

我们的联系方式：

地　　址：北京市海淀区双清路学研大厦A座714

邮　　编：100084

电　　话：010-83470236　010-83470237

客服邮箱：2301891038@qq.com

QQ：2301891038（请写明您的单位和姓名）

资源下载：关注公众号"书圈"下载配套资源。

资源下载、样书申请

书圈

获取最新书目

观看课程直播